Kosmos Himmelsjahr 2017

Sonne, Mond und Sterne im Jahreslauf

Herausgegeben von Hans-Ulrich Keller
unter Mitarbeit von Erich Karkoschka

KOSMOS

Inhalt

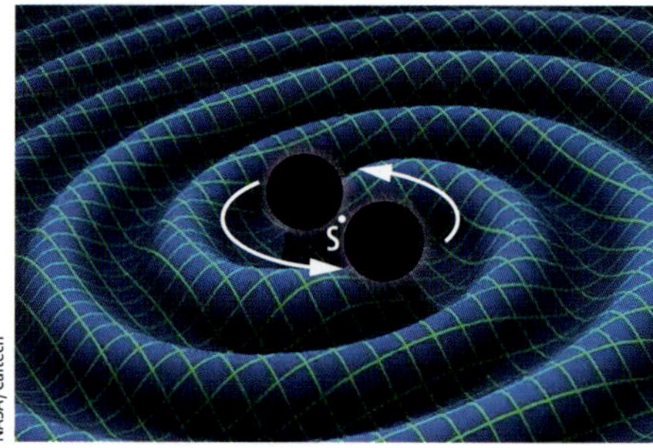

NASA/Caltech

Die Monatsthemen Januar – Juni

Abbildungen zu den Planeten

Die Monatsthemen Juli – Dezember

Wichtige Abbildungen und Tabellen

Das Kosmos Himmelsjahr – ein Leitfaden durch die Sternenwelt

Lente hora, celeriter anni.

Träge vergeht die Stunde,
zu schnell die Jahre.

Sonnenuhrspruch

Die Zeit erleben wir gefühlsmäßig und rein subjektiv. Manchmal scheint sie nicht zu vergehen, andererseits verfliegen die Jahre. Beim Warten auf den nächsten Bus folgen die Minuten quälend langsam aufeinander. Wer nicht einschlafen kann, empfindet eine Stunde als halbe Ewigkeit. Wer eine Menge zu erledigen hat, für den endet ein Tag meist zu früh. Bei einer interessanten Rundreise jagt ein Tag den anderen. Je älter man wird, desto kürzer empfinden wir die Jahre. Kaum hat man das neue Jahr mehr oder minder ausgelassen begrüßt, steht auch schon wieder Weihnachten vor der Tür.

Das himmlische Uhrwerk

Um den objektiven Zeitablauf zu erfassen, dienen Zeitmesser, gemeinhin als Uhren bezeichnet. Die ersten Zeitmesser waren Sonnenuhren. Sie zeigen den Stand der Sonne bei ihrem täglichen Lauf über das Himmelsgewölbe an. Auch der Mond zeigt uns zuverlässig das Fortschreiten der Zeit.

Mal sieht man ihn als schmale Sichel abends am Westhorizont, wenige Tage später als Halbmond im Süden. Eine Woche nach Halbmond geht er mit Sonnenuntergang als Vollmond im Osten auf und ist die ganze Nacht über zu sehen. Wieder eine Woche später taucht er erst um Mitternacht auf und steht als abnehmender Halbmond morgens am Südhimmel bis er nach wenigen Tagen als schmale Sichel kurz vor Neumond in der Morgendämmerung knapp über dem Osthorizont zu sehen ist.

Venus sieht man einmal als strahlenden Abendstern am Westhimmel, ein andermal wieder leuchtet sie hell am Morgenhimmel.

Alle zwei Jahre und knapp zwei Monate zieht der rötliche Mars als helles Gestirn die Blicke auf sich. In der Zeit dazwischen bleibt unser äußerer Nachbarplanet eher unauffällig oder unsichtbar.

Der Riesenplanet Jupiter wechselt von Jahr zu Jahr in ein neues Tierkreissternbild. In einem Jahr sieht man ihn hoch am Himmel im Sternbild Stier, sechs Jahre später hält er sich im Sternbild Schütze auf und erreicht nur eine geringe Höhe über dem Südhorizont.

Da die Erde die Sonne umrundet, ändert sich auch der Anblick des Fixsternhimmels. Im Winter sind abends andere Sternbilder zu sehen als im Sommer, im Frühjahr sieht der Sternenhimmel anders aus als im Herbst.

Den Lauf des himmlischen Uhrwerks zu beobachten, gehört zu den interessantesten Freizeitbeschäftigungen und vermittelt eine klare Vorstellung vom Fortschreiten der Zeit.

Damit man die Ereignisse am Sternenzelt ohne große Mühe verfolgen kann, dazu dient das *Kosmos Himmelsjahr* als Führer durch die Welt der Gestirne während des Jahres.

Ein Jahrbuch für alle

Auch der 107. Jahrgang des vorliegenden Jahrbuches soll sowohl dem Einsteiger in die Himmelskunde als auch der kundigen Amateurastronomin die erforderlichen Hinweise und Daten für eigene astronomische Beobachtungen liefern.

Der erfahrene Himmelsbeobachter findet auf der inneren Umschlagklappe Kurzhinweise zum Gebrauch dieses Jahrbuches. Ausführliche Erläuterungen zu den wichtigsten Grundtatsachen der Astronomie findet der Einsteiger in die Himmelskunde ab Seite 8.

Eine kalendarische Übersicht enthält das Kapitel „Das Jahr 2017 auf einen Blick" auf Seite 6. Dem Hauptteil vorangestellt ist die Beschreibung der Sonnen- und Mondfinsternisse, die sich im Jahr 2017 ereignen (siehe Seite 22).

Der Anhang enthält ein Verzeichnis von Planetarien und Sternwarten sowie eine Liste von amateurastronomischen Einrichtungen, die den Kontakt zu Gleichgesinnten erleichtern soll.

Um möglichst allen Leserinnen und Lesern – vom Einsteiger bis zur versierten Beobachterin – zu dienen, wird in den Monatsübersichten eine einfache, beschreibende Darstellung aller interessanten Himmelsvorgänge gebracht, während im Tabellenteil am Schluss wichtige Beobachtungsdaten in Form von Zahlentafeln vermerkt sind.

Eine ausführliche Erläuterung zu den einzelnen Fachbegriffen findet man im *Wörterbuch der Astronomie*, in dem alle wichtigen Begriffe verständlich erklärt werden. Das *Wörterbuch der Astronomie* ist im Kosmos-Verlag erschienen und überall im Buchhandel erhältlich.

Professionelle Daten

Die Daten für das vorliegende Jahrbuch stammen, soweit nicht nachstehend besonders vermerkt, vom Planetarium Stuttgart. Das Institut de Mécanique Celeste et de Calcul des Éphémérides (IMCCE), Observatoire de Paris, lieferte die Daten für die Jupitermonderscheinungen, die Sonnenfleckenrelativzahlen das Observatoire Royal de Belgique, Brüssel, und die Daten für die Sternschnuppenströme die International Meteor Organization (IMO), wofür Herrn Dr. Jürgen Rendtel (Leibniz-Institut für Astrophysik, Potsdam) zu danken ist.

Mein besonderer Dank gilt meinem Mitarbeiter, Herrn Dr. Erich Karkoschka (Lunar and Planetary Laboratory, University of Arizona, Tucson) für seine Ephemeridenberechnungen, die Kalkulation der Sternbedeckungen durch den Mond und die Anfertigung vieler Skizzen und Abbildungen.

Die totale Mondfinsternis am 28. September 2015 zu Beginn der Totalität. Aufnahme von Mario Weigand.

Dank schulde ich auch Herrn Gerhard Weiland, der mit großer Sorgfalt und Umsicht die Reinzeichnungen der Grafiken angefertigt hat, sowie Herrn Wil Tirion für die Herstellung der Monatssternkarten und Abbildungen zum Planetenlauf. Dankbar bin ich auch Herrn Michael Vogel, der sorgfältig Korrektur gelesen hat.

Zu danken habe ich ferner Herrn Martin Gertz von der Beobachtergruppe des Planetariums Stuttgart für die hervorragenden Astroaufnahmen, die er auf der Sternwarte Welzheim gewonnen hat. Nicht zuletzt gebührt auch Dank Frau Claudia Dintner für die sorgfältige Reinschrift des Manuskripts sowie den Mitarbeiterinnen und Mitarbeitern des Verlages, namentlich den Herren Siegfried Fischer und Sven Melchert, für die hervorragende Zusammenarbeit, ohne die dieses Jahrbuch nicht pünktlich erscheinen könnte.

Stuttgart, im März 2016
Hans-Ulrich Keller

Das Jahr 2017 auf einen Blick

Das Jahr 2017 ist nach dem Gregorianischen Kalender ein **Gemeinjahr** mit **365** Tagen.
Beginn der Jahreszeiten:
Frühling (Tagundnachtgleiche): 20. März, 11^h29^m
Sommer (Sonnenwende): 21. Juni, 5^h24^m
Herbst (Tagundnachtgleiche): 22. September, 21^h02^m
Winter (Sonnenwende): 21. Dezember, 17^h28^m
Sommerzeit: Die Mitteleuropäische Sommerzeit (MESZ) geht gegenüber der Mitteleuropäischen Zeit (MEZ) um eine Stunde vor. Sie soll vom **26. März** bis **29. Oktober** 2017 gelten. Kurzfristige Änderungen sind möglich.

Fest- und Feiertage 2017

Neujahrstag:	**Sonntag,**	1. Januar
Aschermittwoch:		1. März
Karfreitag:		14. April
Ostersonntag:		**16. April**
Ostermontag:		17. April
Maifeiertag	**Montag,**	1. Mai
Christi Himmelfahrt:	Donnerstag,	25. Mai
Pfingstsonntag:		4. Juni
Pfingstmontag:		5. Juni
Fronleichnam:	Donnerstag,	15. Juni
Allerheiligen:	Mittwoch,	1. November
Buß- und Bettag:	Mittwoch,	22. November
Totensonntag:		26. November
1. Advent:	Sonntag,	3. Dezember
Heiliger Abend:	Sonntag,	24. Dezember
1. Weihnachtstag:	**Montag,**	25. Dezember
2. Weihnachtstag:	Dienstag,	26. Dezember
Silvester:	**Sonntag,**	31. Dezember

Staatsfeiertage 2017

Tag der deutschen Einheit:	Dienstag,	3. Oktober
Österreichischer Nationalfeiertag:	Donnerstag,	26. Oktober
Schweizer Bundesfeier:	Dienstag,	1. August
Liechtensteiner Staatsfeiertag:	Dienstag,	15. August

Kalenderären 2017

Das **jüdische Jahr** 5778 beginnt am 20. September mit Sonnenuntergang. Der jüdische Neujahrstag fällt daher auf den 21. September 2017.

Das **islamische Jahr** 1439 beginnt am 21. September mit Sonnenuntergang. Der erste Tag des islamischen Jahrs 1439 korrespondiert mit dem 22. September 2017.

Am 28. Januar 2017 beginnt das 34. Jahr im 79. Zyklus des traditionellen **chinesischen Kalenders**. Es ist das Jahr des Hahns (Ding-you).

Am 14. September beginnt in der **byzantinischen Ära** das Jahr 7526.

Am 1. Januar beginnt das **japanische Jahr** 2677.

Am 11. September beginnt das Jahr 1734 der **Ära Diokletians**.

Am 14. September beginnt das Jahr 2329 der **Seleukidenära**.

Am 14. Januar beginnt das Jahr 2770 der **römischen Ära a. u. c**.

Der 14. Januar 2017 des **Gregorianischen** Kalenders korrespondiert mit dem 1. Januar 2017 des **Julianischen** Kalenders.

Das Jahr 2017 entspricht dem Jahr 6730 der **Julianischen Periode**.

Der 1. Januar 2017 (0^h Weltzeit = 1^h Mitteleuropäische Zeit) hat die **Julianische Tagesnummer** 2457754,5

Chronologie 2017

Sonnenzirkel: 10
Goldene Zahl (Mondzirkel): IV
Sonntagsbuchstabe: A
Indiktion (Römerzinszahl): 10
Epakte: 2
Jahresregent: Sonne

Finsternisse 2017

Im Jahr 2017 ereignen sich vier Finsternisse.

In der Nacht vom 10. auf 11. Februar wandert der Mond durch den Halbschatten der Erde. Diese Halbschattenfinsternis des Mondes ist prinzipiell von Mitteleuropa aus beobachtbar.

Die partielle Mondfinsternis vom 7. August ist in ihrer Endphase von Mitteleuropa aus sichtbar.

Die ringförmige Sonnenfinsternis vom 26. Februar und die totale Sonnenfinsternis vom 21. August bleiben von Mitteleuropa aus unbeobachtbar.

Ausführliche Erläuterungen zu den Finsternissen findet man im Kapitel „Sonnen- und Mondfinsternisse 2017" ab Seite 22.

Mond bei Venus am 26. März 2012, darunter Jupiter. Aufnahme von Martin Gertz/Sternwarte Welzheim.

Planeten 2017

Merkur bietet Mitte Januar und Mitte September eine Morgensichtbarkeit. Von Ende März bis Anfang April zeigt sich der flinke und sonnennahe Planet am Abendhimmel. In unseren Breiten ist dies die einzige Abendsichtbarkeitschance im Jahr 2017.

Venus ist von Jahresbeginn bis Mitte März Abendstern. Am **12. Januar** erreicht sie ihre **größte östliche Elongation** von der Sonne. Mit **maximaler Helligkeit** strahlt der Abendstern am **17. Februar.** Am 25. März kommt Venus in untere Konjunktion mit der Sonne. Von April bis Anfang Dezember spielt sie ihre Rolle als Morgenstern. Am **30. April** leuchtet sie **in größtem Glanz** am Morgenhimmel. Am **3. Juni** steht Venus dann in größter westlicher Elongation von der Sonne.

Mars hält sich bis Mitte Juni am Abendhimmel auf. Am 27. Juli steht er in Konjunktion mit der Sonne. Ab Ende September bis Jahresende kann man den roten Wüstenplaneten am Morgenhimmel sehen.

Jupiter kommt am **7. April** im Sternbild Jungfrau in **Opposition** zur Sonne. Bis Anfang September kann der Riesenplanet am Abendhimmel gesehen werden. Am 26. Oktober steht er in Konjunktion mit der Sonne. Gegen Ende November taucht Jupiter am Morgenhimmel auf.

Saturn steht am **15. Juni** im Sternbild Schlangenträger in **Opposition** zur Sonne. Bis Anfang November ist der Ringplanet am Abendhimmel vertreten. Am 21. Dezember wird er von der Sonne eingeholt und steht in Konjunktion mit ihr. Im Februar 2018 erscheint der Ringplanet wieder am Morgenhimmel..

Uranus kommt am **19. Oktober** im Sternbild Fische in **Opposition** zur Sonne. In Konjunktion mit der Sonne steht Uranus am 14. April.

Neptun erreicht seine **Opposition** am **5. September** im Sternbild Wassermann. In Konjunktion mit der Sonne steht Neptun am 2. März.

Pluto, der prominenteste Zwergplanet unseres Sonnensystems, steht am **10. Juli** im Sternbild Schütze in **Opposition** zur Sonne. Seine Konjunktion mit der Sonne erreicht Pluto schon am 7. Januar.

Ausführliche Angaben über die Sichtbarkeit der Planeten entnehme man der Rubrik „Planetenlauf" in den Monatsübersichten.

Erläuterungen zum Gebrauch

Wer zum ersten Mal dieses Jahrbuch in Händen hält, dem bieten nachstehende Erläuterungen eine erste Einführung in seine Benutzung. Wer jedoch schon mit den Grundlagen der Himmelskunde vertraut ist, kann sofort die „Kurzhinweise zum Gebrauch" dieses Jahrbuches auf der vorderen Umschlagklappe aufschlagen.

Im *Kosmos Himmelsjahr* ist das Bild des abendlichen Fixsternhimmels für jeden Monat beschrieben. Eine Sternkarte erleichtert die Übersicht. Außerdem ist die Stellung des Großen Wagens und des Himmels-Ws um 22^h MEZ für jeden Monat aus einer Grafik ersichtlich. Der Große Wagen und das Himmels-W sind in jeder klaren Nacht zu beobachten, da sie bei uns zirkumpolar sind, also niemals untergehen.

Während die Fixsterne ihre Stellungen zueinander nicht ändern, sondern nur gemeinsam infolge der Erdrotation über das Firmament ziehen, gibt es Gestirne, die ihre Position im Laufe von Wochen und Monaten ändern. Man nennt sie Wandelsterne oder Planeten. Sie sind die Geschwister unserer Erde, die ebenfalls ein Planet ist. Mit freiem Auge sind fünf Planeten zu sehen: Merkur, Venus, Mars, Jupiter und Saturn.

Von der Erde aus gesehen wandert somit die Sonne in einem Jahr durch die bekannten Sternbilder des Tierkreises. Der Wanderweg der Sonne heißt Ekliptik. Mond und Planeten bewegen sich ebenfalls in der Nähe der Ekliptik. Sie sind daher stets in den Tierkreissternbildern zu finden.

Sterne, Sternbilder und Sternkarten

Je nach Fantasie und Kultur haben die einzelnen Völker Sterne und Sternbilder unterschiedlich benannt. Die Internationale Astronomische Union (IAU) hat für die gesamte Himmelskugel 88 Sternbilder festgelegt, die für alle Astronomen und Sternfreunde verbindlich sind. Diese 88 Sternbilder haben lateinische Namen und jeweils eine Abkürzung von drei Buchstaben; Beispiel: der Krebs, lat.: Cancer, Abkürzung: Cnc.

Speziell für die Benutzer des Himmelsjahres empfehlen sich zur ersten Orientierung die Sternkarten im *Atlas für Himmelsbeobachter* von Erich Karkoschka. Neben den klassischen Sternatlanten gibt es heute auch gute Computerprogramme, die einen gewünschten Himmelsausschnitt am Monitor erscheinen lassen.

Nur die hellsten oder auffällige Sterne, die beispielsweise periodisch ihre Helligkeit ändern, haben Eigennamen erhalten. So heißen die beiden hellsten Sterne im Wintersternbild Orion Beteigeuze und Rigel, der berühmte veränderliche Stern im Perseus Algol.

Etwas systematischer hat Johannes Bayer im Jahre 1603 die Sterne bezeichnet, nämlich mit griechischen Buchstaben und dem Genitiv des lateinischen

Sternbildnamens. So bekam der hellste Stern in der Leier die Bezeichnung α Lyrae (oder kurz α Lyr), der zweithellste β Lyrae, der dritthellste γ Lyrae usw. Die Helligkeitsfolge ist aber nicht immer streng eingehalten, manchmal hat die Mythologie Vorrang; von den beiden hellen Zwillingssternen trägt der hellere Pollux die Bezeichnung β Geminorum, der etwas schwächere Kastor α Geminorum. Bei Doppelsternen wird gelegentlich noch ein Index an den griechischen Buchstaben angehängt. Beispiel: ε_1 und ε_2 Lyrae, der berühmte Vierfachstern in der Leier (jede Komponente ist ihrerseits ebenfalls ein Doppelstern). Die 24 griechischen Buchstaben (siehe Seite 18) pro Sternbild reichen natürlich nicht aus, um alle Sterne zu benennen.

Den ersten umfangreichen Sternkatalog nach Erfindung des Fernrohrs hat John Flamsteed (1646–1719) im Jahre 1712 herausgegeben. Flamsteed hat die Sterne in einem Sternbild durchnummeriert. So hat ω Aurigae beispielsweise bei Flamsteed die Bezeichnung 4 Aurigae. Viele Sterne, die keine Bayer-Bezeichnung haben, sind jedoch mit Flamsteed-Nummern gekennzeichnet.

Bei schwächeren Sternen gibt man die Katalognummer an, unter der sie verzeichnet sind, oder einfach die genauen Koordinaten. Beispiele für Katalognummern: BD +52°1312 bedeutet Stern Nummer 1312 in der Deklinationszone von +52° bis +53° der sogenannten Bonner Durchmusterung. HD 128974, Stern aus dem Henry-Draper-Katalog, SAO 146912, Stern aus dem Smithsonian Astrophysical Observatory Star Catalogue, FK5: 1051, Stern aus dem 5. Fundamental-Katalog.

Sterne, deren Helligkeit variiert, werden häufig mit großen lateinischen Buchstaben und ihren Sternbildnamen versehen: RR Lyrae, T Coronae Borealis. Man kann somit aus der Bezeichnung auf die Eigenart dieser Sterne schließen.

Martin Gertz, Sternwarte Welzheim

E.1 Der Große Wagen gilt als das bekannteste „Sternbild“, ist aber nur ein Teil des Sternbildes Großer Bär.

Sternhaufen und Nebel

Man unterscheidet offene und kugelförmige Sternhaufen. Offene Sternhaufen enthalten Dutzende bis einige hundert Sterne, die alle einzeln als Lichtpunkte erkennbar sind. Kugelhaufen haben Hunderttausende bis Millionen Mitgliedssterne und sind als verwaschene, kreisrunde Lichtfleckchen zu sehen. Nur die Randpartien sind in Einzelsterne auflösbar, im Zentrum stehen die Sterne zu dicht, um als einzelne Lichtpunkte erkannt zu werden.

Zwischen den punktförmigen Sternen zeigen sich auch nebelhafte Gebilde. Bei den „Nebeln“ gilt es zwei Kategorien zu unterscheiden: Einmal beobachtet man tatsächlich Staub- und Gasmassen zwischen den Sternen unserer Milchstraße, wie zum Beispiel im Sternbild Orion den berühmten Orionnebel. Andere

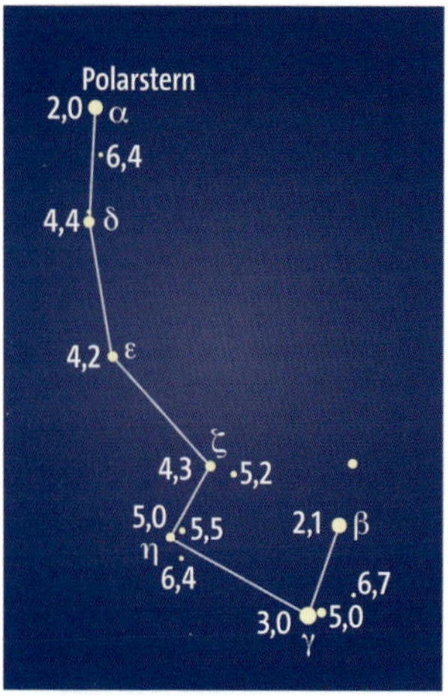

E.2 Sternbild Kleiner Wagen mit Helligkeitsangaben in Größenklassen für die einzelnen Sterne.

nebelhafte Lichtfleckchen lassen sich jedoch mit sehr großen Teleskopen in einzelne Sterne auflösen. Hier sieht man fremde, ferne Milchstraßensysteme. Das Licht von Milliarden Sternen wird von uns nur als schwaches Nebelfleckchen registriert, wie beispielsweise beim Andromedanebel. Wegen ihrer häufig spiraligen Gestalt spricht man auch von Spiralnebeln oder Galaxien.

Der französische Astronom Charles Messier (1730–1817) hat einen Katalog mit über hundert Sternhaufen und Nebeln zusammengestellt. Der Orionnebel wird z. B. mit M 42, der Andromedanebel mit M 31, der Kugelhaufen im Herkules mit M 13 bezeichnet. Wesentlich umfangreicher ist der Katalog von John L. E. Dreyer mit dem Namen *New General Catalogue of Nebulae and Clusters of Stars*, abgekürzt NGC. Später erschienen noch zwei Ergänzungen (*Index-Catalogue I and II*, kurz IC I und IC II) und schließlich der überarbeitete *Revised New General Catalogue* (RNGC). Daher trägt der Andromedanebel M 31 auch die Bezeichnung NGC 224.

Die Helligkeit der Sterne

Man teilt die Sterne in Größenklassen ein. Diese Größenklassen geben nicht den Durchmesser oder die wahre Leuchtkraft der Sterne an, sondern ihre scheinbare Helligkeit am Himmel. Sterne erster Größe sind dabei heller als solche zweiter Größe. Ein schwaches Sternpünktchen sechster Größe ist eben noch mit bloßen Augen zu erkennen. Ein Stern erster Größe ist dabei hundertmal heller als ein Stern sechster Größe. Daraus folgt, dass ein Stern zweiter Größe 2,512-mal lichtschwächer ist als ein Stern erster Größe. Ein Stern dritter Größe wiederum ist 2,512-mal lichtschwächer als ein Stern zweiter Größe, denn $2{,}512^5 = 100$. Die Größenklassenskala ist somit ein logarithmisches Maß.

Als Abkürzung verwendet man ein kleines hochgestelltes ^{m} für magnitudo (lat.) = Größe. Sterne, die heller als 1^m sind, bezeichnet man mit 0^m, -1^m, -2^m usw. Die Venus kann -4^m hell sein. Das bedeutet, dass sie dann hundertmal heller strahlt als ein Stern erster Größe, also mit 1^m! In manchen Schriften findet man gelegentlich die Abkürzung „mag" für Größenklasse. In der Fachastronomie ist sie jedoch nicht in Gebrauch. Mit Teleskopen lassen sich auch Sterne beobachten, die schwächer sind als 6^m. In einem guten Fernglas sind Sterne bis 10^m erkennbar.

In großen Teleskopen werden Sterne bis 26^m beobachtet, also Objekte, die hundert Millionen Mal lichtschwächer sind als die schwächsten, dem menschlichen Auge zugänglichen Sterne mit 6^m. Die Helligkeiten der Sterne zu schätzen, sollte man üben. Abb. E.2 zeigt den Kleinen Wagen, wobei die Helligkeiten der einzelnen Sterne vermerkt sind. Da das Sternbild Kleiner Wagen zirkumpolar ist, kann es in jeder klaren Nacht zu jeder Uhrzeit gesehen werden.

Stünden alle Sterne gleich weit entfernt, sozusagen in einer Normentfernung, dann entspräche die beobachtete scheinbare Helligkeit auch ihrer wirklichen Leuchtkraft. Eine solche Normentfernung wurde mit 10 Parsec (knapp 33 Lichtjahre) festgelegt. Man rechnet nun die Helligkeit aus, die ein Stern in 10 Parsec Entfernung hätte, und bezeichnet diese Größe als „absolute Helligkeit" oder „wahre Leuchtkraft" eines Sterns.

Um die absolute nicht mit der scheinbaren Helligkeit zu verwechseln, wird sie mit einem großen M (Magnitudo) abgekürzt. Beispiel: Unsere Sonne hat die enorme scheinbare Helligkeit von -27^m am Firmament und eine absolute Helligkeit von

$+4{,}8^M$. Das heißt, in 33 Lichtjahren Entfernung erschiene uns die Sonne nur noch als Sternchen 5. Größe. Anmerkung: Da ^{m} auch für Minute steht, ist aus dem Textzusammenhang zu entnehmen, ob Helligkeiten oder Zeiten beziehungsweise Koordinaten gemeint sind.

Entfernungsangaben

In der Astronomie verwendet man, um große Zahlenungetüme zu vermeiden, für die Distanzen im Sonnensystem als Längenmaß die Astronomische Einheit (AE). Eine Astronomische Einheit entspricht der mittleren Entfernung der Erde von der Sonne, das sind rund 150 Millionen Kilometer.

Es gilt: 1 AE = 149 597 870 km

Diese Strecke legt das Licht in 8^m20^s zurück. Man spricht von der Lichtlaufzeit der Astronomischen Einheit. Jupiter ist beispielsweise 5,2 AE von der Sonne und Neptun rund 30 AE von ihr entfernt. Die Lichtlaufzeiten der Planetendistanzen betragen Minuten bis wenige Stunden. Die Sterne sind jedoch so weit entfernt, dass ihr Licht Jahre, Jahrhunderte und Jahrmillionen zur Erde unterwegs ist. Man gibt daher ihre Distanzen in Lichtlaufzeiten an, wobei man ein Lichtjahr (LJ) als Einheit nimmt. In einem Jahr legt ein Lichtstrahl im Vakuum rund zehn Billionen Kilometer zurück.

Es gilt: 1 LJ = $9{,}46 \times 10^{12}$ km
= 63 240 AE

Ein Lichtjahr ist somit keine Zeit-, sondern eine Entfernungsangabe. In der Stellarastronomie wird ferner das Parsec (Parallaxensekunde) verwendet. Ein Parsec entspricht 3,26 Lichtjahren. Die Definition des Parsec findet man im Begleitbuch zum *Himmelsjahr*, dem *Kompendium der Astronomie* im Abschnitt „Entfernungseinheiten in der Astronomie".

Im *Himmelsjahr* werden die Entfernungen im Sonnensystem in AE und die Fixsterndistanzen in Lichtjahren angegeben. Parsec werden nicht verwendet.

Zeitangaben

Alle Uhrzeiten im *Himmelsjahr* sind grundsätzlich in Mitteleuropäischer Zeit (MEZ) angegeben. Die Mitteleuropäische Zeit ist die mittlere Sonnenzeit des Meridians 15° östlich von Greenwich (Nullmeridian der Erde). Sie geht gegenüber der Weltzeit (UT = Universal Time) um eine Stunde vor. Es gilt: Weltzeit plus eine Stunde = MEZ.

Wenn es in Greenwich Mitternacht (0^h) ist, dann haben wir schon 1^h (MEZ) morgens. Für ortsabhängige Angaben (z. B. Auf- und Untergänge) gelten alle Zeiten genau für den Ort 10° östlich von Greenwich und 50° nördlicher Breite. Dieser Punkt liegt für Mitteleuropa ziemlich zentral.

Die Sommerzeit ist eine willkürliche Verschiebung der Zonenzeit um eine Stunde, um die Tageshelligkeit besser auszunutzen und (angeblich) Energie einzusparen. Sie beruht nicht auf astronomischen Grundlagen und ist außerdem von Staat zu Staat verschieden. Um die Benutzer des Himmelsjahres nicht zu verwirren und die Daten konsistent zu halten, sind alle Angaben das ganze Jahr durchgehend in MEZ vermerkt. Es gilt: MEZ plus eine Stunde = MESZ (Mitteleuropäische Sommerzeit). Gilt in einem Land die Sommerzeit, so ist zu den Zeitangaben im *Himmelsjahr* einfach eine Stunde zu addieren.

Achtung: Fällt ein Ereignis in die letzte Stunde vor Mitternacht, so ändert sich auch das Datum um einen Tag.

Während der Dauer der Sommerzeit sind alle Zeitangaben in den Tabellen in einem dunkleren Farbton unterlegt.

Auf- und Untergangszeiten

Alle Auf- und Untergangszeiten (MEZ) gelten exakt für 10° östlicher Länge und 50° nördlicher Breite.

Für andere Orte in Mitteleuropa können diese Zeiten erheblich differieren (bis etwa eine halbe Stunde). Um schnell auch für andere Orte die Auf- und Untergänge ermitteln zu können, ist das Nomogramm auf Seite 292 gedacht.

Im Nomogramm sind die wichtigsten Städte in Mitteleuropa eingetragen. Man wähle eine Stadt, die dem eigenen Standpunkt am nächsten kommt. Dann lege man ein Lineal so auf das Nomogramm, dass es mit der

Deklination des Gestirns beziehungsweise der Uhrzeit laut Tabelle „Sonnenlauf" am oberen Bogen übereinstimmt. Dabei gilt das obere Vorzeichen für den Aufgang, das untere für den Untergang. Die Verbindungslinie (Lineal) gibt dann am unteren Bogen die Korrektur für die Auf- bzw. Untergangszeit an. Positive Werte bedeuten eine Verspätung, ein negativer Wert deutet an: Der Auf- oder Untergang erfolgt entsprechend früher. Die Zahlen geben die Minuten an.

Beispiel: Wann geht in Wien am 31. März die Sonne auf? Man verbinde mit einem Lineal den Punkt „Wien" mit der 6-Uhr-Marke am oberen Bogen. Denn laut Tabelle „Sonnenlauf" auf Seite 78 erfolgt der Sonnenaufgang am 31. März um 5^h59^m. Die Verbindungslinie schneidet den unteren Bogen bei -24^m. Der Sonnenaufgang erfolgt in Wien somit 24 Minuten früher, also um 5^h35^m MEZ bzw. 6^h35^m Sommerzeit. Wem die Verwendung des Nomogramms zu kompliziert erscheint, der kann auch die Tabelle zur Auf- und Untergangskorrektur auf Seite 293 benutzen. Man suche die seinem Wohnort nächstliegende Stadt und lese einfach die Korrekturzeit in Minuten ab, wobei für Mond, Planeten oder Sterne noch vorher die Deklination zu ermitteln ist. Bei der Sonne beachte man das Datum.

Sommerzeit (MESZ) in der Bundesrepublik Deutschland

	Beginn Sonntag	Ende Sonntag		Beginn Sonntag	Ende Sonntag
1980	06. April	28. September	2000	26. März	29. Oktober
1981	29. März	27. September	2001	25. März	28. Oktober
1982	28. März	26. September	2002	31. März	27. Oktober
1983	27. März	25. September	2003	30. März	26. Oktober
1984	25. März	30. September	2004	28. März	31. Oktober
1985	31. März	29. September	2005	27. März	30. Oktober
1986	30. März	28. September	2006	26. März	29. Oktober
1987	29. März	27. September	2007	25. März	28. Oktober
1988	27. März	25. September	2008	30. März	26. Oktober
1989	26. März	24. September	2009	29. März	25. Oktober
1990	25. März	30. September	2010	28. März	31. Oktober
1991	31. März	29. September	2011	27. März	30. Oktober
1992	29. März	27. September	2012	25. März	28. Oktober
1993	28. März	26. September	2013	31. März	27. Oktober
1994	27. März	25. September	2014	30. März	26. Oktober
1995	26. März	24. September	2015	29. März	25. Oktober
1996	31. März	27. Oktober	2016	27. März	30. Oktober
1997	30. März	26. Oktober	2017	26. März	29. Oktober
1998	29. März	25. Oktober	2018	25. März	28. Oktober
1999	28. März	31. Oktober	2019	31. März	27. Oktober

Die Sternzeit: Um mit einem Fernrohr ein bestimmtes Gestirn zu finden, muss man die Stellung des Beobachters auf der Erde zu einer bestimmten Uhrzeit des Tages relativ zur Fixsternwelt kennen. Man braucht dazu einen Referenzpunkt unter den Sternen. Dies ist der Frühlingspunkt. Er ist der Schnittpunkt der aufsteigenden Sonnenbahn mit dem Himmelsäquator. Im Frühlingspunkt steht die Sonne zu Frühlingsbeginn. Er ist auch der Nullpunkt der äquatorialen Himmelskoordinaten. Nimmt man statt der Sonne den unter den Fixsternen (fast) feststehenden Frühlingspunkt, erhält man statt der Sonnenzeit die Sternzeit.

Steht der Frühlingspunkt im Süden (Meridian), spricht man von 0^h Sternzeit, eine Stunde später von 1^h Sternzeit, usw. Es gilt: **Sternzeit = Stundenwinkel des Frühlingspunktes**.

Im *Himmelsjahr* ist die Sternzeit jeweils für 1^h MEZ (= 0^h Weltzeit) von zehn zu zehn Tagen für den Meridian von Greenwich

(Nullmeridian) angegeben (siehe Tabelle auf Seite 286).

Die Tabelle auf Seite 290 erlaubt eine schnelle Bestimmung der Sternzeit zur abendlichen Beobachtungsstunde. Die Tabelle „Sternzeit" gibt die Sternzeit um 20^h MEZ (= 21^h MESZ) am Ortsmeridian 10° östlicher Länge für jeden Tag des Jahres an. Um den Stundenwinkel eines Gestirns zu ermitteln, bilde man die Differenz: Sternzeit minus Rektaszension des Gestirns, dann hat man den Stundenwinkel zum Beobachtungszeitpunkt und kann das Teleskop entsprechend einstellen.

Für die Bestimmung des Stundenwinkels eines Planeten kann man auch seine Kulminationszeit (Zeit des Meridiandurchganges) benutzen, wenn man keine Sternzeituhr zur Verfügung hat und sich die Berechnung der Sternzeit zum Beobachtungszeitpunkt ersparen will. Die Kulminationszeiten der Planeten und Kleinplaneten sind auf den Seiten 280 bis 284 angegeben. Die Kulminationszeit gilt für 10° östlicher Länge. Zunächst ist die Korrektur für die Längendifferenz des Beobachtungsortes anzubringen (siehe Seite 291, Spalte Zeitkorrektur gegen 10° östlicher Länge). Um diese so erhaltene Zeit geht der Planet durch den Meridian des Beobachters und hat somit den Stundenwinkel Null. Man bilde nun die Zeitdifferenz zwischen der Beobachtungszeit und der Zeit des Meridiandurchganges. Sie entspricht direkt dem Stundenwinkel (im Zeitmaß).

Die Dynamische Zeit: In der Astronomie wird seit 1984 eine Dynamische Zeit verwendet, die die vorher verwendete Ephemeridenzeit abgelöst hat. Nähere Erläuterungen zu den Dynamischen Zeitskalen finden sich in dem Buch *Kompendium der Astronomie*. Die genaue Differenz der Dynamischen Zeit (TT = Terrestrial Time) zur Weltzeit (UT = Universal Time) kann erst im Nachhinein aus Beobachtungen der Gestirnspositionen bestimmt werden. Der extrapolierte Wert für das Jahr 2017 lautet: $\Delta T = +68$ Sekunden, wobei $\Delta T = TT - UTC$ gilt. Die koordinierte Weltzeit (UTC) hinkt somit der Dynamischen Zeit (TT) um mehr als eine Minute nach.

Der beobachtende Sternfreund kann die TT unberücksichtigt lassen, wenn er nicht hohe Genauigkeitsansprüche hat. Wer jedoch die Angaben im *Himmelsjahr* mit anderen Jahrbüchern vergleicht, muss beachten, dass alle Zeitangaben hier in MEZ = UTC + 1^h und nicht in TT vermerkt sind.

Der Himmelskalender

Jede Monatsübersicht beginnt mit dem zweiseitigen Himmelskalender. Auf der ersten Seite wird in kurzen Stichworten auf aktuelle Ereignisse im betreffenden Monat hingewiesen. Eine kleine Grafik zeigt die Stellung von Großem Wagen und Himmels-W jeweils um 22 Uhr MEZ relativ zum Nordhorizont. Sie soll zum schnellen Auffinden des Polarsterns dienen. Außerdem ist ein Himmelsanblick mit einer interessanten Konstellation – meist Begegnungen von hellen Planeten mit dem Mond – dargestellt.

Die zweite Seite des Himmelskalenders enthält eine Tabelle mit den Wochentagen und für jeden Tag die entsprechende Mondphase in einer kleinen Grafik. Vermerkt sind in der Tabelle ferner Feiertage, die Hauptphasen des Mondes, sichtbare Konstellationen von Mond und Planeten sowie die bei uns beobachtbaren Finsternisse.

Der Sonnenlauf

Die Bewegung der Sonne durch den Tierkreis ist zu Beginn jeder Monatsübersicht aus einer kleinen Grafik zu entnehmen. Die Grenzen der Sternbilder sind eingetragen sowie die wichtigsten Bahnpunkte der Sonne.

Die Tages- und Nachtstunden sowie Dämmerungslängen werden durch eine dreiteilige Zeichnung (Uhrensymbole) veranschaulicht. Diese soll einen groben und schnellen Überblick über die Länge der Tages- und Nachtzeit geben. Für die Dämmerungszeiten wurde die nautische Dämmerung (Sonne 12° unter dem Horizont) eingesetzt.

Die Tabelle „Sonnenlauf" gibt die Auf- und Untergangszeiten, Meridiandurchgang (Kulmination), Zeitgleichung und die Mittagshöhe der Sonne an sowie die äquatorialen Koordinaten Rektaszension und Deklination für 1^h MEZ jeweils von fünf zu fünf Tagen.

Die Zeiten gelten exakt für einen zentralen Ort mit 10° östlicher Länge und 50° nördlicher Breite. Für diesen Ort gelten auch die Dämmerungszeiten. Angegeben ist jeweils der Beginn und das Ende der nautischen Dämmerung.

Die Sonnenhöhe zu Mittag: Sie ist in der Tabelle „Sonnenlauf" für 50° nördlicher Breite angegeben. Für andere Breiten ist sie einfach zu ermitteln: 90° minus geografische Breite des Beobachters plus Sonnendeklination. Beispiel: Wie hoch steht die Sonne am 10. Juni zu Mittag (Kulmination) in Düsseldorf (geografische Breite: +51°)? 90° – 51° + 23° = 62° (Im Winterhalbjahr die negativen Deklinationen der Sonne beachten!).

In der Grafik „Sonnenlauf" jeweils zu Monatsbeginn ist die scheinbare Sonnenbahn (Ekliptik) durch die Sternbilder des Tierkreises für den jeweiligen Monat eingezeichnet. Ferner sind die Eintritte der Sonne sowohl in die einzelnen Tierkreissternbilder als auch in die Tierkreiszeichen vermerkt sowie die Äquinoktien (Tagundnachtgleichen) und Solstitien (Sommer- und Winterbeginn).

Die Zeitgleichung: Die Sonnenzeit wird nach einer fiktiven „mittleren Sonne" gerechnet. Die wahre Sonne läuft nämlich ungleichförmig. So geht sie einmal vor, dann wieder nach. Die Differenz kann bis zu einer Viertelstunde plus oder minus betragen. Diese Differenz wird Zeitgleichung (ZGL) genannt. Sie ist definiert zu:

ZGL = Wahre Sonnenzeit minus Mittlere Sonnenzeit

Die Zeitgleichung und die Kulmination der wahren Sonne sind tabellarisch aufgeführt. Ein negativer Wert der Zeitgleichung bedeutet, die wahre Sonne geht nach der mittleren durch den Meridian.

Der Mondlauf

Auf- und Untergangszeiten (MEZ) gelten genau für 10° östlicher Länge und 50° nördlicher Breite (siehe Zeitangaben). Ferner sind die Kulminationszeiten (Meridiandurchgänge) für 10° östlicher Länge tabelliert.

Der Mond bewegt sich recht schnell durch den Tierkreis. Deshalb sind für jeden Tag des Jahres seine Koordinaten angegeben. Sie gelten jeweils für 1^h MEZ (= 0^h Weltzeit). Wem diese Zahlen nichts sagen, der findet in der Spalte „Sterne und Sternbilder" die Position des Mondes im Tierkreis vermerkt. Ein Sternchen (*) deutet auf eine Sternbedeckung hin.

Die Position des Mondes gilt wie erwähnt für 1^h MEZ. Wer also abends beobachtet, sollte die Stellung des Mondes im Tierkreis aus der Zeile des folgenden Tages entnehmen, denn der Mond läuft recht rasch. Nähere Angaben zu den Sternbedeckungen finden sich in der Tabelle „Sternbedeckungen durch den Mond" auf Seite 288. Die letzte Spalte enthält die Mondphasen sowie wichtige Punkte in der Bahn.

Die Mondbahn ist rund 5° gegen die Ekliptik (scheinbare Sonnenbahn) geneigt. Aufsteigender Knoten bedeutet, der Mond überschreitet die Ekliptik nach Norden; absteigender Knoten, er wechselt wieder nach Süden. Größte Nordbreite: Der Mond steht am weitesten in nördlicher Richtung von der Ekliptik entfernt; analog dazu heißt größte Südbreite: Der Mond hat maximalen südlichen Abstand von der Ekliptik.

Im Tabellenteil findet man auf Seite 278/279 die Mondbahn relativ zur Ekliptik eingetragen. Wegen der Rückläufigkeit der Mondbahnknoten verläuft die Mondbahn unter den Sternen in jedem Jahr anders.

Die Libration: Bei größter Südbreite ist die Nordhalbkugel des Mondes uns ein wenig mehr zugekehrt, man spricht von maximaler Libration Nord; entsprechend sieht man bei größter Nordbreite mehr vom Südpolgebiet des Mondes. Libration West: Westrand des Mondes, Libration Ost: Ostrand des Mondes ist uns zugekehrt (Astronomische Definition West/Ost siehe auch *Kompendium der Astronomie*, Kapitel „Der Mond der Erde").

„Libration West" bedeutet, das Mare Crisium zeigt sich randfern, das Mare Smythii wird sichtbar. „Libration Ost" heißt, das Mare Crisium rückt an den Westrand, im Osten zeigt sich der Ringwall Grimaldi randfern und das Mare Orientale wird gut sichtbar.

Bei Erdnähe und Erdferne ist die Distanz des Mondes jeweils in tausend Kilometer vermerkt. Außerdem ist der scheinbare Monddurchmesser in Bogenminuten angegeben. Neben der Phase „Neumond" steht die Brownsche Lunationsnummer. Eine Lunation ist die Zeitspanne, die der Mond benötigt, um einmal alle Phasen zu durchlaufen, also von einem Neumond bis zum nächstfolgenden. Diese Zeitspanne heißt „Synodischer Monat". Auf Vorschlag von Ernst William Brown werden die Lunationen seit dem Neumond vom 16. (17.) Januar 1923 fortlaufend nummeriert.

Der Planetenlauf

Planeten sind Geschwister der Erde. Sie laufen gemeinsam mit ihr um die Sonne. Je näher ein Planet der Sonne steht, desto schneller wandert er um sie. Wir beobachten die Planeten nicht von einem ruhenden Punkt aus, sondern vom Raumschiff Erde, das ständig in Bewegung ist. Deshalb erscheinen uns von der Erde aus (geozentrisch) die Bewegungen der Planeten vor dem Hintergrund der fernen Fixsterne – dem Muster der Sternbilder also – recht kompliziert. Überholt die Erde einen weiter außen laufenden Planeten, so scheint er einige Wochen lang zurückzubleiben, er ist „rückläufig", wie man zu sagen pflegen. Anschließend bewegt er sich wieder in der ursprünglichen Richtung wie die Sonne von West nach Ost, er ist wieder „rechtläufig". Durch diesen Bewegungswechsel bildet die Bahn des Planeten eine Schleife.

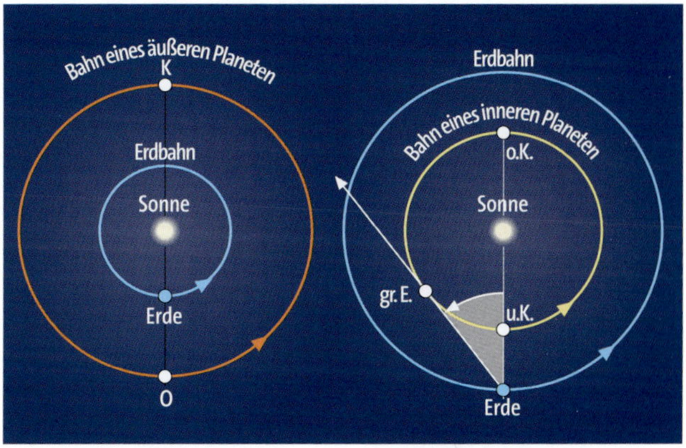

E.3 Die linke Zeichnung zeigt die Erdbahn und die Bahn eines äußeren Planeten. Bei O steht der Planet in Opposition, bei K in Konjunktion. Auf der rechten Seite der Abbildung sind die Erdbahn und die Bahn eines inneren Planeten dargestellt. Bei u. K. steht der Planet in unterer, bei o. K. in oberer Konjunktion mit der Sonne. Bei gr. E. steht er in größter Elongation (Winkel grau gerastert).

Ob ein Planet am Himmel zu sehen ist, hängt von der gegenseitigen Stellung von Sonne und Planet ab. Steht ein äußerer Planet von der Erde aus gesehen hinter der Sonne, Planet – Sonne – Erde bilden also eine Linie, so ist er nicht beobachtbar (Abb. E.3). Da er in Sonnenrichtung steht, geht er mit der Sonne auf und unter, bleibt somit nachts unter dem Horizont verborgen. Diese Konstellation heißt Konjunktion.

Steht der Planet von der Erde aus gesehen der Sonne gegenüber, also in der Reihenfolge Sonne – Erde – Planet (Abb. E.3), so spricht man von Opposition oder Gegenschein. Der Planet ist die ganze Nacht über zu sehen, da er mit Sonnenuntergang aufgeht und morgens mit Sonnenaufgang unter dem Westhorizont verschwindet. Bilden Sonne – Erde – Planet ein rechtwinkliges Dreieck, so spricht man von einer Quadratur.

Die inneren Planeten Merkur und Venus können niemals in Oppositionsstellung kommen. Dafür unterscheidet man bei ihnen zwischen oberer und unterer Konjunktion (Abb. E.3). In diesen beiden Stellungen bleibt der Planet unsichtbar. Nur wenn der Planet westlich oder östlich der Sonne „in Elongation" steht, kann er gesehen werden. Steht Venus in östlicher Elongation, so geht sie erst nach Sonnenuntergang unter, sie ist dann Abend-

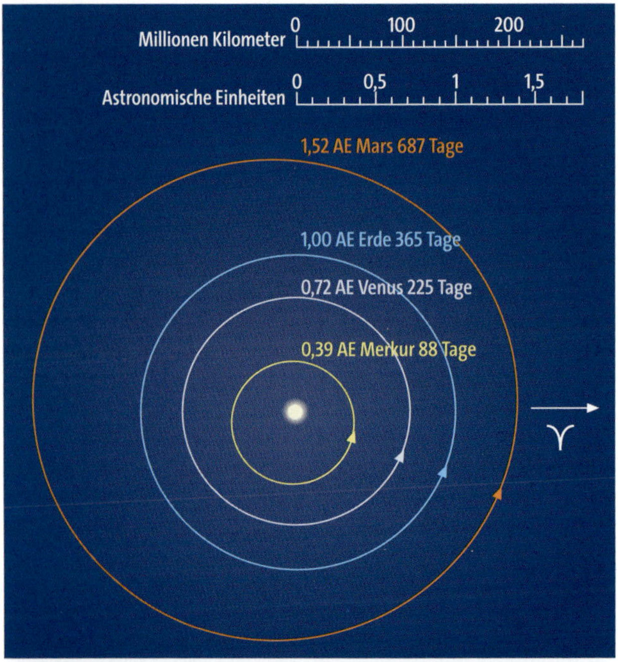

E.4 Die Bahnen der inneren Planeten um die Sonne (1 AE = 1 Astronomische Einheit = 149,6 Millionen Kilometer). Der Pfeil deutet die Richtung zum Frühlingspunkt an (Symbol: ♈).

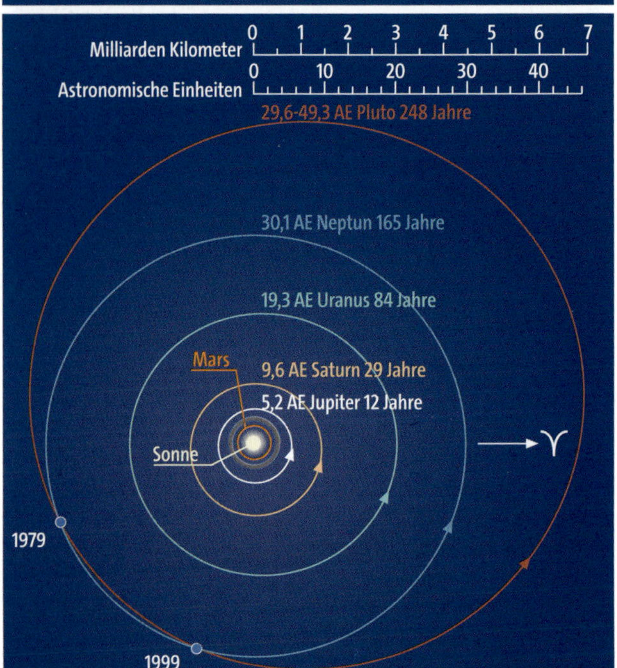

E.5 Die Bahnen der äußeren Planeten. Zwischen der Marsbahn und der Jupiterbahn laufen Abertausende Kleinplaneten (Planetoiden) um die Sonne. Wegen seiner stark exzentrischen Bahn war Pluto von 1979 bis Anfang Februar 1999 der Sonne näher als Neptun.

stern. Steht sie in westlicher Elongation, so geht sie vor der Sonne auf und ist am Morgenhimmel zu sehen.

Ähnliches gilt für Merkur. Die größte Elongation (Winkelabstand von der Sonne) kann für die Venus 48° betragen, für den sonnennäheren Merkur aber nur 28°. Merkur ist daher schwierig zu beobachten – entweder abends kurz nach Sonnenuntergang tief im Westen oder kurz vor Sonnenaufgang tief am Osthimmel. Die Sichtbarkeiten der Planeten hängen nicht nur von den geometrischen Verhältnissen (Stellung des Planeten und der Sonne), sondern auch von meteorologischen Gegebenheiten ab. Eine starke Dunstglocke, hohe Luftfeuchtigkeit (Nebel) oder irdisches Streulicht (Neonreklame, Fahrzeugscheinwerfer, Lichtdom eines Stadions) beeinträchtigen die Beobachtung.

Eine Grafik vor der Rubrik „Planetenlauf" ermöglicht einen

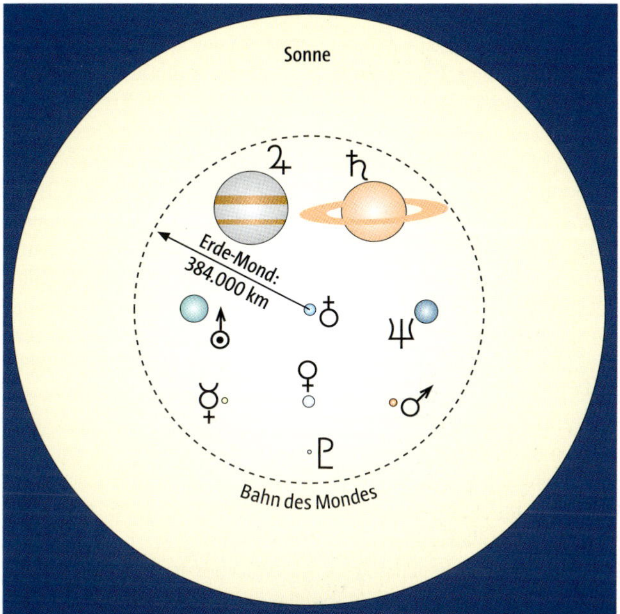

☉ Sonne	ø	1.392.000 km	♃ Jupiter	ø	142.796 km
☿ Merkur	ø	4.878 km	♄ Saturn	ø	120.536 km
♀ Venus	ø	12.104 km	⛢ Uranus	ø	51.118 km
♁ Erde	ø	12.756 km	♆ Neptun	ø	49.424 km
♂ Mars	ø	6.794 km	♇ Pluto	ø	2.300 km

E.6 Größenverhältnisse der Planeten und der Mondbahn im Vergleich zur Sonne. Darunter sind die astronomischen Symbole der Planeten vermerkt, die auch in den monatlichen Sternkarten des Himmelsjahres die Orte der betreffenden Planeten markieren.

schnellen Überblick, welche Planeten am Abend, die ganze Nacht über, am Morgen oder gar nicht zu sehen sind. Eine grafische Jahresübersicht der Stellung, Größe, Helligkeit und Sichtbarkeit der Planeten findet sich auf den Seiten 276–277.

Die großen Planeten

Merkur: Sonnennächster Planet, zwischen $+3^{\mathrm{m}}$ und $-1\overset{\mathrm{m}}{,}5$ hell; schwer zu beobachten, da nur kurze Sichtbarkeitsperioden und stets horizontnahe Stellung; chromgelbes Licht.

Venus: Nach Sonne und Mond hellstes Gestirn, oft als Abend- bzw. Morgenstern bezeichnet. Helligkeiten von $-3\overset{\mathrm{m}}{,}9$ bis $-4\overset{\mathrm{m}}{,}9$; strahlend weißes Licht; entweder abends am Westhimmel oder morgens in der östlichen Himmelshemisphäre zu sehen.

Mars: Äußerer Nachbarplanet der Erde, auffallend seine rötliche Farbe (der „rote Planet"); sehr unterschiedliche Helligkeiten von $+1\overset{\mathrm{m}}{,}8$ bis $-2\overset{\mathrm{m}}{,}9$.

Jupiter: Der größte aller Planeten, ein auffallend heller Planet, daher kaum zu übersehen; Helligkeit von $-1\overset{\mathrm{m}}{,}7$ bis $-2\overset{\mathrm{m}}{,}9$, weißlichgelbes Licht.

Saturn: Der sonnenfernste mit freiem Auge noch sichtbare Planet strahlt in einem fahlen Licht zwischen $+1\overset{\mathrm{m}}{,}3$ und 0^{m}, in Ausnahmefällen bis $-0\overset{\mathrm{m}}{,}5$. Den berühmten Ring kann man mit einem Fernrohr ab etwa 30-facher Vergrößerung erkennen.

Uranus: Ist theoretisch mit bloßem Auge gerade noch erkennbar (Oppositionshelligkeit $5\overset{\mathrm{m}}{,}5$). Wohlgemerkt „theoretisch", es empfiehlt sich auf alle Fälle ein gutes Fernglas, um Uranus zu finden! Farbe: grünlich. Die im März 1977 entdeckten Ringe sind jedoch selbst in großen Fernrohren für Hobbyastronomen nicht zu sehen.

Neptun: sonnenfernster Planet, Helligkeit um $7\overset{\mathrm{m}}{,}9$; zeigt im Fernrohr ein winziges, grünblaues Scheibchen.

Pluto: Seit IAU-Beschluss vom August 2006 als Zwergplanet eingestuft, ist sehr lichtschwach, Helligkeit 14^{m}. Nur gut ausgerüstete Amateurastronomen können ihn beobachten.

Die Angaben der scheinbaren Helligkeiten sind – wie international üblich – V-Helligkeiten (nach dem UBV-System von Johnson). Die früher gebräuchlichen „visuellen" (m_{vis}) Helligkeiten sind um ca. $0\overset{\mathrm{m}}{,}2$ geringer, werden aber in manchen anderen Quellen noch verwendet.

Kleinplaneten

Außer den acht großen Planeten schwirren noch Tausende kleiner und kleinster Planeten (Planetoiden oder Asteroiden) um die Sonne.

Der erste wurde in der Neujahrsnacht des Jahres 1801 von Giuseppe Piazzi in Palermo entdeckt und auf den Namen Ceres getauft. Heute sind einige hunderttausend Planetoiden katalogisiert. Die meisten bewegen sich zwischen Mars und Jupiter um die Sonne. Einige haben jedoch sehr langgestreckte Bahnen, die die Bahnen anderer Planeten kreuzen. Sie können auch der Erde recht nahe kommen. Einige Planetoiden, die in diesem Jahr heller als 9^m werden, sind in der Rubrik „Planetenlauf" verzeichnet.

Die Monde der Planeten

Die beiden winzigen Marsmonde, die zahlreichen Uranusmonde, die Neptunmonde und die Plutomonde sind so lichtschwach, dass sie nicht mit den bescheidenen optischen Hilfsmitteln der Sternfreunde zu beobachten sind. Deshalb sind sie hier nicht aufgeführt.

Jupiter: Die vier hellsten Monde sind schon in kleinen Teleskopen leicht zu sehen: I Io, II Europa, III Ganymed und IV Kallisto. In den Monaten, in denen Jupiter zu beobachten ist, findet man jeweils eine Grafik, aus der die Positionen der Jupitermonde im umkehrenden Fernrohr ersichtlich sind. Sie lassen die gegenseitigen Stellungen und die Bewegungsabläufe der Jupitermonde erkennen.

Die waagerechten Linien in der Grafik beziehen sich auf 1^h MEZ des jeweiligen Datums, das links angegeben ist. Die Schnittpunkte der waagerechten Linien mit den Kurven der Jupitermonde geben somit deren Positionen jeweils um 1^h MEZ an.

Am unteren Rand jeder Grafik findet man eine Darstellung der Jupitermondbahnen relativ zum Beobachter.

Erscheinungen der Jupitermonde: Für den Fernrohrbesitzer ist es reizvoll, Bedeckungen, Verfinsterungen, Durchgänge und Schattenwürfe der Monde des Riesenplaneten auf Jupiter selbst zu beobachten.

Sofern diese Ereignisse von Mitteleuropa aus beobachtbar sind, findet man sie in der Rubrik „Jupitermonderscheinungen" verzeichnet. Es gelten folgende Abkürzungen:

B = Bedeckung, Mond verschwindet hinter der Jupiterscheibe
D = Durchgang, Mond geht vor der Planetenscheibe vorbei
S = Schattendurchgang, Mond wirft seinen Schatten auf Jupiter
V = Verfinsterung, Mond wird vom Jupiterschatten getroffen
A = Anfang der Erscheinung
E = Ende der Erscheinung
I: Io, II: Europa, III: Ganymed, IV: Kallisto.

Beispiel:

Januar: 11. 4 39 II SA

bedeutet: Am 11. Januar um 4^h39^m MEZ beginnt der Schatten von Mond II (Europa) über die Jupiterkugel zu wandern.

Saturn: Schon mit einem guten Fernglas ist der Riesenmond Titan zu erkennen. Im Fernrohr sind auch die Monde Rhea, Dione und Tethys sowie Japetus in westlicher Elongation (er ist

Das griechische Alphabet

Α	α	Alpha	a	Η	η	Eta	e	Ν	ν	Ny	n	Τ	τ	Tau	t
Β	β	Beta	b	Θ	ϑ	Theta	th	Ξ	ξ	Xi	x	Υ	υ	Ypsilon	y
Γ	γ	Gamma	g	Ι	ι	Jota	i, j	Ο	ο	Omikron	o	Φ	φ	Phi	ph
Δ	δ	Delta	d	Κ	κ	Kappa	k	Π	π	Pi	p	Χ	χ	Chi	ch
Ε	ε	Epsilon	e	Λ	λ	Lambda	l	Ρ	ϱ	Rho	r	Ψ	ψ	Psi	ps
Ζ	ζ	Zeta	z	Μ	μ	My	m	Σ	σ ς	Sigma	s	Ω	ω	Omega	o

dann rund 2^m heller) zugänglich. Für die Monate, in denen Saturn zu beobachten ist, findet man jeweils eine Grafik, aus der die Stellungen und die Bewegungsabläufe der Saturnmonde Tethys, Dione, Rhea, Titan und Japetus zu entnehmen sind. Die Bahnlagen der Saturnmonde relativ zum Beobachter sind jeweils darunter abgebildet.

Sternschnuppen

In jeder Nacht des Jahres sind Meteore zu beobachten, doch variiert ihre Anzahl erheblich. Neben sporadisch auftauchenden Sternschnuppen gibt es periodisch wiederkehrende Ströme. Die dazu gehörenden Meteore scheinen dann von einem Punkt am Himmel in alle Richtungen auszustrahlen, dem Radianten oder Fluchtpunkt. Nach Lage des Radianten in einem bestimmten Sternbild wird der Meteorstrom benannt.

Sternschnuppen, die in Strömen periodisch auftreten, sind in den Monatsübersichten angegeben. Bei den verzeichneten Daten, vor allem, was die Häufigkeit betrifft, ist mit erheblichen Abweichungen zu rechnen. Die in vorliegendem Jahrbuch verwendeten Daten stammen von der International Meteor Organization (IMO) und werden jährlich aktualisiert.

Die angegebene Meteorrate bezieht sich auf die unter besten Sichtbedingungen (ohne Störung durch irdische Lichtquellen oder Mondlicht) mit bloßen Augen pro Stunde sichtbare Zahl der Sternschnuppen für den Idealfall, dass der Radiant im Zenit steht.

Vor allem bei horizontnahen Radianten ist die pro Stunde zu beobachtende Sternschnuppenzahl erheblich geringer.

Konstellationen und Ereignisse

Diese Übersicht weist auf Konjunktionen (Begegnungen) zwischen den großen Planeten, mit Sonne und Mond sowie auf alle Oppositionen zur Sonne und die größten Elongationen der inneren Planeten hin. Auch Perihel- (Sonnennähe) und Aphelstellungen (Sonnenferne) der Planeten sind angegeben.

Sind Begegnungen des Mondes mit Planeten prinzipiell beobachtbar, so sind die Winkeldistanzen topozentrisch (für +50° Breite) angegeben und durch **Fettdruck** hervorgehoben.

Für die übrigen Konjunktionen sind die Abstandsangaben geozentrische Werte (Normaldruck). Denn durch die relative Erdnähe des Mondes ergibt sich eine große Parallaxe, das heißt, der Winkelabstand des Mondes von einem Planeten kann bis etwa 1° differieren zwischen einem (fiktiven) Beobachter im Erdmittelpunkt (geozentrisch) und einem Beobachter auf der Erdoberfläche (topozentrisch). Ferner sind wichtige Ereignisse durch **Fettdruck** hervorgehoben.

Fixsternhimmel

Da die Sonne täglich um rund 1° unter den Sternen nach Osten vorrückt, ändert sich der Anblick des Himmels im Laufe eines Jahres. Genauer: Täglich durchschreiten die Fixsterne den Meridian vier Minuten früher als am Vortag. In 30 Tagen, also einem Monat, macht das schon zwei Stunden!

Mitte Dezember steht das Sternbild Orion gegen Mitternacht im Süden. Mitte Januar schon um 22 Uhr, und Mitte Februar geht Orion um 20 Uhr durch den Meridian. Dadurch ändert sich zur gleichen Beobachtungsstunde die Himmelsszene mit dem Datum. Nach einem Monat ist der Anblick noch nicht allzu verschieden vom Vormonat, aber nach einem Vierteljahr (sechs Stunden!) hat sich die Szenerie völlig umgestellt.

Man spricht daher von einem typischen Frühlings-, Sommer-, Herbst- und Wintersternhimmel. Gemeint ist der Anblick des Fixsternhimmels in den Abendstunden der jeweiligen Jahreszeit.

Die Monatssternkarte dient der schnellen Orientierung. Sie zeigt den beobachtbaren Himmelsausschnitt für 50° nördlicher Breite zur Standardbeobachtungszeit (am Monatsersten um 23^h MEZ, am 15. um 22^h MEZ).

Ebenfalls in die Monatssternkarten eingetragen sind die fünf hellen Planeten (Merkur bis Saturn), sofern sie zur Monatsmitte um 22^h MEZ über dem Horizont stehen.

Zum Rand hin erscheint die Sternkarte aufgehellt. Es werden damit die Extinktion und die durch künstliche Lichtquellen fast immer aufgehellten Horizonte nachempfunden.

Die monatlichen Sternkarten können auch zur Beobachtung am Morgenhimmel herangezogen werden. Unter jeder Sternkarte finden sich die entsprechenden Datums- und Uhrzeitangaben.

Man beachte noch, dass für andere Monate der Planetenstand nicht aktuell ist. Man entnehme ihn der Grafik „Planetenlauf" im aktuellen Monat.

Monatsthemen

Hier wird monatlich ein Kapitel aus der Himmelskunde kurz und bündig dargestellt, zum leichteren und allmählichen Eindringen in die Wissenschaft von den Sternen. Auch über neue Forschungsergebnisse aus der Astronomie wird berichtet.

Wer ältere Jahrgänge des Himmelsjahres besitzt, möchte gelegentlich in einem Monatsthema der letzten Jahre nachsehen. Im *Kosmos Himmelsjahr 2010* findet man auf Seite 273 ein Verzeichnis der Monatsthemen von 2001–2010. Ferner ist im *Kosmos Himmelsjahr 2001* auf Seite 249 ein Verzeichnis der Monatsthemen 1990–2000 und im *Himmelsjahr 1989* auf Seite 193 ein Verzeichnis der Monatsthemen 1982–1989 abgedruckt.

Tabellen und Ephemeriden

Für den fortgeschrittenen Amateurastronomen sind im Anhang wichtige Beobachtungsgrundlagen vermerkt. Der Anfänger kann diese Angaben unberücksichtigt lassen. Ab Seite 278 findet man die **ekliptikalen Koordinaten** des Mondes, der Sonne und der großen Planeten von Merkur bis Saturn.

Die **äquatorialen Koordinaten** der Planeten und Kleinplaneten sind für das Äquinoktium J2000.0 angegeben, damit man sie leichter in vorhandene Sternkarten einzeichnen kann. Die Aufsuchkärtchen gelten ebenfalls für J2000.0. Ferner sind Kulminationszeiten sowie die Auf- bzw. Untergangszeiten, Scheibchendurchmesser in Bogensekunden und beleuchteter Teil der Planetenscheibchen vermerkt. Bei Saturn ist noch die Ringöffnung zur Erde und zur Sonne sowie die scheinbare Ausdehnung der großen und der kleinen Ringachse angegeben.

Für Sonne und Jupiter (System I und II) sind die **Zentralmeridiane** (Meridiane durch den Scheibenmittelpunkt) jeweils für 1^h MEZ vermerkt. Ferner gibt die Sonnenephemeride die Entfernung der Sonne von der Erde in AE an sowie ihren scheinbaren Durchmesser, die Achsenlage und die Sternzeit an.

Sternbedeckungen durch den Mond sind für Berlin, Dresden, Hamburg, Hannover, Düsseldorf, Frankfurt (Main), Leipzig, München, Nürnberg, Stuttgart, Wien und Zürich angegeben. Aus Platzersparnisgründen ist jeweils nur ein Positionswinkel angegeben, der lediglich dem leichteren Aufsuchen des zu bedeckenden Sternes dienen soll. In den Monatsübersichten wird unter der Rubrik „Mondlauf" in der Spalte „Sterne und Sternbilder" durch ein Sternchen (*) auf eine Sternbedeckung hingewiesen.

Veränderliche Sterne sind im Anschluss an die Fixsternmonatsübersichten aufgeführt. Für Algol (β Perseï) und β Lyrae findet der Sternfreund jeweils die Minima-Zeiten, für δ Cepheï die Lichtmaxima und für den langperiodischen Veränderlichen Mira (ο Ceti) den jeweiligen Helligkeitszustand. Die Aufsuchkärtchen findet man auf der hinteren Umschlagklappe. Bei den Minima-Angaben für Algol ist die Lichtzeitkorrektur (heliozentrisch auf geozentrisch) berücksichtigt.

Eine **Sternzeittafel** soll die rasche Bestimmung der Sternzeit zur abendlichen Beobachtungsstunde ermöglichen. Die Sternzeit für 1^h MEZ, bezogen auf den Meridian von Greenwich (Nullmeridian), findet man in der Tabelle „Ephemeride der Sonnenscheibe" (letzte Spalte).

Das **Julianische Datum** ist jeweils für den Monatsersten in der Rubrik „Sonnenlauf" angegeben. Das Julianische Datum stellt eine fortlaufende Tageszählung dar, die mit dem 1. Januar des Jahres –4712 (= 4713 v. Chr.) beginnt.

Im Anhang finden sich **zwei Verzeichnisse astronomischer Institutionen**. Im Verzeichnis „Astronomische Institute, Planetarien und Sternwarten" findet man die professionellen Einrichtungen im deutschen Sprachraum. Das Verzeichnis „Amateurastronomische Vereinigungen, Beobachtungsstationen und Privatsternwarten" enthält astronomische Vereine, Schulsternwarten sowie ehrenamtlich betriebene Sternwarten mit Publikumsverkehr.

Dieses Verzeichnis soll dem Leser den Kontakt zu Gleichgesinnten erleichtern und die eigene Beobachtungstätigkeit fördern. Das Verzeichnis erhebt keinen Anspruch auf Vollständigkeit.

Weitere Adressen nimmt der Herausgeber gerne auf (Anschrift: Planetarium Stuttgart, Willy-Brandt-Straße 25, 70173 Stuttgart).

Literaturhinweise

Erklärung astronomischer Fachbegriffe:
H.-U. Keller,
Wörterbuch der Astronomie

Einführung in die Astronomie:
W. E. Celnik, H.-M. Hahn,
Astronomie für Einsteiger

H.-U. Keller,
Kompendium der Astronomie (5. Auflage 2016)

Sternkarten für eigene Beobachtungen:
H.-M. Hahn, G. Weiland,
Drehbare Kosmos-Sternkarte

E. Karkoschka,
Atlas für Himmelsbeobachter

R. W. Sinnott,
Kosmos Sternatlas kompakt

E. Karkoschka,
Drehbare Welt-Sternkarte

Software:
H.-U. Keller, E. Karkoschka,
Kosmos Himmelsjahr in Kombination mit Redshift für PC

United Soft Media
Redshift für PC, MacOS und als App für iOS und Android

Astronomie im Internet:
www.kosmos-himmelsjahr.de
www.astronomie.de
www.astrotreff.de
www.sternfreunde.de
www.sternwarte.de

Impressum

Umschlaggestaltung von eStudio Calamar unter Verwendung einer Illustration von Mark Garlick (Science Photo Library/Agentur Focus).

Mit 47 Farb- und Schwarzweißfotos, 203 Illustrationen von Gerhard Weiland, zwei Illustration von Gunther Schulz sowie zwölf Planetenlauf- und zwölf Monatssternkarten von Wil Tirion.

Unser gesamtes Programm finden Sie unter **kosmos.de**.
Über Neuigkeiten informieren Sie regelmäßig unsere Newsletter, einfach anmelden unter **kosmos.de/newsletter**

Gedruckt auf chlorfrei gebleichtem Papier

MIX
Papier aus verantwortungsvollen Quellen
FSC® C084279
FSC www.fsc.org

ISSN: 1438-3306
ISBN: 978-3-440-15115-0
Redaktion: Sven Melchert
Produktion: Ralf Paucke, Siegfried Fischer
Druck und Bindung: Print Consult GmbH, München
Printed in Slovenia/Imprimé en Slovénie

Anschrift des Herausgebers:
Prof. Dr. Hans-Ulrich Keller
Planetarium Stuttgart
Willy-Brandt-Straße 25
D-70173 Stuttgart

Sonnen- und Mondfinsternisse 2017

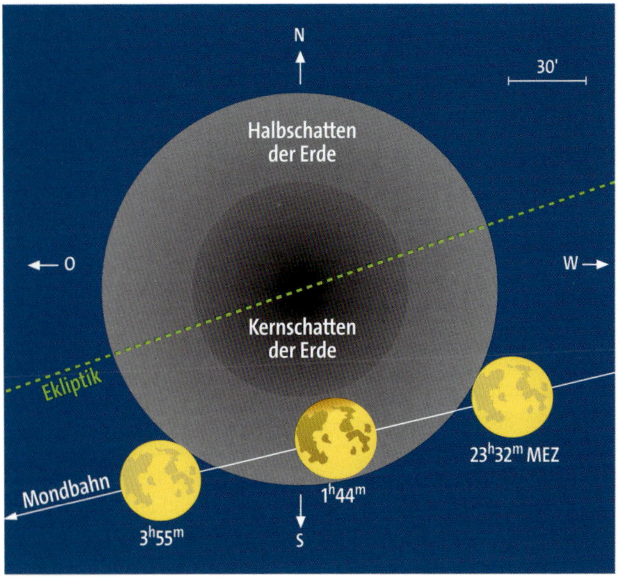

F.1 Verlauf der Halbschattenfinsternis des Mondes vom 10./11. Februar 2017.

Im Jahr 2017 finden zwei Sonnen- und zwei Mondfinsternisse statt.

Am 10. Februar kommt es zu einer Halbschattenfinsternis des Mondes und am 7. August zu einer partiellen Mondfinsternis. Beide Finsternisse sind zumindest teilweise von Mitteleuropa aus beobachtbar. Die ringförmige Sonnenfinsternis vom 26. Februar und die totale Sonnenfinsternis vom 21. August entgehen uns beide in Mitteleuropa. Bei der totalen Sonnenfinsternis vom 21. August zieht die Kernschattenspitze des Mondes über den nordamerikanischen Kontinent. Viele interessierte Sternfreunde und Sternfreundinnen werden in die USA reisen, um dieses kosmische Schattenspiel zu erleben.

Eine ausführliche Beschreibung findet man im Monatsthema August auf Seite 182.

Halbschattenfinsternis des Mondes am 10./11. Februar

In der Nacht von Freitag, 10. auf Samstag, 11. Februar 2017 ereignet sich eine Halbschattenfinsternis des Mondes. Diese Finsternis ist von Mitteleuropa aus beobachtbar, da sich der Vollmond während des gesamten Verlaufs über dem Horizont befindet. Der Mondaufgang erfolgt auf 50° Nord und 10° Ost um 17^h06^m MEZ.

Die Finsternis nimmt folgenden Verlauf:

	MEZ
Eintritt des Mondes in den Halbschatten	23^h32^m
Mitte der Finsternis	1^h44^m
Austritt des Mondes aus dem Halbschatten	3^h55^m

Ein- und Austritt des Mondes in beziehungsweise aus dem Halbschatten der Erde bleiben grundsätzlich unbeobachtbar.

Zur Mitte der Finsternis befinden sich 101 % des scheinbaren Monddurchmessers im Halbschatten der Erde. Aufmerksame Beobachter registrieren eine leichte Verdunkelung des Vollmondes, die vor allem an der Nordkalotte des Mondes erkennbar ist. Denn der Nordrand der Mondscheibe berührt fast den Kernschatten der Erde (siehe Abb. F.1 oben).

Das Sichtbarkeitsgebiet der Mondfinsternis umfasst Europa, Asien, Afrika, den Mittleren Osten, Nord- und Südamerika, den Atlantischen und den Indischen Ozean sowie den östlichen Pazifik.

Diese Mondfinsternis ist die 59. im Saros-Zyklus Nr. 114, zu dem insgesamt 71 Mondfins-

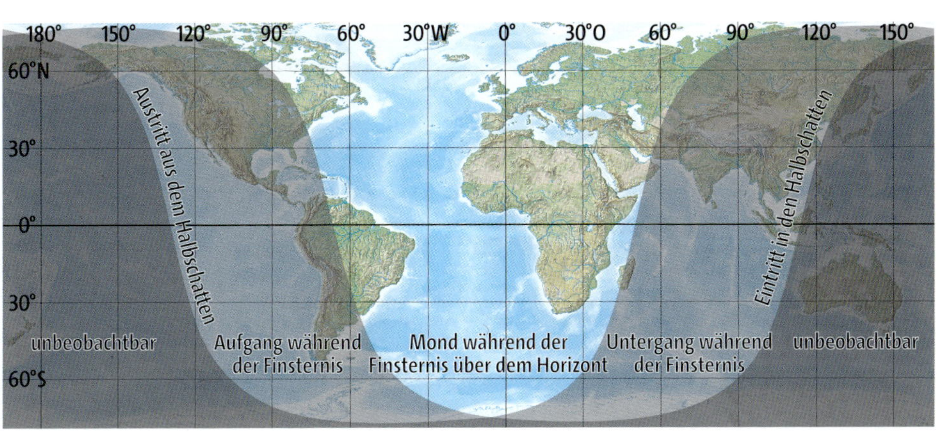

F.2 Sichtbarkeitsdiagramm der Halbschattenfinsternis des Mondes vom 10./11. Februar 2017.

ternisse gehören. Die erste Mondfinsternis des Saros-Zyklus Nr. 114 fand am 13. Mai 971 statt, es war eine Halbschattenfinsternis. Die 71. und letzte Mondfinsternis dieses Zyklus ist am 22. Juni 2233 zu erwarten.

Ringförmige Sonnenfinsternis am 26. Februar

Diese Finsternis findet am Sonntag, 26. Februar 2017 statt. Sie bleibt auch in ihren partiellen Phasen von der gesamten Nordhalbkugel der Erde aus unbeobachtbar. Sie ist sichtbar im südöstlichen Pazifik, im südlichen Teil Südamerikas, im Südatlantik, in Südafrika sowie in Westafrika mit Ausnahme der nördlichen Gebiete und in Teilen der Antarktis.

Die Zone der ringförmigen Phase beginnt im südöstlichen Pazifik am Ort 113°53′ westlicher Länge und 43°08′ südlicher Breite um 14^h16^m MEZ und endet in Südafrika am Ort 27°08′ östlicher Länge und 10°56′ südlicher Breite um 17^h31^m. Der Höhepunkt der Finsternis tritt um 15^h53^m MEZ im Südatlantik am Ort 31°12′ westlicher Länge und 34°41′ südlicher Breite ein, wobei die Zone der ringförmi-

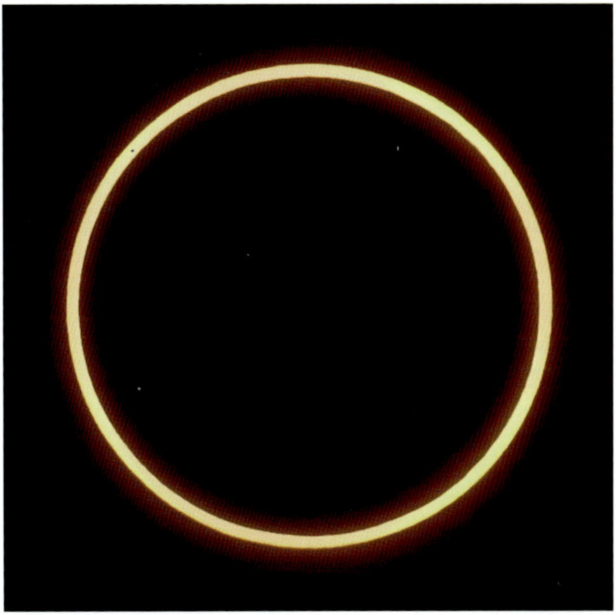

F.3 Aufnahme der ringförmigen Sonnenfinsternis am 3. Oktober 2005 von Mario Weigand.

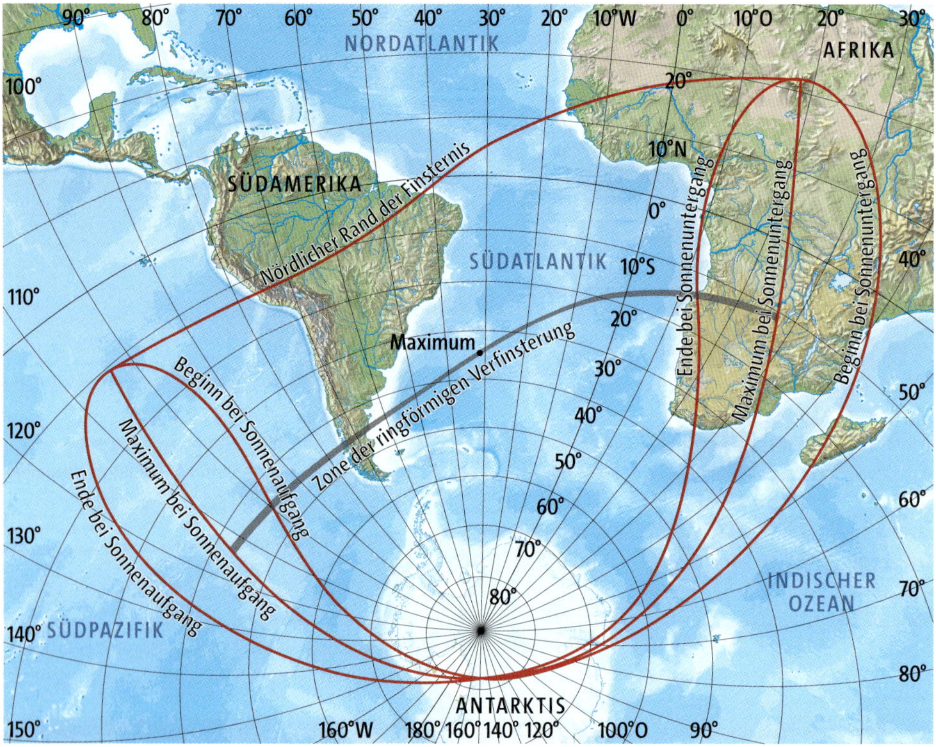

F.4 Globaler Verlauf der ringförmigen Sonnenfinsternis vom 26. Februar 2017.

gen Phase eine Breite von 31 Kilometern erreicht. Die Dauer der ringförmigen Phase beträgt dabei nur 0^m44^s. Zum Maximum steht die Sonne knapp 63° über dem Nordhorizont (Azimut 341° von Nord über Ost, Süd und West gezählt).

Der scheinbare Durchmesser der dunklen Mondscheibe entspricht 99,2 % des Durchmessers der Sonnenscheibe.

Die maximale Dauer der ringförmigen Phase von 1^m22^s wird bei Sonnenaufgang um 14^h16^m MEZ am Ort 113°53′ westlicher Länge und 43°08′ südlicher Breite erreicht. Die Breite der ringförmigen Zone misst hier 96 Kilometer. Die Finsternis beginnt am 26. Februar um 13^h11^m MEZ (1. Kontakt) am Ort 95°07′ westlicher Länge und 33°09′ südlicher Breite. Sie endet um 18^h36^m MEZ (4. Kontakt) am Ort 9°19′ östlicher Länge und 0°52′ südlicher Breite.

Diese Sonnenfinsternis ist die 29. im Saros-Zyklus 140, der insgesamt 71 Finsternisse umfasst. Davon sind elf total, 32 ringförmig, vier ringförmig-total (hybrid) und die übrigen partiell.

Partielle Mondfinsternis am 7. August

Diese Finsternis findet in den Abendstunden am Montag, 7. August 2017 statt.

Die Mondfinsternis ist in ihrer zweiten Hälfte von Mitteleuropa aus beobachtbar.

Zum Höhepunkt der Finsternis um 19^h21^m MEZ (= 20^h21^m Sommerzeit) befindet sich der Mond mit 25 % seines scheinbaren Durchmessers im Kernschatten der Erde.

Die Mondfinsternis nimmt an diesem Abend folgenden Verlauf:

	MEZ	MESZ
Eintritt des Mondes in den Halbschatten	16^h48^m	17^h48^m
Eintritt des Mondes in den Kernschatten	18^h22^m	19^h22^m
Mitte der Finsternis	19^h21^m	20^h21^m
Austritt des Mondes aus dem Kernschatten	20^h19^m	21^h19^m
Austritt des Mondes aus dem Halbschatten	21^h53^m	22^h53^m

Ein- und Austritt des Mondes in bzw. aus dem Halbschatten der Erde bleiben prinzipiell unbeobachtbar. Der Mondaufgang erfolgt am 7. August 2017 auf 50° Nord und 10° Ost um 19^h43^m MEZ (= 20^h43^m MESZ) und in folgenden Städten um:

	MESZ
Berlin	20^h37^m
Dresden	20^h31^m
Hamburg	20^h54^m
Köln	20^h58^m
Leipzig	20^h37^m
München	20^h41^m
Stuttgart	20^h43^m
Wien	20^h12^m
Zürich	20^h42^m

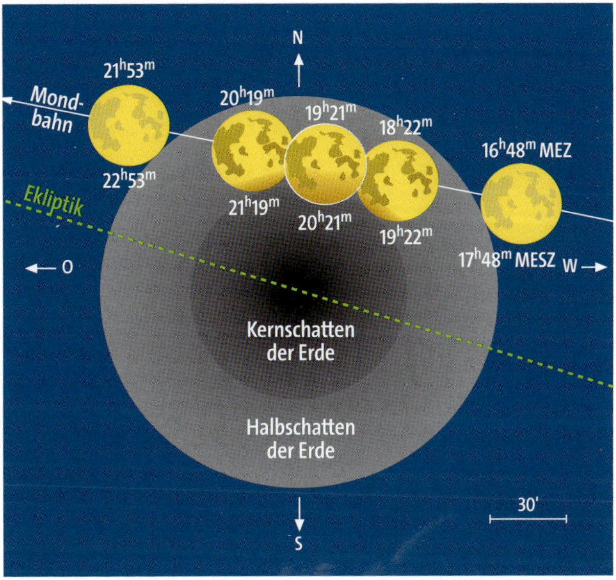

F.5 Globaler Verlauf der partiellen Mondfinsternis vom 7. August 2017.

Die Größe der Finsternis beträgt das 0,25-Fache des scheinbaren Mondscheibendurchmessers.

Die Finsternis ist sichtbar in Europa, Afrika, Asien, Australien, in der Antarktis und im Indi-

F.6 Sichtbarkeitsgebiet der partiellen Mondfinsternis vom 7. August 2017. (EK: Eintritt in d. Kernschatten; BT/ET: Beginn/Ende der Totalität; AK: Austritt aus dem Kernschatten)

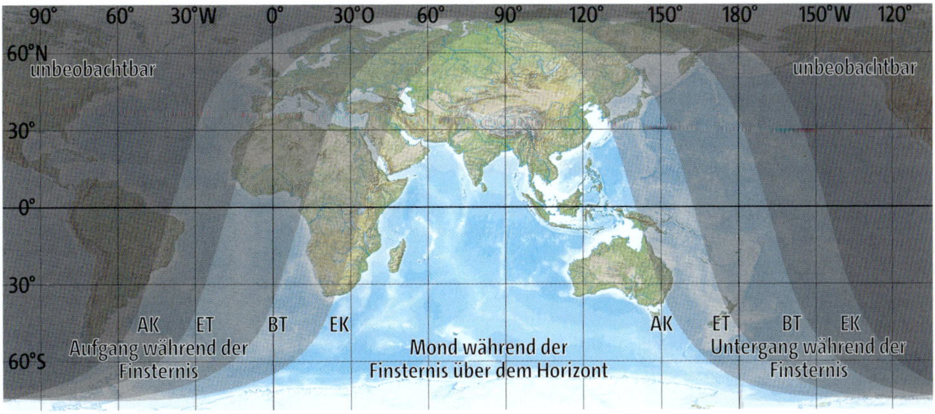

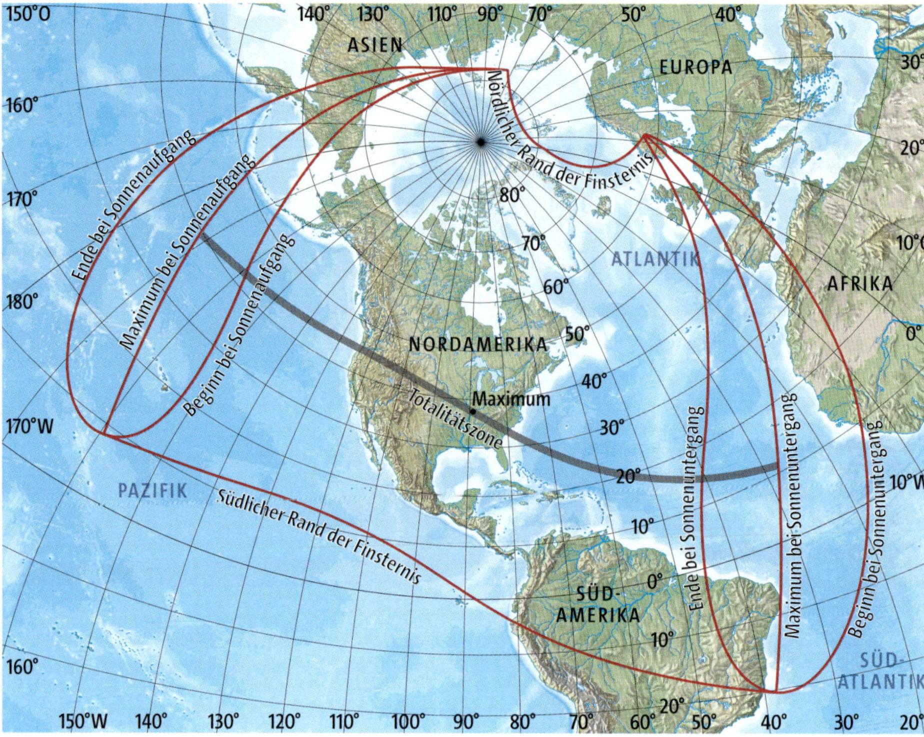

F.7 **Globaler Verlauf der totalen Sonnenfinsternis vom 21. August 2017.**

schen Ozean. Diese Finsternis ist die 61. im Saros-Zyklus 119, der insgesamt 82 Mondfinsternisse in einem Zeitraum von 1460 Jahren umfasst.

Totale Sonnenfinsternis am 21. August

Diese Finsternis ereignet sich am Montag, 21. August 2017 und bleibt von Afrika, Asien und der Antarktis auch in ihren partiellen Phasen unbeobachtbar. Die Finsternis ist sichtbar von Nordamerika, nördlichen Teilen von Südamerika, Mittelamerika und der Karibik, in nordöstlichen Teilen des Pazifischen Ozeans, in weiten Teilen des Atlantiks sowie in Grönland und der Arktis.

In Westeuropa beginnt die Finsternis kurz vor Sonnenuntergang. In Nordwestdeutschland beginnt die Finsternis nur wenige Minuten vor Sonnenuntergang (siehe Abb. F. 8 auf Seite 27).

Die Totalitätszone zieht sich vom Nordostpazifik über die USA weit in den Atlantik hinein (siehe Abb. F. 7 oben).

Der Kernschatten des Mondes berührt die Erdoberfläche erst-

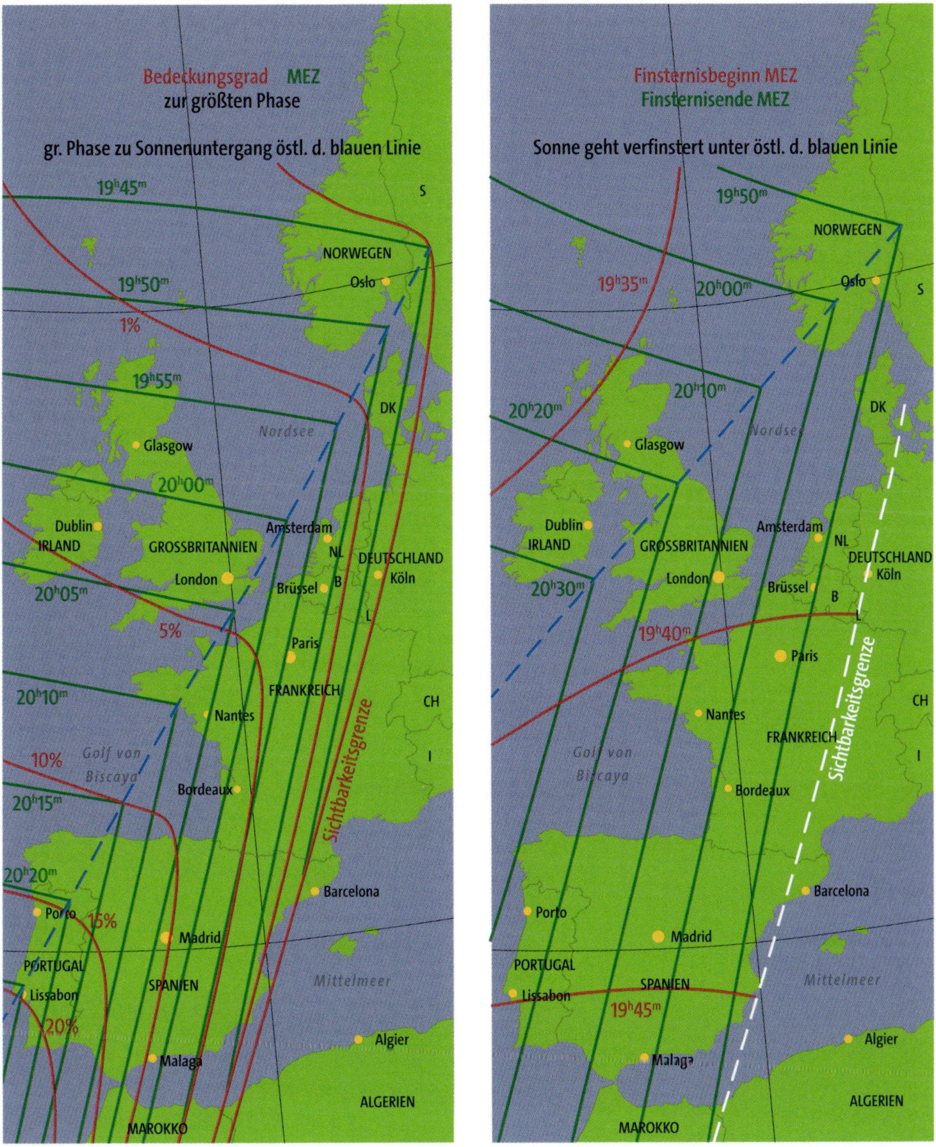

mals um 17^h49^m MEZ am Ort 171°35′ westlicher Länge und 39°44′ nördlicher Breite. Dieser Ort liegt im nordöstlichen Pazifik. Die Kernschattenzone endet mitten im Atlantik um 21^h02^m MEZ am Ort 27°26′ westlicher Länge und 11°01′ nördlicher Breite bei Sonnenuntergang.

Der Höhepunkt der Finsternis wird um 19^h26^m MEZ am Ort 87°40′ westlicher Länge und

F.8 Beginn und Ende der partiellen Phasen der totalen Sonnenfinsternis vom 21. August 2017 in Westeuropa (rechts) und Bedeckungsgrad zur maximalen Phase (links) bei Sonnenuntergang.

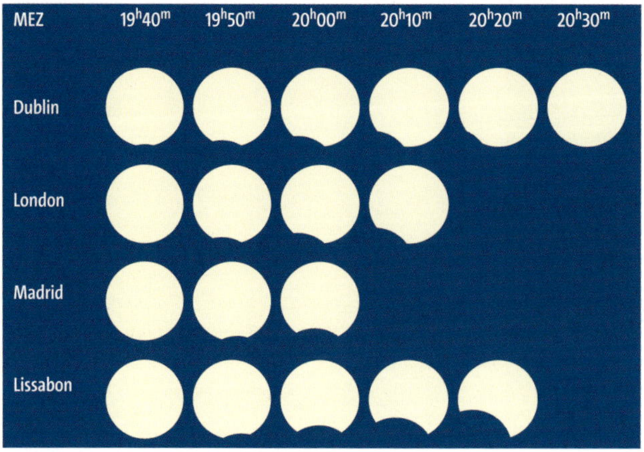

F.9 Die partiellen Phasen der Sonnenfinsternis vom 21. August 2017 für einige westeuropäische Städte kurz vor Sonnenuntergang.

36°58′ nördlicher Breite erreicht. Dieser Ort liegt im US-Bundesstaat Kentucky nahe der Stadt Hopkinsville knapp nördlich der Grenze zu Tennessee.

Zum Höhepunkt steht die Sonne 64° hoch über dem Südhorizont. Die Totalität dauert $2^{m}40^{s}$, wobei die Kernschattenzone eine Breite von 115 Kilometer erreicht.

Die Finsternis beginnt um $16^{h}47^{m}$ MEZ (1. Kontakt) am Ort 153°05′ westlicher Länge und 30°33′ nördlicher Breite und endet um $22^{h}04^{m}$ MEZ (4. Kontakt) am Ort 45°00′ westlicher Länge und 1°42′ nördlicher Breite.

Diese Finsternis ist die 22. im Saros-Zyklus Nr. 145, der insgesamt 76 Finsternisse umfasst. Die Vorgängerfinsternis, nämlich die 21. im Saros-Zyklus 145, fand am 11. August 1999 statt. Damals zog die Totalitätszone über Süddeutschland und Österreich. Es war die einzige totale Sonnenfinsternis des 20. Jahrhunderts in Deutschland.

Eine ausführliche Beschreibung dieser Sonnenfinsternis findet man im Monatsthema August auf Seite 182.

Verlauf der partiellen Phase in Nordwestdeutschland

Stadt	Beginn MESZ	Sonnenuntergang MESZ	Maximum zu Sonnenuntergang Größe	Bedeckungsgrad
Aachen	$20^{h}40^{m}44^{s}$	$20^{h}44^{m}$	0,099	3,7 %
Emden	$20^{h}40^{m}00^{s}$	$20^{h}46^{m}$	0,071	2,2 %
Wilhelmshaven	$20^{h}39^{m}55^{s}$	$20^{h}43^{m}$	0,068	2,1 %

Januar 2017

- Venus eröffnet den Jahresreigen als Abendstern.
- Jupiter in der Jungfrau beherrscht die zweite Nachthälfte.
- Merkur zeigt sich zur Monatsmitte am Morgenhimmel.
- Saturn taucht am Morgenhimmel auf.
- Die Erde kommt am 4. mit 147 Millionen Kilometer in Sonnennähe.

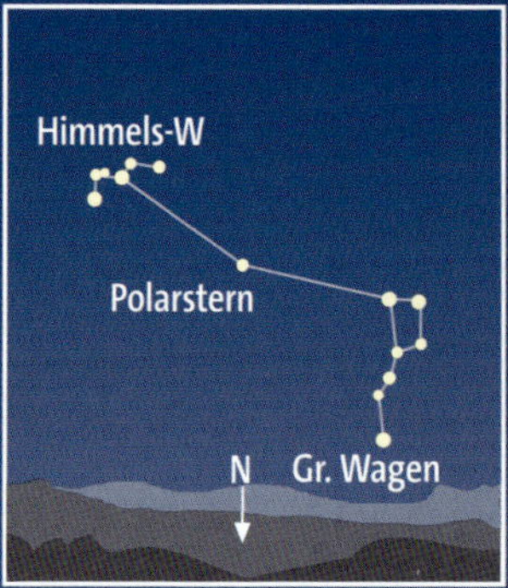

Großer Wagen und Himmels-W Anfang Januar um 22 Uhr

1.1 Anblick des Westhimmels gegen 20^h MEZ am 31. Januar. Knapp über dem Horizont sind die beiden Nachbarplaneten der Erde Venus und Mars zu sehen sowie die Sichel des zunehmenden Mondes.

1 So	Neujahr, Mars bei Neptun (Abendhimmel)
2 Mo	Mond bei Venus (Abendhimmel)
3 Di	Mond bei Mars (Abendhimmel)
4 Mi	Erde in Sonnennähe
5 Do	Mond im ersten Viertel
6 Fr	Heilige drei Könige
7 Sa	
8 So	
9 Mo	
10 Di	
11 Mi	
12 Do	**Vollmond,** Venus in gr. östl. Elongation (Abendhimmel)
13 Fr	Venus bei Neptun (Abendhimmel)
14 Sa	
15 So	
16 Mo	
17 Di	
18 Mi	
19 Do	Mond im letzten Viertel, Mond bei Jupiter (Morgenhimmel)
20 Fr	
21 Sa	
22 So	
23 Mo	
24 Di	Mond bei Saturn (Morgenhimmel)
25 Mi	
26 Do	Mond bei Merkur (Morgenhimmel)
27 Fr	
28 Sa	**Neumond**
29 So	
30 Mo	
31 Di	Mond bei Venus (Abendhimmel)

Sonne – Sternbilder

19. 1. 20ʰ:
Sonne tritt in das Sternbild Steinbock
19. 1. 22ʰ:
Sonne tritt in das Tierkreiszeichen Wassermann
Julianisches Datum am
1. Januar, 1ʰ MEZ: 2 457 754,5

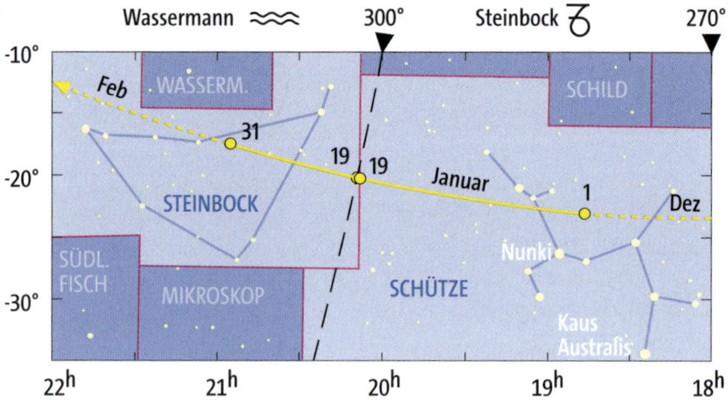

Tabelle Sonnenlauf

Tag	Dämmerg. Anfang	Aufgang MEZ	Kulmination	Untergang MEZ	Dämmerg. Ende	Mittagshöhe	Zeitgleichg.	Rektaszension	Deklination
	h m	h m	h m	h m	h m	°	m	h m	°
1.	6 59	8 19	12 24	16 29	17 48	17,0	– 4	18 46	–23,0
5.	6 59	8 18	12 25	16 33	17 52	17,4	– 5	19 03	–22,6
10.	6 58	8 16	12 28	16 40	17 58	18,1	– 8	19 25	–22,0
15.	6 55	8 13	12 29	16 47	18 04	19,0	– 9	19 47	–21,2
20.	6 52	8 08	12 31	16 54	18 11	20,0	–11	20 08	–20,2
25.	6 48	8 03	12 32	17 03	18 18	21,1	–12	20 29	–19,0
31.	6 41	7 55	12 33	17 13	18 27	22,7	–13	20 54	–17,5

Tages- und Nachtstunden

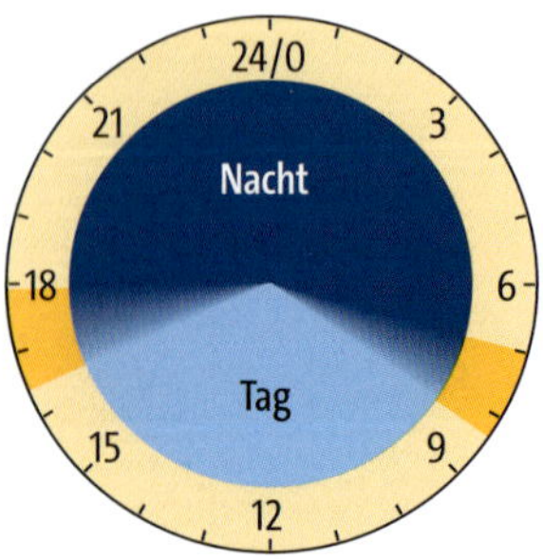

5. Januar

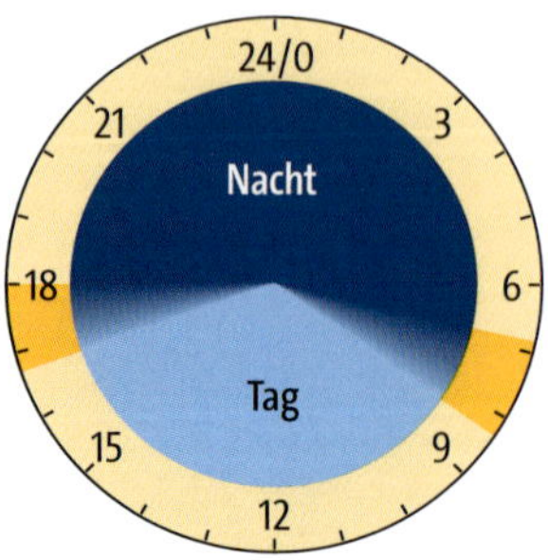

15. Januar

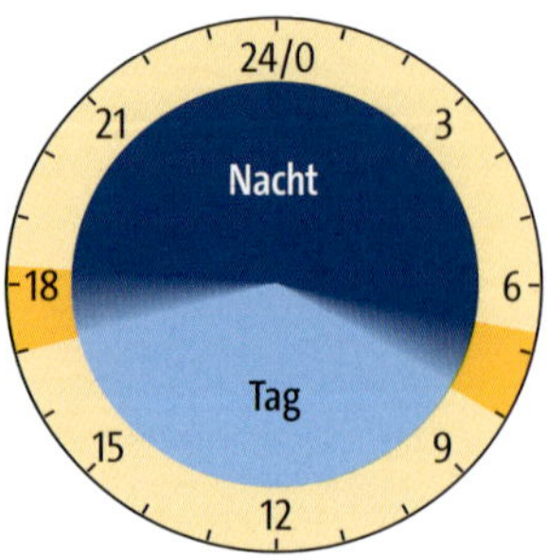

25. Januar

Tabelle Mondlauf

Datum		Aufg. MEZ	Kulmination	Unterg. MEZ	Rektaszension	Deklination	Sterne und Sternbilder	Phase	MEZ
		h m	h m	h m	h m	°			
So	1.	10 01	14 59	20 04	20 54	−15,4	Steinbock		
Mo	2.	10 33	15 48	21 12	21 46	−12,6	Steinbock	Absteigender Knoten	
Di	3.	11 02	16 37	22 22	22 37	− 9,1	Wassermann	Libration Ost	
Mi	4.	11 30	17 26	23 33	23 28	− 5,1	* Wassermann		
Do	5.	11 57	18 15	–	0 19	− 0,7	Fische	**Erstes Viertel**	**$20^h\ 47^m$**
Fr	6.	12 25	19 07	0 46	1 11	+ 3,7	Fische		
Sa	7.	12 56	20 00	2 00	2 05	+ 8,1	* Fische		
So	8.	13 32	20 56	3 16	3 01	+12,0	Widder		
Mo	9.	14 13	21 55	4 31	4 00	+15,3	Stier, Hyaden	Größte Südbreite	
Di	10.	15 03	22 55	5 44	5 00	+17,7	Aldebaran	Erdnähe 363/32,′9	7^h
Mi	11.	16 02	23 56	6 50	6 02	+18,8	Orion		
Do	12.	17 07	–	7 47	7 04	+18,7	Alhena	**Vollmond**	**$12^h\ 34^m$**
Fr	13.	18 17	0 55	8 35	8 05	+17,4	Krebs		
Sa	14.	19 29	1 51	9 15	9 03	+15,0	Krebs		
So	15.	20 39	2 44	9 48	9 58	+11,8	Löwe, Regulus	Aufsteigender Knoten Libration West	
Mo	16.	21 48	3 34	10 17	10 51	+ 8,1	Löwe		
Di	17.	22 54	4 21	10 43	11 40	+ 4,1	Jungfrau		
Mi	18.	23 58	5 06	11 08	12 28	+ 0,1	Jungfrau		
Do	19.	–	5 49	11 32	13 14	− 3,9	Spica	**Letztes Viertel**	**$23^h\ 13^m$**
Fr	20.	1 01	6 33	11 57	14 00	− 7,6	Jungfrau		
Sa	21.	2 02	7 16	12 24	14 47	−11,0	Waage		
So	22.	3 03	8 01	12 54	15 33	−13,9	Waage	Erdferne 405/29,′5 Größte Nordbreite	1^h
Mo	23.	4 01	8 47	13 28	16 22	−16,2	Skorpion		
Di	24.	4 58	9 34	14 09	17 11	−17,9	Schlangenträger		
Mi	25.	5 51	10 23	14 55	18 02	−18,8	Schütze		
Do	26.	6 40	11 13	15 49	18 54	−18,8	Schütze, Nunki		
Fr	27.	7 23	12 04	16 49	19 46	−17,9	Schütze		
Sa	28.	8 02	12 54	17 53	20 39	−16,1	Steinbock	**Neumond Nr. 1164**	**$1^h\ 07^m$**
So	29.	8 36	13 45	19 01	21 32	−13,5	Steinbock	Absteigender Knoten Libration Ost	
Mo	30.	9 06	14 34	20 12	22 24	−10,1	Wassermann		
Di	31.	9 35	15 24	21 23	23 16	− 6,2	Wassermann		

Der Mond wandert am 14./15. an Regulus vorbei

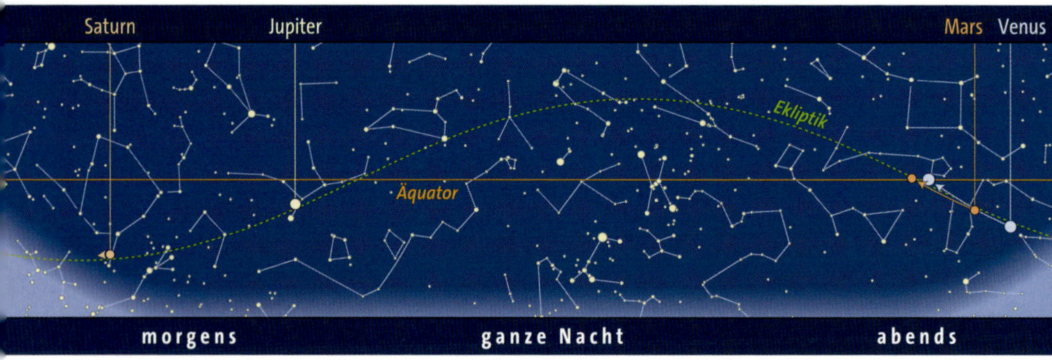

Merkur bietet zur Monatsmitte eine bescheidene Morgensichtbarkeit. Ende des Vorjahres, am 28. Dezember 2016, stand er in unterer Konjunktion mit der Sonne. Zunächst entfernt sich Merkur rasch rückläufig von der Sonne. Am 8. wird der flinke Planet stationär und bewegt sich anschließend wieder rechtläufig durch den Tierkreis. Seine westlichen Winkelabstände wachsen bis zum 10. auf 21° an. Unter guten Sichtbedingungen kann man den sonnennahen Planeten ab diesem Tag tief im Südosten aufspüren (siehe auch Abb. 1.5 und 1.6 auf Seite 36). Am 10. geht der $0^{m}{,}1$ helle Merkur um $6^{h}39^{m}$ auf. Etwa eine halbe Stunde später kann man ihn dann in den horizontnahen

1.2 Heliozentrischer Anblick
des Planetensystems im ersten Jahresviertel 2017. Eingetragen sind links die Positionen der inneren Planeten für den 1. Januar (1), 1. Februar (2) sowie 1. März (3) und 1. April (4). Der rechte Teil zeigt das äußere Planetensystem und einige Planetoiden zu Anfang und Ende des ersten Quartals. Die Pfeile deuten die Richtungen zu den ferneren Planeten und zum Frühlingspunkt an.

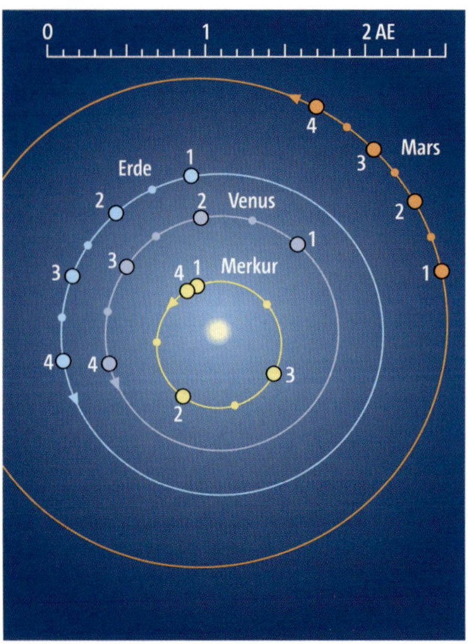

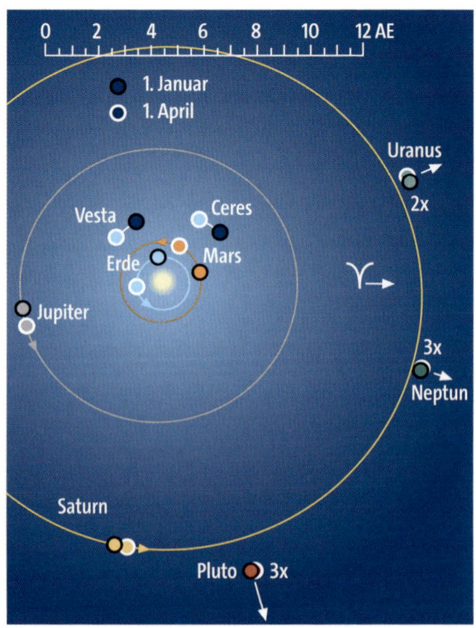

Dunstschichten erkennen. Gegen $7^{h}30^{m}$ verblasst er in der zunehmenden Morgenhelle.

Am 14. zeigt sich das 7″,4 große Merkurscheibchen im Teleskop halb beleuchtet, die Dichotomie (Halbphase) tritt ein. Seine größte westliche Elongation mit 24°08′ Winkelabstand von der Sonne erreicht Merkur am 19., wobei seine Helligkeit auf $-0^{m}{,}2$ zunimmt. Zwar bleibt seine scheinbare Helligkeit bis Monatsende konstant, seine Aufgänge verspäten sich jedoch. Geht Merkur am 19. um $6^{h}38^{m}$ und am 24. um $6^{h}45^{m}$ auf, so erfolgt der Merkuraufgang Ende Januar um $6^{h}57^{m}$. Nach dem 24. wird man mit bloßen Augen vergeblich nach Merkur suchen.

Nördlich von 56° geografischer Breite bietet Merkur in diesem Monat keine Morgensichtbarkeit.

Merkur zieht eine Schleife im Sternbild Schütze und passiert am 12. in 2°,4 nördlichem Abstand den Winterpunkt (siehe Abb. 1.7 auf Seite 37).

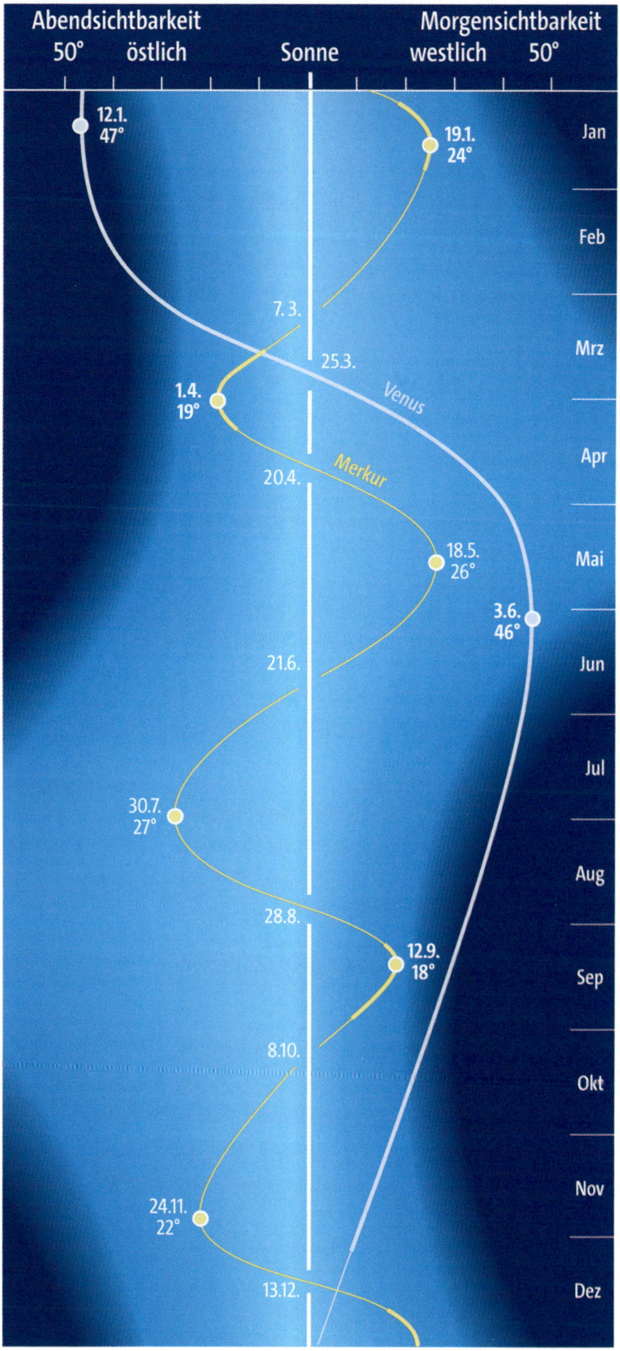

1.3 Winkelabstand zur Sonne von Merkur und Venus:
Elongationen und Konjunktionen der inneren Planeten Merkur und Venus von bzw. mit der Sonne im Jahre 2017. Die Datumsangaben beziehen sich jeweils auf die größten Elongationen sowie die Konjunktionen. Fettgedrucktes Datum bedeutet: in Mitteleuropa mit freiem Auge sichtbar. Unterbrochener Sonnenbalken weist auf eine untere Konjunktion hin, unterbrochene Planetenlinie auf eine obere Konjunktion.

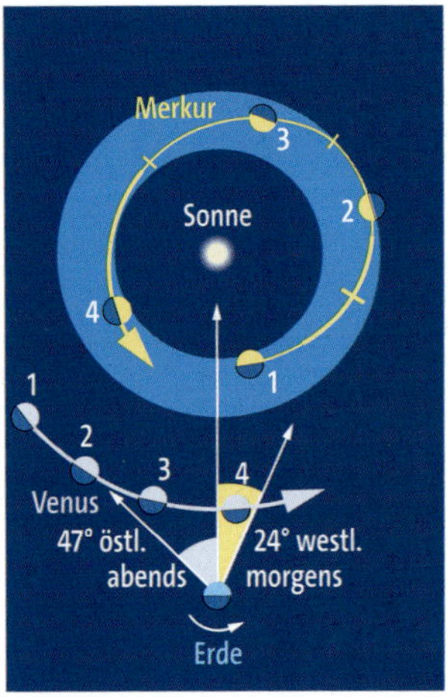

1.4 Bahnen von Merkur und Venus:
Heliozentrische Bewegungen von Merkur und Venus *relativ* zur Erde. In den dicker ausgezogenen Bahnteilen sind die Planeten beobachtbar. Die Zahlen markieren die Positionen jeweils zum Monatsersten. Östlicher Winkelabstand bedeutet Abendsichtbarkeit, westliche Elongation: Planet steht am Morgenhimmel.

Am Tag der größten westlichen Elongation trennen uns 151 Millionen Kilometer (= 1,01 AE) von Merkur, dies entspricht fast der Entfernung Erde – Sonne im Nordsommer.

Die schmale Sichel des abnehmenden Mondes zieht am 26. vier Grad nördlich an Merkur vorbei, der allerdings nur noch im lichtstarken Fernglas oder Teleskop auszumachen ist.

Venus eröffnet den Jahresreigen als strahlender Abendstern. Am 12. erreicht sie mit 47°09′ ihren größten östlichen Winkelabstand von der Sonne, man nennt diese Konstellation maximale Elongation Ost. Im Laufe des Monats nimmt ihre Helligkeit von $-4{,}^m4$ auf $-4{,}^m7$ leicht zu. Die Venusuntergänge verspäten sich fast um eine Stunde: Zu Monatsbeginn sinkt unser innerer Nachbarplanet um 20^h36^m unter den Horizont, am 15. um 21^h06^m und am 31. erst um 21^h31^m. Venus wandert durch das Sternbild Wassermann und wechselt am 23. in die Fische, wobei sie immer nördlichere Positionen erreicht. Kurz vor Monatsende überschreitet sie den Himmelsäquator und wechselt dabei auf die nördliche Hemisphäre. Sie verfolgt bei ihrem Lauf den wesentlich lichtschwächeren Mars, der ihr aber davonläuft. Zu den beiden Nachbarplaneten der Erde gesellt sich am Monatsletzten die schmale Sichel des zunehmenden Mondes; ein hübscher Anblick dieses Dreigestirns am Abendhimmel gegen 20^h (siehe Abb. 1.1 auf Seite 30).

1.5 Merkur am Morgenhimmel:
Stellung von Merkur über dem Südosthorizont zu den angegebenen Daten jeweils eine Stunde vor Sonnenaufgang. Die Pfeile geben die Bewegungen von Merkur und Sonne in der folgenden halben Stunde an.

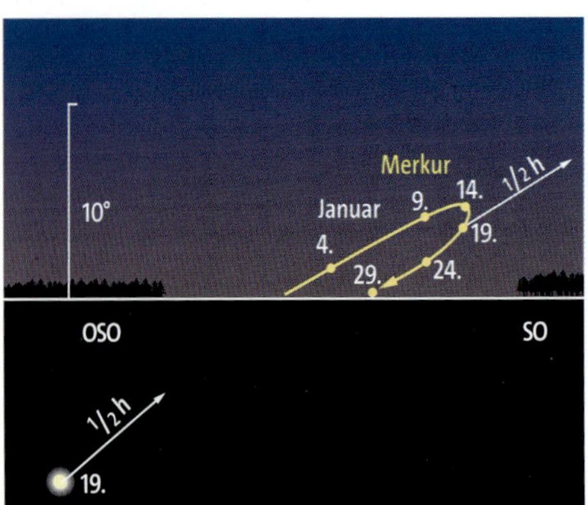

1.6 Sichtbarkeitsdiagramm für Merkur:
Es gilt genau für 50° nördlicher Breite und 10° östlicher Länge. Dunkelgelbe Fläche: Unter günstigen Sichtbedingungen kann man Merkur mit bloßen Augen erkennen.

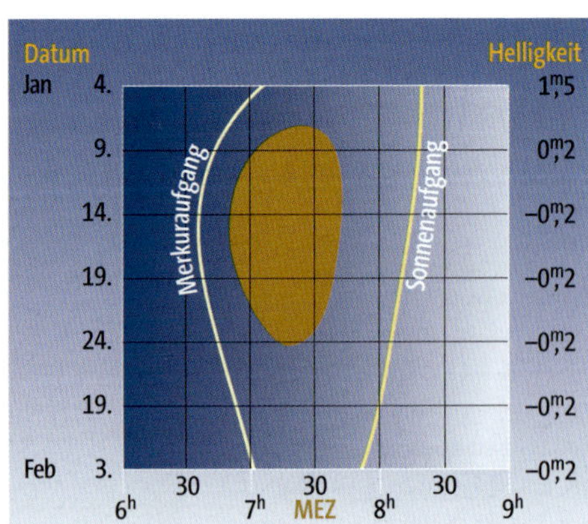

1.7 Bahn von Merkur:
Scheinbare Merkurschleife im Gebiet des Sternbildes Schütze. Die Zahlen geben die Merkurposition zum jeweiligen Monatsersten an (2 = 1. Februar).

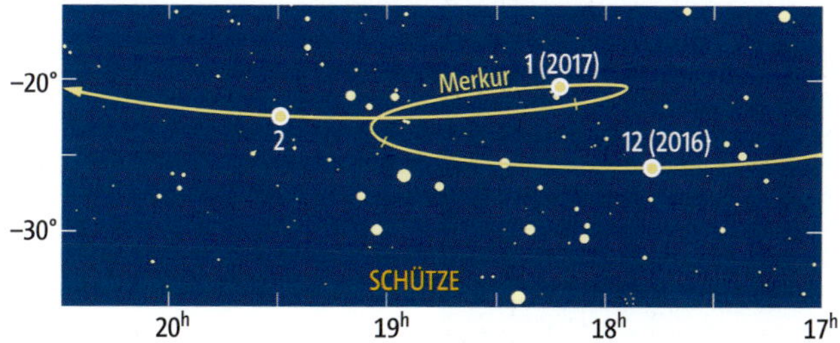

Bereits am 13. überholt Venus den fernen und lichtschwachen Neptun in einer knappen Vollmondbreite (0°25′) nördlich (siehe Abb. 1.12 auf Seite 40). Neptun ist nur im Fernglas oder Teleskop zu sehen. Die Stellung (Höhe) der Venus über dem Südwesthorizont eine Stunde nach Sonnenuntergang wird aus Abb. 1.8 ersichtlich.

Im Teleskop zeigt sich das 25″ große Venusscheibchen am Abend des 14. halb beleuchtet, die Dichotomie tritt ein. Danach nimmt der Beleuchtungsgrad ab und Venus entwickelt allmählich eine Sichelgestalt. Am Tag der größten östlichen Elongation ist Venus 102 Millionen Kilometer (= 0,682 AE) von der Erde entfernt.

Mars kann noch am frühen Abendhimmel tief im Westen gesehen werden. Der rote Planet wandert durch den Wassermann und wechselt am 19. in das Sternbild Fische, wobei er am 28. nur $0{,}^{\circ}4$ südlich den Frühlingspunkt passiert. Kurz darauf überschreitet er den Himmelsäquator und begibt sich auf die nördliche Hälfte der Himmelskugel.

Gleich zu Jahresbeginn, am 1., kommt es zu einer engen Begegnung mit Neptun. Mars zieht nur 74″, also etwas mehr als eine Bogenminute, südlich am Planeten des Meeresgottes vorbei (siehe Abb. 1.11 auf Seite 40).

Mars wird von Venus verfolgt, die ihn aber nicht ganz einholen kann.

Am 31. ergibt sich gegen 21^h ein hübscher Himmelsanblick, wenn sich die Sichel des zunehmenden Mondes zu den beiden Nachbarplaneten der Erde gesellt (siehe Abb. 1.1 auf Seite 30).

Mars eilt der Sonne im Tierkreis voraus. Seine Untergangszeiten bleiben daher fast konstant. Am 1. geht der rote Planet um 21^h44^m unter, am 31. um 21^h52^m. Die Untergangszeiten verspäten sich leicht, da Mars nach Norden strebt und seine Tagbögen somit in unseren Breiten größer werden. Die Marshelligkeit sinkt von $0{,}^{m}9$ auf $1{,}^{m}1$ während des Monats leicht ab. Damit zählt er aber immer noch zu den Gestirnen erster Größenklasse. Für Fernrohrbeobachter ist Mars nicht mehr besonders reizvoll. Ende Januar hat das Planetenscheibchen nur noch einen scheinbaren Durchmesser von $5{,}''1$. Details auf Mars sind damit kaum mehr zu erkennen.

Jupiter kann in der zweiten Nachthälfte beobachtet werden. Der Riesenplanet wandert rechtläufig durch die Jungfrau. Seine Geschwindigkeit wird allerdings

1.8 Venus am Abendhimmel:
Stellung von Venus über dem Südwesthorizont jeweils eine Stunde nach Sonnenuntergang von November 2016 bis Mitte März 2017. Die Zahlen geben die Venusposition zum jeweiligen Monatsbeginn an (1 = 1. Januar 2017).

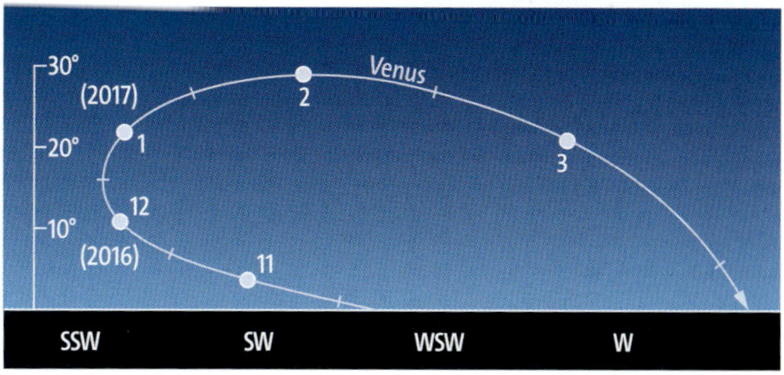

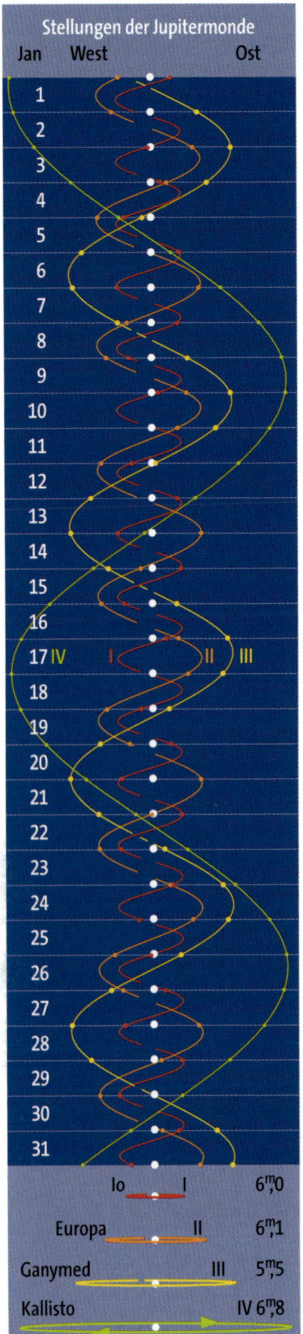

Jupitermonde

Tag	MEZ h m	Vorgang	
1.	3 59	I	SA
	4 48	III	VE
	5 11	I	DA
	6 11	I	SE
2.	4 31	I	BE
4.	4 32	II	DA
	4 36	II	SE
	6 57	II	DE
8.	5 52	I	SA
	6 04	III	VA
	7 06	I	DA
9.	3 00	I	VA
	6 25	I	BE
10.	2 33	I	SE
	3 45	I	DE
11.	4 39	II	SA
12.	3 19	III	DE
13.	2 16	II	VE
	4 41	II	BE
16.	4 53	I	VA
17.	2 14	I	SA
	3 27	I	DA
	4 26	I	SE
	5 37	I	DE
18.	2 46	I	BE
19.	2 32	III	SE
	5 02	III	DA
20.	2 18	II	VA
23.	6 46	I	VA
24.	4 07	I	SA
	5 19	I	DA
	6 19	I	SE
25.	4 37	I	BE
26.	1 57	I	DE
	3 53	III	SA
	6 29	III	SE
27.	4 53	II	VA
29.	1 27	II	DA
	1 33	II	SE
	3 49	II	DE
30.	1 03	III	BE
31.	6 00	I	SA

immer geringer. Zum Monatsende bleibt er fast ganz stehen. Anfang Februar setzt er dann zu seiner Oppositionsschleife an (siehe Abb. 4.5 auf Seite 100). Am 20. sieht man Jupiter 4° nördlich von Spica (α Vir). Am Hauptstern der Jungfrau kann man gut die Positionsänderungen des Riesenplaneten verfolgen.

Die kommende Opposition macht sich auch an der leicht um $0^{m}{,}2$ steigenden Helligkeit bemerkbar. Zu Monatsende beträgt sie $-2^{m}{,}1$. Nur Venus übertrifft den Riesenplaneten an Glanz. Nach Untergang von Venus am Abend dominiert Jupiter den Sternenhimmel die übrige Nacht hindurch.

Seine Aufgänge verlagert der Riesenplanet in die Zeit vor Mitternacht. Geht Jupiter am 1. um $1^{h}27^{m}$ auf und am 15. um $0^{h}39^{m}$, so steigt er am 31. schon um $23^{h}36^{m}$ über die östliche Horizontlinie.

Am 19. erhält Jupiter Besuch vom abnehmenden Halbmond (siehe auch Abb. 1.10 auf Seite 39).

Im Fernrohr zeigt Jupiter ein deutlich ovales Planetenscheibchen, dessen scheinbarer Äquatordurchmesser auf 39″ und dessen scheinbarer Poldurchmesser auf knapp 37″ anwächst.

Saturn, rechtläufig im Sternbild Schlangenträger, stand Anfang Dezember des Vorjahres in Konjunktion mit der Sonne. Ab der Monatsmitte erscheint er wieder am Morgenhimmel, tief im Südosten.

Am 15. geht der $0^{m}{,}5$ helle Ringplanet um $6^{h}01^{m}$ auf. Etwa eine halbe Stunde später hat er die dichtesten Dunstschichten am Horizont überwunden und wird sichtbar. Kurz nach 7^{h} verblasst er in der zunehmenden Morgen-

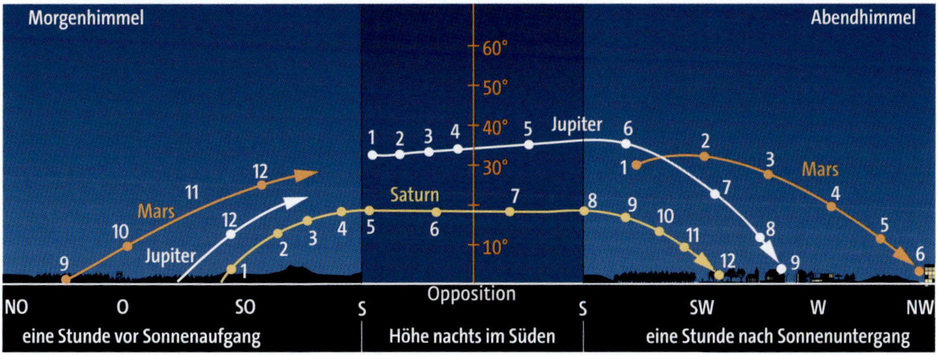

1.9 Mars, Jupiter und Saturn: Stellungen der Planeten Mars, Jupiter und Saturn im Jahr 2017. Im linken Teil sind die Positionen am Morgenhimmel jeweils eine Stunde vor Sonnenaufgang eingetragen, im rechten Teil die Positionen am Abendhimmel jeweils eine Stunde nach Sonnenuntergang. Im Mittelteil sind die Stellungen zur Kulminationszeit angegeben sowie die Kulminationshöhe.

helle. Am 31. erfolgt der Saturnaufgang bereits um 5^h05^m.

Im Fernrohr erkennt man einen relativ weit geöffneten Ring (Öffnung: 26°7), dessen scheinbarer Längsdurchmesser 35″3 beträgt. Der Äquator der Saturnkugel misst gegenwärtig 15″6.

Uranus, beendete Ende Dezember 2016 seine Oppositionsperiode, indem er wieder im Sternbild Fische rechtläufig wurde. Zunächst entfernt er sich nur äußerst zögerlich von ζ Piscium (4^m9), der als Aufsuchhilfe gut geeignet ist (siehe Abb. 10.5 auf Seite 214).

Der grünliche Planet kann nach Einbruch der Dunkelheit in den Abendstunden aufgesucht werden. Wenn es dunkel genug geworden ist, um Uranus mit Fernglas oder Teleskop zu beobachten, hält er sich in Meridiannähe und somit in bester Beobachtungsposition auf.

Am 1. erfolgt der Uranusuntergang um 1^h33^m, am 15. um 0^h39^m und am 31. schon eine halbe Stunde vor Mitternacht, um 23^h34^m.

Die Kulminationen des 5^m8 hellen Uranus erfolgen am 1. um 18^h51^m, am 15. um 17^h56^m und am 31. bereits um 16^h54^m.

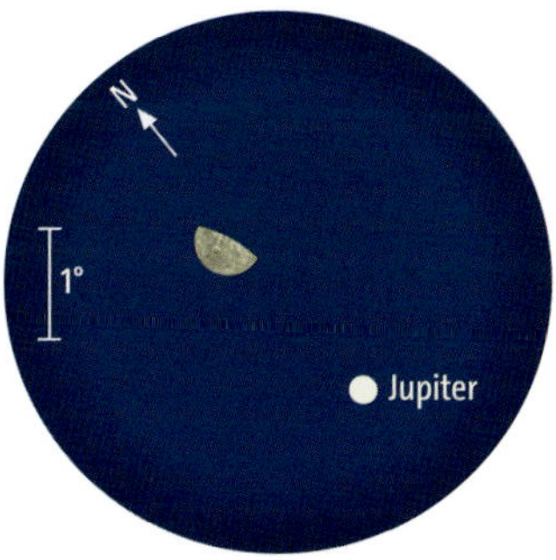

1.10 Mond bei Jupiter:
Der abnehmende Mond begegnet Jupiter am 19. Januar. Fernglasanblick gegen 7^h MEZ bei 5° Gesichtsfelddurchmesser.

Im Teleskop zeigt der siebte Planet ein kleines, grünliches Scheibchen von gerade mal 3″6 scheinbarem Durchmesser.

Neptun wandert gemächlich rechtläufig durch das Sternbild Wassermann. Der bläuliche Planet nähert sich seiner Konjunktion mit der Sonne, die er Anfang März erreicht.

In der ersten Januarhälfte ist der achte und sonnenfernste Planet noch mit lichtstarker Optik am Abendhimmel aufzuspüren (siehe auch Aufsuchkarte Abb. 9.13 auf Seite 199). Seine Helligkeit sinkt leicht um 0^m1 auf 8^m0 ab.

Am 1. passiert Neptun um 16^h21^m den Meridian und geht um 21^h41^m unter. Bis 15. verfrühen sich die Neptunkulminationen auf 15^h27^m und die Untergänge auf 20^h48^m. Nach der Monatsmitte wird man Neptun kaum mehr finden.

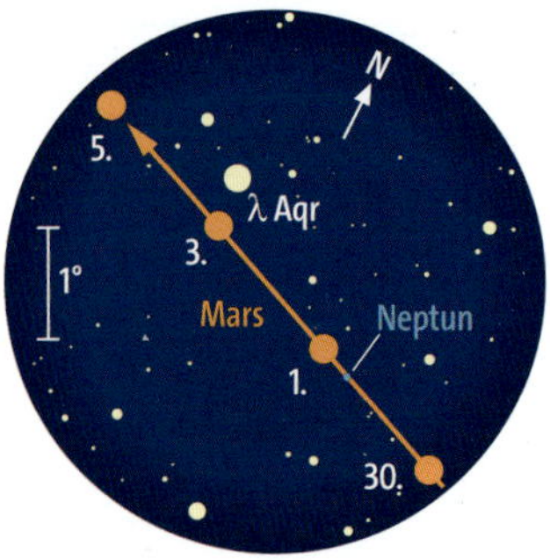

1.11 Mars bei Neptun:
Mars zieht am 1. Januar an Neptun vorbei. Abendlicher Fernglasanblick bei 5° Gesichtsfelddurchmesser.

In der ersten Monatshälfte kommt es zu Begegnungen mit den Nachbarplaneten der Erde. Schon am 1. zieht Mars nur eine gute Bogenminute südlich an Neptun vorbei. (siehe Abb. 1.11 links). Die Venus wiederum eilt am 13. in 0°25′ Abstand am bläulichen Planeten vorbei (siehe Abb. 1.12 rechts).

1.12 Venus bei Neptun:
Venus wandert am 13. Januar an Neptun vorbei. Fernglasanblick bei 5° Gesichtsfelddurchmesser

Pluto, der Zwergplanet (Planetoid-Nr. 134 340), hält sich im Jahr 2017 im Sternbild Schütze auf. Am 10. Juli erreicht er seine Opposition zur Sonne. Mit 14^{m},2 visueller Oppositionshelligkeit ist er nur in leistungsstarken Teleskopen unter dem Gewimmel der Milchstraßensterne auszumachen. In der Rubrik „Planetenlauf" wird er in den Monaten April, Juli und September aufgeführt. Eine Aufsuchkarte für Pluto findet man in Abb. 7.7 auf Seite 158. Am 7. kommt Pluto in Konjunktion mit der Sonne. Von der Erde trennen ihn an diesem Tag 5120 Millionen Kilometer (= 34,22 AE), seine Sonnendistanz beträgt dabei 4973 Millionen Kilometer (= 33,24 AE).

Konstellationen und Ereignisse

Datum	MEZ	Ereignis
1.	8h	**Mars bei Neptun**, Mars 0°,02 südlich, **Abstand 0°,3 um 19^{h} (Fernglas!)**
2.	10	**Mond bei Venus**, Mond 1°,9 nördlich, **Abstand 3°,6 um 17^{h}**
3.	5	Mond bei Neptun, Mond 0°,4 nördlich
3.	8	**Mond bei Mars**, Mond 0°,2 nördlich, **Abstand 5°,0 um 18^{h}**
4.	15	Erde im Perihel (Sonnennähe), Abstand Erde – Sonne 147,101 Millionen Kilometer
6.	3	Mond bei Uranus, Mond 3°,3 südlich
7.	8	Pluto in Konjunktion mit der Sonne
8.	11	Merkur im Stillstand, anschließend rechtläufig
12.	14	**Venus in größter östlicher Elongation** (47°)
13.	3	**Venus bei Neptun**, Venus 0°,4 nördlich, **Abstand 0°,4 um 19^{h} am 12.**
19.	6	**Mond bei Jupiter**, Mond 2°,7 nördlich, **Abstand 1°,9 um 7^{h}**
19.	11	**Merkur in größter westlicher Elongation** (24°)
24.	11	**Mond bei Saturn**, Mond 3°,6 nördlich, **Abstand 3°,5 um 7^{h}**
26.	2	**Mond bei Merkur**, Mond 3°,7 nördlich, **Abstand 4°,2 um 7^{h}** (Fernglas!)
30.	12	Mond bei Neptun, Mond 0°,2 nördlich
31.	16	**Mond bei Venus**, Mond 4°,1 südlich, **Abstand 4°,4 um 20^{h}**

Planetoiden

Ceres – Planetoid Nr. 1 – wandert rechtläufig durch die Fische, wobei sie nach Norden strebt (siehe Abb. 1.13 auf Seite 41). Dabei beschleunigt sie ihren Lauf. Ihre Helligkeit sinkt um 0^{m},3 auf 8^{m},9 ab. Ihre Glanzzeit ist damit vorüber. Am 1. kulminiert Ceres um 19^h09^m, am 15. um 18^h21^m und am 31. bereits um 17^h31^m. Am letzten Januartag geht sie um 0^h04^m unter.

Vesta – Planetoid Nr. 4 – steht am 18. im Sternbild Krebs in **Opposition** zu Sonne. Einen Tag später überschreitet sie rückläufig die Grenze zu den Zwillingen. Mit $6^{m}{,}2$ Oppositionshelligkeit ist sie fast mit bloßen Augen erkennbar, auf alle Fälle selbst in kleinen Ferngläsern. Wer noch nie einen Kleinplaneten gesichtet hat, für den ist die Chance nun extrem günstig, zudem Vesta wegen ihrer nördlichen Position im Tierkreis ($\delta = 23°$ bis $25°$) zur Kulmination recht hoch im Süden steht. Man gehe von den Zwillingshauptsternen Kastor und Pollux aus und schwenke sein Fernglas leicht nach Südosten. Auch κ Geminorum ($3^{m}{,}6$) kann als Aufsuchhilfe dienen (siehe Abb. 1.14 unten).

Am 1. kulminiert die noch $6^{m}{,}7$ helle Vesta um 1^h57^m und am Tag der Opposition bereits um 0^h33^m. Bis Monatsende verfrühen sich die Meridiandurchgänge auf 23^h23^m, die Vestahelligkeit geht wieder auf $6^{m}{,}5$ zurück.

Periodische Sternschnuppenströme

Gleich zu Jahresbeginn sind die **Quadrantiden** (scheinbarer Ausstrahlungspunkt oder Radiant im Nordteil des Sternbildes Bootes) zu erwarten. Vom 1. bis 10. Januar flammen sie in der zweiten Nachthälfte auf. Erst nach Mitternacht erreicht der Radiant eine größere Höhe, weshalb es sich lohnt, in den Morgenstunden nach den Quadrantiden Ausschau zu halten.

Das spitze Maximum tritt 2017 am 3. während der Tagesstunden in Mitteleuropa auf.

Am Abendhimmel sind dann nur wenige Sternschnuppen zu beobachten, da der Radiant vor 22^h noch recht tief steht. Statt 80 bis 100 Objekte im Maximum sieht man nur gut ein Dutzend

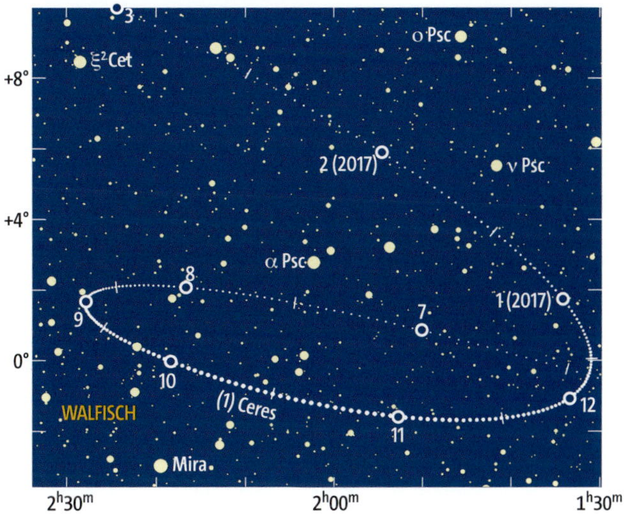

1.13 Bahn von Ceres: **Scheinbare Bahn des Kleinplaneten (1) Ceres im Gebiet des Sternbildes Walfisch. Die Zahlen geben die Positionen jeweils zum Monatsbeginn an (2 = 1. Februar 2017).**

1.14 Bahn von Vesta: **Scheinbare Bahn des Kleinplaneten (4) Vesta im Gebiet der Sternbilder Zwillinge und Krebs von Oktober 2016 bis Juni 2017. Die Zahlen geben die Vestaposition jeweils zu Monatsbeginn an (2 = 1. Februar 2017).**

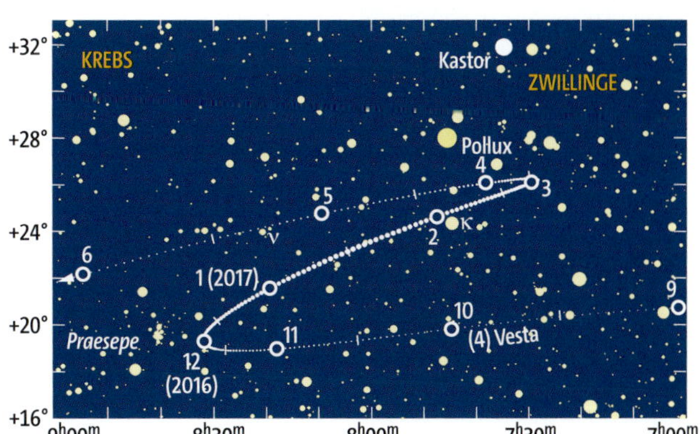

pro Stunde. Helle Sternschnuppen kommen dabei nur selten vor.

Ein Erzeugerkomet ist nicht sicher bekannt, doch gilt der Komet 96P/Machholz als mögliche Quelle. Auch zum Planetoiden 2003 EH1 scheint dieser Strom eine Affinität zu besitzen.

Die einzelnen Meteoroide haben mittlere Eintrittsgeschwindigkeiten in die Erdatmosphäre von rund 40 Kilometer pro Sekunde. Da der Radiant im Sternbild Bootes liegt, wird dieser Strom auch **Bootiden** genannt.

Ein wenig bekannter Strom sind die **Delta-Cancriden**. Sie erscheinen zwischen dem 1. und 23. Januar. Das Maximum fällt auf den 16. Januar. Die Meteore entströmen dem Sternbild Krebs. Es handelt sich um langsame Sternschnuppen mit Geschwindigkeiten um 30 Kilometer pro Sekunde. Pro Stunde ist nur mit etwa vier Meteoren zu rechnen.

Der Fixsternhimmel

Wer in dunkler Nacht einen prächtigen Sternenhimmel erblickt, mag bedauern, dass er die Sternbilder, die ihm dem Namen nach vielleicht bekannt sind, nicht erkennt. Wie heißt der helle Stern, der gerade so auffällig über dem Hausdach flackert?

Die einzelnen Sterne und Sternbilder zu identifizieren, ist leichter als man vermutet, auch wenn der Himmelsanblick sich ständig verändert. Er ist abhängig von der Jahres- und der Uhrzeit.

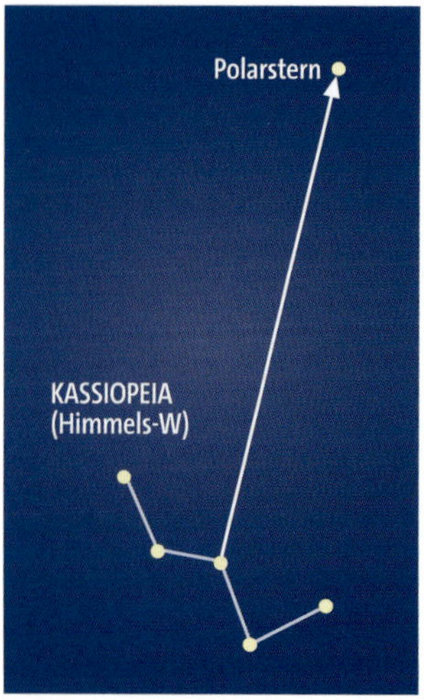

1.15 Das Himmels-W: Das Sternbild Kassiopeia (auch als Himmels-W bekannt) dient als Polweiser.

Wer Sterne und Sternbilder finden will, muss zunächst die Himmelsrichtungen an seinem Standort kennen. Denn die beste Sternkarte nützt wenig, wenn man nicht weiß, wo Norden, Osten, Süden und Westen ist. In vertrauter Umgebung kennt man meist die Himmelsrichtungen: Man weiß, wo die Sonne mittags steht und wo sie untergeht. Am nächtlichen Sternenhimmel beginnt man seine Beobachtungen mit dem Aufsuchen des Polarsterns, denn er deutet uns die Nordrichtung an. Blickt man zum Polarstern, so ist rechter Hand Osten, linker Hand Westen und im Rücken hat man Süden.

Als Stern zweiter Größenklasse ist der Polarstern nicht übermäßig auffällig. Sowohl der Große Wagen als auch das Himmels-W, das Sternbild Kassiopeia, helfen ihn zu finden. Ihre Stellungen relativ zum Nordhorizont sind jeweils für den Monatsanfang, 22 Uhr MEZ, in einer kleinen Grafik auf der Startseite zur Monatsübersicht festgehalten.

Die monatliche Beschreibung des abendlichen Fixsternhimmels gilt für die Standardbeobachtungszeit 22^h MEZ (oder 23^h MESZ – Mitteleuropäische Sommerzeit) zur Monatsmitte (15.) und für die geografische Breite 50° Nord. Diesen Anblick zeigt auch die monatliche Übersichtskarte, die das Auffinden von Sternen und Sternbildern erleichtern soll.

Welche Sternkarte zu welcher Zeit?

Wer zu Monatsbeginn beobachtet, sollte die Sternkarte um 23^h benutzen, also um 23^h MEZ. Zu Monatsende zeigt die Sternkarte den sichtbaren Himmelsausschnitt bereits um 21^h MEZ. Denn pro Stunde dreht sich der Himmel um 15° weiter (24^h = 360°). Nach einem Monat gehen die Sterne und Sternbil-

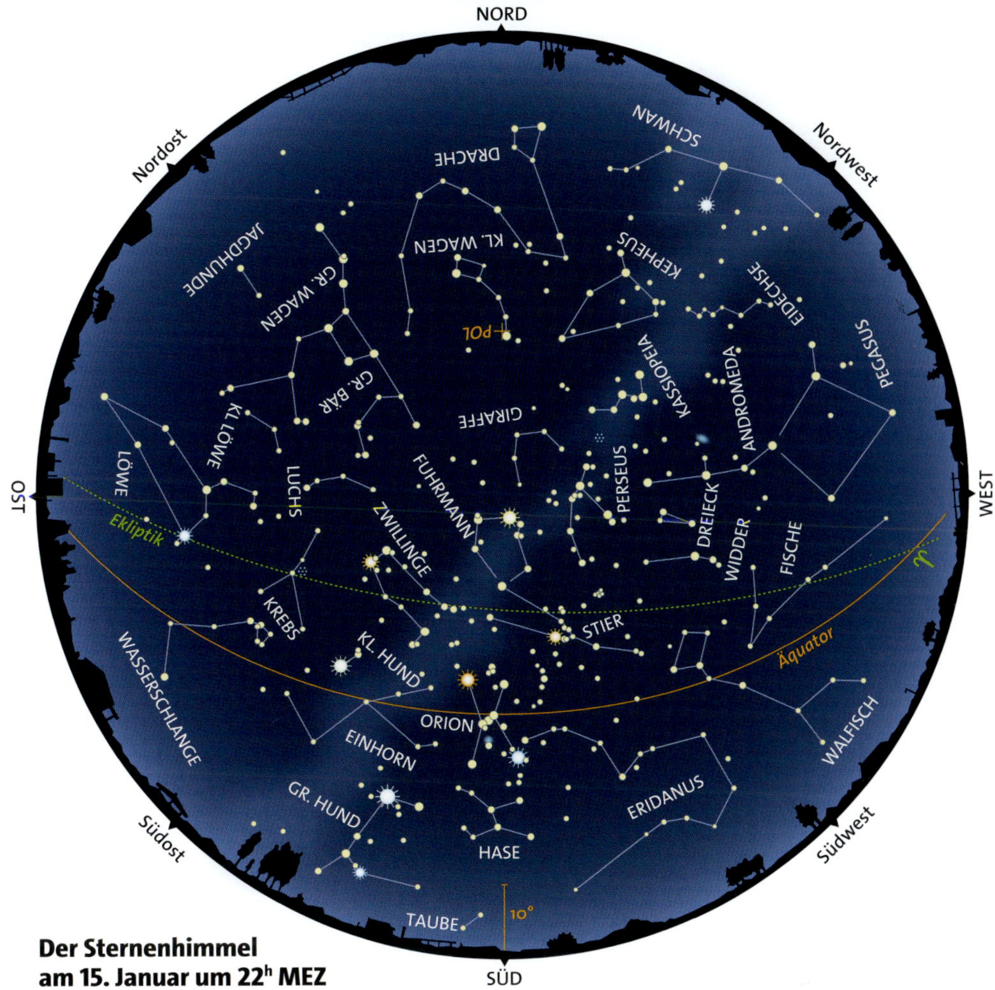

Der Sternenhimmel am 15. Januar um 22^{h} MEZ

Die Sternkarte ist auch gültig für:

	MEZ	MESZ
1.10.	5^{h}	6^{h}
15.10.	4	5
1.11.	3	
15.11.	2	
1.12.	1	
15.12.	0	
1. 1.	**23**	
15. 1.	**22**	
31. 1.	**21**	
15. 2.	20	

der jeweils zwei Stunden früher auf, kulminieren zwei Stunden früher und gehen zwei Stunden früher unter als am gleichen Tag des Vormonats. „Kulminieren" heißt, die höchste Stellung im Süden einnehmen. Wenn ein Stern kulminiert, dann passiert er die Mittagslinie, den Meridian.

Auch für andere Nachtstunden sind die Sternkarten zu verwenden. So zeigt die Januar-Sternkarte auch den Himmelsanblick, wie er dem Betrachter am 1. November um 3^{h} MEZ erscheint. Für welches Datum und welche Uhrzeit die jeweilige Monatssternkarte genutzt werden kann, ist in der Bildlegende links unterhalb der Sternkarte vermerkt. Zu berücksichtigen ist, dass die eingetragenen Planetenpositionen nur für den aktuellen Monat gelten, in dem die Sternkarte

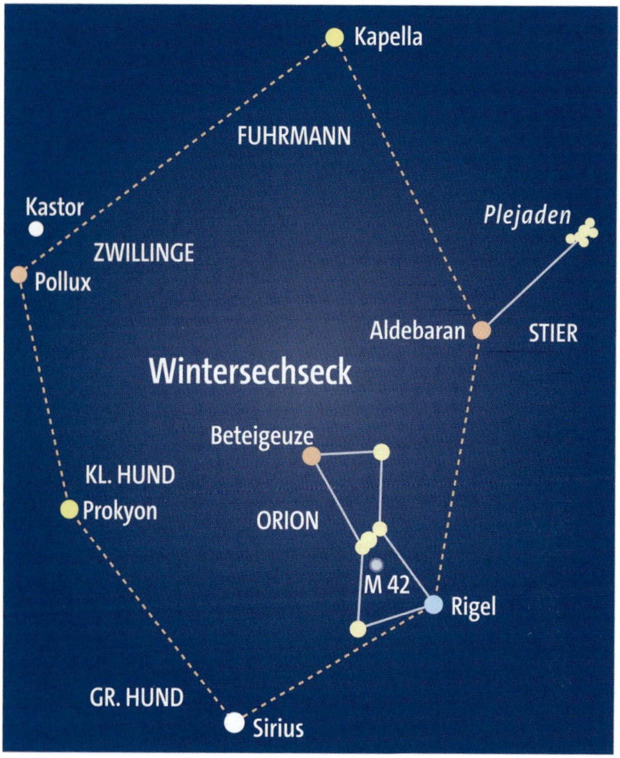

1.16 Das Wintersechseck:
Es setzt sich aus den sechs hellen Sternen Kapella im Fuhrmann, Aldebaran im Stier, Rigel im Orion, Sirius im Großen Hund, Prokyon im Kleinen Hund und Pollux in den Zwillingen zusammen.

platziert ist. Die jeweils gültigen Planetenpositionen entnehme man der monatlichen Grafik vor der Rubrik „Planetenlauf".

In der Monatssternkarte markiert die ausgezogene rote Linie den Himmelsäquator, die gestrichelte grüne Linie die Ekliptik (scheinbare Sonnenbahn), die zum Himmelsäquator um $23\overset{\circ}{,}5$ geneigt ist. In der Nähe der Ekliptik sind die Planeten zu finden. Die fünf hellen, mit bloßen Augen gut sichtbaren Planeten (Merkur, Venus, Mars, Jupiter und Saturn) sind mit ihren Symbolen in der Sternkarte eingetragen, wenn sie zur Standardbeobachtungszeit über dem Horizont stehen.

Die Planetensymbole findet man in der vorderen Umschlagklappe und in Abb. E.6 auf Seite 17. So kann der angehende Sternfreund schnell erkennen, ob in einem Tierkreissternbild eventuell ein heller Planet steht. Zum Beispiel befindet sich im April 2017 am Abendhimmel der Riesenplanet Jupiter im Sternbild Jungfrau. Die eingetragenen Planetenpositionen gelten exakt jeweils für die Monatsmitte.

Der abendliche Winterhimmel ist besonders reich an hellen Sternen. Zu keiner anderen Jahreszeit bietet der Sternenhimmel auf der Nordhalbkugel der Erde einen so schönen Anblick.

Der Himmelsjäger

Von allen Wintersternbildern ist der Orion das prominenteste. Er gilt als Leitsternbild des Winterhimmels. Viele Völker sahen im Orion einen Jäger oder Krieger. Seine einprägsame Sternenfigur

■ Veränderliche Sterne im Januar

Algol-Minima	11. 4^h01^m	14. 0^h50^m	16. 21^h40^m	19. 18^h29^m		
β-Lyrae-Minima	4. 12^hH	10. 24^hN	17. 11^hH	23. 23^hN	30. 11^hH	
δ-Cepheï-Maxima	1. 23^h	7. 8^h	12. 16^h	18. 1^h	23. 10^h	28. 19^h
Mira-Helligkeit	1. 8^m	10. 7^m	20. 6^m	31. 5^m		

1.17 Die Krippe:
Der offene Sternhaufen Messier 44 im Sternbild Krebs. Aufnahme von Martin Gertz/Sternwarte Welzheim.

steht im Januar zur Standardbeobachtungszeit halbhoch im Süden. Orion passiert gerade die Mittagslinie, den Meridian. Ein heller, rötlicher Stern deutet die östliche Schulter an. Er heißt Beteigeuze (α Orionis). Der zweite helle Stern erster Größe soll den westlichen Fuß des Jägers andeuten. Er funkelt in einem bläulich-weißen Licht und heißt Rigel (β Orionis). Beteigeuze und Rigel sind arabische Namen und bedeuten „Schulter" beziehungsweise „Fuß". Von Beteigeuze trennen uns 430 Lichtjahre und Rigel ist rund 800 Lichtjahre von uns entfernt. Da Rigel trotz seiner relativ großen Entfernung dennoch zu den hellsten Sternen am irdischen Firmament zählt, muss seine wahre Leuchtkraft enorm sein. Tatsächlich leuchtet er so hell wie 60 000 unserer Sonnen.

Zwischen Beteigeuze und Rigel stehen drei Sterne zweiter Größenklasse auffällig in einer Reihe. Sie sollen den Gürtel des Orion darstellen.

Tour um das Wintersechseck

Tief im Südosten flackert unübersehbar der blau-weiße Sirius. Er ist der Hauptstern des Sternbildes Großer Hund (α Canis Maioris). Mit –1,5 Größenklassen ist Sirius der hellste Fixstern am irdischen Himmel. Nur Venus und Jupiter sowie gelegentlich Mars übertreffen Sirius an Helligkeit.

Ein wenig höher als Sirius steht der gelbliche Stern Prokyon (α Canis Minoris) im Kleinen Hund. Prokyon bedeutet so viel wie „Vorhund", denn er geht in unseren Breiten vor Sirius auf und kündigt mit seinem Auftauchen am Osthorizont den baldigen Aufgang des Sirius an. Ebenso wie Sirius besitzt Prokyon einen Weißen Zwergstern als Begleiter. Prokyon ist elf Lichtjahre von uns entfernt und zählt damit zu den Nachbarsternen unserer Sonne.

Blickt man senkrecht nach oben, so sieht man einen hellen, gelblichen Stern erster Größenklasse, die Kapella (α Aurigae), Hauptstern des Fuhrmanns. Der Sage nach ist der Fuhrmann (lat.: Auriga) der Erbauer des Himmelswagens. Knapp südwestlich vom Fuhrmann ist der Stier beheimatet mit seinem orange-gelben Hauptstern Aldebaran (α Tauri) und den beiden offenen Sternhaufen Hyaden und Plejaden.

Dem Stier folgen im Tierkreis die Zwillinge, die im Wesentlichen von zwei Sternenketten dargestellt werden. An den östlichen Enden beider Ketten stehen zwei helle Sterne: Kastor (α Geminorum) und Pollux (β Geminorum).

Die hellen Sterne Kapella, Aldebaran, Rigel, Sirius, Prokyon und Pollux bilden das Wintersechseck. Es ist gewissermaßen das Gegenstück zum Sommerdreieck (siehe „Der Fixsternhimmel" im Juli auf Seite 160).

An die Zwillinge schließt sich im Osten der unscheinbare Krebs an, in dem der bekannte offene Sternhaufen Krippe (M 44) zu finden ist. Tief am Osthimmel macht sich ein Vorbote des kommenden Frühlings bemerkbar: Der mächtige Löwe mit seinem Hauptstern Regulus ist soeben aufgegangen.

Auch die Milchstraße schmückt den Winterhimmel. Das Band der Milchstraße steigt im Südosten empor, durchläuft den Scheitelpunkt oder Zenit und sinkt zum Nordwesthorizont hinab. Allerdings sieht man das zart schimmernde Lichtband nur fernab irdischer Lichtquellen, die leider den Nachthimmel immer mehr aufhellen.

Wie leer ist das Weltraumvakuum?

Kaspar Schott

1.18 Der Versuch mit den Magdeburger Halbkugeln.

Manchem mag dies als dumme Frage erscheinen: Vakuum bezeichnet doch die völlige Leere, sonst wär's kein Vakuum! Gibt es diese völlige Leere, gewissermaßen das „echte Vakuum"? Weit verbreitet ist die Vorstellung, das Universum sei ein riesiger Leerraum, gefüllt mit Sternen. Deshalb müssen Astronauten Raumanzüge voll mit Luft tragen, wenn sie im Weltraum ihr Raumschiff verlassen.

Im Altertum war man davon überzeugt, dass es kein Vakuum gibt. Die Natur habe eine Abneigung gegen den leeren Raum, verkündete einst Aristoteles. Man sprach vom Horror Vacui, dem Schrecken des Vakuums. Die Gestirne, dachte man, umkreisen die Erde auf Kristallschalen. Auch in der modernen Physik ist man der Ansicht, dass es das absolute Vakuum nicht gibt, ja gar nicht geben kann.

Wann ist ein Raum leer? Von einer leeren Weinflasche spricht man, wenn sie keine Flüssigkeit enthält. Aber ist sie dann wirklich leer? Nicht ganz, denn sie enthält noch Luft. Um ein Vakuum zu erzeugen, muss man aus einem Gefäß auch noch die Luft entfernen.

Ein Magdeburger Bürgermeister

Weltweit berühmt geworden ist der Versuch, ein Vakuum zu erzeugen, den der Bürgermeister von Magdeburg, Otto von Guericke (1602–1686) unternommen hat, um die Wirkung eines Vakuums zu demonstrieren. Erstmals im Jahre 1654 ließ Guericke zwei hohle Halbkugeln von 42 cm Durchmesser aus Kupfer anfertigen. Beide Halbkugeln fügte er zu einer Vollkugel zusammen, wobei er einen mit Wachs eingeriebenen Lederstreifen als Dichtung benutzte. Mit einer von ihm selbst entwickelten Kolbenpumpe entfernte er über ein in der Kugel eingelassenes Ventil die Luft aus der Kugel. Dann ließ er an jeder der beiden Halbkugeln jeweils acht Pferde anspannen. Trotz größter Anstrengung und Peitschenhieben gelang es den 16 Pferden nicht, die beiden Halbkugeln auseinanderzureißen. Erst als Guericke das Ventil öffnete und zischend die Luft in die Kupferkugel eindrang, fielen die beiden Halbkugeln auch ohne Pferdekräfte auseinander. Der äußere Luftdruck presste sie mit einer Kraft von zirka 13 800 N (Newton = kg · m/s^2) zusammen. Doch hatte Guericke bei dem Versuch mit den Magdeburger Halbkugeln längst nicht die gesamte Luft aus den Kupferkugeln entfernen können. Lediglich die Differenz zwischen dem äußeren irdischen Normalluftdruck und dem inneren Druck der Restluft presste die Halbkugeln derart zusammen, dass selbst 16 Pferde diese nicht trennen konnten.

Schon zehn Jahre vor Guerickes Experiment hat der französische Mathematiker und Physiker Blaise Pascal (1623–1662) eine Abhandlung über den luftleeren Raum verfasst, in der er auch die Wirkung des Luftdrucks beschreibt.

Wie viel Restluft in den Magdeburger Halbkugeln nach dem Auspumpen verblieb, weiß man nicht. Damals gab es dafür keine geeigneten Messgeräte. In der Experimentalphysik und in der Technik spricht man von einem Vakuum, wenn aus einem Raum die Luft weitgehend herausgepumpt ist. Doch was heißt weitgehend? Bei Normaldruck (1013 hPa) enthält ein Kubikzentimeter Luft etwa dreißig Trillionen ($3 \cdot 10^{19}$) Moleküle, dies entspricht einer Dichte von einem Tausendstel Gramm pro Kubikzentimeter (0,001 292 g/cm^3).

Von einem Hochvakuum spricht man, wenn nur noch eine Milliarde (10^9) Moleküle oder Atome vorhanden sind, was eine mittlere Dichte – je nach Molekül bzw. Atomgewicht – von 10^{-13} g/cm^3 ergibt. Mit ausgeklügelten technischen Verfahren gelingt es, ein sogenanntes Ultrahochvakuum (UHV) zu erzeugen. Ein UHV enthält aber immer noch mindestens zehntausend Teilchen (Dichte: 10^{-18} g/cm^3), ist also weit entfernt von einem idealen Vakuum, in dem sich keine Moleküle oder Atome befinden.

Anselmus van Hulle

1.19 Otto von Guericke (1602 – 1686).

Auch Photonen füllen die Leere

Doch selbst wenn es gelänge, alle Teilchen aus einem fensterlosen, absolut dichten Raum zu entfernen, so wäre dieser Raum im ontologischen Sinn längst nicht völlig leer. Denn die Wände dieses Raumes senden gemäß ihrer Temperatur eine elektromagnetische Strahlung aus. Der Raum ohne Teilchen ist somit gefüllt mit Photonen. Nach dem Planckschen Strahlungsge-

1.20 Der Orionnebel (M 42) – Gas und Staub im Weltall. Aufnahme von Martin Gertz/Sternwarte Welzheim.

setz sendet jeder Körper entsprechend seiner Temperatur elektromagnetische Wellen aus. Um auch die letzten Photonen aus dem Raum zu entfernen, müsste man die Wände auf den absoluten Nullpunkt der Temperaturskala (0 Kelvin = –273,15 °C) abkühlen. Gemäß dem 3. Hauptsatz der Thermodynamik geht dies aber prinzipiell nicht. Photonen lassen sich nicht verbannen, sie sind immer und überall anzutreffen, erst recht im Weltraum.

Nachdem der holländische Physiker Christian Huygens (1629–1695) und andere die Wellennatur des Lichts nachgewiesen hatten, vermutete man, dass ein Medium das Weltall erfüllen müsse, das als Träger zur Ausbreitung der Lichtwellen dient. Man nannte es zunächst „Plenum", später sprach man von „Äther". Dieser Lichtäther sollte unter anderem die seltsame Eigenschaft aufweisen, die Bewegungen der Planeten nicht zu bremsen.

Äther als Irrweg

Im Jahr 1887 maßen Albert Michelson (1852–1931) und Edward Morley (1838–1923) die Lichtgeschwindigkeit in Richtung der Erdbewegung und senkrecht dazu. Dabei stellten sie fest, dass die Lichtgeschwindigkeit in beiden Fällen gleich groß war. Kurz, die Lichtgeschwindigkeit hat in allen Bezugssystemen im Vakuum die konstante Größe von rund 300 000 Kilometer pro Sekunde. Die Konsequenz aus diesem Experiment: Entweder steht die Erde fest und läuft nicht mit einer Geschwindigkeit von 30 km/s um die Sonne oder es gibt keinen Äther.

Photonen benötigen keinen Äther, um stets mit Lichtgeschwindigkeit durch das All zu rasen. Dies hat schließlich Albert Einstein in seiner Speziellen Relativitätstheorie 1905 präzise dargestellt.

Das Universum ist gefüllt mit Photonen aller Wellenlängen oder Frequenzen, von harter Gammastrahlung über Röntgen- und Ultraviolettstrahlung, sichtbarem und infrarotem Licht, Mikrowellen bis hin zu langwelliger Radiostrahlung. Selbst die Photonen vom Urknall, dem Kosmischen Mikrowellenhintergrund, erfüllen das Universum.

Nicht nur Photonen, auch Materie in Form von Gas und Staub füllt die Weiten zwischen den Sternen im Weltall. In welchen Mengen und wie dicht die Materie im Weltall verteilt ist, kommt auf die Gegend an. In der Umgebung der Erdbahn beträgt die Dichte der interplanetaren Materie ein Hunderttrillionstel Gramm pro Kubikzentimeter (10^{-20} g/cm^3). Sie setzt sich aus einer Staubkomponente sowie aus dem Plasma des Sonnenwindes zusammen, einem Strom geladener Teilchen – vornehmlich Protonen, Alpha-Teilchen (Heliumatomkerne) und Elektronen. Für diesen Partikelstrom von der Sonne hat im Jahre 1959 der amerikanische Astronom Eugene Parker (*1927) den Begriff „Sonnenwind" (engl.: solar wind) eingeführt. Er macht sich unter anderem bei Kometen bemerkbar, indem er Gase und

Staub vom Kometenkopf wegtreibt, wodurch die Kometen einen Schweif ausbilden.

Aus den Tiefen des interstellaren Raums dringen zudem extrem energiereiche Teilchen ins Sonnensystem ein. Diese kosmische Korpuskularstrahlung wurde bereits 1912 vom österreichischen Physiker und Nobelpreisträger Victor Franz Hess (1883–1964) entdeckt. Hess selbst nannte sie schlicht „Höhenstrahlung", weil er sie mit hoch aufsteigenden Ballons erstmals registriert hatte.

Der interplanetare Staub stammt einerseits aus der Frühzeit des Sonnensystems, als eine interstellare Wolke kollabierte, andererseits von sich auflösenden Kometen sowie von Kollisionsereignissen. Die Dichte der interplanetaren Materie ist hundert bis tausend Mal geringer als das beste Ultrahochvakuum im irdischen Labor. So betrachtet sind Raumfahrer gut beraten, einen Raumanzug zu tragen, wenn sie sich aus dem Raumschiff wagen.

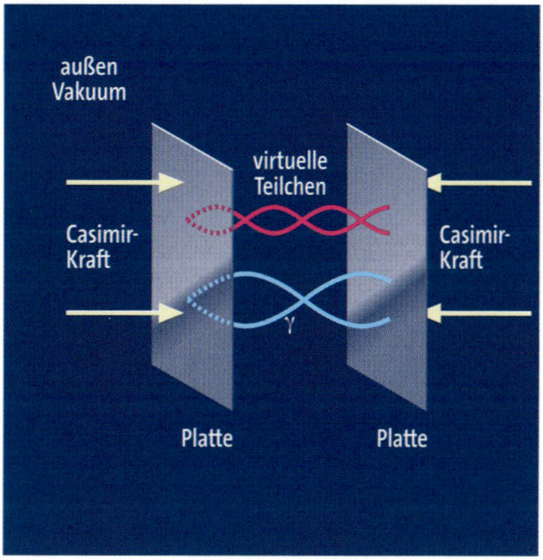

1.21 Der Casimir-Effekt gilt als Nachweis für die Existenz nicht verschwindender Vakuumenergie.

Leerer, aber nicht völlig leer

Auch außerhalb unseres Sonnensystems ist der Weltraum nicht absolut leer. Die leuchtenden Nebel im Sternbild Orion lassen Staub und Gas direkt beobachten. Die scheinbar sternarmen, dunklen Bereiche der Milchstraße werden vom interstellaren Staub hervorgerufen, der das Licht der dahinter stehenden Sterne teils oder ganz verschluckt. Aber auch außerhalb hell leuchtender Gasnebel und fernab von Dunkelwolken ist der interstellare Raum von Gas, vornehmlich aus Wasserstoff und Helium, sowie von Staub durchzogen. Der Staubanteil beträgt dabei nur ein Prozent der Masse des Gases.

In der galaktischen Scheibe liegt die Dichte der interstellaren Materie außerhalb der Wolken bei einem Quadrillionstel Gramm pro Kubikzentimeter (10^{-24} g/cm^3), also tausend bis zehntausend Mal geringer als die Dichte der interplanetaren Materie. Diese Dichte entspricht etwa einem Atom pro Kubikzentimeter. In der interstellaren Nachbarschaft der Sonne ist sie etwas höher, da unser Sonnensystem gegenwärtig eine interstellare Wolke durchquert.

Im Raum zwischen den Galaxien geht die Materiedichte noch viel weiter zurück. Sie liegt im intergalaktischen Raum bei einem Quintillionstel Gramm pro Kubikzentimeter (10^{-30} g/cm^3) und ist damit noch um eine Million Mal geringer als die mittlere Dichte im interstellaren Raum. Auf einen Kubikmeter, also auf eine Million Kubikzentimeter, kommt nur ein Atom. Dies ist bereits ein fast vollkommenes Vakuum.

Pragmatisch gesehen gibt es verschiedene Vakua, je nach Größe der Restdichte. Was im irdischen Labor ein Ultrahochvakuum ist, gilt im Weltall in einer interstellaren Wolke als hohe Dichte.

Die Erde – ein Vakuum?

Streng genommen kann man auch den scheinbar so kompakten Planeten Erde als Vakuum ansehen. Denn der größte Teil ihres Volumens ist leerer Raum. Würde man alle Leerräume zwischen den Molekülen und zwischen Elektronenhüllen und Atomkernen beseitigen, so wäre unser Planet nur so groß wie ein Tennisball, aber mit einer Masse von sechs Trilliarden (6×10^{21}) Tonnen.

Nicht nur die uns vertraute Materie und die Photonen füllen das Weltraumvakuum. Eine ungeheure Zahl von Neutrinos, die Geisterteilchen der Kernphysik, durchströmen ebenfalls die Weiten des Kosmos. Teils stammen sie aus dem primordialen Feuerball des Urknalls, teils wurden sie bei Kernfusionen im tiefen Innern der Sterne produziert. Neutrinos haben eine außerordentlich geringe Masse ($m < 2$ eV) und einen winzigen Wirkungsquerschnitt (10^{-20} barn = 10^{-44} cm^2). Daraus folgt: Neutrinos passieren fast ungehindert Materie. Sie durchdringen die Erde, als ob sie gar nicht da wäre. In jeder Sekunde passieren einige Milliarden Neutrinos jeden Quadratzentimeter der Erdoberfläche und somit auch uns, ohne dass wir etwas davon spüren. Trotz ihrer geringen Masse tragen Neutrinos doch einiges zur Gesamtmasse des Universums bei. Immerhin gibt es hundert Quadrillionen Dezilliarden (= 10^{89}) Neutrinos im Weltall.

Gravitationsfelder

Doch nicht nur Sterne, Staub und Gaswolken, Moleküle, Atome und Elementarteilchen vieler Sorten füllen die unermesslichen Räume des Kosmos. Auch Gravitations*felder* durchziehen die Weiten des Alls. Hinzu kommen Gravitations*wellen*, wie sie von der Allgemeinen Relativitätstheorie beschrieben werden. Sie stammen sowohl aus der Frühphase des Universums zur Zeit der kosmischen Inflation, dem plötzlichen exponentiellen Aufblähen des Universums in einem winzigen Bruchteil der allerersten Sekunde (siehe Monatsthema Februar „Auf den Spuren des Urknalls“ im *Kosmos Himmelsjahr 2016* auf Seite 69) als auch von schnell bewegten Massen wie beispielsweise von zwei Neutronensternen, die einander in engen Bahnen umkreisen. Trotz großer Anstrengungen konnte man Gravitationswellen lange nicht direkt registrieren. Doch inzwischen scheint dies gelungen zu sein (siehe Monatsthema Mai „Die Wellen der Schwerkraft“ auf Seite 124).

Selbst wenn alle bisher aufgezählten Objekte, Teilchen und Energiefelder aus dem Weltall verschwänden, bliebe in dem nun fast idealen Vakuum dennoch etwas übrig, nämlich die erstmals 1930 postulierte Nullpunktsenergie, heute besser unter der Bezeichnung Vakuumenergie bekannt.

Physikalische Grenzen

Sie folgt aus der Erkenntnis der Quantenmechanik, nach der Raum (Längen), Zeit, Impuls und Energie nicht mit beliebiger Genauigkeit bestimmt beziehungsweise gemessen werden können. Es bleibt stets eine prinzipiell nicht umgehbare Ungenauigkeit, wie sie die Heisenbergsche Unschärferelation beschreibt. Demnach gibt es keinen absolut leeren Raum im Sinne der klassischen Physik. In der modernen Physik ist ein Vakuum vielmehr ein Raum, in dem die Stärke der Energiefelder ein Minimum erreicht. Nach der Unschärferelation kann dies aber nicht ein exaktes Nullniveau sein. Die Energiewerte schwanken ständig um einen Grundwert, den man als Nullniveau definieren kann. Dann treten aber auch negative Energiewerte auf. Die Werte schwanken also permanent zwischen positiven und negativen Größen. Diesen Zustand bezeichnet man als „Quantenvakuumfluktuation“. Das Quantenvakuum ist ein See von virtuellen Partikeln, die fortwährend entstehen und innerhalb der engen zeitlichen Grenzen der Unschärferelation ($\Delta E \cdot \Delta t \geq h/2\pi$) wieder verschwinden – oder auch nicht. Gelegentlich werden virtuelle Teilchen des Quantenvakuums real. Sie bilden sich spontan, wobei sie sich Energie aus Umgebungsfeldern leihen. Manchmal spricht man auch von Quantenschaum, in dem die Zahl der Raumdimensionen nicht auf drei beschränkt ist.

Die Existenz der Vakuumenergie wurde durch ein Experiment überprüft, das der holländische Physiker Hendrik Brugt Casimir (1909–2000) vorgeschlagen hat: Werden zwei planparallele Platten, die fast auf den absoluten Nullpunkt gekühlt sind, im Ultrahochvakuum auf Bruchteile eines tausendstel Millimeters einander nahegebracht, so erfahren sie einen Druck des Quantenvakuums, der sie noch näher zusammenzubringen versucht. Der Effekt beruht auf der Welleneigenschaft des quantisierten Vakuumfelds und

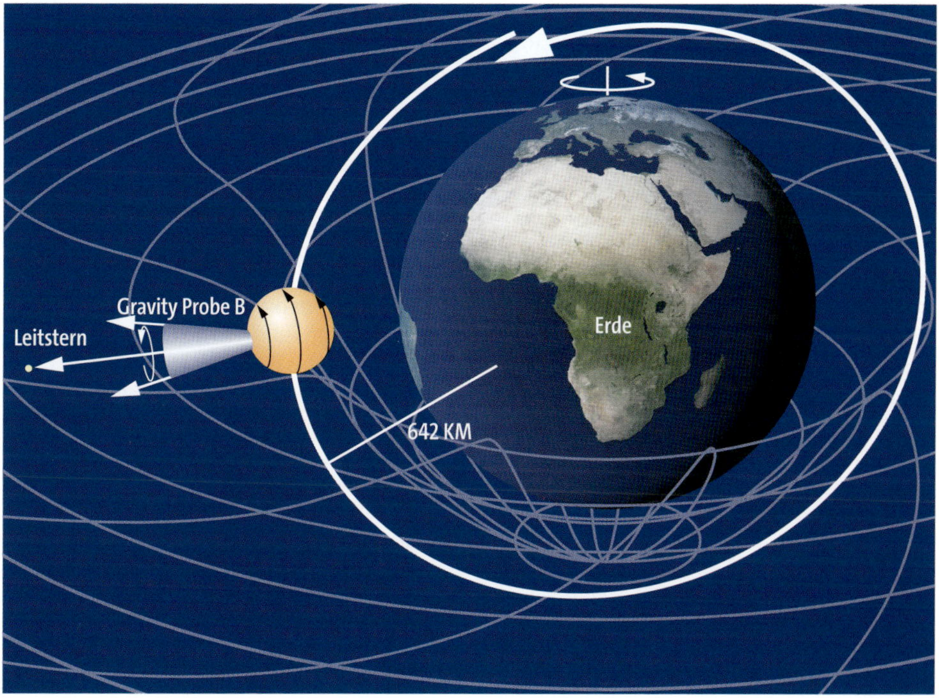

1.22 Rotierende Massen lenken Satellitenbahnen ab (Frame dragging effect) und lassen Kreisel präzedieren (Geodetic effect).

hat nichts mit elektrostatischer Anziehung oder Gravitation der Platten zu tun. Vielmehr kollabieren die Wellen der virtuellen Teilchen, wenn die Wellenlängen größer sind als der Abstand der Platten. So betrachtet, befinden sich zwischen den Platten weniger Teilchen als in der äußeren Umgebung, was einen nach innen gerichteten Druck auf die Platten bewirkt. Der Casimir-Effekt wurde in mehreren Versuchen glänzend bestätigt.

Dunkle Energie und Dunkle Materie

Erst in jüngerer Zeit wurde erkannt, dass die Vakuumenergie offensichtlich identisch ist mit jener Dunklen Energie, die das Weltall beschleunigend auseinandertreibt. Die Dunkle Energie wirkt zweifach: Sie übt einerseits einen Druck aus, der das Universum beschleunigt expandieren lässt, andererseits trägt sie gemäß ihrer Energiedichte auch zur gravitativen Anziehung bei. Denn nach der Speziellen Relativitätstheorie ist die Energie äquivalent der Masse nach Einsteins berühmter Formel: $E = mc^2$. Noch besteht eine nicht geklärte, erhebliche Diskrepanz zwischen der theoretisch ermittelten Größe der Vakuumenergiedichte und der durch Beobachtungen an fernen Supernovae ermittelten Stärke der Dunklen Energie.

Doch damit nicht genug. Der Weltraum ist erfüllt von einer unsichtbaren Materie, die zwar eine Schwerkraft ausübt, aber sonst nicht zu beobachten ist. Da sie nicht zu sehen ist, nennt man sie Dunkle Materie. Sie spürt keinen thermischen Druck, da sie nicht mit elektromagnetischen Feldern wechselwirkt. Sie hat daher eine entscheidende Rolle bei der Entstehung der ersten Sterne und Galaxien gespielt. Ohne sie wäre es nicht zu einer Konzentration der Materie gekommen – das Weltall wäre ohne Sterne geblieben. Die Dunkle Materie hält die Galaxienhaufen zusammen – zumindest noch solange die Dunkle Energie nicht die Oberhand gewinnt. Sie erklärt die hohen Rotationsgeschwindigkeiten an den Rändern großer Milchstraßensysteme und den Grad der Ablenkung des Lichts ferner Objekte, wenn es einen Galaxienhaufen auf dem Weg zur Erde durchquert.

Noch ist unbekannt, aus welchen Elementarteilchen die Dunkle Materie besteht. Man vermutet, es könnten die supersymmetrischen Partner der Fermionen und der Bosonen sein. Alle Fermionen haben halbzahligen Spin (quantenmechanischer Drehimpuls). Die Teilchen mit ganzzahligem Spin nennt man Bosonen. Nach der Theorie der Supersymmetrie muss jedes Fermion einen Partner aus der Gruppe der Bosonen besitzen und jedes Boson ein Fermion als Partner. Bisher hat man allerdings noch kein supersymmetrisches Elementarteilchen entdeckt, obwohl man am CERN in Genf eifrig danach sucht. Womöglich gibt es sie auch nicht, die Dunkle Materie jedoch schon.

Dunkle Energie und Dunkle Materie sind keineswegs eine Randerscheinung, sondern sie dominieren das Geschehen im Universum. Nach den Ergebnissen der europäischen Raumsonde Planck, die die kosmische Mikrowellenstrahlung – den Rest des Urknalls – präzise beobachtet hat, setzt sich das Weltall zu 68 % aus Dunkler Energie und zu 27 % aus Dunkler Materie zusammen. Nur fünf Prozent entfallen dagegen auf die uns bekannte und beobachtete Materie. Im Grunde sind uns nur fünf Prozent des Weltsubstrats bekannt und einer direkten Beobachtung zugänglich.

Als Vakuum bezeichnet die moderne Physik – wie bereits angedeutet – einen Zustand, bei dem alle Energiefelder ihren niedrigstmöglichen Grundzustand aufweisen. So betrachtet gibt es verschiedene Vakua. Vor der kosmischen Inflation, die von 10^{-35} bis 10^{-32} Sekunden nach dem Big Bang (Urknall) stattfand, hatte das Weltraumvakuum einen höheren energetischen Grundzustand. Die Astrophysik spricht von einem „falschen Vakuum". Der Zerfall des falschen Vakuums in der Inflationsphase führte zur Bildung der Elementarteilchen. Niemand vermag zu sagen, ob unser heutiges Vakuum das tiefstmögliche ist. Wenn nicht, könnte es ohne Grund , also akausal, urplötzlich und unvorhersagbar zerfallen. Das wäre das Ende des Universums wie wir es kennen.

Spukhafte Fernwirkung

Der leere Raum hat noch weitere seltsame Eigenschaften, wie aus der Quantentheorie folgt. Einstein hat sie als „spukhafte Fernwirkung" bezeichnet, an die er nicht glauben wollte. Mit seinen Kollegen Boris Podolski (1896–1966) und Nathan Rosen (1909–1995) beschrieb er ein Gedankenexperiment, das unter dem Namen EPR-Paradoxon in die Literatur einging. Worum geht es dabei?

Entsteht im Quantenvakuum aus einem virtuellen Elektron-Positron-Teilchenpaar durch Energiezufuhr ein reelles Teilchenpaar, so haben beide Teilchen einen entgegengesetzten Spin. Der des Elektrons beispielsweise zeigt nach oben (genauer: die Richtung des Drehimpulsvektors). In diesem Fall ist die Spinachse des Positrons nach unten gerichtet. Der Gesamtspin muss Null sein, denn das Quantenvakuum kennt keinen Spin. Beide Teilchen entfernen sich mit hoher Geschwindigkeit voneinander, sodass sie keine kausale Beziehung miteinander haben können. Denn Informationen und Wirkungen können bestenfalls höchstens mit Lichtgeschwindigkeit übertragen werden.

Misst man nun den Spin des Elektrons mit dem Ergebnis „oben", so ist im gleichen Augenblick auch der Spin des Positrons „unten" festgelegt. Das Entscheidende dabei ist, dass der Spin eines Teilchens erst durch die Messung selbst festgelegt wird. Davor ist die Wahrscheinlichkeit, bei einem Teilchen Spin „oben" oder „unten" zu messen 50 % groß. In dem Moment, in dem ein Teilchen beobachtet wird, kollabiert die Wahrscheinlichkeitswelle, wie es die Theorie der Quantenmechanik ausdrückt. Instantan, das heißt im

1.23 Das EPR-Paradoxon und die Nicht-Lokalität der Quantenmechanik.

gleichen Augenblick, gilt dies auch für das andere Teilchen, dessen Spin damit ebenfalls feststeht. Unabhängig davon, wie weit beide Teilchen voneinander entfernt sind, die Beobachtung des einen Teilchens legt auch die Quanteneigenschaften des anderen Teilchens fest – und zwar ohne einen Informationsaustausch zwischen beiden Teilchen, da die Festlegung im gleichen Augenblick stattfindet. Denn der Informationsfluss müsste sonst unendlich schnell erfolgen. Irgendwie scheinen beide Teilchen doch miteinander verbunden zu sein, ihre Quantenzustände sind miteinander „verschränkt", wie der österreichische Physiker Erwin Schrödinger (1887–1961) einst formulierte. Einstein und seine Kollegen mochten nicht an eine solche „spukhafte Fernwirkung" glauben. Vielmehr vermuteten sie verborgene Parameter oder Variablen und sahen die Quantenmechanik deshalb als unvollständig an. Nach Einsteins Meinung beschreibt die Quantenmechanik die physikalische Realität nicht vollständig.

Doch solche verborgenen Variablen gibt es nicht. Dies hat erstmals 1964 der irische Physiker John Stewart Bell (1928–1990) nachgewiesen. Er stellte eine Beziehung auf, die die Wahrscheinlichkeiten der Spin-Orientierungen in einem dreidimensionalen Raum beschreibt. Sie ging als Bellsche Ungleichung in die Fachliteratur ein: Bei Vorhandensein verborgener Parameter ergeben sich unterschiedliche Wahrscheinlichkeiten, werden die Quanteneigenschaften von Teilchen nacheinander gemessen. Zunächst 1964 als Gedankenexperiment formuliert, wurde die Bellsche Ungleichung später ausführlich praktisch getestet. Sie ist nicht erfüllt, sie wird vielmehr verletzt. Anders ausgedrückt: Sollte es verborgene Variablen geben, wobei bereits bei Trennung der Teilchen ihr jeweiliger Spin feststeht und nicht erst bei der Beobachtung real wird, so wird die Bellsche Ungleichung nicht verletzt. Ihre Aussage über die Wahrscheinlichkeit der Spin-Orientierung wäre dann erfüllt. Dies ist aber nicht der Fall. Damit ist die Nicht-Lokalität der Quantenmechanik bewiesen: Die Verschränkung der Teilchen ist unabhängig davon, wie weit sie auch im Weltraumvakuum voneinander entfernt sind. Sie ist somit nicht-lokal. Quantenzustände sind nicht von vornherein festgelegt, sondern nur mit einer bestimmten Wahrscheinlichkeit bekannt. Sie werden erst durch eine Beobachtung real – das ist eine harte Nuss für unsere Vorstellung über die existentielle Wirklichkeit der Dinge.

Eine weitere Eigenschaft des Vakuums

Der leere Raum hat noch eine weitere Eigenschaft, die rätselhaft ist. Nach der klassischen Himmelsmechanik, der das Newtonsche Gravi-

NASA Marshall Space Flight Center

1.24 Die Raumsonde Gravity Probe B.

tationsgesetz zugrunde liegt, ist es dem Mond völlig egal, ob die Erde rotiert oder nicht. Seine Bahn wird einzig durch die Masse der Erde und seine Entfernung von ihr bestimmt (und natürlich von den Massen und Distanzen der Sonne und der Planeten). Aber die Drehung der Erde spielt keine Rolle.

Doch nach der Allgemeinen Relativitätstheorie sieht die Sachlage anders aus! Rotierende Massen ziehen den leeren Raum in ihrer Umgebung mit. Dieser Effekt des Vakuums wurde schon von den beiden österreichischen Physikern Hans Thirring (1888–1976) und Joseph Lense (1890–1985) beschrieben. Dieser Lense-Thirring-Effekt ist auch unter dem englischen Fachbegriff „frame dragging effect“ bekannt. Er führt beispielsweise dazu, dass sich die Bahnebene eines erdnahen Satelliten in einem Jahr um den winzigen Winkel von nur 0,26 Bogensekunden dreht.

Ferner führt das Mitziehen des leeren Raums dazu, dass ein Kreisel in der Nähe einer rotierenden Masse zu präzedieren beginnt. Dieser sogenannte geodätische Effekt ist ebenfalls sehr gering. In der Nachbarschaft eines rasch rotierenden Schwarzen Lochs wird er jedoch ganz erheblich. Einem Raumfahrer würde dort schwindlig werden, würde er in einem nicht rotierenden Bezugssystem festgehalten. Er hätte das Gefühl, in rasendem Flug zu kreisen.

Diese beiden Effekte wurden von dem am 20. April 2004 gestarteten Erdsatelliten Gravity Probe B bestätigt. (Sein Vorgänger Gravity Probe A stürzte nur knapp zwei Stunden nach seinem Start am 18. Juni 1976 in den Atlantik.) In 642 Kilometer Höhe umkreiste Gravity Probe B die Erde in einer polaren Umlaufbahn alle 97,5 Minuten. An Bord waren vier Gyroskope; extrem glatt polierte, fast perfekte Kugeln aus Niob von nur 3,8 Zentimeter Durchmesser. Mit flüssigem Helium auf –271° tiefgekühlt waren sie supraleitend. Ihre Rotationsfrequenz betrug 5000 Umdrehungen pro Minute, wobei ihre Rotationsachsen auf den Stern HR8703 im Pegasus ausgerichtet waren. Die im Mai 2011 bekannt gegebenen Resultate bestätigen die Theorie für beide Effekte glänzend. Die Drehung der Bahnebene der Gravitationssonde betrug knapp fünf Hunderttausendstel ($4{,}819758 \cdot 10^{-5}$) Bogensekunden pro Umlauf; die geodätische Präzession wurden zu 6″,6 pro Jahr registriert, in bester Übereinstimmung mit der Allgemeinen Relativitätstheorie.

Freilich kann man sich das Mitführen eines leeren Raums anschaulich nicht vorstellen, genauso wenig wie die Verschränkung von Quantensystemen. Das Weltraumvakuum ist doch komplexer, als man zunächst annehmen möchte und hat offensichtlich erstaunliche und skurrile Eigenschaften.

Fazit: Das absolute Vakuum im ontologischen Sinne existiert nicht. Oder kurz und bündig: Das Nichts gibt es nicht!

Perry Rhodan
DIE GRÖSSTE SCIENCE-FICTION-SERIE
Überall im Handel erhältlich!
© Pabel-Moewig Verlag KG, Illustration: Dirk Schulz
Perry Rhodan
Uwe Anton
Der tote Attentäter
Nr. 123
Perry Rhodan
NEO
Perry Rhodan
Sammelpunkt Vier-Sonnen-Reich
Perry Rhodan
NEO
Söldner des Imperiums
Perry Rhodan
AUCH ALS E-BOOK+ HÖRBUCH
PERRY RHODAN als Heftroman, Taschenbuch, Hardcover und Comic.
Weitere Informationen zu allen PERRY RHODAN-Produkten unter: www.perry-rhodan.net
Kostenloses Infopaket inklusive Probeheft anfordern bei:
PERRY RHODAN-Kommunikation | Stichwort »Himmelsjahr 2017«
Postfach 2352, D-76413 Rastatt

Februar 2017

- Halbschattenfinsternis des Mondes am 10./11. Februar.
- Venus strahlt am 17. in maximalem Glanz am Abendhimmel.
- Jupiter wird zum Planeten der gesamten Nacht.
- Saturn ist am Morgenhimmel zu sehen.

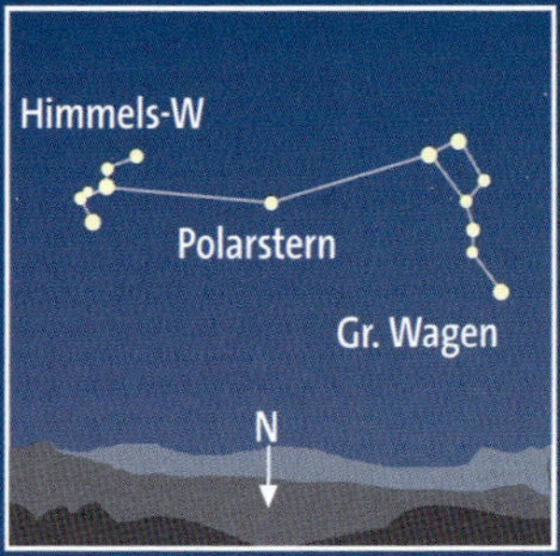

Großer Wagen und Himmels-W Anfang Februar um 22 Uhr

2.1 Himmelsanblick am 28. Februar gegen 20^h MEZ. Die Planeten Mars und Venus sind tief am Westhimmel zu sehen. Zu ihnen gesellt sich die schmale Sichel des zunehmenden Mondes.

1 Mi	
2 Do	
3 Fr	
4 Sa	Mond im ersten Viertel
5 So	
6 Mo	
7 Di	
8 Mi	
9 Do	
10 Fr	
11 Sa	**Vollmond, Halbschattenfinsternis**
12 So	
13 Mo	
14 Di	
15 Mi	Mond bei Jupiter (Mitternacht)
16 Do	
17 Fr	Venus in maximalem Glanz (Abendhimmel)
18 Sa	Mond im letzten Viertel
19 So	
20 Mo	
21 Di	Mond bei Saturn (Morgenhimmel)
22 Mi	
23 Do	
24 Fr	
25 So	
26 So	**Neumond**
27 Mo	Mars bei Uranus (Abendhimmel)
28 Di	Mond bei Venus

Sonne – Sternbilder

16.2. 7h:
Sonne tritt in das Sternbild Wassermann
18.2. 13h:
Sonne tritt in das Tierkreiszeichen Fische
Julianisches Datum am
1. Februar, 1h MEZ: 2457785,5

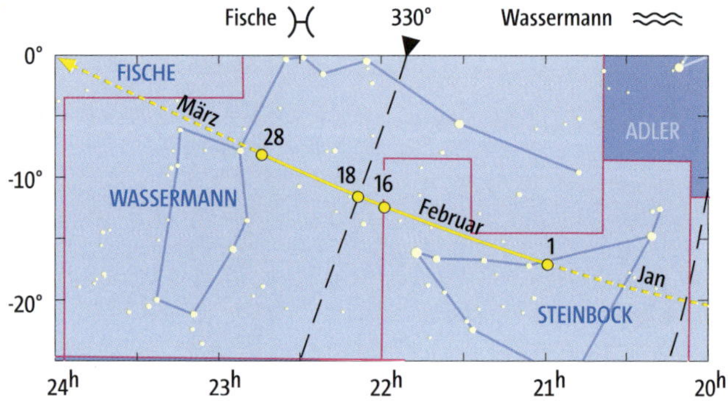

Tabelle Sonnenlauf

Tag	Dämmerg. Anfang	Aufgang MEZ	Kulmination	Untergang MEZ	Dämmerg. Ende	Mittagshöhe	Zeitgleichg.	Rektaszension	Deklination
	h m	h m	h m	h m	h m	°	m	h m	°
1.	6 40	7 53	12 34	17 14	18 28	23,0	−14	20 58	−17,2
5.	6 35	7 47	12 34	17 21	18 34	24,2	−14	21 14	−16,0
10.	6 27	7 39	12 34	17 30	18 42	25,8	−14	21 34	−14,4
15.	6 19	7 30	12 34	17 39	18 50	27,5	−14	21 54	−12,8
20.	6 11	7 21	12 34	17 47	18 58	29,2	−14	22 13	−11,0
25.	6 01	7 11	12 33	17 56	19 06	31,1	−13	22 32	− 9,2
28.	5 55	7 05	12 32	18 01	19 10	32,2	−12	22 44	− 8,1

Tages- und Nachtstunden

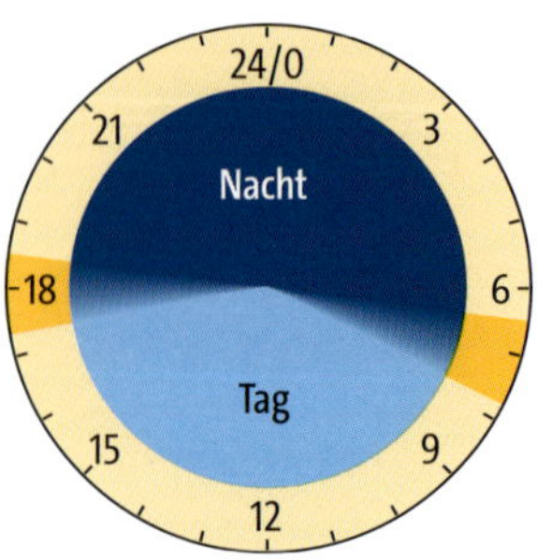

5. Februar

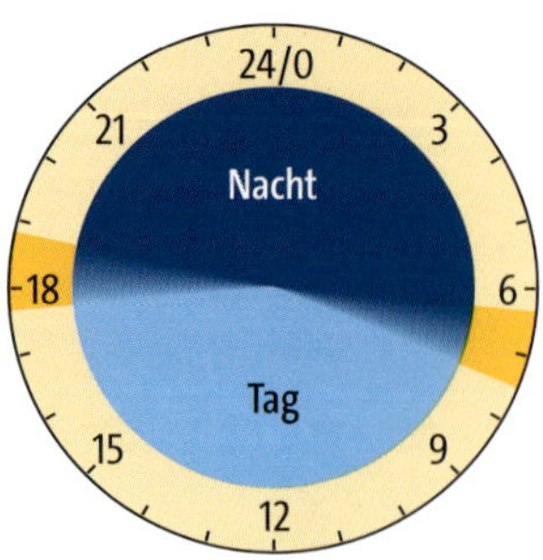

15. Februar

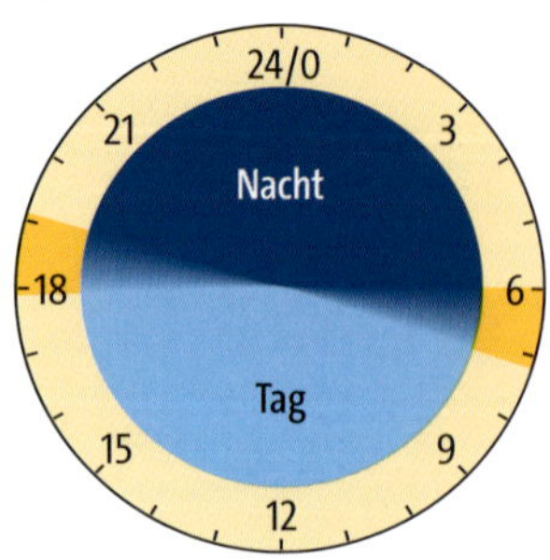

25. Februar

Tabelle Mondlauf

Datum	Aufg. MEZ	Kulmination	Unterg. MEZ	Rektaszension	Deklination	Sterne und Sternbilder	Phase	MEZ
	h m	h m	h m	h m	°			
Mi 1.	10 02	16 13	22 36	0 08	− 1,9	Fische		
Do 2.	10 30	17 04	23 50	1 00	+ 2,6	* Walfisch		
Fr 3.	11 00	17 56	–	1 53	+ 6,9	Fische		
Sa 4.	11 33	18 50	1 04	2 47	+11,0	* Widder	**Erstes Viertel**	**$5^h 19^m$**
So 5.	12 11	19 45	2 17	3 44	+14,4	* Stier	Größte Südbreite	
Mo 6.	12 56	20 43	3 29	4 42	+17,0	Aldebaran	Erdnähe 369/32′,4	15^h
Di 7.	13 48	21 42	4 35	5 41	+18,5	Stier		
Mi 8.	14 49	22 40	5 35	6 42	+18,9	Alhena		
Do 9.	15 56	23 36	6 26	7 41	+18,0	* Zwillinge		
Fr 10.	17 06	–	7 09	8 40	+16,1	Krebs, Krippe		
Sa 11.	18 17	0 31	7 45	9 36	+13,2	Löwe, Regulus	**Vollmond**	**$1^h 33^m$**
							Aufsteigender Knoten	
So 12.	19 27	1 22	8 16	10 29	+ 9,7	Löwe, Regulus	Libration West	
Mo 13.	20 35	2 11	8 43	11 20	+ 5,8	Löwe		
Di 14.	21 41	2 57	9 09	12 10	+ 1,7	Jungfrau		
Mi 15.	22 45	3 42	9 34	12 57	− 2,4	Jungfrau		
Do 16.	23 48	4 26	9 59	13 44	− 6,2	Spica		
Fr 17.	–	5 10	10 25	14 31	− 9,8	Waage		
Sa 18.	0 50	5 55	10 54	15 18	−12,9	Waage	**Letztes Viertel**	**$20^h 33^m$**
							Erdferne 404/29′,6	22^h
So 19.	1 49	6 40	11 26	16 05	−15,4	Skorpion	Größte Nordbreite	
Mo 20.	2 47	7 27	12 04	16 54	−17,3	Schlangenträger		
Di 21.	3 41	8 15	12 47	17 44	−18,5	Schütze		
Mi 22.	4 31	9 04	13 37	18 35	−18,9	Schütze, Nunki		
Do 23.	5 17	9 54	14 34	19 27	−18,3	Schütze		
Fr 24.	5 58	10 45	15 37	20 20	−16,8	Steinbock		
Sa 25.	6 34	11 35	16 44	21 13	−14,5	Wassermann	Libration Ost	
So 26.	7 06	12 26	17 55	22 06	−11,3	Wassermann	**Neumond Nr. 1165**	**$15^h 58^m$**
							Absteigender Knoten	
Mo 27.	7 36	13 17	19 08	22 59	− 7,5	Wassermann		
Di 28.	8 05	14 08	20 23	23 52	− 3,2	Fische		

Am 5. bedeckt der Mond Aldebaran (siehe Seite 288)

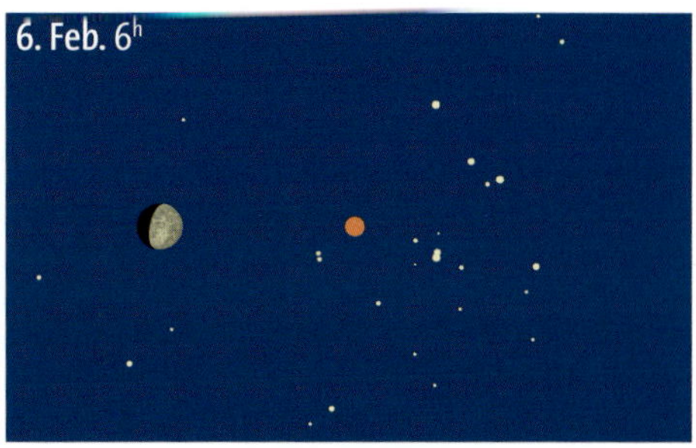

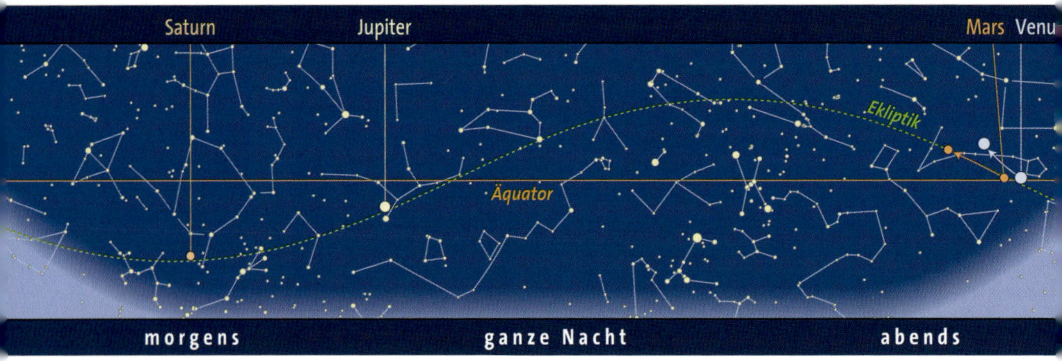

Merkur eilt der Sonne im Tierkreis rechtläufig nach, kann sie aber im Februar noch nicht einholen. Erst in der ersten Woche des nächsten Monats trifft er mit ihr zusammen, kommt also in obere Konjunktion. Der selten zu beobachtende sonnennahe Planet bleibt im Februar unsichtbar.

Am 7. geht Merkur durch das Aphel (= sonnenfernster Punkt) seiner Bahn. An diesem Tag trennen ihn von der Sonne 69,8 Millionen Kilometer (= 0,467 AE). Das Sonnenlicht ist am 7. somit drei Minuten und 53 Sekunden zu Merkur unterwegs.

Venus spielt weiterhin ihre Rolle als Abendstern. Sie nähert sich der Erde. Wer sie mit einem Fernrohr beobachtet, bemerkt das Anwachsen und Schlankerwerden der Venussichel. Am 20. zeigt sich das 41″ große Planetenscheibchen zu 25 % beleuchtet.

Am 17. strahlt der Planet der Liebesgöttin in maximalem Glanz, und zwar mit $-4^{m}{,}9$. Dabei erreicht Venus außerdem ihre größte Höhe über dem Horizont. Eine Stunde nach Sonnenuntergang steht sie fast 29° hoch über dem Südwesthorizont (siehe auch Abb. 1.8 auf Seite 37). Venus läuft durch das Sternbild Fische und passiert am 3. den Frühlingspunkt $2^{\circ}{,}1$ nördlich.

Die schmale Sichel des zunehmenden Mondes wandert am 28. weit südlich an Venus vorbei (siehe Abb. 2.1 auf Seite 56). Ihre Untergänge verfrühen sich nur leicht von $21^{h}32^{m}$ zu Monatsbeginn auf $21^{h}19^{m}$ Ende Februar.

Am 20. spätnachmittags läuft Venus durch das Perihel ihrer fast kreisförmigen Bahn, wobei sie 107 Millionen Kilometer (= 0,715 AE) von der Sonne trennen.

Mars, rechtläufig im Sternbild Fische, ist weiterhin am Abendhimmel vertreten. Seine Glanzzeit ist allerdings vorüber, die Helligkeit geht im Laufe des Februars weiter leicht um $0^{m}{,}2$ auf $1^{m}{,}3$ zurück. Die Marsuntergänge verändern sich kaum. Am 1. geht Mars um $21^{h}53^{m}$ unter, am 28. um $21^{h}59^{m}$. Das Marsscheibchen schrumpft auf bescheidene 4″,6 scheinbaren Durchmesser. Immerhin ist Mars am Monatsende 305 Millionen Kilometer von der Erde entfernt, dies sind 2,04 Astronomische Einheiten (AE). Am 27. kreuzt Mars die scheinbare Sonnenbahn (Ekliptik) in nördlicher Richtung, er passiert den aufsteigenden Knoten seiner um $1^{\circ}{,}8$ geneigten Bahn.

Der rote Planet wird von Venus verfolgt, die ihm zu Monatsbeginn bis auf gut fünf Grad nahe kommt. Danach werden die Abstände wieder größer. Am 27. wandert Mars am fernen Uranus $0^{\circ}{,}6$ nördlich vorbei. Um Uranus zu erkennen, ist ein Fernglas erforderlich (siehe Abb. 2.2 auf Seite 61). Am besten sieht man sich die Konjunktion am Vorabend, also am 26. gegen 20^{h} an.

Jupiter wird am 6. im Sternbild Jungfrau stationär und setzt zu seiner Oppositionsschleife an. Anschließend wandert er rückläufig durch die Jungfrau; allerdings so langsam, dass es kaum auffällt. Der Umkehrpunkt der Jupiterbahn liegt rund $3^{\circ}{,}5$ nördlich von Spica (α Vir). Die scheinbare Jupiterbahn im Jahre 2017 findet man in der Abbildung 4.5 auf Seite 100.

Jupiter wird allmählich zum Planeten der gesamten Nacht, wenn man von den frühen Abendstunden einmal absieht. Am 1. erfolgt der Aufgang des Riesenplaneten um 23^h32^m. Am Monatsletzten geht der inzwischen $-2^m{,}3$ helle Jupiter bereits um 21^h41^m auf.

Am 15. begegnet der abnehmende Mond dem Riesenplaneten.

Für Teleskopbeobachter sei angemerkt, dass der scheinbare Äquatordurchmesser des Jupiterscheibchens auf 42″ zunimmt. Am 17. passiert Jupiter das Aphel seiner leicht elliptischen Bahn um die Sonne. An diesem Tag ist er 816 Millionen Kilometer (= 5,45 AE) von der Sonne entfernt. Das Sonnenlicht benötigt dann 45 Minuten und 22 Sekunden, um den Riesenplaneten zu erreichen. Seinen sonnennächsten Bahnpunkt, das Jupiterperihel, wird er am 20. Januar 2023 erreichen, wobei ihn 740 Millionen Kilometer (= 4,95 AE) von der Sonne trennen werden. Die Lichtlaufzeit beträgt in diesem Fall 41 Minuten und 8 Sekunden.

Saturn ist Planet am Morgenhimmel. Der Ringplanet wandert durch den Schlangenträger und überschreitet am 24. die Grenze zum Sternbild Schütze. Die Aufgänge des $0^m{,}5$ hellen Saturns erfolgen immer früher. Geht er am 1. noch um 5^h02^m und am 15. um 4^h12^m auf, so erfolgt sein Aufgang am Monatsende bereits um 3^h25^m. Damit ergibt sich eine Sichtbarkeitsdauer von etwa drei Stunden, bevor er in der heller werdenden Morgendämmerung unsichtbar wird.

Am 21. zieht die abnehmende Mondsichel $3^\circ{,}8$ nördlich an Saturn vorbei.

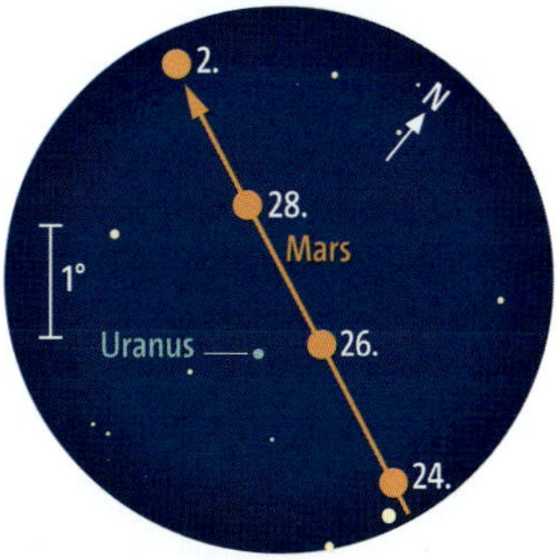

2.2 Mars bei Uranus:
Am 27. Februar wandert Mars an Uranus vorbei. Abendlicher Fernglasanblick bei 5° Gesichtsfelddurchmesser.

Konstellationen und Ereignisse

Datum	MEZ	Ereignis
1.	2^h	Mond bei Mars, Mond $2^\circ{,}3$ südlich
2.	9	Mond bei Uranus, Mond $3^\circ{,}5$ südlich
6.	20	Jupiter im Stillstand, anschließend rückläufig
7.	13	Merkur im Aphel
11.	1^h44^m	**Halbschattenfinsternis des Mondes** (siehe Seite 22)
15.	16	**Mond bei Jupiter**, Mond $2^\circ{,}7$ nördlich, **Abstand $4^\circ{,}1$ um 23^h**
17.	8	**Venus in maximalem Glanz** ($-4^m{,}9$)
17.	8	Jupiter im Aphel
20.	18	Venus im Perihel
21.	0	**Mond bei Saturn**, Mond $3^\circ{,}6$ nördlich, **Abstand $3^\circ{,}8$ um 5^h**
26.	3	Mond bei Merkur, Mond $2^\circ{,}5$ nördlich
26.	16	Ringförmige Sonnenfinsternis (siehe Seite 23)
26.	22	Mond bei Neptun, Mond $0^\circ{,}1$ nördlich
27.	9	**Mars bei Uranus**, Mars $0^\circ{,}6$ nördlich, **Abstand $0^\circ{,}6$ um 20^h am 26.** (Fernglas!)
28.	21	Mond bei Venus, Mond $10^\circ{,}3$ südlich

Uranus kann noch am Abendhimmel aufgefunden werden. Der grünliche Planet beschleunigt seine rechtläufige Bewegung durch das Sternbild Fische und entfernt sich dabei immer mehr von ζ Piscium ($4^m{,}9$, siehe Abb. 10.5 auf Seite 214). Mit Einbruch der nun immer später einsetzenden Dunkelheit steht Uranus schon weit im Westen. Seine Helligkeit geht leicht um $0^m{,}1$ auf $5^m{,}9$ zurück.

Am 1. geht Uranus um 23^h30^m unter. Aber bereits kurz nach 22^h45^m wird Uranus in den horizontnahen Dunstschichten unbeobachtbar. Die Untergänge von Uranus verfrühen sich erheblich. Am 15. geht er um 22^h38^m unter und am 28. schon

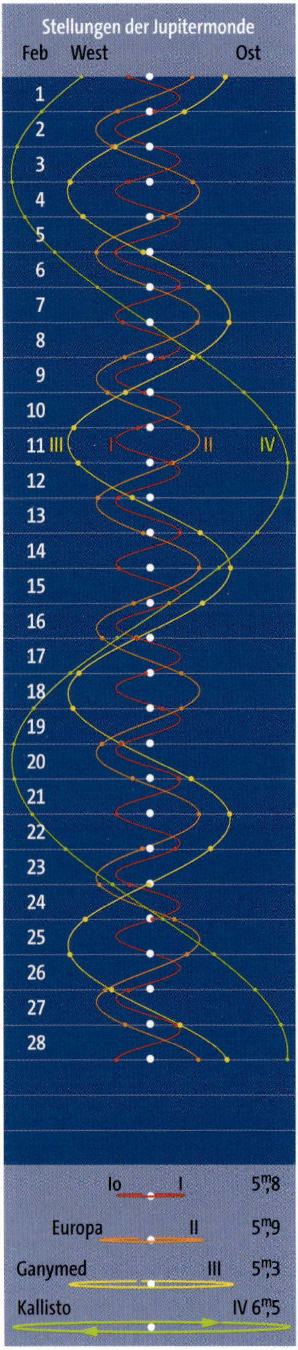

Jupitermonde

Tag	MEZ h m		Vorgang	
1.	3	07	I	VA
	6	28	I	BE
2.	1	38	I	DA
	2	40	I	SE
	3	47	I	DE
5.	1	37	II	SA
	3	56	II	DA
	4	07	II	SE
	6	17	II	DE
6.	2	41	III	BA
	4	46	III	BE
7.	1	25	II	BE
8.	5	00	I	VA
9.	2	22	I	SA
	3	27	I	DA
	4	33	I	SE
	5	37	I	DE
10.	2	45	I	BE
12.	4	11	II	SA
	6	22	II	DA
13.	1	51	III	VA
	4	26	III	VE
	6	22	III	BA
14.	3	50	II	BE
16.	4	15	I	SA
	5	16	I	DA
17.	1	22	I	VA
	4	33	I	BE
18.	0	55	I	SE
	1	52	I	DE
20.	5	50	III	VA
21.	1	54	II	VA
23.	0	18	II	DE
	23	38	III	DA
24.	1	35	III	DE
	3	15	I	VA
25.	0	36	I	SA
	1	30	I	DA
	2	48	I	SE
	3	39	I	DE
26.	0	47	I	BE
28.	4	28	II	VA

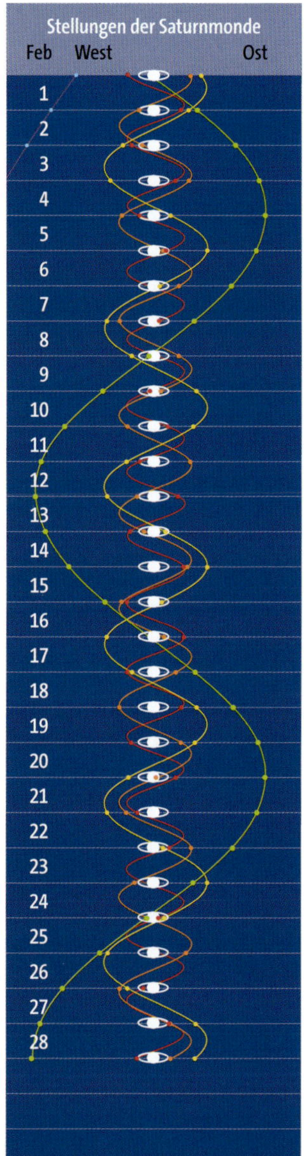

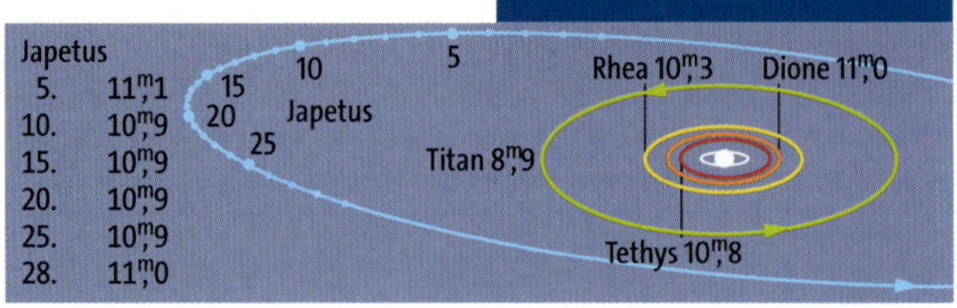

um $21^{\mathrm{h}}50^{\mathrm{m}}$. Berücksichtigt man, dass die Dunkelheit nun immer später hereinbricht, so bleiben Ende Februar nur noch maximal 90 Minuten Sichtbarkeitszeit.

Am 26./27. wandert der rötliche Mars gut ein halbes Grad (37′) nördlich am grünlichen Uranus vorbei, wobei man in einem Fernglas recht gut den Farbkontrast beider Planeten studieren kann (siehe Abb. 2.2 auf Seite 61).

Neptun, rechtläufig im Wassermann, hat sich vom Abendhimmel zurückgezogen und bleibt unsichtbar. Der bläuliche Planet nähert sich seiner Konjunktionsstellung mit der Sonne, die er am 2. März erreicht.

Planetoiden

Vesta (4) stand Mitte des Vormonats in Opposition zur Sonne. Sie bremst ihre rückläufige Wanderung durch das Sternbild Zwillinge stark ab und kommt Ende Februar fast zum Stillstand. Zu Monatsbeginn zieht sie knapp nördlich an κ Geminorum ($3\overset{\mathrm{m}}{,}6$) vorbei (siehe Aufsuchkarte Abb. 1.14 auf Seite 41). Die Vestahelligkeit geht um $0\overset{\mathrm{m}}{,}6$ deutlich auf $7\overset{\mathrm{m}}{,}1$ zurück. Damit ist der vierte Kleinplanet immer noch ein Fernglasobjekt.

Am 1. kulminiert Vesta um $23^{\mathrm{h}}18^{\mathrm{m}}$, am 15. um $22^{\mathrm{h}}12^{\mathrm{m}}$ und am 28. bereits um $21^{\mathrm{h}}15^{\mathrm{m}}$.

Periodische Sternschnuppenströme

Der Februar zeigt die geringste Sternschnuppenaktivität aller Monate.

Auch die Auswertungen der bisher vorliegenden Beobachtungsdaten haben keine weiteren Ströme im Februar erkennen lassen. Noch in den 1980er Jahren wurde von **Alpha-Aurigiden** in der ersten Monatshälfte berichtet, doch ist gegenwärtig keine Aktivität nachweisbar. Offensichtlich ist dieser Strom in den letzten Jahren versiegt. Dennoch lohnt es sich, nach den Aurigiden Ausschau zu halten. Vielleicht werden sie wieder aktiv.

Die **Delta-Leoniden** erreichen ihr Maximum um den 25. Februar. Sie sind ein schwacher Strom, der sich zwischen dem 15. Februar und dem 10. März bemerkbar macht, wobei es sich um langsame Objekte handelt (um 23 Kilometer pro Sekunde).

Zum Monatsende erscheinen die ersten **Virginiden** am Morgenhimmel.

Auch wenn periodische Sternschnuppenströme im Februar weitgehend ausbleiben, so ist dennoch mit Überraschungen zu rechnen. Helle Boliden oder Feuerkugeln wurden schon öfter im Februar registriert. Man denke an den Fall im russischen Tscheljabinsk vom 15. Februar 2013, bei dem es Verletzte und Sachschäden gab.

Gegenüber dem Vormonat hat sich der Anblick des abendlichen Sternenzelts noch nicht wesentlich verändert. Denn das Himmelsgewölbe hat sich erst um 30° gedreht, wenn man zur gleichen Uhrzeit wie im Vormonat zum Sternenhimmel blickt. Da ein Sterntag 23^h56^m lang ist, kulminieren alle Sterne täglich vier Minuten früher als am Vortag. Nach einem Monat, also nach dreißig Tagen, passieren alle Sterne den Meridian zwei Stunden früher.

Orion hat um 22^h MEZ bereits den Himmelsmeridian durchschritten. Sein rötlicher Schulterstern Beteigeuze und sein bläulicher Fußstern Rigel sind selbst am aufgehellten Stadthimmel gut zu erkennen, ebenso die drei in einer Linie stehenden Gürtelsterne. Nur unter guten Sichtbedingungen ist allerdings der Orionnebel (M 42) knapp südlich der drei Gürtelsterne auszumachen. Dieses Sternentstehungsnest ist ein attraktives Objekt für Fernglasbeobachter.

Dem Himmelsjäger Orion folgt der Große Hund, dessen intensiv bläulich strahlender Hauptstern Sirius eben den Meridian passiert hat.

Am Osthimmel kündigt sich der kommende Frühling an: Der Löwe nimmt hier seinen Platz ein. Der Löwe ist das Leitsternbild des Frühlingshimmels. Sein Hauptstern Regulus fällt als einziger Stern erster Größe in dieser Gegend sofort auf. Hoch über unseren Köpfen stehen die Zwillinge.

Blasser Krebs

Zwischen dem Löwen und den Zwillingen findet man den Krebs. Dem Namen nach kennt ihn fast jeder, da er zum Tierkreis gehört, dessen Bilder in Horoskopen regelmäßig erwähnt werden. Den Krebs aber am Sternenhimmel auszumachen, ist nicht einfach, da er sich nur aus lichtschwachen Sternen zusammensetzt.

Schon mit bloßen Augen kann man im Krebs den offenen Sternhaufen Praesepe (lat., Krippe) sehen, allerdings nur als schwaches Lichtfleckchen unter guten Sichtbedingungen. In Sternkarten ist Praesepe häufig mit der Katalogbezeichnung M 44 eingetragen. Im Teleskop zeigt sich ein Gewimmel einzelner Sterne.

Einer Sage nach hielt der Krebs eine hübsche Nymphe so lange mit seinen Scheren fest, bis sie der liebestolle Zeus zu packen bekam. Der Göttervater dankte ihm für diese Tat, indem er ihn unter die Sterne versetzte und ihn damit unsterblich machte.

Das Wintersechseck mit Kapella im Fuhrmann, Aldebaran im Stier, Rigel im Orion, Sirius im Großen Hund, Prokyon im Kleinen Hund und Pollux in den Zwillingen hat sich deutlich nach Westen verschoben. Von den Herbstbildern sind nur noch Andromeda und Perseus erwähnenswert.

Im Nordosten schiebt sich der Große Wagen langsam höher, während das Himmels-W, die Kassiopeia, zum Horizont her absinkt – ihn aber als Zirkumpolarbild nicht erreicht. Die sieben Wagensterne sind kein eigenständiges Sternbild, sondern gehören zum Großen Bären (lat.: Ursa Maior).

Am Südosthorizont schlängelt sich die Wasserschlange (lat.: Hydra) entlang. Ihr Kopf liegt knapp südlich des Sternbildes Krebs. Sie setzt sich nur aus lichtschwachen Sternen zusammen und ist darum nicht leicht auszumachen. Die Wasserschlange ist weiblich. Es gibt noch ein zweites Sternbild Wasserschlange, den Hydrus oder die männliche Wasserschlange. Der Hydrus steht jedoch so weit südlich, dass er in Mitteleuropa

Veränderliche Sterne im Februar

Algol-Minima	3. 2^h36^m	5. 23^h25^m	8. 20^h15^m	20. 7^h32^m	26. 1^h11^m	28. 22^h00^m
β-Lyrae-Minima	5. 22^hN	12. 10^hH	18. 22^hN	25. 9^hH		
δ-Cepheï-Maxima	3. 4^h	8. 12^h	13. 21^h	19. 6^h	24. 15^h	
Mira-Helligkeit	1. 5^m	10. 4^m	20. 3^m	28. 3^m		

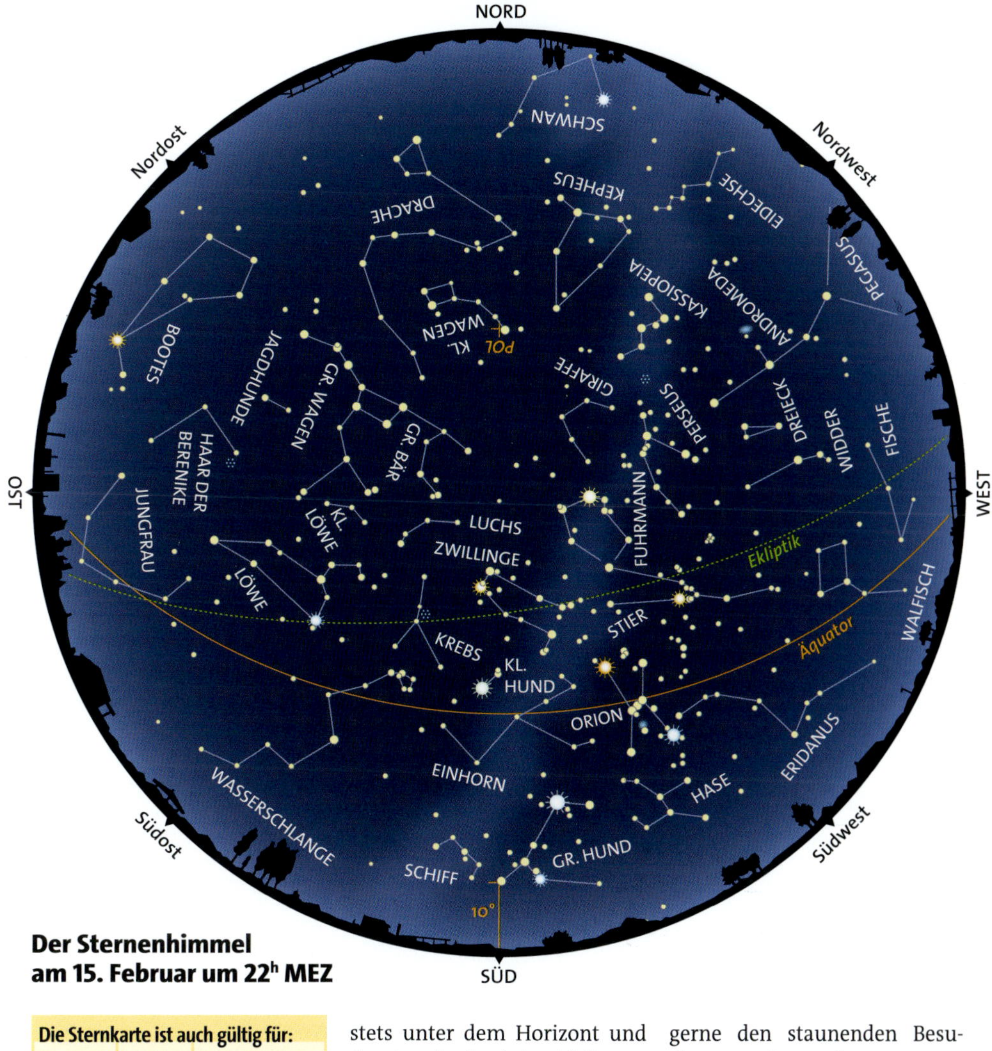

Der Sternenhimmel am 15. Februar um 22^h MEZ

Die Sternkarte ist auch gültig für:

	MEZ	MESZ
1.11.	5^h	
15.11.	4	
1.12.	3	
15.12.	2	
1. 1.	1	
15. 1.	0	
1. 2.	**23**	
15. 2.	**22**	
28. 2.	**21**	
15. 3.	20	

stets unter dem Horizont und damit unbeobachtbar bleibt.

Objekte für Feldstecher und Fernrohr

Zunächst seien die typischen Paradeobjekte des Winterhimmels genannt, die auch bei Führungen auf einer Sternwarte gerne den staunenden Besuchern gezeigt werden:

Die beiden offenen Sternhaufen Hyaden und Plejaden (Katalognummer: M 45), der große Orionnebel (M 42) südlich der Gürtelsterne des Himmelsjägers und der offene Sternhaufen Krippe (M 44) im Krebs, lateinisch Praesepe genannt. Alles Objekte, die relativ leicht zu finden sind, weil sie sogar mit bloßen Augen zu sehen sind – gute Sichtbedingungen vorausgesetzt, also unter Vermeidung von hellem Mondlicht und künstlicher Beleuchtung. Aber erst im Fernglas bemerkt man die Pracht dieser Paradeobjekte des Winterhimmels.

Doppel- und Mehrfachsterne

Doppelsternbeobachter prüfen ihre Augen zunächst an Mizar und Alkor im Großen Wagen. Mizar ist der mittlere Deichselstern (ζ UMa). Halbwegs gute Augen sollten direkt neben Mizar ein Sternchen vierter Größe erkennen. Seine Distanz von Mizar beträgt knapp zwölf Bogenminuten. Der Begleiter heißt Alkor oder „das Reiterlein“. Alkor und Mizar sind ein sogenanntes optisches Paar; sie stehen nur zufällig in gleicher Richtung, sind aber nicht durch ihre Schwerkraft aneinander gefesselt. Mizar ist 78 Lichtjahre, Alkor hingegen 81 Lichtjahre von uns entfernt. Bereits in einem kleinen Teleskop ab 6 cm Objektivöffnung gelingt es, Mizar als echten Doppelstern zu trennen. Zwei weiße, $2\overset{\mathrm{m}}{,}3$ und $3\overset{\mathrm{m}}{,}9$ helle Sterne stehen in 14″ Distanz voneinander. Inzwischen weiß man, dass sowohl beide Mizar-Sonnen als auch Alkor spektroskopische Doppelsterne sind. Man beobachtet also hier sechs Sonnen, sehen kann man aber lediglich drei Lichtpunkte.

Ein leicht zu trennender Doppelstern ist Mintaka (δ Orionis), der westliche der drei Gürtelsterne im Orion. In jedem Fernglas erkennt man neben dem $2\overset{\mathrm{m}}{,}2$ hellen, blauweißen Hauptstern in 52″ Distanz einen $6\overset{\mathrm{m}}{,}8$ schwachen Begleiter. Beide Sterne sind heiße Sonnen in 1200 Lichtjahren Entfernung.

Ein interessanter und wenig bekannter Doppelstern ist o_2 im Fluss Eridanus. Die $4\overset{\mathrm{m}}{,}4$ helle, orangene Hauptkomponente (Spektraltyp K1) hat in 83″ einen

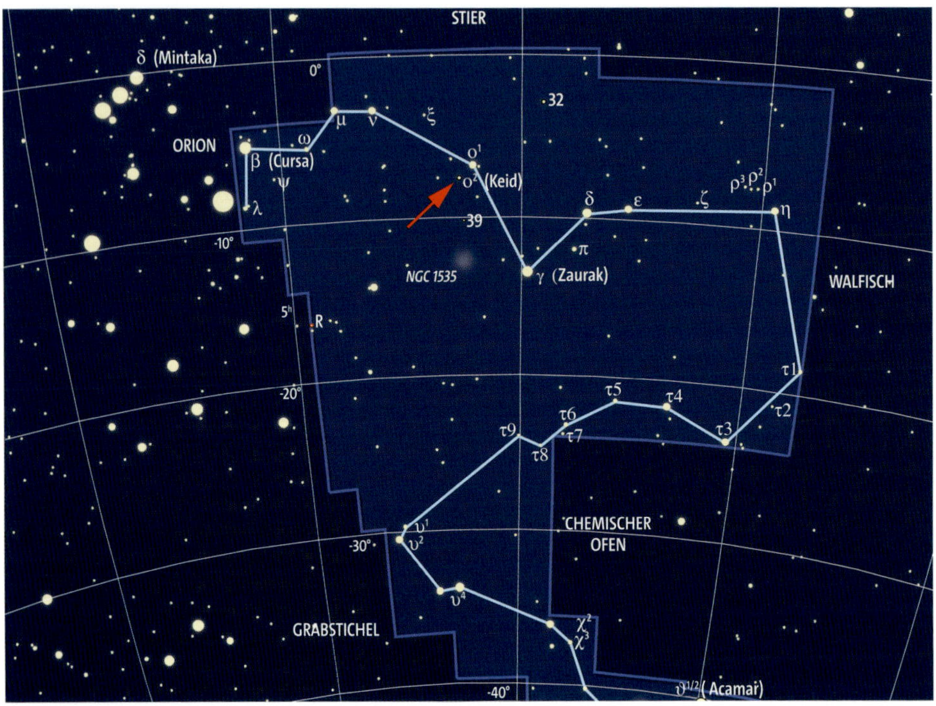

2.3 Das Sternbild Eridanus: **Der nördliche Teil des Sternbildes Eridanus. Eingetragen ist die Position des Doppelsterns o_2 Eridani.**

$9^{m},5$ hellen, weißen Begleiter (A2 VII), der ein Weißer Zwergstern ist. Jedes gute Fernglas trennt o_2 Eridani spielend. o_2 Eridani B ist von allen bekannten Weißen Zwergen am leichtesten zu beobachten. Sirius B hingegen wird vom Hauptstern Sirius A überstrahlt, sodass es viel schwieriger ist, ihn zu sehen. Um o_2 Eridani zu finden, kann die Sternkarte E2 im *Atlas für Himmelsbeobachter* von Erich Karkoschka gute Dienste leisten. o_2 Eridani zählt mit nur 16,5 Lichtjahren Entfernung zu den Nachbarsternen unserer Sonne.

2.4 Sternbild Fuhrmann: **Skelettkarte des Sternbildes Fuhrmann. Markiert sind die offenen Sternhaufen M 36, M 37 und M 38.**

Drei schöne Sternhaufen

Weniger bekannt, aber durchaus lohnenswert sind die drei offenen Sternhaufen M 36, M 37 und M 38. Sie liegen alle im Sternbild Fuhrmann, das jetzt zur abendlichen Beobachtungsstunde hoch über unseren Köpfen steht. Somit sind sie relativ leicht zu finden. Der größte von ihnen ist M 37 mit 24′ scheinbarem Durchmesser, dies sind vier Fünftel des Vollmonddurchmessers. M 37 setzt sich aus rund 150 Mitgliedssternen zusammen. Die hellsten sind dabei 9. Größe. Im Fernglas hat man eher den Eindruck eines nebligen Lichtflecks. Erst im Teleskop zeigt sich bei nicht zu starker Vergrößerung ein prachtvolles Sternengewimmel.

Etwas kleiner ist M 38. Dieser offene Haufen zählt rund hundert Mitglieder in einem Bereich von 21′ Durchmesser. Die hellsten Mitglieder weisen $9^{m},5$ scheinbare Helligkeit auf.

Deutlich der kleinste dieser drei offenen Haufen im Fuhrmann ist M 36 mit nur 12′ scheinbarem Durchmesser. Mit rund 60 Mitgliedssternen besitzt er auch die geringste Sternenzahl. Die scheinbar hellsten Sterne haben $8^{m},9$ und lassen sich gut im stärkeren Feldstecher in einzelne Lichtpunkte auflösen. Alle drei Haufen stehen in ähnlichen Distanzen: M 36 ist 4100 Lichtjahre entfernt, M 37 rund 4200 Lichtjahre und von M 38 trennen uns 4000 Lichtjahre.

Die Strudelgalaxie

Als Galaxie sei M 51 genannt, Paradebeispiel für einen Spiralnebel, auf den man fast senkrecht blickt. M 51 liegt in den Jagdhunden und gilt als einer der schönsten Spiralnebel, die häufig abgebildet und gerne bei Sternführungen gezeigt werden. Lord Rosse hat als Erster die Spiralform von M 51 erkannt. Wegen ihres Aussehens nennt man diese Galaxie auch „Strudelgalaxie“ (engl.: Whirlpool Galaxy). Um die Spiralform deutlich zu erkennen sollte man ein Teleskop mit mindestens 25 cm freier Öffnung einsetzen. Am Ende eines Spiralarms zeigt sich eine Aufhellung, die von der Begleitgalaxie NGC 5195 stammt. Die mehr als 300 Milliarden Sterne von M 51 sind 27 Millionen Lichtjahre von uns entfernt.

Die Galaxis – Vorhof zum Universum

2.5 Ein Blick in die Milchstraße im Sternbild Schwan. Aufnahme von Martin Gertz/Sternwarte Welzheim.

In dunkler, klarer, mondloser Nacht kann man fernab störender irdischer Lichtquellen das zartschimmernde Band der Milchstraße bewundern. Die Milchstraße zählt zu den schönsten Naturphänomenen, die man leider in unseren dicht besiedelten Regionen infolge von Lichtsmog, Staub- und Dunstglocken kaum mehr zu Gesicht bekommt. Schon in grauer Vorzeit hat man sich über dieses Himmelsphänomen und seine Entstehung Gedanken gemacht. Zahlreiche Mythen ranken sich um die Milchstraße:

Als der Göttervater Zeus den unehelich gezeugten Knaben Herakles seiner schlafenden Gattin Hera an die Brust legt, saugt dieser heftig und Hera erwacht. Wütend reißt sie Herakles von ihrer Brust. Dabei spritzt Milch in hohem Bogen gen Himmel.

Eine andere Sage berichtet: Ikarus leiht sich von seinem Vater Dädalus für einen Tag den goldenen Sonnenwagen, um über das Firmament zu fahren. Doch ungewohnt im Lenken dieses Gespanns, verliert er die Kontrolle über den Sonnenwagen. Die Rosse gehen durch, der Sonnenwagen kommt ins Schleudern und Ikarus stürzt samt ihm ins Meer. Die feurige Schleifspur dieser Unglücksfahrt ist heute noch am Sternenhimmel zu betrachten.

Nach altgriechischer Vorstellung ist die Milchstraße ein Riss im Himmelsgewölbe, durch den das Zentralfeuer scheint. Aus dem Griechischen stammt auch die Bezeichnung „Galaxis“ für unsere Milchstraße. Da man seit fast hundert Jahren definitiv weiß, dass es noch andere Milchstraßensysteme gibt, spricht man allgemein von Galaxien. Unsere Nachbargalaxie ist beispielsweise der Andromedanebel.

Wohl als Erster hat der ionische Gelehrte Demokrit von Abdera (470–380 v. Chr.) die richtige Erklärung für das Phänomen Milchstraße geliefert. Demokrit behauptete, das Lichtband der Milchstraße werde durch ungeheuer viele, weit entfernte Sterne hervorgerufen, die man einzeln gar nicht ausmachen kann. 2000 Jahre lang blieb diese Vorstellung reine Spekulation, bis sich vor 400 Jahren nach Erfindung des Fernrohrs Galileo Galilei, Thomas Harriot, Simon Marius und andere davon überzeugen konnten, dass das Band der Milchstraße tatsächlich aus ungeheuer vielen, feinen Sternpünktchen besteht.

Fortschritt im 18. Jahrhundert

Erste konkrete Vorstellungen über Größe und Form der Galaxis entwickelten Thomas Wright (1711–1786) sowie Wilhelm und Caroline Herschel, die 1785 mit Sternzählungen in 683 Gebieten der Milchstraße begannen. Später folgte ihnen Jacobus Kapteyn nach, indem er die nach ihm benannten Eichfelder einführte. Ab 1870 wählte er über den ganzen Himmel verteilt Felder von 1,°25 im Quadrat aus, in denen er die Sterne nicht nur nach Helligkeiten und Zahl registrierte, sondern auch weitere Eigenschaften untersuchte. In der Milchstraße selbst fügte er noch zusätzlich 45 Felder ein. Man spricht heute deshalb von den Kapteynschen Eichfeldern. Allgemein war man der Auffassung, unsere Sonne befände sich im Mittelpunkt der Galaxis oder zumindest nahe dabei. Wright meinte, die Sterne der Milchstraße ordnen sich in Form eines riesigen Mühlsteins an. Kapteyn vermutete eine Längsausdehnung der Galaxis von 2000 Lichtjahren.

Die wahren Dimensionen der Galaxis fand jedoch Harlow Shapley (1885–1972), indem er die Positionen und Lage der Kugelsternhaufen vermaß. Danach bildet die Galaxis ein riesiges Sternensystem in Form einer Diskusscheibe von mindestens 100 000 Lichtjahren Durchmesser, umgeben von einem sphärischen (kugelförmigen) Halo ähnlichen Durchmessers, in dem die Kugelsternhaufen beheimatet sind. Inzwischen

2.6 Aufbau unseres Milchstraßensystems.

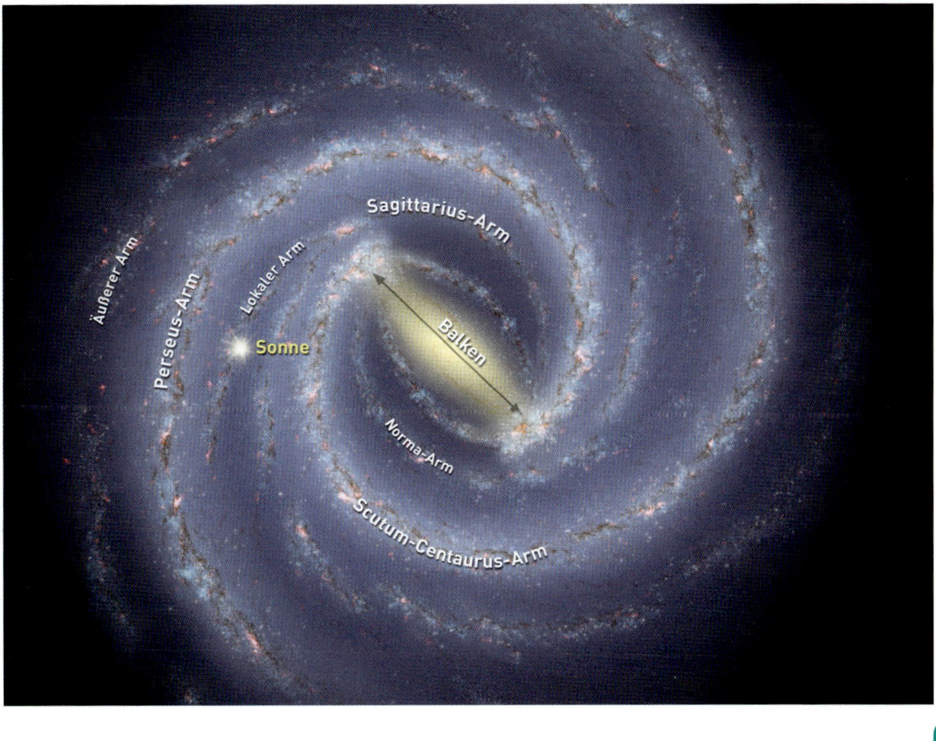

Gunther Schulz nach NASA/JPL-Caltech/R. Hurt

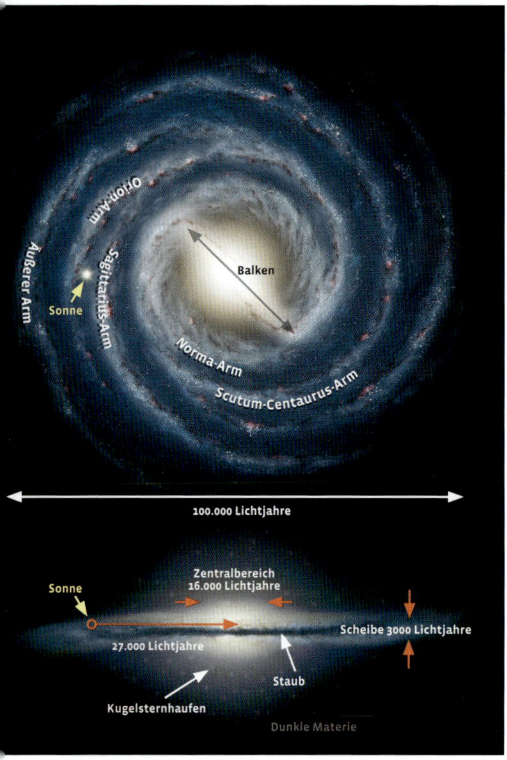

Gunther Schulz nach NASA/JPL-Caltech/R. Hurt

2.7 Aufsicht und Seitenansicht der Galaxis.

weiß man, dass der Durchmesser der galaktischen Scheibe 110 000 Lichtjahre beträgt. Auch ist sie keineswegs völlig flach, sondern an den Rändern ein wenig gebogen, ähnlich einer Hutkrempe. Unsere Sonne befindet sich dabei in einem Heer von einigen Hundert Milliarden Sternen keineswegs im Mittelpunkt, sondern 26 000 Lichtjahre vom Zentrum entfernt. Interstellarer Staub versperrt allerdings im sichtbaren Licht den Blick ins Zentrum.

Mit Hilfe der Radiostrahlung des interstellaren neutralen Wasserstoffs (21-cm-Linie, 1420 MHz) konnte sowohl die Spiralstruktur der Galaxis entdeckt als auch die Rotation der Milchstraßenscheibe untersucht werden.

Unsere Milchstraße aus der Nähe

Von außen betrachtet würde die Milchstraße als Spiralgalaxie zu erkennen sein, wie man sie von dutzenden Galaxien her kennt. Jan Hendrik Oort (1900–1992) hat die Rotationsformeln angegeben, nach denen die Galaxis rotiert. Demnach wandert die Sonne auf einer kreisnahen Bahn in 200 Millionen Jahren mit einer Geschwindigkeit von 240 Kilometer pro Sekunde einmal um das Milchstraßenzentrum. Mit dieser Geschwindigkeit, 864 000 Kilometer pro Stunde, wäre man nur eine knappe halbe Stunde von der Erde zum Mond unterwegs.

Noch weit nach der Mitte des vorigen Jahrhunderts sah man die Galaxis als eher statisches Gebilde an, das zwar rotiert und einzelne Sternentstehungsnester besitzt, in denen immer noch neue Sonnen aufflammen, das aber ansonsten seit zwölf Milliarden Jahren unverändert blieb.

Doch dem ist nicht so. Die Galaxis ist ein äußerst dynamisches Sternsystem, in dessen Zentrum ein vier Millionen Sonnenmassen reiches Schwarzes Loch haust. Durch die Galaxis wandern zahlreiche Sternströme unterschiedlichen Alters und Herkunft. Sie wird von Zwerggalaxien umrundet, die sie sich von Zeit zu Zeit einverleibt. Heiße Gaswolken jagen mit hoher Geschwindigkeit durch das Sternenheer. Zwei gigantische Jetstreams schossen vor wenigen Millionen Jahren – eine kurze Zeitspanne im Leben der Galaxis – diametral aus ihrem Zentrum heraus und erzeugten zwei riesige Gasblasen nördlich und südlich der galaktischen Scheibe. Im zentrumsnahen Inneren findet sich ein großer Balken aus Sternströmen, weshalb man heute die Galaxis als Balkenspirale einstufen muss. Zudem ist die Galaxis in einen umfangreichen Kokon aus Dunkler Materie eingebettet, ohne dessen Schwerkraftwirkung sie überhaupt nicht entstanden wäre. Der prozentuale Anteil der Dunklen Materie ist in den die Galaxis umrundenden Zwerggalaxien noch um ein Vielfaches höher. Die Masse der Dunklen Materie übertrifft dabei die der leuchtenden Sterne in den Zwerggalaxien um das Hundertfache oder noch mehr. Manche Astronomen vermuten sogar, dass Wol-

Leiden Observatory

2.8 Jan Hendrik Oort (1900 – 1992) – Pionier der Erforschung unserer Milchstraße.

ken aus Dunkler Materie ohne leuchtende Sterne die Galaxis begleiten.

Rätsel Dunkle Materie

Die Dunkle Materie wirkt lediglich gravitativ, also durch die Schwerkraft ihrer Massen. Sie wechselwirkt nicht mit den anderen drei Grundkräften (starke Kraft, elektromagnetische Wechselwirkung und elektroschwache Wechselwirkung). Daher kann man Objekte aus Dunkler Materie nicht sehen. Ein Planet aus Dunkler Materie würde keine Finsternis hervorrufen, wenn er sich zwischen Sonne und Erde schöbe. Lediglich durch seine Gravitation würde er auf die Erde einwirken. Eine Person aus Dunkler Materie könnte uns durchdringen, ohne dass wir es bemerken könnten. Sie könnte auch problemlos durch Mauern gehen, ohne Spuren zu hinterlassen oder sich dabei zu verletzen.

Noch weiß man nicht, woraus sich die Dunkle Materie zusammensetzt; jedenfalls nicht aus bekannten Elementarteilchen, den Bausteinen der für uns sichtbaren Materie wie Protonen und Neutronen. Man bezeichnet diese uns wohlbekannte Materie auch als baryonisch.

Die turbulente Entwicklung der Galaxis zu erforschen wurde erst möglich, als es gelang, die chemische Zusammensetzung von fernen Sternen im Halo der Milchstraße zu bestimmen, was nur mit Teleskopen der 8-m- und 10-m-Klasse möglich ist, sowie Entfernungen und Raumgeschwindigkeiten und damit auch die Sterndichten in den einzelnen Regionen zu ermitteln. Große Hoffnungen setzt man dabei auch auf die Astrometriesonde GAIA, die von fast einer Milliarde Sternen genaue Positionen und Geschwindigkeiten liefern wird (siehe *Kosmos Himmelsjahr 2016*, Monatsthema März „Die Vermessung des Kosmos“ auf Seite 88).

Im Halo der Galaxis fand man extrem metallarme Sterne. Im saloppen Jargon der Astronomen gelten alle Elemente schwerer als Helium als „Metalle“. Der Eisenanteil der Sterne der Halo-Population beträgt weniger als ein Tausendstel Prozent des Eisenanteils unserer Sonne. Andererseits ist der Kohlenstoffanteil bedeutend höher.

Galaxien entwickeln sich weiter

Der Schlüssel zum Verständnis der Evolution unseres Milchstraßensystems ist das interstellare Gas, das durch die Räume zwischen den Sternen strömt. Das kalte Wasserstoffgas wird mit Radioteleskopen detektiert; im Millimeter- und Submillimeterbereich der elektromagnetischen Strahlung lassen sich komplexe Molekülverbindungen aufspüren. Warmes, ionisiertes Gas zeigt sich im Bereich des sichtbaren Lichts. Extrem heißes Gas, aufgeheizt von Stoßwellen erzeugt durch Supernova-Detonationen, sendet Röntgenstrahlung aus. Die Staubkomponente wiederum absorbiert sichtbares und ultraviolettes

Licht. Die dabei aufgeheizten Staubkörner leuchten dadurch im fernen Infrarot.

Magnetfelder beschleunigen ihrerseits die Ionen der kosmischen Korpuskularstrahlung auf nahezu Lichtgeschwindigkeit. Wie auf einer Achterbahn rasen sie durch die Galaxis.

Ronald Reynold entdeckte bereits 1993 nördlich und südlich der dünnen Sternscheibe in der Hauptebene der Galaxis je eine relativ dichte Schicht aus ionisiertem Gas. Außerhalb dieser beiden Reynold-Schichten gibt es eine Zone dünnen, aber extrem heißen Gases von mehreren Millionen Grad. Dieser heiße Wind strömt sowohl aus dem Zentrum der Milchstraße als auch aus den Sternentstehungsgebieten, in denen nach ihrem kurzen Dasein extrem massereiche Sterne als Supernovae enden.

Nach wie vor mysteriös sind Wolken aus kühlerem, neutralem Gas, die den galaktischen Halo mit hohen Geschwindigkeiten durchqueren. Vermutlich sind sie Reste der ursprünglichen Gasströme aus dem Zentrum, die sich abgekühlt

Die Galaxis in Zahlen

Hubble-Typ: SBc		
Durchmesser der galaktischen Scheibe	34 kpc	110 000 LJ
Dicke im Kernbereich (Bulge)	5 kpc	16 000 LJ
Dicke der galaktischen Scheibe	1 kpc	3 000 LJ
Durchmesser des galaktischen Halos	50 kpc	160 000 LJ
Durchmesser der Korona	100 kpc	330 000 LJ
Abstand der Sonne vom Zentrum	7,9 kpc	25 800 LJ
Nördlicher Abstand der Sonne zur Hauptebene	0,015 kpc	50 LJ
Leuchtkraft (in Sonnenleuchtkräften)	$2 \cdot 10^{10}\ L_\odot$	
Absolute Helligkeit (M_B)	$-20\overset{M}{,}8$	
Masse (in Sonnenmassen)	$1{,}5 \cdot 10^{12}\ M_\odot$	
Gesamtzahl der Sterne	$>2 \cdot 10^{11}$	
Absorption im Visuellen (Sonne – Zentrum)	23^m	
Koordinaten des galaktischen Zentrums (Sgr A*)	$\alpha = 17^h45^m40^s$	
(J2000.0)	$\delta = -29°00'28''$	
Galaktischer Nordpol	$\alpha = 12^h51^m26^s$	
	$\delta = 27°07'42''$	
Neigung des galaktischen Äquators		
zum Himmelsäquator	62°52′	
Rotation am Ort der Sonne		
Geschwindigkeit	v = 240 km/s	
Richtung	l = 90°	
Umlaufdauer um das galaktische Zentrum	200 Millionen Jahre	
Oortsche Rotationskonstanten	A = 15 km/(s • kpc)	
(IAU-Werte)	B = 10 km/(s • kpc)	
Pekuliarbewegung der Sonne		
Geschwindigkeit	v = 20 km/s	
Apex (im Herkules)	$\alpha = 18\overset{h}{,}0$	$\delta = +30°$
	l = 56°	b = +23°
Alter der Galaxis	12 Milliarden Jahre	

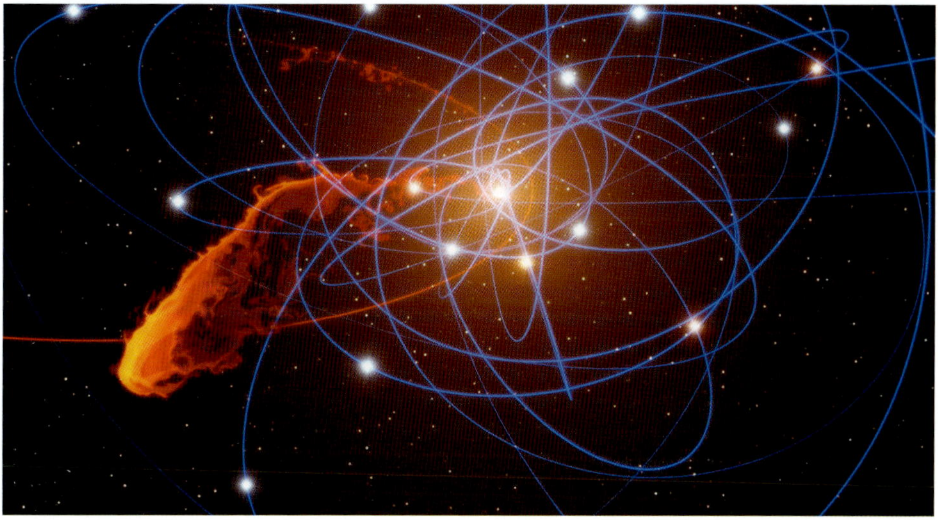

2.9 Sterne und Staub kreisen um das massereiche Schwarze Loch in unserer Milchstraße.

haben, wobei die Atome rekombinierten. Andererseits dürften diese kühlen Gaswolken teils Immigranten aus den zahlreichen Zwerggalaxien sein, die die Milchstraße umrunden und in mehr oder minder langen Zeiträumen von ihr einverleibt werden. Solch intergalaktische Wasserstoffströme werden zwischen den Magellanschen Wolken beobachtet. Die Magellanschen Wolken sind die größten Begleitgalaxien unserer Milchstraße (siehe auch Monatsthema Dezember „Die Magellanschen Wolken" im *Kosmos Himmelsjahr 2014* auf Seite 262).

Je jünger die Sterne, desto mehr sind sie zur galaktischen Hauptebene hin konzentriert. Ältere Sterne sind in einem breiteren Bereich nördlich und südlich der Scheibe zu finden. Unsere Sonne hält sich nur etwa 50 Lichtjahre nördlich der Scheibenebene auf. Sie zählt zur inneren Scheibenpopulation, auch als Sterne der dünnen Scheibe bezeichnet. Die Sonne beschreibt wie erwähnt in erster Linie eine nahezu kreisförmige Bahn um das Zentrum. So bewegen sich auch die meisten Sterne in ihrer Umgebung.

Mit zunehmendem Alter entfernen sich die Sterne allmählich von der Hauptebene und driften nach Nord oder Süd. Mit der Zeit ändert sich damit auch die Dicke der Scheibe. Unabhängig davon existiert eine dickere Scheibe aus Sternen, die signifikant metallärmer sind. Sie stammen aus der Zeit, als die Galaxis erst fünf Milliarden Jahre alt war. Ihr heutiges Alter schätzt man auf zwölf Milliarden Jahre.

Die Spiralstruktur

Schwierig ist es, die Spiralstruktur der Milchstraße zu erfassen. Im optischen Spektralbereich verhindert dies die interstellare Absorption. Aber einerseits mit weltweit zusammengeschalteten Radioteleskopen, der sogenannten Very Long Baseline Interferometry (engl., Interferometrie über interkontinentale Distanzen), und andererseits mit Beobachtungen im infraroten Spektralbereich hat man inzwischen ein weitgehend zutreffendes Bild entworfen, wie unsere Milchstraße von außen betrachtet aussähe. Mit den COBE-Messungen (Cosmic Background Explorer, Raumsonde zur Beobachtung der kosmischen Mikrowellen-Hintergrundstrahlung) hat man zu Beginn der 1990er Jahre erstmals erkannt, dass die zentrale Ausbuchtung, auch

Bulge genannt, eine längliche Ausdehnung hat. Neueste Beobachtungen im Infraroten haben ergeben, dass dieser Balken länger ist als ursprünglich vermutet. Kurz, die Galaxis ist eine Balkenspirale vom Hubble-Typ SBc. Die Untersuchung der zahlreichen Molekülwolken lässt die gut entwickelte Spiralstruktur einwandfrei erkennen. Der Raum zwischen den Spiralarmen ist dabei keineswegs leer, sondern ebenfalls mit zahllosen Sternen gefüllt. In den Spiralarmen ist die Dichte der interstellaren Materie jedoch wesentlich höher. Gravitativ bedingte Dichtewellen laufen von innen nach außen. In den Spiralarmen ist die Sternentstehungsrate entsprechend hoch. Massereiche, junge und heiße Sterne finden sich dort zuhauf. Sie regen das interstellare Gas zum Leuchten an, wobei die Wasserstoffwolken ionisiert werden (HII-Gebiete). Der interstellare Staub wiederum reflektiert das Licht der heißen, bläulichen Sterne. So erklärt sich, weshalb die Spiralarme so viel heller strahlen als die übrigen Bereiche der galaktischen Scheibe.

Spuren eines Schwarzen Loches

Beobachtungen mit den beiden 10-m-Keck-Teleskopen auf dem Mauna Kea und den vier 8-m-VLT-Teleskopen der ESO auf dem Cerro Paranal haben unser Wissen über das Milchstraßenzentrum enorm erweitert. Im Kern der Galaxis befindet sich ein gigantischer Sternhaufen, dessen Mitglieder jeden Alters sind – im Gegensatz zu fast allen galaktischen Sternhaufen, deren Mitgliedssterne alle gleich alt sind. Aus den Bewegungen der Sterne um das Zentrum schließt man auf ein supermassereiches Schwarzes Loch. Die gewaltige zentrale Masse konzentriert sich auf einen Raumbereich, der kleiner ist als der Durchmesser der Erdbahn. In diesem Bereich befinden sich vier Millionen Sonnenmassen. Dies kann kein Sternhaufen sein, denn so viele Sterne passen nicht in einen sphärischen Raum mit nur einer Astronomischen Einheit als Radius. Das zentrale Black Hole von vier Millionen Sonnenmassen hat einen Durchmesser von 24 Millionen Kilometer und hätte somit bequem innerhalb der Merkurbahn Platz.

Um das zentrale Schwarze Loch rotiert eine vergleichsweise bescheidene, immerhin aber etliche Millionen Grad heiße Akkretionsscheibe, wie Beobachtungen im Röntgenbereich erkennen lassen. Nur wenig Materie stürzt gegenwärtig in den gefräßigen Schlund dieses Schwarzen Lochs. Es ist gewissermaßen auf Diät gesetzt. Vor rund zehn Millionen Jahren schossen zwei Plasmastrahlen in entgegengesetzte Richtungen aus dem Zentrum. Heute beobachtet man die Reste dieser Jets als riesige Gasblasen jeweils 24 000 Lichtjahre nördlich und südlich der galaktischen Ebene.

Neue Erkenntnisse lieferten auch die Beobachtungen des galaktischen Halos, eines sphärischen Raumbereichs mit 600 000 Lichtjahren Durchmesser aber einem Inhalt von nur einer Milliarde Sonnenmassen. Der Halo zerfällt dabei in einen äußeren Bereich mit sehr alten Sternen und einen inneren Halo mit deutlich jüngeren Sternen. Beide Bereiche rotieren, allerdings in entgegengesetzte Richtungen. Warum dies der Fall ist, harrt noch einer Klärung.

Die Galaxis zeigt somit insgesamt ein dynamisches Verhalten mit permanenter Weiterentwicklung. Auch ist sie keine isolierte Welteninsel in den Tiefen des intergalaktischen Raums. Vielmehr ist sie in steter Wechselwirkung mit ihrer Umgebung. Gasmassen und Zwerggalaxien werden von ihr eingefangen und sorgen für die Bildung neuer Sterne sowie für das Wachstum der Galaxis. Andererseits strömen heiße Winde metallreicher Gase aus der Galaxis in den intergalaktischen Raum.

Weitere Erkenntnisse über Aufbau, Entstehung und zukünftige Entwicklung der Milchstraße verspricht man sich von den Beobachtungen und Messungen der Astrometrie-Raumsonde GAIA, dem Atacama Large Millimeter Array (ALMA, siehe *Kosmos Himmelsjahr 2014*, Monatsthema Oktober „ALMA und SKA – Radioteleskope der Superlative") und dem im Bau befindlichen LSST (siehe Monatsthema September „LSST – Die Entdeckungsmaschine" auf Seite 202).

Dann erst wird man den eigenen Vorhof zum gigantisch viel größeren Universum einigermaßen genau kennen.

März 2017

- Die Sonne passiert am 20. um 11^h29^m den Frühlingspunkt und wechselt auf die Nordhalbkugel des Himmels.
- Venus verabschiedet sich vom Abendhimmel und kommt am 25. in untere Konjunktion mit der Sonne.
- Merkur zeigt sich Ende März am Abendhimmel.
- Jupiter beherrscht die Nacht.
- Saturn im Schützen ist am Morgenhimmel beobachtbar.

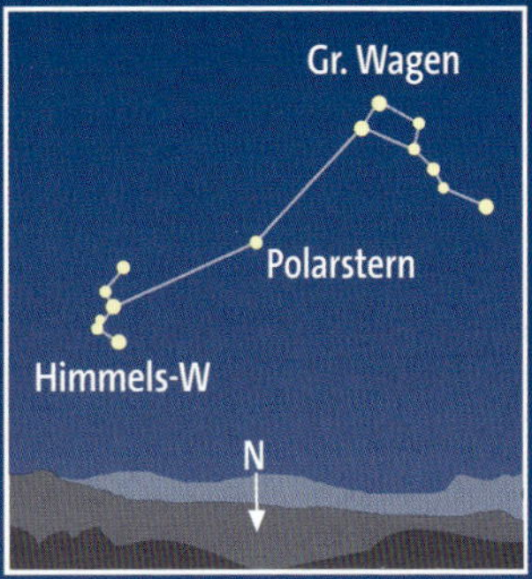

Großer Wagen und Himmels-W Anfang März um 22 Uhr

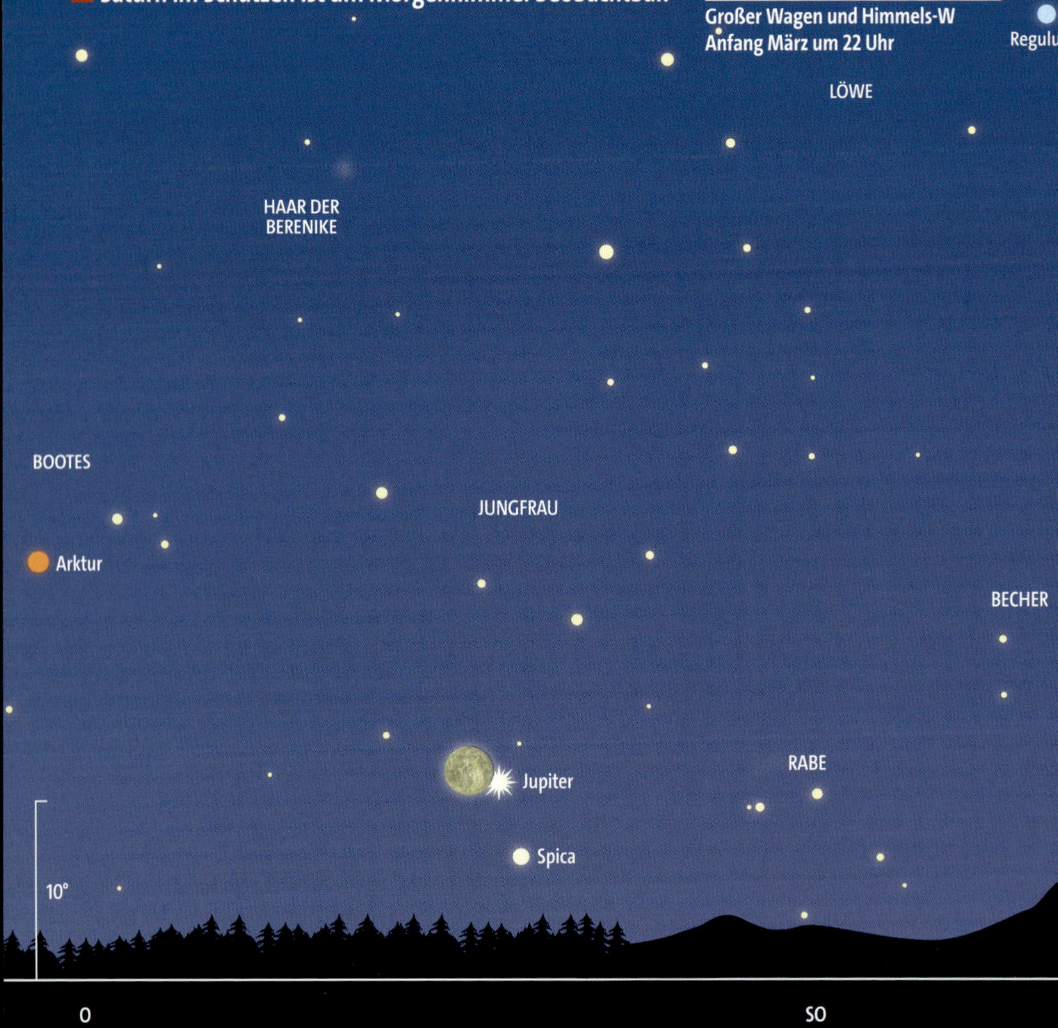

3.1 Himmelsanblick am 14. März gegen 22^h MEZ: Knapp über dem Osthorizont steht das Dreigestirn Jupiter, Spica und der noch fast volle Mond.

1 Mi	Aschermittwoch, Mond bei Mars (Abendhimmel)	17 Fr	
2 Do		18 Sa	
3 Fr		19 So	
4 Sa		20 Mo	Frühlingsbeginn, Mond im letzten Viertel Mond bei Saturn (Morgenhimmel)
5 So	Mond im ersten Viertel	21 Di	
6 Mo		22 Mi	
7 Di		23 Do	
8 Mi		24 Fr	
9 Do		25 Sa	
10 Fr		26 So	Beginn der Sommerzeit
11 Sa		27 Mo	
12 So	**Vollmond**	28 Di	**Neumond**
13 Mo		29 Mi	
14 Di	Mond bei Jupiter (Abendhimmel)	30 Do	Mond bei Mars (Abendhimmel)
15 Mi		31 Fr	
16 Do			

Sonne – Sternbilder

12. 3. 8^{h}:
Sonne tritt in das Sternbild Fische
20. 3. $11^{h}29^{m}$:
Sonne tritt in das Tierkreiszeichen Widder
Julianisches Datum am
1. März, 1^{h} MEZ: 2 457 813,5

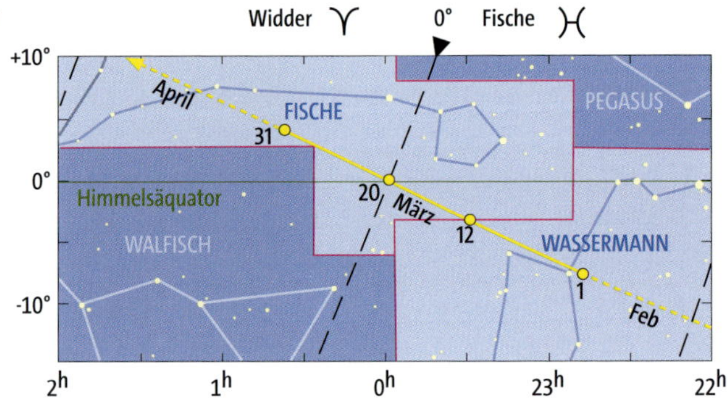

Tabelle Sonnenlauf

Tag	Dämmerg. Anfang	Aufgang MEZ	Kulmination	Untergang MEZ	Dämmerg. Ende	Mittagshöhe	Zeitgleichg.	Rektaszension	Deklination
	h m	h m	h m	h m	h m	o	m	h m	o
1.	5 53	7 03	12 32	18 02	19 12	32,6	−12	22 47	−7,7
5.	5 45	6 55	12 31	18 09	19 19	34,1	−11	23 02	−6,2
10.	5 35	6 44	12 30	18 17	19 27	36,1	−10	23 21	−4,2
15.	5 24	6 34	12 29	18 25	19 35	38,0	− 9	23 39	−2,2
20.	5 13	6 23	12 27	18 33	19 43	40,0	− 7	23 58	−0,3
25.	5 01	6 12	12 26	18 41	19 52	42,0	− 6	0 16	+1,7
31.	4 47	5 59	12 24	18 50	20 03	44,3	− 4	0 38	+4,0

Achtung: Ab Sonntag, 26. März 2017, gilt die Sommerzeit. Zu allen im Himmelsjahr angegebenen Zeiten eine Stunde addieren!

Tages- und Nachtstunden

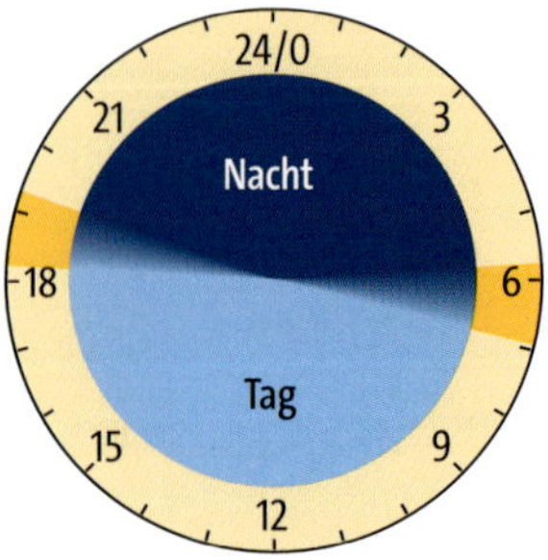

5. März

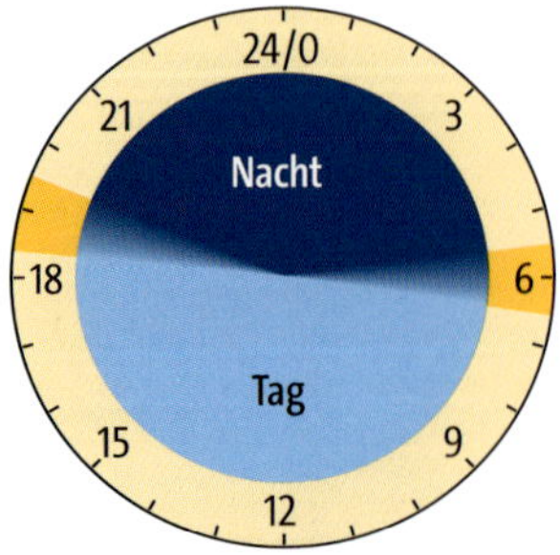

15. März

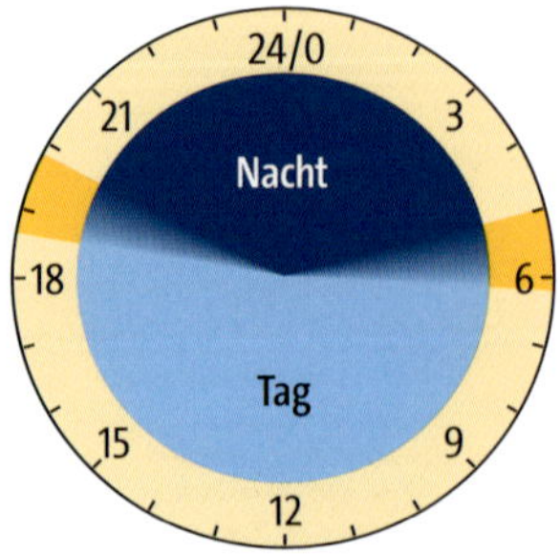

25. März

Tabelle Mondlauf

Datum		Aufg. MEZ	Kulmination	Unterg. MEZ	Rektaszension	Deklination	Sterne und Sternbilder	Phase	MEZ
		h m	h m	h m	h m	°			
Mi	1.	8 33	14 59	21 38	0 45	+ 1,4	Walfisch		
Do	2.	9 03	15 52	22 53	1 39	+ 5,9	Fische		
Fr	3.	9 35	16 46	–	2 34	+10,0	Walfisch	Erdnähe 369/32′,4	9^h
Sa	4.	10 12	17 41	0 08	3 31	+13,7	* Stier	Größte Südbreite	
So	5.	10 54	18 38	1 20	4 28	+16,5	* Stier, Hyaden	**Erstes Viertel**	**12^h 32^m**
Mo	6.	11 43	19 35	2 28	5 27	+18,2	* Stier		
Di	7.	12 40	20 32	3 28	6 26	+18,9	Alhena		
Mi	8.	13 43	21 28	4 21	7 25	+18,4	* Zwillinge		
Do	9.	14 50	22 22	5 06	8 22	+16,8	Krebs, Krippe		
Fr	10.	15 59	23 13	5 43	9 18	+14,2	Krebs		
Sa	11.	17 09	–	6 15	10 11	+11,0	Löwe, Regulus	Aufsteigender Knoten Libration West	
So	12.	18 17	0 02	6 44	11 02	+ 7,2	Löwe	**Vollmond**	**15^h 54^m**
Mo	13.	19 24	0 49	7 10	11 52	+ 3,2	Jungfrau		
Di	14.	20 30	1 35	7 35	12 40	− 0,9	Jungfrau		
Mi	15.	21 34	2 19	8 00	13 27	− 4,9	Spica		
Do	16.	22 36	3 04	8 25	14 14	− 8,6	Jungfrau		
Fr	17.	23 37	3 48	8 53	15 01	−11,9	Waage		
Sa	18.	–	4 33	9 24	15 49	−14,7	Waage	Erdferne 405/29′,5 Größte Nordbreite	18^h
So	19.	0 36	5 19	9 59	16 37	−16,8	Schlangenträger		
Mo	20.	1 31	6 06	10 40	17 27	−18,3	Schlangenträger	**Letztes Viertel**	**16^h 58^m**
Di	21.	2 23	6 55	11 26	18 17	−18,9	Schütze		
Mi	22.	3 10	7 44	12 20	19 08	−18,7	Schütze, Nunki		
Do	23.	3 52	8 33	13 19	20 00	−17,6	Schütze		
Fr	24.	4 30	9 23	14 24	20 52	−15,6	Steinbock	Libration Ost	
Sa	25.	5 03	10 14	15 33	21 45	−12,7	Steinbock	Absteigender Knoten	
So	26.	5 34	11 05	16 45	22 38	− 9,1	Wassermann		
Mo	27.	6 03	11 56	18 00	23 31	− 4,9	Wassermann		
Di	28.	6 32	12 48	19 17	0 25	− 0,4	Fische	**Neumond Nr. 1166**	**3^h 57^m**
Mi	29.	7 02	13 42	20 35	1 20	+ 4,3	Fische		
Do	30.	7 34	14 37	21 53	2 16	+ 8,8	Walfisch	Erdnähe 364/32′,8	14^h
Fr	31.	8 10	15 34	23 09	3 14	+12,8	Widder	Größte Südbreite	

Der Mond wandert am 4./5. in die Hyaden (siehe Seite 288)

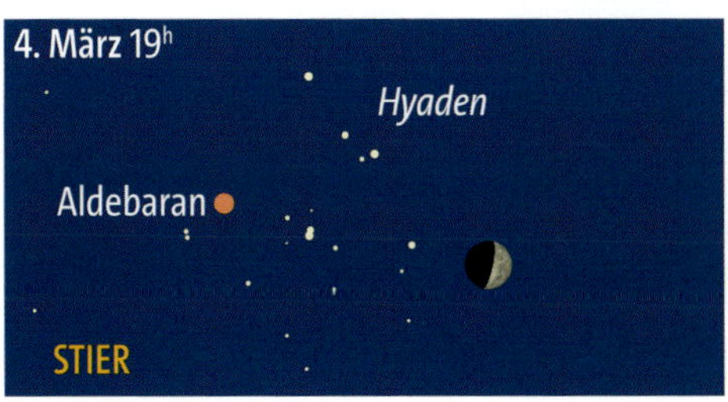

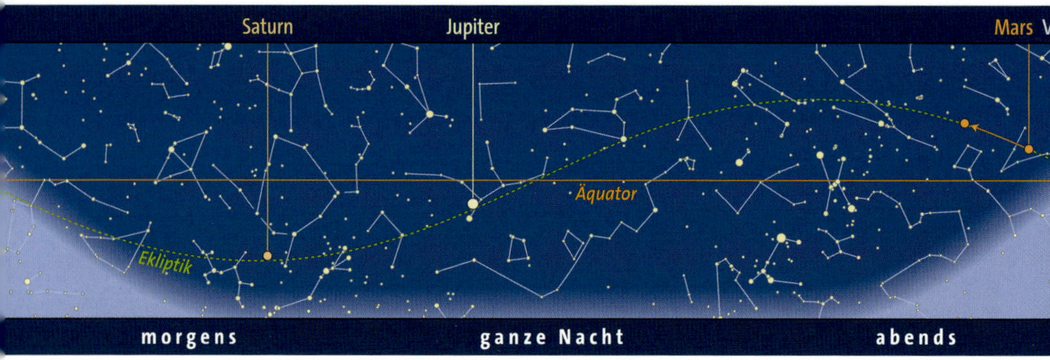

Merkur kommt am 7. in obere Konjunktion mit der Sonne. Da er schneller rechtläufig durch den Tierkreis wandert als die Sonne, wachsen seine östlichen Winkelabstände von der Sonne an. Bis Monatsende erreicht er fast seine größte östliche Elongation von der Sonne. Sie tritt am 1. April mit nur 19°00′ ein und fällt diesmal so klein aus, da Merkur am 23. durch sein Perihel (sonnennächster Bahnpunkt) rast. Trotz der vergleichsweise geringen maximalen Elongation kommt es zu einer respektablen Abendsichtbarkeit, da die abendliche Ekliptik in unseren Breiten steil zum Westhorizont steht und Merkur fast zehn Grad nördlichere Deklination aufweist als die Sonne (siehe Abb. 3.4 und Abb. 3.5 auf Seite 81). Dies ist die einzige günstige Abendsichtbarkeit von Merkur in diesem Jahr!

Ab dem 20. kann man mit Aussicht auf Erfolg versuchen, den flinken Planeten knapp über dem Westhorizont aufzustöbern. Gegen 19^h wird der $-1{,}^m2$ helle Merkur in der Abenddämmerung sichtbar. Sein Untergang erfolgt am 20. um 19^h45^m. Aber schon eine Viertelstunde vorher wird Merkur in den horizontnahen Dunstschichten für das bloße Auge unsichtbar. Bis Monatsende verspäten sich die Merkuruntergänge auf 20^h43^m (= 21^h43^m Sommerzeit), die Merkurhelligkeit sinkt um eine ganze Größenklasse auf $-0{,}^m2$.

Die Dichotomie (Halbphase) tritt zwei Tage vor der größten östlichen Elongation ein: Am 30. zeigt sich das $7{,}''1$ große Merkurscheibchen halb beleuchtet. Bis Ende März nimmt der scheinbare Durchmesser von Merkur noch ein wenig auf $7{,}''5$ zu.

Am 29. zieht die schmale Sichel des noch sehr jungen Mon-

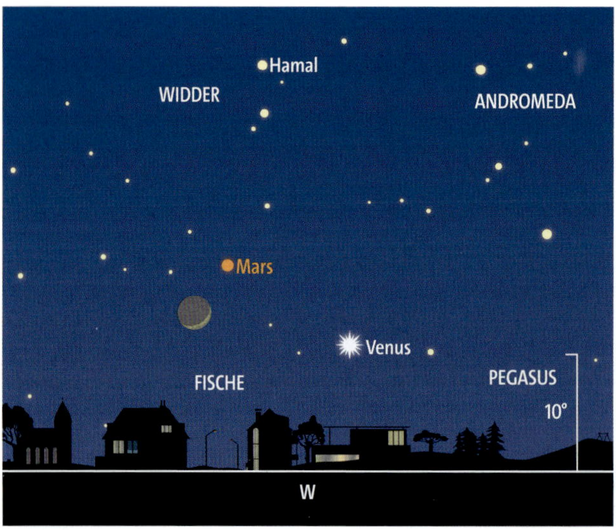

3.2 Mond bei Mars und Venus: Anblick des Westhimmels am 1. März gegen 20^h MEZ. Über dem Westhorizont ist das Dreigestirn Venus, Mars und die schmale Sichel des zunehmenden Mondes zu sehen.

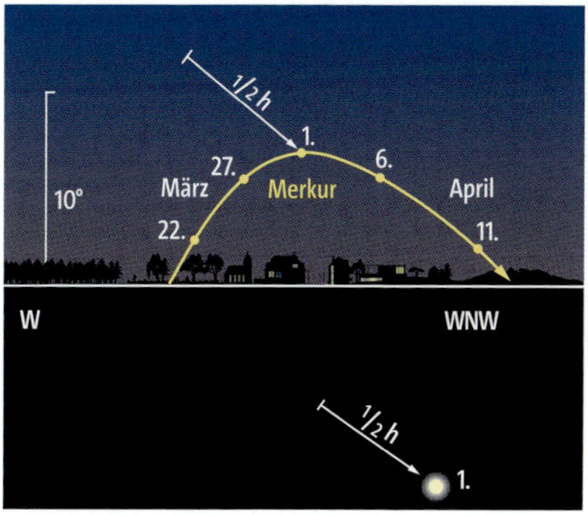

3.4 Merkur am Abendhimmel:
Stellung von Merkur über dem Westhorizont zu den angegebenen Daten jeweils ein Stunde nach Sonnenuntergang. Die Pfeile geben die Bewegungen von Merkur und Sonne während der letzten halben Stunde an.

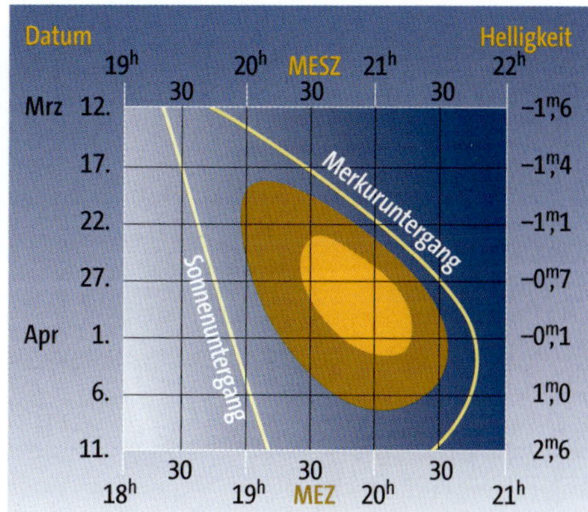

3.5 Sichtbarkeitsdiagramm für Merkur:
Es gilt genau für 50° nördlicher Breite und 10° östlicher Länge. Dunkelgelbe Fläche: Unter günstigen Sichtbedingungen kann man Merkur mit bloßen Augen erkennen, hellgelbe Fläche: Merkur ist leicht zu sehen.

des an Merkur vorbei, ein reizvoller Himmelsanblick gegen 20^h15^m (= 21^h15^m Sommerzeit) am Westhimmel, zumal noch Mars mit von der Partie ist (siehe Abb. 3.3 unten).

Bereits am 27. wandert Merkur an dem fernen, grünlichen Uranus $2\overset{\circ}{,}4$ nördlich vorbei. Uranus ist allerdings nur mit lichtstarker Optik zu sehen. Die Begegnung mit Venus am 17. bleibt hingegen unbeobachtbar.

Am 23. passiert Merkur das Perihel (sonnennächster Punkt) seiner stark elliptischen Bahn. An diesem Tag ist er 46,0 Millionen Kilometer (= 0,307 AE) von der Sonne entfernt, eine Strecke, die das Licht in zwei Minuten und 33 Sekunden überbrückt.

Venus verabschiedet sich vom Abendhimmel. Schon am 2. wird sie im Sternbild Fische rückläufig und eilt auf die Sonne zu, die ihr im Tierkreis entgegenkommt. Bereits am 25.

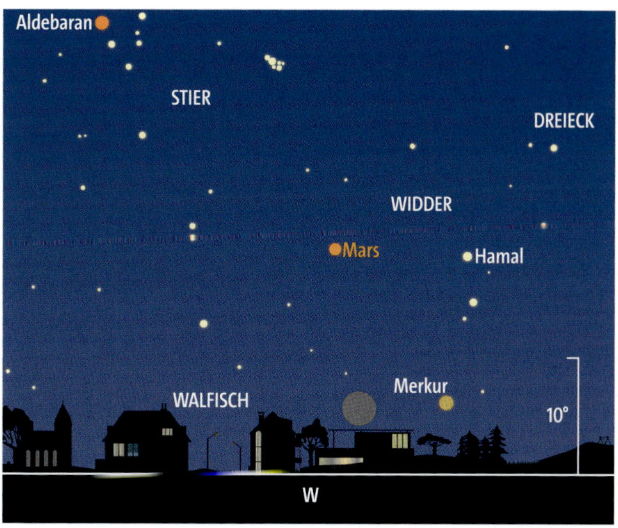

3.3 Mond bei Merkur:
Himmelsanblick am 29. März gegen 20^h15^m MEZ (= 21^h15^m MESZ). Knapp über dem Westhorizont ist Merkur und die extrem schmale Sichel des zunehmenden Mondes zu sehen. Höher steht Mars im Sternbild Widder.

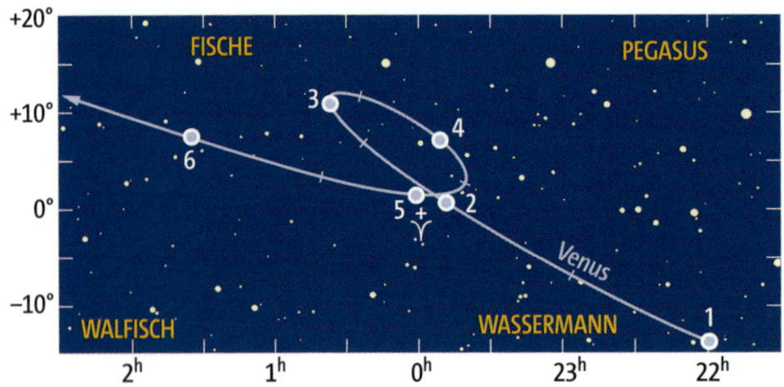

3.6 Bahn von Venus:
Konjunktionsschleife des Planeten Venus im Gebiet der Sternbilder Wassermann und Fische. Die Zahlen geben die Venusposition zum jeweiligen Monatsersten an (4 = 1. April).

kommt sie in untere Konjunktion mit der Sonne. Bis 20. nimmt ihre scheinbare Helligkeit von $-4^{\mathrm{m}}{,}8$ zu Monatsbeginn auf $-4^{\mathrm{m}}{,}1$ deutlich ab. Ihre Untergänge erfolgen immer früher: Am 1. geht Venus um $21^{\mathrm{h}}16^{\mathrm{m}}$ unter, am 10. um $20^{\mathrm{h}}41^{\mathrm{m}}$ und am 20. schon um $19^{\mathrm{h}}38^{\mathrm{m}}$. Nach dem 20. ist Venus nur noch mit lichtstarker Optik zu erkennen. Bereits am 26. kann man Venus am Morgenhimmel aufspüren – mit einem Fernglas.

Am 25. geht die $-4^{\mathrm{m}}{,}2$ helle Venus um $5^{\mathrm{h}}24^{\mathrm{m}}$ auf, eine Dreiviertelstunde vor der Sonne. Bis Ende März verfrühen sich ihre Aufgänge auf $4^{\mathrm{h}}58^{\mathrm{m}}$ (= $5^{\mathrm{h}}58^{\mathrm{m}}$ Sommerzeit). Damit hat Venus ihre Morgensternperiode eingeläutet. Sie ist im März somit Abend- und Morgenstern kurz hintereinander. Ihre Konjunktionsschleife zieht sie im Sternbild Fische (siehe auch Abb. 3.6 oben).

Venus kommt zur unteren Konjunktion in Erdnähe. Ihre geringste Entfernung von uns beträgt dann 42 Millionen Kilometer (= 0,281 AE). Kurz vor und kurz nach der unteren Konjunktion zeigt Venus eine extrem schmale und fast eine Bogenminute große Sichel – einmal abnehmend, anschließend am Morgenhimmel dann zunehmend.

Mars ist nach wie vor am frühen Abendhimmel zu sehen. Der rote Planet strebt immer nördlicheren Bezirken des Tierkreises zu. Am 8. verlässt er die Fische und wechselt in das Sternbild Widder. Die Grenze zum Sternbild Stier wird er dann Mitte April überschreiten. Die Marshelligkeit sinkt weiter von $1^{\mathrm{m}}{,}3$ auf $1^{\mathrm{m}}{,}5$ während des Monats leicht ab. Mars ist somit nicht mehr besonders auffällig, zumal er in der beginnenden Dunkelheit schon tief am Westhimmel steht.

Die Untergangszeiten bleiben fast konstant: Am 1. erfolgt der Untergang unseres äußeren Nachbarplaneten um $21^{\mathrm{h}}59^{\mathrm{m}}$, am 31. dagegen um $22^{\mathrm{h}}03^{\mathrm{m}}$ (= $23^{\mathrm{h}}03^{\mathrm{m}}$ Sommerzeit). Die Sichtbarkeitsdauer am Abendhimmel verkürzt sich dennoch um zirka eine Stunde, da es im März immer später dunkel wird. Sowohl am Monatsbeginn als auch zu Monatsende begegnet die zunehmende Mondsichel dem roten Planeten (siehe auch Abb. 3.2 auf Seite 80 und Abb. 3.3 auf Seite 81).

Jupiter beschleunigt seine rückläufige Wanderung durch das Sternbild Jungfrau und strebt seiner Opposition zur Sonne entgegen, die er im ersten Aprildrittel erreicht (siehe Abb. 4.5 auf Seite 100).

Seine Aufgänge verlagert der Riesenplanet in die frühen Abendstunden. Damit ist er praktisch die gesamte Nacht über sichtbar. Am 1. geht Jupiter um $21^{\mathrm{h}}37^{\mathrm{m}}$ auf und am 15. schon um $20^{\mathrm{h}}35^{\mathrm{m}}$. Am letzten Märztag erfolgt der Aufgang des $-2^{\mathrm{m}}{,}5$ hellen Riesenplaneten bereits um $19^{\mathrm{h}}21^{\mathrm{m}}$ (= $20^{\mathrm{h}}21^{\mathrm{m}}$ Sommerzeit).

Der noch fast volle Mond passiert Jupiter am 14. rund $1^{\circ}{,}8$ nördlich (siehe auch Abb. 3.1 auf Seite 76).

Saturn im Sternbild Schütze an der Grenze zum Schlangenträger verlangsamt deutlich seine rechtläufige Wanderung (siehe Abb. 6.3 auf Seite 139). Seine Bewegung kann man in der sternreichen Milchstraßengegend anhand der zahlreichen Hintergrundsterne gut verfolgen.

Der Saturnaufgang erfolgt am 1. um $3^{\mathrm{h}}21^{\mathrm{m}}$, am 15. um $2^{\mathrm{h}}29^{\mathrm{m}}$ und am 31. schon um $1^{\mathrm{h}}27^{\mathrm{m}}$

(= 2^h27^m Sommerzeit). Die Helligkeit des Ringplaneten steigt auf $0\overset{m}{,}4$ an.

Uranus, rechtläufig in den Fischen, nähert sich seiner Konjunktion mit der Sonne, die er Mitte des nächsten Monats einnehmen wird. Vom Abendhimmel zieht sich der grünliche Planet ganz zurück. Erfahrene Beobachter mögen Uranus noch zu Monatsbeginn mit lichtstarken Ferngläsern oder Teleskopen aufspüren. Der Untergang des $5\overset{m}{,}9$ hellen Uranus erfolgt am 1. um 21^h46^m, am 15. um 20^h55^m und am 31. bereits um 19^h57^m (= 20^h57^m Sommerzeit). Die Begegnung mit Merkur, der am 27. Uranus in 2°07′ nördlichem Abstand passiert, ist schwierig zu beobachten.

Neptun, rechtläufig im Wassermann, steht am 2. in Konjunktion mit der Sonne. Der sonnenfernste Planet hält sich am Taghimmel auf und bleibt nachts unbeobachtbar unter dem Horizont. Am Tag der Konjunktion erreicht Neptun mit 4629 Millionen Kilometer (= 30,94 AE) seine größte Entfernung von der Erde in diesem Jahr. Von der Sonne trennen den bläulichen Planeten am Konjunktionstag 4480 Millionen Kilometer (= 29,95 AE), eine Strecke, die das Sonnenlicht in vier Stunden und neun Minuten überbrückt.

Die Begegnung mit Merkur am 4. bleibt unbeobachtbar. Am 26. schrammt die schmale Sichel des abnehmenden Mondes nur 18″ (Bogensekunden) südlich an Neptun vorbei. Auch diese Konjunktion entgeht uns leider. In Afrika, Südamerika und der Antarktis kommt es zu einer Neptunbedeckung durch den Mond.

Konstellationen und Ereignisse

Datum	MEZ	Ereignis
1.	17^h	Mond bei Uranus, Mond 3,°6 südlich
1.	20	**Mond bei Mars**, Mond 4,°3 südlich, **Abstand 4,°9 am 21^h**
2.	4	Neptun in Konjunktion mit der Sonne
2.	15	Venus im Stillstand, anschließend rückläufig
4.	7	Merkur bei Neptun, Merkur 1,°1 südlich
7.	1	Merkur in oberer Konjunktion mit der Sonne
14.	21	**Mond bei Jupiter**, Mond 2,°5 nördlich, **Abstand 1,°8 um 21^h**
17.	0	Merkur bei Venus, Merkur 9,°6 südlich
20.	11^h29^m	**Sonne im Frühlingspunkt, Tagundnachtgleiche**
20.	11	**Mond bei Saturn**, Mond 3,°4 nördlich, **Abstand 4,°1 um 5^h**
23.	13	Merkur im Perihel
25.	11	Venus in unterer Konjunktion mit der Sonne
26.	9	Mond bei Neptun, Mond 0,°005 (!) südlich
27.	7	Merkur bei Uranus, Merkur 2,°4 nördlich
27.	14	Mond bei Venus, Mond 11,°3 südlich
29.	4	Mond bei Uranus, Mond 3,°6 südlich
29.	8	Mond bei Merkur, Mond 6,°6 südlich
30.	14	**Mond bei Mars**, Mond 5,°5 südlich, **Abstand 5,°9 um 20^h**

Planetoiden

Pallas – Planetoid Nr. 2 – steht am 15. in Konjunktion mit der Sonne. Ihre Entfernung von der Erde beträgt an diesem Tag 607 Millionen Kilometer (= 4,06 AE). Von der Sonne trennen sie 458 Millionen Kilometer (= 3,06 AE). In Opposition zur Sonne kommt Pallas am 29. Oktober 2017.

Vesta kommt am 7. zum Stillstand. Anschließend wandert sie wieder rechtläufig durch die Zwillinge. Zunächst ist ihre Wanderung noch recht langsam (siehe Abb. 1.14 auf Seite 41). Mit ihrem zweiten Stillstand beendet sie ihre Oppositionsperiode, was auch an der von $7\overset{m}{,}1$ auf $7\overset{m}{,}6$ abnehmenden Helligkeit ersichtlich wird.

Am 1. passiert Vesta um 21^h11^m den Meridian, am 15. um 20^h17^m und am 31. schon um 19^h22^m (= 20^h22^m Sommerzeit). Ihr Untergang erfolgt am 31. um 3^h52^m (= 4^h52^m Sommerzeit).

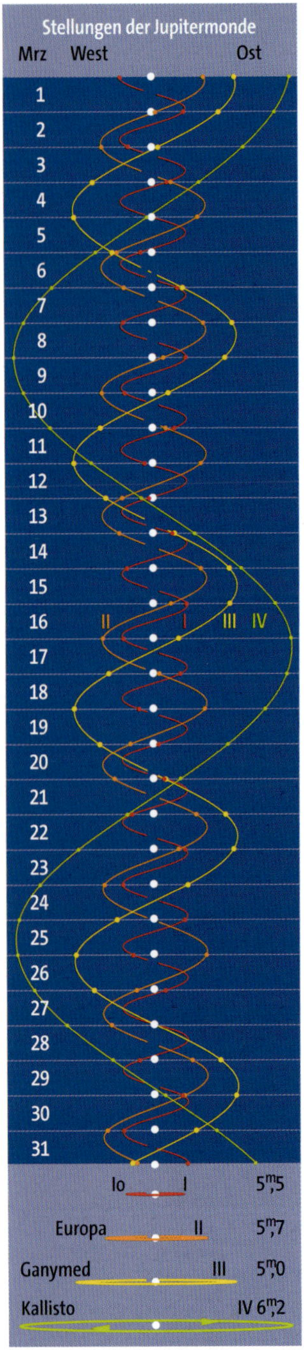

Jupitermonde

Tag	MEZ h m		Vorgang	
1.	22	38	II	SA
2.	0	19	II	DA
	1	07	II	SE
	2	39	II	DE
	23	41	III	SA
3.	2	11	III	SE
	3	06	III	DA
	5	03	III	DE
	5	08	I	VA
4.	2	29	I	SA
	3	16	I	DA
	4	41	I	SE
	5	25	I	DE
	23	37	I	VA
5.	2	33	I	BE
	23	10	I	SE
	23	52	I	DE
9.	1	13	II	SA
	2	38	II	DA
	3	42	II	SE
	4	58	II	DE
10.	3	38	III	SA
11.	0	00	II	BE
	4	23	I	SA
	5	01	I	DA
12.	1	30	I	VA
	4	19	I	BE
	22	51	I	SA
	23	27	I	DA
13.	1	03	I	SE
	1	37	I	DE
	22	18	III	BE
	22	45	I	BE
16.	3	48	II	SA
	4	55	II	DA
17.	22	54	II	VA
18.	2	17	II	BE
19.	3	24	I	VA
20.	0	44	I	SA
	1	12	I	DA
	2	56	I	SE

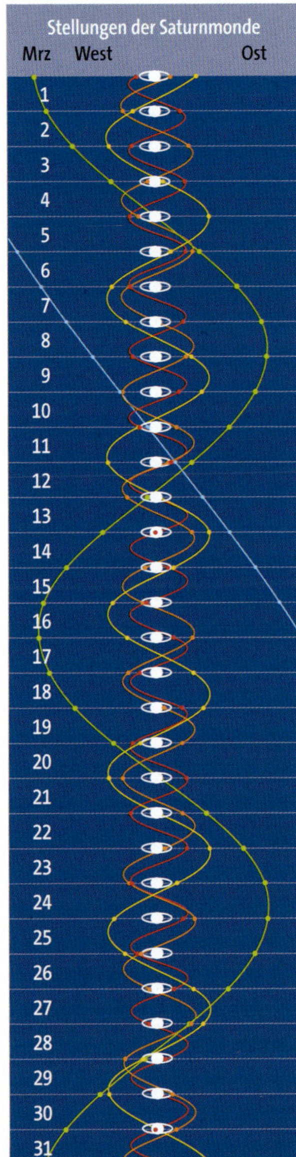

Japetus	
5.	$11^m,2$
10.	$11^m,4$
15.	$11^m,8$
20.	$12^m,2$
25.	$12^m,5$
30.	$12^m,6$

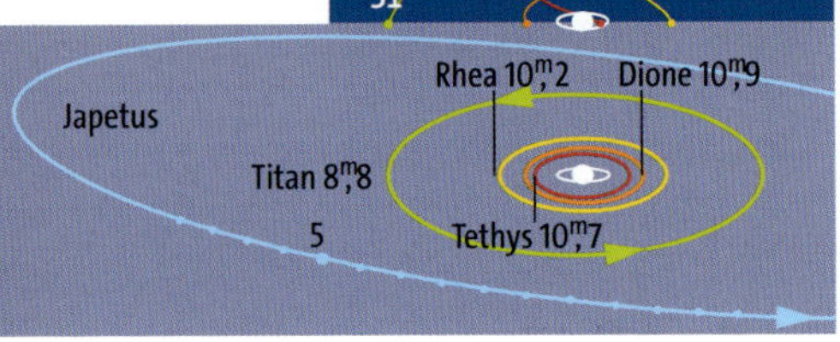

Tag	MEZ h m	Vorgang	
20.	3 21	I	DE
	21 42	III	VA
	21 53	I	VA
21.	0 29	I	BE
	1 38	III	BE
	21 25	I	SE
	21 47	I	DE
25.	1 28	II	VA
	4 32	II	BE
26.	20 19	II	DA
	22 09	II	SE
	22 40	II	DE
27.	2 38	I	SA
	2 55	I	DA
	4 50	I	SE
	23 47	I	VA
28.	1 40	III	VA
	2 14	I	BE
	4 56	III	BE
	21 06	I	SA
	21 21	I	DA
	23 18	I	SE
	23 31	I	DE
29.	20 40	I	BE

Periodische Sternschnuppenströme

Im März sind nicht allzu viele Sternschnuppen zu erwarten.

Die **Virginiden** sind während des ganzen Monats in der Zeit um Mitternacht zu beobachten. Ihr Radiant (Ausstrahlungspunkt) liegt in der Jungfrau. Die Häufigkeit der Virginiden ist nicht besonders groß. Pro Stunde sind kaum mehr als fünf Meteore zu erwarten.

Ein schwacher Strom sind die **Hydraïden**, die zwischen Mitte März und Anfang April auftauchen. Ihr Maximum ist wenig ausgeprägt – es sind nur einige wenige Sternschnuppen pro Stunde zu erwarten, die außerdem noch recht langsam sind. Der Radiant liegt im Sternbild Wasserschlange. Vermutlich sind die Hydraïden ein Zweigstrom der Virginiden.

Gegen Ende des Monats tauchen die ersten Exemplare der **Sigma-Leoniden** auf; ein schwacher, breit gestreuter Strom, dessen Radiant im Löwen liegt. Der Erd-Apex, also der Zielpunkt des Erdumlaufs um die Sonne, erreicht um 6^h morgens seine höchste Position im Süden. Man bewegt sich gewissermaßen mit dem Gesicht nach vorne durchs Weltall. Daher ist mit Kollisionen von meteoritischem Material morgens häufiger als abends zu rechnen. Allerdings ist die Kulminationshöhe des Erd-Apex im März recht niedrig, da die südlichsten Partien der Ekliptik durch den Meridian wandern.

Der Fixsternhimmel

Wie am abendlichen Sternenhimmel zu erkennen ist, neigt sich der Winter seinem Ende zu. Zwar ziehen der mächtige Orion und der auffallend hell strahlende Sirius im Südwesten noch die Blicke auf sich. Auch der Stier mit dem roten Aldebaran ist noch halbhoch im Westen zu finden.

Aber im Osten hat der Aufmarsch der Frühlingsbilder begonnen. Der Löwe, das Leitsternbild des Frühlings, setzt zu seinem Sprung durch den Meridian an. Er folgt im Tierkreis dem Krebs, der nun im Süden seine höchste Position erreicht hat.

Rund um den Himmelspol

Der Große Wagen hat sich empor geschwungen. Seine Deichsel deutet auf den hellen, orangerot leuchtenden Arktur, den Hauptstern des Bootes, der inzwischen im Osten aufgegangen ist. Das Himmels W, das Pendant zum Großen Wagen, sinkt weit im Nordwesten zum Horizont hinab.

Als Zirkumpolarbild geht es allerdings in unseren Breiten nicht unter. „Zirkumpolar" heißt „um den (Himmels-)Pol herum". Sterne in der Nähe des Pols umkreisen ihn auf so engen Bahnen, dass sie nie den Horizont erreichen. Deshalb gehen sie auch nicht unter, man nennt sie zirkumpolar. Ob ein Stern zirkumpolar ist, hängt von seiner Entfernung vom Himmelspol, der sogenannten Poldistanz (p) und der geografischen Breite (φ) ab. Ist die Poldistanz eines Sternes kleiner als die geografische Breite, also $p < \varphi$, dann geht der Stern nicht unter, ist also zirkumpolar. Denn die Höhe des Himmelspols (h) über dem Nordpunkt am Horizont entspricht stets der geografischen Breite ($h = \varphi$). Daraus folgt auch, dass an den Polen der Erde alle Sterne zirkumpolar sind – vom

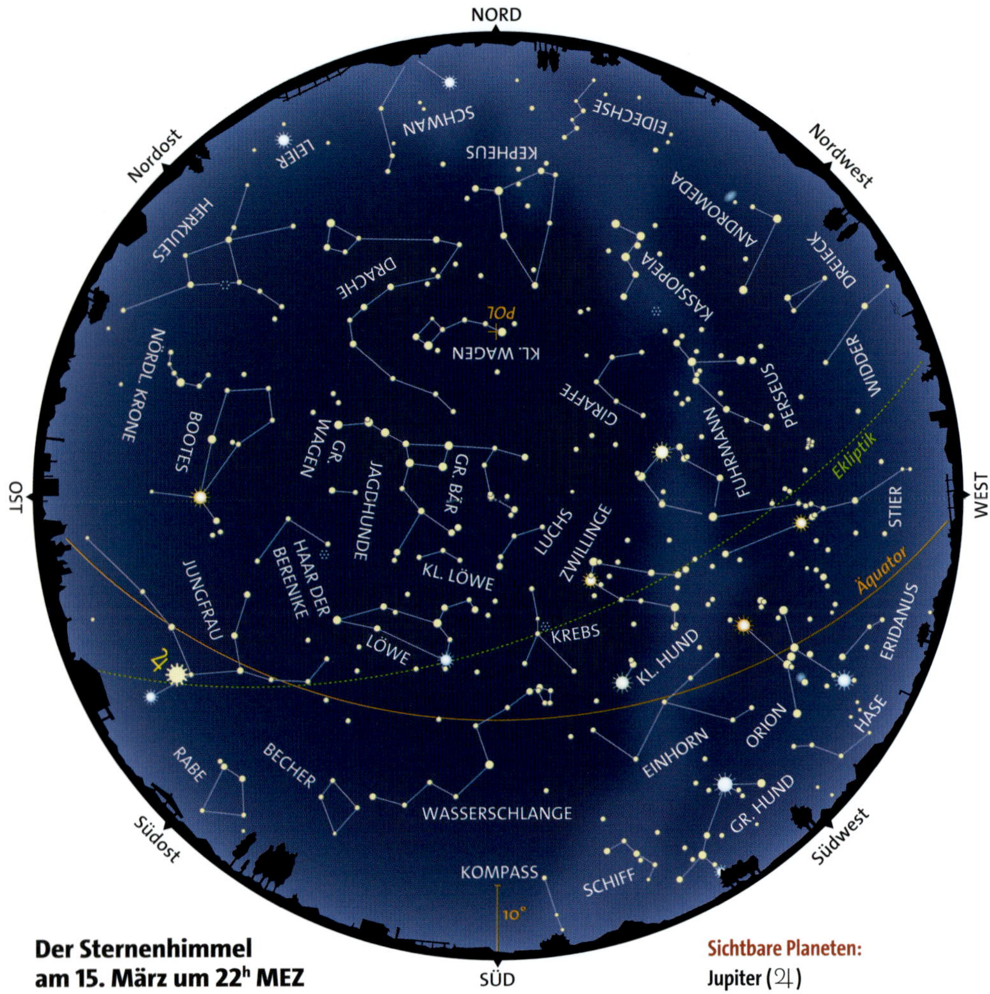

Der Sternenhimmel am 15. März um 22h MEZ

Sichtbare Planeten:
Jupiter (♃)

Die Sternkarte ist auch gültig für:		
	MEZ	MESZ
15.11.	6h	
1.12.	5	
15.12.	4	
1. 1.	3	
15. 1.	2	
1. 2.	1	
15. 2.	0	
1. 3.	**23**	
15. 3.	**22**	
31. 3.	**21**	**22h**

Zenit bis zum Horizont. Für Orte am Erdäquator gibt es jedoch keine Zirkumpolarsterne. Um die Poldistanz eines Sternes zu ermitteln, ziehe man einfach seine Deklination (δ) von 90° ab: $p = 90 - \delta$.

Abschied im Westen

Hoch am Himmel sieht man die Sternenketten der Zwillinge mit ihren Hauptsternen Kastor und Pollux. Auch Kapella im Fuhrmann ist jetzt hoch im Westen zu sehen, während Aldebaran, der Hauptstern des Stieres, schon weit nach Westen gerückt ist und zu seinem Untergang ansetzt.

Im Südwesten ist noch Prokyon auszumachen, der hellste Stern in dem winzigen Bild Kleiner Hund (lat.: Canis Minor). Prokyon steht nördlich des Him-

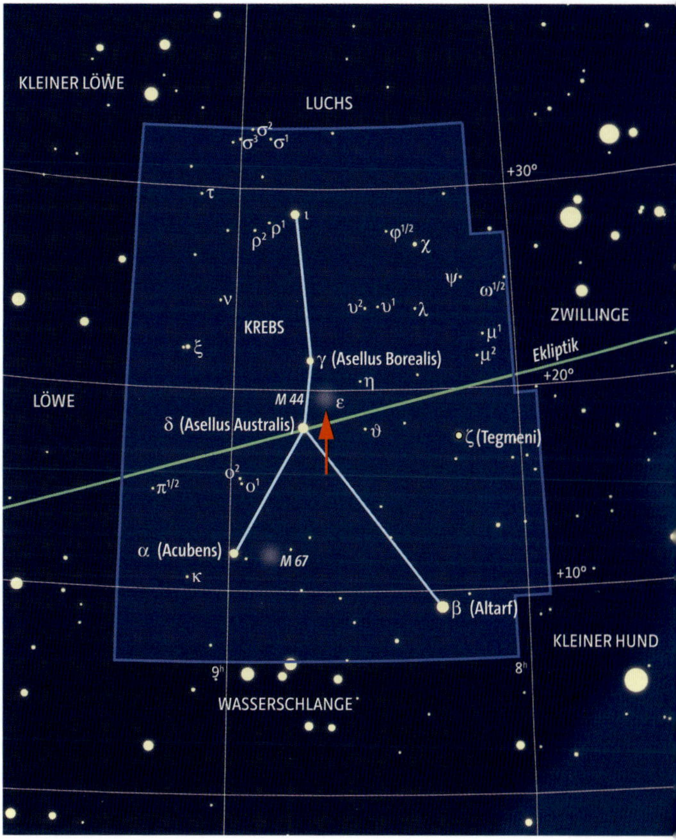

3.7 Sternbild Krebs:
Skelettkarte des Sternbildes Krebs. Eingetragen ist die Position des offenen Sternhaufens Krippe (lat. Praesepe) mit der Katalogbezeichnung M 44.

melsäquators, während sich Sirius südlich von ihm befindet.

Aufzug im Osten

Im Südosten ist die Jungfrau eben erschienen sowie das markante Viereck des Sternbildes Rabe. Der Jungfrauhauptstern, die Spica, gehört als Stern erster Größe zum Frühlingsdreieck, dessen beide andere Eckpunkte von Arktur und Regulus markiert werden. Wegen ihrer Horizontnähe ist Spica noch recht unauffällig und kaum zu sehen. Nahe Spica (α Vir) glänzt gegenwärtig hell der Planet Jupiter.

Spica strahlt mit $1^m,0$ scheinbarer Helligkeit ein bläulich-weißes Licht aus. Sie ist 260 Lichtjahre von uns entfernt. Genau genommen besteht Spica aus zwei Sonnen, die einander in jeweils nur vier Tagen umkreisen. Sie sind einander so nahe, dass sie durch die Gezeitenkräfte ellipsoidisch verformt und nicht kugelrund sind. Dies führt zu einem Rotationslichtwechsel mit einer Amplitude von knapp $0^m,1$.

Porrima ist der Eigenname von γ Virginis, benannt nach der Göttin der Weissagung. γ Vir ist ein prominenter Doppelstern, der immer weiter wird (siehe „Objekte für Feldstecher und Fernrohr“ im Mai auf Seite 122).

Nach Spica ist ε Virginis der bekannteste Stern in der Jungfrau. Er heißt Vindemiatrix, die Winzerin. Sie erscheint zur Zeit der Weinlese am Morgenhimmel. Vindemiatrix ist $2^m,8$ hell und 103 Lichtjahre von uns entfernt.

Veränderliche Sterne im März

Algol-Minima	3. 18^h49^m	15. 6^h07^m	20. 23^h45^m	23. 20^h35^m	26. 17^h24^m	
β-Lyrae-Minima	3. 21^hN	10. 9^hH	16. 20^hN	23. 8^hH	29. 20^hN	
δ-Cephei-Maxima	1. 24^h	7. 8^h	12. 17^h	18 2^h	23. 11^h	28. 20^h
Mira-Helligkeit	1. 3^m	10. 3^m	20. 3^m	31. 4^m		

Der Arches-Sternhaufen: extrem jung und dicht!

3.8 Die beiden offenen Sternhaufen h und χ im Perseus. Aufnahme von Martin Gertz/Sternwarte Welzheim.

Zu den schönsten und beeindruckendsten Himmelsobjekten zählen zweifelsohne Sternhaufen. Schon beim Betrachten des Sternenzelts mit bloßen Augen fällt auf, dass etliche Sterne in Gruppen und Grüppchen beieinanderstehen. Zwei schöne Beispiele findet man im Sternbild Stier. Um den Hauptstern Aldebaran sieht man gut ein Dutzend Sterne. Sie gehören zum Sternhaufen der Hyaden, wobei Aldebaran selbst im Vordergrund steht und nicht zum 150 Lichtjahre entfernten Haufen zählt. Nicht weit von den Hyaden entfernt stößt man auf ein dichter gedrängtes Sternengrüppchen, das Siebengestirn oder die Plejaden. Besonders prächtig wirken sie, wenn man das Siebengestirn im Fernglas mit großem Gesichtsfeld beobachtet.

Bei dunklem Himmel und klarer Luft erkennt man im Sternbild Krebs ein nebliges Lichtfleckchen. Im Fernglas zeigt sich eine große Menge von Sternen. Sie gehören zum Sternhaufen der Krippe, lateinisch Praesepe. Die Amerikaner sprechen von Beehive, dem Bienenstock, denn im Teleskop gewinnt man den Eindruck eines Schwarms von Sternen ähnlich einem Bienenvolk.

Im Sternbild Perseus an der Grenze zum Himmels-W entdeckt man mit dem Fernglas die beiden Sternhaufen h und χ Perseï. Im Teleskop entpuppt sich ihre wahre Pracht. Ein Besucher einer Sternwarte meinte einst beim Blick durch das Okular enthusiastisch: „... sieht aus wie glitzernde Edelsteine aller Farben auf samtschwarzem Firmament!"

Im Sternbild Herkules stößt man auf ein kreisrundes Nebelfleckchen, das die Nummer 13 in Messiers berühmtem Katalog trägt. Auch in großen Teleskopen und bei hoher Vergrößerung lassen sich nur die Randpartien in einzelne Lichtpunkte auflösen. Der innere Bereich bleibt ein nebliger Lichtfleck. Man spricht in diesem Fall von einem kugelförmigen Sternhaufen oder kurz von einem Kugelhaufen. Einen weiteren Kugelhaufen kann man im Herkules ausmachen: M 92. Er ist allerdings lichtschwächer und deutlich kleiner als M 13. Zwei prächtige Kugelhaufen stehen am Südhimmel: Omega Centauri und 47 Tucanae. Sie sind allerdings in unseren Breiten unbeobachtbar, weil sie tief im Süden stehen und damit hierzulande stets unter dem Horizont bleiben. Eine ausführliche Beschreibung von ω Centauri findet man im *Kosmos Himmelsjahr 2015* auf Seite 146.

Sternhaufen sind nicht gleich Sternhaufen

Offensichtlich gibt es zwei ganz unterschiedliche Typen von Sternhaufen: offene Haufen und Kugelhaufen. Sie unterscheiden sich schon im Aussehen deutlich. Bei offenen Haufen kann man die Sterne einzeln abzählen. Man sieht jeden Stern einzeln, man kann gewissermaßen in den Haufen hineinsehen, daher das Attribut „offen". Bei Kugelhaufen befinden sich die Sterne so dicht beieinander, dass man die inneren Partien nicht mehr als einzelne Sterne wahrnehmen kann, auch nicht bei hoher Vergrößerung in einem Teleskop. Zudem erscheinen sie mit wenigen Ausnahmen kreisrund. Nur einige Kugelhaufen wie ω Centauri zeigen eine leichte Abplattung. Offene Sternhaufen haben irreguläre Formen, doch dies sind längst nicht alle Unterschiede.

Offene Sternhaufen haben einige Dutzend bis maximal etwa tausend Mitgliedssterne. Ihre Durchmesser liegen bei wenigen Dutzend Lichtjahren. Kugelhaufen beherbergen Hunderttausende bis einige Millionen Sterne, die sich auf einen sphärischen Raum von einigen Hundert Lichtjahren drängen. Die Sterndichte ist in ihnen etwa tausendmal größer als in der Umgebung unserer Sonne. Offene Sternhaufen sind zur Hauptebene des Milchstraßensystems hin konzentriert. Man findet sie somit in niedrigen galaktischen Breiten. Sie setzen sich aus relativ jungen Sternen zusammen und enthalten interstellares Gas und Staub. Die Sternentstehung ist bei manchen noch nicht abgeschlossen. Durch die differentielle Rotation der galaktischen Scheibe lösen sich die offenen Sternhaufen nach vergleichsweise kurzen Zeiträumen von wenigen hundert Millionen Jahren auf, ihre Sterne verstreuen sich in der galaktischen Scheibe.

Kugelsternhaufen nehmen den gewaltigen, kugelförmigen Raum des galaktischen Halos ein (siehe Monatsthema Februar „Die Galaxis – Vorhof zum Universum" auf Seite 68). Sie enthalten die ältesten Sterne des Kosmos, die oft deutlich älter als zehn Milliarden Jahre sind. Kugelhaufen enthalten zudem so gut wie keine interstellare Materie und die Bildung von Sternen ist längst abgeschlossen, ein Sternentstehungsprozess findet in ihnen nicht mehr statt.

Kugelhaufen pendeln auf mehr oder minder langgestreckten Bahnen um das Milchstraßenzentrum, wobei sie durch die galaktische Scheibe driften. Dabei kommt es zu keinen Sternkollisionen, da die Sterne in der Scheibe viel zu weit voneinander entfernt sind. Allerdings wird bei der Passage der galaktischen Scheibe die interstellare Materie aus den Kugelhaufen hinausgefegt. M 13 im Herkules umrundet das galaktische Zentrum in etwa achtzig Millionen Jahren. Seit Entstehung der Galaxis hat M 13 somit rund 300-mal die galaktische Scheibe passiert.

Alles hat ein Ende

Auch Kugelhaufen lösen sich auf. Infolge der hohen Sterndichte kommt es in ihnen gelegentlich zu nahen Begegnungen von Sternen. Durch Impulsaustausch wird bei einem solchen Zusammentreffen ein Stern aus dem Kugelhaufen hinauskatapultiert. Sein Partner beschreibt anschließend eine engere Bahn um das Kugelhaufenzentrum, in dem ein Schwarzes Loch haust, wie Röntgenbeobachtungen belegen. Durch solche Bahnmanöver verliert der Kugelhaufen an Masse und schrumpft zusätzlich. Die Sterndichte steigt an, die nahen Begegnungen

3.9 Der kugelförmige Sternhaufen M 13 im Herkules. Aufnahme von Martin Gertz/Sternwarte Welzheim.

nehmen zu. Immer mehr Sterne entfliehen, der Rest füttert das zentrale Black Hole (engl., Schwarzes Loch), das immer dicker wird. Schließlich bleibt fast nichts mehr von dem einst prächtigen Kugelhaufen außer einem massereichen Schwarzen Loch.

Bislang hat sich kein Kugelhaufen aufgelöst, denn ein solcher Vorgang dauert Billionen (10^{12}) von Jahren, dies entspricht dem Hundertfachen des heutigen Weltalters.

Kugelhaufen sind viel weiter entfernt als die offenen Sternhaufen in der näheren Umgebung unserer Sonne. Von den Hyaden trennen uns 150 Lichtjahre, von den Plejaden 400 Lichtjahre und von der Krippe im Krebs braucht das Licht der Mitgliedssterne 580 Jahre, bis es die Erde erreicht.

Die Kugelhaufen hingegen sind einige Zehntausend Lichtjahre weit weg. So ist M 13 im Herkules 24 000 Lichtjahre entfernt, M 92 etwa 27 000 Lichtjahre und ω Centauri 17 000 Lichtjahre.

Heute kennt man knapp 200 Kugelhaufen in unserer Milchstraße. Annähernd tausend Kugelhaufen enthält die gesamte Galaxis, während die Zahl der offenen Sternhaufen mehrere Zehntausend betragen dürfte.

Ein Glücksfall für die Astronomie

Für die Forschung sind Sternhaufen von großer Bedeutung. Ihre Sterne sind gleich weit entfernt, etwa gleichzeitig entstanden, also gleich alt, und besitzen dieselbe chemische Zusammensetzung, da sie aus der gleichen Region in der Milchstraße stammen und aus derselben interstellaren Wolke entstanden sind.

So befinden sich in den offenen Sternhaufen heiße, bläuliche leuchtkräftige Sterne, während

3.10 Der Arches-Sternhaufen im Sternbild Schütze. Aufnahme des Hubble-Teleskops im infraroten Spektralbereich.

in den Kugelhaufen zahlreiche rote Riesensterne beheimatet sind. Die Farbe der Sterne verrät uns deren Oberflächentemperatur. Je heißer ein Stern ist, desto mehr Energie strahlt er pro Flächeneinheit – z. B. pro Quadratkilometer – aus. Die Strahlungsleistung nimmt mit der vierten Potenz der Temperatur zu. Ein bläulich-weißer Stern mit 12 000 K Oberflächentemperatur sendet pro Quadratkilometer Oberfläche 81 mal mehr Energie aus als ein oranger Stern mit nur knapp 4000 K Oberflächentemperatur. Ferner hängt die Leuchtkraft eines Sterns noch von seinem Durchmesser ab. Doppelter Durchmesser bedeutet vierfache Leuchtkraft bei gleicher Oberflächentemperatur. Fazit: Die Leuchtkraft (L) eines Sternes ist proportional dem Quadrat seines Durchmessers (D) und der vierten Potenz seiner effektiven Oberflächentemperatur (T_{eff}). Somit gilt: $L \sim D^2 \times T_{eff}^4$.

Das Hertzsprung-Russell-Diagramm

Die beiden Astronomen Ejnar Hertzsprung und Henry Norris Russell fanden im ersten Jahrzehnt des vorigen Jahrhunderts heraus, dass in Sternhaufen rote Sterne sehr unterschiedlicher Helligkeit vorkommen. Da die Sterne eines Haufens gleich weit entfernt sind, bedeutet der Unterschied in den beobachteten scheinbaren Helligkeiten, dass sie sich auch in den wahren oder absoluten Helligkeiten unterscheiden. Bei gleicher Farbe haben sie aber gleiche Oberflächentemperaturen und strahlen pro Flächeneinheit gleiche Energiemengen ab. Die Differenz in den Leuchtkräften ist somit nur durch ihre unterschiedliche Größe zu erklären. Damit wurde offensichtlich, dass es rote Riesensterne und rote Zwerge gibt.

Masse und chemische Zusammensetzung eines Sterns bestimmen seinen Lebensweg. In der

Astronomie unterscheidet man nur drei Sorten von chemischen Substanzen: Wasserstoff, Helium und schwerere Elemente. Im Jargon der Astronomen werden letztere salopp als „Metalle" bezeichnet.

Da die Sterne eines Haufens aus der gleichen interstellaren Wolke gebildet wurden, haben sie auch die gleiche chemische Zusammensetzung. Die unterschiedliche Entwicklung der Sterne eines Haufens ist somit nur durch ihre verschiedenen Massen bedingt. Je massereicher ein Stern, desto heller, größer und heißer ist er. Sein Dasein ist ferner umso kürzer, je mehr Masse er bei seiner Geburt mitbekommen hat. Ein Stern mit zwanzigfacher Sonnenmasse leuchtet nur rund zehn Millionen Jahre, bis er sich zu einem roten Riesenstern aufbläht, ein spätes Stadium in seinem Leben, bevor er als Neutronenstern oder gar als Schwarzes Loch endet. Sterne mit einer Sonnenmasse leuchten etwa zehn Milliarden Jahre, also tausendmal länger, bis auch sie zu roten Riesen werden, um dann ihre Hülle abzustoßen und als Weiße Zwerge noch Milliarden Jahre ihr Dasein zu fristen. Rote Zwergsterne mit etwa einer halben Sonnenmasse leuchten in relativ stabilem Zustand bis zu 50 Milliarden Jahre, bevor es auch mit ihnen zu Ende geht.

„Metall" in Sternhaufen

Bei offenen Sternhaufen zeigen die Sonnen einen relativ hohen Metallgehalt. Sie sind aus interstellarer Materie gebildet worden, die zuvor mit schwereren Elementen angereichert wurde, erbrütet von massereichen Sternen der ersten Generation. Nach ihrem kurzen Dasein haben diese bei Supernova-Explosionen ihre fusionierten Elemente ins Weltall geschleudert. Die heißen, bläulichen, leuchtkräftigen Sonnen der Spektralklassen O und B deuten das jugendliche Alter der offenen Haufen an. Sie gehören der Bevölkerungsgruppe der Population I an.

In den Kugelhaufen finden sich nur metallarme Sterne. Blaue Riesensterne sind längst ausgebrannt und damit verschwunden. Die Sterne mit rund einer Sonnenmasse sind bereits in das Rote-Riesen-Stadium getreten. Nur die roten Zwergsterne sind noch nicht weit entwickelt. Dies sind die greisen Sterne der Population II, die die Kugelhaufen bevölkern. Auch zahlreiche veränderliche Sterne zählen zu dieser Sternengesellschaft, vornehmlich kurzperiodische Cepheïden, in Fachkreisen als RR-Lyrae-Sterne bekannt. RR-Lyrae-Sterne sind typischerweise recht leuchtkräftig, etwa hundertmal heller als unsere Sonne. Ihre Leuchtkräfte streuen nur wenig, weshalb sie sich gut zur Entfernungsbestimmung eignen (Methode der fotometrischen Parallaxen).

Bei offenen Sternhaufen wiederum misst man die Eigenbewegungen und die Radialgeschwindigkeiten der Mitglieder. Da die Sterne gemeinsam durch das All ziehen, steuern sie auf einen imaginären Vertex (Fluchtpunkt) zu – ein rein perspektivischer Effekt. Nach Position des Vertex ergibt sich in Kombination mit Eigenbewegung und Radialgeschwindigkeit die Entfernung des Haufens (Methode der Sternstromparallaxen).

Arches, das Extrem

Der bisher wohl extremste offene Sternhaufen hinsichtlich Sternenzahl, Dichte und Alter ist der Arches-Haufen im Sternbild Schütze. Der Name bezieht sich auf das Sternbild (engl.: archer – Bogenschütze). Er ist in Sternfreundekreisen so gut wie unbekannt. Kein Wunder, denn im sichtbaren Licht ist er nicht zu beobachten – selbst nicht in sehr großen Teleskopen. Entdeckt wurde er mit Hilfe der Infrarotastronomie durch das Hubble-Weltraumteleskop, das die spezielle Infrarotkamera NICMOS (**N**ear-**I**nfrared-**C**amera and **M**ulti-**O**bject **S**pectrometer) mit an Bord hat. Inzwischen hat man den Arches-Sternhaufen auch im Röntgenbereich nachgewiesen. Seine Röntgenstrahlen stammen von extrem heißen Sternen und einem heißen, interstellaren Sternwind, der aus den zentralen Gebieten nach außen strömt. Auch die Radiostrahlung des Haufens konnte man inzwischen empfangen. Ebenso wurde er von bodengebundenen Teleskopen der 8-Meter-Klasse im Infraroten aufgenommen.

Der Arches-Sternhaufen liegt mitten in der Milchstraße. Seine Position lautet: $\alpha = 17^h45^m51^s$ und $\delta = -28°49'28''$ (J2000.0). Dies ist fast exakt die Position des Milchstraßenzentrums. Tatsächlich ist der Arches-Haufen nur etwa hundert Lichtjahre vom gigantischen zentralen Schwarzen Loch entfernt. Von uns hingegen trennen ihn 26 000 Lichtjahre. Die für einen offenen Sternhaufen enorme Zahl von 15 000 Sternen drängen sich auf einem Raum von nur drei Lichtjahren Durchmesser. Der ganze Haufen passt somit zwischen Sonne und Toliman (α Centauri) hinein. Die gegenseitigen Abstände der Sterne im Haufen betragen dabei im Mittel nur ein Zehntel Lichtjahr.

NASA/ESA/STScI

3.11 Blick ins Innere des Arches-Sternhaufen. Infrarotaufnahme des Hubble-Teleskops mit eingefärbten Sternen gemäß ihren Oberflächentemperaturen.

Heiß, massereich und kurzlebig

Etwa 150 heiße Leuchtkraftriesen mit Oberflächentemperaturen von 30 000 bis 40 000 K wurden ausgemacht. Ihre absoluten Helligkeiten liegen zwischen -10^{M} und -11^{M}. Sie haben Massen vom 40- bis zum 120-Fachen der Sonnenmasse. Nach der Theorie vom inneren Aufbau der Sterne sind hundert Sonnenmassen eine Obergrenze für Sterne. Bei noch höheren Massen treibt der Strahlungsdruck des enormen Kernfusionsfeuers den Stern auseinander, vor allem wenn er schon schwerere Elemente enthält, was die Opazität (Dämpfung der Materie für Strahlung) erhöht. Je höher die Opazität, desto größer die Absorption, also die Undurchdringlichkeit der Sternmaterie. Rote Riesen und rote Zwergsterne bis 0,08 Sonnenmassen finden sich ebenfalls in großer Zahl im Arches-Haufen.

Die heißen, supermassereichen blauen Riesen strahlen ihr maximales Licht im Ultravioletten ab. Sie gehören allesamt den Spektraltypen O und WN an (siehe Monatsthema Juni „Was sind Wolf-Rayet-Sterne?“ auf Seite 145). Solch extrem massereiche Sterne existieren nicht lange. Der Arches-Haufen kann daher höchstens drei Millionen Jahre alt sein. Kosmologisch gesehen ist er damit extrem jung, gewissermaßen soeben geboren. Er ist der jüngste Sternhaufen, den die Astronomen kennen.

Unser Wissen über diesen fernen, von interstellaren Staubwolken verborgenen Sternhaufen verdanken wir, wie erwähnt, den Beobachtungen des Hubble-Weltraumteleskops im Erdorbit und den 8-m-VLTs (Very Lage Telescopes) der Europäischen Südsternwarte ESO auf dem Cerro Paranal in Chile. Der Arches-Sternhaufen ist ein schöner Beleg für die Tatsache, dass die Sternentstehung in unserer Milchstraße noch nicht zum Erliegen gekommen ist. Die Galaxis ist vielmehr ein dynamisches Gebilde im stetigen Wandel. Dies wird auch der Arches-Sternhaufen bald zu spüren bekommen. Durch die gewaltigen Gezeitenkräfte des zentralen Schwarzen Lochs wird der Haufen in den nächsten fünf Millionen Jahren zerrissen werden. Die blauen Riesensterne werden bald ausgebrannt sein, die restlichen Sterne werden sich in der Galaxis verstreuen, einige vielleicht in den gierigen Schlund des Monster-Black-Holes im Zentrum stürzen.

April 2017

- Jupiter kommt am 7. April im Sternbild Jungfrau in Opposition zur Sonne.
- Venus beginnt ihre Morgensternperiode. Am 30. strahlt sie in maximalem Glanz.
- Mars kann noch am Abendhimmel gesehen werden.
- Saturn ist Planet der zweiten Nachthälfte.

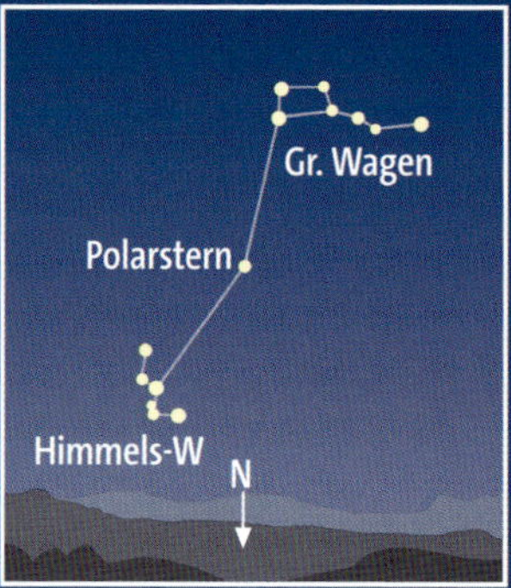

Großer Wagen und Himmels-W Anfang April um 22 Uhr

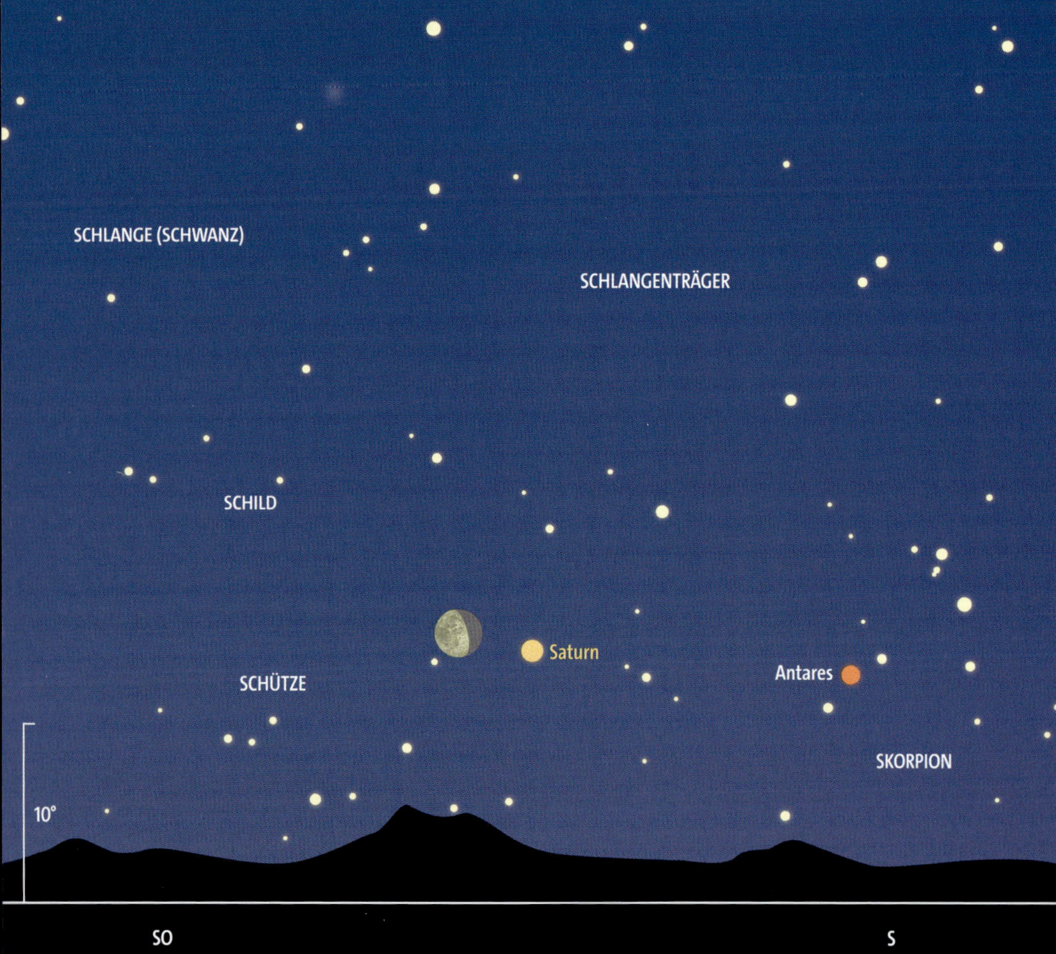

4.1 Anblick des Südosthimmels am 17. April gegen 3h MEZ (= 4h MESZ). Knapp über dem Horizont sieht man den Ringplaneten Saturn, den eben der abnehmende Mond passiert hat.

1 Sa

2 So

3 Mo Mond im ersten Viertel

4 Di

5 Mi

6 Do

7 Fr Jupiter in Opposition (ganze Nacht)

8 Sa

9 So

10 Mo Mond bei Jupiter (Mitternacht)

11 Di **Vollmond**

12 Mi

13 Do

14 Fr Karfreitag

15 Sa Karsamstag

16 So Ostersonntag

17 Mo Ostermontag, Mond bei Saturn (Morgenhimmel)

18 Di

19 Mi Mond im letzten Viertel

20 Do

21 Fr

22 Sa

23 So

24 Mo

25 Di

26 Mi **Neumond**

27 Do

28 Fr

29 Sa

30 So Venus in maximalem Glanz (Morgenhimmel)

Sonne – Sternbilder

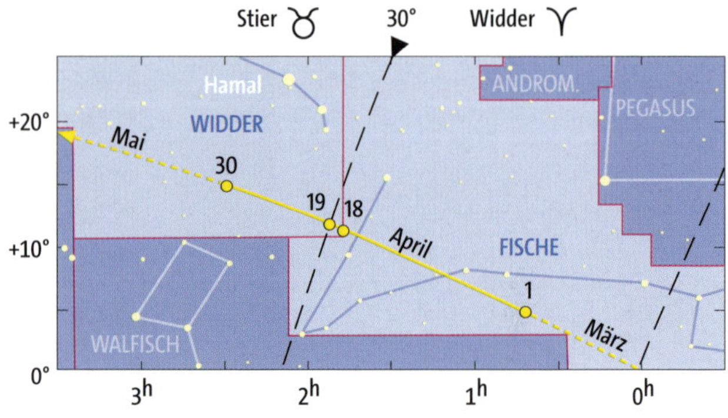

18. 4. 20^h:
Sonne tritt in das Sternbild Widder
19. 4. 22^h:
Sonne tritt in das Tierkreiszeichen Stier
Julianisches Datum am
1. April, 1^h MEZ: 2 457 844,5

Tabelle Sonnenlauf

Tag	Dämmerg. Anfang	Aufgang MEZ	Kulmination	Untergang MEZ	Dämmerg. Ende	Mittagshöhe	Zeitgleichg.	Rektaszension	Deklination
	h m	h m	h m	h m	h m	°	m	h m	°
1.	4 45	5 57	12 24	18 52	20 04	44,7	–4	0 41	+ 4,4
5.	4 35	5 48	12 23	18 58	20 12	46,2	–3	0 56	+ 6,0
10.	4 23	5 37	12 21	19 06	20 21	48,1	–1	1 14	+ 7,8
15.	4 11	5 27	12 20	19 14	20 31	49,9	0	1 33	+ 9,7
20.	3 59	5 17	12 19	19 22	20 40	51,7	+1	1 51	+11,4
25.	3 47	5 07	12 18	19 30	20 50	53,3	+2	2 10	+13,1
30.	3 35	4 58	12 17	19 37	21 01	54,9	+3	2 29	+14,7

Tages- und Nachtstunden

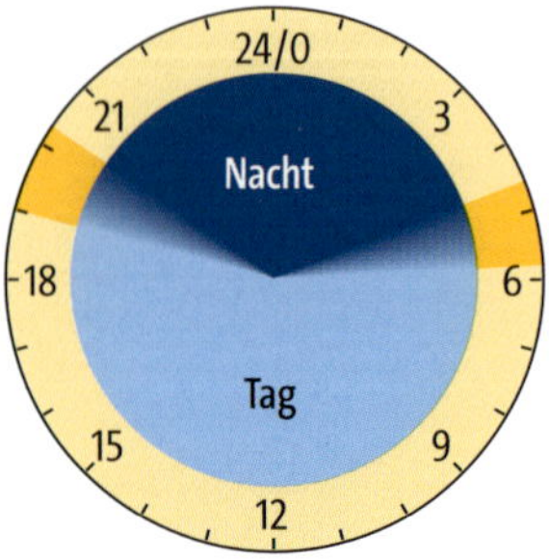

5. April

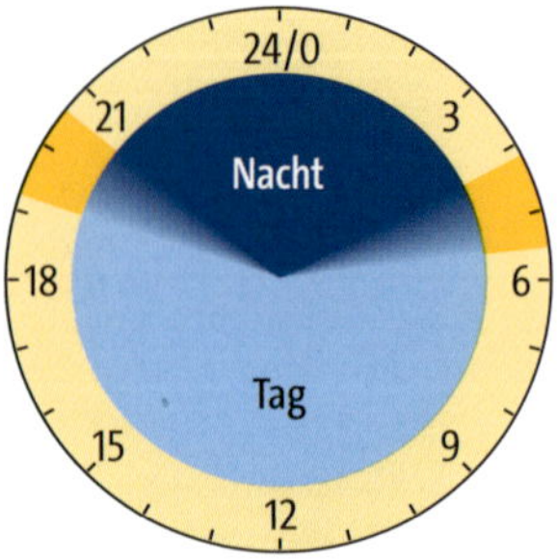

15. April

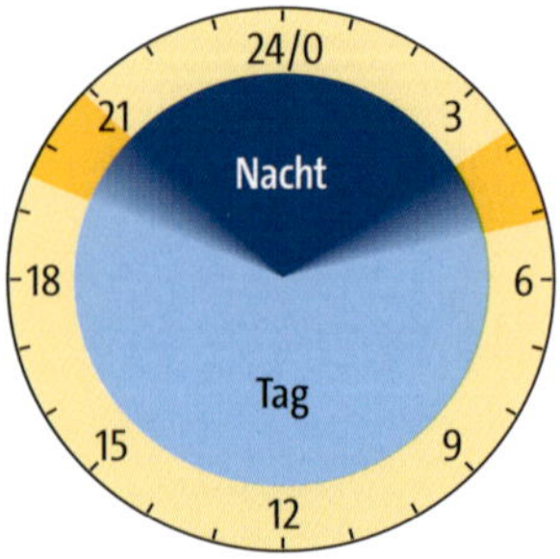

25. April

Tabelle Mondlauf

Datum		Aufg. MEZ	Kulmination	Unterg. MEZ	Rektaszension	Deklination	Sterne und Sternbilder	Phase	MEZ
		h m	h m	h m	h m	°			
Sa	1.	8 51	16 32	–	4 13	+15,9	* Stier, Hyaden		
So	2.	9 39	17 30	0 20	5 13	+18,0	Stier		
Mo	3.	10 34	18 28	1 24	6 13	+19,0	Alhena	**Erstes Viertel**	**$19^h 39^m$**
Di	4.	11 36	19 24	2 20	7 12	+18,7	Zwillinge		
Mi	5.	12 41	20 18	3 06	8 09	+17,3	Krebs, Krippe		
Do	6.	13 49	21 09	3 45	9 05	+15,0	Krebs	Libration West	
Fr	7.	14 57	21 58	4 18	9 58	+12,0	Löwe, Regulus	Aufsteigender Knoten	
Sa	8.	16 05	22 45	4 47	10 49	+ 8,3	Löwe		
So	9.	17 12	23 30	5 13	11 38	+ 4,4	Jungfrau		
Mo	10.	18 17	–	5 38	12 25	+ 0,3	Jungfrau		
Di	11.	19 22	0 14	6 02	13 13	– 3,7	Spica	**Vollmond**	**$7^h 08^m$**
Mi	12.	20 25	0 59	6 27	13 59	– 7,5	Jungfrau		
Do	13.	21 27	1 43	6 54	14 46	–11,0	Waage		
Fr	14.	22 27	2 28	7 23	15 34	–14,0	Waage	Größte Nordbreite	
Sa	15.	23 23	3 14	7 57	16 22	–16,4	Skorpion	Erdferne 405/29′,5	11^h
So	16.	–	4 00	8 35	17 11	–18,1	Schlangenträger		
Mo	17.	0 17	4 48	9 19	18 01	–19,0	Schütze		
Di	18.	1 05	5 36	10 09	18 51	–19,0	Schütze, Nunki		
Mi	19.	1 48	6 25	11 04	19 42	–18,2	Schütze	**Letztes Viertel**	**$10^h 57^m$**
Do	20.	2 27	7 14	12 05	20 33	–16,6	Steinbock		
Fr	21.	3 01	8 03	13 11	21 25	–14,1	Wassermann	Absteigender Knoten	
Sa	22.	3 32	8 52	14 21	22 16	–10,8	Wassermann	Libration Ost	
So	23.	4 02	9 42	15 34	23 09	– 6,9	Wassermann		
Mo	24.	4 30	10 34	16 49	0 02	– 2,4	Fische		
Di	25.	4 59	11 27	18 08	0 56	+ 2,3	Walfisch		
Mi	26.	5 29	12 22	19 27	1 52	+ 7,0	Fische	**Neumond Nr. 1167**	**$13^h 16^m$**
Do	27.	6 04	13 19	20 47	2 50	+11,3	Widder	Erdnähe 359/33′,3	17^h
Fr	28.	6 43	14 19	22 04	3 50	+15,0	* Stier	Größte Südbreite	
Sa	29.	7 30	15 19	23 14	4 52	+17,6	Aldebaran		
So	30.	8 24	16 20	–	5 54	+19,0	Orion		

Der Mond wandert am 10./11. an Jupiter vorbei

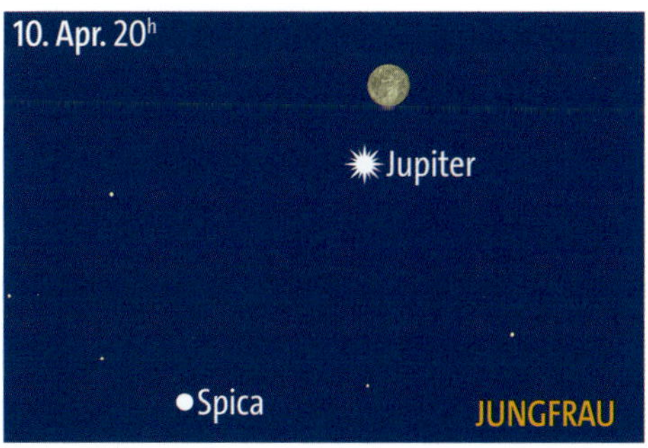

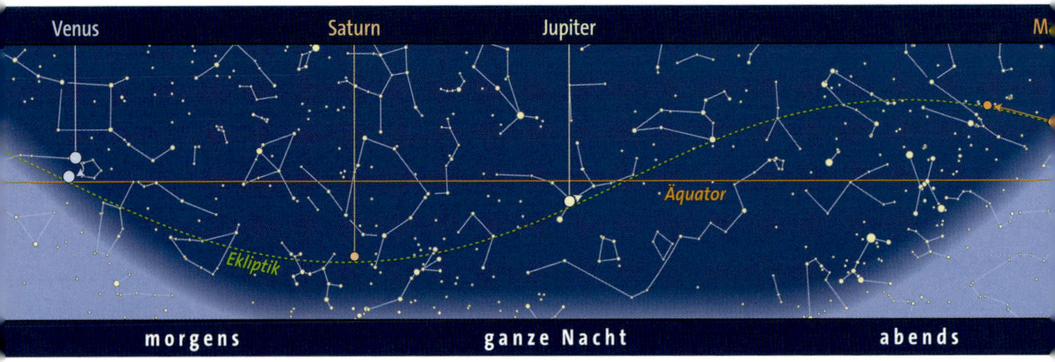

Merkur kann zu Monatsbeginn noch am Abendhimmel knapp über dem Westhorizont erspäht werden (siehe Abb. 3.4 und 3.5 auf Seite 81). Am 1. kommt er mit 19°00' Winkelabstand von der Sonne in größte östliche Elongation.

Am Monatsersten wird der −0ᵐ,1 helle Merkur gegen 19^h15^m in der Abenddämmerung erkennbar. Sein Untergang erfolgt am 1. um 20^h45^m (= 21^h45^m Sommerzeit). Etwa zwanzig Minuten vorher verblasst der Benjamin unter den Planeten in den dichten Luftschichten in Horizontnähe. Bis 7. sinkt die Merkurhelligkeit rapide auf nur noch $1^m,2$ ab. Die Untergangszeit verändert sich kaum. Am 7. lautet sie: 20^h44^m. Allerdings setzt auch die

4.2 Heliozentrischer Anblick des Planetensystems im zweiten Jahresviertel 2017. Eingetragen sind links die Positionen der inneren Planeten für den 1. April (4), 1. Mai (5), 1. Juni (6) und 1. Juli (7). Der rechte Teil zeigt das äußere Planetensystem zu Anfang und Ende des zweiten Jahresviertels. Die Pfeile deuten die Richtungen zu den ferneren Planeten sowie zum Frühlingspunkt an.

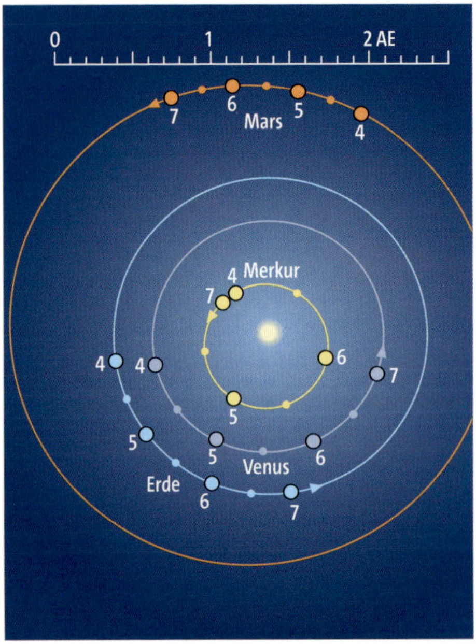

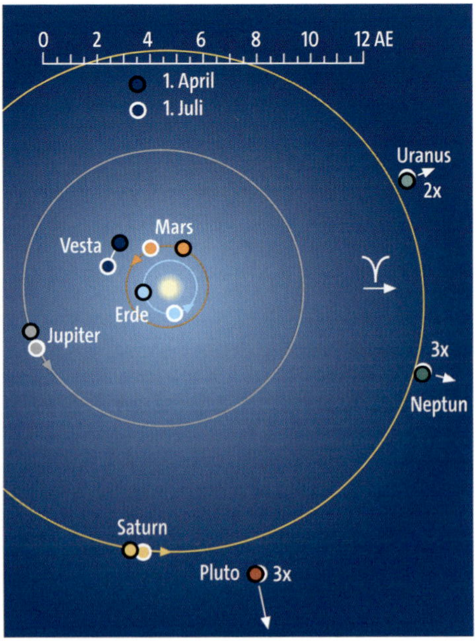

4.3 Bahn von Merkur:
Scheinbare Merkurschleife im Sternbild Widder. Die Zahlen geben die Merkurposition zum jeweiligen Monatsbeginn an (4 = 1. April).

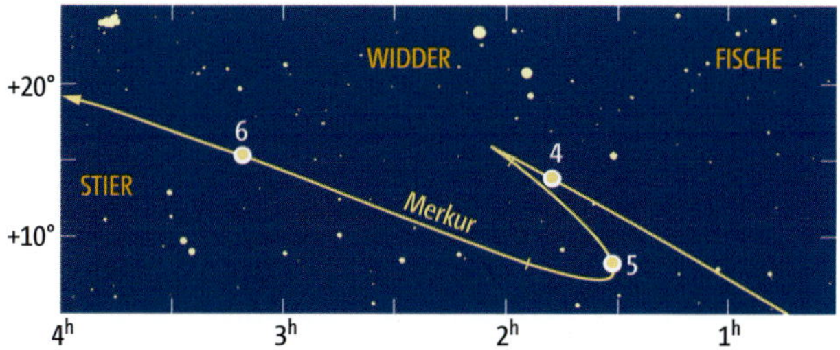

Dunkelheit eine Viertelstunde später ein. Nach dem 7. lohnt es nicht mehr, nach Merkur zu suchen.

Am 10. wird Merkur stationär und eilt rasch rückläufig auf die Sonne zu, die ihm entgegenkommt. Am 20. trifft er mit ihr zusammen, Merkur kommt in untere Konjunktion mit der Sonne. Dabei läuft er nicht als dunkler Punkt über die Sonnenscheibe wie am 9. Mai 2016, sondern passiert die Sonne $1{,}^{\circ}3$ nördlich. Seine Konjunktionsschleife zieht Merkur im Sternbild Widder (siehe auch Abb. 4.3 oben).

Die Begegnung mit Uranus am 28. bleibt unbeobachtbar.

Venus hat ihre untere Konjunktion mit der Sonne gerade hinter sich und hat ihre Morgensternperiode begonnen. Am 13. wird sie stationär und wandert anschließend wieder rechtläufig durch das Sternbild Fische. Am 3. zieht sie noch rückläufig $7{,}^{\circ}1$ nördlich am Frühlingspunkt vorbei, den sie am 28. abermals passiert, diesmal rechtläufig in $1{,}^{\circ}7$ nördlichem Abstand (siehe Abb. 3.6 auf Seite 82).

Am 1. geht der $-4{,}^{m}1$ helle Morgenstern um $4^{h}55^{m}$ (= $5^{h}55^{m}$ Sommerzeit) auf, am 15. um $4^{h}10^{m}$ und am 30. bereits um $3^{h}36^{m}$ (= $4^{h}36^{m}$ Sommerzeit). Die Venushelligkeit nimmt deutlich zu. Am 30. strahlt der Morgenstern mit $-4{,}^{m}8$ in maximalem Glanz.

Im Teleskop zeigt sich zunächst eine extrem schmale und große Sichel, die im Laufe des April kleiner und dicker wird. Der scheinbare Durchmesser des Planetenscheibchens nimmt von 58″ auf 38″ deutlich erkennbar ab.

4.4 Merkur und Venus:
Heliozentrische Bewegungen von Merkur und Venus *relativ* zur Erde. In den dicker ausgezogenen Bahnteilen sind die Planeten beobachtbar. Die Zahlen markieren die Positionen jeweils zum Monatsersten. Östlicher Winkelabstand bedeutet Abendsichtbarkeit, westliche Elongation: Planet steht am Morgenhimmel.

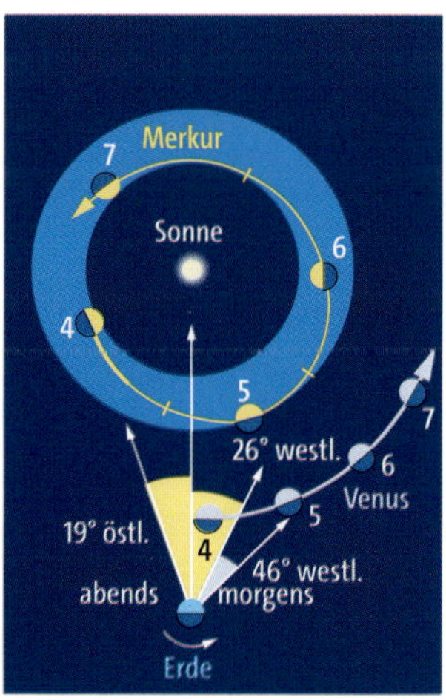

Mars kann noch am Abendhimmel aufgesucht werden. Seine Helligkeit geht weiter leicht auf $1{,}^{m}6$ zurück. Bei Einbruch der Dunkelheit steht er schon knapp über dem Nordwesthorizont als unauffälliges, rötliches Gestirn.

Am 12. verlässt Mars das Sternbild Widder und tritt in den Stier ein. Damit hat er fast die nördlichste Position im Tierkreis erreicht, die er schließlich Ende des nächsten Monats einnehmen wird. Die Untergangszeiten des roten Planeten bleiben weiterhin fast konstant: Am 1. geht Mars um $22^{h}03^{m}$ (= $23^{h}03^{m}$ Sommerzeit) unter, am 30. nur eine Minute früher.

Jupiter, rückläufig in der Jungfrau, kommt am 7. in **Opposition** zur Sonne. Er steht damit der Sonne genau gegenüber. Mit Sonnenuntergang geht der Riesenplanet im Osten auf und verschwindet bei Sonnenaufgang unter dem Westhorizont.

Am Tag der Opposition erfolgt der Aufgang des $-2{,}^{m}5$ hellen Ju-

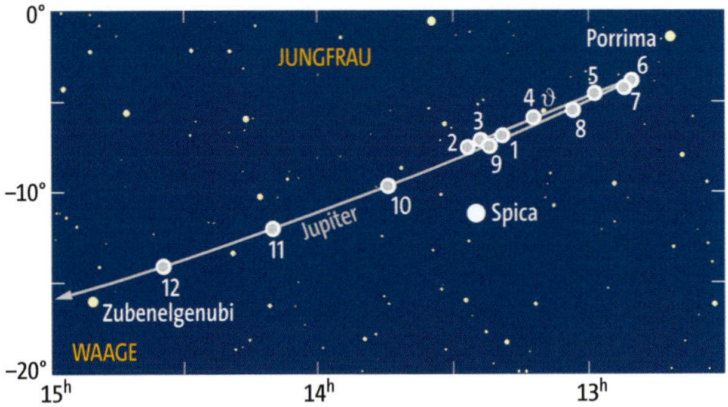

4.5 Bahn von Jupiter: **Scheinbare Bahn des Planeten Jupiter von Januar bis Dezember 2017 im Sternbild Jungfrau. Die Zahlen geben die Jupiterposition zum jeweiligen Monatsersten an (3 = 1. März).**

piter um 18^h49^m (= 19^h49^m Sommerzeit). In der Nacht vom 7. auf 8. passiert der Riesenplanet um 0^h24^m den Meridian und geht schließlich um 6^h00^m (= 7^h00^m Sommerzeit) am Morgen unter. Die Kulminationshöhe fällt für 50° nördlicher Breite mit gut 34° noch recht günstig aus.

Zur Opposition trennen uns 666 Millionen Kilometer (= 4,45 AE) von Jupiter, eine Distanz, die das Licht in 37 Minuten überbrückt.

Bis Monatsende verfrüht sich der Jupiteruntergang am Morgen um rund eineinhalb Stunden. Am 30. geht der $-2^m\!,4$ helle Riesenplanet bereits um 4^h28^m (= 5^h28^m Sommerzeit) unter.

Die rückläufige Wanderung von Jupiter durch die Jungfrau kann gut am Stern ϑ Virginis ($4^m\!,4$) als Anhaltspunkt verfolgt werden. Am 5. befindet sich Jupiter 0°,16 südlich von ϑ Virginis (siehe auch Abb. 4.5 oben). Der Vollmond zieht am 10. nur 1°,4 nördlich an Jupiter vorbei (siehe Mondlaufgrafik auf Seite 97).

Im Fernrohr ist deutlich die ovale Form des Jupiterscheibchens auszumachen sowie seine hellen Streifen und dunklen Wolkenbänder. Durch seine schnelle Rotation ist der Jupiterglobus merklich abgeplattet. Der Poldurchmesser ist um 1/16 kürzer als der Äquatordurchmesser. Der scheinbare Äquatordurchmesser von Jupiter beträgt zur Opposition diesmal 44″,3, der Poldurchmesser hingegen nur 41″,4.

Reizvoll ist es auch, das tägliche Wechselspiel der vier hellen Jupitermonde zu verfolgen, die schon in einem Fernglas zu erkennen sind.

Saturn kommt am 6. zum Stillstand und setzt zu seiner Oppositionsschleife an. Von da an wandert er rückläufig durch das Sternbild Schütze, was allerdings bis Ende des Monats kaum

Konstellationen und Ereignisse

Datum	MEZ	Ereignis
1.	11^h	**Merkur in größter östlicher Elongation** (19°)
6.	6	Saturn im Stillstand, anschließend rückläufig
7.	23	**Jupiter in Opposition** zur Sonne
10.	2	Merkur im Stillstand, anschließend rückläufig
10.	22	**Mond bei Jupiter,** Mond 2°,2 nördlich, **Abstand 1°,4 um 23^h**
13.	1	Venus im Stillstand, anschließend rechtläufig
14.	7	Uranus in Konjunktion mit der Sonne
16.	19	**Mond bei Saturn,** Mond 3°,2 nördlich, **Abstand 4°,0 um 1^h am 17.**
20.	7	Merkur in unterer Konjunktion mit der Sonne
20.	22	Pluto im Stillstand, anschließend rückläufig
22.	21	Mond bei Neptun, Mond 0°,2 südlich
23.	19	Mond bei Venus, Mond 5°,2 südlich
24.	17	Mond bei Uranus, Mond 3°,7 südlich
25.	19	Mond bei Merkur, Mond 4°,5 südlich
28.	9	Mond bei Mars, Mond 5°,8 südlich
28.	19	Merkur bei Uranus, Merkur 0°,2 südlich
30.	5	**Venus in maximalem Glanz** ($-4^m\!,8$)

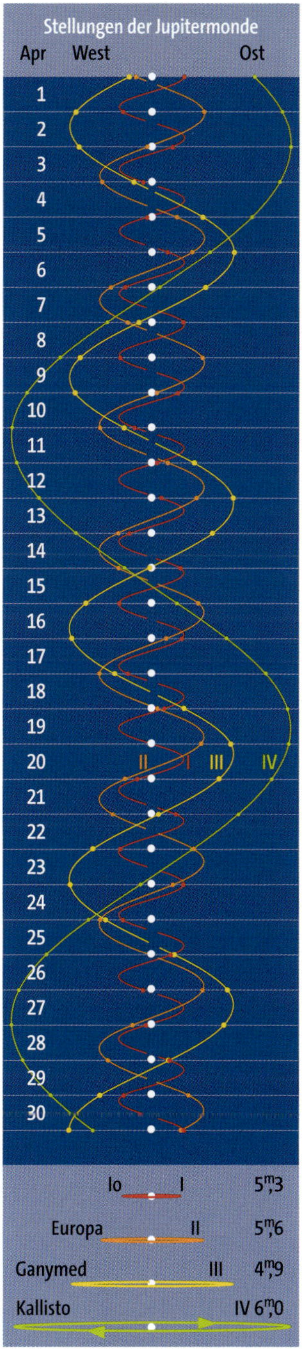

Jupitermonde

Tag	MEZ h	MEZ m		Vorgang
1.	4	03	II	VA
2.	22	17	II	SA
	22	34	II	DA
3.	0	45	II	SE
	0	56	II	DE
	4	32	I	SA
	4	39	I	DA
4.	1	41	I	VA
	3	58	I	BE
	23	00	I	SA
	23	05	I	DA
5.	1	12	I	SE
	1	15	I	DE
	20	09	I	VA
	22	24	I	BE
7.	19	31	III	SA
	19	43	III	DA
	21	45	III	DE
	21	57	III	SE
10.	0	49	II	DA
	0	53	II	SA
	3	12	II	DE
	3	21	II	SE
11.	3	31	I	BA
	22	21	II	VE
12.	0	49	I	DA
	0	54	I	SA
	2	59	I	DE
	3	06	I	SE
	21	57	I	BA
13.	0	16	I	VE
	19	14	I	DA
	19	22	I	SA
	21	25	I	DE
	21	34	I	SE
14.	22	57	III	DA
	23	29	III	SA
15.	1	03	III	DE
	1	54	III	SE
17.	3	05	II	DA
	3	29	II	SA
18.	21	59	II	DA

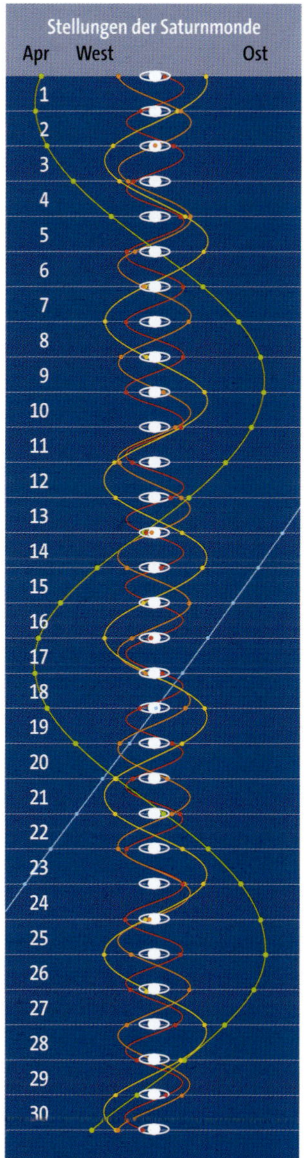

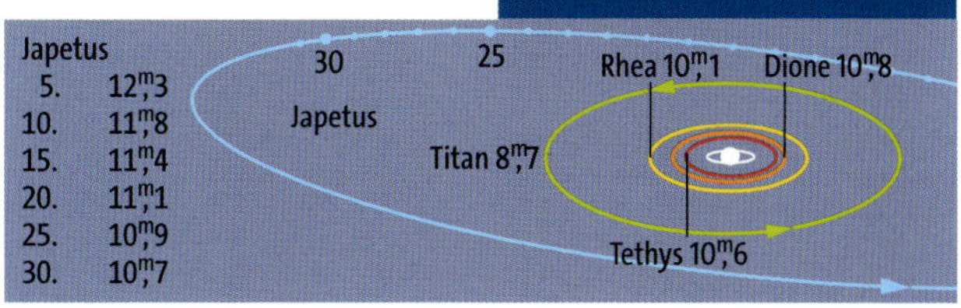

Tag	MEZ	Vorgang
	h m	
19.	0 55	II VE
	2 32	I DA
	2 48	I SA
	23 41	I BA
20.	2 10	I VE
	20 58	I DA
	21 16	I SA
	23 09	I DE
	23 28	I SE
21.	20 39	I VE
22.	2 13	III DA
	3 27	III SA
25.	20 00	III VE
26.	0 13	II BA
	3 29	II VE
27.	1 25	I BA
	20 54	II DE
	21 52	II SE
	22 43	I DA
	23 10	I SA
28.	0 53	I DE
	1 22	I SE
	22 34	I VE

auffällt (siehe Abb. 6.3 auf Seite 139). Saturn ist Planet der zweiten Nachthälfte.

Seine Aufgänge verlagert der Ringplanet in die Zeit vor Mitternacht. Erscheint Saturn am 1. um 1^h24^m (= 2^h24^m Sommerzeit) und am 15. um 0^h28^m an der Horizontlinie, so taucht er dort am 30. bereits um 23^h23^m auf. Die bevorstehende Opposition macht sich auch an einer Helligkeitssteigerung um $0^m,2$ auf respektable $0^m,2$ bis Ende April bemerkbar.

Der abnehmende Mond besucht den Ringplaneten am 16./17. in der zweiten Nachthälfte (siehe Abb. 4.1 auf Seite 94).

Uranus kommt am 14. im Sternbild Fische in Konjunktion mit der Sonne. Der grünliche Planet hält sich am Taghimmel auf und bleibt nachts unbeobachtbar unter dem Horizont. Die zweite Begegnung mit Merkur, der am 28. nur neun Bogenminuten nördlich an Uranus vorbeieilt, kann nicht verfolgt werden.

Am Tag der Konjunktion ist Uranus 3131 Millionen Kilometer (= 20,93 AE) von der Erde entfernt. Dies ist seine größte Entfernung von uns in diesem Jahr..

Neptun im Sternbild Wassermann stand zu Beginn des Vormonats in Konjunktion mit der Sonne. Der bläuliche Planet bleibt unbeobachtbar.

Pluto sei diesmal erwähnt. Der Zwergplanet kommt am 20. im Sternbild Schütze zum Stillstand und wird rückläufig. In Opposition zur Sonne kommt Pluto am 10. Juli (siehe „Planetenlauf im Juli" auf Seite 158).

Am 20. geht Pluto um 1^h36^m (= 2^h36^m Sommerzeit) auf und kulminiert um 5^h50^m. Die Aufsuchkarte für Pluto findet man auf Seite 158 (Abb. 7.7).

Planetoiden

Vesta (4) beschleunigt ihre rechtläufige Bewegung und zieht in der ersten Monatshälfte südlich an Pollux in den Zwillingen vorbei. Am 23. wechselt sie in das Sternbild Krebs (siehe Abb. 1.14 auf Seite 41). Ihre Helligkeit sinkt weiter um $0^m,3$ ab und erreicht Ende März $7^m,9$.

Am 1. kulminiert Vesta um 19^h19^m (= 20^h19^m Sommerzeit),

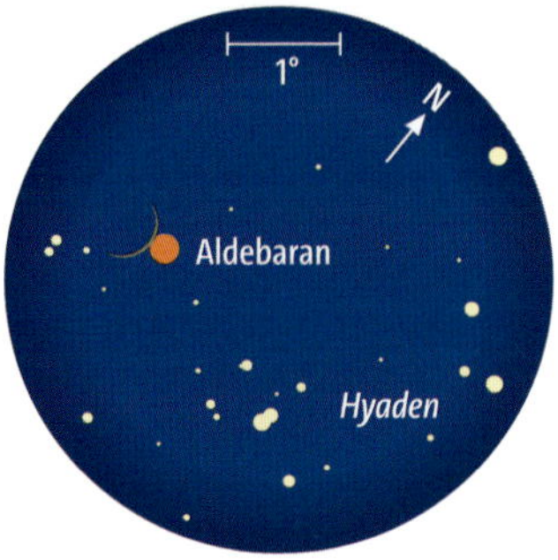

4.6 Mond bei Aldebaran: Die zunehmende Mondsichel im Sternbild Stier. Fernglasanblick am 28. April gegen 20^h MEZ (= 21^h MESZ).

am 15. um 18^h36^m und am 30. schon um 17^h55^m. Am Monatsletzten geht Vesta um 2^h15^m (= 3^h15^m Sommerzeit) unter.

Periodische Sternschnuppenströme

In der Zeit vom 15. bis 24. April werden die **Lyriden** aktiv. Ihr Ausstrahlungspunkt liegt in der Leier, etwa 7° südwestlich von Wega. Die Lyriden sind schnelle Objekte. Im Mittel liegen ihre Eintrittsgeschwindigkeiten in die Erdatmosphäre um 50 Kilometer pro Sekunde. Günstigste Beobachtungszeit: 22^h bis 4^h. Das Maximum am 21. April ist nicht sehr ausgeprägt. Zehn bis zwanzig Meteore, darunter einige helle Exemplare, leuchten dann pro Stunde auf. Diesmal stört kein Mondlicht. Ursprungskomet der Lyriden ist der Komet Thatcher (C/1861 G1), der für eine Sonnenumrundung im Mittel 415 Jahre benötigt.

Um den 16. April erreichen die **Sigma-Leoniden** ihr Maximum. Vereinzelte Objekte dieses schwachen Stroms sind noch bis Mitte Mai nachweisbar. Bei ihnen fehlen Beobachtungen in den letzten Jahren. Eventuell ist dieser Strom versiegt.

Wenig bekannt sind die **Pi-Puppiden**, deren Radiant im Sternbild Hinterdeck des Schiffes Argo (lat.: Puppis) liegt. Der Strom ist nur in südlichen Gegenden einigermaßen gut zu verfolgen. Das Maximum tritt am 22. April mit unterschiedlich hohen Raten ein. Die Meteore sind südlich von 30° nördlicher Breite am Abendhimmel zu verfolgen. Ursprungskomet ist 26P/Grigg-Skjellerup. Die Puppiden sind mit nur 15 Kilometer pro Sekunde ausgesprochen lahme Sternschnuppen.

Der Fixsternhimmel

Am Sternenhimmel zeigt sich nun eindeutig: der Frühling hat Einzug gehalten. Steil über unseren Köpfen, fast exakt im Zenit, steht der Große Wagen.

Hoch im Süden durchschreitet gerade der Löwe den Meridian. Ein mächtiges Sternentrapez deutet dabei den Rumpf dieses königlichen Tieres an. Darauf sitzt ein kleines Trapez, das den Kopf markieren soll. Die Grundlinie des Löwentrapezes wird von den beiden Sternen Regulus (α Leonis) und Denebola (β Leonis) gebildet. Regulus ist der hellste Stern im Löwen ($1\overset{m}{,}4$). Der Name bedeutet so viel wie „Kleiner König" und kommt aus dem Lateinischen. Er wurde von Nikolaus Kopernikus vorgeschlagen.

Regulus steht nahe der scheinbaren Sonnenbahn und markiert somit recht gut die Lage der Ekliptik am Himmelszelt. Daher wird er gelegentlich vom Mond und in seltenen Fällen sogar von Planeten bedeckt. Um den 23. August zieht die Sonne an Regulus vorbei. Der Löwe steht dann am Taghimmel und bleibt nachts unsichtbar. Denebola ist mit $2\overset{m}{,}1$ deutlich schwächer als der Löwenhauptstern. Der Name stammt aus dem Arabischen und heißt so viel wie „Schwänzchen". Von Denebola ist das Licht 36 Jahre zu uns unterwegs, während Regulus mit 77 Lichtjahren doppelt so weit entfernt ist.

Bärenhüter Arktur

Blickt man zum Großen Wagen und folgt mit den Augen dem Bogenschwung der Deichsel, so trifft man auf den hellen, orangerot leuchtenden Arktur. Mit Sirius, Kanopus und Wega gehört Aktur zu den vier hellsten Fixsternen am irdischen Firmament. Seine scheinbare Helligkeit beträgt $0\overset{m}{,}0$, womit er gut zweieinhalbmal heller strahlt als ein Stern erster Größenklasse. Mit 37 Lichtjahren Distanz ist Arktur fast genauso weit wie Denebola im Löwen entfernt. Da er uns aber trotz gleicher Entfernung viel heller erscheint als Denebola, muss auch seine wahre Leuchtkraft viel größer sein. Arktur ist ein sogenannter roter Riesenstern, der sehr viel leuchtkräftiger als unsere Sonne ist. Arktur heißt so viel wie Bärenhüter oder -wächter. Er treibt gewissermaßen den Großen Bären um den Pol herum und bewacht auch den Kleinen Bären.

Arktur ist der hellste Stern im Bild des Bootes. Diese Bezeichnung stammt aus dem Griechischen und bedeutet Rinderhirt.

Veränderliche Sterne im April

Algol-Minima	7.	4^h41^m	12.	22^h19^m	15.	19^h09^m	27.	6^h25^m	30.	3^h14^m		
β-Lyrae-Minima	5.	8^hH	11.	19^hN	18.	7^hH	24.	19^hN				
δ-Cepheï-Maxima	3.	4^h	8.	13^h	13.	22^h	19.	7^h	24.	15^h	30.	0^h

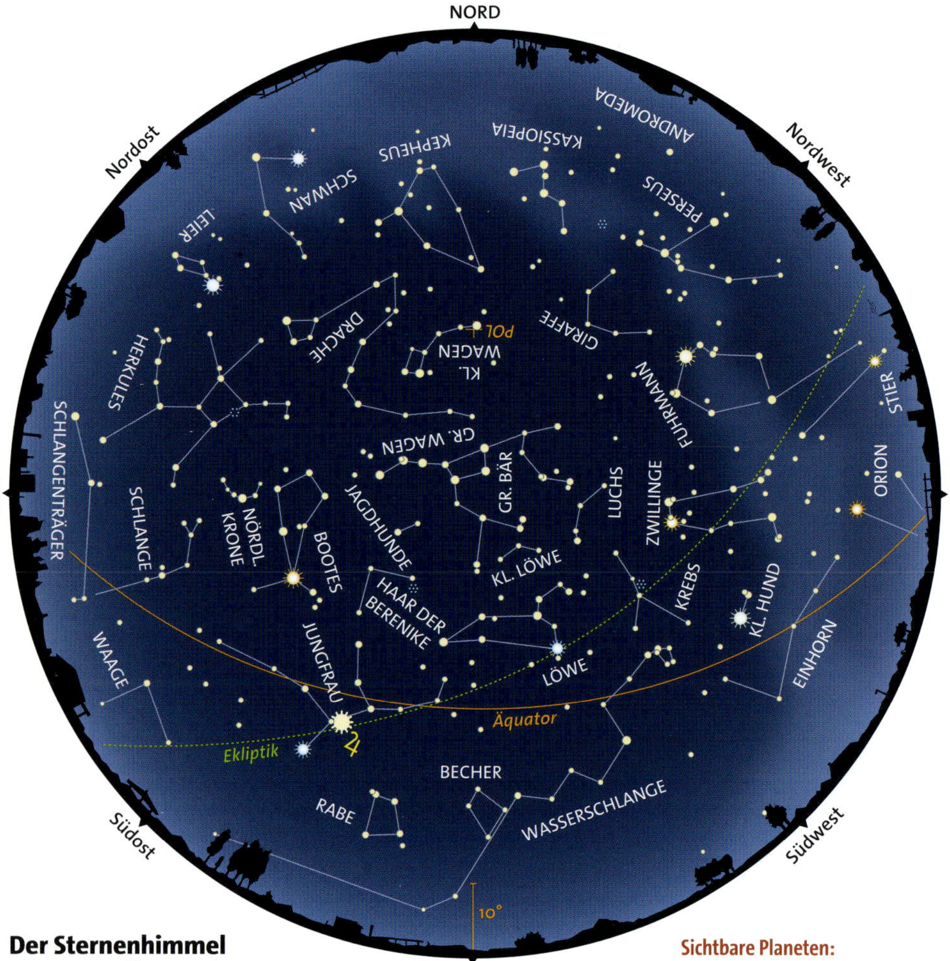

Der Sternenhimmel am 15. April um 22h MEZ

Sichtbare Planeten:
Jupiter (♃)

Die Sternkarte ist auch gültig für:		
	MEZ	MESZ
15.12.	6h	
1. 1.	5	
15. 1.	4	
1. 2.	3	
15. 2.	2	
1. 3.	1	
15. 3.	0	
1. 4.	**23**	**24h**
15. 4.	**22**	**23**
30. 4.	**21**	**22**

Nach Vorstellung der alten Römer waren die sieben Sterne des Großen Wagens sieben Dreschochsen (lat.: Septemtriones), die im täglichen Trab um den Polarstern als Göpel laufen. Und der Bootes treibt sie ständig an. Die drachenähnliche Figur des Bootes prägt sich leicht ein.

Den Raum im Südosten nimmt die Jungfrau (lat.: Virgo) ein. Sie gehört wie der Löwe zum Tierkreis, also zu jenen 13 Sternbildern, durch die Sonne, Mond und die Planeten ihre Bahnen ziehen.

Der Hauptstern der Jungfrau heißt Spica, die Kornähre. Spica soll die Fruchtbarkeit symbolisieren. Im Gegensatz zu Arktur strahlt Spica ein bläulich-weißes Licht aus, denn sie ist an ihrer Oberfläche viel heißer als Arktur. Mit 260 Lichtjahren ist sie

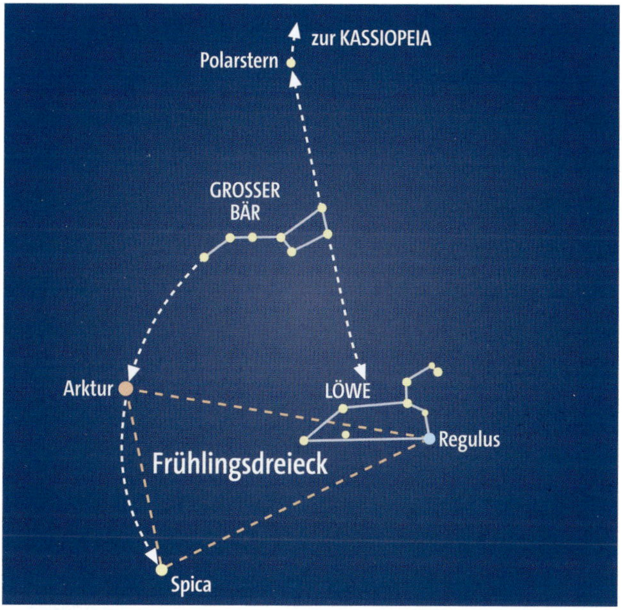

4.7 Das Frühlingsdreieck: **Es setzt sich aus den drei hellen Sternen Arktur im Bootes, Regulus im Löwen und Spica in der Jungfrau zusammen.**

auch erheblich weiter als Arktur entfernt. Mit 1,m0 scheinbarer Helligkeit ist Spica ein typischer Vertreter der Sterne erster Größenklasse. Spica ist ein sehr enger Doppelstern, der auch in großen Teleskopen nicht aufzulösen ist. Zwischen Spica und Porrima (γ Vir) nimmt zurzeit der Planet Jupiter seinen Platz ein.

Die Wintersternbilder haben das Feld geräumt. Orion ist im Untergang begriffen und kann nicht mehr erkannt werden. Sirius ist unter die Horizontlinie gesunken. Lediglich Prokyon im Kleinen Hund blinkt noch im Südwesten.

Weit im Westen sind die beiden Sternenketten der Zwillinge zu sehen. Im Nordwesten leuchtet deutlich sichtbar die Kapella im Fuhrmann. Auch sie ist wie Spica ein spektroskopischer Doppelstern.

Vorzeichen des Sommers

Tief im Nordosten macht sich die Wega im Sternbild Leier bemerkbar. Sie deutet den kommenden Sommer an, bildet sie doch einen Eckstern des Sommerdreiecks. Zwischen Wega und Arktur liegen die lichtschwachen Bilder Herkules und Nördliche Krone. Während Herkules recht schwierig auszumachen ist, fällt die Nördliche Krone trotz nicht besonders heller Sterne leicht auf, denn sie bilden einen markanten Halbkreis. Ein Stern ragt wegen seiner deutlich größeren Helligkeit im Halbkreis heraus. Es ist der Hauptstern der Nördlichen Krone, α Coronae Borealis. Sein Eigenname Gemma bedeutet Edelstein (im Geschmeide der Krone). Gemma ist ein heißer, bläulicher Stern in 75 Lichtjahren Entfernung. Seine scheinbare Helligkeit misst 2,m2.

Strafe für Verspätung

Tief am Südhimmel schlängelt sich die Wasserschlange am Horizont entlang. Neben ihr und genau südlich der Jungfrau steht das lichtschwache Sternbild Becher (lat.: Crater). Wasserschlange und Becher sind nicht leicht zu erkennen, da sie sich aus relativ lichtschwachen Sternen zusammensetzen. Wesentlich einfacher zu entdecken und gut einprägsam ist das Sternentrapez des Raben (lat.: Corvus). Es steht südwestlich von Spica.

Der Sage nach sollte der Rabe auf Geheiß von Apollo der Göttergesellschaft auf dem Olymp frisches Quellwasser in einem Becher bringen. Doch der säumige Rabe verspätet sich erheblich und erzürnt damit die Götter. Seine Ausrede für die Verspätung lautet: Eine Wasserschlange habe die Quelle leergesoffen. Zur Strafe wird das schneeweiße Gefieder des Raben schwarz gefärbt, er verliert seine Singstimme und kann fortan nur noch krächzen. Zur ewigen Erinnerung und Mahnung werden Becher, Rabe und Wasserschlange unter die Sterne versetzt.

Die Trojaner – Vasallen des Jupiter

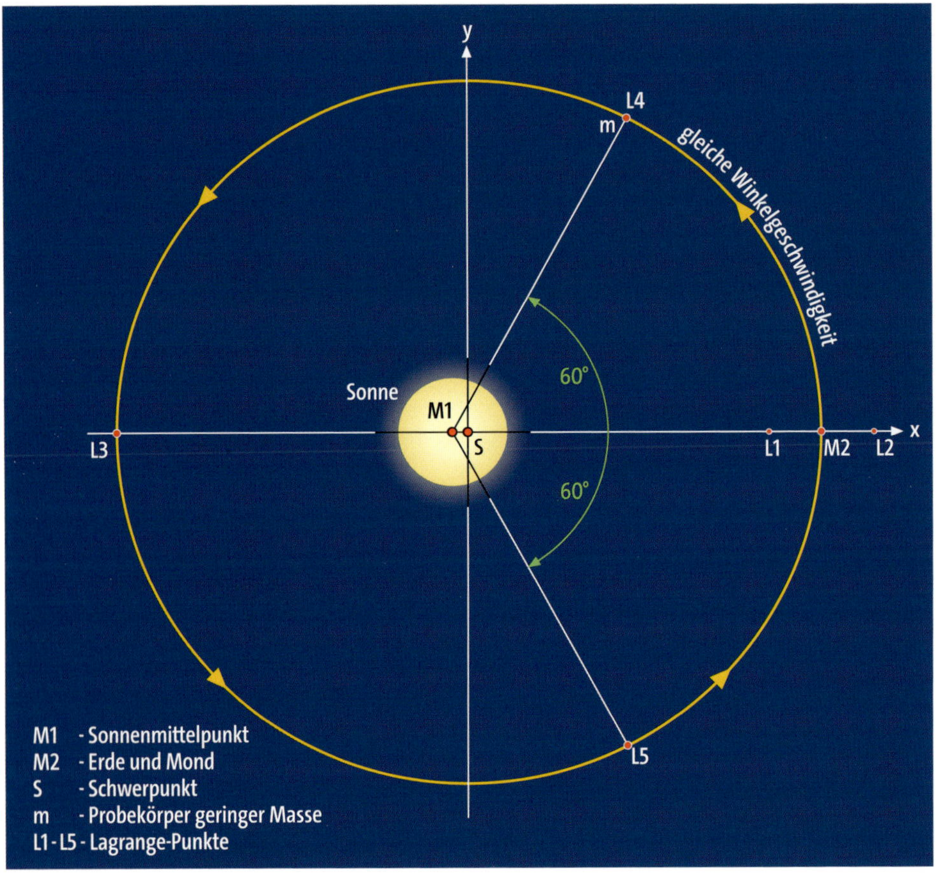

4.8 Die Lagrange-Punkte L1 bis L5. Der Sonnenmittelpunkt (M1) fällt nicht mit dem Schwerpunkt (S) zusammen, der aber noch innerhalb des Sonnenglobus liegt.

Bereits Galileo Galilei entdeckte 1609 vier helle Trabanten des Jupiters, die den Riesenplaneten auf seinem Weg um die Sonne begleiten. Inzwischen sind über fünf Dutzend Monde und Möndchen des Jupiters bekannt. Doch der König der Planeten hat noch andere Begleiter auf seiner Wanderung um die Sonne. Einige laufen in seiner Bahn vor ihm her, andere folgen ihm nach. Dies mag ungewöhnlich erscheinen, denn in einer Planetenbahn kann sich kein weiterer Himmelskörper aufhalten. Er würde in kürzester Zeit durch die Gravitationskräfte von Sonne und Planet aus der Bahn geworfen werden. In speziellen Fällen ist es dennoch möglich, wie der Mathematiker und Himmelsmechaniker Joseph-Louis Lagrange (1736–1813) bewies.

Bewegen sich zwei Himmelskörper umeinander, so ist nach dem Newtonschen Gravitationsgesetz die Berechnung ihrer Bahn relativ einfach. Sie laufen in Kegelschnittlinien (Kreis, Ellipse, Parabel oder Hyperbel) umeinander. Sind jedoch drei Körper im Spiel, so gibt es keine analytischen Lösungen. Vielmehr müssen die Positionen und Bahnen mit Hilfe numerischer Integration berechnet werden. Dies ist im Zeitalter leistungsstarker Computer mit hoher Genauigkeit möglich. Lagrange zeigte jedoch, dass das Dreikörperproblem in bestimmten Fällen einfache Lösungen zulässt. Hat einer der drei Körper eine im Vergleich zu den beiden anderen sehr geringe Masse, sodass seine Gravitationswirkung auf die beiden anderen vernachlässigbar klein ist, dann gibt es relativ einfache Lösungen. Diesen Fall nennt man „eingeschränktes Dreikörperproblem". Nach Lagrange gibt es dabei fünf ausgezeichnete Punkte, in denen ein massearmer Himmelskörper eine stabile Bahn beschreiben kann.

Die Lagrange-Punkte

Drei der von Lagrange berechneten Punkte (L1, L2, L3) liegen auf der Verbindungslinie Sonne – Planet. Die anderen beiden (L4 und L5) bilden jeweils mit der Sonne und dem Planeten ein gleichseitiges Dreieck. Von der Sonne aus gesehen geht L4 somit 60° dem Planeten bei seinem Lauf voraus, L5 folgt ihm in 60° Abstand. Befindet sich ein massearmer Himmelskörper in einem der fünf Punkte, so herrscht Kräftegleichgewicht. Der Körper verharrt somit in seiner Lage.

L1 liegt zwischen Planet und Sonne, L2 in Opposition zur Sonne und L3 in Konjunktionsposition, vom Planeten aus gesehen somit hinter der Sonne. L4 und L5 befinden sich hingegen in Richtung auf der zur x-Achse senkrecht liegenden y-Achse (siehe Abb. 4.8 auf Seite 106).

Die Lage der Punkte L1, L2 und L3 wird vom Massenverhältnis Sonne/Planet bestimmt. Der schwedische Astronom Hugo Gyldén (1841–1896) hatte vorgeschlagen, die Lagrange-Punkte „Librationszentren" zu nennen (von lat. librare = im Gleichgewicht halten). In den Librationszentren L1, L2 und L3 befindet sich ein Himmelskörper in einem metastabilen Zustand. Schon geringe Störungen bewirken, dass der Himmelskörper

4.9 Joseph-Louis Lagrange (1736 – 1813).

hinauskatapultiert wird. Auch ein Bleistift, der senkrecht auf einer Schreibtischplatte steht, befindet sich in einem metastabilen Zustand; schon eine kleine Erschütterung lässt ihn umkippen.

Befindet sich ein Himmelskörper jedoch in den Punkten L4 oder L5, so bewirken zwar selbst stärkere Störungen ein Verlassen seiner Position, aber er verlässt diese Librationszentren nicht vollständig. Vielmehr führt er periodische Bewegungen um sie aus, selbst wenn er sich relativ weit von L4 oder L5 entfernt. Der Himmelskörper pendelt oder schwingt dann um diese Librationspunkte.

Zunächst nur ein kurioser Fall

Als Lagrange im Jahre 1772 seine Lösungen des eingeschränkten Dreikörperproblems präsentierte, war dies zwar ein interessantes mathematisches Ergebnis, für die Himmelskunde zunächst aber ohne größere Bedeutung. Denn zu jener Zeit kannte man keinen Himmelskörper, der sich in einem der Lagrangeschen Librationszentren aufhielt. Lagrange nannte seine Lösungen eine „reine Kuriosität" (franz.: pure curiosité). Dies änderte sich erst zu Beginn des 20. Jahrhunderts.

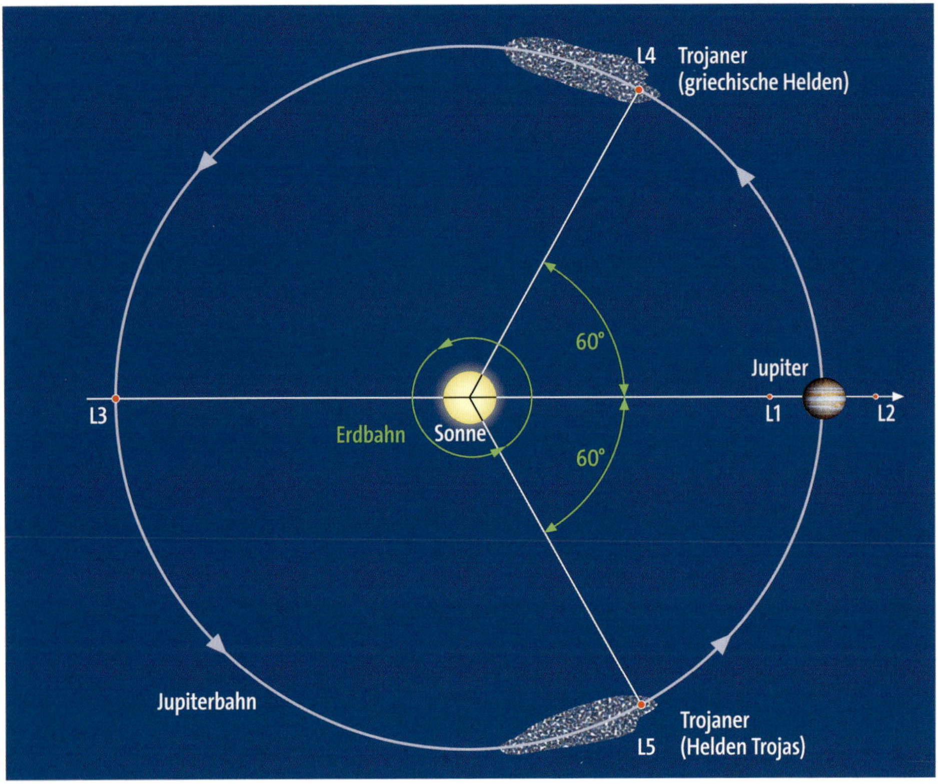

4.10 Um die Librationspunkte L4 und L5 der Jupiterbahn sammeln sich Dutzende Kleinplaneten, Trojaner genannt.

Am 22. Februar 1906 entdeckte Max Wolf, Gründer der Heidelberger Sternwarte auf dem Königstuhl, einen Planetoiden, der sich im Vergleich zu den anderen Kleinplaneten auffällig langsam bewegte. Wenn ein neu gefundener Planetoid langsamer als der Durchschnitt durch den Tierkreis wandert, befindet er sich eventuell im Aphel (sonnenfernster Bahnpunkt) einer relativ exzentrischen Bahn oder er hält sich nahe einer der beiden Umkehrpunkte seiner Oppositionsschleife auf. Nach längerer Beobachtung fand Wolf jedoch heraus, dass seine Neuentdeckung eine fast kreisförmige Bahn mit einer Umlaufzeit von zwölf Jahren beschreibt. Daraus folgt aber nach dem 3. Kepler-Gesetz der Planetenbewegung, dass der neu entdeckte Planetoid in der Jupiterbahn die Sonne umrunden muss. Dies war eine echte Sensation.

Der neue Himmelskörper erhielt die Planetoidennummer 588 und wurde auf den Namen Achilles getauft. Innerhalb Jahresfrist entdeckte August Kopff (1882–1960), ebenfalls an der Heidelberger Sternwarte, am 17. Oktober 1906 einen weiteren Kleinplaneten, der auch in der Jupiterbahn um die Sonne läuft, nämlich (617) Patroclus. Während Achilles nahe dem Librationspunkt L4 dem Jupiter vorauseilt, folgt Patroclus dem Riesenplaneten in L5 nach.

Schon am 10. Februar 1907 entdeckte wiederum Kopff den Kleinplaneten (624) Hektor, der sich wie Achilles ebenfalls in der Umgebung von

L4 bewegt, der dem Jupiter vorausgehende Librationspunkt.

In den folgenden Jahren wurden in der Jupiterbahn um die Punkte L4 und L5 zwölf Kleinplaneten aufgespürt, alle an der Heidelberger Sternwarte (siehe Tabelle „Die ersten 25 Trojaner" auf Seite 110). Erst der 13. Kleinplanet in der Jupiterbahn wurde von Sylvain Arend (1902–1992) an der Sternwarte von Uccle (Belgien) am 19. September 1950 entdeckt: (1583) Antilochus.

Homers *Ilias* als Namensgeber

Die Planetoiden in der Jupiterbahn wurden nach den Helden des sagenhaften Trojanischen Krieges benannt, wie sie der griechische Poet Homer in seinem Werk *Ilias* beschreibt: Anlass zu dieser Auseinandersetzung war bekanntlich die Entführung der schönen Helena, Gattin von König Menelaos. Der Krieg endete mit der Zerstörung Trojas (Stadt an der Westküste Kleinasiens, heute die türkische Stadt Truva) im Jahre 1184 v. Chr. Zehn Jahre dauerte die Belagerung von Troja, bis die Griechen einen Trick anwandten: Sie zimmerten ein hölzernes Pferd, in dem sich die besten Kämpfer versteckten. In der Meinung, dies sei ein Geschenk, zogen die Trojaner das Pferd in ihre Stadt. Doch nachts entsprangen die griechischen Helden dem Pferd und öffneten die Tore der Stadtmauer, durch die alsbald die griechische Streitmacht in Troja eindrang.

Die dem Jupiter vorauslaufenden Planetoiden um L4 wurden nach den griechischen Helden benannt. Die dem Jupiter nachfolgenden Kleinplaneten nahe L5 erhielten die Namen der Krieger von Troja. Nur Hektor und Patroclus finden sich im jeweiligen gegnerischen Lager. Nach Homers Bericht gelangten sie in die Gewalt ihrer Feinde. Hektor wurde von den Griechen und Patroclus von den Trojanern gefangen genommen.

Bis 1977 entdeckte man 25 Trojaner, davon 14 bei L4 und elf bei L5. Danach nahm die Zahl der aufgefundenen Trojaner schnell zu. Bis 2014 spürte man 4075 Trojaner in L4 und 2200 nahe L5 auf. Warum sich um L4 viel mehr Trojaner versammeln als um L5 ist ein bisher ungelöstes Rätsel.

Nur gut ein Dutzend Trojaner hat über hundert Kilometer Durchmesser. Die übrigen sind winzige Weltensplitter. Mit 14^{m} mittlerer visueller Oppositionshelligkeit ist (624) Hektor der hellste Trojaner. Sein Durchmesser wird auf 190 Kilometer geschätzt bei einer angenommenen Albedo von nur 0,1. Hektor zeigt einen auffallenden Rotationslichtwechsel mit einer Periode von sieben Stunden bei einer Amplitude von $1^{m}\!,1$. Daraus folgt, dass Hektor ein längliches Objekt ist. Möglicherweise sind zwei Kleinplaneten aneinander geraten. Auch (588) Achilles und (617) Patroclus zählen mit jeweils etwa 150 Kilometer Durchmesser zu den größten Trojanern.

Eine instabile Angelegenheit

Nur wenn sich ein Planetoid exakt in L4 oder L5 befindet, in der Jupiterbahnebene die Sonne in einer Kreisbahn umrundet und keine Störungen durch weitere Planeten erfährt, verharrt er permanent in diesen Librationszentren. Doch dies ist bei den Trojanern nicht der Fall. Jupiter läuft in einer Ellipse ($e = 0{,}048$) um die Sonne, die numerischen Exzentrizitäten der Trojanerbahnen sind meist noch größer. Teilweise zeigen sie außerdem erhebliche Bahnneigungen und unterliegen ferner den Störungen durch andere Planeten, wobei Saturn den größten gravitativen Einfluss ausübt. Asteroiden nahe bei L4 und L5, die keine allzu großen Relativgeschwindigkeiten zu diesen Librationszentren haben, oszillieren um sie und wandern in langgestreckten, nierenförmigen Bahnen um L4 und L5 (im mitrotierenden Koordinatensystem). Die Periode dieser Librationsbewegungen liegt bei 150 Jahren. Je größer das Massenverhältnis (M/m) der beiden Hauptkörper Sonne (M) und Planet (m) ist, desto stabiler sind diese Bahnen. Jupiter hat nur ein Tausendstel der Sonnenmasse. Die Periode der hufeisenförmigen Bahnen ist dabei proportional $(a^3/m)^{1/2}$, wobei a die große Halbachse der Planetoidenbahn ist und m die Jupitermasse (siehe auch Abb. 4.10 auf Seite 108).

Die Trojaner entfernen sich in ihren Schwingungsbahnen relativ weit von L4 und L5, nämlich in einem Bereich von 40° und mehr. Sie wan-

Die ersten 25 Trojaner

Nr.	Name	a	U	e	i	H	m_0	Entdeckung	
								Jahr	Entdecker
Im Lagrange-Punkt L4 : Griechische Helden – Jupiter vorauseilend									
588	Achilles	5,192	11,83	0,147	$10\overset{\circ}{,}3$	$8\overset{m}{,}67$	$15\overset{m}{,}4$	1906	MW
624	Hektor	5,223	11,94	0,023	18,2	7,49	14,2	1907	AK
659	Nestor	5,202	11,86	0,117	4,5	8,99	15,7	1908	MW
911	Agamemnon	5,251	12,03	0,066	21,8	7,89	14,6	1919	KR
1143	Odysseus	5,257	12,05	0,090	3,1	7,93	14,6	1930	KR
1404	Ajax	5,303	12,21	0,114	18,0	9,00	15,7	1936	KR
1437	Diomedes	5,157	11,71	0,043	20,5	8,30	15,0	1937	KR
1583	Antilochus	5,106	11054	0,052	28,6	8,60	15,3	1950	SA
1647	Menelaus	5,233	11,97	0,022	5,6	10,30	17,0	1957	SN
1749	Telamon	5,173	11,77	0,108	6,1	9,20	15,9	1949	KR
1868	Thersites	5,307	12,23	0,109	16,8	9,30	16,0	1960	IH
1869	Philoctetes	5,280	12,13	0,067	4,0	11,00	17,7	1960	IH
2146	Stentor	5,201	11,86	0,102	39,2	10,80	17,5	1976	RW
2148	Epaios	5,204	11,87	0,057	9,2	11,10	17,8	1976	RW
Im Lagrange-Punkt L5 : Trojanische Helden – Jupiter nachfolgend									
617	Patroclus	5,228	11,95	0,138	$22\overset{\circ}{,}0$	$8\overset{m}{,}19$	$14\overset{m}{,}9$	1906	AK
884	Priamus	5,164	11,73	0,122	8,9	8,81	15,5	1917	MW
1172	Aeneas	5,192	11,83	0,103	16,7	8,33	15,0	1930	KR
1173	Anchises	5,325	12,29	0,137	6,9	8,89	15,6	1930	KR
1208	Troilus	5,236	11,98	0,0911	33,6	8,99	15,7	1931	KR
1867	Deiphobus	5,135	11,64	0,044	26,9	8,61	15,3	1971	CC
1870	Glaukos	5,255	12,05	0,032	6,6	10,50	17,2	1971	IH
1871	Astyanax	2,292	12,17	0,034	8,6	11,00	17,7	1971	IH
1872	Helenos	5,289	12,16	0,046	14,7	11,20	17,9	1971	IH
1873	Agenor	5,251	12,03	0,092	21,9	10,50	17,2	1971	IH
2207	Antenor	5,126	11,61	0,017	6,8	8,89	15,6	1977	NC

Erläuterungen:

a – große Halbachse in AE (1 AE = 149,6 Millionen Kilometer)
U – Umlaufzeit in Jahren
e – Numerische Exzentrizität
i – Bahnneigung zur Ekliptik
H – absolute Helligkeit ($r = 1$ / $\Delta = 1$ / $\varphi = 0°$)
r = Entfernung von der Sonne in AE
Δ = Entfernung von der Erde in AE
φ = Phasenwinkel
m_0 – scheinbare mittlere visuelle Oppositionshelligkeit
Es gilt: $m_0 = H + 5 \cdot \lg(r \cdot \Delta)$

Letzte Spalte: Jahr der Entdeckung und Entdecker
MW – M. Wolf, Heidelberg / KR – K. Reinmuth, Heidelberg / AK – A. Kopff, Heidelberg / SA – S. Arend, Uccle / SN – S. B. Nicholson, Mt. Wilson / CC – C. U. Cesco, El Leoncito / IH – I. van Houten, Palomar Mountain / RW – R. M. West, La Silla / NC – N. S. Chernykh, Nauchnyi

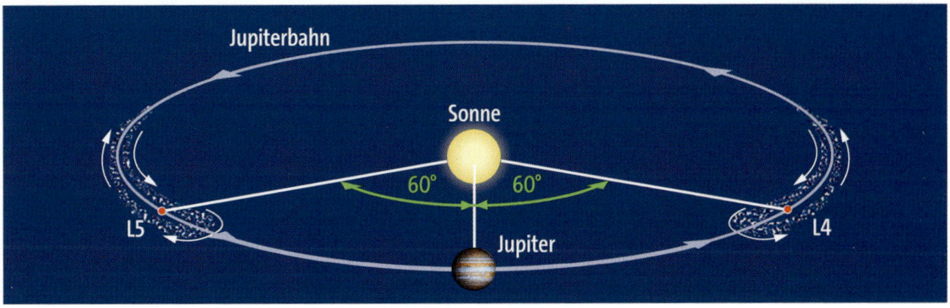

4.11 **Die Wanderung der Trojaner um die Librationspunkte L4 und L5.**

dern dabei von Norden her betrachtet im Uhrzeigersinn um die Librationspunkte (siehe Abb. 4.11 oben). Computersimulationen haben ergeben, dass sich die Trojaner bis 300° von den Librationszentren entfernen können. Dies hätte zur Konsequenz, dass sie von L4 zu L5 und vice versa wechseln können. Vielleicht entfliehen auf diese Weise dereinst Hektor und Patroclus ihrer Gefangenschaft im jeweils gegnerischen Lager.

Die Trojaner um L5 kommen im Mittel zwei Monate vor der Jupiteropposition selbst in Opposition zur Sonne, diejenigen in L4 hingegen zwei Monaten nach der Jupiteropposition.

Nicht nur bei Jupiter

Auf dem Palomar-Observatorium entdeckten am 20. Juni 1990 Henry Holt und David Levy den Planetoiden (5261) Eureka, der um den Librationspunkt L5 in der Marsbahn pendelt. Er ist ein winziger Kleinplanet von nur drei Kilometer Durchmesser (angenommene Albedo: 0,1) mit einer absoluten visuellen Helligkeit von $16\overset{m}{,}1$. Er läuft mit einer Periode von 1340 Jahren um L5. Seine Bahnneigung beträgt 20°. Dies war der erste entdeckte Trojaner, der nicht in der Jupiterbahn läuft. Auch in der Neptunbahn wurde ein Trojaner aufgespürt: (2001 QR322). Er wandert in etwa 9200 Jahren um L4 mit einer Bahnneigung von nur $1\overset{\circ}{,}3$. Seine absolute Helligkeit im Visuellen misst $7\overset{m}{,}1$. Der Durchmesser wird auf 160 Kilometer geschätzt.

Heutzutage spricht man auch dann von Trojanern, wenn sich Kleinplaneten nahe den Punkten L4 oder L5 einer Planetenbahn befinden. Inzwischen kennt man neun Neptun-Trojaner, die sich bei L4 der Neptunbahn versammelt haben, und drei in der Position von L5.

Die Zahl der Trojaner nimmt zu

Von Mars sind bisher vier Trojaner aufgespürt worden, einer gehört zu L4 und drei zu L5.

Am 24. Oktober 2011 wurde mit dem Canada-France-Hawaii-Teleskop auf dem Vulkan Mauna Kea (Hawaii) der erste Uranus-Trojaner bei L4 aufgespürt. Seine vorläufige Bezeichnung lautet 2011 QF99.

Am 1. Oktober 2010 entdeckte WISE den Kleinplaneten 2010 TK7, den ersten Erdtrojaner bei L4. WISE steht für **W**ide-Field-**I**nfrared **S**urvey **E**xplorer. Der erste Erd-Trojaner ist ein winziger Himmelskörper von nur etwa 300 Meter Durchmesser.

Noch sind bei weitem nicht alle Planetoiden entdeckt, die in L4 und L5 der Planetenbahnen die Sonne umrunden. Es ist nur eine Frage der Zeit, bis auch in der Saturnbahn Trojaner entdeckt werden. Einige Saturnmonde besitzen aber koorbitale Möndchen, die in den Librationszentren L4 und L5 ihrer Bahnen Saturn umrunden.

Im Jahre 1956 entdeckte Kazimierz Kordylewski (1903–1981) zwei Staubwolken mit etwa erdgroßen Durchmessern in den Lagrange-Punkten L4 und L5 der Mondbahn.

Man vermutet, dass die zahlreichen Trojaner in der Jupiterbahn Reste der Urmaterie sind, aus der sich einst der Riesenplanet gebildet hat.

Mai 2017

- Venus spielt ihre Rolle als Morgenstern.
- Jupiter zieht sich aus der zweiten Nachthälfte zurück.
- Saturn ist fast die ganze Nacht über sichtbar.
- Mars wird unbeobachtbar.

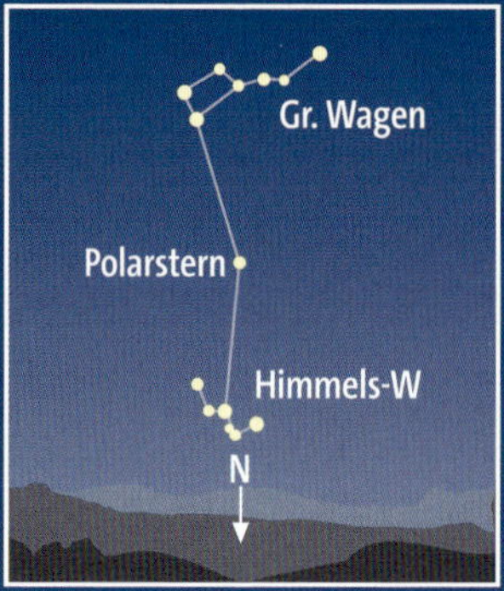

Großer Wagen und Himmels-W Anfang Mai um 22 Uhr

5.1 Himmelsanblick am 13. Mai gegen Mitternacht (= 1h MESZ am 14. Mai). Der abnehmende Mond und Saturn sind tief am Südosthimmel zu sehen.

1 Mo Maifeiertag	17 Mi
2 Di	18 Do
3 Mi Mond im ersten Viertel	19 Fr Mond im letzten Viertel
4 Do	20 Sa
5 Fr	21 So
6 Sa	22 Mo
7 So Mond bei Jupiter (Mitternacht)	23 Di
8 Mo	24 Mi
9 Di	25 Do Christi Himmelfahrt, **Neumond**
10 Mi **Vollmond**	26 Fr
11 Do	27 Sa
12 Fr	28 So
13 Sa Mond bei Saturn (Mitternacht)	29 Mo
14 So	30 Di
15 Mo	31 Mi
16 Di	

Sonne – Sternbilder

14.5. 8^h:
Sonne tritt in das Sternbild Stier
20.5. 21^h:
Sonne tritt in das Tierkreiszeichen Zwillinge
Julianisches Datum am
1. Mai, 1^h MEZ: 2 457 874,5

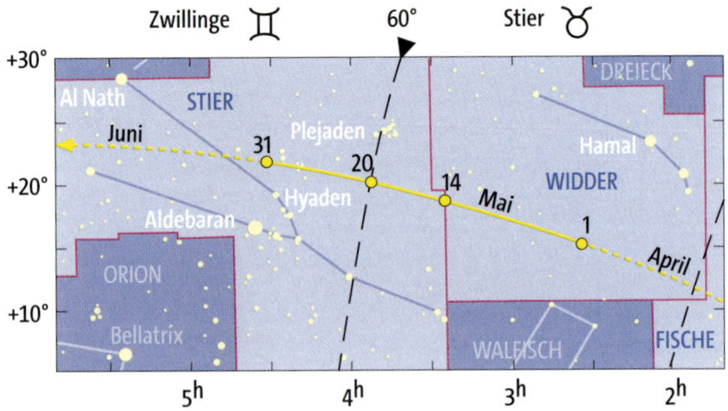

Tabelle Sonnenlauf

Tag	Dämmerg. Anfang	Aufgang MEZ	Kulmination	Untergang MEZ	Dämmerg. Ende	Mittagshöhe	Zeitgleichg.	Rektaszension	Deklination
	h m	h m	h m	h m	h m	°	m	h m	°
1.	3 33	4 56	12 17	19 39	21 03	55,2	+3	2 33	+15,0
5.	3 24	4 49	12 17	19 45	21 11	56,4	+3	2 48	+16,2
10.	3 13	4 41	12 16	19 52	21 22	57,7	+4	3 07	+17,5
15.	3 02	4 34	12 16	20 00	21 32	59,0	+4	3 27	+18,8
20.	2 52	4 28	12 17	20 06	21 42	60,1	+3	3 47	+19,9
25.	2 43	4 22	12 17	20 13	21 52	61,0	+3	4 07	+20,9
31.	2 34	4 17	12 18	20 19	22 03	62,0	+2	4 31	+21,9

Tages- und Nachtstunden

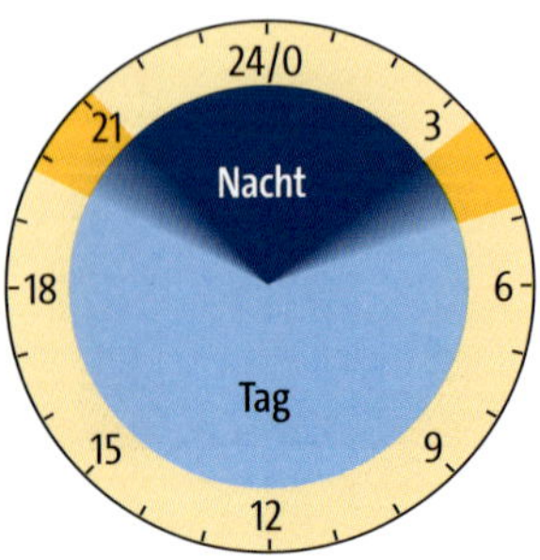

5. Mai

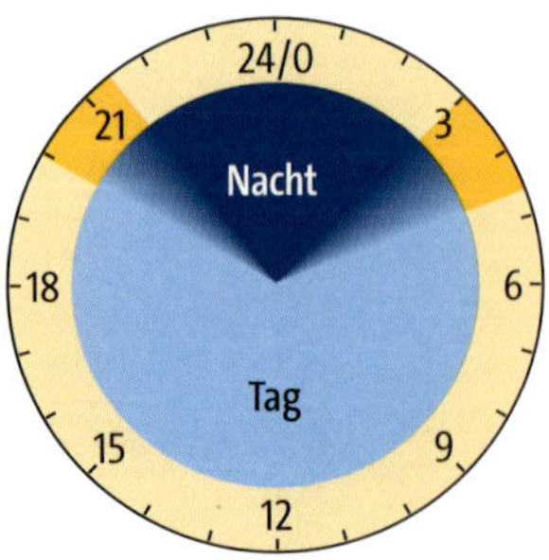

15. Mai

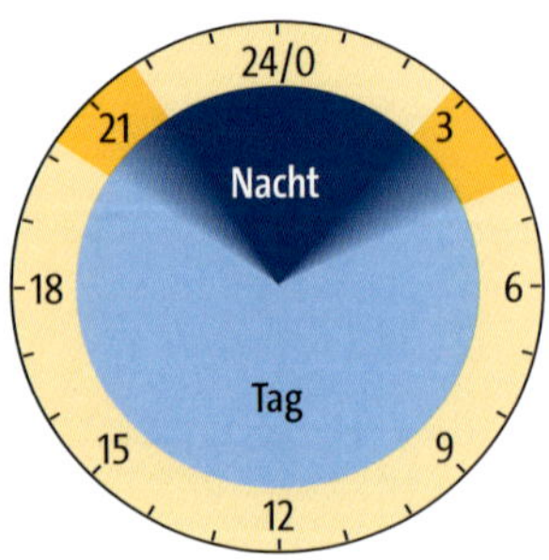

25. Mai

Tabelle Mondlauf

Datum	Aufg. MEZ	Kulmination	Unterg. MEZ	Rektaszension	Deklination	Sterne und Sternbilder	Phase	MEZ
	h m	h m	h m	h m	°			
Mo 1.	9 25	17 18	0 15	6 56	+19,1	Alhena		
Di 2.	10 32	18 14	1 06	7 55	+18,0	Zwillinge		
Mi 3.	11 40	19 07	1 48	8 52	+15,9	Krebs, Krippe	**Erstes Viertel**	$3^h\,47^m$
Do 4.	12 49	19 56	2 23	9 46	+12,9	Löwe, Regulus	Aufsteigender Knoten Libration West	
Fr 5.	13 57	20 43	2 52	10 37	+ 9,4	* Löwe		
Sa 6.	15 03	21 29	3 19	11 27	+ 5,5	Löwe		
So 7.	16 09	22 13	3 43	12 14	+ 1,4	Jungfrau		
Mo 8.	17 13	22 56	4 07	13 01	− 2,6	Jungfrau		
Di 9.	18 16	23 40	4 31	13 47	− 6,5	Spica		
Mi 10.	19 18	–	4 57	14 34	−10,1	Waage	**Vollmond**	$22^h\,43^m$
Do 11.	20 19	0 25	5 25	15 21	−13,3	Waage	Größte Nordbreite	
Fr 12.	21 17	1 10	5 56	16 09	−15,9	Skorpion	Erdferne 406/29,′4	21^h
Sa 13.	22 12	1 57	6 32	16 58	−17,8	Schlangenträger		
So 14.	23 02	2 44	7 14	17 47	−19,0	Schütze		
Mo 15.	23 47	3 32	8 02	18 37	−19,3	Schütze, Nunki		
Di 16.	–	4 20	8 55	19 28	−18,8	Schütze		
Mi 17.	0 27	5 08	9 53	20 19	−17,4	Steinbock		
Do 18.	1 02	5 56	10 56	21 09	−15,2	Steinbock		
Fr 19.	1 34	6 44	12 02	21 59	−12,2	Wassermann	**Letztes Viertel** Absteigender Knoten	$1^h\,33^m$
Sa 20.	2 02	7 32	13 12	22 50	− 8,6	Wassermann	Libration Ost	
So 21.	2 30	8 21	14 24	23 41	− 4,4	Wassermann		
Mo 22.	2 57	9 12	15 40	0 34	+ 0,1	Walfisch		
Di 23.	3 26	10 05	16 58	1 28	+ 4,8	Fische		
Mi 24.	3 57	11 01	18 17	2 24	+ 9,4	Walfisch		
Do 25.	4 34	11 59	19 37	3 23	+13,4	Widder	**Neumond Nr. 1168** Größte Südbreite	$20^h\,44^m$
Fr 26.	5 17	13 01	20 53	4 25	+16,6	Stier, Hyaden	Erdnähe 357/33,′5	2^h
Sa 27.	6 08	14 03	22 01	5 29	+18,7	Stier		
So 28.	7 08	15 05	22 59	6 32	+19,4	Alhena		
Mo 29.	8 15	16 04	23 46	7 35	+18,7	Zwillinge		
Di 30.	9 25	17 00	–	8 35	+16,9	Krebs, Krippe		
Mi 31.	10 36	17 52	0 25	9 31	+14,1	Löwe	Aufsteigender Knoten	

Der Mond wandert am 7./8. an Jupiter vorbei

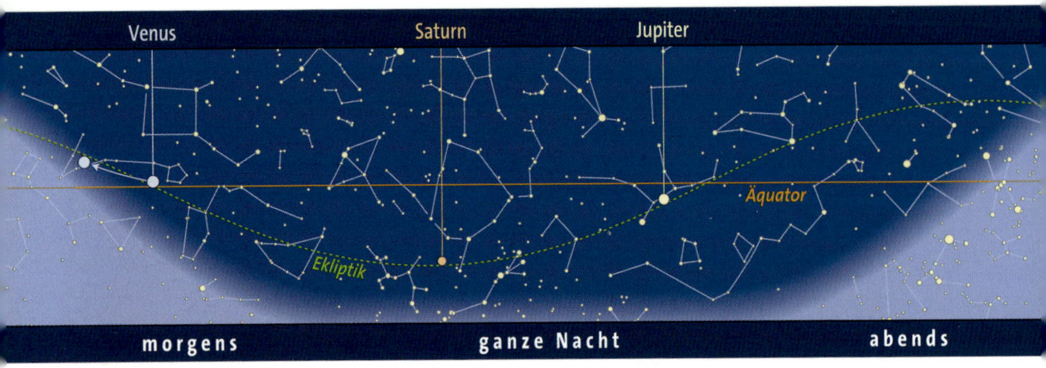

Merkur hat seine untere Konjunktion gerade hinter sich. Bereits am 2. beendet er seine Rückläufigkeit und wird wieder rechtläufig.

In der Nacht vom 17. auf 18. erreicht der flinke Planet mit 25°47′ Winkelabstand von der Sonne seine größte westliche Elongation. Trotz dieses relativ großen Winkelabstands – am 6. passiert Merkur sein Aphel – kommt es in unseren Breiten nicht zu einer Morgensichtbarkeit, denn die morgendliche Ekliptik verläuft im Mai flach zum Osthorizont.

Merkur befindet sich am Tag der maximalen westlichen Elongation 11° südlicher als die Sonne. Dementsprechend klein fällt sein Tagbogen aus. Merkur verbirgt sich in der östlichen Morgenhelle und bleibt im Mai unsichtbar.

In südlichen Ländern (geografische Breite kleiner als 38° Nord) zeigt sich Merkur allerdings um die Monatsmitte am Morgenhimmel.

Konstellationen und Ereignisse

Datum	MEZ	Ereignis
2.	15^h	Merkur im Stillstand, anschließend rechtläufig
6.	15	Merkur im Aphel
7.	22	**Mond bei Jupiter**, Mond 2,°1 nördlich, **Abstand 1,°2 um 24^h**
8.	0	Merkur bei Uranus, Merkur 2,°2 südlich
14.	0	**Mond bei Saturn**, Mond 3,°1 nördlich, **Abstand 2,°4 um 0^h**
18.	0	Merkur in größter westlicher Elongation (26°)
20.	7	Mond bei Neptun, Mond 0,°5 südlich
22.	14	Mond bei Venus, Mond 2,°4 südlich
23.	6	Mond bei Uranus, Mond 3,°9 südlich
24.	2	Mond bei Merkur, Mond 1,°6 südlich
27.	3	Mond bei Mars, Mond 5,°3 südlich

Venus baut ihre Rolle als Morgenstern weiter aus. Ihre Aufgänge verfrühen sich um fast eine Stunde. Allerdings geht jetzt auch die Sonne immer früher auf. Am 1. erfolgt der Venusaufgang um 3^h34^m (= 4^h34^m Sommerzeit), am 15. um 3^h07^m und am 31. bereits um 2^h38^m (= 3^h38^m Sommerzeit). Venus wandert durch das Sternbild Fische und erreicht dabei immer nördlichere Positionen.

Am letzten Tag des Vormonats strahlte unser innerer Nachbarplanet bei $-4{,}^m8$ mit maximaler Helligkeit. Bis Monatsende geht die Venushelligkeit auf $-4{,}^m4$ zurück, ihr westlicher Winkelabstand von der Sonne erreicht fast 46° – die maximale Elongation ist nicht mehr fern.

Mars zieht sich vom Abendhimmel zurück und wird um die Monatsmitte unbeobachtbar. Mars wandert durch das Sternbild Stier und zieht am 7. in 6° nördlichem Abstand an Aldebaran (α Tau) vorbei. Gleichzeitig passiert er dabei das Goldene Tor der Ekliptik, das von den Sternhaufen Plejaden und Hya-

5.2 Merkur vor der Sonne: **Am 9. Mai 2016 zog der flinke Planet Merkur vor der Sonnenscheibe entlang. Aufnahme von Martin Gertz/Sternwarte Welzheim.**

den markiert wird. Der nur mehr 1,m6 helle Mars geht am 1. um 22^h02^m unter und am 15. um 22^h01^m (= 23^h01^m Sommerzeit).

Am 15. beginnt auf der Nordhalbkugel des Mars der Frühling.

Jupiter stand zu Beginn des Vormonats in Opposition zur Sonne. Der Riesenplanet bremst seine rückläufige Bewegung durch das Sternbild Jungfrau merklich ab und kommt am Monatsende fast zum Stillstand (siehe auch Abb. 4.5 auf Seite 100). Während des Monats geht die Jupiterhelligkeit leicht auf –2,m2 zurück.

Aus der zweiten Nachthälfte beginnt sich Jupiter allmählich zurückzuziehen. Der Untergang des Riesenplaneten erfolgt am 1. um 4^h24^m, am 15. um 3^h26^m und am 31. bereits um 2^h21^m (= 3^h21^m Sommerzeit).

Der zunehmende Mond wandert in der Nacht vom 7. auf 8. an Jupiter rund 2° nördlich vorbei (siehe Mondlaufgrafik auf Seite 115).

Saturn wandert rückläufig durch den Schützen und wechselt am 18. in das Sternbild Schlangenträger. Der Ringplanet wird allmählich zum Planeten der gesamten Nacht. Er nähert sich seiner Oppositionsstellung zur Sonne, die er Mitte Juni erreicht (siehe auch Abb. 6.3 auf Seite 139).

Am 1. geht Saturn um 23^h19^m auf und am 15. um 22^h21^m. Am 31. erfolgt der Aufgang des inzwischen 0,m1 hellen Saturn schon um 21^h14^m (= 22^h14^m Sommerzeit). In der Nacht vom 13. auf 14. sieht man um Mitternacht den abnehmenden Mond nahe dem Ringplaneten (siehe Abb. 5.1 auf Seite 112).

Am 25. beginnt auf der Nordhalbkugel von Saturn der Sommer. Die Rotationsachse des Ringplaneten ist um 27° zu seiner Umlaufebene geneigt. Da der Saturnring in der Äquatorebene des Saturns liegt, ist der Ring mit 26,°73 maximal zur Sonne geöffnet. Man sieht zurzeit auf die Nordseite des Ringsystems. Die maximale Ringöffnung in Bezug auf die Erde wird Mitte Oktober in diesem Jahr erreicht.

Uranus, rechtläufig im Sternbild Fische, stand Mitte des Vormonats in Konjunktion mit der Sonne.

Der lichtschwache Planet bleibt im Mai unsichtbar. Ebenso kann die dritte Begegnung von ihm mit Merkur am 8. nicht beobachtet werden.

Neptun, rechtläufig im Wassermann, kann sich noch nicht aus den Strahlen der Sonne befreien. Der nur 7,m9 helle Planet bleibt in diesem Monat weiterhin unsichtbar.

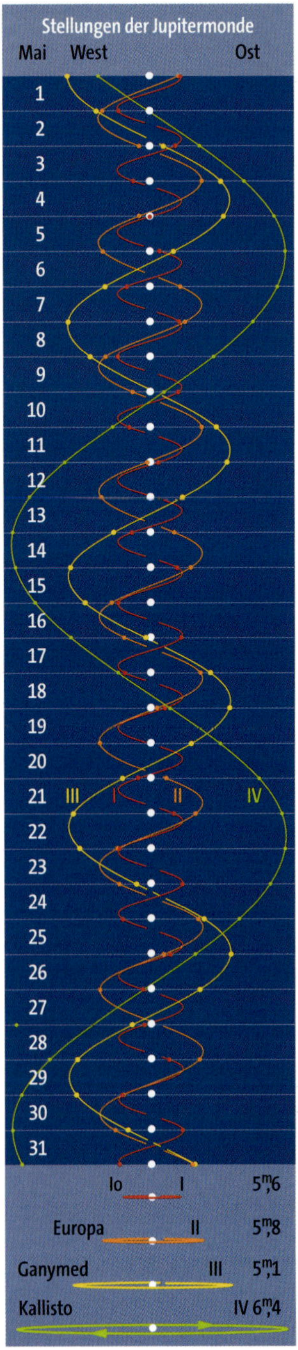

Jupitermonde

Tag	MEZ h	MEZ m	Vorgang	
2.	21	33	III	BE
	21	35	III	VA
	23	58	III	VE
3.	2	28	II	BA
4.	20	47	II	DA
	22	02	II	SA
	23	12	II	DE
5.	0	28	I	DA
	0	29	II	SE
	1	05	I	SA
	21	37	I	BA
6.	0	28	I	VE
	21	05	I	DE
	21	44	I	SE
9.	22	40	III	BA
10.	0	58	III	BE
	1	33	III	VA
11.	23	07	II	DA
12.	0	39	II	SA
	1	33	II	DE
	23	24	I	BA
13.	21	27	I	SA
	21	54	II	VE
	22	51	I	DE
	23	38	I	SE
14.	20	52	I	VE
19.	1	28	II	DA
20.	1	11	I	BA
	21	43	III	SE
	22	28	I	DA
	23	22	I	SA
21.	0	28	II	VE
	0	39	I	DE
	22	47	I	VE
27.	21	39	III	DE
	22	35	II	BA
	23	22	III	SA
28.	0	16	I	DA
	1	40	III	SE
	21	27	I	BA
29.	0	42	I	VE
	21	55	I	SE

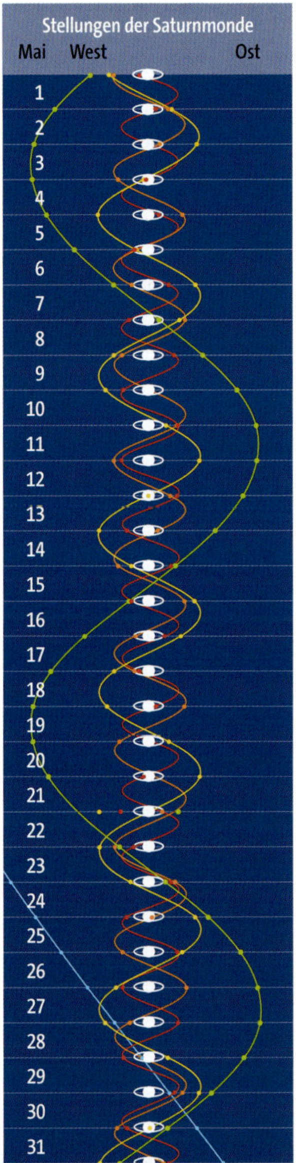

Japetus
5. $10^{\mathrm{m}}\!,6$
10. $10^{\mathrm{m}}\!,6$
15. $10^{\mathrm{m}}\!,6$
20. $10^{\mathrm{m}}\!,8$
25. $11^{\mathrm{m}}\!,0$
30. $11^{\mathrm{m}}\!,3$

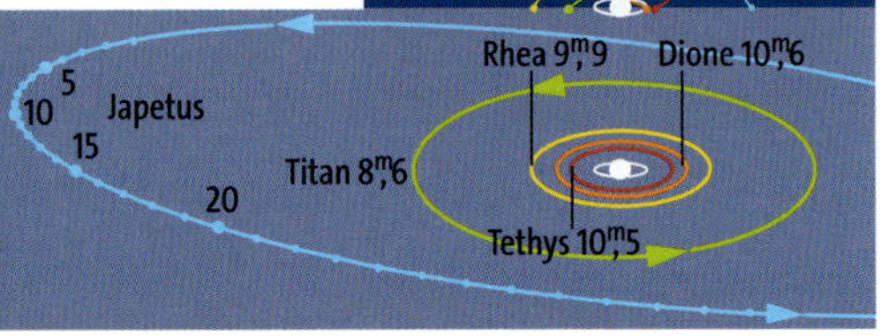

Planetoiden

Juno – Planetoid Nr. 3 – wird am 8. im Sternbild Adler stationär und ist anschließend rückläufig. Ihre Opposition zur Sonne erreicht Juno am 2. Juli.

Vesta (4) eilt rechtläufig durch den Krebs (siehe Abb. 1.14 auf Seite 41). Ihre Helligkeit nimmt weiter um $0\overset{m}{,}2$ auf $8\overset{m}{,}1$ ab. Damit wird sie für noch ungeübte Beobachter schon zu einem schwierigen Beobachtungsobjekt.

Die Vestakulminationen erfolgen am 1. um 17^h52^m (= 18^h52^m Sommerzeit), am 15. um 17^h16^m und am 31. schon um 16^h38^m (= 17^h38^m Sommerzeit). Ende Mai geht Vesta um 0^h40^m unter (= 1^h40^m Sommerzeit).

5.3 Helle Sternschnuppe: Am 13. August 2015 leuchtete über der Sternwarte Welzheim ein heller Meteor der Perseïden auf. Aufnahme von Olaf Meyer-Hamme.

Periodische Sternschnuppenströme

Die **Eta-Aquariden**, auch Mai-Aquariden genannt, flammen von Monatsbeginn bis etwa 27. Mai auf. Die ersten Exemplare dieses Stromes erscheinen bereits Ende April. Der Radiant liegt bei η Aquarii. Das ausgeprägte Maximum wird am 5. Mai erreicht. Im Durchschnitt sind etwa 20 Sternschnuppen pro Stunde zu registrieren, um die Zeit des Maximums sogar bis zu 60. Im Jahre 2013 wurden zum Maximum sogar über 100 Meteore pro Stunde beobachtet. Wegen des horizontnah liegenden Radianten sind die Mai-Aquariden in unseren Breiten schwierig zu beobachten. Aber in südlichen Gegenden sind sie ein auffälliger Strom. Im Mittelmeerraum zählen die Aquariden zu den aktivsten Meteorströmen. Wegen der in den südlichen Ländern später einsetzenden Morgendämmerung erreicht der Radiant zur Beobachtungszeit schon größere Höhen über dem Horizont. Es handelt sich bei diesem Meteorstrom um schnelle Objekte. Sie tauchen mit Geschwindigkeiten um 60 Kilometer pro Sekunde in die Erdatmosphäre ein, wobei sie auffallend lange Leuchtspuren hinterlassen. Die beste Beobachtungszeit ist ab etwa 3^h am Morgenhimmel in den Tropen. Die Mai-Aquariden führen ihren Ursprung auf den Kometen 1P/Halley zurück.

Die **Eta-Lyriden** erscheinen zwischen dem 2. und 13. Mai. Dieser wenig auffallende Strom erreicht am 8. sein schwaches Maximum mit etwa fünf Meteoren pro Stunde. Der Radiant liegt zwischen Wega und δ Cygni. Somit sind die η-Lyriden die gesamte Nacht über zu beobachten. Ursprungsobjekt ist der Komet IRAS-Araki-Alcock (C/1983 H1).

Ferner sind noch die **Scorpius-Sagittarius**-Meteore zu erwarten, die von Mitternacht bis 4^h morgens günstig zu beobachten sind. Ihr Ausstrahlungspunkt liegt rund 1° nördlich von β Scorpii. Das erste Maximum dieses Stroms wird um den 19. erwartet. Es handelt sich um langsame Sternschnuppen (um 30 Kilometer pro Sekunde).

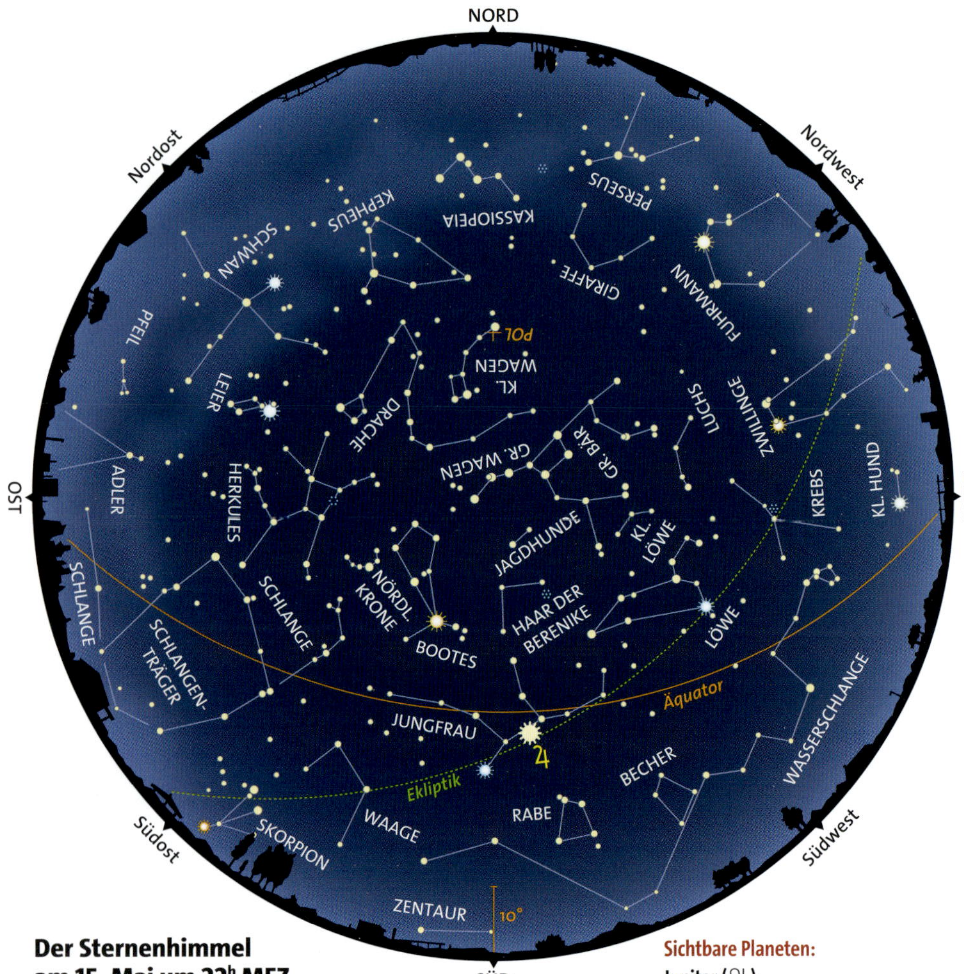

Der Sternenhimmel am 15. Mai um 22^h MEZ

Sichtbare Planeten:
Jupiter (♃)

Die Sternkarte ist auch gültig für:		
	MEZ	MESZ
15. 1.	6^h	
1. 2.	5	
15. 2.	4	
1. 3.	3	
15. 3.	2	
1. 4.	1	2^h
15. 4.	0	1
1. 5.	**23**	**24**
15. 5.	**22**	**23**
31. 5.	**21**	**22**

Von den Wintersternbildern sind lediglich die beiden Sternenketten der Zwillinge mit Kastor und Pollux noch tief im Westen zu erkennen. Im Nordwesten sieht man die auffällig helle Kapella im Fuhrmann, die in unseren Breiten zirkumpolar ist. Tief im Westen kann auch noch Prokyon, der Hauptstern im Kleinen Hund, erspäht werden.

Steil über unseren Köpfen steht der Himmelswagen. Der letzte Deichselstern, Benetnasch, gelegentlich auch Alkaid genannt, steht eben im Meridian in oberer Kulmination. Auch die Kassiopeia, das Himmels-W, hält sich im Meridian auf. Allerdings steht die Kassiopeia knapp über dem Nordhorizont zwischen Himmelsnord*pol* und dem Nord*punkt* am Horizont. Diese

Position nennt man „untere Kulmination“. Im Gegensatz zur oberen Kulmination erreichen Sterne und Sternbilder in unterer Kulmination ihre tiefste Stellung und damit ihre größte Zenitdistanz. Ihre untere Kulmination erreichen die meisten Sternbilder unter dem Horizont, bleiben also unsichtbar. Diejenigen Sternbilder, die in unterer Kulmination über dem Horizont stehen, nennt man zirkumpolar. Zirkumpolarsterne und -bilder sind das ganze Jahr über in jeder klaren Nacht zu sehen, da sie nie untergehen. Der Große Wagen und das Himmels-W sind beispielsweise zirkumpolar.

Spica in der Jungfrau passiert ebenfalls gerade die Mittagslinie. Nahe Porrima (γ Vir) strahlt der Planet Jupiter.

Südlich der Jungfrau, ebenfalls noch in Meridiannähe, entdeckt man das Sternenviereck des Raben (lat.: Corvus). Der Rabe ist nicht besonders auffällig. Wer ihn aber einmal gefunden hat, prägt sich seine trapezartige Figur leicht ein.

Löwe, Bootes und Krone

Der Himmelslöwe hat seinen Meridiandurchgang schon hinter sich und steht hoch im Westen. Seine markante Figur ist leicht auszumachen.

Hoch im Südosten leuchtet unübersehbar der rötliche Arktur im Sternbild Bootes. Arktur ist ein roter Riesenstern in 37 Lichtjahren Entfernung. Er gehört zu den Fixsternen mit den größten Eigenbewegungen.

Neben dem Bootes stößt man auf die Nördliche Krone. Ihr einprägsamer Sternenhalbkreis ist bei genügender Dunkelheit leicht zu finden. Schwieriger wird es schon mit dem ausgedehnten Bild des Herkules. Hier gehört einige Übung dazu, ihn zu erkennen.

Im Nordosten geht gerade das Sommerdreieck auf. Wega und Deneb sind schon über die Horizontlinie gestiegen, während Atair sich noch unter dem Horizont befindet.

Der Osten wird vom Schlangenträger (lat.: Ophiuchus) und der Schlange (lat.: Serpens) eingenommen. Beide Bilder sind sehr ausgedehnt und setzen sich nur aus lichtschwachen, weit verstreuten Sternen zusammen. Sie sind daher am Firmament über unseren lichtüberfluteten Städten und Gemeinden kaum zu finden.

Die Waage

Im Südosten nimmt die Waage ihren Platz ein. Als Tierkreisbild kennt man die Waage dem Namen nach gut. Aber nur wenige finden sie am Sternenhimmel. Die Waage ist der einzige Gegenstand im Tierkreis – alle anderen Bilder stellen Lebewesen dar. Einst lag der Herbstpunkt im Sternbild Waage, heute findet man ihn in der Jungfrau. Trotzdem spricht man immer noch vom Waagepunkt, wenn man den Herbstpunkt meint.

Nur vier Sterne in der Waage sind so hell, dass man sie mühelos mit bloßen Augen sehen kann. Es sind die Sterne α ($2\overset{m}{,}6$), β ($2\overset{m}{,}6$), γ ($3\overset{m}{,}9$) und σ Librae ($3\overset{m}{,}3$). Laut dem Bonner Astronomen Friedrich Wilhelm Argelander (1799–1875) gehören 28 Sterne bis zur sechsten Größenklasse (und damit theoretisch freiäugig zu erkennen) zur Waage.

Die Scheren des Skorpions

In der Antike deuteten die Sterne der Waage noch die Scheren des Sternbilds Skorpion an. Aus dieser Zeit stammen auch die arabischen Namen für die beiden hellsten Sterne, α und β Librae. α Librae heißt Zuben el Genubi (oder el Dschenubi), was „südliche Schere“ bedeutet, und β Librae wird Zuben el Chamali (oder el Schemali) genannt, was entsprechend „nördliche Schere“ heißt.

Veränderliche Sterne im Mai

Algol-Minima	5.	20^h52^m	20.	4^h58^m	23.	1^h47^m	28.	19^h24^m		
β-Lyrae-Minima	1.	6^hH	7.	18^hN	14.	6^hH	20.	17^hN	27.	5^hH
δ-Cepheï-Maxima	5.	9^h	10.	18^h	16.	3^h	21.	11^h	26.	20^h

Objekte für Feldstecher und Fernrohr

Porrima (γ Vir) im Sternbild Jungfrau ist ein prominenter Doppelstern, der wieder weiter wird. Er leuchtet mit einer scheinbaren Gesamthelligkeit von $2{,}^{m}7$. Beide Komponenten sind mit $3{,}^{m}5$ gleich hell, senden ein weißes Licht aus und gehören dem Spektraltyp F8 an. Im Jahre 2007 betrug die Separation nur $0{,}''3$. Die Komponenten waren damals im Periastron. Bis 2017 hat die Distanz wieder auf $2{,}''6$ zugenommen. Beide Porrima-Sonnen umkreisen einander in 169 Jahren. Mit 39 Lichtjahren Distanz ist dieses Sternpärchen uns noch relativ nahe.

Auch Denebola („Schwänzchen des Löwen") oder β Leonis ist ein gut zu trennender Doppelstern, allerdings ist hier der Helligkeitsunterschied enorm – elf Größenklassen! Die Hauptkomponente ist ein weißer Hauptreihenstern (A3 V) mit $2{,}^{m}1$, während der Begleiter in immerhin $80{,}''3$ Distanz lediglich $13{,}^{m}2$ Helligkeit aufweist. Um den Begleiter zu erkennen, benötigt man ein Teleskop ab 25 cm Objektivdurchmesser. Denebola ist 36 Lichtjahre entfernt.

Als weiterer Doppelstern sei im Sternbild der Jagdhunde 2 CVn empfohlen. Die Nr. 2 bezieht sich auf den Sternkatalog von John Flamsteed. Mit $11{,}''9$ Separation ist diese Doppelsonne prinzipiell leicht zu trennen. Allerdings ist auch hier der Helligkeitskontrast relativ groß. Während die Hauptkomponente $5{,}^{m}9$ hell ist, leuchtet der schwache Begleiter lediglich mit $8{,}^{m}7$. Die Hauptkomponente ist orange, der Begleiter sendet ein leicht gelbliches Licht aus (Spektraltyp F8). Der Begleiter steht westsüdwestlich von der Hauptkomponente.

Schwieriges Objekt im Raben

Erfahrene Beobachter können sich den Planetarischen Nebel NGC 4361 im Sternbild Rabe vorknöpfen. NGC 4361 bildet mit den Sternen δ und γ Corvi ungefähr ein gleichseitiges Dreieck (siehe Sternkarte E 12 im *Atlas für Himmelsbeobachter*). Mit nur $10{,}^{m}5$ Gesamthelligkeit ist dieser Planetarische Nebel nicht leicht aufzuspüren. Er erscheint als kreisrundes, winziges Lichtfleckchen von nur $1{,}'2$ Durchmesser. Um ihn deutlich zu sehen, sollte man eine höhere Vergrößerung wählen. Die Koordinaten von NGC 4361 lauten: $\alpha = 12^{h}24{,}^{m}5$ und $\delta = -18{,}^{\circ}79$ (J2000.0).

Als Kugelhaufen sei M 13 empfohlen. Er steht im Herkules und ist unter sehr günstigen Sichtbedingungen schon mit bloßen Augen zu erkennen. Im Fernglas sieht man auf alle Fälle ein rundes Nebelfleckchen. Richtig prächtig wirkt er in einem größeren Teleskop. Entdeckt wurde M 13 bereits 1714 von Edmond Halley. M 13 ist der größte (15′ Durchmesser) und hellste (6^{m}) Kugelhaufen des nördlichen Sternenhimmels. Man blickt

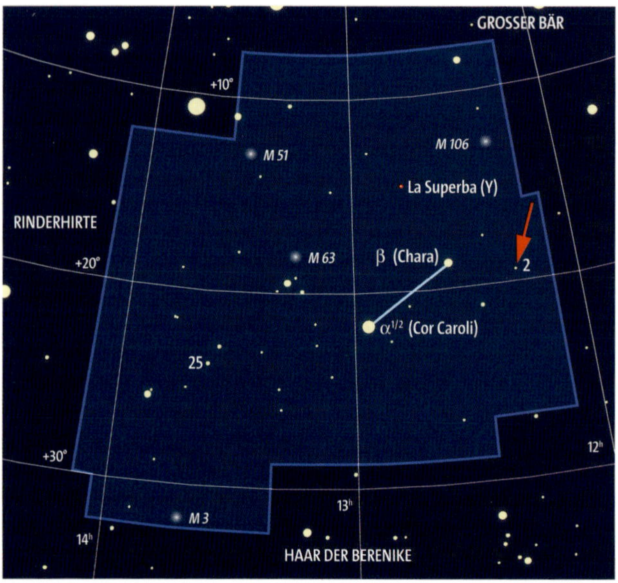

5.4 Sternbild Jagdhunde: Das Sternbild Jagdhunde mit dem Doppelstern 2 CVn.

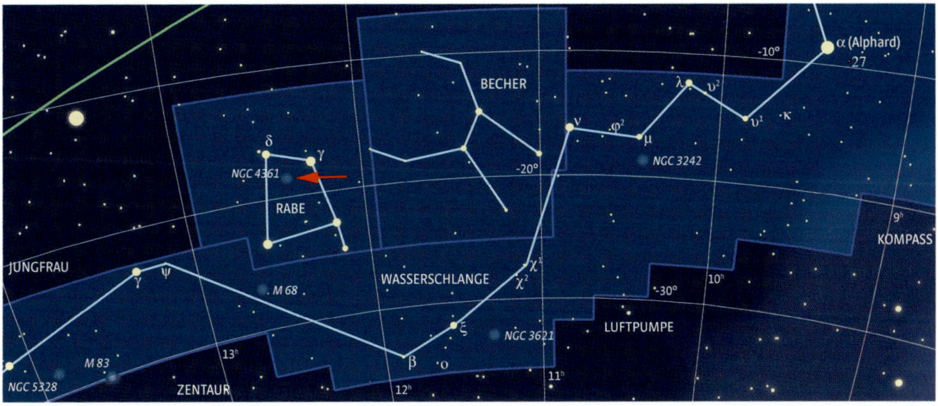

5.5 Sternbilder beim Raben: **Die Sternbildergruppe Rabe, Wasserschlange und Becher – auch mythologisch vereint. Eingetragen ist die Position des Planetarischen Nebels NGC 4361 im Sternbild Rabe.**

hier auf eine alte Sternengesellschaft (über zehn Milliarden Jahre!), wobei sich rund eine Million Sonnen auf einem Raum von 160 Lichtjahren Durchmesser drängen.

Schöne Galaxien

Im Nordwesten der Jungfrau, an der Grenze zum Sternbild Haar der Berenike wimmelt es von Galaxien. Sie gehören zum berühmten Virgo-Cluster, einem Galaxienhaufen von rund zehntausend (!) Milchstraßensystemen, davon allein über tausend große Galaxien. Im Zentrum des Virgohaufens befindet sich eine riesige elliptische Galaxie mit der Katalogbezeichnung M 87. Von M 87 trennen uns rund 60 Millionen Lichtjahre. M 87 ist der intensivste Radiostrahler in der Jungfrau (Radioquelle Virgo A) und auch ein aktiver Röntgenstrahler. Aus dem Zentrum von M 87 schießt ein tausende Lichtjahre langer, heißer Gasstrahl (ein sogenannter Jet).

Eine wunderschöne Galaxie am Frühlingshimmel ist M 104 in der Jungfrau, bekannt als Sombrero-Galaxie, weil sie eine gewisse Ähnlichkeit mit dieser mexikanischen Kopfbedeckung aufweist. Auf M 104 trifft man etwa 11° westlich von Spica (α Virginis) an der Grenze zum Sternbild Rabe. Im Fernglas erscheint dieses 8^m helle Milchstraßensystem als lichtschwaches, längliches Nebelfleckchen (4′ × 8′). Im Teleskop zeigt sich M 104 spindelförmig, geteilt durch einen dunklen Streifen. Man sieht auf die Kante dieser Riesengalaxie. Die dunkle Zone entsteht durch Absorption des Sternenlichtes durch die zur Hauptebene hin konzentrierten Staubmassen. Unsichtbar versteckt sich im Zentrum von M 104 ein supermassereiches Schwarzes Loch von rund einer Milliarde Sonnenmassen. Im Halo der Sombrero-Galaxie wurden fast 2000 Kugelhaufen registriert. Insgesamt zählen mehr als 500 Milliarden Sterne zu M 104. Nach neuesten Messungen ist M 104 rund 30 Millionen Lichtjahre entfernt. Die Sombrero-Galaxie steht von uns aus gesehen in Richtung des riesigen Virgo-Galaxienhaufens, dessen Zentrum allerdings 70 Millionen Lichtjahre entfernt ist. M 104 zählt somit nicht zum Virgo-Haufen, sondern ist eine Galaxie im Vordergrund.

Mit 25 Millionen Lichtjahren näher, aber längst nicht so spektakulär wie M 104, ist die Galaxie NGC 2903 im Löwen. Sie ist relativ leicht zu finden, wenn man von ε Leonis, dem westlichsten Stern im kleinen Löwentrapez, nach Westen geht, bis man auf λ Leo stößt. Ein wenig südlich davon liegt diese 9^m helle Galaxie mit 10′ scheinbarem Durchmesser. Sie erscheint elliptisch mit hellem Zentrum. NGC 2903 ist eine Balkenspiralgalaxie vom Hubble-Typ SBc.

Die Wellen der Schwerkraft

Caltech/MIT/LIGO Lab

5.6 Blick auf das Forschungslabor LIGO für Gravitationswellen in Livingston (Louisiana, USA).

Allgemein bekannt ist: Massen ziehen einander an. Die gewaltige Masse der Erde zieht alle Körper an und hält sie am Boden oder bringt sie zu Fall. Auch die Lufthülle der Erde wird durch die Massenanziehung an unseren Planeten gefesselt. Ohne die Erdanziehung entwiche die Luft in das Weltall. Steigt man die Treppe hinauf, erklimmt man einen Berg oder trägt man einen Koffer, so spürt man die Erdanziehung am eigenen Leib: Der Koffer fühlt sich schwer an, wenn man ihn hebt. Man spricht deshalb von Schwerkraft oder Gravitation (lat.: gravis – schwer). Massen zeigen noch eine andere Eigenschaft: Sie verharren in ihrem Bewegungszustand und setzen einer Änderung desselben Widerstand entgegen. Sie sind träge. Um den Bewegungszustand einer Masse zu verändern, muss man eine Kraft ausüben. Wirkt eine Kraft auf eine Masse, so wird sie beschleunigt. Sie bewegt sich schneller oder aber langsamer. Auch eine Richtungsänderung benötigt den Einsatz einer Kraft. Fällt ein Gegenstand zu Boden, so beschleunigt ihn die Erdschwerkraft. Die Planeten laufen in kreisähnlichen Bahnen um die Sonne und die Schwerkraft der Sonne hält sie in ihrem Bann. Die Planeten erfahren durch die Masse der Sonne eine Beschleunigung, die sie in ihre krummen Bahnen zwingt.

Galileo Galilei und Isaac Newton haben vor rund 400 Jahren das Trägheitsprinzip und die Wirkung der Schwerkraft genau beschrieben. Danach sind die Kräfte, die träge und schwere Massen beschleunigen, einander proportional. Nach Newton besitzt jede Masse ein sie umgebendes Schwere- oder Gravitationsfeld, das auf andere Massen eine Kraft ausübt. Die Masse der Erde fesselt den Mond an sie. Das Gravitationsfeld der Sonne wiederum bestimmt den Lauf der Erde samt Mond, der Planeten und Planetoiden, der Kometen sowie der Meteoroide um sie.

Die Newtonsche Gravitationstheorie ist äußerst erfolgreich, wenn es darum geht, die Positionen und Bewegungen der Himmelskörper nicht nur in unserem Sonnensystem zu beschreiben. Auch das Umkreisen von Doppelsternen, die Wanderung des Sternenheeres um das Milchstraßenzentrum und der Galaxien in einem Haufen lassen erkennen, dass das Newtonsche Gravitationsgesetz im gesamten Universum gültig ist. Bei sehr großen Massen, starken Beschleunigungen und hochpräzisen Messungen zeigen sich jedoch Abweichungen von der Newtonschen Gravitationstheorie und der klassischen Mechanik.

Einsteins Erkenntnisse

Vor 100 Jahren formulierte Albert Einstein eine neue Theorie der Schwerkraft, bekannt als Allgemeine Relativitätstheorie (ART). Sie beschreibt ein neues Konzept der Gravitation: Massen verändern die Geometrie des Raums in ihrer näheren und weiteren Umgebung, sie krümmen den Raum. Eine träge Masse läuft nach der ART auf einer gekrümmten Bahn, einer sogenannten geodätischen Linie. Einstein hat damit gezeigt, dass schwere und träge Masse einander äquivalent sind, simpel ausgedrückt: Es gibt keinen Unterschied zwischen beiden. Oder etwas fachlicher formuliert: Zwischen Scheinkräften (Trägheitskräften) und konservativen Kräften (Schwerkraft), die über ein Potenzial verfügen, kann man grundsätzlich nicht unterscheiden. Einstein hat dies in seinem berühmten Kastenexperiment, einem Gedankenexperiment, erläutert (siehe *Kosmos Himmelsjahr 1995*, Seite 54: „Was sind Gravitationslinsen?"): Ein fensterloser Kasten befindet sich schwerelos im Weltall. Ein Raumfahrer schwebt ebenfalls schwerelos im Kasten. Plötzlich ist es vorbei mit der Schwerelosigkeit, denn der Kasten wird beschleunigt. Der Raumfahrer wird zur einen Wand gedrückt, die nun für ihn der Boden ist. Er kann zwischen „oben" und „unten" unterscheiden. Was er aber nicht weiß: Treibt ein Raketenmotor den Kasten an oder wurde der Kasten auf die Erdoberfläche gestellt? Tritt durch ein kleines Loch an der einen Seitenwand des Kastens ein Lichtstrahl ein, so wird er bei beschleunigter Bewegung die gegenüberliegende Wand nicht in gleicher Höhe, sondern etwas tiefer treffen.

Stimmt die Aussage von der Äquivalenz träger und schwerer Masse, so folgt, dass Massen auch Lichtstrahlen ablenken müssen. Der Effekt ist sehr klein. Bei einer großen Masse wie die der Sonne beträgt die Ablenkung eines Lichtstrahls gerade einmal 1,″6, wenn er am Rand der Sonne vorbeizieht. Bei der totalen Sonnenfinsternis vom 29. Mai 1919 wurde die Lichtablenkung durch die Sonne direkt gemessen und Einstein mit einem Schlag weltberühmt. Heute beobachtet man vielfach, wie Massen den Weg des Lichts beeinflussen: Einstein-Ringe, Einstein-Kreuze sowie Gravitationslinsen sind in vielen Fällen registriert worden.

Das Vorrücken des Perihels

Einen anderen Effekt konnte die ART ebenfalls zutreffend erklären. Die Merkurellipse dreht sich langsam im Raum. Pro Jahrhundert rückt das Perihel der Merkurbahn um 574″ vor. Nach der klassischen Newtonschen Gravitationstheorie ergeben sich aber nur 531″. Die restlichen 43″ blieben lange rätselhaft. Erst die ART konnte diese Diskrepanz befriedigend lösen. Ursache dieses Effektes ist die Raumkrümmung durch die Sonnenmasse. Diese zusätzliche relativistische Drehung der Apsidenlinie (Verbindungsstrecke Perihel – Aphel), also der großen Ellipsenachse, ist nicht nur auf die Merkurbahn beschränkt. Man beobachtet diesen Effekt auch bei anderen Planetenbahnen, ebenso wie bei den Bahnen von Planetoiden, Kometen und Doppelsternen.

Gekrümmte Räume, gekoppelt mit der Zeit, wie sie die ART postuliert, lassen sich nicht mit der euklidischen Geometrie beschreiben. Um die Wirkung und die daraus resultierenden Effekte der Raumzeit bei Anwesenheit von Massen zu berechnen, benötigt man das mathematische Handwerkszeug der Differentialgeometrie. Dieses mathematische Rüstzeug ist etwas anspruchsvoll, weshalb der Zugang und das tiefere Verständnis der ART für viele verschlossen bleiben. Aber die Folgen aus der ART lassen sich mit einfachen Worten beschreiben.

5.7 Zwei einander umkreisende Schwarze Löcher senden Gravitationswellen aus. Die Transversalwellen breiten sich mit Lichtgeschwindigkeit aus.

Weitere Vorhersagen der ART haben sich als zutreffend erwiesen. So muss auch das Licht gegen die Schwerkraft ankämpfen, wenn es einen Stern verlässt. Es erfährt eine gravitative Rotverschiebung. Bei hohen Oberflächenbeschleunigungen wie bei Weißen Zwergen (typische Entweichgeschwindigkeiten um 7000 km/s) konnte dieser Effekt besonders deutlich beobachtet werden.

Ferner gehen Uhren im Schwerefeld und somit auch im Weltall beschleunigte Uhren langsamer als schwerelos frei schwebende Uhren. Dies wurde schon in den 1970er Jahren getestet, indem man Atomuhren in Flugzeugen um den Erdball transportierte und nach Rückkehr die Abweichungen gegenüber den im Labor zurückgelassenen Atomuhren registrierte. Gleichzeitig wurde dabei auch die Zeitdilatation der Speziellen Relativitätstheorie nachgewiesen. Eine auf der Erde stehende Atomuhr bleibt nach einem Jahr um 22 Millisekunden gegenüber einer schwerelosen Uhr im Weltall zurück.

Laufzeiteffekte bei Quasaren

Einen weiteren Effekt hat Irwin Ira Shapiro im Jahre 1964 aus der ART abgeleitet: Durch die Raumkrümmung bei Anwesenheit von Massen kommt es zu Laufzeitverzögerungen des Lichts. Dies konnte bei Doppelbildern von Quasaren gut überprüft werden. Passiert das Licht eines Quasars auf seinem Weg zur Erde einen massereichen Galaxienhaufen, so werden die Lichtstrahlen nicht nur abgelenkt, sondern auch verdoppelt. Man beobachtet dann zwei punktförmige Bilder des Quasars (manchmal auch mehr). Helligkeitsvariationen des Quasars erfolgen dabei zeitversetzt. Ein Bild zeigt jetzt einen Helligkeitsausbruch, das zweite Bild erst später.

Gemäß der ART senden beschleunigte Massen Gravitationswellen aus und verlieren dabei Energie. Einstein selbst hat die Existenz von Gravitationswellen in seiner Arbeit *Kosmologische Überlegungen zur Allgemeinen Relativitätstheorie* aus dem Jahre 1917 vorausgesagt. Ihm war auch bewusst, dass der Nachweis von Gravitationswellen im Labor kaum gelingen kann. Eine Gravitationswelle, die zehn Watt Leistung pro Quadratmeter aufbringt, führt zu einer Schwingung der Raumzeit mit einer Amplitude (Auslenkung) von nur $1{:}10^{17}$ (also 100 Billiardstel pro

Längeneinheit). Auf einen Meter Länge führt dies zu einer Oszillation der Länge von nur 10^{-15} cm, dies ist nur ein Hundertstel des Durchmessers eines Protons, eines Wasserstoffatomkerns. Die Strecke Erde – Sonne von 150 Millionen Kilometer würde lediglich um 1,5 Tausendstel Millimeter periodisch gedehnt und verkürzt werden.

Die vierte Grundkraft

Die Gravitation ist die schwächste Naturkraft. Die elektrostatische Kraft ist hundert Sextillionen (10^{38}) Mal stärker als die Schwerkraft. Deshalb sind die energetischen Kräfte einer Gravitationswelle äußerst gering.

Gravitationswellen entstehen analog zur elektromagnetischen Strahlung. Wird ein elektrisch geladenes Teilchen, beispielsweise ein Elektron, in Schwingung versetzt, so sendet es eine elektromagnetische Welle aus. Diese breitet sich mit Lichtgeschwindigkeit aus. Das Elektron verliert dabei Energie, die von der Welle mitgenommen wird. Gemäß den Gesetzen der Quantenmechanik erfolgt die Energieübertragung einer Welle nicht kontinuierlich, sondern in einzelnen, wenn auch sehr kleinen Portionen, den Quanten. Die Quanten der elektromagnetischen Strahlung heißen Photonen. Die Energie, die ein Photon überträgt, ist nur abhängig von der Frequenz der Strahlung. Photonen haben keine Ruhemasse und bewegen sich daher stets mit Lichtgeschwindigkeit. Sie besitzen auch keine elektrische Ladung. Ihr Spin (Eigendrehimpuls) ist gleich eins.

Beschleunigt bewegte Massen senden Gravitationsstrahlung aus. Wenn eine Masse oszilliert oder sich auf einer Kreisbahn bewegt, so sendet sie Gravitationswellen aus, die sich mit Lichtgeschwindigkeit ausbreiten (siehe Abb. 5.8 unten). Die Energiequanten der Schwerkraftwellen sind die Gravitonen. Wie die Photonen besitzen sie keine elektrische Ladung und keine Ruhemasse. Ihr Spin hat den Wert zwei. Gravitationswellen sind Schwingungen der Raumzeit, also des Kontinuums, in dem sich unser Weltgeschehen abspielt.

Störungen der Raumzeit

Gravitationswellen sind Störungen der Raumgeometrie, die sich mit Lichtgeschwindigkeit fortpflanzen. Während sich elektromagnetische Strahlung als Dipolwellen ausbreitet, senden beschleunigte Massen Quadrupolwellen aus. Das Quadrupolmoment einer schwingenden Masse führt zu Stauchungen und Dehnungen des Raumes in zwei Richtungen, während elektrische und magnetische Feldstärken in nur einer Richtung schwingen (von Plus nach Minus, vom Nord- zum Südpol und jeweils zurück). Das Quadrupolmoment einer Schwerkraftwelle gibt die Abweichung der Radienlänge von der exakten Kugelsymmetrie in zwei Richtungen an.

Gravitationswellen sind transversale Wellen. Die Schwingungen erfolgen senkrecht zur Ausbreitungsrichtung. Die Dehnung und Stauchung des Raumes erfolgt also senkrecht zur Laufrichtung der Schwerkraftwelle, sowohl nach links und rechts, nach vorne und hinten, nach Ost und

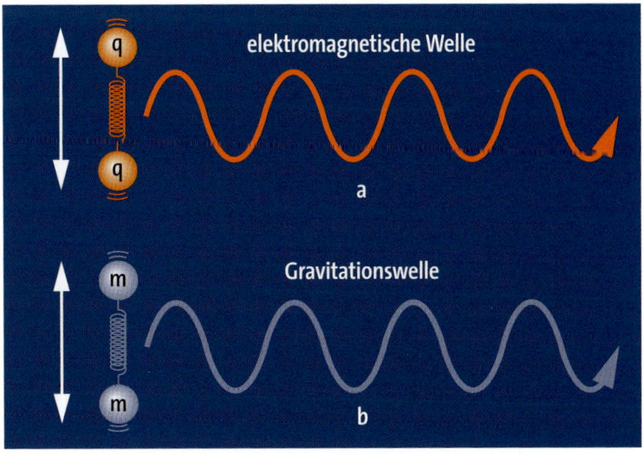

5.8 Eine schwingende elektrische Ladung (q) erzeugt eine elektromagnetische Welle (a), eine schwingende Masse (m) eine Gravitationswelle (b).

West, nach Nord und Süd (siehe Abb. 5.9 auf Seite 129). Materie absorbiert Gravitationswellen nicht. Sie können mühelos die Erde durchqueren ohne abgeschwächt zu werden.

Wer sendet Gravitationswellen aus? Beim Urknall selbst, in der Inflationsphase, müssen Gravitationswellen entstanden sein. Gelänge es, sie zu registrieren, würde man damit einen Blick hinter die Feuerwand des Big Bang, des kosmischen Mikrowellenhintergrundes, werfen können. Die Suche nach den primordialen Schwerkraftwellen war bisher noch nicht erfolgreich (siehe Monatsthema „Auf den Spuren des Urknalls" im *Kosmos Himmelsjahr 2016*, Seite 69).

Bei einem Sternenkollaps, wie er sich bei einer Supernova-Detonation ereignet, werden ebenfalls Gravitationswellen emittiert. Allerdings nur, wenn der Kollaps asymmetrisch erfolgt, was infolge der Sternrotation auch der Fall ist.

Gravitationsabstrahlung der Erde

Rotieren symmetrische Körper (Kugel, Kegel, Zylinder) um ihre Symmetrieachse, so senden sie keine Gravitationswellen aus, wenn sich die Rotationsgeschwindigkeit ändert. Einander umkreisende Himmelskörper erzeugen jedoch Schwerkraftwellen. So strahlt auch die Erde bei ihrem Lauf um die Sonne Gravitationswellen aus. Da der Schwerpunkt Erde – Sonne fast mit dem Sonnenmittelpunkt zusammenfällt, trägt die Sonnenmasse praktisch nichts zum Quadrupolmoment dieses Systems bei. Maßgebend ist allein die Masse der Erde.

Durch Gravitationsabstrahlung verliert die Erde so wenig ihrer kinetischen Energie, dass sie erst nach 30 Quadrillionen ($3 \cdot 10^{25}$) Jahren in die Sonne stürzen würde, also erst nach dem Billiarden(10^{15})-Fachen des heutigen Weltalters! Verglichen mit dem Alter des Sonnensystems von 4,6 Milliarden Jahren hat die Erde durch Abstrahlung von Gravitationswellen kaum an Bewegungsenergie verloren.

Gravitationsstrahlung von Planetenumläufen messen zu wollen ist illusorisch. Bei massereichen und engen Doppelsternen sind jedoch die Beschleunigungen so enorm, dass deren Gravitationsabstrahlung zu messbaren Verkürzungen der Umlaufperiode führt. Beide Sterne rücken dabei immer näher. Gelingt es, bei einem Sternenpaar die Abnahme ihrer Umlaufzeit zu ermitteln, so ist dies auch ein indirekter Nachweis von Schwerkraftwellen.

Doppelpulsare als Quellen

Erstmals gelang dies 1974 bei dem Neutronensternpaar PSR 1913+16 im Sternbild Adler. Die Katalogbezeichnung bezieht sich auf seine Koordinaten ($\alpha = 19^h13^m$, $\delta = +16°$). Der Neutronendoppelstern ist mit 21 000 Lichtjahren relativ weit von uns entfernt. Die eine Komponente mit 1,44 Sonnenmassen macht sich als Pulsar bemerkbar und sendet alle 59 Millisekunden einen Radioimpuls aus. Er dreht sich somit 17-mal in jeder Sekunde um seine Achse. Sein Begleiter mit 1,39 Sonnenmassen sendet seinen Strahlungskegel so aus, dass er die Erde nicht überstreicht.

Beide Neutronensterne laufen in einem gegenseitigen Abstand von 750 000 Kilometern (dies entspricht ungefähr dem Sonnenradius oder der doppelten Mondentfernung) in sieben Stunden und 45 Minuten umeinander. Durch Aussenden von Schwerkraftwellen nimmt die Umlaufperiode um 0,0766 Millisekunden oder 76,6 Millionstel Sekunden pro Jahr ab. Ihr Abstand voneinander verringert sich dabei um 3,5 Meter pro Jahr. Nach 220 Millionen Jahren werden die Neutronensterne miteinander zu einem Schwarzen Loch verschmelzen.

Die Abnahme der Umlaufdauer entspricht genau dem von der ART ermittelten theoretischen Wert für die bei Abstrahlung von Schwerkraftwellen zu erwartende Verkürzung.

Doch nicht nur das. Die Apsidenlinie (Verbindungsstrecke Periastron – Apastron) dreht sich infolge des relativistischen Effekts der Raumkrümmung um 4,°227 pro Jahr. Eine volle Umdrehung dauert somit 85 Jahre. Auch die gravitative Rotverschiebung und der Shapiro-Effekt konnten bei diesem Neutronensternpaar beobachtet werden. Manche Astronomen meinen ein wenig spöttisch, PSR 1913+16 sei das Lustobjekt der Relativitätstheoretiker, da bei ihm alle von der ART

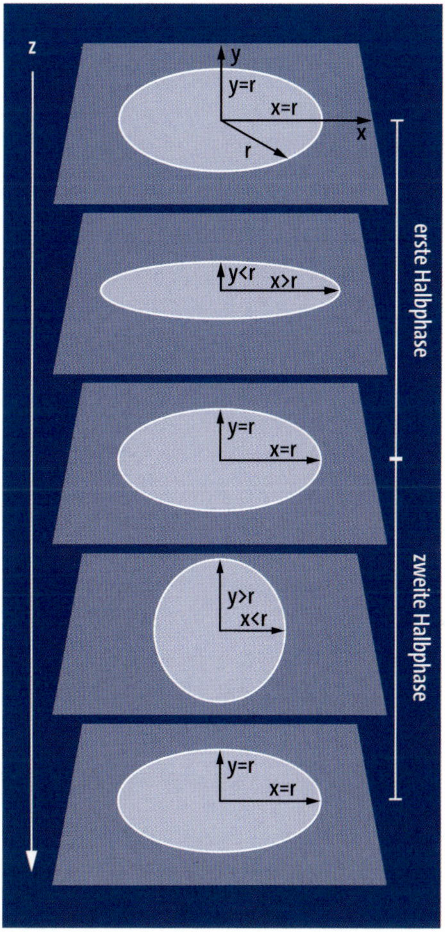

5.9 Eine Gravitationswelle, die in z-Richtung läuft, dehnt und staucht Längen abwechselnd in x- und y-Richtung.

vorausgesagten Phänomene quantitativ exakt bestätigt wurden. Die beiden Astronomen Russell Alan Hulse und Joseph Hooton Taylor, die den Doppelpulsar mit dem 300-m-Radioteleskop in Arecibo (Puerto Rico) entdeckt und beobachtet hatten, erhielten 1993 den Nobelpreis für Physik.

Mehr Objekte

Einen weiteren Doppelneutronenstern, mit dessen Hilfe die Existenz von Schwerkraftwellen nachgewiesen wurde, PSR J0737-3039 im Sternbild Hinterdeck des Schiffes, fand man im Jahr 2003. Das Neutronensternpaar ist 4000 Lichtjahre von uns entfernt. Die beiden je 1,34 und 1,25 Sonnenmassen schweren Neutronensterne umkreisen einander in 2,45 Stunden einmal, wobei ihr gegenseitiger Abstand 850 000 Kilometer (= 0,006 AE) beträgt. Die relativistische Drehung der Apsidenlinie, also das Vorrücken des Periastron, bemisst sich auf 17,°14 pro Jahr. Durch den Verlust an Bahndrehimpuls infolge der Abstrahlung von Schwerkraftwellen nähern sich beide Komponenten einander um 2,6 Meter pro Jahr. In 330 Millionen Jahren werden sie miteinander verschmelzen.

Inzwischen wurden mehr als ein Dutzend Objekte gefunden, bei denen zwei Neutronensterne oder Schwarze Löcher beziehungsweise je ein Neutronenstern und ein Schwarzes Loch einander umkreisen, bei denen die Effekte der ART getestet werden können.

Observatorien zum Nachweis

Doch das Ziel der Relativitätsspezialisten ist es, Schwerkraftwellen direkt zu messen. Dazu wurden Gravitationswellendetektoren entwickelt und gebaut. Mitte der 1960er Jahre haben Joseph Weber und Kollegen von der Universität von Maryland (USA) versucht, Gravitationswellen mit Hilfe von Aluminiumzylindern nachzuweisen. Die Raumdeformationen sollten die 153 cm langen und einen halben Meter dicken Zylinder in Schwingungen versetzen. Theoretisch ließen sich Gravitationswellen aus dem Weltall mit solchen Resonanzdetektoren nachweisen, ohne allerdings die Richtung feststellen zu können, aus der sie kommen. Die Versuche lieferten aus mehreren Gründen kein positives Ergebnis und wurden schließlich abgebrochen.

Eine andere Methode, das Zittern der Raumgeometrie zu vermessen, ist die Überwachung der Schwingungen von Probekörpern mittels Laserstrahlen, die über fein justierte Spiegel reflektiert und zur Interferenz (Überlagerung) gebracht werden. Eine solche Versuchsanordnung wird LIGO genannt, das Akronym für „**L**aser **I**nterferometer **G**ravitational Wave **O**bservatory“. Zwei solcher Laserdetektoren operieren in den USA: in Livingston (Louisiana) und in Hanford (Washington). Im Prinzip ist LIGO ein wesentlich verbessertes Michelson-Interferometer, mit dem man einst die Konstanz der Lichtgeschwindigkeit in allen Bezugssystemen nachgewiesen hat.

Das LIGO in Livingston besteht aus zwei zueinander senkrecht liegenden Röhren von knapp vier Kilometern Länge, in denen ein Ultrahochvakuum herrscht (siehe Abb. 5.10). Eine Laserquelle (LQ) sendet einen Laserstrahl aus, der auf den Strahlenteiler ST trifft und dort in zwei Teilstrahlen aufgespalten wird. Ein Teilstrahl tritt in Röhre A und wird vom Spiegel S1 reflektiert, der andere gelangt in Röhre B, wo er vom Spiegel S2 zurückgeworfen wird. Beide Spiegel von 25 cm mal 10 cm Größe sind Testmassen mit 10,7 kg, die leicht beweglich aufgehängt sind (Resonanzfrequenz 0,76 Hz). Beide reflektierten Laserstrahlen treffen am Ort ST wieder zusammen, wo sie auf den optischen Detektor D gelenkt werden. Da es sich um monochromatisches Licht handelt, können beide Strahlen interferieren. Trifft ein Wellenberg des ersten Teilstrahls auf ein Wellental des zweiten, so löschen sie sich gegenseitig aus; die Fotodiode im Detektor D registriert kein Licht. Trifft jedoch Wellenberg auf Wellenberg, so verstärkt sich die Intensität und der Detektor registriert einen hellen Lichtpunkt. Beide Spiegel werden so eingestellt, dass sich die beiden Teilstrahlen bei ST durch Interferenz auslöschen. Wird nun durch eine Gravitationswelle die Lauflänge in A etwas verkürzt und in B etwas verlängert, so ändert sich die Interferenz, Wellenberg trifft auf Wellenberg, der Detektor zeigt an: hell! Gemäß der Frequenz der Schwerkraftwelle passiert dies in Abständen von Sekundenbruchteilen. Einmal ist dabei die Strecke in A, dann wieder die Strecke in B gestaucht oder gedehnt. Das Blinken des interferierenden Laserstrahls wird auf einem Monitor als Registrierkurve dargestellt. Dies ist sehr vereinfacht dargestellt das Prinzip eines LIGO-Detektors. Als Laserquelle wird ein Neodym-Infrarot-Laser mit einer Leistung von 4,5 Watt verwendet und einer Wellenlänge von $\lambda = 1064$ nm. Der Verstärker und Kollimator VK steigert die Leistung auf 200 Watt.

Das System ist für Gravitationswellen in einem Frequenzbereich von 0,004 bis 7 kHz (Wellenlänge von 7500 km bis 43 km) empfindlich.

Eine gewaltige Herausforderung

Welche Wellenlängenänderungen der Wege in den Hochvakuumröhren sind zu erwarten? Infolge der geringen Stärke der Gravitationswechselwirkung und der vermuteten großen Distanz von Gravitationsstrahlungsquellen sind nur Längenvariationen von einem Trilliardstel (10^{-21}) anzunehmen. Das bedeutet bei vier Kilometern Länge des Laserstrahls im Tunnel eine Verkürzung oder Verlängerung von 40 Billiardstel ($4 \cdot 10^{-16}$) Zentimeter. Das ist 1000-mal kürzer als der winzige Durchmesser eines Protons, eines Wasserstoffatomkerns. Bei solch extrem kleinen Längenänderungen werden selbst kühne Experimentalphysiker blass.

Um doch eine Chance zu bekommen, das Kräuseln der Raumzeit nachzuweisen, hat man beide Arme A und B als Fabry-Pérot-Interferometer ausgeführt. Die Laserstrahlen flitzen rund 100-mal (bei einer Speicherzeit von 0,95 ms sind dies 75-mal) zwischen den halbdurchlässigen Spiegeln HS1 und S1 sowie HS2 und S2 hin und her, wodurch die Messstrecke virtuell auf einige hundert Kilometer verlängert wird.

In den Fabry-Pérot-Röhren verstärkt sich die Laser-Leistung auf 15 bis 20 Kilowatt. Ein solch kräftiger Laserstrahl würde die Fotodiode in Detektor D zum Schmelzen bringen. Deshalb muss im Signalaufbereiter SA die Stärke des Laserstrahls entsprechend reduziert werden.

20 Jahre kein Erfolg

Mit dem Bau der LIGOs in den USA wurde 1994 begonnen, nachdem das Projekt von den drei führenden Gravitationsphysikern Ronald Drever, Kip Thorne und Rainer Weiss initiiert worden war. Fast ein Vierteljahrhundert hat man vergeblich versucht, Schwerkraftwellen nachzu-

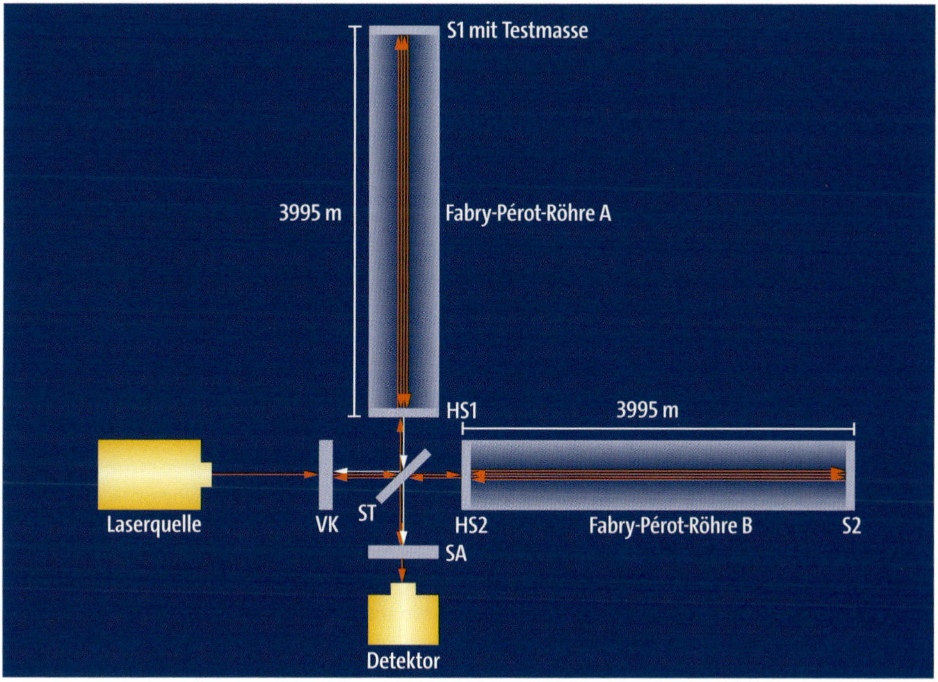

5.10 Funktionsschema des Gravitationswellendetektors LIGO. Beschreibung siehe Text.

weisen. Mehrmals wurde die Empfindlichkeit der Anlage durch technische Raffinessen erhöht. Inzwischen wird nun jede noch so kleine Erschütterung registriert; Erdbeben in fernen Kontinenten ebenso wie die Brandungswellen der Ozeane, Straßenverkehr usw. Selbst Menschen und Tiere, Wind und Wetter, die thermischen Bewegungen der Moleküle in der Anlage, sogar der Lichtdruck des Laserstrahls selbst führt zu winzigen Schwingungen, die aufgezeichnet werden.

Endlich, am 14. September 2015, war es soweit. Um $9^h50^m45^s$ UTC wurde ein nur $0{,}^s2$ langes Signal empfangen – sowohl in Livingston als auch in Hanford, dort sieben Millisekunden später. Hanford ist von Livingston 3000 Kilometer entfernt. Aus der zeitlichen Koinzidenz und der gleichen Modulation des Signals konnte man nicht nur auf seinen außerirdischen Ursprung schließen, sondern aus der Laufzeitdifferenz auch grob die Richtung schätzen, aus der die Schwerkraftwelle eintraf. Sie lief nicht auf der Erdoberfläche entlang, sondern durch die Erde hindurch. Gravitationswellen durchdringen mühelos Materie und werden kaum gedämpft. In Livingston war es 5^h50^m Ortszeit und in Hanford 3^h50^m nachtschlafender Zeit. Zuerst wurde das Signal im GEO600-Ligo-Labor des Max-Planck-Instituts für Gravitationsphysik in Ruthe bei Hannover entdeckt. Denn die Schwerkraftwellendetektive arbeiten weltweit zusammen in der sogenannten LIGO Scientific Collaboration. Zu ihr gehören auch die Gravitationsdetektoren VIRGO in Cascina bei Pisa und Tama 300 in Mitika bei Tokio.

Die aufregende Entdeckung wurde zunächst vertraulich behandelt. Man wollte sich erst nach genauer Analyse der Daten an die Öffentlichkeit wenden. Denn schon öfter hatten sich Sensationsmeldungen von angeblichen Neuentdeckungen als Flop erwiesen. Doch diesmal hatte man tatsächlich erstmals eine Gravitationswelle direkt gemessen. Im Februar 2016 wurde diese epochale Beobachtung offiziell weltweit verkündet, nachdem schon vorher Gerüchte durchgesickert waren.

Die Quelle der Gravitationswellen

Wer hat die Schwerkraftwelle ausgesandt, woher kam sie? Zur genauen Ortsbestimmung hätte es eines dritten LIGO-Detektors bedurft. Doch die Stationen außerhalb der USA waren nicht empfangsbereit. So konnte man nur grob die Richtung angeben. Die Quelle wurde am Südhimmel lokalisiert, sie liegt in einem etwa 10° breiten und rund 60° langen Streifen, der über die Große Magellansche Wolke verläuft. Ihre Entfernung wird auf 1,3 Milliarden, also 1300 Millionen Lichtjahre geschätzt. Die Unsicherheit ist relativ groß, etwa plus/minus eine halbe Milliarde Lichtjahre.

Erzeugt wurde die Schwerkraftwelle, die nach ihrem Entdeckungsdatum die vorläufige Bezeichnung GW150914 erhielt, von zwei miteinander verschmelzenden, massereichen Schwarzen Löchern. Das eine Black Hole hatte 29 Sonnenmassen, das andere 36, was einem Schwarzschild-Radius von 87 Kilometern beziehungsweise 108 Kilometern entspricht. Beide rasten ungeheuer schnell umeinander und erreichten kurz vor ihrer Vereinigung fast Lichtgeschwindigkeit. Das zeigt sehr deutlich die Signatur des Signals (siehe Abb. 5.11 unten). Die Amplitude steigt steil an, die Frequenz nimmt rapide zu – alles in Bruchteilen einer Sekunde.

Anfangs 35 Hz, das entspricht einer Wellenlänge von 8570 Kilometer, steigerte sich die Frequenz der Gravitationswelle auf 250 Hz (Wellenlänge 1200 km) beim furiosen Finale. Beim Berühren der Ereignishorizonte beider Schwarzer Löcher war der Verschmelzungsprozess in einem winzigen Augenblick vollzogen – ein neues Schwarzes Loch von 62 Sonnenmassen und einem Durchmesser von 372 Kilometern war entstanden.

Wo aber sind die restlichen drei Sonnenmassen verblieben? Gemäß der Einstein-Formel $E = mc^2$ wurden sie in pure Energie umgewandelt. So wurden rund $3 \cdot 10^{49}$ Watt an Strahlungsleistung in die ausgesandte Gravitationswelle gesteckt. Das ist die höchste jemals beobachtete Energiefreisetzung bei einer kosmischen Katastrophe. Sie entspricht der Leuchtkraft von 100 Trilliarden (10^{23}) Sternen vom Typ unserer Sonne. So viele Sterne gibt es im gesamten überschaubaren Universum nicht!

Trotz dieser enormen Energie der Gravitationswelle war das

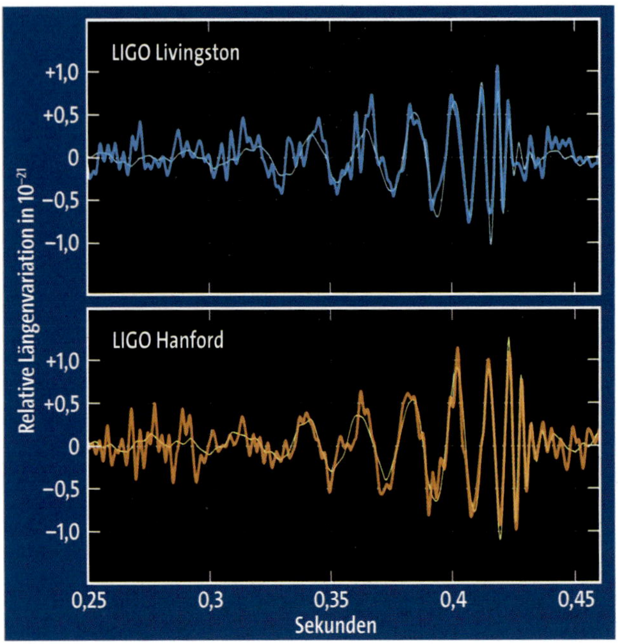

5.11 Am 16. September 2015 wurde im LIGO-Livingston ein 0,2 Sekunden langes Signal aufgezeichnet, das mit gleicher Modulation nur 0,007 Sekunden später in Hanford beim LIGO-Schwesterlabor registriert wurde.

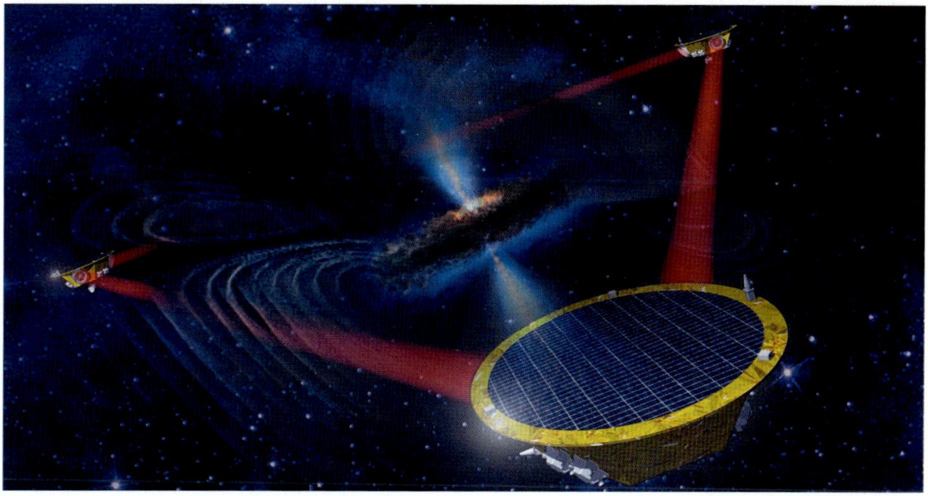

5.12 Der Weltraumgravitationswellendetektor eLISA.

auf der Erde empfangene Signal relativ schwach. Denn auch für Schwerkraftwellen gilt, dass deren Intensität mit dem Quadrat der Entfernung abnimmt.

Observatorien im Weltall

Schon plant man, in absehbarer Zeit einen noch viel leistungsfähigeren Gravitationswellendetektor im Weltall zu installieren. Das Projekt LISA (**L**aser **I**nterferometer **S**pace **A**ntenna) sah vor, drei Sonden an den Eckpunkten eines gleichseitigen Dreiecks im Weltall schweben zu lassen, wobei die Seitenlänge fünf Millionen Kilometer betragen sollte. Genaue Messungen mit Laser-Interferometern sollten selbst winzigste Änderungen der Seitenlänge erfassen, um auf diese Weise Schwerkraftwellen zu registrieren (siehe Abb. oben). Aus finanziellen Gründen wurde dieses Gemeinschaftsprojekt von ESA und NASA jedoch im Jahr 2011 zu Grabe getragen. Die NASA hatte erhebliche Budgetkürzungen zu ertragen und die Marsmissionen schienen wichtiger.

Doch wie Phönix aus der Asche hat die ESA das Projekt neu aus der Taufe gehoben. Unter der Bezeichnung eLISA (**E**volved LISA) sollen Gravitationswellen mit Wellenlängen von 30 km bis 300 000 km (Frequenzen von 0,1 mHz bis 1000 mHz) nachgewiesen werden. Um die Kosten zu senken, wurden die Abstände der drei Sonden von fünf Millionen auf eine Million Kilometer verkürzt. Dafür erhielt das Projekt die Zusatzbezeichnung NGO – **N**ew **G**ravitational Wave **O**bservatory. Zu Testzwecken wurde unter der Missionsbezeichnung LISA-Pathfinder (LPF) am 3. Dezember 2015 eine Sonde ins All befördert, die zwei Würfel aus Gold und Platin zu je zwei Kilogramm Masse in einem Abstand von 38 cm als Testmassen enthält. Der Start von eLISA/NGO dürfte allerdings erst im Jahre 2034 erfolgen.

Mit eLISA/NGO wird man endlich auch den primordialen Gravitationsstrahlungshintergrund beobachten können. Damit wird ein Blick hinter die Feuerwand des Big Bang, des kosmischen Mikrowellenhintergrunds, in die allerfrüheste Phase des Universums möglich werden.

Die Euphorie der Astronomen ist nach den ersten Erfolgen beim Aufspüren von Gravitationswellen groß. Schon schwärmt man vom Beginn der Gravitationswellen-Astronomie. Die Entdeckung der Schwerkraftwellen hundert Jahre nach Einführung der ART ist der letzte bislang noch ausstehende Beweis für deren Richtigkeit, auch wenn Einstein manchmal selbst an der Existenz von Gravitationswellen gezweifelt hatte.

Juni 2017

- Die Sommersonnenwende tritt am 21. um 5^h24^m (= 6^h24^m Sommerzeit) ein.
- Venus erreicht am 3. ihre maximale westliche Elongation von der Sonne.
- Jupiter ist in der ersten Nachthälfte zu sehen.
- Saturn im Sternbild Schlangenträger steht am 15. in Opposition zur Sonne.

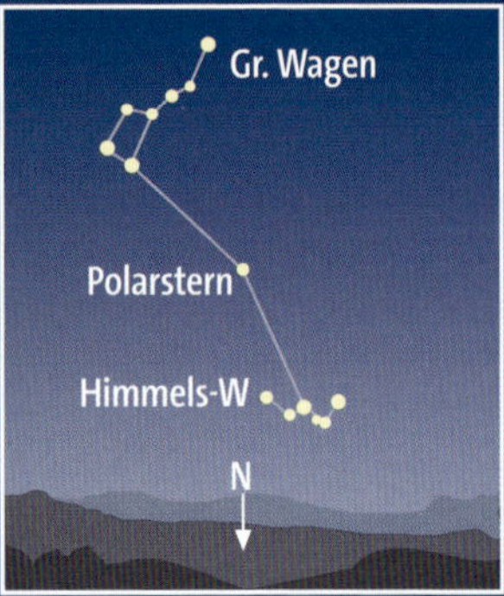

Großer Wagen und Himmels-W Anfang Juni um 22 Uhr

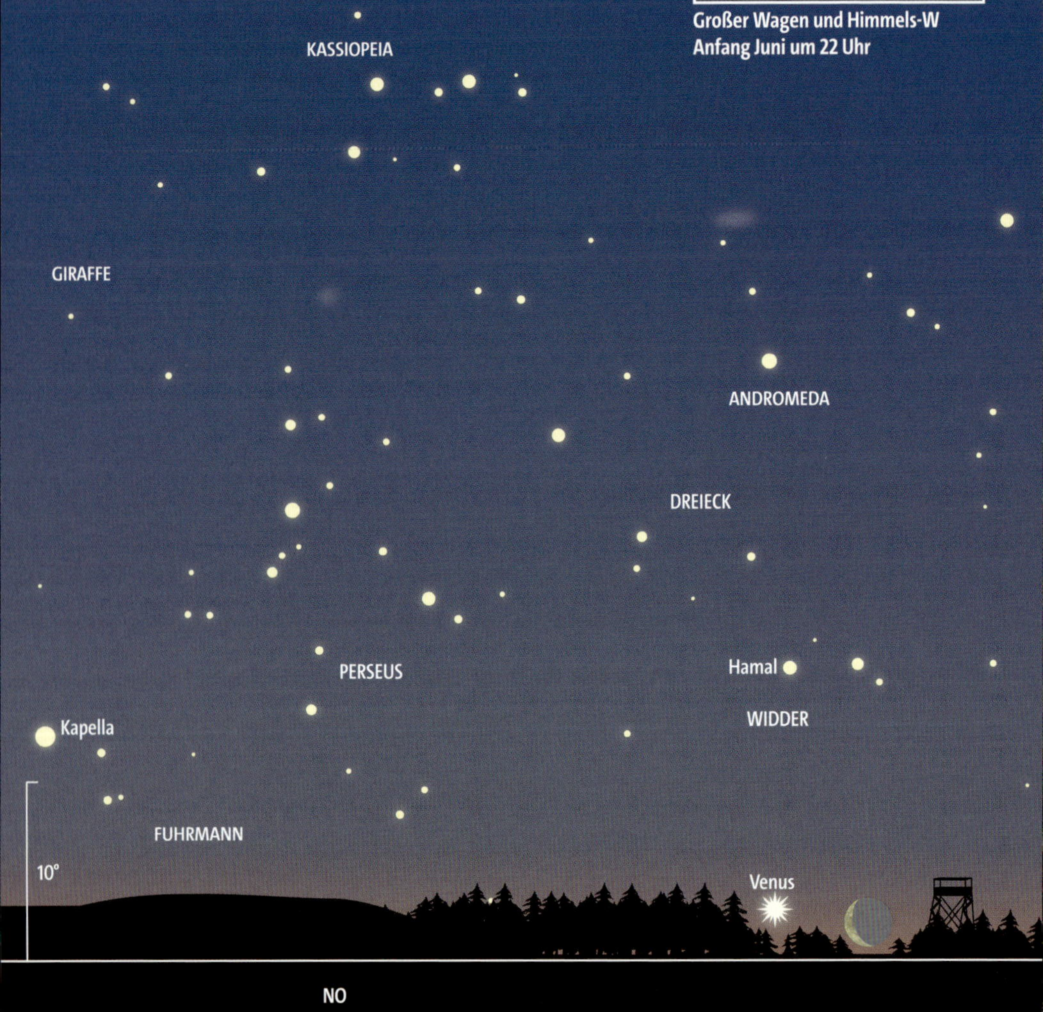

6.1 Anblick des Osthimmels am 20. Juni gegen 2^h30^m MEZ (= 3^h30^m MESZ). Ganz knapp über dem Horizont strahlt Venus, neben der die Sichel des abnehmenden Mondes zu erkennen ist.

1 Do	Mond im ersten Viertel	17 Sa	Mond im letzten Viertel
2 Fr		18 So	
3 Sa	Venus in größter westlicher Elongation (Morgenhimmel)	19 Mo	
4 So	Pfingstsonntag	20 Di	Mond bei Venus (Morgenhimmel)
5 Mo	Pfingstmontag	21 Mi	Sommerbeginn
6 Di		22 Do	
7 Mi		23 Fr	
8 Do		24 Sa	**Neumond**
9 Fr	**Vollmond**	25 So	
10 Sa	Mond bei Saturn (ganze Nacht)	26 Mo	
11 So		27 Di	
12 Mo		28 Mi	
13 Di		29 Do	
14 Mi		30 Fr	
15 Do	Fronleichnam, Saturn in Opposition		
16 Fr			

Sonne – Sternbilder

21.6. 5h24m:
Sonne tritt in das Tierkreiszeichen Krebs
21.6. 15h:
Sonne tritt in das Sternbild Zwillinge
Julianisches Datum am
1. Juni, 1h MEZ: 2457905,5

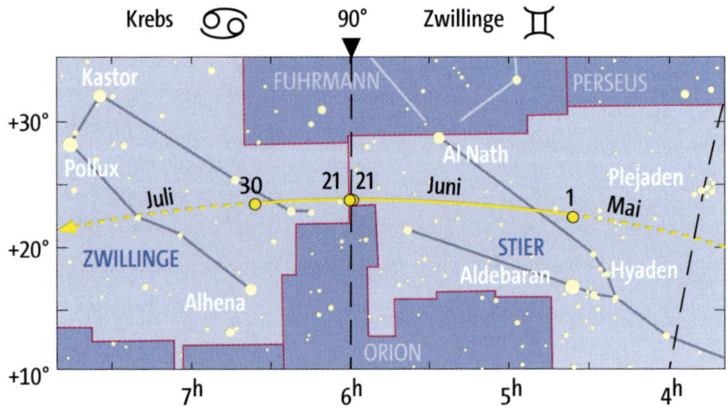

Tabelle Sonnenlauf

Tag	Dämmerg. Anfang	Aufgang MEZ	Kulmination	Untergang MEZ	Dämmerg. Ende	Mittagshöhe	Zeitgleichg.	Rektaszension	Deklination
	h m	h m	h m	h m	h m	°	m	h m	°
1.	2 33	4 16	12 18	20 20	22 04	62,1	+2	4 35	+22,0
5.	2 28	4 13	12 19	20 24	22 10	62,6	+1	4 52	+22,5
10.	2 23	4 11	12 19	20 28	22 17	63,0	+1	5 12	+23,0
15.	2 21	4 10	12 21	20 31	22 21	63,3	−1	5 33	+23,3
20.	2 20	4 10	12 22	20 33	22 23	63,4	−2	5 54	+23,4
25.	2 22	4 12	12 23	20 33	22 23	63,4	−3	6 15	+23,4
30.	2 26	4 14	12 24	20 33	22 21	63,1	−4	6 36	+23,2

Tages- und Nachtstunden

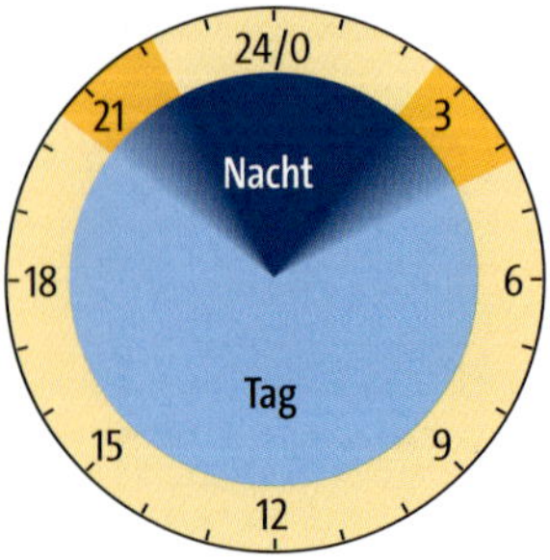

5. Juni

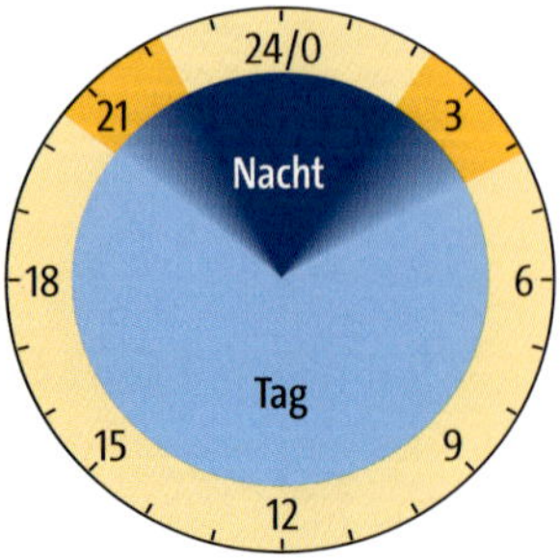

15. Juni

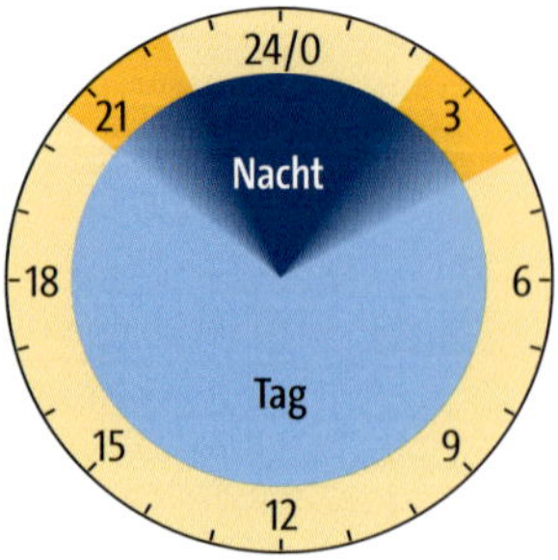

25. Juni

Tabelle Mondlauf

Datum		Aufg. MEZ	Kulmination	Unterg. MEZ	Rektaszension	Deklination		Sterne und Sternbilder	Phase	MEZ
		h m	h m	h m	h m	°				
Do	1.	11 46	18 41	0 57	10 25	+10,6		Löwe, Regulus	**Erstes Viertel** Libration West	**13h 42m**
Fr	2.	12 54	19 28	1 25	11 15	+ 6,7		Löwe		
Sa	3.	14 00	20 12	1 50	12 03	+ 2,6	*	Jungfrau		
So	4.	15 05	20 56	2 13	12 50	− 1,5	*	Jungfrau		
Mo	5.	16 08	21 39	2 37	13 36	− 5,5		Spica		
Di	6.	17 11	22 23	3 02	14 23	− 9,2		Waage		
Mi	7.	18 12	23 08	3 28	15 09	−12,5		Waage	Größte Nordbreite	
Do	8.	19 11	23 54	3 58	15 57	−15,3		Waage	Erdferne 406/29,′4	23h
Fr	9.	20 08	–	4 33	16 45	−17,4		Schlangenträger	**Vollmond**	**14h 10m**
Sa	10.	21 00	0 41	5 12	17 35	−18,8		Schlangenträger		
So	11.	21 47	1 29	5 57	18 25	−19,4		Schütze		
Mo	12.	22 29	2 17	6 49	19 16	−19,2		Schütze		
Di	13.	23 05	3 05	7 46	20 06	−18,0		Schütze		
Mi	14.	23 38	3 53	8 47	20 57	−16,0		Steinbock		
Do	15.	–	4 41	9 51	21 47	−13,3		Steinbock	Absteigender Knoten	
Fr	16.	0 07	5 28	10 58	22 36	− 9,9		Wassermann		
Sa	17.	0 33	6 15	12 07	23 26	− 5,9		Wassermann	**Letztes Viertel** Libration Ost	**12h 33m**
So	18.	1 00	7 04	13 19	0 17	− 1,6		Fische		
Mo	19.	1 26	7 54	14 33	1 08	+ 3,0		Fische		
Di	20.	1 55	8 46	15 50	2 02	+ 7,5		Fische		
Mi	21.	2 28	9 42	17 08	2 58	+11,7		Widder	Größte Südbreite	
Do	22.	3 06	10 41	18 26	3 58	+15,3	*	Stier, Hyaden		
Fr	23.	3 52	11 42	19 38	5 00	+17,9		Aldebaran	Erdnähe 358/33,′4	12h
Sa	24.	4 47	12 45	20 43	6 04	+19,3		Orion	**Neumond Nr. 1169**	**3h 31m**
So	25.	5 52	13 47	21 37	7 08	+19,3		Alhena		
Mo	26.	7 03	14 47	22 21	8 11	+17,9		Krebs, Krippe		
Di	27.	8 16	15 42	22 57	9 10	+15,4		Krebs	Aufsteigender Knoten	
Mi	28.	9 29	16 34	23 28	10 06	+12,1		Löwe, Regulus		
Do	29.	10 40	17 23	23 54	10 59	+ 8,2		Löwe	Libration West	
Fr	30.	11 48	18 09	–	11 49	+ 4,0		Jungfrau		

Der Mond zieht am 9./10. an Saturn vorbei

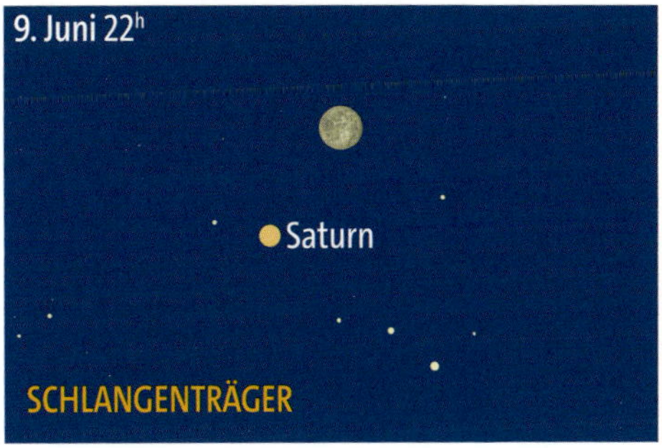

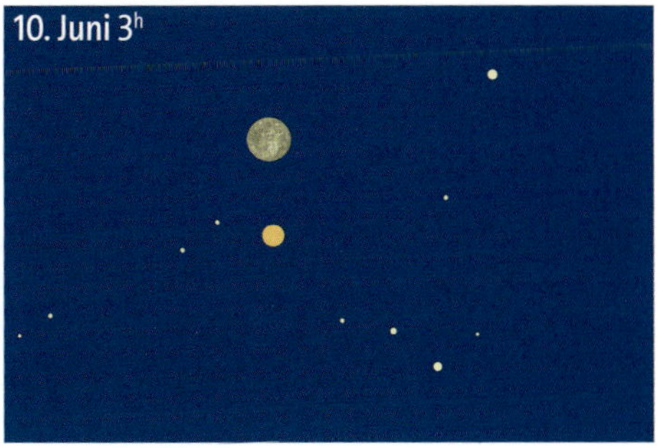

Der Planetenlauf

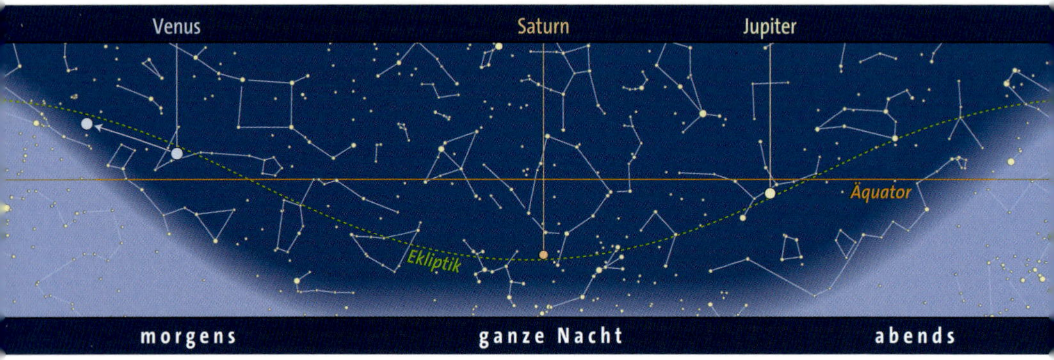

Merkur eilt der Sonne nach und holt sie am 21. ein. Der flinke Planet steht somit zu Sommerbeginn in oberer Konjunktion mit der Sonne.

Merkur hält sich am Taghimmel auf und bleibt nachts den gesamten Juni hindurch unsichtbar. Auch die Begegnung mit Mars am 28. bleibt unbeobachtbar.

Sein Bahnperihel durchläuft Merkur am 19., wobei ihn an diesem Tag 46 Millionen Kilometer (= 0,307 AE) von der Sonne trennen.

Konstellationen und Ereignisse

Datum	MEZ	Ereignis
2.	16^h	Venus bei Uranus, Venus 1,°8 südlich
3.	14	**Venus in größter westlicher Elongation** (46°)
4.	1	**Mond bei Jupiter**, Mond 2,°3 nördlich, **Abstand 1,°7 um 1^h**
10.	2	**Mond bei Saturn**, Mond 3,°1 nördlich, **Abstand 2,°2 um 3^h**
10.	6	Jupiter im Stillstand, anschließend rechtläufig
12.	22	Venus im Aphel
15.	11	**Saturn in Opposition** zur Sonne
16.	14	Mond bei Neptun, Mond 0,°7 südlich
17.	0	Neptun im Stillstand, anschließend rückläufig
19.	14	Merkur im Perihel
19.	17	Mond bei Uranus, Mond 4,°1 südlich
20.	22	**Mond bei Venus**, Mond 2,°4 südlich, **Abstand 4,°1 um 3^h am 21.**
21.	5^h24^m	**Sonne im Sommerpunkt, Sommersonnenwende**
21.	15	Merkur in oberer Konjunktion mit der Sonne
24.	10	Mond bei Merkur, Mond 5,°3 südlich
24.	21	Mond bei Mars, Mond 4,°4 südlich
28.	19	Merkur bei Mars, Merkur 0,°8 nördlich

Venus beherrscht mit ihrem Glanz den Morgenhimmel. Am 3. kommt sie mit 45°52′ Winkelabstand in größte westliche Elongation von der Sonne. Die Venusaufgänge verfrühen sich weiterhin. Der Morgenstern strebt immer nördlichere Bezirke des Tierkreises an. Am 28. wechselt Venus aus dem Sternbild Widder in das des Stiers. Zu Monatsbeginn geht Venus um 2^h36^m (= 3^h36^m Sommerzeit) auf. Am Monatsende überschreitet sie bereits um 1^h53^m (= 2^h53^m Sommerzeit) die östliche Horizontlinie. Im Laufe des Monats sinkt die Venushelligkeit leicht um $0{,}^m2$ auf $-4{,}^m2$ ab.

Am 4. zeigt sich das knapp 24″ große Venusscheibchen halb beleuchtet, die Phase „Halbvenus" tritt ein. Der Fachmann spricht von Dichotomie. Am Tag der Dichotomie ist Venus 106 Millionen Kilometer (= 0,709 AE) von der Erde und 109 Millionen Kilometer (= 0,729 AE) von der Sonne entfernt.

Sonne, Venus und Erde bilden damit fast genau ein gleichschenkliges Dreieck mit der Strecke Erde – Sonne als Basis.

Bis Monatsende schrumpft der scheinbare Venusdurchmesser auf 18″, der Beleuchtungsgrad nimmt auf 63 % zu.

Am 20. sieht man die Sichel des abnehmenden Mondes nahe bei Venus knapp über dem Osthorizont gegen 3^h (= 4^h Sommerzeit) am Morgenhimmel (siehe Abb. 6.1 auf Seite 134). Ihre Begegnung mit Uranus am 2. bleibt unbeobachtbar.

Am Abend des 12. passiert Venus das Aphel (Sonnenferne) ihrer fast kreisförmigen Bahn, wobei sie 108,9 Millionen Kilometer (= 0,728 AE) von der Sonne entfernt ist. Ihr nächster Periheldurchgang erfolgt am 3. Oktober in diesem Jahr.

Mars hat sich vom Abendhimmel zurückgezogen und bleibt unbeobachtbar. Der rote Planet wird von der Sonne verfolgt. Er nähert sich seiner Konjunktion mit ihr, die er aber erst Ende Juli einnehmen wird. Am 5. verlässt er das Sternbild Stier und wechselt in die Zwillinge. Die Begegnung mit Merkur am 28. bleibt ebenfalls unbeobachtbar.

Jupiter beendet mit seinem Stillstand am 10. seine Oppositionsperiode. Anschließend wandert der Riesenplanet wieder rechtläufig durch das Sternbild Jungfrau. Sein Umkehrpunkt liegt rund $3^{\circ}{,}4$ südöstlich von Porrima (γ Vir; $2^{m}{,}7$), der gut als Anhaltspunkt für die Beobachtung der Jupiterbewegung dienen kann (siehe Abb. 4.5 auf Seite 100).

Die Helligkeit des Riesenplaneten sinkt weiter von $-2^{m}{,}2$ auf $-2^{m}{,}0$ ab. Damit bleibt er nach Venus immer noch das hellste Gestirn am Nachthimmel – vom Mond abgesehen natürlich.

Aus der zweiten Nachthälfte zieht sich Jupiter zurück. Geht der Riesenplanet am 1. um 2^h17^m (= 3^h17^m Sommerzeit) und am 15. um 1^h22^m unter, so erfolgt sein Untergang am 30. schon um 0^h23^m.

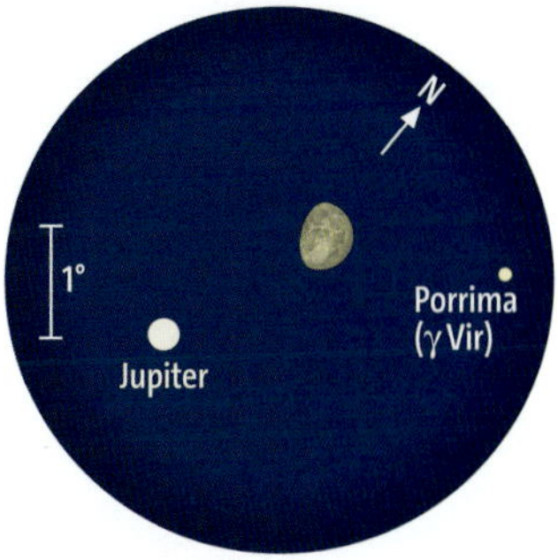

6.2 Mond bei Jupiter:
Fernglasanblick am 4. Juni gegen 1^h MEZ (= 2^h MESZ). Der zunehmende Mond begegnet dem Riesenplaneten.

Der scheinbare Äquatordurchmesser schrumpft im Laufe des Monats auf $37''{,}4$. Gegenüber der Oppositionszeit ist dies eine Abnahme von 7″.

In der Nacht vom 3. auf 4. Juni begegnet der zunehmende Halbmond dem Riesenplaneten (siehe Abb. 6.2 oben).

Saturn, rückläufig im Schlangenträger, steht am 15. in **Opposition** zur Sonne. Der $-0^{m}{,}1$ helle

6.3 Bahn von Saturn:
Die scheinbare Bahn des Planeten Saturn im Jahr 2017 im Sternbild Schlangenträger. Die Zahlen geben die Saturnpositionen zum jeweiligen Monatsersten an (6 = 1. Juni).

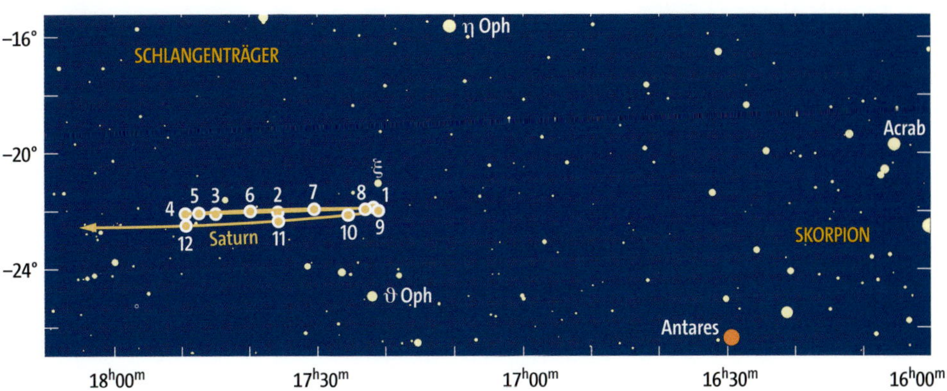

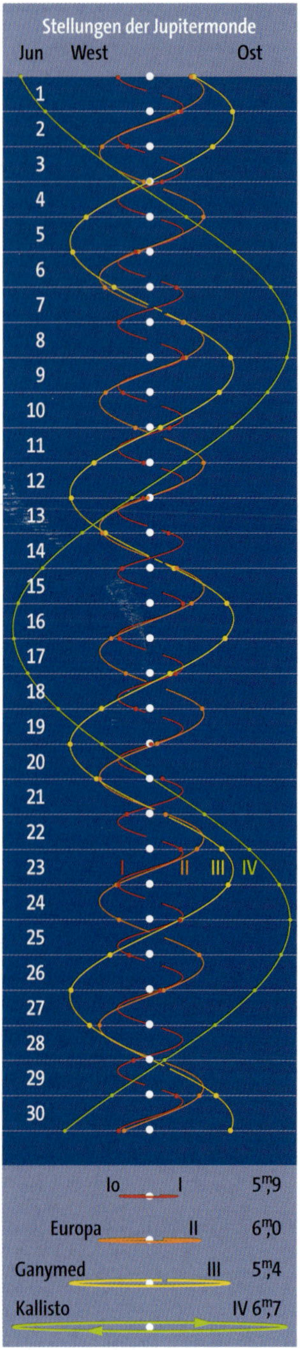

Jupitermonde

Tag	MEZ h	m		Vorgang
3.	22	51	III	DA
4.	0	59	II	BA
	1	18	III	DE
	23	17	I	BA
5.	20	33	I	DA
	21	39	I	SA
	21	49	II	SA
	22	00	II	DE
	22	44	I	DE
	23	49	I	SE
6.	0	14	II	SE
	21	06	I	VE
12.	22	01	II	DA
	22	24	I	DA
	23	34	I	SA
13.	0	27	II	SA
	0	29	II	DE
	0	35	I	DE
	23	01	I	VE
14.	21	27	II	VE
	21	32	III	VA
	23	49	III	VE
20.	0	16	I	DA
	0	32	II	DA
	21	29	I	BA
21.	20	55	I	DE
	21	37	II	VA
	21	37	II	BE
	22	07	I	SE
	22	54	III	BE
22.	0	01	II	VE
27.	23	22	I	BA
28.	20	37	I	DA
	21	40	II	BA
	21	52	I	SA
	22	48	I	DE
29.	0	01	I	SE
	0	09	II	BE
	0	12	II	VA
	0	13	III	BA
	21	20	I	VE
30.	21	24	II	SE

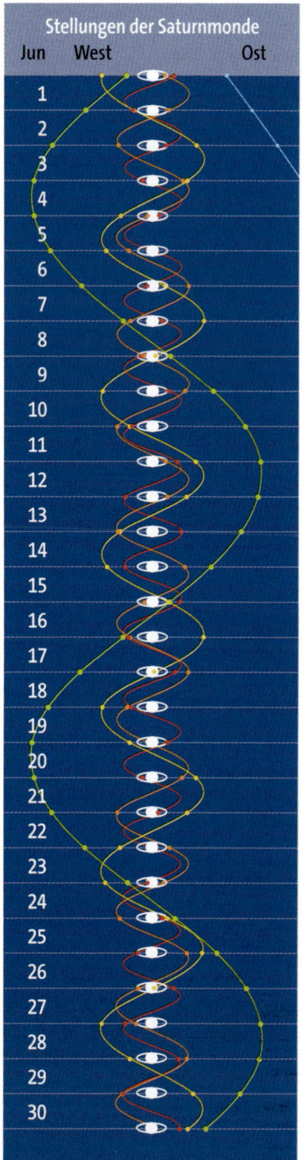

Japetus	
5.	11^m,6
10.	12^m,0
15.	12^m,2
20.	12^m,1
25.	11^m,7
30.	11^m,4

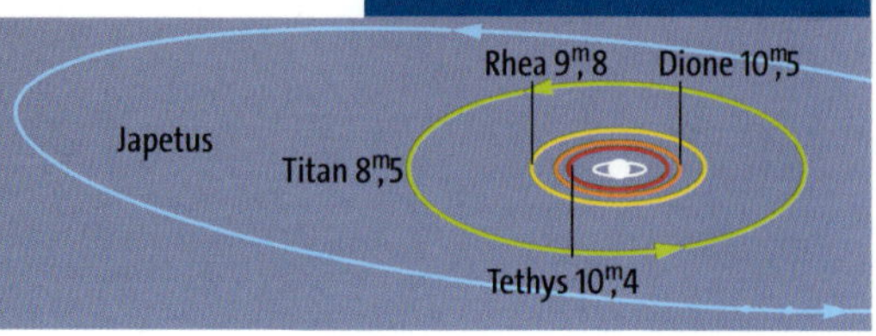

Ringplanet erreicht an diesem Tag seine geringste Entfernung von der Erde. Sie beträgt 1352 Millionen Kilometer (= 9,04 AE).

Am Tag der Opposition geht Saturn um 20^h10^m (= 21^h10^m Sommerzeit) auf. In der Oppositionsnacht passiert er um 0^h19^m den Meridian und geht am Morgen um 4^h27^m unter. Zur Kulmination findet man Saturn nur 18° hoch über dem Südpunkt am Horizont, eine Folge seiner südlichen Position im Tierkreis (gilt für 50° Nord). Bis Monatsende verfrühen sich die Saturnuntergänge auf 3^h28^m (= 4^h28^m Sommerzeit).

Im Teleskop erkennt man die starke Abplattung der Saturnkugel mit einem Verhältnis von 9:10. Der scheinbare Äquatordurchmesser beträgt zur Opposition $18''\!,4$, der Poldurchmesser aber nur $16''\!,8$. Der $26^\circ\!,6$ geöffnete Ring hat eine scheinbare Längsausdehnung von $41''\!,7$ und einen Querdurchmesser von $18''\!,7$. In Abb. 6.3 auf Seite 139 findet man die scheinbare Saturnbahn im Jahr 2017 im Grenzgebiet Schlangenträger/Schütze eingetragen.

Uranus, rechtläufig in den Fischen, kann sich noch nicht am Morgenhimmel durchsetzen und bleibt weiterhin unbeobachtbar. Auch die Begegnung mit Venus am 2. entgeht uns, es sei denn, man versucht den mit $5^m\!,9$ recht lichtschwachen Planeten mit lichtstarker Optik in der Morgendämmerung aufzuspüren. Am 2. geht Uranus um 2^h27^m (= 3^h27^m Sommerzeit) auf. Bis Monatsende verfrühen sich die Uranusaufgänge auf 0^h39^m (= 1^h39^m Sommerzeit).

Neptun wird am 17. im Sternbild Wassermann stationär und setzt zu seiner Oppositionsschleife an. Der bläuliche Planet ist noch kein lohnenswertes Beobachtungsobjekt. Versierte Beobachter mögen den nur $7^m\!,9$ hellen Neptun zu Monatsende eventuell mit lichtstarker Optik aufspüren. Er hält sich ein knappes Grad südlich von 81 Aquarii ($6^m\!,2$) auf (siehe Abb. 9.13 auf Seite 199). Am 30. geht Neptun um 23^h17^m auf und kulminiert um 4^h50^m (= 5^h50^m Sommerzeit).

Planetoiden

Ceres (1) kommt am 6. im Sternbild Stier in Konjunktion mit der Sonne. Von der Erde trennen sie an diesem Tag 557 Millionen Kilometer (= 3,72 AE), während ihre Sonnendistanz 405 Millionen (= 2,71 AE) beträgt.

Juno (3) eilt rückläufig durch den Adler und wechselt am 6. in das Sternbild Schild. Sie passiert im letzten Monatsdrittel den Stern β Scuti ($4^m\!,2$), der als Aufsuchhilfe gut geeignet ist. Juno strebt ihrer Opposition entgegen, die sie Anfang Juli erreicht. Ihre Helligkeit steigert sich von $10^m\!,2$ auf $9^m\!,8$ (siehe Aufsuchkarte Abb. 7.8 auf Seite 158).

Am 1. kulminiert Juno um 2^h46^m, am 15. um 1^h42^m und am 30. schon um 0^h31^m (= 1^h31^m Sommerzeit).

Periodische Sternschnuppenströme

Um den 12. Juni ist das zweite Maximum des **Scorpius-Sagittarius**-Stroms zu erwarten. Der Ausstrahlungspunkt oder Radiant liegt bei γ Sagittarii. Der Strom ist während des ganzen Monats aktiv. Wegen der geringen Höhe des Radianten sind Beobachtungen in unseren Breiten schwierig. Die beste Beobachtungszeit sind die Stunden um Mitternacht. Bei diesem Strom sind langsam fliegende Meteore (um 26 Kilometer pro Sekunde) zu registrieren.

Anfang Juni erreichen die **Tau-Herkuliden** ihr Maximum. Dieser wenig bekannte und unauffällige Strom ist vom 17. Mai bis 12. Juni aktiv.

Am 6. und 7. Juni kann man nach den **Libriden** Ausschau halten. Der Radiant dieses Stroms liegt in der Waage.

Im letzten Junidrittel sind die **Juni-Bootiden** zu erwarten. Ihre Aktivität ist von Jahr zu Jahr sehr unterschiedlich. Sie sind Trümmer des Kometen 7P/Pons-Winnecke und seit 1916 bekannt. In den Jahren 1998 und 2004 gab es mehrere Stunden lange Maxima mit bis zu 100 Sternschnuppen pro Stunde, die zwischen dem 22. und 26. Juni auftraten. Nach Berechnungen sind 2017 keine hohen Fallraten zu erwarten.

Zwischen dem 23. und dem 30. Juni tauchen die **Corviden** auf (Radiant im Sternbild Rabe). Am 26. Juni erreicht die Corvidenaktivität ihr Maximum.

Um den 27. Juni sind die **Juni-Draconiden** zu erwarten. Der Radiant liegt im Sternbild Drache. Die Draconiden sind ein kometarischer Strom, dessen Ursprung auf den Kometen 7P/Pons-Winnecke zurückgeführt wird. Es ist mit lediglich rund fünf Meteoren pro Stunde zu rechnen.

Noch bis vor etwa 30 Jahren wurden die **Juni-Draconiden** um den 16. Juni beobachtet. Seither scheinen sie nicht mehr aufzutauchen.

Der Fixsternhimmel

Beginnt man die Beobachtung des Sternenzelts zur Standardzeit um 22^h MEZ, das entspricht 23^h Sommerzeit, so zeigt ein Blick zum Himmel, dass sich die Umstellung zum Sommerhimmel noch nicht vollständig vollzogen hat:

Der Bootes mit dem kräftig leuchtenden Arktur zieht die Blicke auf sich. Er steht hoch im Süden, nahe der Mittagslinie. Der Rinderhirt oder Ochsentreiber beherrscht die Himmelsszene. Der Himmelswagen befindet sich schon in der westlichen Hemisphäre. Den Meridian hat er bereits passiert.

Nahe dem Nordhorizont findet man das Himmels-W, die Kassiopeia. Das Himmels-W steht dem Großen Wagen stets gegenüber, wenn man den Himmelspol als Zentrum nimmt, um den sich das Himmelsgewölbe dreht. Sein Ort wird bekanntlich durch den Polarstern angedeutet.

Der westliche Teil des Firmaments wird noch von den Frühlingssternbildern geprägt. Weit im Westen sieht man das große Sternentrapez, das den Rumpf des Löwen bildet, schräg zum Horizont gerichtet. Im Südwesten trifft man auf die Jungfrau mit ihrem bläulichen Hauptstern Spica. In der Jungfrau hält sich zurzeit der Planet Jupiter auf.

Vom Frühlings- zum Sommerdreieck

Während die westliche Himmelshälfte vom Frühlingsdreieck beherrscht wird, das von den drei hellen Hauptsternen Arktur, Regulus und Spica gebildet wird, kündigt sich in der östlichen Himmelshälfte bereits der Sommer an. Denn das Sommer-

6.4 Der Herkules:
Das Sternbild Herkules mit der Position des Kugelhaufens M 13.

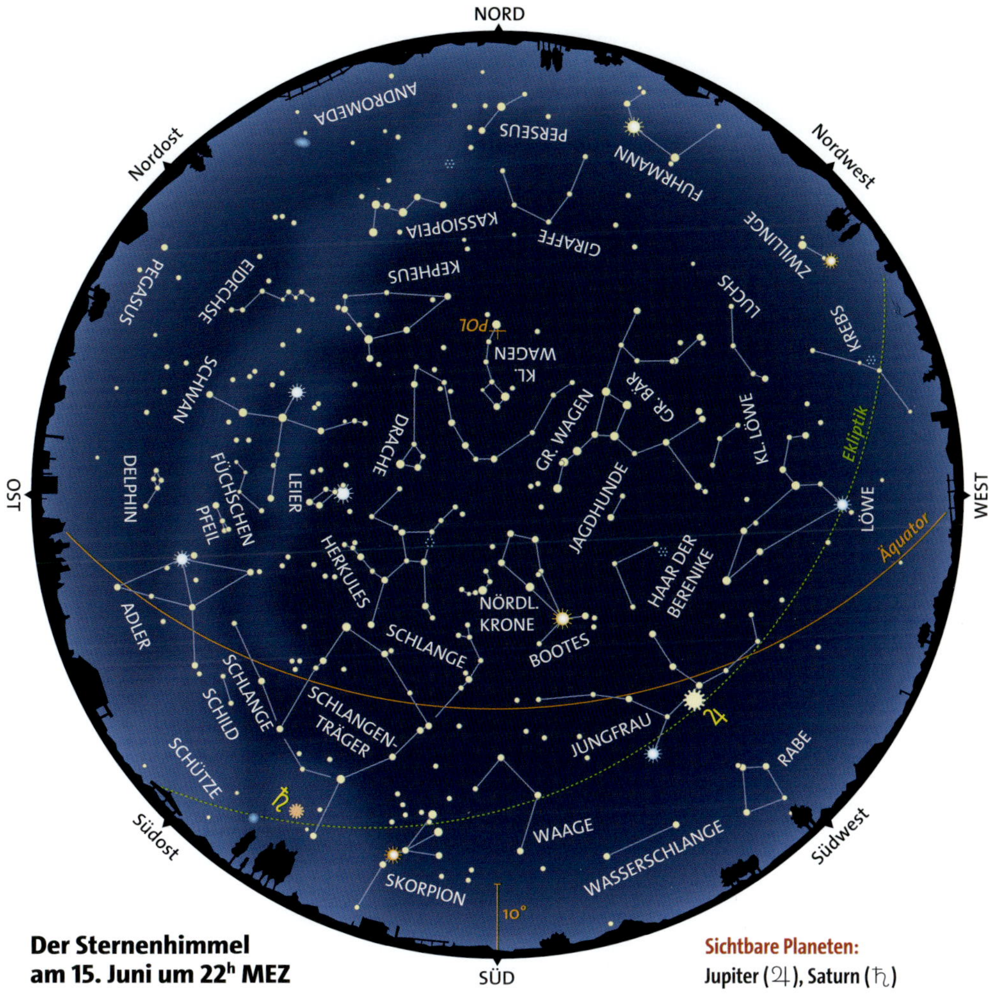

Der Sternenhimmel am 15. Juni um 22^h MEZ

Sichtbare Planeten:
Jupiter (♃), Saturn (♄)

Die Sternkarte ist auch gültig für:

	MEZ	MESZ
15. 2.	6^h	
1. 3.	5	
15. 3.	4	
1. 4.	3	4^h
15. 4.	2	3
1. 5.	1	2
15. 5.	0	1
1. 6.	**23**	**24**
15. 6.	**22**	**23**
30. 6.	**21**	**22**

dreieck ist inzwischen vollständig aufgegangen. Drei Sterne markieren es: Wega in der Leier, Deneb im Schwan und Atair im Adler. Auf der Linie Arktur – Wega liegen die Sternbilder Nördliche Krone (lat.: Corona Borealis) und Herkules mit seinem prächtigen Kugelsternhaufen M 13. Die ganze Pracht von M 13 kommt allerdings erst in größeren Teleskopen (ab etwa 20 cm freier Öffnung) zur Geltung.

Südlich des Herkules nimmt der Schlangenträger mit der Schlange ein ausgedehntes Himmelsareal ein. Der Schlangenträger hat gerade Besuch vom Ringplaneten Saturn. Die Schlange ist zweigeteilt: Der westliche Part heißt Serpens Caput (lat., Kopf der Schlange), der östliche hingegen Serpens Cau-

6.5 Der Schlangenträger:
Das Gebiet der Sternbilder Schlange und Schlangenträger am Rand der Milchstraße. Aufnahme von Bernhard Hubl, Oberösterreich.

da (lat., Schwanz der Schlange). Tief im Süden steht gerade die Waage im Meridian. Ihr folgt das auffällige Sternbild Skorpion mit dem hellen, tiefroten Hauptstern Antares (α Scorpii). Antares ist eine rote Überriesensonne in rund 600 Lichtjahren Entfernung. Antares ist so riesengroß, dass bequem die Sonne samt der Erdbahn in seinem riesigen Gasleib Platz fände. Er ist leicht veränderlich ($0\overset{m}{,}86$ bis $1\overset{m}{,}06$) mit einer mittleren Periode von fast sechs Jahren. Antares hat in 3″ Distanz einen $5\overset{m}{,}4$ hellen Begleiter.

Der Skorpion ist Mitglied des Tierkreises, gehört also zu jenen Sternbildern, durch die Sonne, Mond und Planeten wandern. Vom 23. bis 29. November hält sich die Sonne im Sternbild Skorpion auf. Dies ist die kürzeste Zeitspanne, die die Sonne in einem Tierkreissternbild verbringt. Die nördlichen Teile des ehemals noch zum Skorpion zählenden Himmelsareals gehören heute zum Sternbild Schlangenträger (Ophiuchus). Die Ekliptik verläuft somit nur ein recht kurzes Stück im Skorpion. Steht ein Planet in Konjunktion mit Antares (α Scorpii), so befindet er sich ein wenig nördlich im Schlangenträger, obwohl er mitten im Skorpion zu stehen scheint.

In unseren Breiten ist der Skorpion nie vollständig zu sehen. Der lange Schwanz und der Giftstachel bleiben bei uns stets unter dem Horizont.

Veränderliche Sterne im Juni

Algol-Minima	12.	3^h30^m	15.	0^h18^m								
β-Lyrae-Minima	2.	17^hN	9.	4^hH	15.	16^hN	22.	4^hH	28.	15^hN		
δ-Cepheï-Maxima	1.	5^h	6.	14^h	11.	23^h	17.	7^h	22.	16^h	28.	1^h

Was sind Wolf-Rayet-Sterne?

Sterne sind glühende Gasbälle, gewissermaßen Geschwister unserer Sonne. Sie decken ihre gewaltige Energieabstrahlung in Form von Licht und Wärme durch atomare Kernprozesse. Die meiste Zeit ihres Daseins fusionieren sie Wasserstoff zu Helium. Bei massereichen Sternen geht im fortgeschrittenen Lebensstadium das atomare Spiel noch weiter. Helium verschmilzt zu Kohlenstoff, es folgt die Produktion von Stickstoff, Neon, Sauerstoff und Silizium bis hin zum Eisen. Sterne unterscheiden sich gewaltig hinsichtlich Größe, Masse und Oberflächentemperatur. Unsere Sonne ist dabei ein typischer Durchschnittsstern. Es gibt Sterne, die 20-mal mehr Masse besitzen, einen 100-mal größeren Durchmesser aufweisen oder viel heißer sind als die Sonne. Viele Sterne haben hingegen nur den halben Sonnendurchmesser, ein Drittel der Sonnenmasse und sind wesentlich kühler. Manche Sonnen existieren nur wenige Millionen Jahre, andere leuchten mehr als zehn Milliarden Jahre. Aufgrund verschiedener Merkmale in den Spektren der Sterne teilt man sie in sogenannte Spektralklassen ein, die mit Großbuchstaben wie folgt bezeichnet werden: O – B – A – F – G – K – M. Die Reihenfolge entspricht der abnehmenden Oberflächentemperatur. O-Sterne sind mit 30 000° und mehr am heißesten. O- und B-Sterne leuchten bläulich. A-Sterne mit 10 000° Oberflächentemperatur erscheinen weiß, sonnenähnliche G-Sterne mit Temperaturen um 6000° sind gelblich, 5000° heiße K-Sterne sieht man orange leuchten und 3500° heiße M-Sterne wiederum leuchten rötlich. Über 95 % aller Sonnen im Universum lassen sich in dieses Schema der Spektralklassen einordnen. Es gibt jedoch Ausnahmen.

Im Jahre 1867 entdeckten die beiden französischen Astronomen Georges Rayet und Charles Wolf (nicht zu verwechseln mit dem Züricher Sonnenforscher Rudolf Wolf oder Max Wolf, dem Gründer der Heidelberger Sternwarte auf dem Königstuhl) an der Pariser Sternwarte drei Sterne 8. Größenklasse im Sternbild Schwan, die sich nicht in das herkömmliche System der Spektralklassen einordnen ließen. Sie erhielten die neu eingeführte Spektralklasse W und werden seither als Wolf-Rayet-Sterne bezeichnet.

NASA/ESA/STScI/Judy Schmidt

6.6 Nebelhüllen um den Wolf-Rayet-Stern WR-124.

Die Astronomen Rayet und Wolf

Georges Antoine Pons Rayet wurde am 12. Dezember 1839 in Gironde bei Bordeaux geboren. Bis zu seinem 14. Lebensjahr hatte er keine Schulbildung genossen. Nachdem die Familie nach Paris übersiedelte, wurde er 1859 in die École Normale Supérieur eingeschrieben. Bereits 1862 erhielt er sein Physik-Diplom. Kurz darauf bekam er eine Anstellung am Pariser Observatorium, wo er für den Wetterdienst zuständig war. Doch noch innerhalb eines Jahres kam es zum Streit mit dem Direktor Urbain J. J. Leverrier, bekannt als Mitentdecker des Planeten Neptun. Der Disput ging um die Vorhersage eines Sturms.

Rayet wurde daraufhin entlassen, später aber wieder eingestellt. Schließlich wurde er 1876 Professor für Astronomie und Direktor des Observatoriums in Bordeaux. Drei Jahre später wurde er Direktor des neugegründeten Observatoriums in Floriac (bei Bordeaux), das er in Personalunion mit seiner Stellung an der Sternwarte Bordeaux leitete. Am 14. Juni 1906 verstarb Rayet in Bordeaux.

Seine erste Zusammenarbeit mit Wolf fand 1865 bei der fotografischen Beobachtung der totalen Mondfinsternis vom 4. Oktober statt.

Charles Joseph Etienne Wolf wurde am 9. November 1827 in Vorges, Aisne geboren. Auch Wolf besuchte die École Normale Supérieur ab 1848 und schloss sein Studium 1851 als Diplom-Physiker ab. Im Jahre 1856 promovierte er an der Universität Montpellier mit einer Arbeit über die Kapillarität als Funktion der Temperatur. Anschließend widmete er sich der Spektroskopie. Leverrier bot ihm 1862 eine Stelle am Pariser Observatorium an. Dort untersuchte er spektroskopisch den Nova-Ausbruch von T CrB vom 20. Mai 1866. Mit Rayet entdeckte er wie erwähnt 1867 drei 8^m helle Sterne im Schwan, deren Spektren – visuell beobachtet mit einem Spektrografen an einem 40-cm-Reflektor – breite Emissionslinien von Helium, Kohlenstoff und Stickstoff zeigten aber kaum ein Kontinuum erkennen ließen. Wolf fertigte unter vielen anderen Arbeiten auch einen Katalog von 500 Plejaden-Sternen an, die er astrometrisch vermessen hatte. 1883 wurde er Mitglied der Pariser Akademie der Wissenschaften und 1898 deren Präsident. Am 4. Juli 1918 starb Wolf in Saint Servan, Ille-et-Vilaine.

Im Laufe der Zeit wurden immer mehr Sterne mit ähnlichen Spektren gefunden. Heute kennt man rund 300 Wolf-Rayet-Sterne, wie sie inzwischen genannt werden. Insgesamt schätzt man, dass es rund 2000 WR-Sterne in unserer Milchstraße gibt. Sie sind somit sehr seltene Exemplare, wenn man bedenkt, dass unsere Milchstraße mindestens 300 Milliarden Sonnen beherbergt. Da sie zu den absolut hellsten Sternen überhaupt zählen, kann man Wolf-Rayet-Sterne auch in großen Entfernungen noch ausmachen. So hat man in den Magellanschen Wolken und in der Andromeda-Galaxie ebenfalls Sterne des Spektraltyps W nachgewiesen.

Extreme Sterne

Wolf-Rayet-Sterne sind die massereichsten, leuchtkräftigsten, heißesten und größten Sterne im Universum. Sie existieren nur kurze Zeit, sprich eine bis drei Millionen Jahre. Dies ist extrem kurz, wenn man bedenkt, dass unsere Sonne schon 4,6 Milliarden Jahre alt ist und erst die Hälfte ihres Lebensweges zurückgelegt hat. Typischerweise besitzen WR-Sterne Massen von 20 bis 100 Sonnenmassen, teilweise noch erheblich darüber, bei Größen zwischen drei und 25 Sonnendurchmessern. Ihre Oberflächentemperaturen liegen zwischen 30 000 K und 100 000 K. Sie senden somit ein intensives Ultraviolettlicht aus. Im sichtbaren Licht leuchten sie deutlich bläulich. Nach ihrem kurzen Dasein enden sie als Supernovae vom Typ Ib oder Ic. Bei diesen Typen kollabiert der aus purem Eisen bestehende Sternenkern, der keine Fusionsenergie mehr freisetzen kann. Es kommt zu einer gewaltigen Explosion, die den gesamten Stern zerreißt. Da der übrig bleibende Rest deutlich mehr als drei Sonnenmassen besitzt, kann kein stabiler Neutronenstern entstehen. Der „Tyrannei der Schwerkraft", wie ein Astrophysiker es einmal ausdrückte, kann nichts mehr standhalten, es kommt unweigerlich zu einem Gravitationskollaps, ein Schwarzes Loch entsteht.

Die WR-Sterne zeigen bis zu 100 Å breite Spektrallinien in Emission, nahezu Banden, die aber nicht von Molekülen, sondern von hochionisierten Elementen stammen wie Helium, Kohlenstoff, Stickstoff, Sauerstoff, Neon u.a. Die W-Spektren haben Ähnlichkeit mit denen Planetarischer Nebel. Tatsächlich stammen die Emissionslinien nicht von der Sternoberfläche, also der Photosphäre, sondern von expandierenden Hüllen. Man spricht deshalb auch von Hüllensternen. Nicht nur die hohen Temperaturen, sondern auch die Geschwindigkeitsdispersion sorgt für die Linienverbreiterung. „Verbotene" Linien deuten auf die geringe Dichte in den Hül-

6.7 Staubscheibe um den Wolf-Rayet-Stern NaSt-1, Partner eines Doppelsterns. Aufnahme des Hubble-Weltraumteleskops.

len hin. Die Atome werden durch die intensive UV-Strahlung der WR-Sterne ionisiert, wobei es zum Rekombinationsleuchten kommt.

Mehr „Sternsturm" als Sternwind

Die Hüllen dehnen sich mit Geschwindigkeiten von 1000 bis 4000 Kilometer pro Sekunde aus. Angetrieben wird die Hüllenmaterie dabei nicht nur durch den Strahlungsdruck der hochenergetischen Photonen, sondern auch durch einen intensiven Sternwind. Sterne und somit auch unsere Sonne senden nicht nur elektromagnetische Wellen aller Frequenzen aus, sondern auch eine Teilchenstrahlung. Man nennt diese Korpuskularstrahlung gerne Sternwind beziehungsweise Sonnenwind. Der Sternwind setzt sich hauptsächlich aus Protonen, Heliumatomkernen (α-Teilchen) und freien Elektronen zusammen. Bei unserer Sonne ist dieser Wind eher ein laues Lüftchen, verglichen mit dem heftigen Sturm eines WR-Sterns. Der Sternwind weht millionenfach heftiger bei WR-Sternen als der Sonnenwind. Dies führt zu erheblichen Masseverlusten von einer Sonnenmasse in 100 000 Jahren, teils bis zu einer Sonnenmasse in nur 10 000 Jahren.

WR-Sterne haben ihre gesamte Wasserstoffoberfläche auf diese Weise abgeblasen. Das Abstoßen von Materie erfolgt nicht immer kontinuierlich, sondern mehrmals in einzelnen Schüben, weshalb auch mehrere Hüllen bei einzelnen Objekten zu beobachten sind. An der äußersten Front der Hülle eines WR-Sternes wurden auch Klumpungen entdeckt: Schwerere Elemente bilden Moleküle und diese wiederum Staubkörnchen, die ganze Wolken von einigen Erdmassen erzeugen.

WR-Sterne rotieren sehr schnell. Die linearen Geschwindigkeiten am Äquator erreichen dabei bis zu 300 Kilometer pro Sekunde – bei unserer Sonne sind es nur zwei Kilometer pro Sekunde. Ein WR-Stern mit zehnfachem Sonnendurchmesser dreht sich beispielsweise in nur 20 *Stunden* um seine Achse, während unsere Sonne mehr als 25 *Tage* für eine volle Rotation benötigt.

Die Masse entscheidet

Je nachdem, welche Emissionslinien am stärksten ausgeprägt sind, teilt man die Wolf-Rayet-Sterne in drei Spektralunterklassen ein, nämlich in WN, WC und WO-Sterne. Ob ein WR-Stern nun der Stickstoff (N)-Klasse angehört, der Kohlenstoff (C)- oder der Sauerstoff (O)-Gruppe, hängt von seiner Masse ab. WN-Typen mit Massen über 60 Sonnenmassen blasen noch während des zentralen Wasserstoffbrennens ihre Hülle ab. WC-Typen zwischen 25 bis 60 Sonnenmassen schleudern ihre Hülle erst im Stadium des Heliumbrennens ab. Die WO-Klasse zeigt Emissionen von hochionisiertem Sauerstoff (O IV). Davon gibt es nur wenige Exemplare und noch keine verlässlichen Massenbestimmungen.

Alle Sterne über 20 Sonnenmassen werden früher oder später zu Wolf-Rayet-Sternen. WR-Sterne sind das Spätstadium der heißen, massereichen Sterne vom Spektraltyp O, die selbst nur zehn bis 100 Millionen Jahre alt werden. Gegen Ende ihres Daseins treten sie in das LBV-Stadium der **L**euchtkräftigen **B**lauen **V**ariablen ein. Nimmt die Massenverlustrate zu, erreichen sie das WN-Stadium. Nach weiterem Massenverlust werden sie zu WC-Typen. Schließlich kommt das bittere Ende, die Supernovadetonation (Ic) ist unausweichlich.

Die masseärmsten O-Sterne (unter 30 Sonnenmassen) werden nach dem LBV-Stadium zu Roten Überriesen und anschließend zu WR-Typen, bis die SN Ib erfolgt, ohne vorher einen WC-Status zu erlangen. Bei den meisten Wolf-Rayet-Sternen sind die Hüllen nicht direkt zu sehen. Doch etwa jeder zehnte Planetarische Nebel hat einen WR-Stern in seinem Zentrum.

Historischer Trugschluss

Ursprünglich war man der Auffassung, alle Wolf-Rayet-Sterne seien Komponenten eines Doppelsternsystems. Doch dem ist nicht so. Man schätzt, dass nur rund 50 % der WR-Sterne Angehörige eines Sternenpaares sind. Prominentestes Beispiel ist der Bedeckungsveränderliche V444 im Sternbild Schwan. V444 Cygni (HD 193576) wurde 1937 von Olin Chaddock Wilson entdeckt

6.8 Modell des Wolf-Rayet-Sterns V444 Cyg als Partner eines Doppelsterns. Beim Lauf beider Komponenten umeinander bildet sich in der Bahnebene eine heiße Gas- und Staubspirale.

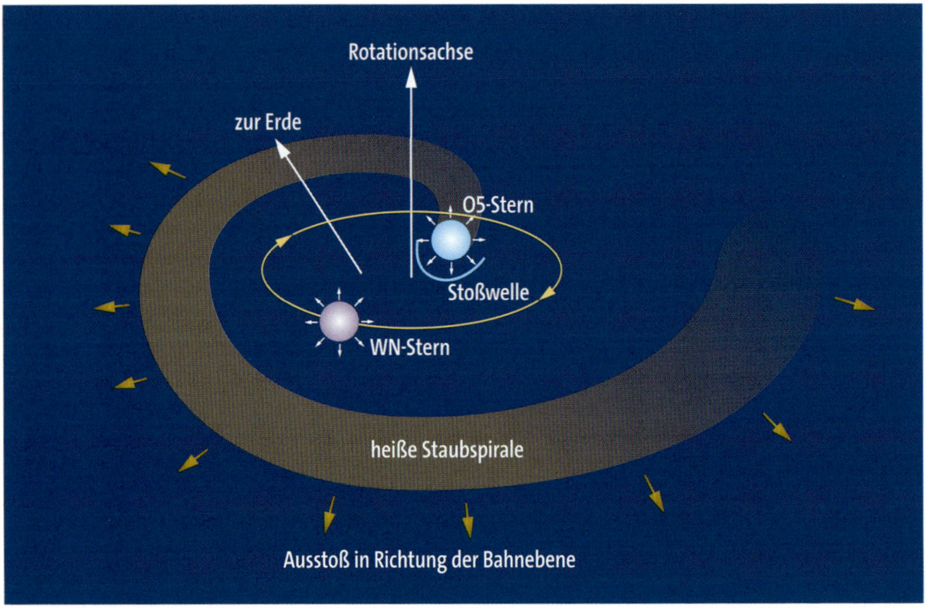

und 1940 von Sergei Illarionowitsch Gaposchkin als Doppelstern erkannt.

Bei V444 Cyg umkreisen ein O5- und ein WN5-Stern einander in vier Tagen, fünf Stunden und sechs Minuten. 24 Stunden lang bedeckt der Wolf-Rayet-Stern den O-Stern, dieser wiederum zieht zwölf Stunden vor dem WN-Stern vorbei; ein klassischer Bedeckungsveränderlicher vom Algol-Typ. Der O-Stern hat die 26-fache Sonnenmasse, den neunfachen Sonnendurchmesser und leuchtet 6900-mal heller als unsere Sonne, dies entspricht einer absoluten Helligkeit von $-4^{M},8$. Mit inzwischen nur zehn Sonnenmassen und 2,3-fachem Sonnendurchmesser ist der WN-Stern deutlich kleiner. Seine Leuchtkraft entspricht 1450 Sonnenleuchtkräften ($H = -3^{M},1$). Beide Sterne sind voneinander 27 Millionen Kilometer entfernt, dies entspricht etwa der halben Distanz Merkur – Sonne. Die scheinbare Helligkeit von V444 Cyg schwankt zwischen $8^{m},3$ und $8^{m},6$ im Minimum. Das System ist 13 000 Lichtjahre von uns entfernt.

Der Extremste unter den Extremen

Der wohl extremste Wolf-Rayet-Stern steht im Sternbild Schütze nahe γ Sgr an der Grenze zum Schlangenträger. Er bringt den Pistolennebel zum Leuchten, der nach seiner an ein Schießeisen erinnernden Form benannt ist. Im sichtbaren Licht ist der Pistolennebel ebenso wenig zu sehen wie sein Zentralstern, der die Katalogbezeichnung V4647 Sgr und LBV 1746-28 trägt. Der Pistolennebel wurde vom Hubble-Weltraumteleskop im Infraroten entdeckt. Er und sein Zentralstern der Spektralklasse WN9 stehen in 25 000 Lichtjahren Entfernung nahe dem Milchstraßenzentrum. Mit nur zwei Millionen Jahren ist dieser WR-Stern relativ jung. Seine absolute Helligkeit beträgt im Visuellen $-10^{M},4$, bolometrisch sogar $-13^{M},3$, da die meiste Energie im kurzwelligen UV-Licht abgestrahlt wird. Eigentlich müsste man V4647 im Schützen als Sternchen vierter Größe sehen können. Doch die Staubmassen in der galaktischen Ebene absorbieren so viel Licht, dass er schwächer als 20^{m} leuchtet. Mit 420 Millionen Kilometern Durchmesser ist er

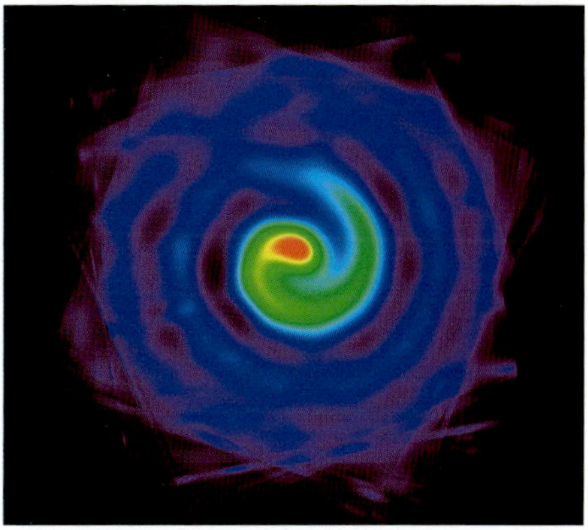

6.9 Infrarotaufnahme des Doppelsternsystems WR 104 mit seiner Gas- und Staubspirale. Aufnahme von Peter Tuthill, Keck-Teleskop, Mauna Kea, Hawaii.

rund 300-mal größer als unsere Sonne. Ursprünglich mit 200 Sonnenmassen ausgestattet, hat er nach Massenverlust heute noch rund die 150-fache Sonnenmasse. Der Pistolennebel entstand vor etwa 5000 Jahren durch asymmetrisches, explosionsartiges Abstoßen von Materie. Nach der Theorie des Sternaufbaus dürfte es eigentlich keine Sterne über 100 Sonnenmassen geben. Denn der gewaltige Strahlungsdruck – angefacht durch das Atomfeuer – bläst solche extrem massereichen Sterne auseinander.

Der scheinbar hellste und mit freiem Auge sichtbare Wolf-Rayet-Stern steht im Sternbild Segel des Argonautenschiffes. Suhail Al Muhlif oder γ Velorum hat eine scheinbare Helligkeit von $1^{m},8$. Die Koordinaten lauten: $\alpha = 8^{h}09^{m},5$ und $\delta = -47^{\circ},34$ (J2000.0). Damit steht er allerdings so weit südlich, dass er uns in Mitteleuropa verborgen bleibt. γ Vel ist ein optischer Doppelstern. Die 2^{m} helle Hauptkomponente ist 840 Lichtjahre entfernt und wurde ursprünglich als O7-Stern klassifiziert. Sie ist allerdings ein Wolf-Rayet-Stern (WC8) mit leichtem Lichtwechsel und ultrakurzer Periode von nur zwei Minuten. Im Fernglas erkennt man in 41″ Distanz einen $4^{m},2$ hellen Begleiter, der 1600 Lichtjahre entfernt ist.

Juli 2017

- Am 3. erreicht die Erde ihren sonnenfernsten Bahnpunkt – 152 Millionen Kilometer trennen sie von der Sonne.
- Venus ist Planet am Morgenhimmel.
- Jupiter kann am Abendhimmel gesehen werden.
- Saturn zieht sich vom Morgenhimmel zurück.
- Mars steht am 27. in Konjunktion mit der Sonne.

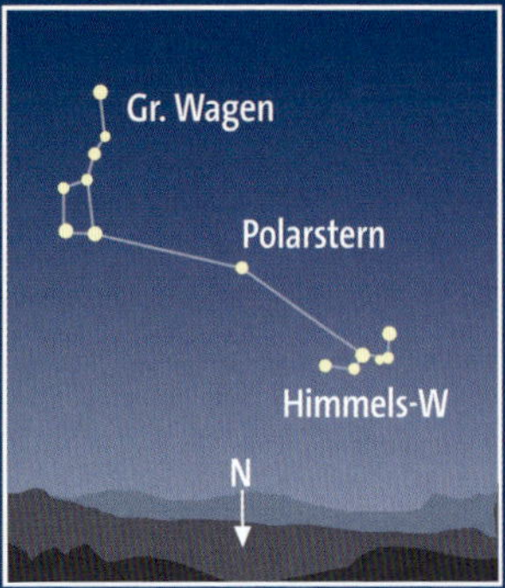

Großer Wagen und Himmels-W
Anfang Juli um 22 Uhr

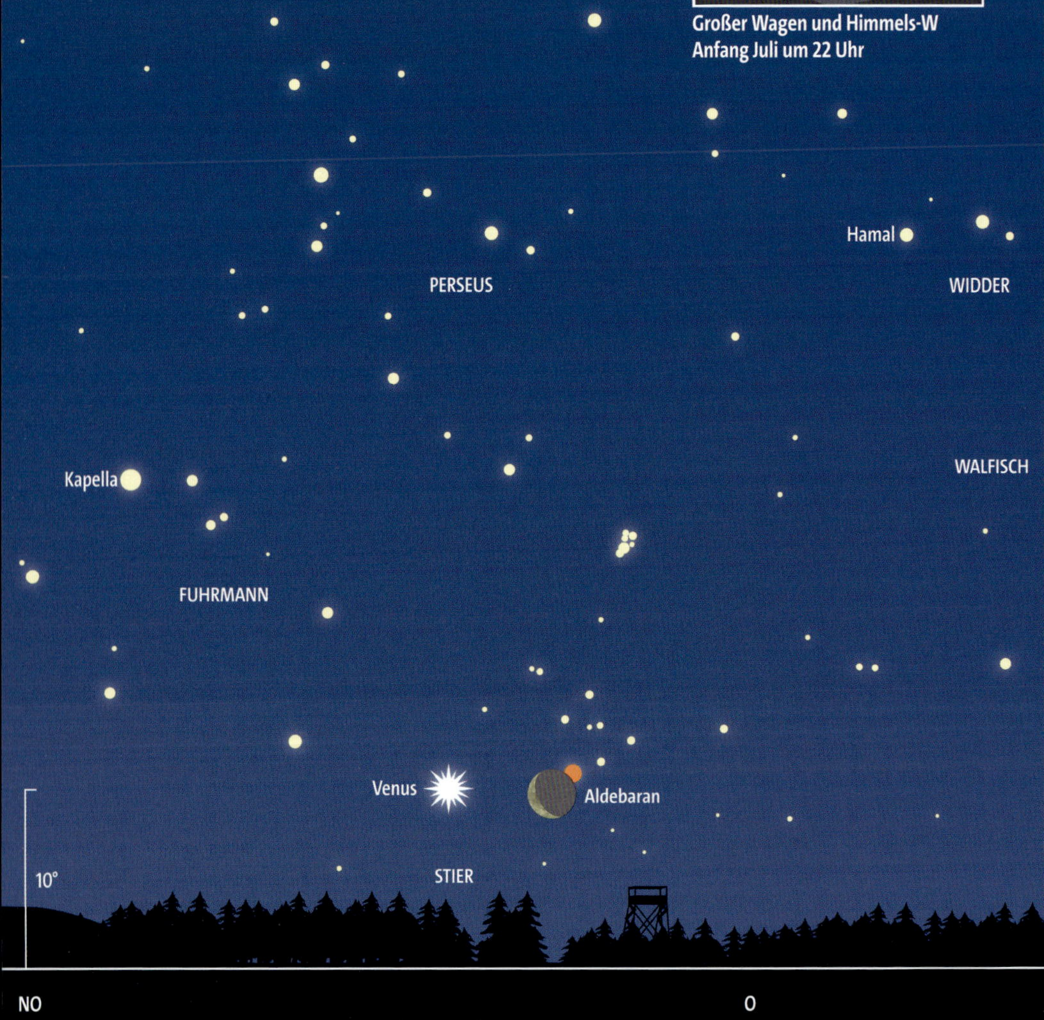

7.1 Himmelsanblick am 20. Juli gegen 3h MEZ (= 4h MESZ). Zur Venus, dem strahlenden Morgenstern, gesellt sich die schmale Sichel des abnehmenden Mondes.

1	Sa	Mond im ersten Viertel Mond bei Jupiter (Abendhimmel)
2	So	
3	Mo	Erde in Sonnenferne
4	Di	
5	Mi	
6	Do	Mond bei Saturn (ganze Nacht)
7	Fr	
8	Sa	
9	So	**Vollmond**
10	Mo	Pluto in Opposition
11	Di	
12	Mi	
13	Do	
14	Fr	
15	Sa	
16	So	Mond im letzten Viertel
17	Mo	
18	Di	
19	Mi	
20	Do	Mond bei Venus (Morgenhimmel)
21	Fr	
22	Sa	
23	So	**Neumond**
24	Mo	
25	Di	
26	Mi	
27	Do	
28	Fr	Mond bei Jupiter (Abendhimmel)
29	Sa	
30	So	Mond im ersten Viertel
31	Mo	

Sonne – Sternbilder

20. 7. 20ʰ:
Sonne tritt in das Sternbild Krebs
22. 7. 16ʰ:
Sonne tritt in das Tierkreiszeichen Löwe
Julianisches Datum am
1. Juli, 1ʰ MEZ: 2457935,5

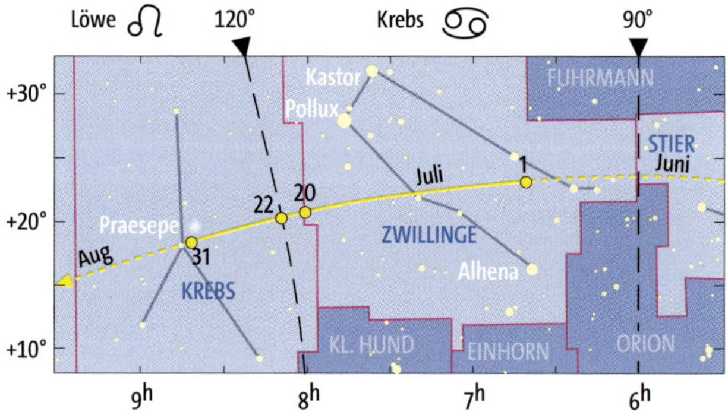

Tabelle Sonnenlauf

Tag	Dämmerg. Anfang	Aufgang MEZ	Kulmination	Untergang MEZ	Dämmerg. Ende	Mittagshöhe	Zeitgleichg.	Rektaszension	Deklination
	h m	h m	h m	h m	h m	°	m	h m	°
1.	2 27	4 15	12 24	20 32	22 21	63,1	–4	6 40	+23,1
5.	2 31	4 18	12 25	20 31	22 17	62,7	–5	6 56	+22,8
10.	2 38	4 22	12 25	20 28	22 11	62,2	–5	7 17	+22,3
15.	2 47	4 28	12 26	20 24	22 04	61,5	–6	7 37	+21,6
20.	2 56	4 33	12 26	20 19	21 55	60,6	–6	7 57	+20,7
25.	3 06	4 40	12 27	20 12	21 46	59,6	–7	8 17	+19,7
31.	3 18	4 48	12 26	20 04	21 33	58,2	–6	8 41	+18,3

Tages- und Nachtstunden

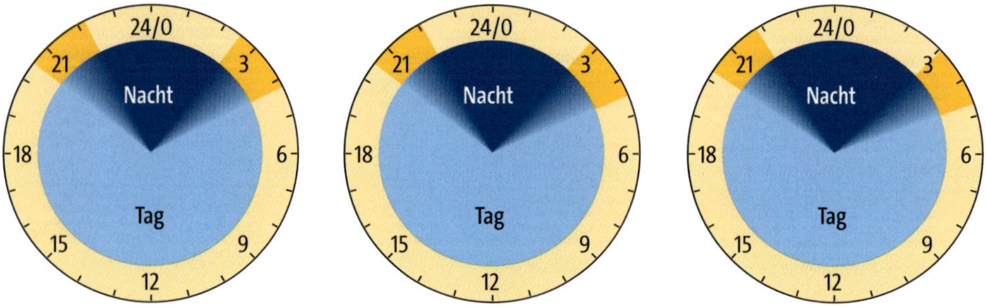

5. Juli

15. Juli

25. Juli

Tabelle Mondlauf

Datum		Aufg. MEZ	Kulmination	Unterg. MEZ	Rektaszension	Deklination	Sterne und Sternbilder	Phase	MEZ
		h m	h m	h m	h m	o			
Sa	1.	12 55	18 54	0 19	12 38	− 0,2	Jungfrau	**Erstes Viertel**	**$1^h 51^m$**
So	2.	13 59	19 37	0 43	13 24	− 4,3	Spica		
Mo	3.	15 02	20 21	1 07	14 11	− 8,1	Jungfrau		
Di	4.	16 04	21 06	1 33	14 57	−11,6	Waage	Größte Nordbreite	
Mi	5.	17 04	21 51	2 01	15 45	−14,5	Waage		
Do	6.	18 02	22 38	2 34	16 33	−16,9	Schlangenträger	Erdferne 406/29′,4	5^h
Fr	7.	18 56	23 26	3 11	17 22	−18,5	Schlangenträger		
Sa	8.	19 45	–	3 54	18 12	−19,4	Schütze		
So	9.	20 29	0 14	4 44	19 03	−19,3	Schütze, Nunki	**Vollmond**	**$5^h 07^m$**
Mo	10.	21 08	1 03	5 39	19 54	−18,4	Schütze		
Di	11.	21 42	1 51	6 39	20 45	−16,7	Steinbock		
Mi	12.	22 12	2 39	7 43	21 35	−14,1	Steinbock	Absteigender Knoten	
Do	13.	22 39	3 26	8 49	22 25	−10,9	Wassermann		
Fr	14.	23 05	4 13	9 57	23 15	− 7,1	Wassermann		
Sa	15.	23 31	5 01	11 07	0 04	− 2,9	Fische	Libration Ost	
So	16.	23 58	5 49	12 19	0 55	+ 1,6	Walfisch	**Letztes Viertel**	**$20^h 26^m$**
Mo	17.	–	6 39	13 32	1 46	+ 6,0	Fische		
Di	18.	0 27	7 31	14 47	2 40	+10,2	Walfisch	Größte Südbreite	
Mi	19.	1 01	8 26	16 03	3 37	+14,0	Stier		
Do	20.	1 42	9 25	17 16	4 36	+16,9	Aldebaran		
Fr	21.	2 31	10 26	18 24	5 38	+18,8	Stier	Erdnähe 361/33′,1	18^h
Sa	22.	3 30	11 28	19 23	6 41	+19,4	Alhena		
So	23.	4 38	12 29	20 12	7 44	+18,7	Zwillinge	**Neumond Nr. 1170**	**$10^h 46^m$**
Mo	24.	5 50	13 27	20 52	8 45	+16,7	Krebs, Krippe		
Di	25.	7 05	14 22	21 26	9 43	+13,6	Löwe, Regulus	Aufsteigender Knoten	
Mi	26.	8 19	15 13	21 55	10 39	+ 9,9	Löwe		
Do	27.	9 30	16 02	22 22	11 31	+ 5,7	Löwe	Libration West	
Fr	28.	10 39	16 48	22 46	12 21	+ 1,4	Jungfrau		
Sa	29.	11 46	17 33	23 11	13 09	− 2,8	Jungfrau		
So	30.	12 50	18 17	23 36	13 57	− 6,8	Jungfrau	**Erstes Viertel**	**$16^h 23^m$**
Mo	31.	13 53	19 02	–	14 44	−10,5	Waage		

Der Mond nähert sich am 6./7. Saturn

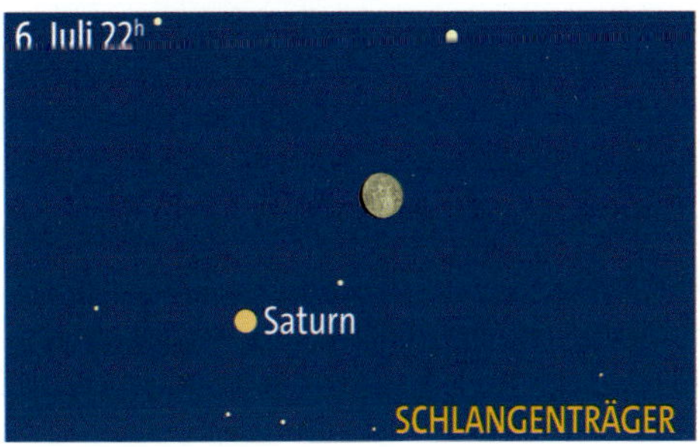

7 Der Planetenlauf Juli 2017

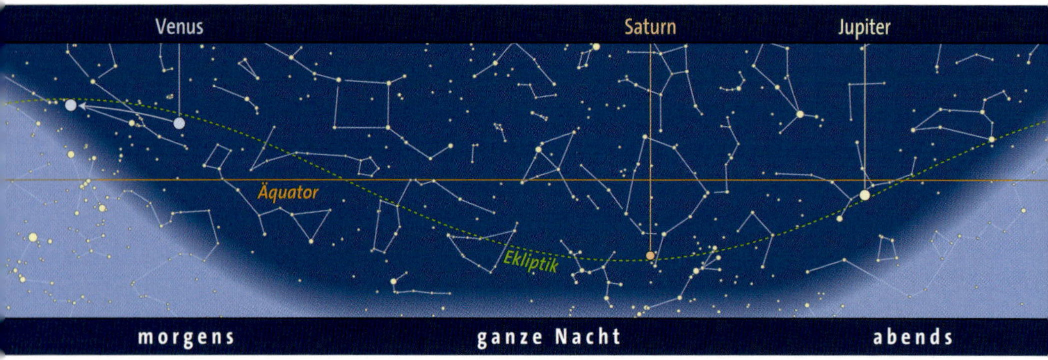

Merkur eilt der Sonne voraus und vergrößert allmählich seinen östlichen Winkelvorsprung von ihr. Am 30. erreicht er mit 27°12′ Winkelabstand schließlich seine größte östliche Elongation von der Sonne. Die maximale Elongation fällt diesmal so groß aus, weil Merkur nur drei Tage später sein Aphel passiert. Trotz des großen Elongationswinkels kommt es in unseren Breiten nicht zu einer Abendsichtbarkeit. Am Tag der größten östlichen Elongation geht der $0^{\mathrm{m}},3$ helle Merkur um $20^{\mathrm{h}}55^{\mathrm{m}}$ (= $21^{\mathrm{h}}55^{\mathrm{m}}$ Sommerzeit) unter. Merkur steht in Deklination rund 10° südlicher als die Sonne, die am 30. um $20^{\mathrm{h}}06^{\mathrm{m}}$ untergeht. Bevor die Abenddämmerung soweit fortgeschritten ist, dass

7.2 Heliozentrischer Anblick des Planetensystems im dritten Jahresviertel 2017. Eingetragen sind links die Positionen der inneren Planeten für den 1. Juli (7), 1. August (8), 1. September (9) und 1. Oktober (10). Der rechte Teil zeigt das äußere Planetensystem und einige Planetoiden. Die Pfeile deuten die Richtungen zu den ferneren Planeten sowie zum Frühlingspunkt an.

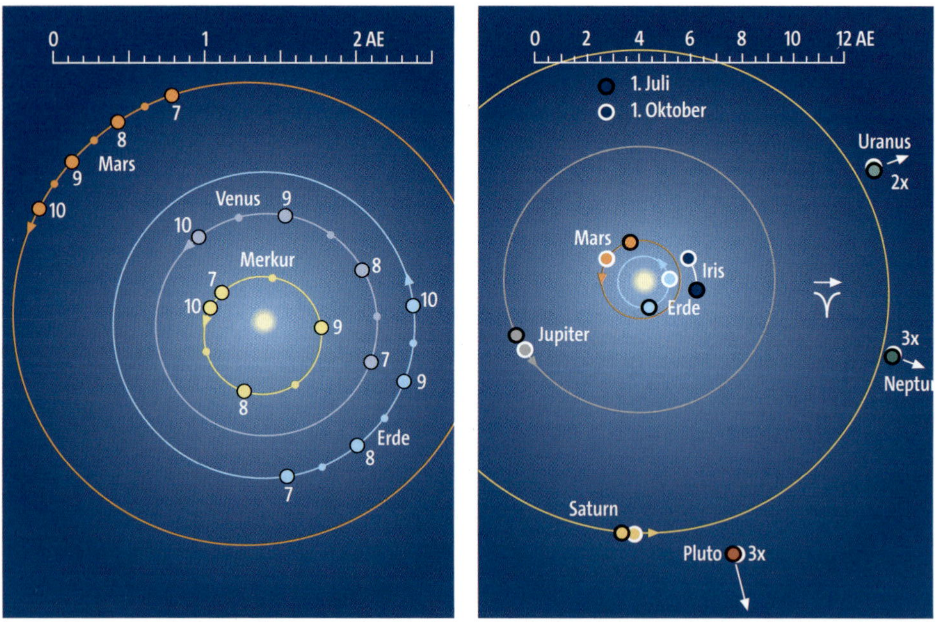

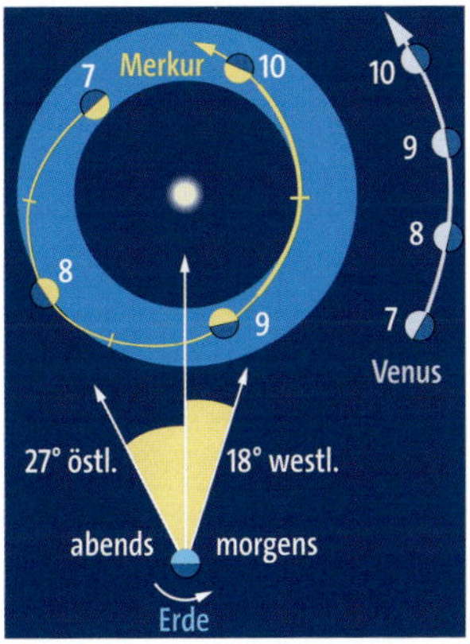

7.3 Bahnen von Merkur und Venus: **Heliozentrische Bewegungen von Merkur und Venus *relativ* zur Erde. In den dicker ausgezogenen Bahnteilen sind die Planeten beobachtbar. Die Zahlen geben die Positionen jeweils zum Monatsersten an. Östlicher Winkelabstand bedeutet Abendsichtbarkeit; westliche Elongation: Planet steht am Morgenhimmel.**

man Merkur sehen könnte, ist er längst im Horizontdunst verschwunden. In Gegenden südlich von etwa 45° nördlicher Breite zeigt sich Merkur jedoch am Abendhimmel. Besonders günstig sind die Verhältnisse in den Tropenregionen. Am 27./28. zeigt sich das $7\overset{''}{,}4$ große Merkurscheibchen halb beleuchtet – die Dichotomie tritt ein.

Venus kann am Morgenhimmel gesehen werden. Sie wandert durch das Sternbild Stier und passiert zur Monatsmitte Aldebaran 3° nördlich (siehe Abb. 7.5 rechts). Am 31. wechselt sie in das Sternbild Zwillinge und zieht $1\overset{\circ}{,}6$ südlich am Sommerpunkt vorbei. Damit hat Venus in diesem Jahr ihre nördlichste Position im Tierkreis erreicht. Bevor sie ins Sternbild Zwillinge tritt, wandert sie zwei Tage lang durch den nördlichsten Bezirk des Orion. Am Morgenhimmel steht sie dann schon relativ hoch, bevor sie in der Morgenhelle verblasst (siehe Abb. 7.4 unten). Am 20. begegnet die schmale Sichel des abnehmenden Mondes dem Morgenstern. Venus, Mond und Aldebaran bilden eine interessante Konstellation am Morgenhimmel gegen 3^h (= 4^h Sommerzeit), die man nicht versäumen sollte (siehe Abb. 7.1 auf Seite 150).

Die Aufgangszeiten von Venus verändern sich nur unwesentlich. Zu Monatsbeginn geht Venus um 1^h52^m (= 2^h52^m Sommerzeit) auf, Ende Juli um 1^h43^m. Die Helligkeit geht weiter leicht um $0\overset{m}{,}2$ auf $-4\overset{m}{,}0$ zurück. Dennoch

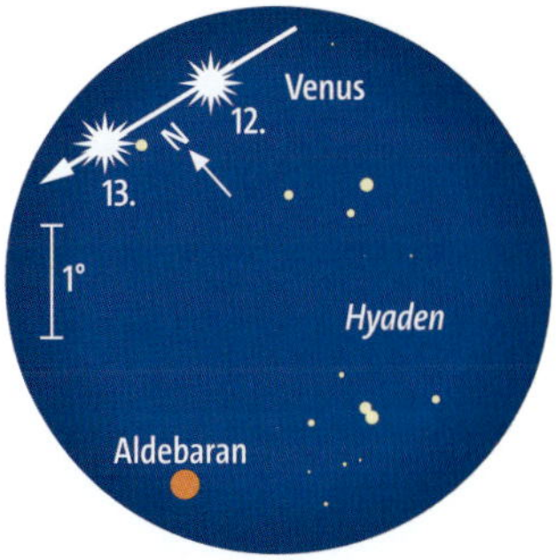

7.5 Venus bei Aldebaran: **Venus passiert am 12./13. Juli das Goldene Tor der Ekliptik. Fernglasanblick am Morgenhimmel.**

bleibt Venus nach Sonne und Mond hellstes Gestirn am irdischen Firmament.

Wer mit einem Teleskop Venus ins Visier nimmt, bemerkt, dass das Planetenscheibchen kleiner und rundlicher wird.

Mars wird am 27. von der Sonne im Sternbild Krebs eingeholt und steht in Konjunktion mit ihr. Da er am 30. August seine größte ekliptikale Nordbreite erreicht, zieht die Sonne knapp ein Grad südlich an ihm vorbei. Am Tag der Konjunktion trennen uns 397 Millionen Kilometer

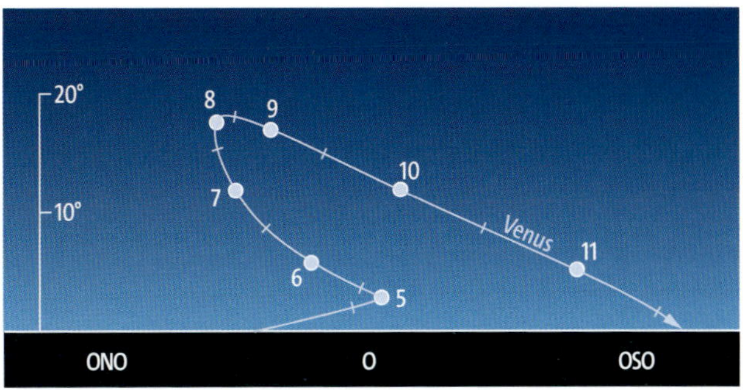

7.4 Venus am Morgenhimmel: **Stellung von Venus über dem Osthorizont jeweils eine Stunde vor Sonnenaufgang. Die Zahlen geben die Venusposition zum jeweiligen Monatsersten an (7 = 1. Juli).**

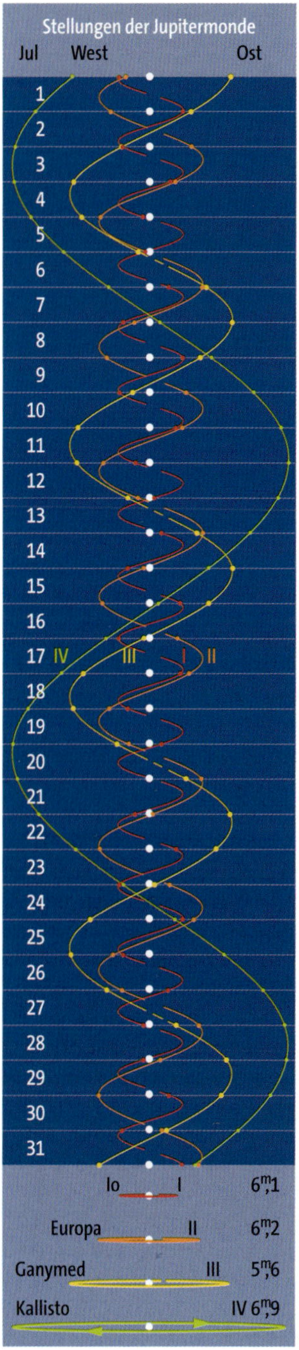

(= 2,65 AE) vom roten Planeten. Dies ist die größte Entfernung von der Erde, die Mars in diesem Jahr einnimmt.

Jupiter beschleunigt seine wieder rechtläufige Bewegung im Sternbild Jungfrau und nähert sich ein wenig Spica, dem hellsten Stern in der Jungfrau (siehe Abb. 4.5 auf Seite 100). Seine Untergänge verlegt der Riesenplanet in die Zeit weit vor Mitternacht. Am 1. geht Jupiter um 0^h19^m (= 1^h19^m Sommerzeit) unter. Am 15. erfolgt der Jupiterun-

Jupitermonde

Tag	MEZ h m		Vorgang
2.	21 31	III	SE
5.	22 31	I	DA
6.	23 15	I	VE
7.	21 31	II	DE
	21 39	II	SA
9.	20 35	III	DE
	23 18	III	SA
13.	21 42	I	BA
14.	21 06	I	DE
	21 40	II	DA
	22 19	I	SE
16.	21 02	II	VE
	22 03	III	DA
21.	20 51	I	DA
	22 04	I	SA
22.	21 34	I	VE
27.	21 30	III	VA
30.	21 24	II	BA

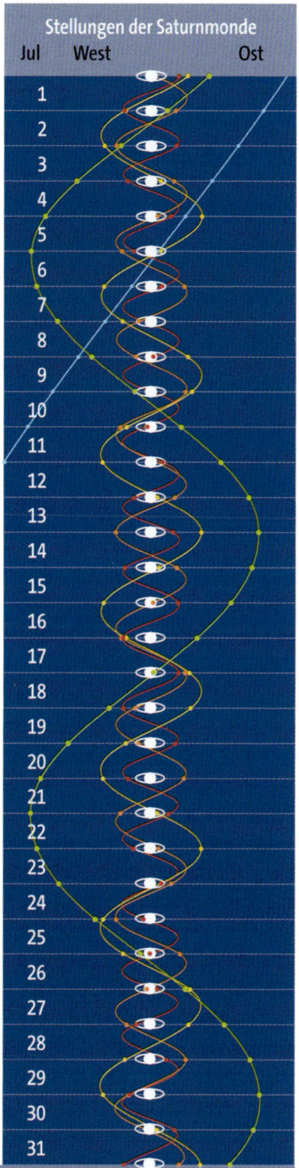

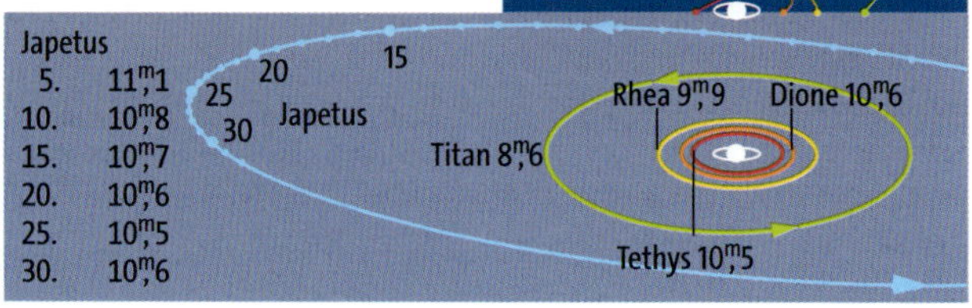

tergang um 23^h22^m und am Monatsletzten schon um 22^h23^m.

Die Helligkeit des Riesenplaneten sinkt minimal um $0^m{,}1$ auf $-1^m{,}9$ ab. Der scheinbare Äquatordurchmesser des Jupiterglobus geht auf 34″,3 zurück.

Sowohl am 1. als auch am 28. wandert der zunehmende Halbmond nördlich an Jupiter vorbei (siehe Abb. 7.6 rechts).

Saturn, rückläufig im Schlangenträger, stand Mitte des Vormonats in Opposition zur Sonne. Seine Helligkeit sinkt während des Monats leicht auf $0^m{,}2$ ab. Vom Morgenhimmel zieht sich der Ringplanet völlig zurück. Erfolgt der Saturnuntergang am 1. um 3^h24^m und am 15. um 2^h25^m, so verschwindet der Ringplanet am 31. bereits um 1^h19^m (= 2^h19^m Sommerzeit) unter dem Südwesthorizont.

In der Nacht vom 6. auf 7. begegnet der fast volle Mond Saturn (siehe Mondlaufgrafik Juli auf Seite 153).

Uranus kann unter günstigen Sichtbedingungen am Morgenhimmel tief im Osten mit lichtstarker Optik (Teleskop oder Fernglas auf stabilem Stativ!) aufgesucht werden. Der grünliche Planet wandert langsam durch das Sternbild Fische und bleibt zu Monatsende fast stehen. In den Sommermonaten hält sich Uranus gut ein Grad nördlich von ο Piscium ($4^m{,}3$) auf (siehe Abb. 10.5 auf Seite 214).

Am 1. geht der nur $5^m{,}8$ helle Uranus um 0^h35^m auf, am 15. um 23^h56^m und am 31. schon um 22^h34^m (= 23^h34^m Sommerzeit). Seine Meridianpassagen verfrühen sich von 7^h27^m zu Monatsbeginn auf 5^h31^m (= 6^h31^m Sommerzeit) Ende Juli.

Neptun, rückläufig im Wassermann, strebt seiner Opposition zur Sonne entgegen, die er aber erst Anfang September erreicht. Der lichtschwache Planet verlagert seine Aufgänge in die späten Abendstunden. Um ihn aufzufinden, ist jedoch die Zeit rund zwei Stunden vor seiner Kulmination zu empfehlen.

Neptun geht am 1. um 23^h13^m auf und kulminiert um 4^h46^m (= 5^h46^m Sommerzeit). Am 15. erfolgt sein Aufgang um 22^h18^m und seine Meridianpassage um 3^h50^m. Am Monatsletzten geht der inzwischen $7^m{,}8$ helle Neptun um 21^h14^m auf und kulminiert um 2^h46^m (= 3^h46^m Sommerzeit). Um Neptun zu finden, benutze man die Karte Abb. 9.13 (siehe Seite 199). Der Stern 81 Aqr ($6^m{,}2$) kann als Aufsuchhilfe dienen.

7.6 Mond trifft Jupiter:
Die zunehmende Mondsichel begegnet am 28. Juli dem Riesenplaneten. Fernglasanblick gegen 22^h MEZ (= 23^h MESZ).

Konstellationen und Ereignisse

Datum	MEZ	Ereignis
1.	8^h	**Mond bei Jupiter**, Mond 2°,7 nördlich, **Abstand 5°,9 um 0^h und 5°,7 um 21^h**
3.	21	Erde im Aphel (Sonnenferne), Abstand Erde – Sonne 152,093 Millionen Kilometer
7.	4	**Mond bei Saturn**, Mond 3°,2 nördlich, **Abstand 3°,0 um 2^h**
10.	6	**Pluto in Opposition** zur Sonne
13.	19	Mond bei Neptun, Mond 0°,9 südlich
17.	1	Mond bei Uranus, Mond 4°,3 südlich
20.	12	**Mond bei Venus**, Mond 2°,7 südlich, **Abstand 5°,7 um 4^h**
23.	14	Mond bei Mars, Mond 3°,1 südlich
25.	10	Mond bei Merkur, Mond 0°,9 nördlich
27.	2	Mars in Konjunktion mit der Sonne
28.	21	**Mond bei Jupiter,** Mond 3°,1 nördlich, **Abstand 2°,3 um 22^h**
30.	6	Merkur in größter östlicher Elongation (27°)

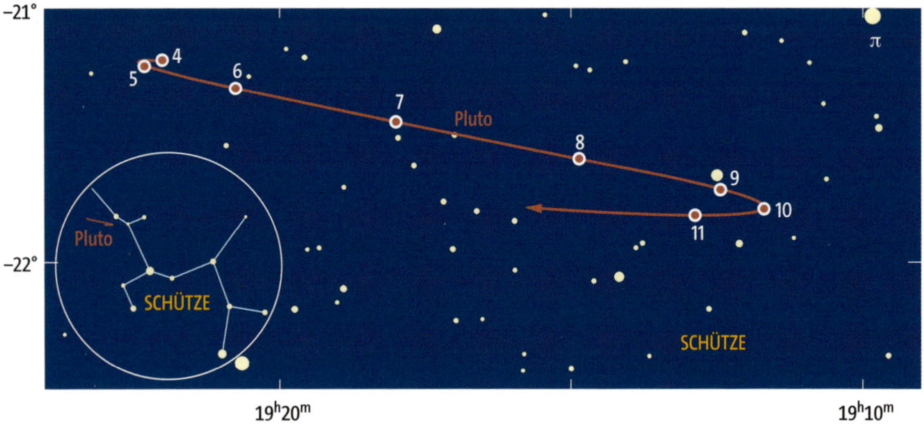

7.7 Bahn von Pluto:
Scheinbare Bahn des Zwergplaneten Pluto von April bis Ende November 2017 im Sternbild Schütze.

Pluto, der Zwergplanet (Planetoiden-Nr. 134 340), steht am 10. in **Opposition** zur Sonne. Er hält sich in diesen Jahren im Sternbild Schütze auf (siehe Abb. 7.7 oben). Seine Oppositionshelligkeit beträgt nur 14,m2. Da er sich auf seiner stark elliptischen Bahn weiter von der Sonne und damit auch von der Erde entfernt, wird er immer lichtschwächer. Die Aufsuchkarte soll helfen, den prominenten Zwergplaneten aufzufinden oder auf eigenen Aufnahmen zu identifizieren. In der Oppositionsnacht passiert Pluto um 0^h26^m (= 1^h26^m MESZ) den Meridian.

Zur Opposition ist Pluto 4839 Millionen Kilometer (= 32,35 AE) von der Erde entfernt. Dies entspricht einer Lichtlaufzeit von vier Stunden und 29 Minuten.

7.8 Bahn von Juno:
Scheinbare Bahn von (3) Juno von Juni bis Ende August 2017 im Sternbild Schild. Die Zahlen geben die Junoposition zum jeweiligen Monatsersten an (7 = 1. Juli).

Planetoiden

Juno (3) erreicht am 2. Juli ihre **Oppositionsstellung** zur Sonne. Sie wandert rückläufig durch das Sternbild Schild (lat.: Scutum) und wechselt am 27. in das Sternbild Schwanz der Schlange (lat.: Serpens Cauda).

Mit 9,m8 scheinbarer Oppositionshelligkeit ist sie nicht leicht visuell im Teleskop zu finden (siehe Abb. 7.8 unten).

Am Tag der Opposition kulminiert Juno um 0^h21^m (= 1^h21^m Sommerzeit). Ende Juli passiert sie bereits um 22^h00^m den Meridian.

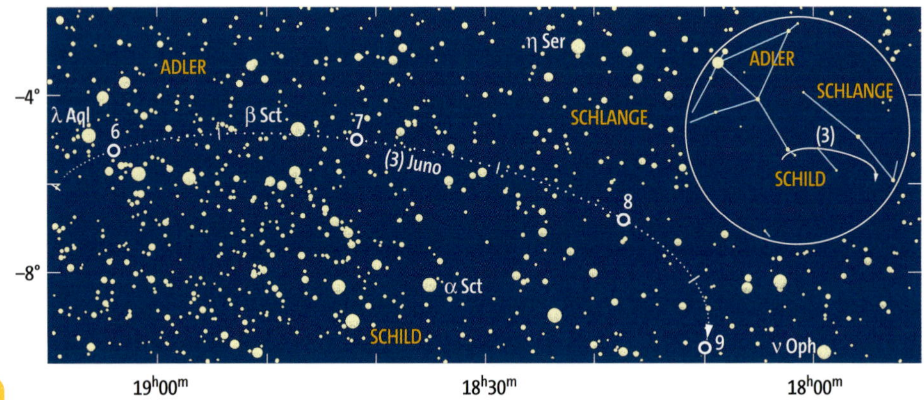

Am Tag der Opposition ist Juno 314 Millionen Kilometer (= 2,10 AE) von der Erde entfernt, während ihre Sonnendistanz 461 Millionen Kilometer (= 3,08 AE) misst.

Bis Ende Juli sinkt die Junohelligkeit leicht auf $10\overset{m}{,}0$ ab.

Periodische Sternschnuppenströme

Die **Delta-Aquariden** leuchten vom 11. Juli bis 18. August auf, wobei der Strom im August nur noch wenige Meteore liefert. Sie bilden den aktivsten Strom im Juli und werden auch **Juli-Aquariden** genannt. Ihr Radiant liegt etwa 3° westlich von δ Aquarii. Das Maximum ist nicht in jedem Jahr am selben Tag zu erwarten.

In diesem Jahr dürfte es in den Stunden nach Mitternacht am 28. Juli auftreten. Die Geschwindigkeit der Sternschnuppen liegt um 40 Kilometer pro Sekunde. Im Maximum sind 20 bis 25 Sternschnuppen pro Stunde zu erwarten.

Man vermutet, dass die Quellen der Juli-Aquariden wie bei den Quadrantiden im Januar beim Kometen 96P/Machholz und dem Planetoiden 2003 EH1 zu suchen sind.

Vom 1. Juli bis 13. August treten die **Alpha-Capricorniden** (Radiant im Steinbock) auf. Sie sind die ganze Nacht über beobachtbar. Der Ursprungskomet ist 45P/Honda-Mrkoš-Pajdusáková. Um das Maximum am 28. Juli sind nur etwa fünf Objekte pro Stunde zu erwarten. Es handelt sich um recht langsame Meteore, die im Mittel mit 23 Kilometer pro Sekunde in die irdische Lufthülle eindringen.

Ab dem 15. Juli ist mit den ersten Exemplaren des **Perseïden**-Stroms zu rechnen, der seine maximale Aktivität in der ersten Augusthälfte entfaltet. Der Radiant liegt zunächst südlich von Kassiopeia und wandert Anfang August in den nördlichen Bereich des Perseus.

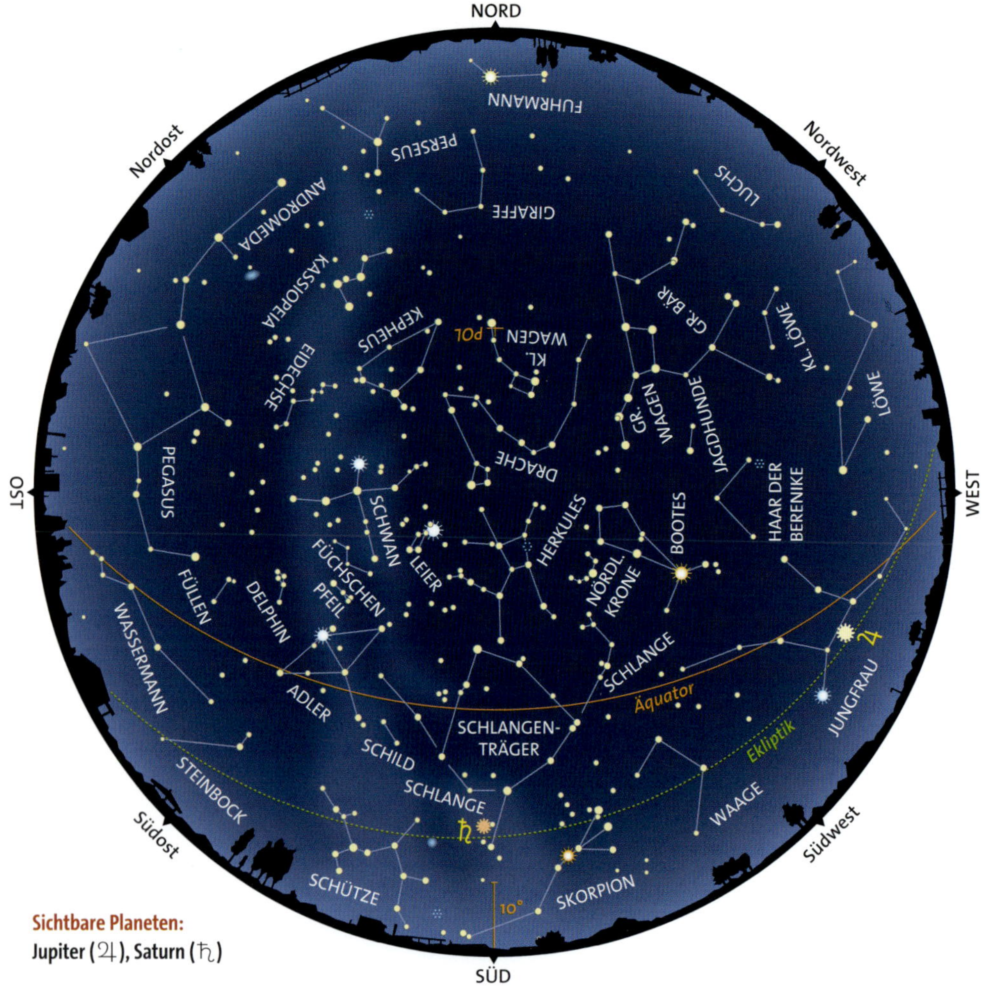

Sichtbare Planeten:
Jupiter (♃), Saturn (♄)

Der Sternenhimmel am 15. Juli um 22^h MEZ

Die Sternkarte ist auch gültig für:		
	MEZ	MESZ
15. 4.	4^h	5^h
1. 5.	3	4
15. 5.	2	3
1. 6.	1	2
15. 6.	0	1
1. 7.	**23**	**24**
15. 7.	**22**	**23**
31. 7.	**21**	**22**

Nach Einbruch der Dunkelheit ist am abendlichen Sternenhimmel das große und leicht erkennbare Sternendreieck aus Wega, Deneb und Atair schon hoch im Osten zu sehen. Man nennt es deshalb auch Sommerdreieck. Das Sternbild Bootes mit dem hellen Arktur ist bereits in die westliche Himmelshälfte gerückt. Im Südwesten ist noch das Sternbild Jungfrau zu finden mit ihrem bläulichen Hauptstern Spica. In der Jungfrau leuchtet in diesem Jahr Jupiter.

Arktur und Spica markieren zwei Eckpunkte des Frühlingsdreiecks. Der dritte Eckpunkt, Regulus im Löwen, ist bereits untergegangen, das Frühlingsdreieck hat sich aufgelöst.

Hoch im Süden schreitet gerade der Held Herkules durch den Meridian. Der Herkules ist ein ausgedehntes Sternbild, das sich nur aus lichtschwachen Sternen zusammensetzt. Sterne erster und zweiter Größenklasse fehlen vollständig in ihm, daher ist dieses Bild nicht leicht zu erkennen, vor allem am aufgehellten Stadthimmel. Noch schwieriger ist es, sich die Figur des Herkules vorzustellen. Denn von unseren Breiten aus betrachtet hängt der Kopf des Herkules nach unten, also in Südrichtung, die Füße wiederum sind oben und deuten nach Norden. Ein Bein ist angewinkelt, der Held kniet.

Der Herkules beherbergt zwei schöne Kugelsternhaufen: M 13 und M 92. M 13 ist der hellste und prominenteste Kugelhaufen auf der Nordhalbkugel des Himmels. Die beiden Kugelhaufen sind 22 000 beziehungsweise 27 000 Lichtjahre von uns entfernt.

Zwischen dem Bootes und dem Herkules liegt ein auffälliger Halbkreis aus Sternen, die Nördliche Krone. Ihr etwas hellerer Hauptstern, α Coronae Borealis, heißt Gemma und markiert den Edelstein in der Goldkrone. Knapp südlich der Krone liegt der Kopf der Schlange (lat.: Serpens Caput). Die Sternenkette der Schlange knickt weiter südlich nach Osten ab und zieht durch den Schlangenträger (lat.: Ophiuchus). Der Schlangenträger befindet sich südlich vom Herkules und ist ebenfalls ein ausgedehntes, lichtschwaches Sternbild. Der östliche Teil der Schlange heißt Serpens Cauda, was so viel wie „Schwanz der Schlange" bedeutet. Der Schlangenschwanz ist kerzengerade und deutet in Richtung des hellen Atair, Hauptstern des Adlers. Das Sternbild Schlange wird durch den Schlangenträger in zwei Felder getrennt. Gegenwärtig hält sich der Ringplanet Saturn im Schlangenträger auf.

Skorpion in Höchststellung

Tief im Südwesten hält sich noch die Waage, ein schlichtes und nicht auffallendes Sternbild. Im Gegensatz zur Waage ist der Skorpion, der der Waage im Tierkreis unmittelbar folgt, recht einprägsam. Vor allem sein roter Hauptstern Antares funkelt jetzt unübersehbar tief im Süden. Antares zählt zu den Sternen erster Größenklasse und ist leicht veränderlich. Die Bezeichnung Antares für α Scorpii stammt aus dem Griechischen. Ares ist der Name für den Kriegsgott, der bei den Römern Mars heißt. Antares bedeutet somit „marsähnlicher (Stern)". In den Tropen gehört der Skorpion zu den eindrucksvollsten Bildern. Im Juni und Juli steht er dort abends in Zenitnähe hoch über dem Betrachter. Der bei uns sichtbare Teil des Skorpions gleicht eher einer Hand. Die Sterne ν, β, δ, π und ρ Scorpii markieren die Fingerspitzen, σ Scorpii die Mittelhand und α Scorpii (Antares) die Handwurzel.

Tief im Süden bereitet sich der Schütze (lat.: Sagittarius) auf den Meridiandurchgang vor. In seiner Richtung liegt das Zentrum unserer Milchstraße. Der Schütze beherbergt zahlreiche galaktische Nebel, Kugel- und offene Sternhaufen – eine Fundgrube für Fernglasbeobachter!

Der Große Wagen ist hoch im Westen zu finden, er steigt langsam herab. Man sollte auch einmal versuchen, den Kleinen Wagen zu identifizieren. An der Spitze seiner Deichsel sitzt der Polarstern. Außer den beiden hinteren Kastensternen sind die übrigen Sterne deutlich lichtschwächer als die des Großen Wagens. Zwischen Großem und Kleinem Wagen schlängelt sich der Drache (lat.: Draco) hindurch. Das kleine Sternenviereck, das den Kopf des Drachen markieren soll, liegt nördlich von Herkules.

Veränderliche Sterne im Juli

Algol-Minima	2.	5^h10^m	5.	2^h00^m	7.	22^h48^m	25.	3^h40^m	28.	0^h29^m	30.	21^h18^m
β-Lyrae-Minima	5.	3^hH	11.	15^hN	18.	2^hH	24.	14^hN	31.	2^hH		
δ-Cepheï-Maxima	3.	10^h	8.	19^h	14.	3^h	19.	12^h	24.	21^h	30.	6^h
Mira-Helligkeit	1.	7^m	10.	8^m	20.	8^m	31.	9^m				

Ein Späher beim König des Kuipergürtels

NASA/Johns Hopkins University Applied Physics Laboratory/Southwest Research Institute

7.9 Pluto – aufgenommen von der Raumsonde New Horizons am 13. Juli 2015 aus einer Entfernung von 450 000 Kilometern.

Nach einer Reise von neuneinhalb Jahren und über fünf Milliarden Kilometer war es am 14. Juli 2015 so weit: Die Raumsonde New Horizons passierte in rasantem Flug mit rund 14 Kilometer pro Sekunde, das sind fast 50 000 Kilometer pro Stunde, Pluto in knapp 12 500 Kilometer Höhe über seiner Oberfläche. Lange blieb dieser ferne Himmelskörper am Rande unseres Planetensystems voller Rätsel. Die sieben wissenschaftlichen Messgeräte und Kameras an Bord sandten eine Fülle an Bildern und Daten zur Erde, die manches Rätsel lösten, aber auch neue Fragen aufwarfen. Mit an Bord war auch ein Teil der Asche des Plutoentdeckers Clyde Tombaugh (1906–1997). Erstmals besuchte damit ein Astronom posthum seinen von ihm selbst gefundenen Himmelskörper.

Eines der ersten Ergebnisse von New Horizons war die genaue Bestimmung des Plutodurchmessers. Als Pluto im Februar 1930 auf der Lowell-Sternwarte in Arizona entdeckt wurde, schätzte man seinen Durchmesser auf 14 000 Kilometer. Damit wäre er sogar ein wenig größer als die Erde gewesen. Aus Beobachtungen von Sternbedeckungen durch Pluto in den 1960er Jahren folgte jedoch, dass der Durchmesser des Plutoglobus kleiner als 6000 Kilometer sein muss. Gegenseitige Bedeckungen von Pluto und seinem Mond Charon in den 1980er Jahren sowie Beobachtungen mit dem Hubble-Weltraumteleskop ergaben einen Durchmesser von nur 2300 Kilometer. Damit ist Pluto nicht einmal halb so groß wie der kleine Merkur mit seinem Durchmesser von 4878 Kilometer. Auch unser Erdmond, die vier hellen Jupitermonde, der Saturnmond Titan, ja selbst der Neptunmond Triton sind größer als Pluto.

Pluto war der letzte der ehemals neun Planeten unseres Sonnensystems, der noch keinen Besuch eines irdischen Spähers erhalten hatte. Als New Horizons ihn im Juli 2015 besuchte, galt Pluto nicht mehr als neunter Planet, sondern war in die im Jahre 2006 von der IAU (Internationale Astronomische Union) neu geschaffene Kategorie der Zwergplaneten eingestuft worden. Ein an und für sich wenig bedeutender Vorgang, der jedoch auf ungeheures Interesse in der Bevölkerung stieß und auch heute noch heiß diskutiert wird.

Wie kam dies? Als im Jahre 2003 Eris (2003 UB313) im Kuipergürtel entdeckt wurde und größer zu sein schien als Pluto, wollte man vermeiden, die Zahl der Planeten ständig nach oben korrigieren zu müssen. Zudem ist die Plutobahn mit relativ starker Neigung zur Ekliptik ($i = 17°$) und großer Exzentrizität ($e = 0{,}25$) für einen Planeten ungewöhnlich.

Die Entdeckung des Kuipergürtels

Schon Mitte des 20. Jahrhunderts vermuteten der Astronom Kenneth Edgeworth (1880–1972) und der Planetenforscher Gerhard P. Kuiper (1905–1973) jenseits der Neptunbahn einen zweiten Planetoidengürtel. Edgeworth sah in dieser Zone auch eine Quelle kurzperiodischer Kometen. Im April 1992 entdeckte man den Kleinplaneten 1992 QB1, dessen Bahn jenseits der Neptun- und Plutobahn liegt. In den folgenden Jahren wurden immer neue Kuipergürtel-Mitglieder gefunden. (Sie werden auch als **T**rans-**N**eptun-**O**bjekte, kurz TNO bezeichnet.) Inzwischen hat man über 1000 TNO registriert. Man schätzt, dass der Kuipergürtel mehr als 100 000 Mitglieder mit Durchmessern größer als 100 Kilometer enthält. Als man schließlich Eris aufspürte und seinen Durchmesser zu 2326 ± 12 Kilometer bestimmte, wurde er zum ungekrönten „König des Kuipergürtels" ernannt. Doch nach dem Besuch von New Horizons bei Pluto musste Eris diesen Titel an Pluto zurückgeben. Denn die Raumsonde vermaß den Plutodurchmesser direkt zu 2373 ± 6 Kilometer.

Damit ist Pluto nun doch ein wenig größer als Eris. Seit Juli 2015 gilt Pluto mit seinem großen Mond Charon und den vier winzigen Möndchen deshalb als König des Kuipergürtels. Allerdings besitzt Eris offenbar eine um 28 % größere Masse als Pluto. Daraus ist zu schließen, dass auch der Gesteinskern von Eris größer ist als der von Pluto.

Den größten Teil ihrer Reise zum fernen Pluto legte die Raumsonde New Horizons in einer Art Winterschlaf zurück, um Energie zu sparen. Dies war ein ähnlicher Zustand wie der Stand-by-Modus bei unseren elektronischen Geräten des täglichen Bedarfs. Nach ihrem Vorbeiflug (Swing-by-Manöver) an Jupiter am 28. Februar 2007 wurde die Raumsonde in Tiefschlaf versetzt. Aus ihrem Ruhemodus aufgeweckt wurde sie dann im Dezember 2014. Zur Zufriedenheit der Betreuungscrew an der Johns-Hopkins-Universität funktionierten nach der langen Ruhepause alle Systeme einwandfrei.

Groß war jedoch die Aufregung, als sich der Bordcomputer am 4. Juli 2015, zehn Tage vor

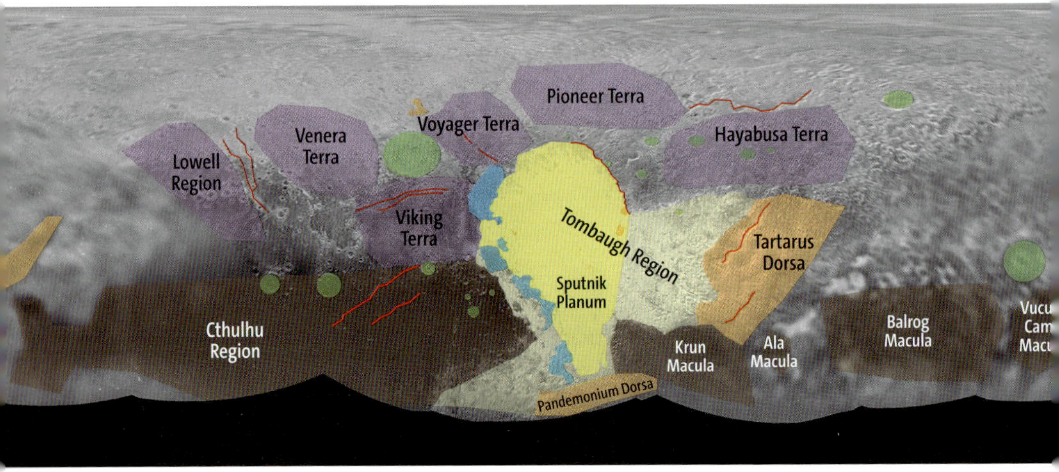

7.10 Karte der Plutooberfläche mit den ersten noch informellen Namen der Oberflächendetails.

dem Vorbeiflug an Pluto, plötzlich abschaltete, genauer gesagt, sich in den Sicherheitsmodus begab. Wie so oft hatte ein Fehler im Ablaufprogramm diese Panne verursacht. Immerhin gelang es der Bodenkontrolle, den unliebsamen Zustand innerhalb von drei Tagen zu beenden. Dabei ist zu bedenken, dass man nach jedem Befehl an den Bordcomputer neun Stunden warten musste, bis man die Vollzugs- oder Fehlermeldung erhielt. Denn die Lichtlaufzeit betrug viereinhalb Stunden.

Erfolgreicher Vorbeiflug

Doch dann lief alles planmäßig ab, das heißt, weitgehend vollautomatisch. Da die schüsselförmige Hauptantenne beim Aufnahme- und Messprozess nicht auf die Erde gerichtet war, musste sich die Raumsonde für die Datenübertragung jeweils drehen, um die Antenne zur Erde auszurichten.

Das Messprogramm und die Bildaufzeichnung liefen während der größten Annäherung vollautomatisch ab; 22 Stunden lang ohne Kontakt zur Erde, um ohne Unterbrechung möglichst viele Daten und Aufnahmen zu gewinnen. Bei der langen Laufzeit der Radiosignale hätte man ohnehin nicht sinnvoll eingreifen können. Erst am 15. Juli gegen 1^h UTC, 13 Stunden nach der engsten Begegnung mit Pluto, drehte die Sonde die Antenne zur Erde und sandte erste Bilder und Daten. New Horizons hatte alle Aufgaben ihrer Mission einwandfrei erfüllt. Frenetischer Jubel, begleitet von tosendem Applaus erfüllte das Kontrollzentrum im Applied Physics Laboratory der Johns Hopkins University in Laurel (Maryland, USA).

Liebend gerne hätte man nicht nur Momentaufnahmen in den wenigen Stunden der Passage gewonnen, sondern die Sonde in einen permanenten Pluto-Orbit einschwenken lassen. Doch dies ließ sich aus energetischen Gründen nicht meistern. Wegen der geringen Plutomasse ($1{,}5 \cdot 10^{22}$ kg $\triangleq$ 0,0025 Erdmassen) und der damit geringen Gravitationswirkung hätte man ziemlich genau so viel Treibstoff zum Abbremsen mitschleppen müssen, wie erforderlich ist, um von der Erdoberfläche in eine Erdumlaufbahn zu gelangen (jeweils pro Masseneinheit, z. B. Kilogramm).

Auch waren noch weitere Einschränkungen in Kauf zu nehmen. Durch die langsame Rotation von Pluto – eine volle Umdrehung dauert sechs Tage und neun Stunden – konnte nur eine Hemisphäre mit hoher Auflösung aufgenommen werden. Die Neigung der Plutorotationsachse in Richtung Sonne betrug im Juli 2015 ziemlich genau 51°. Dies hatte zur Folge, dass zwar die Nordkalotte in vollem Sonnenlicht lag, aber ein erheblicher Teil der Südhalbkugel von Pluto unsichtbar im Dunkel der Polarnacht lag.

Oberflächendetails aus großer Entfernung

Schon aus rund 110 Millionen Kilometern Entfernung zeigte sich beim Anflug ein auffälliges Merkmal auf der Plutooberfläche, nämlich ein heller, herzförmiger Fleck mit einer Längsausdehnung von 1600 Kilometern (siehe Abb. 7.10 auf Seite 164). Zu Ehren und zur Erinnerung an den Plutoentdecker wurde dieses Gebiet vom New-Horizons-Forscherteam „Tombaugh Region" genannt. Diese und alle weiteren Namensgebungen für Oberflächenstrukturen und -details sind vorläufig und müssen erst von der zuständigen IAU-Kommission formell beschlossen werden.

Auch frühere Beobachtungen mit dem Hubble-Weltraumteleskop zeigten auf Pluto eine helle Stelle, ohne allerdings deren genaue Form erkennen zu lassen.

Bereits die ersten Nahaufnahmen ließen die Plutoforscher staunen. Dachte man ursprünglich, auf Pluto eine tote, kraterübersäte, alte und tiefgefrorene Landschaft vorzufinden, so war man allgemein überrascht über die komplexen und höchst unterschiedlichen Formationen auf der Plutooberfläche.

Pluto ist offensichtlich bis in die jüngste Vergangenheit noch geologisch[1] aktiv gewesen und scheint es auch weiterhin zu sein. Die leicht rötliche Färbung mancher Gebiete auf Pluto ist auf Kohlenmonoxideis (CO) zurückzuführen. Kohlenmonoxid wurde bereits 1992 von der Erde aus auf Pluto nachgewiesen.

Die mittlere Dichte der Plutokugel ergab sich zu 1,86 ± 0,01 Gramm pro Kubikzentimeter. Damit hat Pluto offensichtlich einen größeren Anteil an Eis als ursprünglich angenommen. Zu 35 bis 40 % setzt sich Pluto aus Felsgestein und zu 60 bis 65 % aus Eis zusammen.

Die Atmosphäre

Die extrem dünne Atmosphäre von Pluto erstreckt sich bis in eine Höhe von 1700 Kilometer. Der Luftdruck in Bodennähe liegt zwischen 0,7 und einem Pascal (sieben bis zehn Mikrobar). Dies ist nur ein Hunderttausendstel des irdischen Luftdrucks auf Meeresniveau bzw. entspricht dem irdischen Luftdruck in rund 100 Kilometer Höhe, wo bereits nahezu Weltraumbedingungen herrschen. Für irdische Laborbegriffe herrscht auf Pluto ein Hochvakuum. Den Hauptbestandteil der Plutoatmosphäre bildet molekularer Stickstoff (N_2). Sie ist kälter und dichter als ursprünglich vermutet. Die Bodentemperaturen liegen zwischen −225 °C (= 48 K) und −235 °C (= 38 K).

Im Juli 2015 war Pluto bereits 4922 Millionen Kilometer (= 32,9 AE) von der Sonne entfernt. Im September 1989, als Pluto sein Perihel durchlief, betrug die Sonnendistanz 4425 Millionen Kilometer (= 29,6 AE). Mit −210 °C war es damals auf Pluto noch deutlich wärmer und die Atmosphäre war zudem dichter.

In 160 Kilometer Höhe über der festen Plutooberfläche finden sich zwei hauchdünne Dunstschichten aus Methan (CH_4), Acetylen (C_2H_2) und Ethylen (C_2H_4) sowie Tholine. Tholine sind eine gemeinsame Bezeichnung für komplexe, kohlenstoffreiche organische Verbindungen. Dieser Begriff wurde 1970 geprägt. Tholine verursachen auch die dunklen Flecken in oft heller Umgebung auf der Plutooberfläche.

Der Kryovulkanismus

Die Ultraviolettstrahlung der Sonne zerlegt die Methanmoleküle und es bilden sich Acetylen und Ethylen sowie andere Kohlenwasserstoffe.

Wegen der geringen Masse von Pluto und der daraus folgenden geringen Oberflächenbeschleunigung reicht auch die im Vergleich zur Erde rund tausendmal geringere Sonnenein-

1) Geologie und geologisch bezieht sich eigentlich auf die Erde (griech: γαῖα – Erde). Korrekt sollte es planetologisch heißen. Allerdings hat sich auch für andere Planetenoberflächen ganz allgemein die Bezeichnung „geologisch" etabliert.

7.11 Charon – mit 1208 Kilometer Durchmesser der größte Plutomond. Auf der Nordpolarkappe zeigt sich ein dunkler, rötlicher Fleck. In der Nähe des Äquators erkennt man einen über tausend Kilometer langen Grabenbruch.

strahlung aus, um die Moleküle in den oberen Atmosphärenschichten so weit aufzuheizen, dass sie die Entweichgeschwindigkeit erreichen und ins Weltall diffundieren. Die Verlustrate an Gas der Atmosphäre liegt bei 500 Tonnen pro Stunde. Der mit einigen Hundert Kilometern pro Sekunde heranbrausende Sonnenwind reißt die Moleküle mit sich, es bildet sich ein über 100 000 Kilometer langer Ionenschweif in der der Sonne entgegengesetzten Richtung. Nachgeliefert wird das Atmosphärengas durch Kryovulkanismus. Unter der eisgepanzerten Oberfläche befindet sich flüssiger Stickstoff (Schmelzpunkt von N_2: −210 °C), der in Eisvulkanen aus der Tiefe empor geschleudert wird. Die beiden prominentesten Eisvulkane sind Wright Mons und Piccard Mons. Sie sind fünf und sechs Kilometer hoch bei einem Basisdurchmesser von 150 Kilometer. Außer Stickstoff wird auch Methan (Schmelzpunkt: −183 °C), Ammoniak (Schmelzpunkt: −78 °C) und etwas Kohlendioxid (Schmelzpunkt: −205 °C) ausgestoßen. Die innere Wärmequelle ist noch unbekannt. Gezeitenwirkungen wie bei den Jupitermonden Io und Europa sind nicht die Ursache, denn Pluto und sein großer Mond Charon laufen in doppelt gebundener Rotation umeinander, zeigen also einander stets die gleichen Seiten. Manche vermuten, dass der Druck der Eisplatten auf der Oberfläche eine Aufheizung der tieferen Schichten bewirkt.

Die einzelnen Regionen und Gebiete zeigen sich stark differenziert hinsichtlich ihrer Helligkeiten, Farben, Strukturen und ihres Alters. Dicht mit Einschlagkratern besetzte Gegenden sind über vier Milliarden Jahre alt und somit ähnlich alt wie Pluto und unser Sonnensystem selbst. Landschaften mit geringer Kraterdichte lassen hingegen auf ein geologisches Alter von einer Milliarde Jahre schließen. Im westlichen Teil des „Plutoherzens" findet sich eine große, völlig glatte Ebene, Sputnik Planum genannt, ohne jeden Einschlagkrater. Sputnik Planum ist die jüngste Formation auf Pluto, höchstens 100 Millionen Jahre alt, vermutlich jedoch noch erheblich jünger. Neben Stickstoffeis findet sich hier auch Kohlenmonoxideis. Sputnik Planum nimmt eine Fläche ein, die doppelt so groß wie Deutschland ist.

Wassereis als Gestein

Südlich von Sputnik Planum stößt man auf zwei Gebirgszüge von 3000 bis 4000 Meter Höhe, die Hillary- und die Norgay-Berge, benannt nach Edmund Hillary und Tenzing Norgay, die beide 1953 als erste den Mt. Everest erklommen. Die teilweise sehr steilen und schroffen Berge können nicht aus Stickstoff-, Kohlenmonoxid- oder gar Methaneis bestehen. Diese Eissorten bilden eine zähe Masse, sind weich, nachgiebig und leicht verformbar. Berge daraus würden bei der geringen Oberflächenschwerkraft in sich zusammensinken. Die Gebirge werden vielmehr von Wassereismassen gebildet. Wassereis ist bei –200 °C und darunter hart und fest wie Granit, im wahrsten Wortsinne also steinhart. Ähnlich wie irdische Gletscher zeigt das Stickstoffeis Fließeigenschaften. Es umfließt Hindernisse und sinkt in Gräben, Spalten und Canyons hinab. Manche Oberflächenformationen scheinen von Stürmen gebildet worden zu sein.

Charon, Plutos großer Mond, 1978 von James Christy entdeckt, ist mit 1208 Kilometer Durchmesser etwa halb so groß wie Pluto und etwas größer als der Zwergplanet Ceres, der das größte Objekt im inneren Planetoidengürtel ist. Pluto und Charon umkreisen einander in einem gegenseitigen Abstand von knapp 20 000 Kilometer in sechs Tagen, neun Stunden und 18 Minuten. Ihr gemeinsamer Schwerpunkt liegt außerhalb von Pluto, etwa 1315 Kilometer über der Plutooberfläche auf der Verbindungsstrecke Pluto – Charon.

Charon ist deutlich dunkler als Pluto (Albedo 35 bis 40 %) und gleichmäßiger gefärbt. Auch sind die Helligkeitsdifferenzen zwischen den einzelnen Gebieten gering. Charon sieht im Grundton grau aus und besteht zum Großteil aus Wassereis. Die nördliche Polarregion erscheint rötlich gefärbt. Die rötliche Farbe der Polkappe wird durch Kohlenmonoxideis vermengt mit Tholinen hervorgerufen. Die nahezu kreisförmige Polkappe hat eine dunklere, innere Zone von 275 Kilometer Durchmesser, umgeben von einem helleren Ring mit 450 Kilometer

7.12 Details auf der Oberfläche von Pluto im Gebiet von Sputnik Planum. Der Ausschnitt ist 400 Kilometer breit. Aufnahme von New Horizons am 14. Juli 2015.

NASA/Johns Hopkins University Applied Physics Laboratory/Southwest Research Institute

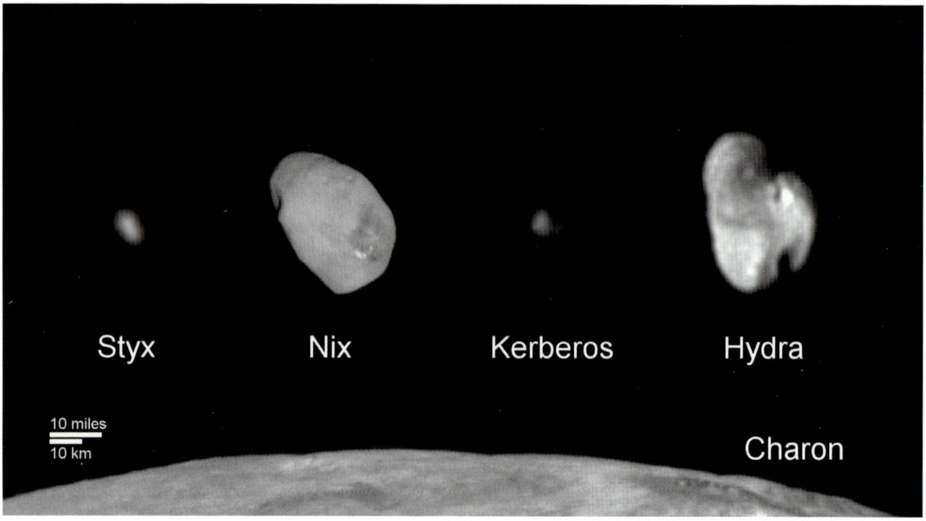

NASA/Johns Hopkins University Applied Physics Laboratory/Southwest Research Institute

7.13 Die vier Plutomöndchen Styx, Nix, Kerberos und Hydra sind winzige Weltensplitter.

Durchmesser. Man vermutet hier ein großes Einschlagbecken. Die Polkappe erhielt die vorläufige Bezeichnung „Mordor".

Die Kraterdichte ist von Region zu Region unterschiedlich, was auf geologisch aktive Phasen hindeutet. Manche Krater zeigen auch ein Strahlensystem ähnlich den Ringgebirgen Tycho, Kepler und Kopernikus auf dem Erdmond. Allerdings gibt es zwei unterschiedliche Typen: Krater mit dunklen und solche mit hellen Strahlen, was auf verschiedene Auswurfmaterialien hindeutet.

Ein Netzwerk aus tiefen Grabenbrüchen und schmalen Canyons kreuzt die südliche Hemisphäre. Sie sind Hinweise auf tektonische Vorgänge. Manche Gebiete wiederum erscheinen glatt und ohne Einschlagkrater. Einige Becken, ebenfalls Spuren kosmischer Kollisionen, sind von 2000 bis 3000 Meter hohen Bergen ringförmig umgeben. Das Kubrick-Gebirge umschließt das größte Becken, das eine Ausdehnung von 20 × 25 Kilometer aufweist. Etliche Oberflächenformen dürften entstanden sein, als das unter der Oberfläche einst flüssige Wasser gefror und Charon aufplatzen ließ. Insbesondere die Aufwölbungen und tiefen Täler in der Äquatorzone lassen dies vermuten.

Die weiteren Monde

New Horizons nahm auch die vier kleinen Plutomonde Styx, Nix, Kerberos und Hydra ins Visier. Weitere Möndchen oder gar Ringe um Pluto entdeckte die Raumsonde nicht. Insgesamt sind die bereits von der Erde aus entdeckten Möndchen heller und kleiner als zunächst angenommen. Hydras Längsausdehnung misst 55 Kilometer, der Querdurchmesser 33 Kilometer. Auf seiner Oberfläche sind Einschlagkrater auszumachen.

Nix hat eine Größe von 42 mal 36 Kilometer. Seine Oberfläche zeigt rötliche Gebiete ähnlich wie die Nordpolkappe von Charon. Auch auf Nix gibt es Einschlagkrater. Bei den Möndchen handelt es sich um Gebilde hauptsächlich aus Wassereis, was zu einer relativ hohen Reflektivität führt. So hat Hydra eine Albedo von 51 %, die Albedo von Nix liegt zwischen 43 und 50 % je nach Gebiet. Der dunkelste Mond ist Styx (Albedo: 35 %).

Hydra und Kerberos scheinen Verschmelzungsprodukte von jeweils zwei kleineren Objekten zu sein ähnlich wie der Kern des Kometen 67P/Tschurjumow-Gerasimenko.

Die Plutomöndchen zeigen keine gebundene Rotation. Vielmehr sind ihre Rotationen eher ein etwas chaotisches Taumeln im komplizierten Gravitationsfeld der beiden Zwergplaneten Pluto und Charon. Am schnellsten rotiert Hydra, die sich einmal in zehn Stunden um ihre Achse dreht. Nix benötigt fast 43 Stunden für eine Umdrehung. Am langsamsten rotieren Styx und Kerberos, die sich in drei Tagen und neun Stunden respektive letzterer in fünf Tagen und acht Stunden einmal um sich selbst drehen. Diese Werte variieren allerdings im Lauf der Zeit.

Die Reise geht weiter

New Horizons dringt nun weiter in den Kuipergürtel vor und steuert neue Ziele an. Die Isotopenbatterien dürften bis 2025 durchhalten, der Hydrazin-Treibstoff reicht je nach Zahl der Bahnmanöver bis etwa 2020. Gegenwärtig steuert die Raumsonde das Kuiperbelt-Objekt 2014 MU69 an, das im Jahr 2014 entdeckt wurde und etwa 50 bis 60 Kilometer Durchmesser hat. Die große Halbachse seiner Bahn misst 6580 Millionen Kilometer (= 44 AE), was eine Umlaufzeit von knapp 300 Jahren bedingt. Am 1. Januar 2019 soll New Horizons mit 2014 MU69 zusammentreffen. Man erhofft sich bei der Erforschung der TNOs im Kuipergürtel, mehr über die Urmaterie des Sonnensystems zu erfahren.

Sol Alan Stern (*1957), Leiter des Forschungsteams (engl.: Principal Investigator) von New Horizons, kann und will seine Freude über die gelungene Ausspähung des ehemals neunten Planeten nicht verbergen: „Pluto ist einfach ein toller Planet", meint er. Für ihn bleibt Pluto auch für immer ein Planet.

7.14 Blick zurück. Im Gegenlicht leuchtet die extrem dünne Plutoatmosphäre in einem bläulichen Licht.

NASA/Johns Hopkins University Applied Physics Laboratory/Southwest Research Institute

August 2017

- Am 7. findet eine partielle Mondfinsternis statt, deren zweite Hälfte in Mitteleuropa beobachtbar ist.
- Venus bleibt Morgenstern.
- Jupiter zeigt sich am Abendhimmel.
- Saturn ist Planet der ersten Nachthälfte.

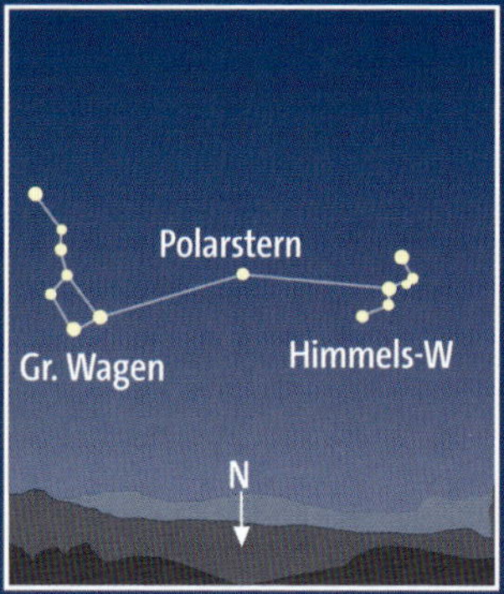

Großer Wagen und Himmels-W Anfang August um 22 Uhr

8.1 Anblick des Südhimmels am 2. August gegen 22h MEZ (= 23h MESZ). Der zunehmende Mond begegnet dem Ringplaneten.

1 Di	Schweizer Bundesfeier
2 Mi	Mond bei Saturn (Abendhimmel)
3 Do	
4 Fr	
5 Sa	
6 So	
7 Mo	**Vollmond, partielle Mondfinsternis**
8 Di	
9 Mi	Mond bei Neptun (Mitternacht)
10 Do	
11 Fr	
12 Sa	
13 So	
14 Mo	
15 Di	Liechtensteiner Staatsfeiertag Mond im letzten Viertel
16 Mi	
17 Do	
18 Fr	
19 Sa	Mond bei Venus (Morgenhimmel)
20 So	
21 Mo	**Neumond**
22 Di	
23 Mi	
24 Do	
25 Fr	Mond bei Jupiter (Abendhimmel)
26 Sa	
27 So	
28 Mo	
29 Di	Mond im ersten Viertel
30 Mi	Mond bei Saturn (Abendhimmel)
31 Do	

Sonne – Sternbilder

10. 8. 19^h:
Sonne tritt in das Sternbild Löwe
22. 8. 23^h:
Sonne tritt in das Tierkreiszeichen Jungfrau
Julianisches Datum am
1. August, 1^h MEZ: 2 457 966,5

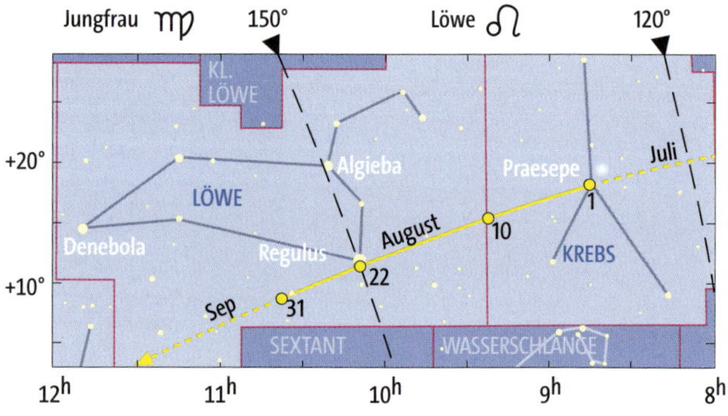

Tabelle Sonnenlauf

Tag	Dämmerg. Anfang	Aufgang MEZ	Kulmination	Untergang MEZ	Dämmerg. Ende	Mittagshöhe	Zeitgleichg.	Rektaszension	Deklination
	h m	h m	h m	h m	h m	°	m	h m	°
1.	3 20	4 49	12 26	20 02	21 31	57,9	–6	8 45	+18,1
5.	3 28	4 55	12 26	19 56	21 22	56,8	–6	9 00	+17,0
10.	3 38	5 02	12 25	19 47	21 11	55,4	–5	9 19	+15,6
15.	3 48	5 10	12 24	19 38	20 59	53,9	–4	9 38	+14,1
20.	3 58	5 17	12 23	19 28	20 47	52,3	–3	9 57	+12,5
25.	4 07	5 25	12 22	19 18	20 35	50,6	–2	10 15	+10,9
31.	4 18	5 34	12 20	19 06	20 21	48,5	0	10 37	+ 8,7

Tages- und Nachtstunden

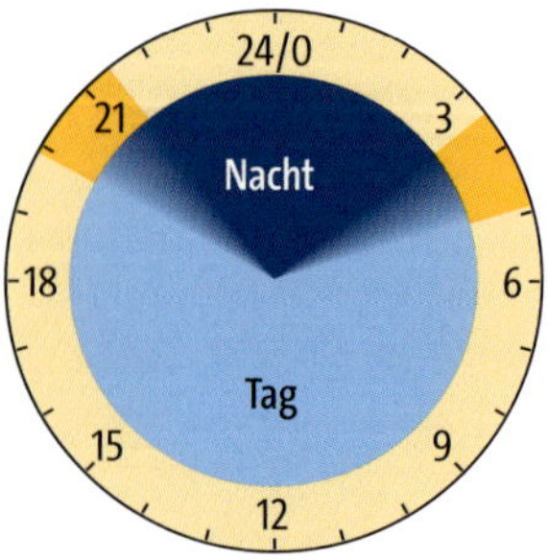

5. August

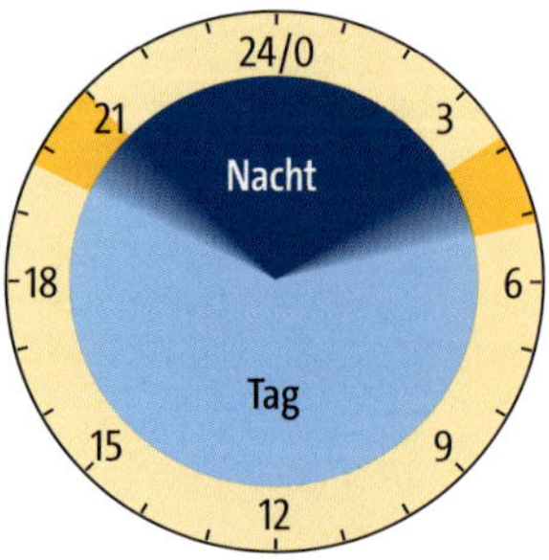

15. August

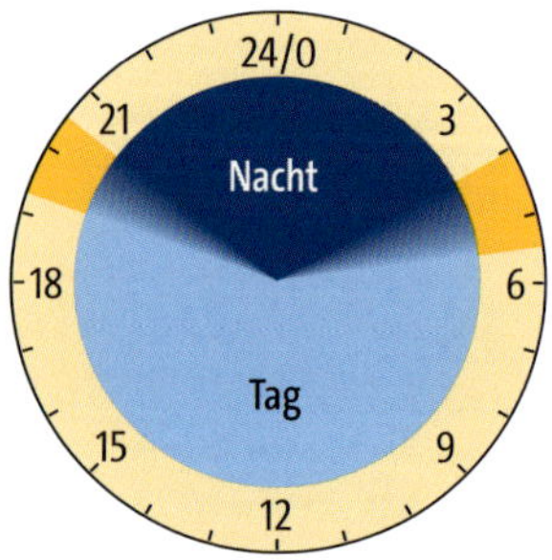

25. August

Tabelle Mondlauf

Datum		Aufg. MEZ	Kulmination	Unterg. MEZ	Rektaszension	Deklination	Sterne und Sternbilder	Phase	MEZ
		h m	h m	h m	h m	o			
Di	1.	14 55	19 47	0 04	15 31	−13,6	Waage	Größte Nordbreite	
Mi	2.	15 53	20 33	0 34	16 19	−16,2	Skorpion	Erdferne 405/29′,5	19^h
Do	3.	16 49	21 21	1 10	17 08	−18,0	Schlangenträger		
Fr	4.	17 40	22 09	1 51	17 58	−19,1	Schütze		
Sa	5.	18 26	22 58	2 38	18 48	−19,4	Schütze, Nunki		
So	6.	19 07	23 47	3 31	19 40	−18,8	Schütze		
Mo	7.	19 43	–	4 30	20 31	−17,2	Steinbock	**Vollmond**	**$19^h 11^m$**
Di	8.	20 15	0 35	5 34	21 22	−14,9	Steinbock	Absteigender Knoten	
Mi	9.	20 43	1 23	6 40	22 13	−11,8	Wassermann		
Do	10.	21 10	2 11	7 49	23 03	− 8,1	Wassermann	Libration Ost	
Fr	11.	21 36	2 59	8 58	23 53	− 3,9	Wassermann		
Sa	12.	22 02	3 47	10 09	0 43	+ 0,5	Walfisch		
So	13.	22 30	4 36	11 22	1 34	+ 4,9	Fische		
Mo	14.	23 02	5 27	12 35	2 27	+ 9,2	* Walfisch		
Di	15.	23 39	6 20	13 49	3 22	+13,0	* Widder	**Letztes Viertel**	**$2^h 15^m$**
								Größte Südbreite	
Mi	16.	–	7 16	15 01	4 19	+16,1	* Stier, Hyaden		
Do	17.	0 24	8 14	16 09	5 18	+18,3	* Stier		
Fr	18.	1 17	9 13	17 10	6 19	+19,3	Alhena	Erdnähe 366/32′,6	14^h
Sa	19.	2 18	10 13	18 02	7 20	+19,1	Zwillinge		
So	20.	3 28	11 12	18 46	8 21	+17,6	Krebs, Krippe		
Mo	21.	4 41	12 08	19 22	9 20	+15,0	Krebs	**Neumond Nr. 1171**	**$19^h 30^m$**
								Aufsteigender Knoten	
Di	22.	5 55	13 01	19 54	10 16	+11,5	Löwe, Regulus		
Mi	23.	7 08	13 51	20 21	11 10	+ 7,5	Löwe		
Do	24.	8 20	14 39	20 47	12 02	+ 3,1	Jungfrau	Libration West	
Fr	25.	9 28	15 25	21 12	12 51	− 1,2	Jungfrau		
Sa	26.	10 35	16 11	21 37	13 40	− 5,4	Spica		
So	27.	11 40	16 56	22 04	14 28	− 9,2	Waage		
Mo	28.	12 42	17 41	22 34	15 15	−12,6	Waage	Größte Nordbreite	
Di	29.	13 43	18 27	23 08	16 03	−15,4	* Skorpion	**Erstes Viertel**	**$9^h 13^m$**
Mi	30.	14 40	19 14	23 46	16 52	−17,5	Schlangenträger	Erdferne 404/29′,6	12^h
Do	31.	15 33	20 02	–	17 42	−18,9	Schlangenträger		

Der Mond bedeckt am 16. einige Sterne in den Hyaden (siehe Seite 288)

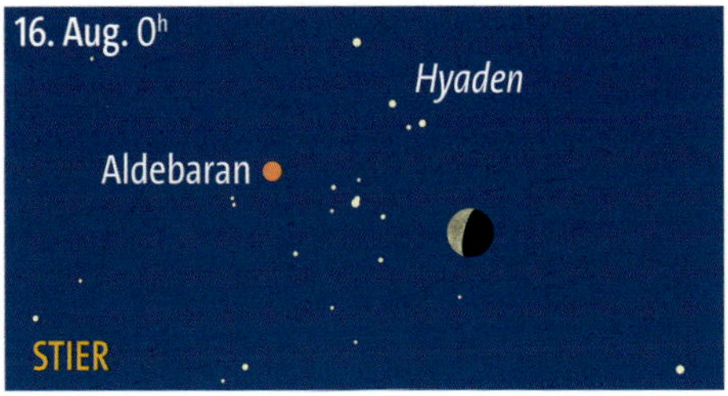

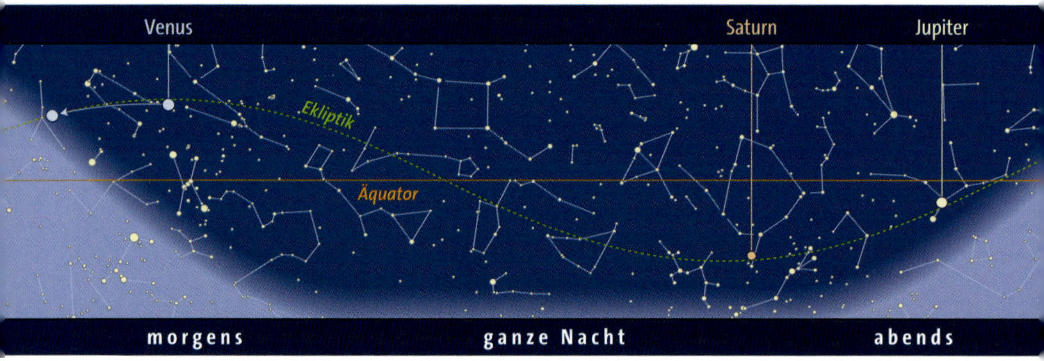

Merkur hat seine größte östliche Elongation gerade hinter sich. Am 12. wird der sonnennahe Planet stationär und eilt anschließend rückläufig auf die Sonne zu, die ihm im Tierkreis entgegenkommt. Am 26. trifft er schließlich mit ihr zusammen, er kommt in untere Konjunktion. Merkur bleibt den gesamten August hindurch unsichtbar. Das Aphel seiner Bahn passiert Merkur am 2., wobei er 70 Millionen Kilometer (= 0,468 AE) von der Sonne entfernt bleibt.

Merkur zieht seine Konjunktionsschleife im Sternbild Löwe (siehe Abb. 9.10 auf Seite 196).

Konstellationen und Ereignisse

Datum	MEZ	Ereignis
2.	14^h	Merkur im Aphel
3.	8	**Mond bei Saturn**, Mond 3°,5 nördlich, **Abstand 5°,4 um 0^h**
3.	11	Uranus im Stillstand, anschließend rückläufig
7.	19	**Partielle Mondfinsternis**, teilweise von Mitteleuropa aus sichtbar (siehe Seite 24)
10.	0	**Mond bei Neptun**, Mond 0°,9 südlich, **Abstand 1°,7 um 1^h** (Fernglas!)
12.	7	Merkur im Stillstand, anschließend rückläufig
13.	6	Mond bei Uranus, Mond 4°,4 südlich
19.	6	**Mond bei Venus**, Mond 2°,2 südlich, **Abstand 2°,9 um 4^h**
21.	6	Mond bei Mars, Mond 1°,5 südlich
21.	20	Totale Sonnenfinsternis – von Mitteleuropa aus nicht sichtbar (siehe Seite 26)
22.	7	Mond bei Merkur, Mond 6°,2 nördlich
25.	14	**Mond bei Jupiter**, Mond 3°,5 nördlich, **Abstand 3°,0 um 20^h**
25.	16	Saturn im Stillstand, anschließend rechtläufig
26.	22	Merkur in unterer Konjunktion mit der Sonne
30.	15	**Mond bei Saturn**, Mond 3°,6 nördlich, **Abstand 3°,4 um 20^h**

Venus ist Planet am Morgenhimmel. Sie wandert durch das Sternbild Zwillinge und zieht am 21. rund 7° südlich an Pollux (β Gem) vorbei. Am 24. wechselt sie in das Sternbild Krebs und nähert sich dem offenen Sternhaufen Krippe (M 44), den sie allerdings erst im nächsten Monat erreicht. Die Venushelligkeit geht leicht auf $-3^{m},9$ zurück. Dies ist fast eine Größenklasse schwächer als zu ihrer Glanzzeit Ende April.

Die Venusaufgänge verspäten sich im Laufe des August um rund eine Dreiviertelstunde. Geht Venus am 1. noch um 1^h44^m auf, so erfolgt ihr Aufgang am 31. erst um 2^h35^m (= 3^h35^m Sommerzeit).

Am 3. zeigt sich das knapp 15″ große Venusscheibchen zu 75 % beleuchtet.

Die dünne Sichel des abnehmenden Mondes ist am Morgen-

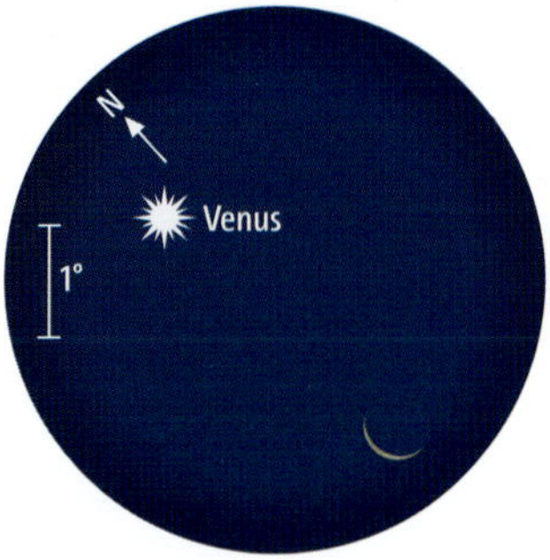

8.2 Mond bei Venus:
Die schmale Sichel des abnehmenden Mondes zieht am 19. August südlich an Venus vorbei. Fernglasanblick gegen 4^{h} MEZ (= 5^{h} MESZ).

8.3 Mond bei Jupiter:
Jupiter erhält am 25. August Besuch vom zunehmenden Mond. Fernglasanblick bei 5° Gesichtsfelddurchmesser gegen 20^{h} MEZ (= 21^{h} MESZ).

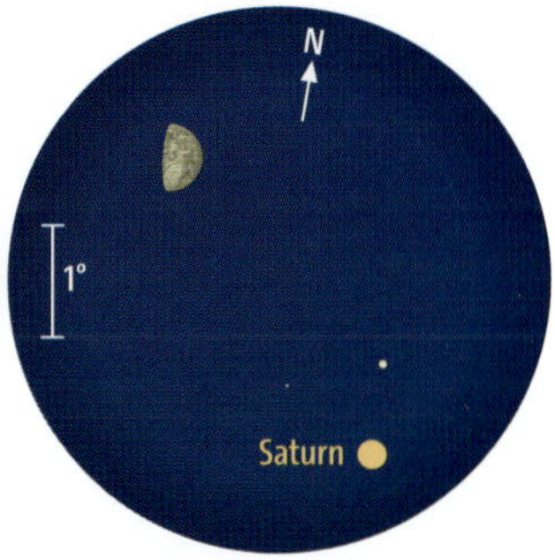

8.4 Mond bei Saturn:
Der zunehmende Halbmond passiert am 30. August den Ringplaneten. Abendlicher Fernglasanblick gegen 20^{h} MEZ (= 21^{h} MESZ).

himmel des 19. nahe Venus zu sehen (siehe Abb. 8.2 oben).

Mars stand Ende des Vormonats in Konjunktion mit der Sonne. Der rote Planet kann sich noch nicht aus den Strahlen der Sonne befreien und bleibt unbeobachtbar.

Am 30. erreicht er seinen größten nördlichen Abstand von der Ekliptik mit einer heliozentrischen Breite von $1\overset{\circ}{,}8$. Von der Erde aus betrachtet (geozentrisch) steht er $1\overset{\circ}{,}13$ nördlich der Ekliptik.

Jupiter, rechtläufig im Sternbild Jungfrau, beschleunigt abermals seine Wanderung, was man gut an Spica (α Vir) verfolgen kann, der er immer näher kommt.

Der Riesenplanet kann am Abendhimmel gesehen werden. Allerdings verkürzt er seine Sichtbarkeitsdauer drastisch. Geht Jupiter am 1. um $22^{h}19^{m}$ unter und am 15. um $21^{h}27^{m}$, so sinkt der $-1\overset{m}{,}7$ helle Riesenplanet am 31. bereits um $20^{h}30^{m}$ (= $21^{h}30^{m}$ Sommerzeit) unter die westliche Horizontlinie.

Am Abend des 25. kann man tief am Westhimmel die Sichel des zunehmenden Mondes in der Nähe von Jupiter sehen (siehe Abb. 8.3 oben).

Saturn bremst seine rückläufige Bewegung im Sternbild Schlangenträger ab und kommt am 25. zum Stillstand. Danach wandert er wieder rechtläufig durch den Tierkreis. Der Umkehrpunkt liegt $0\overset{\circ}{,}8$ südlich von ξ Ophiuchi ($4\overset{m}{,}4$). Die scheinbare Saturnbahn ist in der Sternkarte Abb. 6.3 auf Seite 139 eingetragen. Mit seinem zweiten Stillstand beendet der Ringplanet seine Oppositionsperiode, was auch an der um $0\overset{m}{,}2$ leicht auf $0\overset{m}{,}4$ zurückgehenden Helligkeit deutlich wird. Aus der zweiten Nachthälfte zieht sich Saturn zurück und verlegt seine Untergänge in die Zeit vor Mitternacht. Am 1. geht der Ringplanet um $1^{h}14^{m}$ (= $2^{h}14^{m}$ Sommerzeit) unter, am 15. um $0^{h}18^{m}$ und am 31. schon um $23^{h}10^{m}$.

Zweimal erhält der Ringplanet im August Besuch vom zunehmenden Mond. Am 2. sieht man gegen 22^{h} (= 23^{h} Sommerzeit) den Mond rund 5° nordwestlich von Saturn (siehe Abb. 8.1 auf Seite 170).

Am 30. kommt es abermals zu einer Begegnung mit dem zunehmenden Mond kurz nach seiner Halbmondphase (siehe Abb. 8.4 oben).

Uranus kommt am 3. im Sternbild Fische zum Stillstand und setzt zu seiner Oppositionsschleife an. Anschließend wandert er kaum merklich rückläufig durch die Fische, wobei er sich rund ein Grad nördlich von o Psc ($4\overset{m}{,}3$) befindet (siehe Abb. 10.5 auf Seite 214).

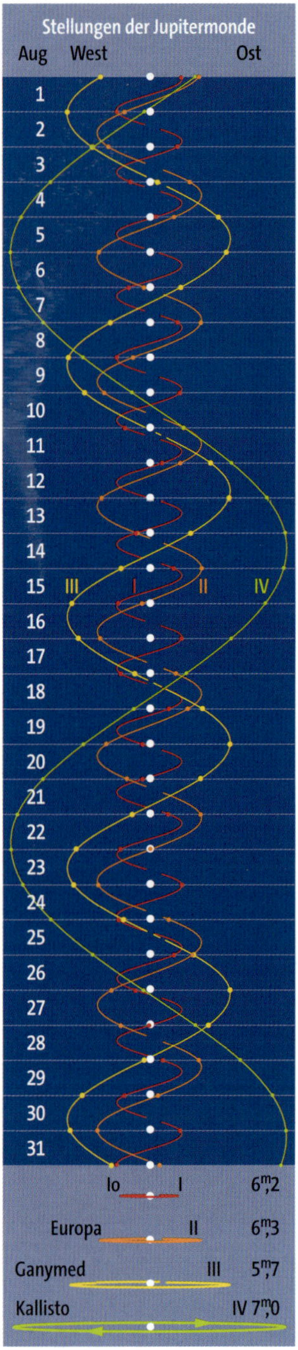

Seine Aufgänge verlagert Uranus in die späten Abendstunden. Der Aufgang des grünlichen Planeten erfolgt am 1. um $22^{h}30^{m}$ (= $23^{h}30^{m}$ Sommerzeit), am 15. um $21^{h}35^{m}$ und am 31. schon um $20^{h}31^{m}$. Frühestens eine Stunde nach seinem Aufgang lohnt es sich, nach Uranus mit lichtstarker Optik Ausschau zu halten. Die kommende Opposition macht sich auch in einer leichten Helligkeitszunahme um $0\overset{m}{,}1$ auf $5\overset{m}{,}7$ bemerkbar.

Neptun, der sonnenfernste der großen Planeten, steht kurz vor seiner Opposition zur Sonne, die er in der ersten Septemberwoche einnimmt. Der mit $7\overset{m}{,}8$ scheinbarer Helligkeit recht lichtschwache Planet wandert rückläufig durch das Sternbild Wassermann (siehe Abb. 9.13 auf Seite 199).

Obwohl der bläuliche Planet gegen Ende August fast die gesamte Nacht am Firmament vertreten ist, sollte man erst zwei Stunden nach seinem Aufgang nach ihm suchen. Denn vorher steht er noch zu tief und die atmosphärische Extinktion dämpft seine Helligkeit. Auch braucht man etwa zwei Stunden vor seiner Untergangszeit nicht mehr nach dem fernen Planeten zu fahnden.

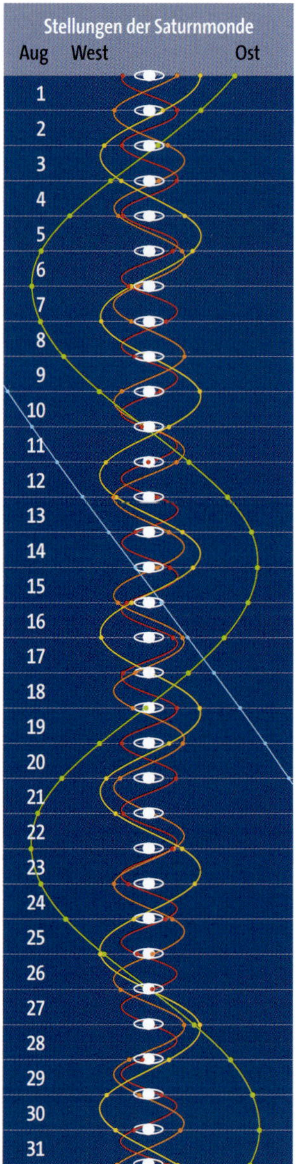

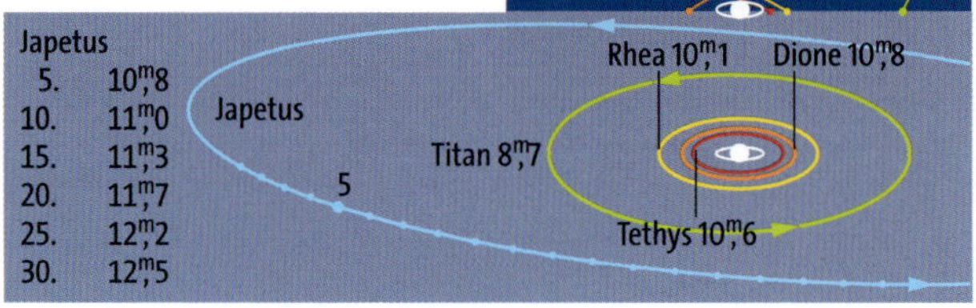

Am 1. geht Neptun um 21^h10^m auf und passiert den Meridian um 2^h42^m (= 3^h42^m Sommerzeit). Am 15. steigt Neptun um 20^h15^m über die östliche Horizontlinie und kulminiert um 1^h46^m. Ende August erfolgt der Neptunaufgang schon um 19^h11^m (= 20^h11^m Sommerzeit) und die Meridianpassage um 0^h41^m.

Am 10. begegnet der abnehmende Mond dem Planeten des Meeresgottes (siehe Abb. 8.5 rechts).

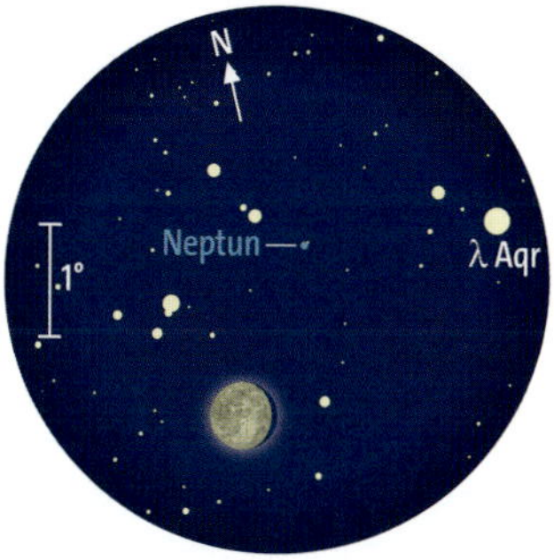

8.5 Mond bei Neptun: **Konjunktion des Mondes mit Neptun am 10. August. Fernglasanblick gegen 1^h MEZ (= 2^h MESZ) bei 5° Gesichtsfelddurchmesser.**

Planetoiden

Juno (3) stand Anfang Juli in Opposition zur Sonne. Mit ihrem Stillstand in Rektaszension am 26. im Sternbild Schwanz der Schlange beendet sie ihre Oppositionsperiode.

Anschließend ist Juno wieder rechtläufig (siehe Abb. 7.8 auf Seite 158). Ihre Helligkeit nimmt um $0\overset{m}{,}3$ auf $10\overset{m}{,}3$ ab.

Am 1. kulminiert Juno um 21^h55^m, am 31. schon um 20^h10^m (= 21^h10^m Sommerzeit).

Iris, Planetoid Nr. 7, eilt rechtläufig durch den Tierkreis, wobei sie rasch nördlichere Positionen erreicht. Am 5. wechselt sie aus den Fischen in den Widder (siehe Abb. 10.8 auf Seite 216). Ihre Helligkeit nimmt von $9\overset{m}{,}2$ auf $8\overset{m}{,}5$ kräftig zu. Ihre Opposition erreicht sie Ende Oktober.

Am 1. kulminiert Iris um 5^h22^m, am 15. um 4^h45^m und am 31. schon um 3^h57^m (= 4^h57^m Sommerzeit).

Periodische Sternschnuppenströme

In den ersten Augusttagen sind besonders viele Sternschnuppen zu sehen. Sie sind auf den Strom der **Perseïden** zurückzuführen, deren maximale Aktivität zwischen dem 8. und 12. August liegt. Helle Objekte (um 0^m und heller, sogenannte Feuerkugeln oder Boliden) sind keine Seltenheit. Das Maximum ist in den Morgenstunden des 11. August zu erwarten. Allerdings stört der abnehmende Mond mit seinem Licht. Als schönster und reichster Strom des Jahres bescheren die Perseïden bis zu hundert Sternschnuppen pro Stunde. In diesem Jahr ist sogar mit mehr Meteoren zu rechnen. Ihren Ursprung führen die Perseïden auf den Kometen 109 P/ Swift-Tuttle zurück.

Die beste Beobachtungszeit liegt zwischen 22^h und 4^h morgens. Die Perseïden-Sternschnuppen sind mit 60 Kilometer pro Sekunde recht schnelle Objekte. Nachzügler der Perseïden sind noch bis 23. August zu erwarten.

Zu erwähnen sind noch die **Kappa-Cygniden**, deren Radiant im Sternbild Schwan liegt. Sie treten den gesamten August über in Aktion. Allerdings sind sie kein besonders reicher Strom. Zur Zeit des Maximums um den 16. August ist nur mit etwa vier Meteoren pro Stunde zu rechnen. Mit 25 Kilometer pro Sekunde mittlerer Geschwindigkeit zählen die Cygniden zu den langsamen Sternschnuppen. Die Umlaufzeit dieses Stroms beträgt sieben Jahre. Der Ursprungskomet dürfte sich aufgelöst haben.

Der wenig bekannte Strom der **Cepheïden** macht sich um den 16. August herum bemerkbar. Seine Frequenz ist gering, nämlich nur zehn Objekte pro Stunde. Vermutlich sind die Cepheïden ein Zweigstrom der Cygniden.

Der Fixsternhimmel

Das schimmernde Band der sommerlichen Milchstraße erschließt sich jetzt, wenn man den Sternenhimmel weitab des irdischen Lichtsmogs beobachtet.

Dieses zart leuchtende Band aus Abertausenden glitzernden Sternen ist ein Naturphänomen, das man in unserer Zeit kaum mehr zu Gesicht bekommt. Um die Milchstraße zu sehen, muss man auch störendes Mondlicht meiden. Bei wirklich dunklem Himmelshintergrund entfaltet das Lichtband der Galaxis seine volle Pracht. Zur Standardbeobachtungszeit spannt es sich in hohem Bogen über das Firmament. Im Nordosten steigt die Milchstraße auf: von Perseus und Kapella im Fuhrmann ausgehend, zieht sie sich durch Kassiopeia, Kepheus und Schwan fast zum Zenit empor, spaltet sich und geht über Adler, Schild und Schütze zum Südwesthorizont hinab. Nur einen winzigen Bruchteil der einige hundert Milliarden Sonnen der Galaxis können wir mit bloßen Augen oder Ferngläsern sehen. Die meisten bleiben hinter einem dichten Vorhang aus Staub und Sternen verborgen. Über 100 000 Jahre lang ist das Licht unterwegs, um einmal die Galaxis zu durchqueren. Sie ist unsere kosmische Heimat. Das von uns überschaubare Universum beherbergt Milliarden anderer Milchstraßensysteme oder Galaxien (siehe auch Monatsthema Februar „Die Galaxis – Vorhof zum Universum“ auf Seite 68).

Das Sommerdreieck steht nun hoch im Süden. Steil über unseren Köpfen, fast im Zenit, erblickt man die 25 Lichtjahre entfernte Wega in der Leier. Gut zu erkennen ist der kleine Sternenrhombus der Leier sowie $\varepsilon_{1,2}$ Lyrae, der berühmte Vierfachstern. Gute Augen sollten $\varepsilon_{1,2}$ Lyrae doppelt oder zumindest länglich sehen. Schon ein kleines Fernglas trennt ε Lyrae spielend. Aber erst im Teleskop wird sichtbar, dass beide Komponenten, also ε_1 und ε_2, jeweils doppelt sind.

Das Kreuz des Nordens

Neben der Leier breitet der Schwan seine Flügel aus. Markiert wird er durch ein großes Sternenkreuz, zu dem man auch „Kreuz des Nordens“ sagt. Man hat sich in dieser Sternenfigur einen Schwan im Flug vorgestellt, wobei Deneb, der hellste Stern, die Schwanzspitze markiert. Deneb, α Cygni nach Johannes Bayers Sternatlas *Uranometria*, kommt aus dem Arabischen und heißt schlicht Schwanz. Am anderen Ende des Längsbalkens stößt man auf Albireo (β Cygni), den Kopfstern des Schwans. Er liegt etwa im Schwerpunkt des Sommerdreiecks. Albireo ist ein schöner, farbkontrastreicher Doppelstern. Die beiden Albireo-Sonnen sind 390 Lichtjahre von uns entfernt.

Atair, der dritte Stern des Sommerdreiecks, ist der Hauptstern des Adlers (lat.: Aquila), der sich auf seine Beute stürzt. Der Name stammt aus dem Arabischen und bedeutet so viel wie „fliegender Adler“. α Aquilae trägt die Flamsteed-Nr. 53. Mit $0\overset{m}{,}8$ scheinbarer Helligkeit gehört Atair zu den zwanzig hellsten Fixsternen. Er ist ein weißer Hauptreihenstern der Spektralklasse A7 V. Mit knapp 17 Lichtjahren Entfernung zählt Atair zu den Nachbarsternen unserer Sonne. Atair strahlt fast zehnmal so hell wie unsere Sonne und hat den eineinhalbfachen

Veränderliche Sterne im August

Algol-Minima	14.	5^h20^m	17.	2^h09^m	19.	22^h57^m	22.	19^h47^m				
β-Lyrae-Minima	6.	13^hN	13.	1^hH	19.	13^hN	26.	0^hH				
δ-Cepheï-Maxima	4.	15^h	9.	23^h	15.	8^h	20.	17^h	26.	2^h	31.	11^h
Mira-Helligkeit	1.	9^m	10.	9^m	20.	9^m	31.	10^m				

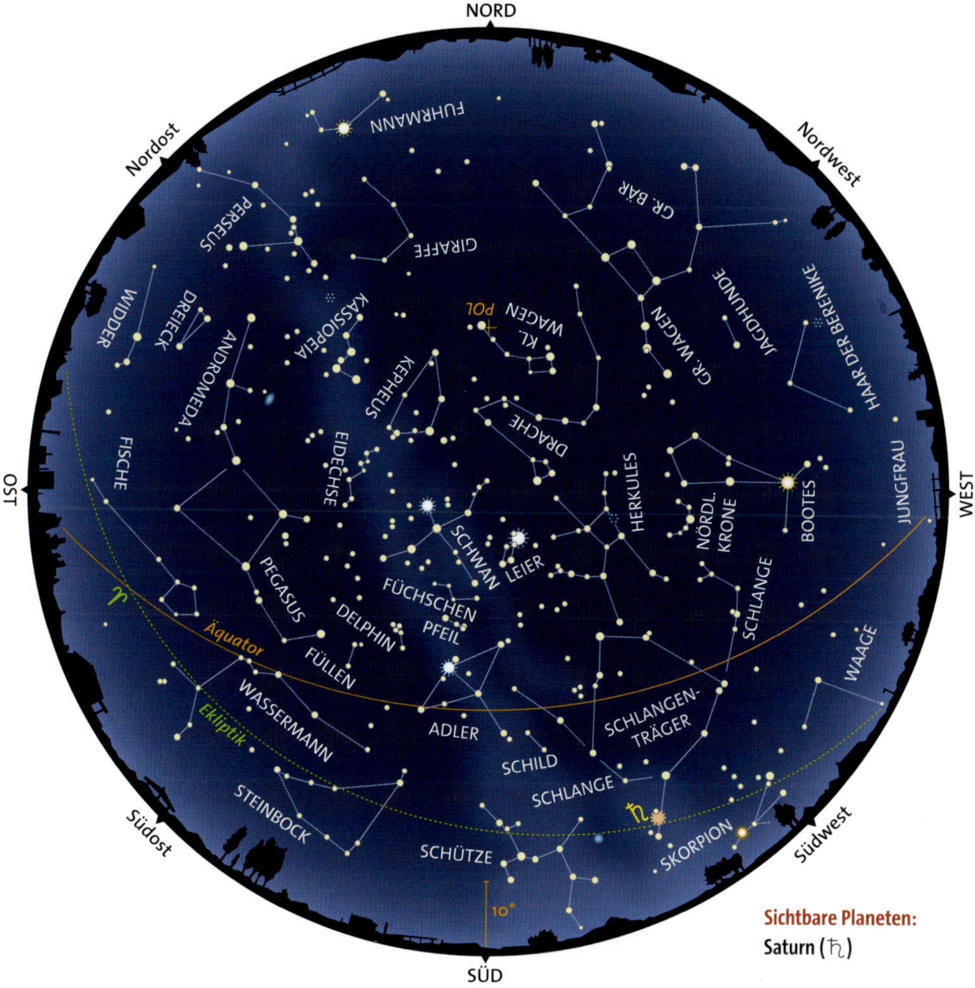

Sichtbare Planeten:
Saturn (♄)

Der Sternenhimmel am 15. August um 22^h MEZ

Die Sternkarte ist auch gültig für:		
MEZ	MESZ	
15. 6.	2^h	3^h
1. 7.	1	2
15. 7.	0	1
1. 8.	**23**	**24**
15. 8.	**22**	**23**
31. 8.	**21**	**22**
15. 9.	20	21
30. 9.	19	20

Sonnendurchmesser. Die Atair-Sonne rotiert unglaublich schnell: eine Umdrehung dauert nur 6,5 Stunden! Unsere Sonne benötigt dafür etwas mehr als 25 Tage. Infolge der schnellen Rotation ist Atair ein stark abgeplattetes Rotationsellipsoid. Sein Äquatordurchmesser ist fast doppelt so groß wie sein Poldurchmesser.

Ein wenig östlich vom Adler stößt man auf das kleine, aber einprägsame Bild des Delphins.

Knapp nördlich von Atair leuchtet das kleine und unscheinbare Bild des Pfeils (lat.: Sagitta). Der Pfeil liegt auf der Linie Deneb – Atair, allerdings näher bei Atair. Nur Sterne 4. Größenklasse und schwächer sind im Pfeil zu finden. Abgesehen davon beherbergt der Pfeil den Kugelsternhaufen M 71, eine Sternengesellschaft in 13000 Lichtjahren Entfernung.

Objekte für Feldstecher und Fernrohr

Auch unser Nachbar im Weltall, der gute, alte Mond, ist ein interessantes Beobachtungsobjekt für Fernglas und Teleskop. Am Terminator, der Lichtgrenze, kann man die Mondformationen, speziell die Gebirge, Ringwälle und Krater, besonders plastisch sehen. Denn hier steht die auf- oder untergehende Sonne tief und die Oberflächendetails werfen lange, schwarze Schlagschatten. Wer zum ersten Mal eine Sternwarte besucht oder bei Bekannten einen Blick durch ein Fernrohr werfen darf, sollte sich unbedingt einmal den Mond zeigen lassen.

Doppelsterne und Katzenauge

Zu den populären Objekten, die bei keiner sommerlichen Führung auf einer Sternwarte fehlen sollten, gehört der Kopfstern des Schwans, β Cygni oder Albireo genannt. Er liegt etwa im Schwerpunkt des Sommerdreiecks und zeigt einen beeindruckenden Farbkontrast. Die $3^{m}_{,}1$ helle, rötliche Hauptkomponente hat in 34,″5 Distanz einen $5^{m}_{,}1$ hellen, bläulich-weißen Begleiter. Ein gutes Fernglas trennt Albireo. Die zwei Albireo-Sonnen sind 390 Lichtjahre entfernt.

Ebenfalls im Fernglas zu trennen ist ν Draconis (Kuma), ein ausgesprochen leichtes Objekt: In 62″ Abstand stehen zwei weiße, je $4^{m}_{,}9$ helle Komponenten. ν Draconis ist rund hundert Lichtjahre entfernt.

Schwieriger aufzulösen sind schon ε und η im Drachen. Die 4^{m} helle Hauptkomponente von ε Draconis hat in 3,″2 einen 7^{m} hellen Begleiter. η Draconis wiederum hat mit 5,″3 Separation einen etwas größeren Abstand, allerdings ist der Begleiter der 3^{m} hellen Hauptkomponente lediglich 9. Größe.

Wer schon im Bereich des Drachen die Gegend nach Doppelsternen abgrast, kann auch noch den Katzenaugennebel ins Visier nehmen. Seine Katalogbezeichnung lautet NGC 6543. Als Nebel 9. Größenklasse ist er nicht leicht aufzuspüren. Auch in größeren Teleskopen sieht man keine „Katzenaugen". Diesen Eindruck haben lediglich Aufnahmen hervorgerufen, die mit dem Hubble-Weltraumteleskop gewonnen wurden. Die Entfernung von NGC 6543 wird auf 3500 Lichtjahre geschätzt. Der Katzenaugennebel zählt zu den Planetarischen Nebeln. In seinem Zentrum sitzt ein extrem heißer Zentralstern, der die expandierende Gashülle des Nebels durch seine intensive Ultraviolett-Strahlung zum Leuchten anregt.

Objekte in Leier und Schwan

Das prominenteste Doppelsternsystem am Sommerhimmel ist der Vierfachstern in der Leier, $\varepsilon_{1,2}$ Lyrae. Sehr gute Augen erkennen, dass ε Lyrae länglich erscheint. In jedem Fernglas sieht man ε_1 und ε_2 Lyr getrennt, beträgt doch ihr Abstand voneinander 209″. Beide Komponenten sind ihrerseits wiederum doppelt, wovon man sich bereits mit einem Dreizöller überzeugen kann, da die Separation von ε_1 immerhin 2,″4 und von ε_2 2,″3 beträgt. Alle vier Sterne gehören dem Spektraltyp A an, leuchten also weiß, und sind 160 Lichtjahre entfernt. Die beiden Sonnen von ε_1 Lyr umkreisen einander in 1800 Jahren, während die Umlaufzeit von ε_2 Lyr mit 720 Jahren erheblich kürzer ist.

Im Schwan stößt man auf den schönen offenen Sternhaufen M 39, der nordöstlich von Deneb (α Cygni) liegt und leicht im Fernglas auszumachen ist. Etwa 25 Sterne mit Helligkeiten von 7^{m} und schwächer lassen sich beobachten. Mit 900 Lichtjahren Entfernung ist M 39 doppelt so weit weg wie die Plejaden im Stier. Im Fernglas hat man eher den Eindruck eines Sternhaufens. Im Teleskop reicht meist die Größe des Gesichtsfeldes nicht aus, um den gesamten Haufen zu erfassen. Da er nur wenige Sterne verteilt auf die Fläche einer Vollmondscheibe enthält, verliert sich der Eindruck eines Sternhaufens.

Entlang der Milchstraße

Mitten in der sommerlichen Milchstraße liegt das Sternbild Scutum (lat., Schild). Es bietet eine Fülle interessanter Objekte.

Neben dem oft beschriebenen offenen Sternhaufen M 11 ist M 26 zu nennen, ebenfalls ein offener Haufen. M 26 liegt 48′ ostsüdöstlich von δ Scuti ($4^m\!,6$ bis $4^m\!,8$ var). Er hebt sich gut vom Hintergrund ab. Sein Durchmesser beträgt etwa ein Drittel des Vollmondes (10′). In der Mitte des Haufens steht ein 8^m heller Stern. Insgesamt sind etwa 40 Sterne in einem Fernglas 15 × 50 erkennbar.

Die Koordinaten lauten: $\alpha = 18^h45^m\!,3$ und $\delta = -9°23'$. Ein Beobachter beschrieb einmal seinen Eindruck von M 26 folgendermaßen: „... sieht aus wie eine springende Spinne". Mit 5200 Lichtjahren Entfernung ist M 26 für einen galaktischen Haufen relativ weit weg. Die Haufensterne sind mit 85 Millionen Jahren relativ jung. Damals liefen in der ausgehenden Kreidezeit auf unserem Planeten noch die Dinosaurier umher.

Im Sternbild Schild entdeckt man auch zwei Asterismen (Sternfiguren, die kein eigenes Sternbild sind), nämlich den Pfeil (nicht zu verwechseln mit dem gleichnamigen Sternbild) und den Bogen.

Etwa 15′ westlich von δ Scuti stößt man auf den Planetarischen Nebel Minkowski 1–58. Mit nur $12^m\!,5$ scheinbarer Helligkeit und 5″ scheinbarem Durchmesser ist er nicht leicht zu entdecken. Am besten, man stellt ihn nach Koordinaten mit dem Teleskop ein ($\alpha = 18^h42^m\!,9$ und $\delta = -11°07'$).

Leichter zu finden ist der riesige Ringnebel NGC 7293 im Wassermann, der auch unter den Bezeichnungen Sonnenblumennebel oder Helixnebel bekannt ist. Er erscheint halb so groß im Durchmesser wie der Vollmond – allerdings ist er recht lichtschwach.

Als weiterer Planetarischer Nebel im Wassermann ist NGC 7009 zu nennen, bekannt als Saturnnebel, denn in größeren Teleskopen zeigt er eine gewisse Ähnlichkeit mit dem Ringplaneten. In kleineren Instrumenten sieht man ein blassgrünliches, ovales Scheibchen von nur 0,′6 Durchmesser. Auch die beiden Kugelsternhaufen M 2 und M 72 liegen im Wassermann. M 2 ist relativ hell und groß (Durchmesser 10′) mit einem deutlichen Kern.

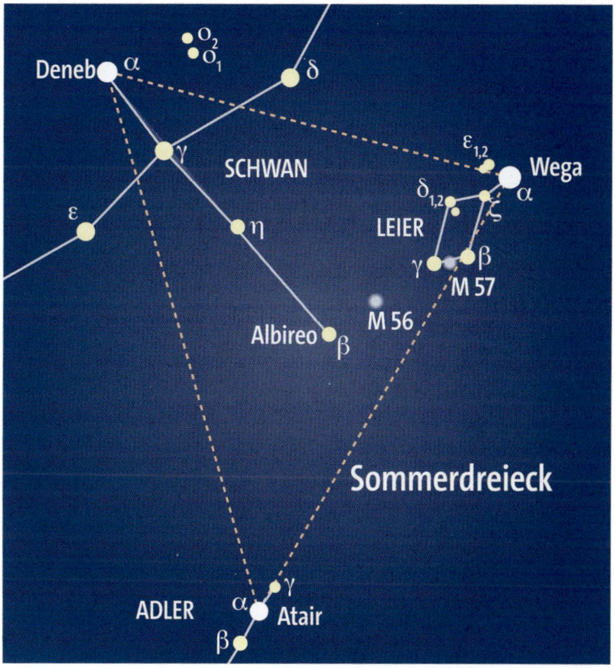

8.6 Das Sommerdreieck:
In den Sternbildern Leier und Schwan finden sich zahlreiche Objekte für Feldstecher und Fernrohr.

Zu guter Letzt sei noch der Kugelhaufen M 80 im Skorpion erwähnt. Er liegt nordwestlich von Antares, etwa auf der Linie zwischen ρ Ophiuchi und δ Scorpii, ziemlich in der Mitte zwischen diesen beiden Sternen, eine Spur näher an ρ Oph. M 80 ist erheblich lichtschwächer als M 4, ebenfalls ein Kugelhaufen im Skorpion. Seine Entfernung beträgt 27 000 Lichtjahre. Mit nur 5′ scheinbarem Durchmesser ist M 80 zudem auch viermal kleiner als M 4. Ihn zu finden, erfordert schon etwas Erfahrung.

Die totale Sonnenfinsternis vom 21. August 2017

8.7 Die total verfinsterte Sonne. Um den dunklen Neumond strahlt die Korona, die äußerste Schicht der Sonnenatmosphäre. Aufnahme der totalen Sonnenfinsternis am 29. März 2006 von Martin Gertz.

Eine totale Sonnenfinsternis zählt zu den faszinierendsten astronomischen Ereignissen, die der Himmel bieten kann. Im Kernschatten des Mondes wird es so dunkel, dass man Phänomene beobachten kann, die in Berichten immer wieder begeistert erwähnt, ja oft enthusiastisch geschildert werden: die zartschimmernde Korona um die vollständig abgedeckte Sonne, die rosa Flammenzungen am Sonnenrand, das Leuchten der helleren Sterne am verdunkelten Taghimmel, die Diamantringerscheinung, den heranrasenden Mondschatten, den kühlen Hauch des Finsterniswinds, fliegende Schatten, die Reaktionen von Flora und Fauna und das gespenstische, unwirklich anmutende Dämmerlicht.

Nur wenige Menschen erleben in ihrem kurzen Erdendasein das spektakuläre Ereignis einer totalen Sonnenfinsternis. Denn im Mittel ereignet sich nur alle 400 Jahre an einem vorgegebenen Ort auf der Erde das spektakuläre Naturschauspiel einer vollständigen Bedeckung der Sonnenscheibe durch den Neumond. So fand im 20. Jahrhundert nur eine einzige totale Sonnenfinsternis statt, die in Deutschland beobachtet werden konnte, nämlich am 11. August 1999.

Eine Sonnenfinsternis kommt zustande, wenn sich der Mond vor die Sonne schiebt und sie für die Bewohner auf der Erde verdeckt. Genau genommen ist dies keine „Finsternis". Denn die Sonne wird nicht finster, sondern der Mond bedeckt sie. Es handelt sich somit um eine Sternbedeckung. Astrophysikalisch gesehen ist die Sonne nämlich ein Stern.

Eine Sonnenfinsternis kann nur eintreten, wenn der Mond in Neumondstellung kommt. Dann steht er von der Erde aus gesehen in Richtung der Sonne und kehrt uns seine unbeleuchtete Seite zu. Es kommt aber nicht bei jedem Neumond zu einer Sonnenfinsternis. Da die Mondbahn um 5° zur Erdbahnebene geneigt ist, wandert der Neumond meist nördlich oder südlich an der Sonnenscheibe vorbei.

Die Kernschattenspitze des Mondes überstreicht einen viele tausend Kilometer langen Streifen auf der Erdoberfläche, dessen Breite allerdings zum Höhepunkt nur maximal 300 Kilometer erreicht. (In Ausnahmefällen, bei schrägem Auftreffen des 300 Kilometer im Durchmesser großen Kernschattenkegels auf der Erdoberfläche, kann die Totalitätszone knapp über 800 Kilometer Breite erreichen.) Nur in diesem schmalen Korridor bedeckt die Mondscheibe die Sonne vollständig, weshalb man von einer Totalitätszone spricht.

Wesentlich größer, einige tausend Kilometer breit, ist das Gebiet, in dem der Mond die Sonne nur teilweise verfinstert. Die partiellen Phasen einer Sonnenfinsternis zu erleben, ist daher viel wahrscheinlicher als eine totale Sonnenfinsternis zu sehen. Allerdings sind partielle Sonnenfinsternisse längst nicht so spektakulär wie totale. Selbst wenn 99 % der Sonne vom Mond bedeckt sind, ist es noch zu hell, um am Tage Sterne zu sehen.

Ringförmig, total, hybrid

Trifft der Kernschatten des Mondes die Erdoberfläche, so spricht man von einer totalen Sonnenfinsternis. Geht er jedoch an der Erde vorbei, dann handelt es sich um eine partielle Finsternis. Für keinen Punkt auf der Erde ist die Finsternis total. Es kann jedoch vorkommen, dass die Achse des Kernschattenkegels zwar die Erdkugel trifft, der Mond sich aber in Erdferne befindet, sodass die Kernschattenspitze die Erdoberfläche gar nicht erreicht. In einer Zone um die Zentrallinie (jene Linie, die die Achse des Kernschattenkegels auf der Erdoberfläche beschreibt) sieht man dann einen hellen Ring um den Neumond. Eine solche ringförmige Sonnenfinsternis trifft im Winterhalbjahr öfter ein als im (nördlichen) Sommerhalbjahr, da die Erde Anfang Januar ihr Perihel (sonnennächster Bahnpunkt) passiert. Die Sonnenscheibe erscheint dann etwas größer als im Sommer. Durch die Erdkrümmung tritt auch gelegentlich der Fall ein, dass eine Sonnenfinsternis anfangs ringförmig oder am Ende ringförmig ist und dazwischen aber total. Man nennt diese Kombination eine hybride Sonnenfinsternis.

Die nächste von Deutschland aus sichtbare totale Sonnenfinsternis findet am Mittwoch, 3. September 2081 statt. Die Totalitätszone streift dabei die südwestlichsten Gebiete Deutschlands (Bodenseegebiet). Dann folgt die totale Sonnenfinsternis am Freitag, 7. Oktober 2135, bei der die Totalitätszone über Hamburg und Berlin verläuft. Die nächste von Stuttgart aus sichtbare totale Sonnenfinsternis ereignet sich am Montag, 14. Juni 2151.

Um eine totale Sonnenfinsternis zu erleben, muss man sich daher meist auf eine Fernreise begeben. Doch häufig ist es gar nicht so einfach, in die Totalitätszone zu gelangen. Meist zieht der Kernschatten des Mondes über Ozeane, unwegsame Wüsten, dichte Urwälder und einsame Gebirge. Man muss dann regelrechte Expeditionen ausrüsten, um eine totale Sonnenfinsternis außerhalb zivilisatorisch erschlossener Gebiete zu verfolgen.

Wer noch nie eine totale Sonnenfinsternis erlebt hat, dem bietet sich jedoch im August 2017 eine relativ günstige Gelegenheit, solch ein beeindruckendes Himmelsspektakel zu verfolgen. Denn am Montag, 21. August 2017, ergibt sich die Möglichkeit, eine totale Sonnenfinsternis in einem verkehrstechnisch erschlossenen Land zu erleben. Um 11^h34^m MEZ passiert der Mond seinen aufsteigenden Knoten, also den Schnittpunkt des aufsteigenden Teils seiner Bahn mit der Ekliptik. Er befindet sich dann in der Erdbahnebene. Um 19^h30^m MEZ am 21. August tritt

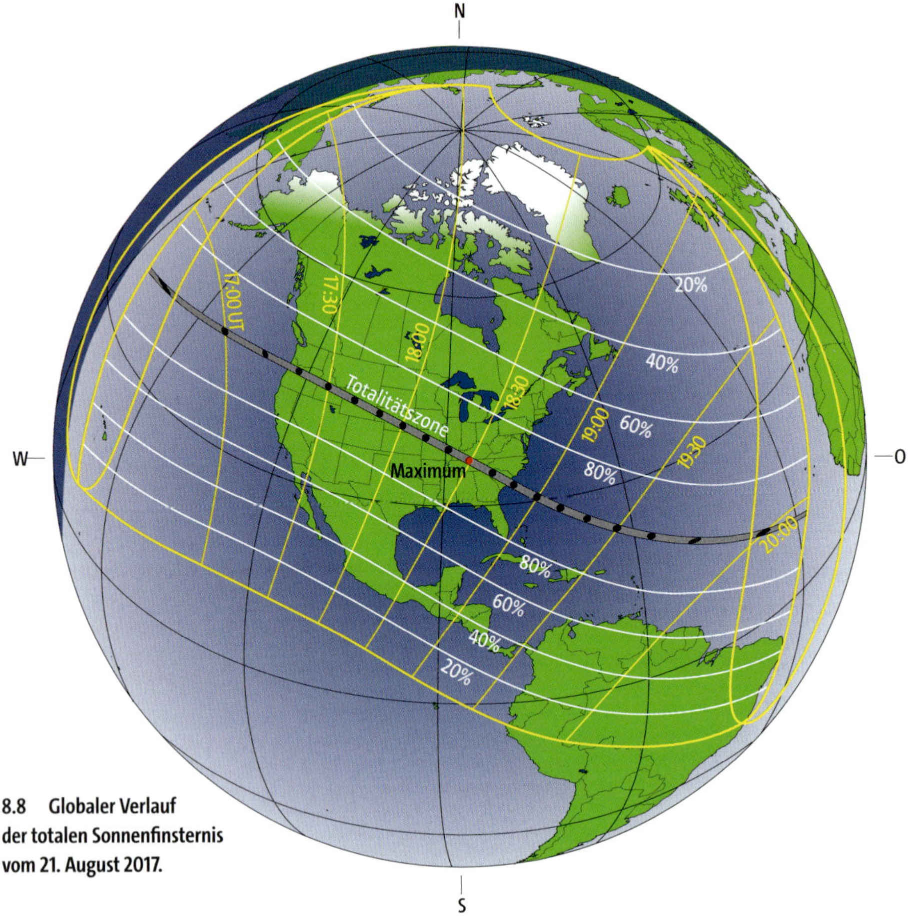

8.8 Globaler Verlauf der totalen Sonnenfinsternis vom 21. August 2017.

die Neumondphase ein. Unser Begleiter im Weltall schiebt sich somit zwischen Erde und Sonne. Dabei fällt sein Schatten auf unseren Planeten, es kommt zu einer Sonnenfinsternis.

Da der Mond drei Tage zuvor, am 18., sein Perigäum (erdnächster Bahnpunkt) durcheilt, fällt sein scheinbarer Durchmesser mit 32′07″ recht groß aus. Der scheinbare Durchmesser der Sonne ist an diesem Tag mit 31′37″ deutlich kleiner. Somit ereignet sich an diesem Tag eine totale Sonnenfinsternis, die auch in ihren partiellen Phasen in den gesamten USA zu beobachten ist.

Die Totalitätszone zieht sich diagonal über die Vereinigten Staaten von Amerika. Der Kernschatten des Mondes wandert vom Nordwesten nach Südosten über zwölf Bundesstaaten der USA. Sie wird daher „The Great American Eclipse" (engl., die große amerikanische Finsternis) genannt.

Globaler Verlauf

Der Kernschatten des Mondes trifft die Erde erstmals zu Sonnenaufgang im nordöstlichen Pazifik um 17^h49^m MEZ. Die Totalitätszone beginnt dort mit einer Breite von 62 Kilometer. Auf der Zentrallinie dauert die totale Phase 0^m52^s.

Der Höhepunkt der Finsternis wird in Kentucky am Ort 87°40′ westlicher Länge und 36°58′ nördlicher Breite um $19^h25^m32^s$ MEZ erreicht, wobei die Sonne 64° hoch über dem Südhorizont

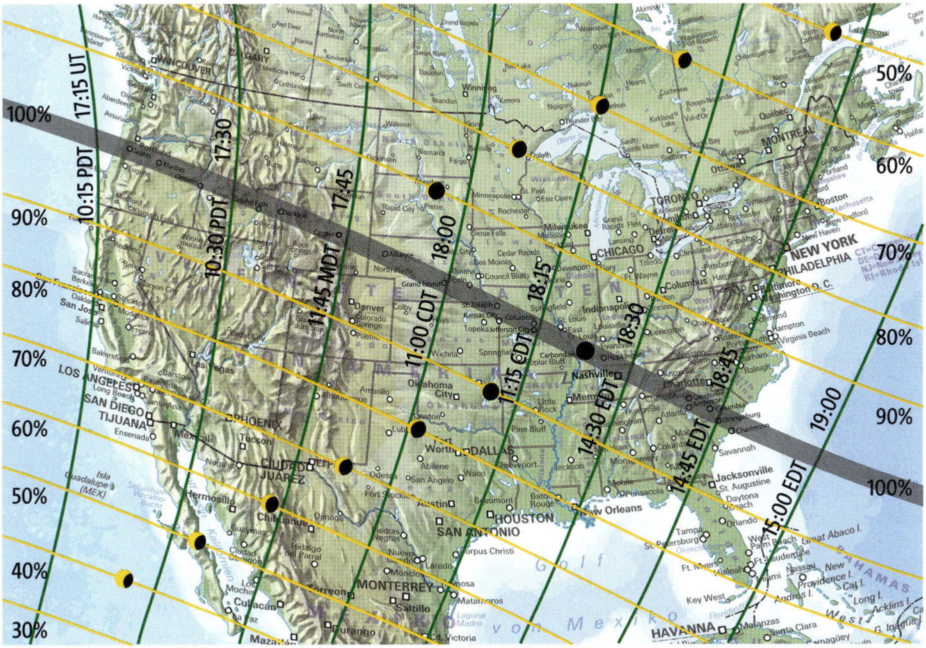

steht. Die Totalität erreicht hier ihr Maximum mit $2^{m}40^{s}$ Dauer und einer Breite des Kernschattens von 115 Kilometer.

Der Kernschatten des Mondes verlässt um $21^{h}02^{m}$ MEZ mitten im Atlantik am Ort 27°26′ westlicher Länge und 11°01′ nördlicher Breite schließlich wieder die Erdoberfläche. Die Totalität dauert dort auf der Zentrallinie $0^{m}57^{s}$ bei einer Breite der Kernschattenzone von 57 Kilometer.

Etwa 13 700 Kilometer lang und maximal 115 Kilometer breit ist der Pfad der Kernschattenachse vom Mond, den sie in nur drei Stunden und 13 Minuten zurücklegt. Davon verlaufen 4023 Kilometer des Schattenpfads über nordamerikanisches Festland. Die Durchschnittsgeschwindigkeit des Kernschattens liegt bei 1,183 Kilometer pro Sekunde, das sind 4259 Kilometer pro Stunde.

Die maximale Breite der Totalitätszone und die maximale Dauer der Totalität fallen übrigens weder räumlich noch zeitlich exakt zusammen, liegen aber nahe beieinander.

8.9 Die Totalitätszone der Sonnenfinsternis vom 21. August 2017 zieht über den nordamerikanischen Kontinent. Je weiter ein Ort von der Zentrallinie entfernt ist, desto geringer ist der maximale Bedeckungsgrad.

Verlauf in Nordamerika

Nachdem der Kernschattenkegel erstmals im Nordpazifik die Erde berührt hat, rast er in nur 28 Minuten die 3860 Kilometer lange Strecke bis zur Westküste des nordamerikanischen Kontinents.

Um $10^{h}16^{m}$ PDT (Pacific Daylight Time) trifft er an der Küste des Bundesstaates Oregon ein. Die Kernschattenzone ist dort 100 Kilometer breit und die Totalität dauert hier $1^{m}55^{s}$, wobei die Sonne 39° hoch in östlicher Richtung steht. Allerdings muss an der Pazifikküste mit Morgennebel gerechnet werden. Hier beginnt die 4023 Kilometer lange Reise des Kernschattens diagonal über die USA. Salem, die Hauptstadt von Oregon, liegt nur 14 Kilometer nördlich der Zentrallinie. Für eine Minute und 58 Sekunden liegt Salem

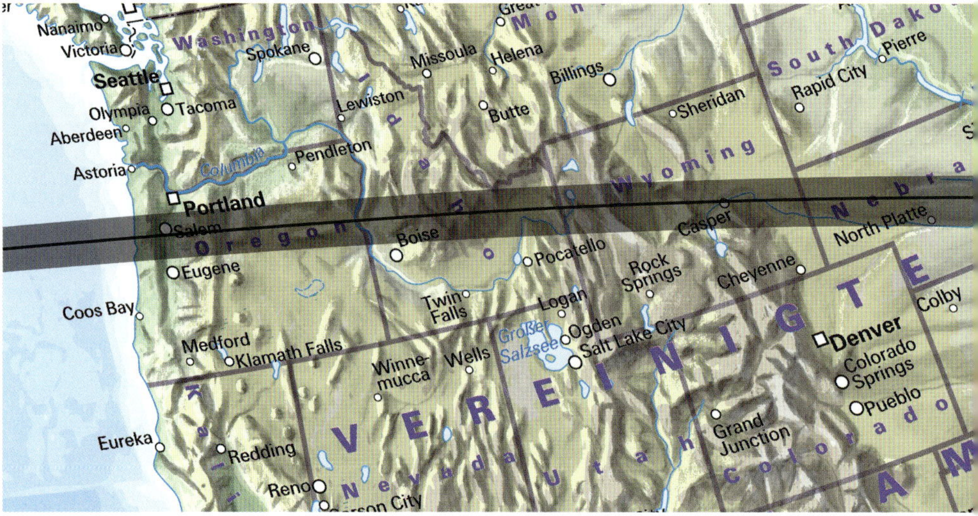

8.10 Verlauf der Totalitätszone der Sonnenfinsternis vom 21. August 2017 über die USA.

um 10^h18^m PDT im Kernschatten. Die Bewölkungswahrscheinlichkeit liegt hier bei 46 %. In den Nachbarstädten Albany und Corvallis dauert die Totalität 1^m51^s beziehungsweise 1^m40^s. In Madras, acht Kilometer südlich der Zentrallinie, wird die Sonne für 2^m04^s total verfinstert. In Ontario erreicht der Kernschatten die Grenze zum Bundesstaat Idaho um 10^h26^m PDT. Ontario liegt etwa 40 Kilometer südlich der Zentrallinie, die Totalitätsdauer beträgt hier 1^m28^s, wobei mit 25 % Bewölkungswahrscheinlichkeit die Wetteraussichten relativ gut sind.

Acht Minuten später überstreicht der Mondschatten Idaho Falls, das 34 Kilometer südlich der Zentrallinie liegt. Hier dauert die totale Phase 1^m51^s. Begibt man sich von Idaho Falls nach Norden auf die Zentrallinie, gewinnt man etwa eine halbe Minute an Totalitätsdauer.

Kurz darauf trifft der Kernschattenkegel in Wyoming ein. In Jackson wird es um 11^h36^m MDT (Mountain Daylight Time) für 2^m17^s dunkel, am Jackson Holes Airport, direkt auf der Zentrallinie, sogar 2^m20^s.

Weiter rast der Mondschatten und erreicht um 11^h43^m Casper, die größte Stadt in Wyoming, die fast genau auf der Zentrallinie liegt. Die Bewohner erleben hier für 2^m26^s eine totale Verfinsterung der Sonne. Mit 40 % Wahrscheinlichkeit ist in Caspar allerdings mit einer Wolkendecke zu rechnen.

Als nächster Bundesstaat wird Nebraska vom Kernschatten des Mondes getroffen. Feuchte Luft aus dem Golf von Mexiko lässt hier teils heftige Gewitter entstehen. Um 11^h50^m MDT wird in Alliance der örtliche Höhepunkt der Sonnenfinsternis erreicht. Bei 57° Sonnenhöhe in südöstlicher Richtung dauert hier die Totalität 2^m32^s. Alliance liegt ebenfalls fast genau auf der Zentrallinie. Vier Sekunden länger dunkel ist es in Grand Island, ebenfalls in Nebraska, und zwar um 12^h00^m MDT.

Weiter eilt der Kernschatten über die Erdoberfläche, streift die äußerste Nordostecke von Kansas und überquert die Windungen des Missouri River. In St. Joseph, Missouri, wird auf der Zentrallinie um 13^h08^m CDT (Central Standard Time, auch 1^h08^m p. m.), also um 13^h08^m Uhr Zonenzeit, für 2^m40^s die Sonne vom Neumond vollständig bedeckt. Auf seiner Reise nach Osten wird der Kernschatten immer öfter auf Wolken stoßen.

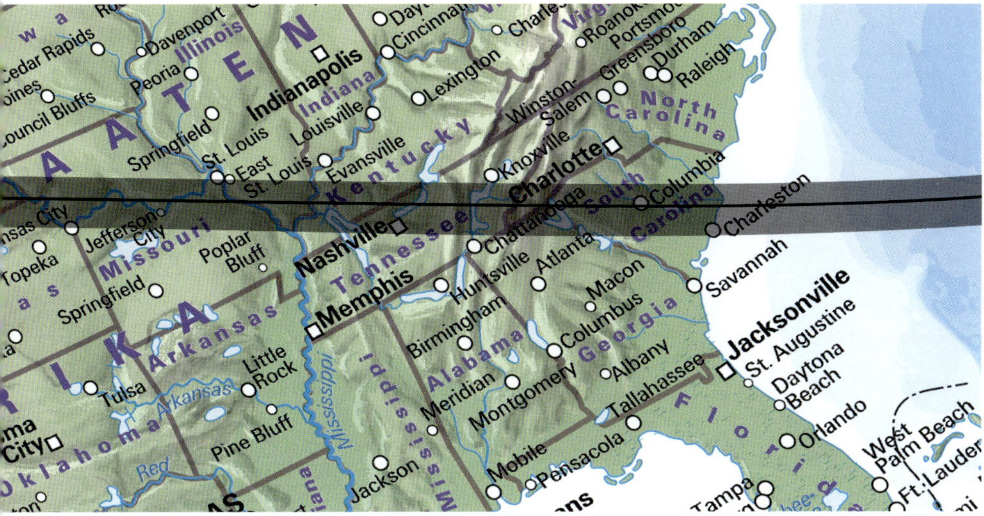

Die Bewölkungswahrscheinlichkeit nimmt von 50 % auf 60 % zu.

Kansas City liegt am Südrand der Totalitätszone. Für einen winzigen Augenblick wird um $13^{h}09^{m}$ CDT die Sonne total vom Neumond verdeckt. Columbia in Missouri ist die nächste Station. Um $13^{h}14^{m}$ CDT wird die Sonne für $2^{m}35^{s}$ total verfinstert. Es folgt nur eine knappe halbe Minute später Jefferson City, Missouri, mit $2^{m}30^{s}$ Totalität.

Der Kernschatten überquert den Mississippi und erreicht Carbondale in Illinois nur zehn Kilometer nördlich der Zentrallinie, wo um $13^{h}21^{m}$ CDT mit $2^{m}42{,}^{s}2$ die längste Dauer der Totalität erreicht wird. Carbondale hat noch eine Besonderheit: Schon am 8. April 2024, also sieben Jahre später, wird dieser Ort abermals vom Kernschatten des Mondes getroffen. In nur sieben Jahren Abstand zweimal am gleichen Ort eine totale Sonnenfinsternis zu erleben, ist sehr außergewöhnlich.

Weiter rast der Mondschatten über den Ohio River und trifft in Hopkinsville (Kentucky) ein, das 19 Kilometer nordwestlich vom Maximum auf der Zentrallinie liegt. Das Maximum ist definiert als geringster Abstand der Achse des Kernschattenkegels vom Erdmittelpunkt. Die Totalität währt hier nur $0{,}^{s}13$ kürzer als am Ort der längsten Dauer, nämlich $2^{m}42{,}^{s}1$. Zeitpunkt des Maximums ist $13^{h}26^{m}$ CDT ($1^{h}26^{m}$ p. m.). Die Sonne steht dann 64° hoch und die Geschwindigkeit des Mondschattens erreicht mit 647 m/s (= 2329 km/h) ein Minimum. Die Wetterlage ist hier ziemlich kritisch; gerade am Nachmittag bewölkt sich der Himmel, feuchte Luftmassen aus dem Golf von Mexiko ziehen nach Norden.

Weiter geht die Reise des Mondschattens, der um $13^{h}28^{m}$ CDT in Nashville, Tennessee, eintrifft. Hier dauert die Totalität $1^{m}58^{s}$. Knoxville und Chattanooga in Tennessee liegen außerhalb der Totalitätszone.

Der Kernschatten überquert die südlichen Appalachen, kreuzt die Ostgrenze von Tennessee, berührt North Carolina und Georgia und trifft in South Carolina ein, wo die Bewölkungswahrscheinlichkeit auf 80 % zunimmt.

In Anderson, South Carolina, das fast auf der Zentrallinie liegt, wird um $14^{h}39^{m}$ EDT (Eastern Daylight Time, auch $2^{h}39^{m}$ p. m.) eine Totalitätsdauer von $2^{m}36^{s}$ erreicht. Um $14^{h}42^{m}$ EDT wird es in Columbia, South Carolina, für $2^{m}29^{s}$ dunkel. Der Kernschatten überstreicht um $14^{h}47^{m}$ die historische Stadt Charleston, wobei die Totalität nur noch $1^{m}43^{s}$ dauert. Augenblicke später ver-

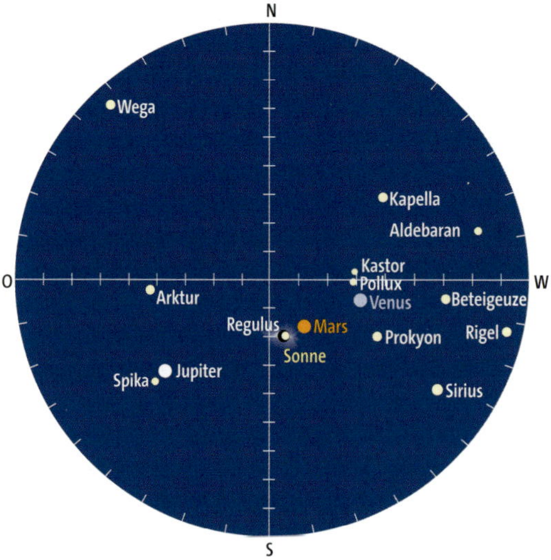

8.11 Himmelsanblick während der totalen Finsternis.

lässt der Kernschatten das amerikanische Festland und rast schneller werdend 5794 Kilometer über den Atlantik, wo er um 21^h02^m MEZ bei Sonnenuntergang die Erdoberfläche wieder verlässt.

Himmelsanblick zur Totalität

Wer in die Totalitätszone reist, kann bei klarem Himmel während der kurzen Zeit der totalen Phase Sterne zweiter Größe und heller sehen. In Abb. 8.11 ist der Himmelsanblick zum Maximum der Finsternis um 19^h26^m MEZ (= 1^h26^m p.m. CDT – Central Daylight Time) dargestellt, wie er von der Zentrallinie aus erscheint.

Als erstes wird Venus westlich der total verfinsterten Sonne zu erkennen sein. Mit $-4\overset{m}{,}0$ scheinbarer Helligkeit ist sie das bei weitem auffälligste Gestirn am Finsternishimmel. Zwischen der Sonnenkorona und Venus entdeckt man knapp neben der Sonne, noch fast im Schein der Korona, Mars, den roten Planeten, der mit $1\overset{m}{,}7$ leuchtet. Jupiter leuchtet mit $-1\overset{m}{,}8$ halbhoch im Südosten. Merkur steht kurz vor seiner unteren Konjunktion und damit vor der Phase „Neumerkur". Er verbirgt sich in der Korona und bleibt unsichtbar.

Horizontnah steht mit $-1\overset{m}{,}5$ Helligkeit Sirius, der hellste Fixstern. Im Westen geht gerade das Sternbild Orion unter. Beteigeuze sollte man einwandfrei erkennen. Rigel ist zu horizontnah, um ihn mühelos zu sehen. Am Osthimmel steht der orange Arktur, während die helle Kapella hoch im Nordosten flackert. Prokyon ist hoch im Westen zu sehen. Sportlich ist es, Regulus knapp neben der verdunkelten Sonne in den Strahlen der Korona auszumachen. Er steht Mars gegenüber, nimmt man die Sonne als Zentrum.

Am besten prägt man sich die gesamte Konstellation vor Beginn der Totalität ein, denn in der kurzen Zeitspanne der Totalität kann man nicht lange eine Sternkarte studieren. Auch orientiere man sich vorher: Wo ist Norden, Osten, Süden und Westen?

Klassifikation der Finsternis

Die totale Sonnenfinsternis am Montag, 21. August 2017, ist die 22. Finsternis des Saros-Zyklus 145. Dieser Zyklus umfasst insgesamt 76 Sonnenfinsternisse in einem Zeitraum von 1352 Jahren, die alle nahe dem aufsteigenden Mondknoten stattfanden beziehungsweise noch stattfinden werden. So enthält diese Serie 33 partielle, 41 totale, eine hybride (ringförmig-totale) sowie eine einzige rein ringförmige Sonnenfinsternis. Die erste Finsternis der Saros-Serie 145 fand am 4. Januar 1639 mit nur 0,0009 Größe als partielle statt. Nach 14 partiellen, einer ringförmigen und einer hybriden Finsternis fand am 29. Juni 1927 die erste totale Sonnenfinsternis im Saros-Zyklus 145 mit einer Totalitätsdauer von nur 50 Sekunden statt.

Die längste totale Sonnenfinsternis der Serie 145 wird am 25. Juni 2522 mit 7^m12^s Dauer der Totalität stattfinden. Die letzte totale Sonnenfinsternis wird am 9. September 2648 mit 2^m48^s Totalitätsdauer eintreten. Dann folgen 19 weitere partielle Finsternisse. Am 6. April 2991 wird sich die letzte Finsternis dieses Saros-Zyklus als partielle mit 0,1345 Größe ereignen.

Die Vorgängerfinsternis, nämlich die 21. im Saros-Zyklus 145 und einzige totale Finsternis im 20. Jahrhundert, bei der die Totalitätszone über Süddeutschland und Österreich zog, fand am 11. August 1999 statt. .

Verlauf der totalen Sonnenfinsternis vom 21. August 2017

Ort	Westl. Länge	Nördl. Breite	Beginn (UT) h m s	Maximum (UT) h m s	Dauer m s	Höhe	Ende (UT) h m s
SALEM, Oregon	123°02′	44°56′	16 05 25	17 18 16	1 58	40°	18 37 49
MADRAS, Oregon	121°08′	44°38′	16 06 43	17 20 35	2 04	42°	18 41 04
ONTARIO, Oregon	116°58′	44°02′	16 10 06	17 26 13	1 28	45°	18 48 35
IDAHO FALLS, Idaho	112°02′	43°29′	16 15 11	17 33 54	1 51	50°	18 58 03
JACKSON, Wyoming	110°46′	43°29′	16 16 44	17 36 01	2 17	51°	19 00 28
CASPER, Wyoming	106°19′	42°50′	16 22 17	17 43 50	2 28	54°	19 09 24
ALLIANCE, Nebraska	102°52′	42°06′	16 27 07	17 50 26	2 32	57°	19 16 41
GRAND ISLAND, Nebraska	98°21′	40°56′	16 34 20	17 59 49	2 36	60°	19 26 33
ST. JOSEPH, Missouri	94°50′	39°46′	16 40 42	18 07 45	2 40	62°	19 34 34
KANSAS CITY, Kansas	94°40′	39°07′	16 41 08	18 08 40	0 01	63°	19 35 48
COLUMBIA, Missouri	92°13′	38°58′	16 45 54	18 13 53	2 35	63°	19 40 24
JEFFERSON CITY, Missouri	92°11′	38°34′	16 46 05	18 14 20	2 30	63°	19 41 03
CARBONDALE, Illinois	89°14′	37°43′	16 52 24	18 21 22	2 40	64°	19 47 26
HOPKINSVILLE, Kentucky	87°30′	36°52′	16 56 31	18 25 59	2 42	64°	19 51 41
NASHVILLE, Tennessee	86°46′	36°10′	16 58 32	18 28 24	1 58	64°	19 54 02
ANDERSON, South Carolina	82°39′	34°31′	17 08 59	18 39 06	2 36	63°	20 03 09
GREENVILLE, South Carolina	82°23′	34°51′	17 09 14	18 39 06	2 13	63°	20 02 54
COLUMBIA, South Carolina	81°00′	34°01′	17 13 11	18 43 07	2 30	62°	20 06 20
ORANGEBURG, South Carolina	80°52′	33°30′	17 14 03	18 44 12	2 25	62°	20 07 27
CHARLESTON, South Carolina	79°58′	32°49′	17 16 52	18 47 03	1 43	61°	20 09 53

Die Größe der Sonnenfinsternis vom 21. August 2017 beträgt 1,0306, was einem Bedeckungsgrad von 1,0621 entspricht. *Bedeckungsgrad* und *Größe* einer Sonnenfinsternis sind nicht miteinander zu verwechseln. Ersterer gibt an, wie viel Prozent der Sonnenscheiben*fläche* vom Neumond bedeckt werden. Unter der *Größe* der Finsternis (Phase) versteht man hingegen die Eindringtiefe der Neumondscheibe in Einheiten des scheinbaren Sonnendurchmessers. Bedeckt beispielsweise der Neumond die Hälfte des Sonnenscheibendurchmessers (der Mondrand geht dann durch den Sonnenscheibenmittelpunkt), so hat diese Finsternisphase die Größe 0,5. Dabei werden 39 % der Sonnenscheibe vom Mond bedeckt (unter der Voraussetzung, dass beide den gleichen scheinbaren Durchmesser aufweisen, was in erster Näherung stets zutrifft).

Der Gamma-Wert gibt die geringste Entfernung der Achse des Kernschattenkegels des Mondes vom Geozentrum (Erdmittelpunkt) in Einheiten des Äquatorradius der Erde an. Ein positiver Wert bedeutet, die Achse des Kernschattens geht nördlich am Geozentrum vorbei. Bei dieser Finsternis beträgt er +0,43671. Mit dem Neumond vom 21. August 2017 beginnt außerdem die Braunsche Lunation Nr. 1171.

Die hier vermerkten Daten für die totale Sonnenfinsternis vom 21. August 2017 basieren auf Berechnungen von Fred Espenak und Jay Anderson vom Goddard Space Flight Center, Greenbelt/Maryland, USA. Die Autoren verwenden ein $\Delta T = 68^{s}\!.4$ (siehe Seite 13 „Dynamische Zeit") für ihre Rechnungen. Das Nautical Almanac Office des U. S. Naval Observatory in Washington, D. C., gibt für 2017 als extrapolierten Wert $\Delta T = 68^{s}$ an.

September 2017

- Die Sonne passiert am 22. um 21^h02^m (= 22^h02^m Sommerzeit) den Herbstpunkt, die Herbst-Tagundnachtgleiche tritt ein.
- Merkur bietet zur Monatsmitte eine Morgensichtbarkeit.
- Venus spielt ihre Rolle als Morgenstern.
- Mars erscheint Ende September am Morgenhimmel.
- Saturn ist Planet am Abendhimmel.
- Jupiter verabschiedet sich vom Abendhimmel.

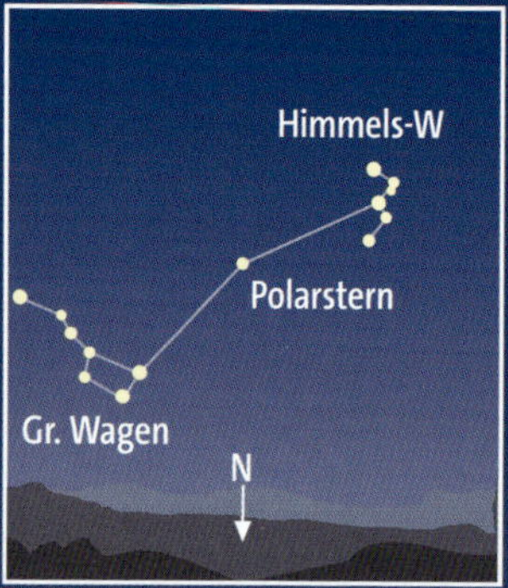

Großer Wagen und Himmels-W Anfang September um 22 Uhr

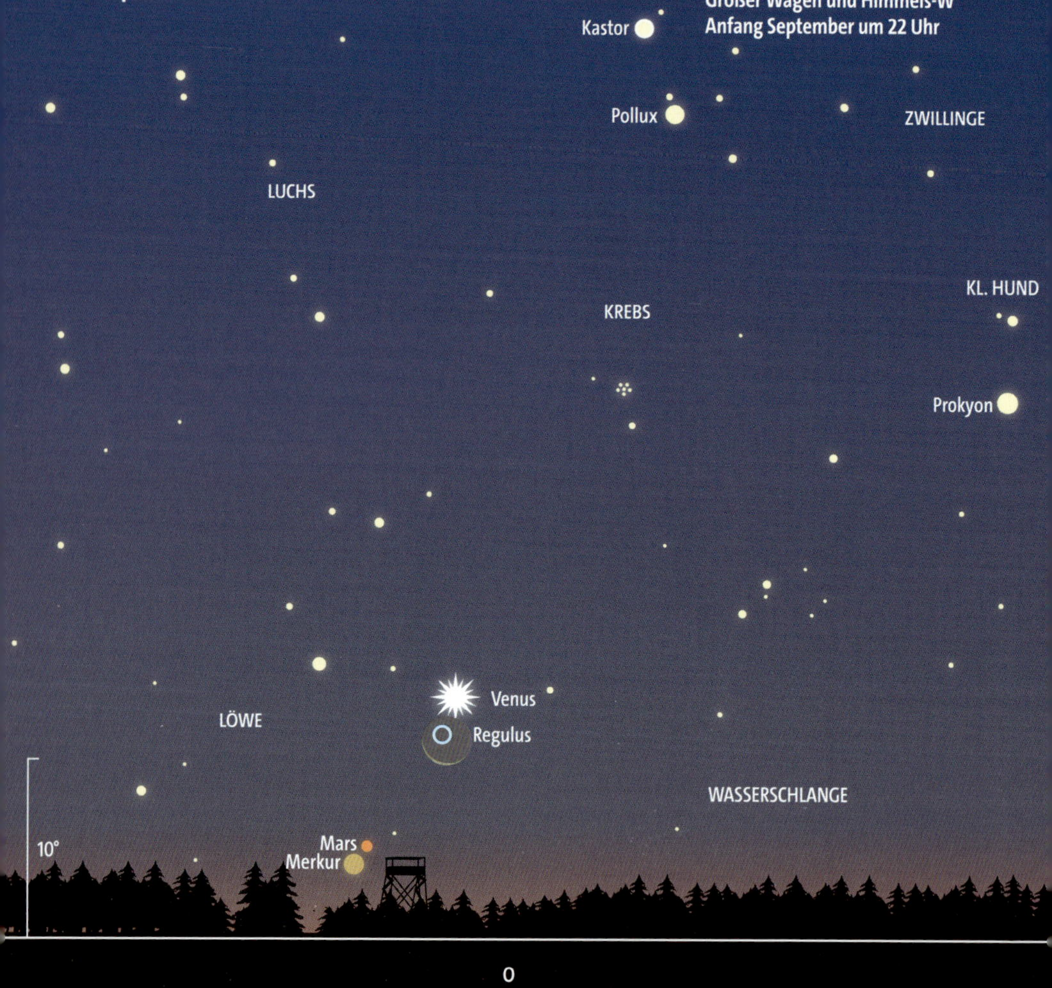

9.1 Planetenparade am Morgenhimmel: Tief am Osthimmel sind am 18. September gegen 5^h MEZ (= 6^h MESZ) die Planeten Merkur, Mars und Venus samt der extrem schmalen Sichel des abnehmenden Mondes zu sehen.

- **1 Fr**
- **2 Sa**
- **3 So**
- **4 Mo**
- **5 Di** Neptun in Opposition
- **6 Mi** **Vollmond**
- **7 Do**
- **8 Fr**
- **9 Sa**
- **10 So**
- **11 Mo**
- **12 Di**
- **13 Mi** Mond im letzten Viertel
- **14 Do**
- **15 Fr**
- **16 Sa** Merkur bei Mars (Morgenhimmel)
- **17 So**
- **18 Mo** Mond bei Venus (Morgenhimmel)
- **19 Di** Mond bei Merkur (Morgendämmerung)
- **20 Mi** **Neumond**
- **21 Do**
- **22 Fr** Herbstbeginn, Mond bei Jupiter (Abendhimmel)
- **23 Sa**
- **24 So**
- **25 Mo**
- **26 Di** Mond bei Saturn (Abendhimmel)
- **27 Mi**
- **28 Do** Mond im ersten Viertel
- **29 Fr**
- **30 Sa**

Sonne – Sternbilder

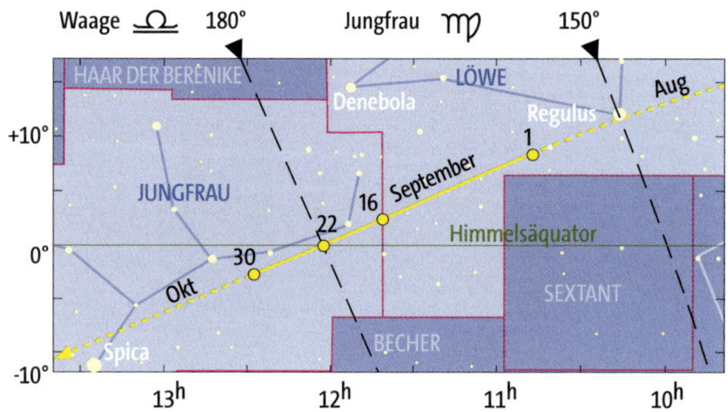

16. 9. 20h:
Sonne tritt in das Sternbild Jungfrau
22.9. 21h02m:
Sonne tritt in das Tierkreiszeichen Waage
Julianisches Datum am
1. September, 1h MEZ:
2 457 997,5

Tabelle Sonnenlauf

Tag	Dämmerg. Anfang	Aufgang MEZ	Kulmination	Untergang MEZ	Dämmerg. Ende	Mittagshöhe	Zeitgleichg.	Rektaszension	Deklination
	h m	h m	h m	h m	h m	o	m	h m	o
1.	4 20	5 35	12 20	19 04	20 18	48,1	0	10 41	+8,4
5.	4 27	5 41	12 19	18 55	20 09	46,6	+ 1	10 55	+6,9
10.	4 36	5 48	12 17	18 44	19 56	44,8	+ 3	11 13	+5,0
15.	4 44	5 56	12 15	18 33	19 45	42,9	+ 5	11 31	+3,1
20.	4 53	6 03	12 13	18 22	19 33	40,9	+ 7	11 49	+1,2
25.	5 01	6 11	12 12	18 11	19 21	39,0	+ 8	12 07	–0,7
30.	5 09	6 19	12 10	18 00	19 10	37,0	+10	12 25	–2,7

Tages- und Nachtstunden

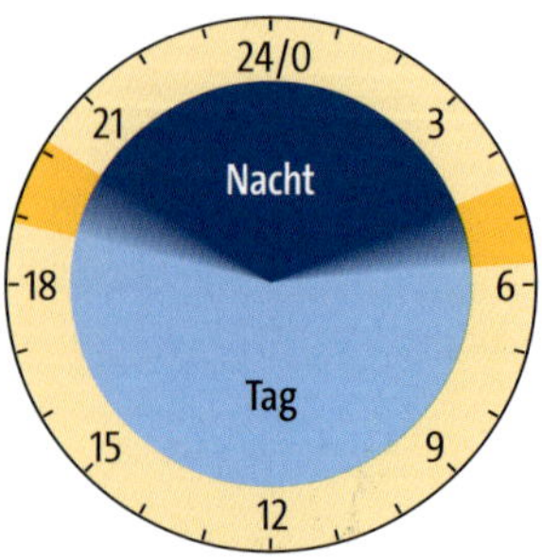

5. September

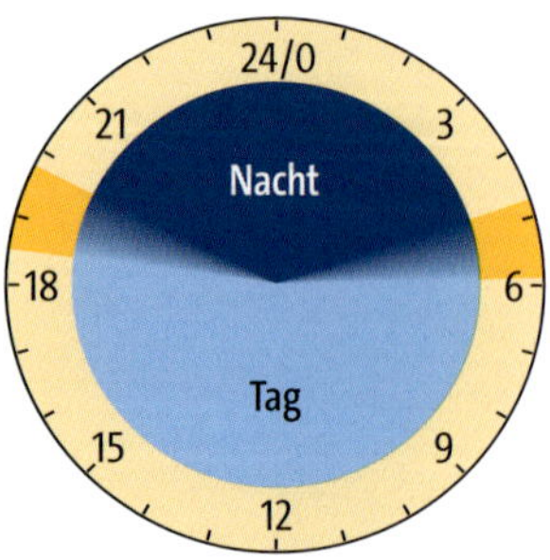

15. September

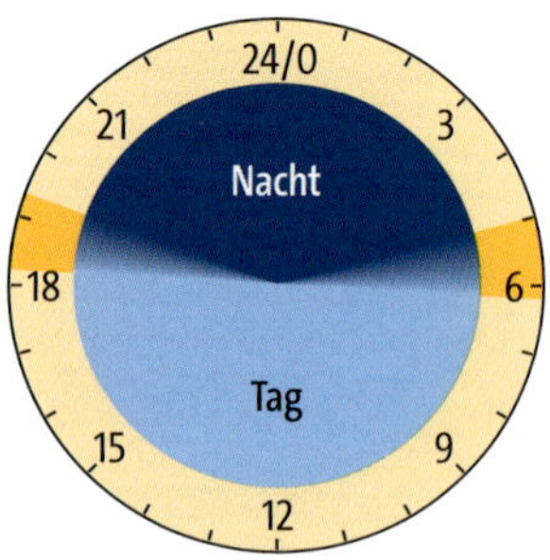

25. September

Tabelle Mondlauf

Datum		Aufg. MEZ	Kulmination	Unterg. MEZ	Rektaszension	Deklination	Sterne und Sternbilder	Phase	MEZ
		h m	h m	h m	h m	°			
Fr	1.	16 21	20 50	0 31	18 32	−19,4	Schütze, Nunki		
Sa	2.	17 04	21 39	1 22	19 23	−19,1	Schütze		
So	3.	17 41	22 28	2 18	20 14	−17,8	Steinbock		
Mo	4.	18 15	23 17	3 20	21 05	−15,7	Steinbock	Absteigender Knoten	
Di	5.	18 45	–	4 26	21 57	−12,8	Steinbock		
Mi	6.	19 13	0 06	5 35	22 47	− 9,2	Wassermann	**Vollmond**	**$8^h 03^m$**
								Libration Ost	
Do	7.	19 39	0 54	6 46	23 38	− 5,1	Wassermann		
Fr	8.	20 06	1 43	7 58	0 30	− 0,7	Walfisch		
Sa	9.	20 34	2 33	9 11	1 21	+ 3,9	Fische		
So	10.	21 05	3 23	10 26	2 14	+ 8,3	Walfisch		
Mo	11.	21 40	4 16	11 40	3 09	+12,3	Widder	Größte Südbreite	
Di	12.	22 21	5 11	12 52	4 06	+15,6	Stier, Hyaden		
Mi	13.	23 11	6 08	14 01	5 04	+18,0	Aldebaran	**Letztes Viertel**	**$7^h 25^m$**
								Erdnähe 370/32′,3	17^h
Do	14.	–	7 06	15 03	6 03	+19,3	Orion		
Fr	15.	0 08	8 04	15 57	7 03	+19,3	Alhena		
Sa	16.	1 13	9 02	16 42	8 03	+18,2	Krebs		
So	17.	2 23	9 57	17 20	9 01	+16,0	Krebs, Krippe	Aufsteigender Knoten	
Mo	18.	3 36	10 50	17 53	9 57	+12,8	Löwe, Regulus		
Di	19.	4 48	11 41	18 21	10 51	+ 9,0	Löwe		
Mi	20.	6 00	12 30	18 48	11 43	+ 4,7	Jungfrau	**Neumond Nr. 1172**	**$6^h 30^m$**
								Libration West	
Do	21.	7 10	13 17	19 13	12 33	+ 0,4	Jungfrau		
Fr	22.	8 18	14 03	19 38	13 22	− 3,9	Spica		
Sa	23.	9 24	14 48	20 04	14 10	− 8,0	Jungfrau		
So	24.	10 29	15 34	20 33	14 58	−11,6	* Waage	Größte Nordbreite	
Mo	25.	11 31	16 20	21 05	15 47	−14,6	Waage		
Di	26.	12 29	17 07	21 41	16 35	−17,0	Schlangenträger		
Mi	27.	13 24	17 54	22 23	17 25	−18,6	Schlangenträger	Erdferne 404/29′,6	8^h
Do	28.	14 14	18 42	23 11	18 15	−19,5	Schütze	**Erstes Viertel**	**$3^h 54^m$**
Fr	29.	14 59	19 31	–	19 05	−19,4	* Schütze, Nunki		
Sa	30.	15 38	20 19	0 05	19 56	−18,5	Schütze		

Der Mond nähert sich am 11./12. den Hyaden

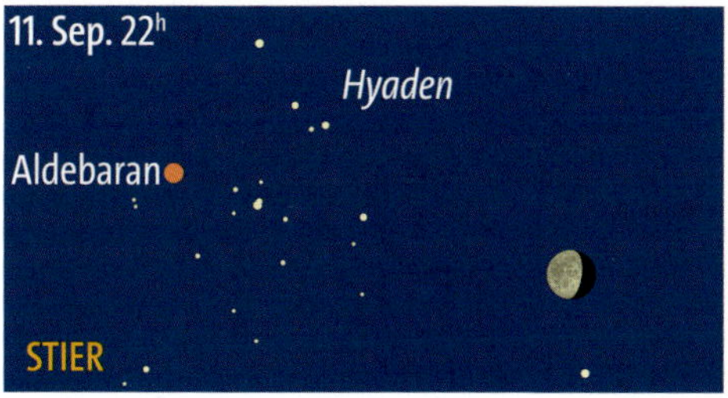

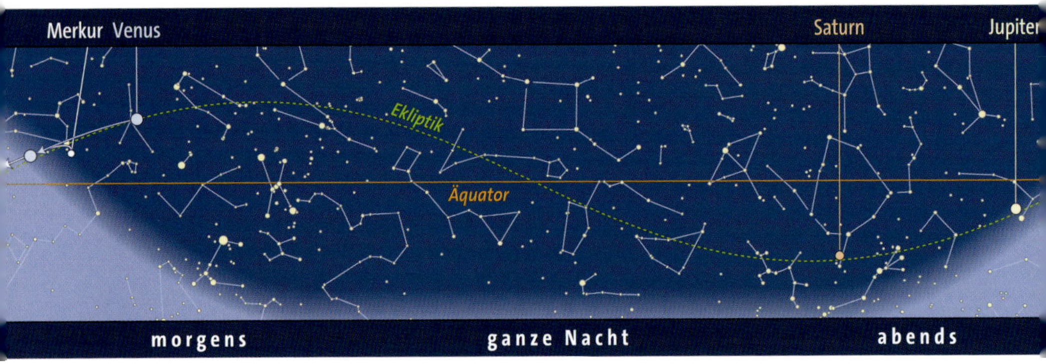

Merkur bietet zur Monatsmitte die zweite Morgensichtbarkeit in diesem Jahr. Er beendet am 4. seine Rückläufigkeit und wird wieder rechtläufig. Am 12. erreicht Merkur seine größte westliche Elongation mit 17°56′ Winkelabstand von der Sonne. Die maximale Elongation fällt diesmal klein aus, da Merkur nur drei Tage später durch sein Perihel läuft. Trotz des kleinen Elongationswinkels kommt es zu einer Morgensichtbarkeit. Bei guten Sichtbedingungen kann man ab 10. nach Merkur Ausschau halten (siehe auch Abb. 9.2 und 9.3 unten). Am 10. geht der $0^m{,}0$ helle Merkur um 4^h12^m (= 5^h12^m Sommerzeit) auf. Etwa eine Viertelstunde später zeigt sich der flinke Planet knapp über dem Osthorizont. Bald darauf verblasst er in der zunehmenden Morgenhelle. Bis 16. nimmt die Merkurhelligkeit bis $-0^m{,}8$ zu, die Merkuraufgänge verspäten sich leicht auf 4^h20^m (= 5^h20^m Sommerzeit).

Sowohl am 18. als auch am 19. bietet sich gegen 5^h morgens (= 6^h Sommerzeit) ein hübscher Himmelsanblick: Merkur, die abnehmende Mondsichel sowie Venus und Mars sind tief am Osthorizont vereint (siehe auch

9.2 Merkur am Morgenhimmel:
Stellung von Merkur über dem Osthorizont zu den angegebenen Daten jeweils eine Stunde vor Sonnenaufgang. Die Pfeile deuten die Bewegungen von Merkur und Sonne in der folgenden halben Stunde an.

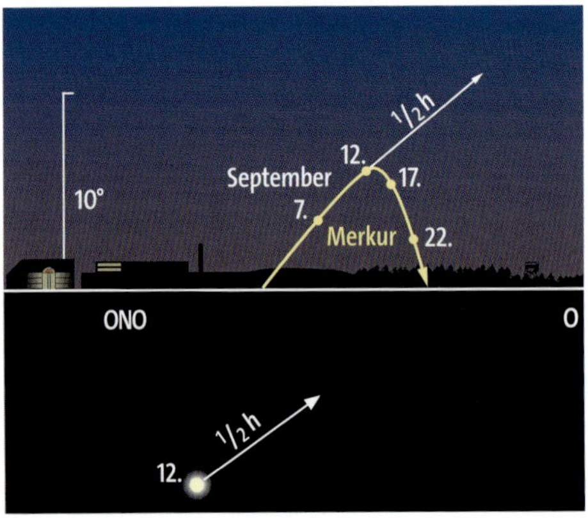

9.3 Sichtbarkeitsdiagramm für Merkur:
Es gilt genau für 50° nördlicher Breite und 10° östlicher Länge. Dunkelgelbe Fläche: Unter günstigen Sichtbedingungen kann man Merkur mit bloßen Augen erkennen; hellgelbe Fläche: Merkur ist leicht zu sehen.

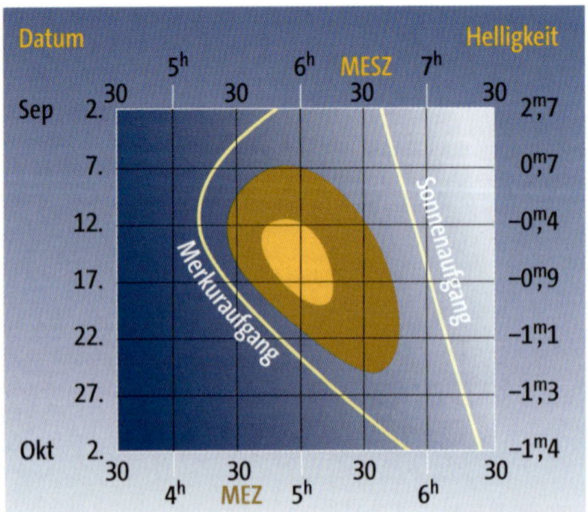

Abb. 9.1 auf Seite 190 und Abb. 9.4 links). Auch Regulus im Sternbild Löwe ist mit von der Partie.

Am 10. zieht Merkur 0°,6 südlich an Regulus vorbei, wobei ein Fernglas hilfreich ist, diese Begegnung zu verfolgen (siehe auch Abb. 9.5 unten). Am 16. wandert Merkur nur 0°,06 nördlich an Mars vorbei – eine extrem enge Begegnung. Mars ist allerdings nur in einem Fernglas zu erkennen. Die von Tag zu Tag wechselnden Stellungen von Merkur, Mars und Regulus sind aus den Abbildungen 9.6 bis 9.9 zu ersehen, die jeweils den Fernglasanblick schematisch andeuten (siehe unten).

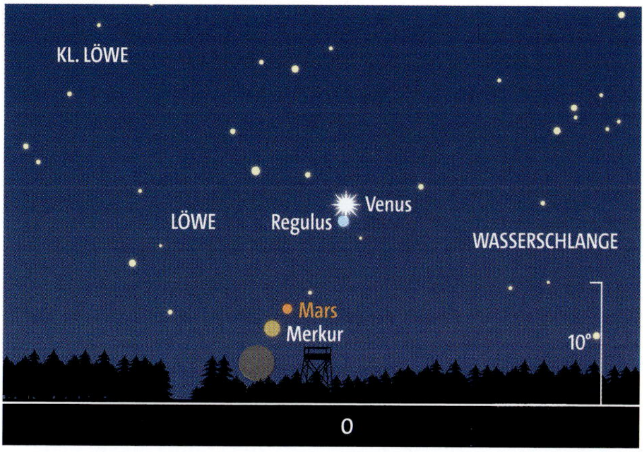

9.4 Der Morgenhimmel am 19.9.: Himmelsanblick am 19. September gegen 5^h15^m MEZ (= 6^h15^m MESZ). Gegenüber dem Vortag (siehe Abb. 9.1) haben sich die Positionen der drei Planeten Merkur, Mars und Venus leicht verändert. Die extrem schmale Sichel des abnehmenden Mondes ist soeben über dem Osthorizont aufgegangen.

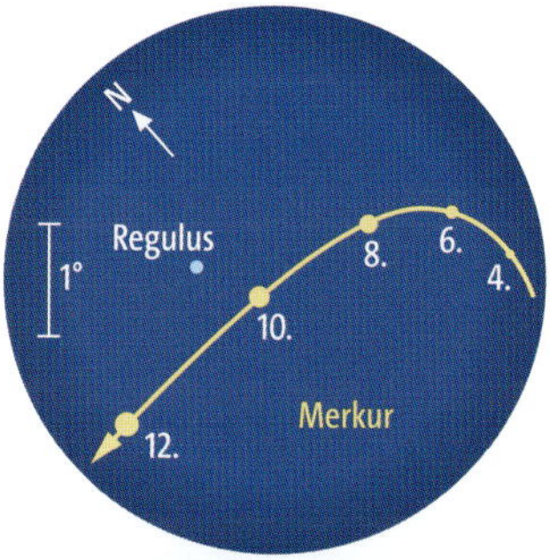

9.5 Links: Merkur bei Regulus: Merkur zieht seine Konjunktionsschleife vom 8. bis 12. September an Regulus im Löwen vorbei. Morgendlicher Fernglasanblick.

9.6 Rechts: Merkur bei Mars: Bewegung von Merkur relativ zu Mars vom 4. bis 18. September. Morgendlicher Fernglasanblick.

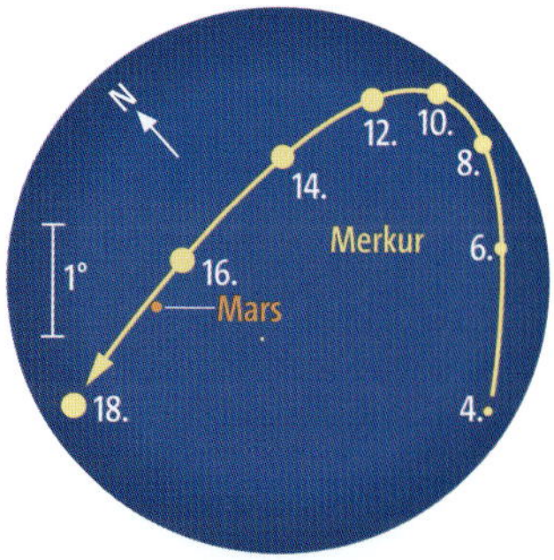

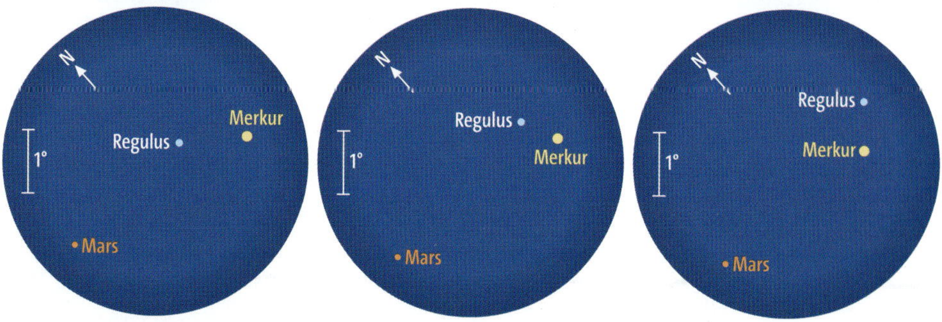

9.7 — 9.9 Merkur und Mars vom 9. bis 11. September: Täglicher Stellungswechsel von Merkur und Mars relativ zu Regulus im Löwen vom 9. bis 11. September. Fernglasanblick gegen 5^h MEZ (= 6^h MESZ).

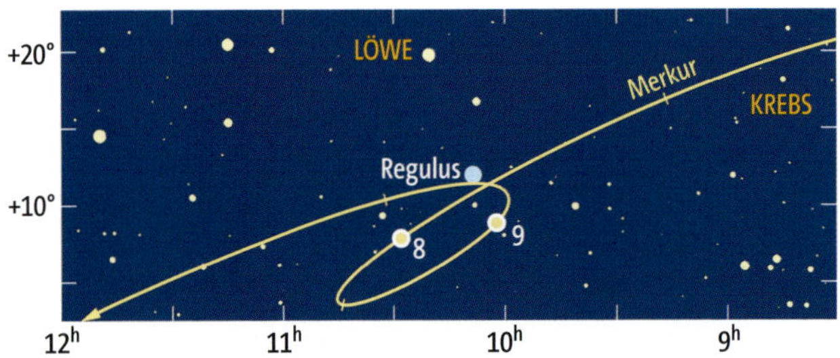

9.10 Bahn von Merkur:
Scheinbare Merkurschleife im Sternbild Löwe.

Am 13. zeigt sich im Teleskop das $7\overset{\prime\prime}{,}0$ große Merkurscheibchen halb beleuchtet, die Dichotomie ist erreicht.

Bis 22. steigt die Helligkeit des flinken Planeten auf $-1\overset{m}{,}1$ an, seine Aufgänge verspäten sich jedoch auf 4^h42^m (= 5^h42^m Sommerzeit). Erfahrene Beobachter mit lichtstarkem Fernglas mögen Merkur noch bis zum 25. am östlichen Morgenhimmel aufstöbern. An diesem Tag geht der $-1\overset{m}{,}2$ helle Merkur um 5^h05^m (= 6^h05^m Sommerzeit) auf.

Venus spielt nach wie vor ihre Rolle als Morgenstern. Allerdings verkürzt sich ihre Sichtbarkeitsdauer, denn sie wandert im Tierkreis nun wieder südwärts. Am 10. wechselt sie aus dem Sternbild Krebs in den Löwen und passiert am 20. dessen Hauptstern Regulus nur eine Vollmondbreite ($0\overset{\circ}{,}5$) nördlich. Am 18. hält sich auch die schmale Sichel des abnehmenden Mondes nahe Regulus auf (siehe Abb. 9.11 unten). Auch Merkur und Mars sind mit von der Partie (siehe Abb. 9.4 auf Seite 195).

Die Venusaufgänge verspäten sich im September erheblich. Geht die $-3\overset{m}{,}9$ helle Venus am 1. um 2^h38^m (= 3^h38^m Sommerzeit) auf und am 15. um 3^h15^m, so erfolgt ihr Aufgang am 30. erst um 3^h58^m (= 4^h58^m Sommerzeit). Bis Monatsende schrumpft das Venusscheibchen auf 11″ scheinbaren Durchmesser, der Beleuchtungsgrad nimmt auf 91 % zu. Venus strebt ihrer oberen Konjunktion mit der Sonne entgegen. Da die Sonne im Tierkreis der Venus davonläuft, dauert es relativ lange, bis Venus die Sonne einholen kann. In diesem Jahr gelingt ihr dies nicht mehr. Erst am 9. Januar 2018 wird sie in obere Konjunktion mit der Sonne kommen.

Mars erscheint nach der Monatsmitte allmählich auf der morgendlichen Himmelsbühne. Der rote Planet wandert rechtläufig durch das Sternbild Löwe, wobei er immer südlichere Positionen einnimmt. Unter sehr guten Sichtbedingungen dürfte man Mars erstmals am 20. knapp über dem Osthorizont in der Morgendämmerung freiäugig erkennen; dann erfolgt der Aufgang des $1\overset{m}{,}8$ hellen Mars um 4^h21^m (= 5^h21^m Sommerzeit). Am 15. geht Mars noch zwei Minuten später auf. Bis Monatsende verfrühen sich die Marsaufgänge um vier Minuten auf 4^h17^m (= 5^h17^m Sommerzeit). Jeweils eine halbe Stunde nach Aufgang des roten Planeten hat er sich soweit über die dichtesten Dunstschichten am Hori-

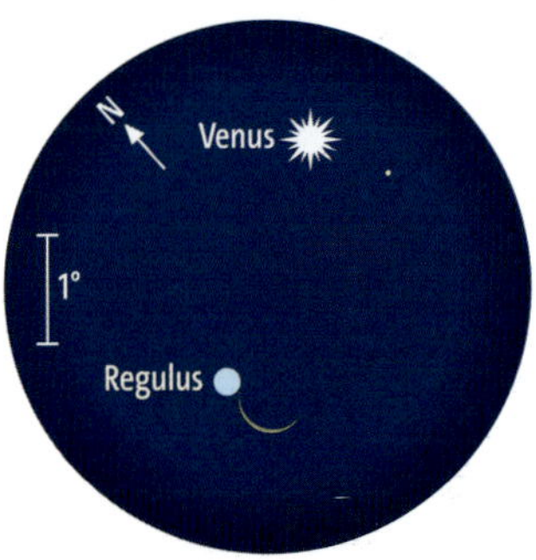

9.11 Links: Venus, Mond, Regulus:
Anblick des Dreigestirns Venus, Mond und Regulus im Fernglas gegen 4^h30^m MEZ (= 5^h30^m MESZ) am 18. September.

9.12 Rechts: Venus bei Regulus:
Venus eilt am 20. September an Regulus vorbei. Morgendlicher Fernglasanblick bei 5° Gesichtsfelddurchmesser.

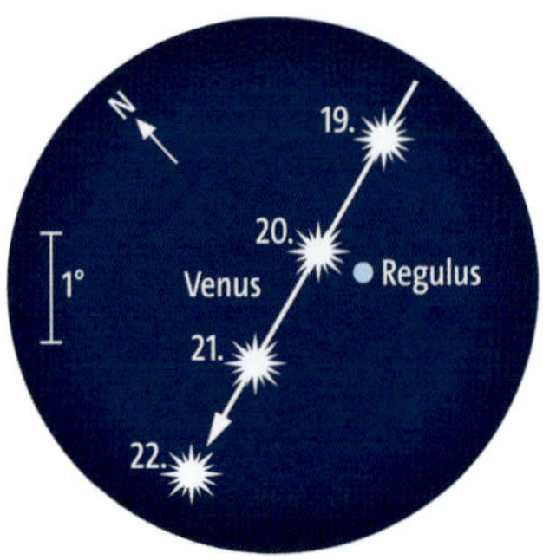

zont erhoben, dass er sichtbar wird.

Mit dem flinken Merkur kommt es zu nahen Begegnungen. Die Konjunktion mit ihm am 2. entgeht uns, da Mars und Merkur noch nicht aufgefunden werden können. Am 16. kommen Mars und Merkur bis auf 3′23″ einander nahe. Erst in den Jahren 2036, 2068 und 2094 wird es zu einer ähnlich engen Begegnung von Merkur mit Mars kommen. Im Jahre 2079 wird Merkur sogar Mars bedecken. Der Tanz von Merkur um Mars nahe beim Löwenhauptstern Regulus erschließt sich aus den Abb. 9.7, 9.8, 9.9 und 9.10 auf den Seiten 195 und 196. Da auch Venus am Morgenhimmel vertreten ist, kommt es zusammen mit der dünnen Sichel des abnehmenden Mondes zu netten Himmelsanblicken am 18. und 19. kurz nach 5^{h} (= 6^{h} Sommerzeit). Um Merkur und Mars auszumachen, empfiehlt sich ein lichtstarkes Fernglas (siehe Abb. 9.1 und Abb. 9.4 auf den Seiten 190 und 195).

Im Teleskop sind auf dem nur $3''{,}6$ großen Marsscheibchen kaum Details zu erkennen.

Jupiter nähert sich seiner Konjunktion mit der Sonne, die er schließlich im letzten Oktoberdrittel einnehmen wird. Am 5. zieht der Riesenplanet etwa 3° nördlich an Spica in der Jungfrau vorbei (siehe Abb. 4.5 auf Seite 100).

Um die Monatsmitte verabschiedet sich Jupiter vom Abendhimmel und wird für das bloße Auge unsichtbar. Am 1. geht der $-1^{m}{,}7$ helle Riesenplanet um $20^{h}26^{m}$ unter, am 10. um $19^{h}54^{m}$ (= $20^{h}54^{m}$ Sommerzeit) und am 20. um $19^{h}18^{m}$. Nach dem 20. wird man vergeblich nach Jupiter Ausschau halten.

Saturn ist Planet am Abendhimmel. Bei Einbruch der Dunkelheit hat er seinen Meridiandurchgang bereits hinter sich. Er wandert zunächst noch recht langsam rechtläufig durch den Schlangenträger (siehe Abb. 6.3 auf Seite 139). Die Helligkeit des Ringplaneten geht leicht von $0^{m}{,}4$ auf $0^{m}{,}5$ zurück.

Die Saturnuntergänge verfrühen sich von $23^{h}06^{m}$ am 1. auf $22^{h}12^{m}$ am 15. und auf $21^{h}16^{m}$ (= $22^{h}16^{m}$ Sommerzeit) am Monatsletzten.

Uranus, rückläufig in den Fischen, strebt seiner Opposition zur Sonne entgegen, die er Mitte des nächsten Monats erreicht. Wer genau beobachtet und sich an ο Psc ($4^{m}{,}3$) orientiert, bemerkt, wie sich die rückläufige Wanderung von Uranus beschleunigt (siehe Abb. 10.5 auf Seite 214). Berücksichtigt man die spät einsetzende Dunkelheit, so wird Uranus allmählich zum Planeten der gesamten Nacht.

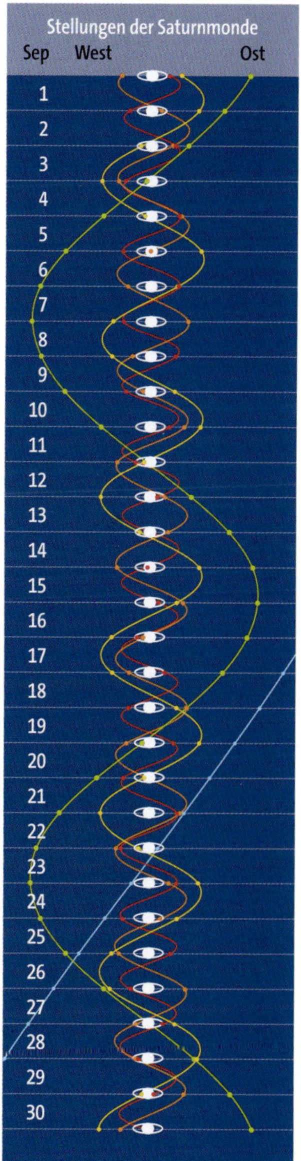

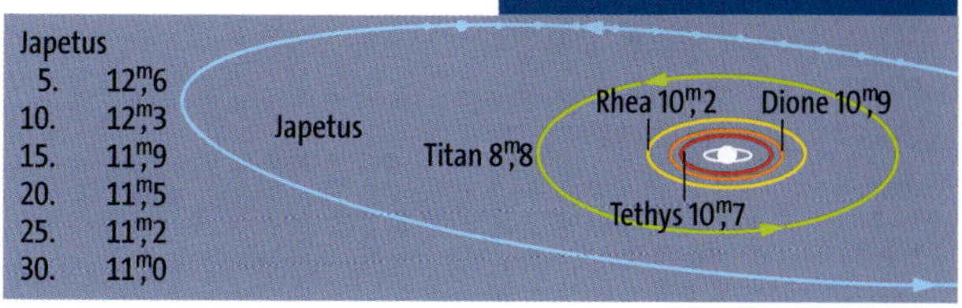

Am 1. geht der grünliche Planet um $20^{h}27^{m}$ (= $21^{h}27^{m}$ Sommerzeit) auf und am 15. um $19^{h}32^{m}$. Am 30. erfolgt der Uranusaufgang schon um $18^{h}32^{m}$. Die beste Zeit, um Uranus aufzufinden, ist die Zeit um seine Kulmination. Sie erfolgt am 1. um $3^{h}24^{m}$, am 15. um $2^{h}27^{m}$ und am 30. schon um $1^{h}26^{m}$ (= $2^{h}26^{m}$ Sommerzeit).

Neptun kommt am 5. im Sternbild Wassermann in **Opposition** zur Sonne. Am Tag der Opposition geht der nur $7\overset{m}{,}8$ helle, bläuliche Planet um $18^{h}51^{m}$ (= $19^{h}51^{m}$ Sommerzeit) auf, kulminiert in der Oppositionsnacht um $0^{h}18^{m}$ und geht am Morgen um $5^{h}43^{m}$ unter. Bis Monatsende verfrüht sich der Neptununtergang auf $4^{h}05^{m}$ (= $5^{h}05^{m}$ Sommerzeit). Neptun hält sich nahe bei λ Aquarii ($3\overset{m}{,}7$) auf, der gut als Aufsuchhilfe dienen kann (siehe Abb. 9.13 auf Seite 199).

Im Teleskop zeigt sich Neptun als kleine, bläuliche Perle. Mit nur $2\overset{\prime\prime}{,}4$ scheinbarem Durchmesser sind auf dem winzigen Planetenscheibchen keine Details zu erkennen.

Zur Opposition trennen Neptun 4329 Millionen Kilometer (= 28,94 AE) von der Erde (Lichtlaufzeit: vier Stunden und sieben Minuten). Versierte Beobachter können versuchen, den größten Neptunmond Triton aufzuspüren. Seine scheinbare Helligkeit beträgt $13\overset{m}{,}0$.

Konstellationen und Ereignisse

Datum	MEZ	Ereignis
2.	1^{h}	Merkur bei Mars, Merkur $4\overset{\circ}{,}1$ südlich
4.	17	Merkur im Stillstand, anschließend rechtläufig
5.	6	**Neptun in Opposition** zur Sonne
6.	6	Mond bei Neptun, Mond $0\overset{\circ}{,}8$ südlich
9.	11	Mond bei Uranus, Mond $4\overset{\circ}{,}3$ südlich
12.	11	**Merkur in größter westlicher Elongation** (18°)
15.	13	Merkur im Perihel
16.	19	**Merkur bei Mars**, Merkur $0\overset{\circ}{,}06$ nördlich, **Abstand $0\overset{\circ}{,}3$ um 5^{h} am 17.**
18.	2	**Mond bei Venus**, Mond $0\overset{\circ}{,}5$ südlich, **Abstand $2\overset{\circ}{,}3$ um 4^{h}**
18.	21	Mond bei Mars, Mond $0\overset{\circ}{,}1$ nördlich
19.	0	**Mond bei Merkur**, Mond $0\overset{\circ}{,}03$ südlich, **Abstand $3\overset{\circ}{,}2$ um 5^{h}**
22.	9	**Mond bei Jupiter**, Mond $3\overset{\circ}{,}7$ nördlich, **Abstand $4\overset{\circ}{,}6$ um 19^{h}**
22.	$21^{h}02^{m}$	**Sonne im Herbstpunkt, Tagundnachtgleiche**
27.	1	**Mond bei Saturn**, Mond $3\overset{\circ}{,}5$ nördlich, **Abstand $3\overset{\circ}{,}7$ um 21^{h} am 26.**
28.	9	Pluto im Stillstand, anschließend rechtläufig

Pluto beendet am 28. im Sternbild Schütze seine Oppositionsschleife und wird wieder rechtläufig (siehe Abb. 7.7 auf Seite 158). Der nur $14\overset{m}{,}2$ helle Zwergplanet kulminiert am 28. um $19^{h}02^{m}$ (= $20^{h}02^{m}$ MESZ).

Planetoiden

Pallas (2) wird am 25. im Sternbild Eridanus stationär. Das „stationär" bezieht sich lediglich auf ihre Bewegung in Rektaszension, die nach dem 25. abnimmt. In Deklination läuft Pallas rasch nach Süden (siehe Abb. 10.7 auf Seite 215). Ende des nächsten Monats kommt sie in Opposition zur Sonne, was sich auch an der deutlich zunehmenden Helligkeit bemerkbar macht. Sie steigt von $9\overset{m}{,}0$ zu Monatsbeginn auf $8\overset{m}{,}4$ zu Monatsende an.

Am 1. geht Pallas um $23^{h}21^{m}$ auf und kulminiert um $4^{h}52^{m}$. Am 15. geht sie um $4^{h}03^{m}$ durch den Meridian und am 30. bereits um $3^{h}05^{m}$ (= $4^{h}05^{m}$ Sommerzeit).

Vesta (4) steht am 27. in Konjunktion mit der Sonne. Von der Erde trennen sie an diesem Tag 489 Millionen Kilometer (= 3,27 AE). Ihre Sonnendistanz misst zur Konjunktion 340 Millionen Kilometer (= 2,27 AE).

Iris (7) bremst ihren Lauf durch das Sternbild Widder stark ab und wird am 24. stationär. Sie setzt damit zu ihrer Oppositionsschleife an und nähert sich anschließend rückläufig ihrer Opposition zur Sonne, die sie

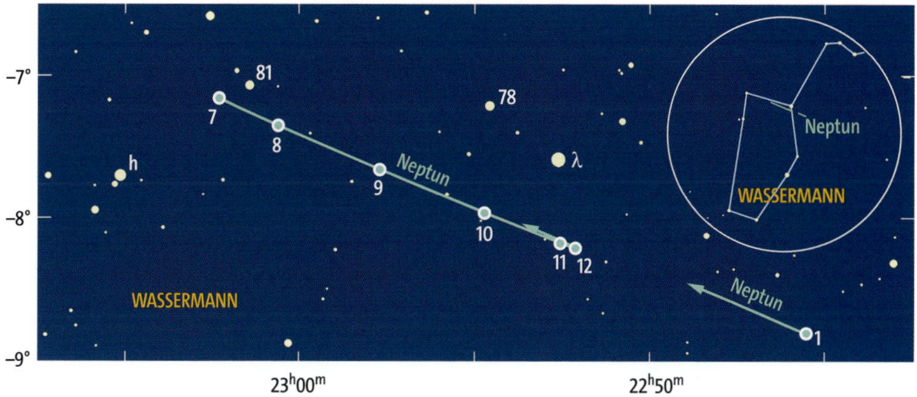

9.13 Bahn von Neptun: **Scheinbare Bahn des Planeten Neptun im Sternbild Wassermann im Januar 2017 sowie vom 1. Juli bis Jahresende 2017.**

Ende des nächsten Monats erreicht (siehe Abb. 10.8 auf Seite 216). Die bevorstehende Opposition macht sich auch an einer deutlichen Helligkeitssteigerung von $8{,}^{m}5$ auf $7{,}^{m}7$ bemerkbar. Damit wird Planetoid Nr. 7 zu einem vergleichsweise leichten Fernglasobjekt.

Iris passiert den Meridian am 1. um $3^{h}54^{m}$, am 15. um $3^{h}07^{m}$ und am 30. schon um $2^{h}08^{m}$ (= $3^{h}08^{m}$ Sommerzeit).

Periodische Sternschnuppenströme

Schon in der Nacht zum 1. September erreichen die **Alpha-Aurigiden** ihr Maximum. Es handelt sich um recht schnelle Sternschnuppen – um die 65 Kilometer pro Sekunde.

Der Radiant liegt nahe Kapella im Fuhrmann. Seit ihrer Entdeckung 1935 gab es wiederholt erhöhte Raten. Zuletzt wurden 2007 kurzfristig im Maximum mehr als 100 Meteore beobachtet. Der Ursprungskomet Kiess (C/1911 N1) wird erst wieder in mehr als 2000 Jahren ins innere Sonnensystem gelangen. Die Teilchen, die zu den hohen Raten führten, befinden sich auf weit engeren Umlaufbahnen als der Komet.

Die **Pisciden** sind im gesamten September aktiv. Ihr Ausstrahlungspunkt liegt in den Fischen. Beste Beobachtungszeit ist zwischen 22^{h} und 4^{h} morgens. Das Maximum ist um den 19. September zu erwarten, wobei nur etwa fünf bis zehn Meteore pro Stunde auftauchen. Die Geschwindigkeit der Meteoroide liegt um 25 Kilometer pro Sekunde. Die Pisciden zerfallen in mehrere Teilströme, von denen einer bis Mitte Oktober tätig ist.

Die **Epsilon-Perseïden** treten ebenfalls im September auf. Zum Maximum am 8. werden etwa zehn Meteore pro Stunde erwartet. In manchen Jahren wurden erhöhte Raten beobachtet, so 2008 und 2013, wo im Maximum bis zu 30 Sternschnuppen gezählt wurden. Für 2017 gibt es kein vorausberechnetes Maximum. Man muss sich einfach überraschen lassen und selbst beobachten!

Die **Süd-Tauriden** tauchen vom letzten Septemberdrittel bis Ende November auf. Ihr Radiant liegt im Stier. Der Tauriden-Strom geht wahrscheinlich auf den Kometen 2P/Encke zurück. Das wenig ausgeprägte Maximum fällt auf den 10. November. Die Objekte sind um 30 Kilometer pro Sekunde schnell.

Ein relativ neuer Strom sind die **Delta-Aurigiden**, dessen Radiant im Fuhrmann nahe δ Aurigae zu finden ist. Es sind schnelle, aber seltene Objekte. Ihre Geschwindigkeit liegt bei 60 Kilometer pro Sekunde. Sie erscheinen vom 16. September bis etwa 8. Oktober, wobei das wenig ausgeprägte Maximum um den 2. Oktober zu erwarten ist. Nur etwa fünf Meteore tauchen pro Stunde auf.

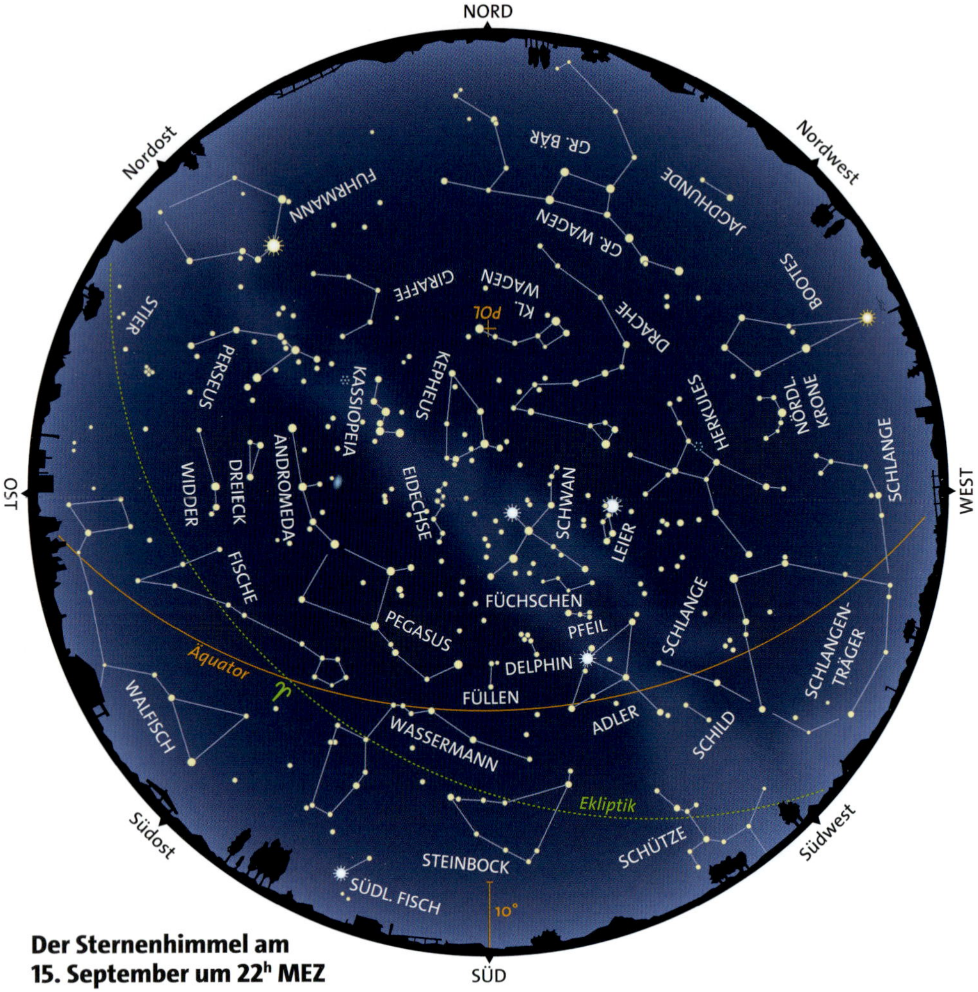

Der Sternenhimmel am 15. September um 22^h MEZ

Die Sternkarte ist auch gültig für:		
	MEZ	MESZ
15. 7.	2^h	3^h
1. 8.	1	2
15. 8.	0	1
1. 9.	**23**	**24**
15. 9.	**22**	**23**
30. 9.	**21**	**22**
15.10.	20	21
31.10.	19	
15.11.	18	

Die gesamte Sternbilderszenerie hat sich gegenüber dem Vormonat um zwei Rektaszensionsstunden nach Westen verschoben. Noch zeigt das abendliche Sternenzelt sommerlichen Charakter. Arktur ist schon tief im Westen zu finden, vorausgesetzt, der Horizontdunst lässt ihn überhaupt noch erkennen. Das Pegasusquadrat hingegen steht bereits hoch im Südosten. Wie seine Bezeichnung „Herbstviereck" deutlich macht, wird bald die dritte Jahreszeit ihren Einzug halten. Noch beherrschen die Sommersternbilder den Abendhimmel zur Standardbeobachtungszeit (Monatsbeginn 23^h MEZ = 24^h MESZ, Monatsmitte 22^h MEZ = 23^h MESZ). Allerdings hat sich das Sommerdreieck schon ein wenig nach Westen verschoben. Deneb steht nun fast im Zenit, während Wega und Atair den Meridian bereits überquert haben. Die Jungfrau und der Skorpion sind längst untergegangen. Im Südwesten schickt sich der Schütze ebenfalls an, die Himmelsbühne zu verlassen.

Tief im Süden wandert gerade der Steinbock durch den Meridian. Vor rund 2000 Jahren erreichte hier die Sonne ihren Tiefststand im Jahreslauf – der Winterpunkt lag im Steinbock. Noch heute spricht man daher vom „Wendekreis des Steinbocks“, obwohl bereits 120 v. Chr. der Winterpunkt infolge der Erdpräzession den Steinbock verlassen hat und in den Schützen übergewechselt ist.

Dem Steinbock folgt im Tierkreis der Wassermann (lat.: Aquarius), der jetzt den Raum im Südosten einnimmt.

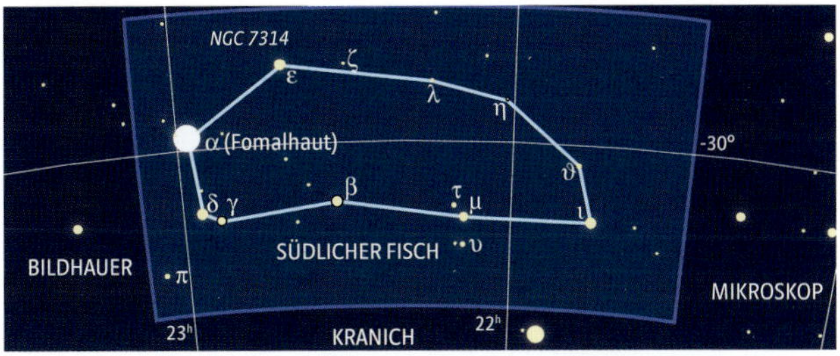

9.14 Der Südliche Fisch: Skelettkarte des Sternbildes Piscis Austrinus.

Der Wassermann

Ebenso wie der Steinbock gehört der Wassermann zu den lichtschwachen und wenig auffälligen Mitgliedern des Tierkreises.

Der Wassermann zählt zu den ältesten Sternbildern, die uns überliefert sind. Bei fast allen Völkern findet man seine Gestalt und den Bezug zum Wasser. Auch mit der biblischen Sintflutsage ist diese Konstellation eng verbunden. Der Wassermann entsprach als elftes Bild des babylonischen Tierkreises dem elften babylonischen Monat, der den Beinamen „Fluch des Regens“ trug. Sein heliakischer Aufgang (Frühaufgang vor der Sonne) hat in manchen südlichen Gegenden die Regenzeit eingeleitet.

Nach Friedrich Wilhelm Argelander zählen immerhin 97 Sterne zum Wassermann, die mit bloßen Augen zu sehen sind. Bei unserem aufgehellten Nachthimmel erkennt man jedoch oft keinen einzigen Stern im Wassermann! Auch zahlreiche interessante Sternhaufen und Nebel sind in diesem Areal zu finden (siehe Abschnitt „Objekte für Feldstecher und Fernrohr“ im August auf Seite 180).

Tief im Südosten flackert ein Stern erster Größe. Es ist Fomalhaut im Südlichen Fisch (lat.: Piscis Austrinus). „Fomalhaut“ kommt aus dem Arabischen und bedeutet so viel wie „Maul des Fisches“. Mit 25 Lichtjahren Entfernung gehört er zu den Nachbarsternen unserer Sonne.

Im Osten fällt das kleine Bild des Widders auf, das im Wesentlichen nur aus drei Sternen besteht, die ein stumpfwinkliges Dreieck bilden.

Tief im Nordosten flackert horizontnah ein heller, gelblicher Stern. Es ist die Kapella, der Hauptstern des Fuhrmanns.

Den Platz im Südosten nimmt das ausgedehnte, aber lichtschwache Tierkreisbild Fische ein. Im Herbst stehen die Fische der Sonne genau gegenüber. Versinkt die Sonne im Westen, so steigen die Fische im Osten empor.

Veränderliche Sterne im September

Algol-Minima	6.	3^h49^m	9.	0^h39^m	11.	21^h27^m	14.	18^h15^m	26.	5^h30^m	29.	2^h19^m
β-Lyrae-Minima	1.	12^hN	7.	24^hH	14.	12^hN	20.	23^hH	27.	11^hN		
δ-Cepheï-Maxima	5.	19^h	11.	4^h	16.	13^h	21.	22^h	27.	6^h		
Mira-Helligkeit	1.	10^m	10.	10^m	20.	10^m	30.	10^m				

LSST – die Entdeckungsmaschine

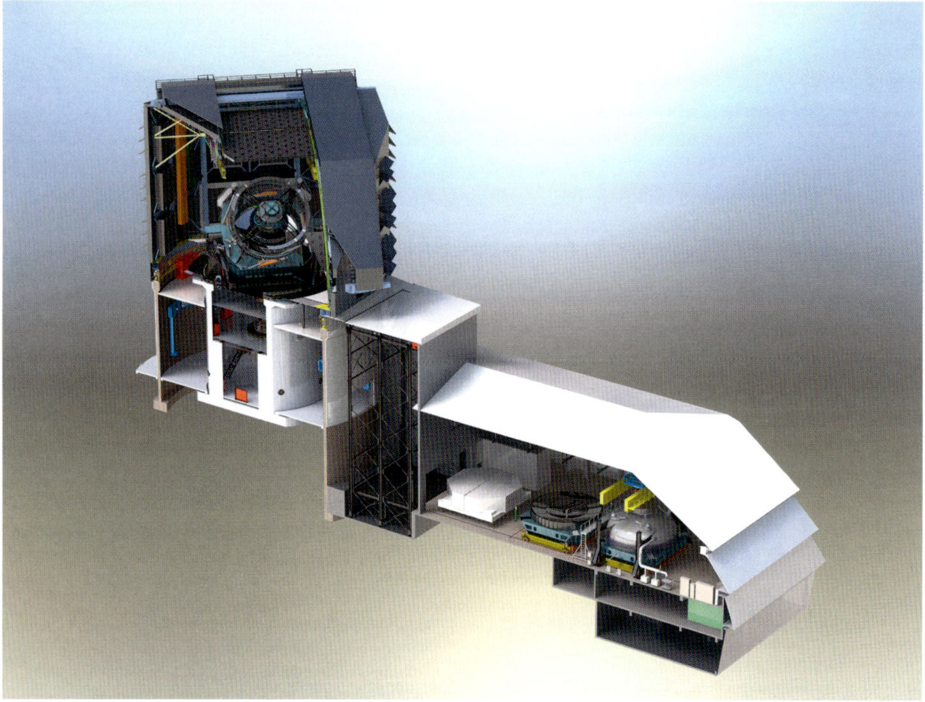

LSST Project/J. Andrew

9.15 Modell des Gebäudes zur Unterbringung des LSST.

„Wir leben im Goldenen Zeitalter der Astronomie", meint die ehemalige Generaldirektorin der Europäischen Südsternwarte (ESO) und Präsidentin der Internationalen Astronomischen Union (von 2006 bis 2009), Catherine Cesarsky. Denn die Astronomen verfügen heute über optische Riesenteleskope mit acht und zehn Meter großen Objektiven, gewaltige Radioteleskope wie ALMA sowie Raumsonden, die das Weltall und seine Sterne in allen Spektralbereichen erforschen. Sie besuchen Planeten, deren Monde sowie Asteroiden und Kometen unseres Sonnensystems. Weitere gigantische Teleskope sind im Bau wie das European Extremely Large Telescope (E-ELT) mit 39 Metern Öffnung, das amerikanische Thirty Meter Telescope (engl., 30-m-Fernrohr) und das Giant Magellan Telescope, eine Kombination aus sieben Spiegeln mit je acht Metern Durchmesser.

Hinzu kommt ein neues Projekt, das Large Synoptic Survey Telescope, abgekürzt LSST. Die englische Bezeichnung steht für „Großes Gesamtschau-Vermessungs-Fernrohr". Es soll dazu dienen, Ausschau nach möglichst allen Himmelsobjekten zu halten, vom kleinsten Planetoiden bis zum fernsten Milchstraßensystem. In nur drei bis vier Nächten soll der gesamte Sternenhimmel, der vom Aufstellungsort des Teleskops beobachtbar ist, aufgenommen werden, und zwar mehrmals in verschiedenen Farbbereichen. Dabei sollen alle Objekte bis zu einer Grenzgröße von 24$^{m}_{,}5$ erfasst werden, mit spezieller Bildverarbeitungstechnik sogar bis 27^{m}. Das Vorgängerprojekt einer solchen Ganzhimmelsüberwachung, bekannt unter dem Namen Sloan Digital Sky Survey (SDSS) mit einem Teleskop mit 2,5 Metern freier Öffnung, erfasst nur Sterne bis zu einer Grenzgröße von 17$^{m}_{,}8$. Das SDSS-Teleskop ist seit dem Jahr 2000 auf dem Apache Point Observatory in New Mexico (USA) in Betrieb. Mit einem Hauptspiegel von 8,4 m Durchmesser wird das LSST 17-mal mehr Licht sammeln als das des SDSS. In der Mitte des Hauptspiegels ist ein Tertiärspiegel mit einem Durchmesser von fünf Metern eingelassen. Der Hauptspiegel reflektiert das Sternenlicht auf den gegenüberliegenden 3,4 Meter großen Sekundärspiegel, der es seinerseits auf den Tertiärspiegel wirft. Dieser wiederum leitet das Licht auf eine gigantische, 1,6 Meter mal drei Meter große und 2800 Kilogramm schwere digitale Kamera mit einem CCD-Chip von 3,2 Gigapixel. Vor der Kamera sitzt ein dreilinsiger Korrektor, dessen Hauptlinse noch 155 cm Durchmesser aufweist. In den Korrektor können diverse Farbfilter eingeschoben werden.

Großes Himmelsareal auf einen Schlag

Im Gegensatz zu anderen Teleskopen ähnlichen Kalibers ist das LSST ein Weitwinkelinstrument. Es erfasst ein riesiges Bildfeld von 9,6 Quadratgrad am Himmel, dies entspricht der 49-fachen Vollmondfläche. Pro Nacht sollen rund 1000 Aufnahmen gewonnen werden, was die riesige Informationsmenge von rund 15 Terabyte (15 Billionen Byte) an Daten ergibt. Unter anderem sollen dabei auch an die zehn Milliarden Galaxien aufgenommen werden. Alle 20 Sekunden soll eine Aufnahme mit einer Expositionszeit von 15 Sekunden erfolgen, wobei eine Auflösung von 0$''_{,}2$ erreicht wird. Einige Milliarden Himmelsobjekte will man dabei Nacht für Nacht einfangen. Das Teleskop beobachtet im optischen Spektralbereich von 3300 Å bis 10 700 Å, also vom nahen Ultraviolett bis zum nahen Infrarot. Unterhalb von 3300 Å (≙ 330 nm) absorbiert die Hartley-Bande des Ozons (O_3) das Sternenlicht, oberhalb von 10 700 Å blockiert der Wasserdampf (H_2O) in der irdischen Atmosphäre die Infrarotstrahlung aus dem Weltall.

Im Infraroten sollen fernste Galaxien erkannt werden, deren große Distanzen das ultraviolette Licht der heißen, jungen Sterne weit in den infraroten Spektralbereich verschoben haben. Interstellarer Staub, Planetoiden im Kuipergürtel, Braune Zwerge und Planeten, die ohne ihre Muttersonne durch den interstellaren Raum driften, sind im IR-Band zu entdecken. Mikrogravitationslinsen werden ebenso detektierbar sein wie Hunderttausende von Supernova-Detonationen. Aufgestellt wird das LSST auf dem 2682 Meter hohen Cerro Pachón in Chile (Koordinaten des Aufstellungsortes: 70°44′26″ westliche Länge, 30°14′34″ südliche Breite). 40 Institutionen werden sich am Betrieb des LSST beteiligen, unter anderem das National Optical Astronomical Observatory, die Universitäten von Arizona und Washington sowie die Research Corporation for Science Advancement. Die Finanzierung übernehmen die National Science Foundation, das Department of Energy sowie eine größere Zahl von Sponsoren. Mit dem Bau des Teleskops und des Gebäudes wurde bereits 2014 begonnen. Bis zum Jahr 2019 soll das Teleskop fertiggestellt sein. Nach einer längeren Testphase wird im Jahr 2022 der volle Betrieb aufgenommen – so die Planung.

Gewaltige Datenflut

Zehn Jahre lang soll jede Nacht ein Bereich von 18 000 Quadratgrad aufgenommen werden. Dies ist die große Stärke des LSST gegenüber den anderen Riesenteleskopen, die stets nur ein kleines Gesichtsfeld erfassen können. In zehn Jahren soll eine Datenmenge von 200 Petabyte, also 200 Billiarden Byte, eingesammelt werden; dies entspricht der Informationsmenge von 900 Millionen Büchern mit einer durchschnittlichen Seitenzahl von 300.

Was geschieht mit dieser riesigen Datenflut und welche Ziele verfolgt man dabei?

Die Auswertung der Daten wird in drei Schritten erfolgen. Als erstes werden die Rohdaten gesammelt und die Steuerung des Teleskops kon-

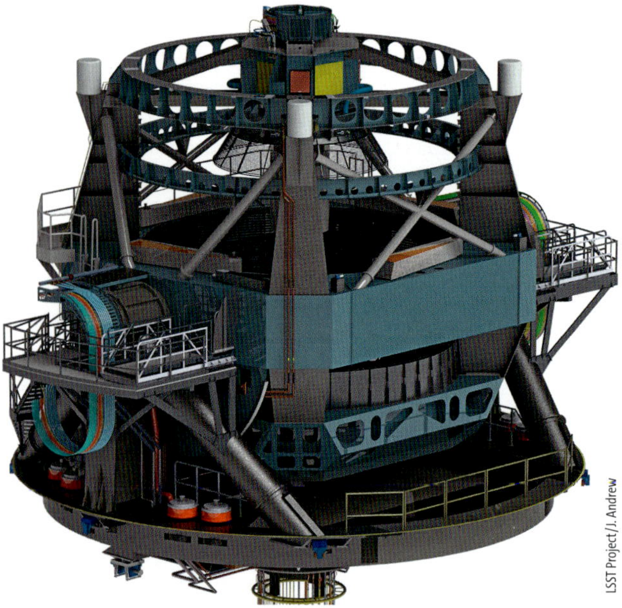

9.16 Das Large Synoptic Survey Telescope (LSST) – Konstruktionszeichnung/Modell.

trolliert und optimiert. Ein Netzwerk von Computern sammelt und sichtet nach bestimmten Kriterien alle Aufnahmen.

Sodann erfolgt die Aufbereitung und Archivierung der Daten, damit sie für die Forschung verwendbar sind.

Im dritten Schritt werden die Daten nutzbar gemacht, sodass die gewünschten Informationen innerhalb einer Minute abgerufen werden können. Jeweils ein Jahr nach Aufnahmedatum soll das bis dahin im Datenarchiv vorhandene Material der Astronomengemeinschaft zur Verfügung stehen. Kurzfristige Helligkeits- oder Positionsveränderungen sind dann schnell und zuverlässig zu ermitteln. Auch der Öffentlichkeit sollen die Daten via Internet zugänglich sein.

Beobachten im Verbund

Die Beobachtungen des LSST werden in Kooperation mit dem Weltraumteleskop Euclid und der ebenfalls geplanten Riesenanlage aus Radioteleskopen namens SKA (Square Kilometre Array, siehe *Kosmos Himmelsjahr 2014*, Monatsthema Oktober „ALMA und SKA – Radioteleskope der Superlative“ auf Seite 227).

Euclid heißt eine geplante Weltraumsonde der europäischen Raumfahrtagentur ESA. Namensgeber ist der große griechische Mathematiker Euklid von Alexandria (um 295 v. Chr.), der Begründer der Geometrie. Euclid wird mit zwei 1,2-m-Teleskopen ausgerüstet, je eines für den sichtbaren Spektralbereich und eines für das nahe Infrarot. Die Raumsonde soll im Lagrange-Punkt L2 platziert werden und fast zeitgleich mit dem LSST im Jahre 2019 den Betrieb aufnehmen. Euclid ist ebenfalls ein Weitwinkelsystem und wird eine ähnliche Reichweite und Auflösung wie das LSST erreichen. Beide Instrumente sollen dann wie ein riesiges Fernglas quasi stereoskopisch große Areale am Firmament beobachten. LSST, Euclid und SKA werden zusammen eine enorm leistungsfähige Entdeckungsmaschine bilden, wie sie der beobachtenden Astronomie noch nie zur Verfügung stand. Zu den wissenschaftlichen Hauptzielen dieses gewaltigen Forschungsapparates gehört die Erfassung der großräumigen Struktur des Universums und der Verteilung der Dunklen Materie sowie das Studium der Entwicklung der immer noch rätselhaften Dunklen Energie. Das LSST wird in bisher unbekannte Tiefen des Weltalls vordringen und dabei die Verteilung der Galaxien und Galaxienhaufen untersuchen. Vor allem interessieren dabei die Größenskalen der honigwabenartigen Struktur des Kosmos – gebildet von riesigen Wänden aus Galaxienhaufen und -superhaufen. Sie umschließen gewaltige Leerräume von einigen hundert Millionen Lichtjahren Durchmesser, „voids“ genannt. Man wird erfahren, ob diese Honigwabenzellen aus Galaxien in großer Entfernung kleiner sind. Daraus ließe sich dann auf die Expansionsrate des Alls, den Hubble-Parameter, schließen. Denn ein Blick in die Ferne ist stets auch ein Blick in die Vergangenheit.

Ferner wird das LSST die Rolle der supermassereichen Schwarzen Löcher in den Zentren der Galaxien untersuchen und welche Mechanismen das Größenwachstum der Milchstraßensysteme einschränken.

Bessere Entfernungsbestimmung

Bei regelmäßiger Überwachung von Milliarden Galaxien wird man Hunderttausende von Supernovae des Typs Ia entdecken. Dieser Supernova-Typ wird von explodierenden Weißen Zwergen hervorgerufen. Wird durch Massenakkretion die Chandrasekhar-Grenze eines Weißen Zwergs überschritten, so explodiert er. Da immer die gleiche Menge an Sprengstoff, nämlich 1,5 Sonnenmassen, im Spiel ist, streuen die absoluten Helligkeiten dieser Supernovae nur geringfügig. Supernovae vom Typ Ia dienen daher als willkommene Entfernungsindikatoren und dienen zur Eichung der Rotverschiebung-Distanz-Relation, kurz: zur Ermittlung des Hubble-Parameters in verschiedenen Zeitaltern des Universums.

Mit Hilfe dieser Präzisionskosmologie wird man mehr über die Rolle der Dunklen Energie erfahren, deren Masse-Energie-Dichte in der Frühphase des Universums nur zehn Prozent der Gesamtmasse des Kosmos betrug, heute jedoch fast 70 % ausmacht.

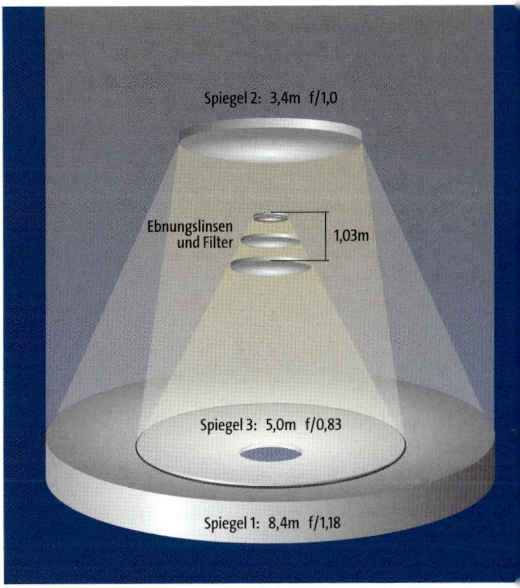

9.17 Die Optik des LSST.

Das Rätsel der Dunklen Materie

Auch der Dunklen Materie will man mit dem LSST auf die Spur kommen. Ihr Vorhandensein und ihre Wirkung wird durch den Gravitationslinseneffekt aufgedeckt. Nach der Allgemeinen Relativitätstheorie ändern vorhandene Massen die lokale Geometrie des Raums. Lichtstrahlen werden beim Durcheilen dieser Raumbezirke gekrümmt. Das Licht ferner Galaxien und Quasare wird abgelenkt, wenn es an einem Galaxienhaufen im Vordergrund vorbeiläuft. Aus der Ablenkung, Verzerrung oder gelegentlichen Aufspaltung der Bilder punktförmiger Quasare lässt sich auf die Größe der ablenkenden Masse schließen. Schon bisher konnte man feststellen, dass in den Galaxienhaufen wesentlich mehr gravitativ wirkende Masse steckt, als durch optisch beobachtbare Sterne und interstellare Materie erkennbar ist. Dies hat schon Fritz Zwicky (1898–1974) um 1930 entdeckt. Nach seinen Beobachtungen bewegen sich die Galaxien in einem Haufen – vornehmlich im Coma-Haufen – so schnell, dass sich der Haufen längst aufgelöst haben müsste. Die Haufen müssen also offensichtlich viel mehr Masse beherbergen als man im sichtbaren Licht erkennen kann. Aus dem Virialtheorem der klassischen Mechanik ergibt sich, dass die sichtbare Materie in den Galaxienhaufen nur etwa ein Zehntel zur Gesamtmasse eines Galaxienhaufens beiträgt.

Auch an den Rotationskurven großer Galaxien erkennt man, dass in ihnen große Mengen unsichtbarer Masse vorhanden ist. Die postulierte Dunkle Materie wechselwirkt jedoch nur über die Gravitation. Sie gibt sich somit lediglich über ihre Schwerkraftwirkung zu erkennen. Die elektromagnetische Wechselwirkung spürt die Dunkle Materie hingegen überhaupt nicht. Ein großer Mond aus Dunkler Materie könnte somit zwischen Sonne und Erde treten und es gäbe keine Sonnenfinsternis. Er bliebe unsichtbar. Auch in Vollmondposition sähe man ihn nicht, denn er würde das Sonnenlicht nicht reflektieren. Noch kennt man die Elementarteilchen, aus denen sich die Dunkle Materie zusammensetzt, nicht. Man vermutet, es könnten die nach dem Konzept der Supersymmetrie zur uns bekannten Materie supersymmetrischen Teilchen sein. Bisher hat man derartige Teilchen noch nicht nachgewiesen.

Mikro- und Femtogravitationslinsen

Auch über den Aufbau unseres Milchstraßensystems, der Galaxis, werden die vom LSST gelieferten Datenmengen neue Erkenntnisse bringen. Der Einsteinsche Gravitationslinseneffekt tritt auch bei geringen Massen auf, wie sie beispielsweise Planeten besitzen. Man spricht von Mikrogravitationslinsen. Zieht ein Planet in stellaren Entfernungen vor einem noch viel weiter entfernten Stern vorbei, so wird der Stern nicht verfinstert, sondern der Planet wirkt hingegen als Gravitationslinse und bündelt dessen Lichtstrahlen. Für einige wenige Stunden nimmt die Sternhelligkeit zu und fällt dann wieder auf den ursprünglichen Wert ab. Die Lichtkurve zeigt sich dabei völlig symmetrisch. Mit dieser Methode sollte es gelingen, verwaiste Planeten ohne Muttersonne aufzuspüren.

Niemand weiß bisher, wie viele solcher einsamer, frei durchs All driftender Planeten (engl.: free floating planets) es gibt. Bisher hat man nur mit relativ kleinen Teleskopen der 1-m-Klasse nach ihnen gesucht. Manche Astronomen vermuten, dass die Zahl der Planeten ohne Bindung an einen Stern die Zahl der Sterne in unserer Milchstraße sogar übertrifft. Demnach bevölkerten einige hundert Milliarden solcher sternloser Planeten die Galaxis.

9.18 Auf dem Cerro Pachón wird bereits eifrig gebaut.

Selbst Planetoiden am Rande unseres Sonnensystems sollte man mit dem Gravitationslinseneffekt detektieren können. In diesen Fällen sind die Lichtablenkung und der damit bewirkte Helligkeitsanstieg so gering, dass man von Femtolinsen spricht. Auch andere kurzfristige Phänomene wie Helligkeitsausbrüche eruptiv Variabler werden in großer Zahl zu registrieren sein. Man wird die Lichtkurven von vielen Millionen veränderlichen Sternen erstellen können und das mit bisher unerreichter Genauigkeit.

Killerplanetoiden früh entdecken

Nicht nur kosmologische Geheimnisse wird das LSST enthüllen. Es wird mit seinen Beobachtungsergebnissen vielleicht auch die Menschheit vor einer kosmischen Katastrophe ungeahnten Ausmaßes bewahren können. Denn alle Ortsveränderungen von Gestirnen werden hochpräzise ermittelt. So wird man auch Kleinkörper wie Meteoroide, Kometenkerne und Planetoiden aufspüren, die der Erde gefährlich werden können. Ihre Bahnen wird man bestimmen, mögliche Kollisionen auf einige Jahre im Voraus exakt kalkulieren und die nötigen Abwehrmaßnahmen ergreifen können. Entsprechende Szenarien wurden bereits entwickelt. Bisher tauchten solch potenziell gefährliche Trümmer meist kurzfristig auf. So passierte am 31. Oktober 2015 der Miniplanet 2015 TB145 die Erde in nur 1,3-facher Monddistanz. Das Beunruhigende war dabei jedoch nicht die noch immer sichere Entfernung zu uns, sondern dass dieser Felsklotz von fast 400 Metern Durchmesser erst drei Wochen vor der nahen Erdpassage entdeckt worden war. Wer weiß, wie viele unentdeckte Objekte dieses Kalibers auf Kollisionskurs mit der Erde unterwegs sind? Wäre 2015 TB145 mit nur zehn Kilometern pro *Sekunde* mit der Erde zusammengeprallt, so wären Energiemengen freigesetzt worden, die einer Explosion von 1,6 Milliarden Tonnen TNT entsprächen; dies sind etwa 80 Wasserstoffbomben der 20-Megatonnen-Klasse. TNT steht für Trinitrotoluol, den stärksten bekannten chemischen Sprengstoff.

Darüber hinaus wird diese Entdeckungsmaschine noch manche Überraschung liefern, an die man heute nicht im Entferntesten denkt.

LSST Project Office

Oktober 2017

- Enge Begegnung am 5. von Venus und Mars am Morgenhimmel sichtbar.
- Jupiter bleibt unsichtbar, da er am 26. in Konjunktion mit der Sonne steht.
- Saturn verkürzt seine Abendsichtbarkeitsdauer.
- Uranus kommt am 19. im Sternbild Fische in Opposition zur Sonne.

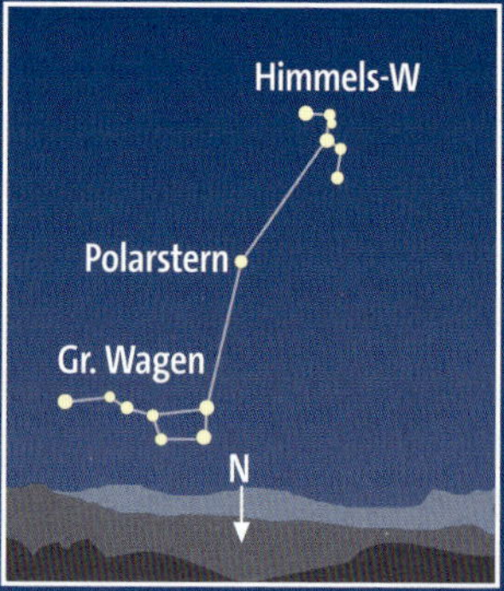

Großer Wagen und Himmels-W Anfang Oktober um 22 Uhr

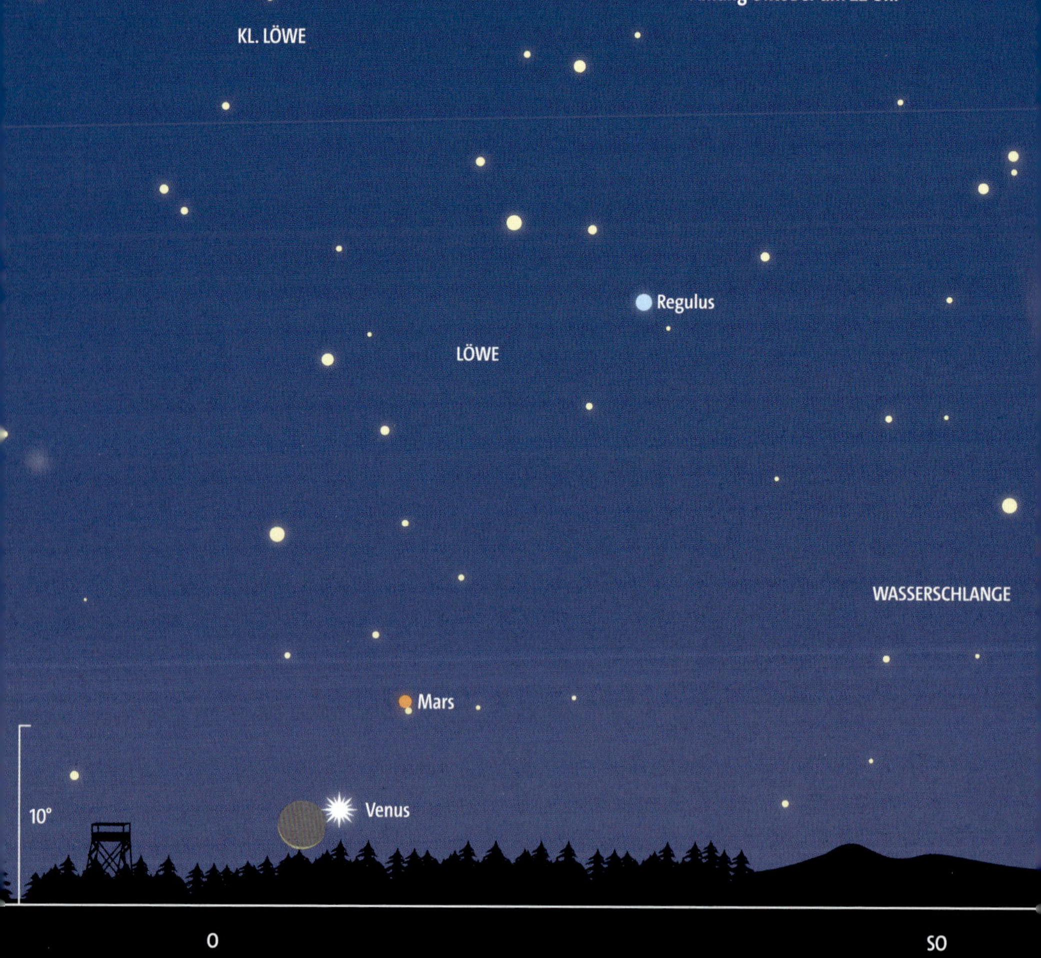

10.1 Anblick des morgendlichen Osthimmels am 18. Oktober gegen 5h30m MEZ (= 6h30m MESZ). Knapp über dem Horizont stehen die Planeten Venus und Mars. Die extrem schmale Sichel des abnehmenden Mondes ist soeben aufgegangen.

1 So	
2 Mo	
3 Di	Tag der deutschen Einheit
4 Mi	
5 Do	**Vollmond,** Venus bei Mars (Morgenhimmel)
6 Fr	
7 Sa	
8 So	
9 Mo	
10 Di	
11 Mi	
12 Do	Mond im letzten Viertel
13 Fr	
14 Sa	
15 So	
16 Mo	
17 Di	Mond bei Mars (Morgenhimmel)
18 Mi	Mond bei Venus (Morgendämmerung)
19 Do	**Neumond,** Uranus in Opposition
20 Fr	
21 Sa	
22 So	
23 Mo	
24 Di	
25 Mi	
26 Do	Österreichischer Nationalfeiertag
27 Fr	Mond im ersten Viertel
28 Sa	
29 So	Ende der Sommerzeit
30 Mo	Mond bei Neptun (Mitternacht)
31 Di	

Sonne – Sternbilder

23. 10. 6h:
Sonne tritt in das Tierkreiszeichen Skorpion
31. 10. 8h:
Sonne tritt in das Sternbild Waage
Julianisches Datum am
1. Oktober, 1h MEZ: 2 458 027,5

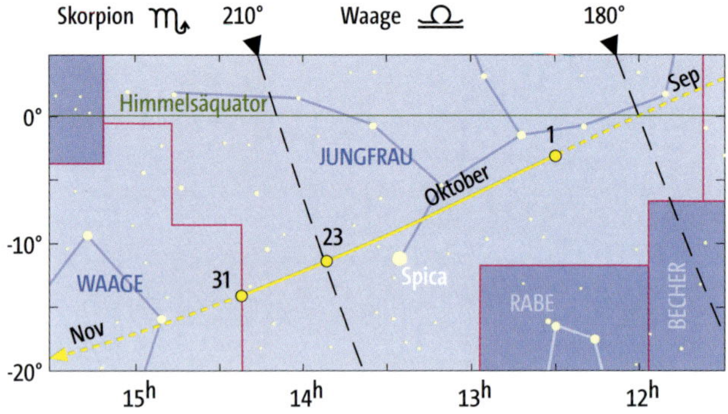

Tabelle Sonnenlauf

Tag	Dämmerg. Anfang	Aufgang MEZ	Kulmination	Untergang MEZ	Dämmerg. Ende	Mittagshöhe	Zeitgleichg.	Rektaszension	Deklination
	h m	h m	h m	h m	h m	°	m	h m	°
1.	5 10	6 20	12 10	17 58	19 08	36,6	+10	12 29	– 3,1
5.	5 17	6 26	12 08	17 50	18 59	35,1	+12	12 43	– 4,6
10.	5 24	6 34	12 07	17 39	18 49	33,2	+13	13 01	– 6,5
15.	5 32	6 42	12 06	17 29	18 39	31,3	+14	13 20	– 8,4
20.	5 40	6 50	12 05	17 19	18 29	29,5	+15	13 38	–10,2
25.	5 47	6 58	12 04	17 09	18 20	27,8	+16	13 57	–12,0
31.	5 56	7 08	12 04	16 58	18 10	25,8	+16	14 21	–14,0

Sonntag, 29. Oktober 2017: Ende der Sommerzeit!

Tages- und Nachtstunden

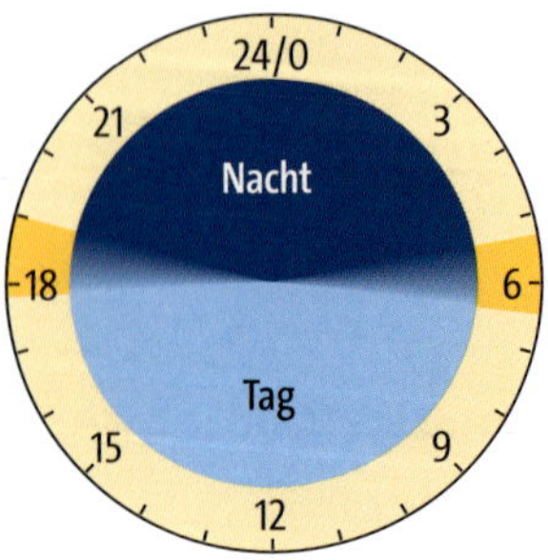

5. Oktober

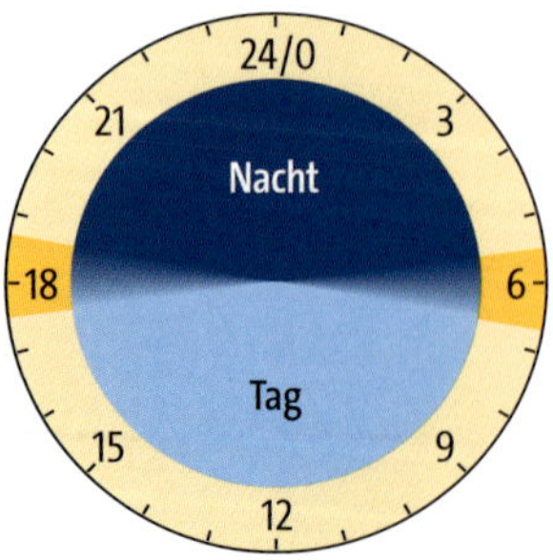

15. Oktober

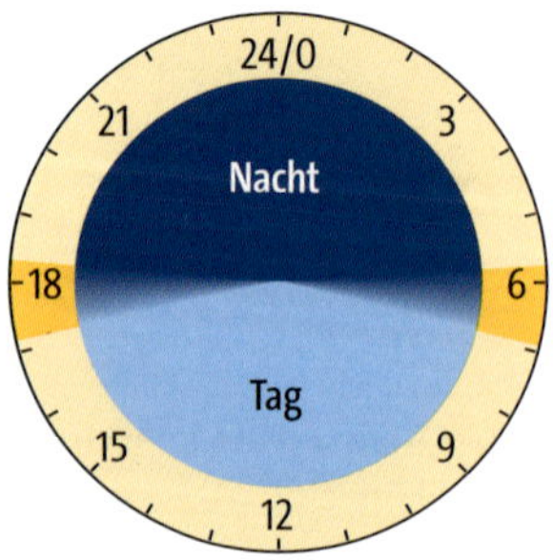

25. Oktober

Tabelle Mondlauf

Datum		Aufg. MEZ h m	Kulmination h m	Unterg. MEZ h m	Rektaszension h m	Deklination °	Sterne und Sternbilder	Phase	MEZ
So	1.	16 13	21 07	1 04	20 47	−16,7	Steinbock		
Mo	2.	16 44	21 56	2 08	21 38	−14,1	Steinbock	Absteigender Knoten	
Di	3.	17 13	22 45	3 16	22 29	−10,7	* Wassermann	Libration Ost	
Mi	4.	17 40	23 34	4 26	23 20	− 6,7	Wassermann		
Do	5.	18 07	–	5 39	0 11	− 2,3	Fische	**Vollmond**	**19h 40m**
Fr	6.	18 34	0 24	6 54	1 04	+ 2,4	Walfisch		
Sa	7.	19 05	1 16	8 10	1 57	+ 7,0	Fische		
So	8.	19 39	2 09	9 27	2 53	+11,3	Widder	Größte Südbreite	
Mo	9.	20 19	3 05	10 42	3 50	+14,9	Stier	Erdnähe 367/32,'6	7h
Di	10.	21 06	4 02	11 54	4 50	+17,6	Aldebaran		
Mi	11.	22 02	5 01	12 59	5 50	+19,2	Orion		
Do	12.	23 05	6 00	13 55	6 50	+19,6	Alhena	**Letztes Viertel**	**13h 25m**
Fr	13.	–	6 57	14 43	7 50	+18,7	Zwillinge		
Sa	14.	0 13	7 52	15 22	8 47	+16,7	Krebs, Krippe	Aufsteigender Knoten	
So	15.	1 23	8 45	15 55	9 43	+13,8	Löwe, Regulus		
Mo	16.	2 35	9 35	16 24	10 36	+10,2	Löwe, Regulus		
Di	17.	3 45	10 24	16 50	11 27	+ 6,1	Löwe	Libration West	
Mi	18.	4 55	11 10	17 15	12 17	+ 1,8	Jungfrau		
Do	19.	6 03	11 56	17 39	13 06	− 2,6	Jungfrau	**Neumond Nr. 1173**	**20h 12m**
Fr	20.	7 10	12 42	18 05	13 54	− 6,7	Jungfrau		
Sa	21.	8 15	13 27	18 32	14 42	−10,5	Waage	Größte Nordbreite	
So	22.	9 19	14 14	19 03	15 30	−13,8	Waage		
Mo	23.	10 19	15 00	19 37	16 19	−16,5	Skorpion		
Di	24.	11 16	15 48	20 17	17 09	−18,4	Schlangenträger		
Mi	25.	12 08	16 35	21 02	17 59	−19,5	Schütze	Erdferne 405/29,'5	3h
Do	26.	12 55	17 23	21 53	18 49	−19,7	Schütze, Nunki		
Fr	27.	13 36	18 11	22 49	19 39	−19,1	Schütze	**Erstes Viertel**	**23h 22m**
Sa	28.	14 12	18 58	23 50	20 29	−17,6	Steinbock		
So	29.	14 44	19 46	–	21 19	−15,3	Steinbock	Absteigender Knoten	
Mo	30.	15 13	20 33	0 55	22 09	−12,3	Wassermann		
Di	31.	15 40	21 22	2 03	22 59	− 8,5	Wassermann	Libration Ost	

Der Mond entfernt sich am 9./10. von Aldebaran

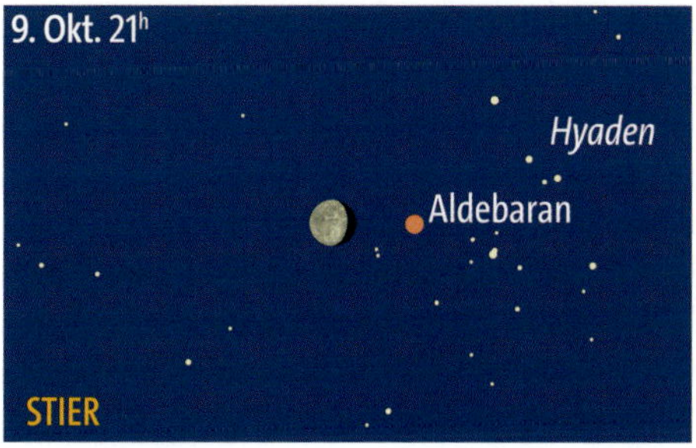

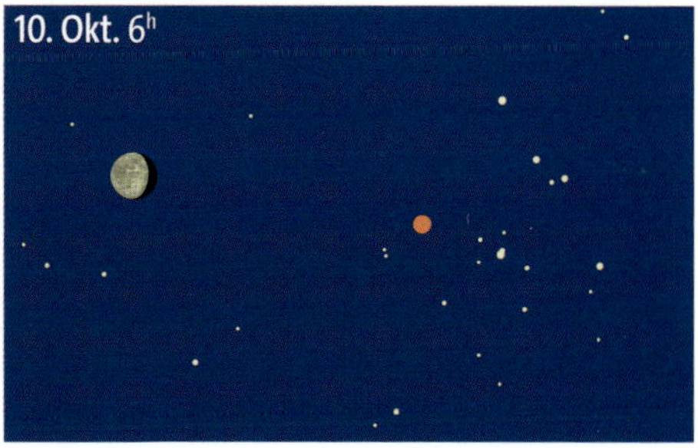

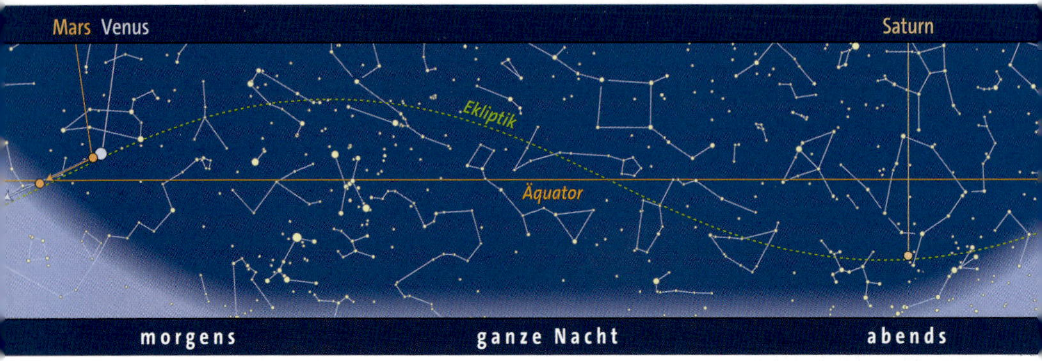

Merkur eilt der Sonne nach und holt sie bereits in der ersten Oktoberwoche ein. Am 8. steht er in oberer Konjunktion mit der Sonne. Der flinke Planet hält sich am Taghimmel auf und bleibt nachts unbeobachtbar. Auch die Begegnung mit Jupiter am 18. kann nicht verfolgt werden.

Am 29. geht Merkur durch das Aphel seiner Bahn, wobei er sich mit 39 Kilometern pro Sekunde, das sind 140400 Kilometer pro Stunde, am langsamsten bewegt (siehe dazu auch Perihelpassage von Merkur im Dezember auf Seite 251).

Venus ist noch am Morgenhimmel vertreten, ihre Glanzzeit ist aber vorbei und die Sichtbarkeitsdauer verkürzt sich dras-

10.2 Heliozentrischer Anblick des Planetensystems im letzten Jahresviertel 2017. Eingetragen sind links die Positionen der inneren Planeten für den 1. Oktober (10), den 1. November (11), den 1. Dezember 2017 (12) und den 1. Januar 2018 (1). Der rechte Teil zeigt das äußere Planetensystem und einige Planetoiden. Die Pfeile deuten die Richtungen zu den ferneren Planeten sowie zum Frühlingspunkt an.

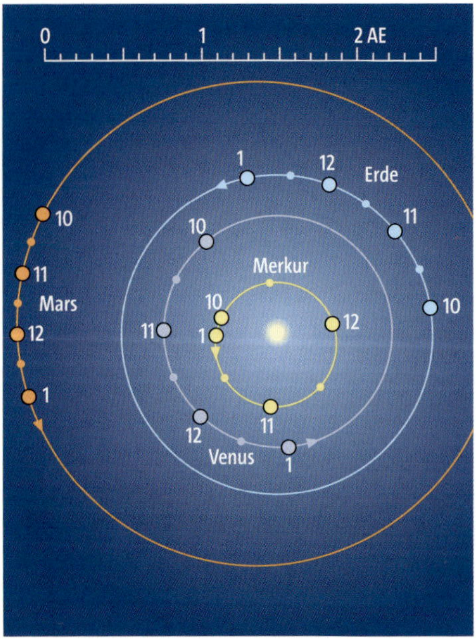

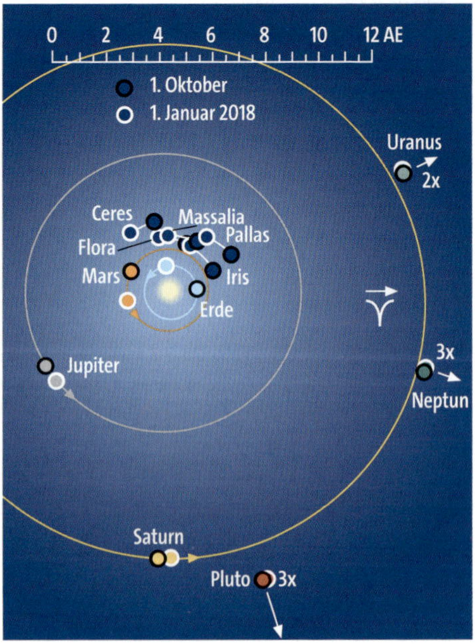

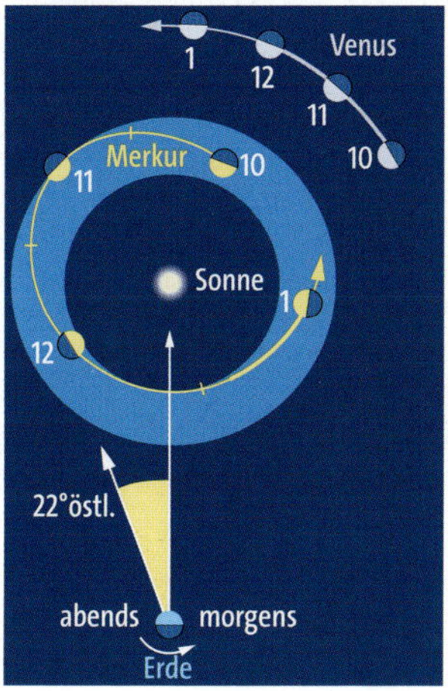

10.3 Heliozentrische Bewegungen von Merkur und Venus *relativ* zur Erde. In den dicker ausgezogenen Bahnteilen sind die Planeten beobachtbar. Die Zahlen geben die Positionen jeweils zum Monatsersten an. Östlicher Winkelabstand bedeutet Abendsichtbarkeit; westliche Elongation: Planet steht am Morgenhimmel.

tisch. Die Venusaufgänge verspäten sich um eineinhalb Stunden. Geht die $-3\overset{m}{,}9$ helle Venus am 1. noch um 4^h01^m (= 5^h01^m Sommerzeit) auf, so erfolgt ihr Aufgang am 31. erst um 5^h30^m. Venus strebt immer weiter nach Süden. Am 14. passiert sie $1\overset{\circ}{,}5$ nördlich den Herbstpunkt. Drei Tage später überschreitet sie den Himmelsäquator in südlicher Richtung. Am 9. verlässt sie das Sternbild Löwe und wechselt in das Sternbild Jungfrau.

Am 5. überholt Venus Mars in nur 13′ nördlichem Abstand (siehe Abb. 10.4 oben rechts). Am 18. gesellt sich die sehr schmale Sichel des abnehmenden Mondes zu Venus und Mars (siehe Abb. 10.1 auf Seite 208). Im Teleskop erscheint das nur noch 11″ große Venusscheibchen fast voll beleuchtet. Am 31. beträgt der Beleuchtungsgrad 95 %.

Ihr Bahnperihel durchläuft Venus am 3., wobei sie von der Sonne 107 Millionen Kilometer (= 0,715 AE) entfernt ist.

Mars kann am Morgenhimmel aufgefunden werden. Am 12. verlässt er den Löwen und tritt in das Sternbild Jungfrau, wobei er immer südlichere Zonen des Tierkreises aufsucht. Am 22. wandert der rote Planet $1\overset{\circ}{,}2$ nördlich am Herbstpunkt vorbei. Am 27. überschreitet er den Himmelsäquator in südlicher Richtung. Zu einer nahen Begegnung mit Venus kommt es am 5.,

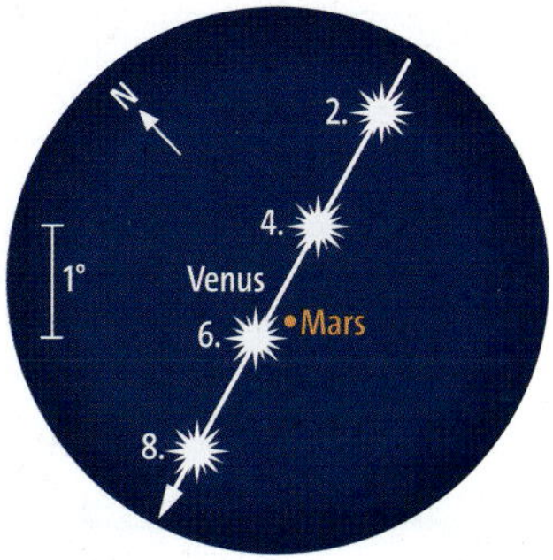

10.4 Venus bei Mars:
Venus eilt am 5. Oktober an Mars vorbei. Fernglasanblick gegen 5^h MEZ (= 6^h MESZ) bei 5° Gesichtsfelddurchmesser.

Konstellationen und Ereignisse

Datum	MEZ	Ereignis
3.	13^h	Mond bei Neptun, Mond $0\overset{\circ}{,}7$ südlich
3.	7	Venus im Perihel
5.	14	**Venus bei Mars**, Venus $0\overset{\circ}{,}2$ nördlich, **Abstand $0\overset{\circ}{,}4$ um 5^h am 5. und 6.**
6.	17	Mond bei Uranus, Mond $4\overset{\circ}{,}2$ südlich
7.	23	Mars im Aphel
8.	22	Merkur in oberer Konjunktion mit der Sonne
17.	11	**Mond bei Mars**, Mond $1\overset{\circ}{,}8$ nördlich, **Abstand $2\overset{\circ}{,}8$ um 6^h**
18.	1	**Mond bei Venus**, Mond $2\overset{\circ}{,}0$ nördlich, **Abstand $2\overset{\circ}{,}4$ um 5^h**
18.	16	Merkur bei Jupiter, Merkur $1\overset{\circ}{,}0$ südlich
19.	19	**Uranus in Opposition** zur Sonne
20.	4	Mond bei Jupiter, Mond $3\overset{\circ}{,}9$ nördlich
20.	8	Mond bei Merkur, Mond $5\overset{\circ}{,}2$ nördlich
24.	13	Mond bei Saturn, Mond $3\overset{\circ}{,}3$ nördlich
26.	19	Jupiter in Konjunktion mit der Sonne
29.	13	Merkur im Aphel
30.	22	**Mond bei Neptun**, Mond $0\overset{\circ}{,}9$ südlich, **Abstand $1\overset{\circ}{,}5$ um 23^h** (Fernglas!)

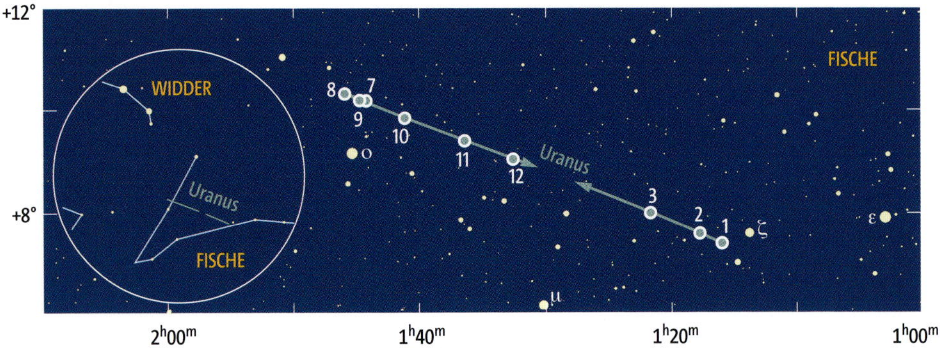

10.5 Bahn von Uranus: Die scheinbare Bahn von Uranus vom 1. Januar bis Ende März und vom 1. August bis Jahresende 2017 im Sternbild Fische.

die in nur 13′ Abstand nördlich an Mars vorbeizieht (siehe Abb. 10.4 auf Seite 213).

Die Marsaufgänge verfrühen sich nur unwesentlich. Am 1. geht Mars um 4^h17^m (= 5^h17^m Sommerzeit) auf und am 31. um 4^h04^m.

Mit $1\overset{m}{,}8$ scheinbarer Helligkeit ist Mars gegenwärtig ein eher unauffälliger Planet. Dies gilt auch für den geringen scheinbaren Durchmesser von nur $3\overset{''}{,}9$.

Am 7. passiert Mars das Aphel seiner Bahn, wobei ihn 249 Millionen Kilometer (= 1,664 AE) von der Sonne trennen.

Jupiter hat sich vom Abendhimmel zurückgezogen und bleibt unsichtbar. Die Begegnung mit Merkur am 18. bleibt ebenfalls unbeobachtbar. Am 26. steht der Riesenplanet im Sternbild Jungfrau in Konjunktion mit der Sonne.

Zur Konjunktion erreicht der Riesenplanet seine größte Entfernung von der Erde in diesem Jahr. Ihn trennen dann 963 Millionen Kilometer (= 6,44 AE) von uns. Dies entspricht einer Lichtlaufzeit von 54 Minuten.

Saturn verkürzt drastisch seine Abendsichtbarkeitsdauer. Geht der ringgeschmückte Planet am 1. noch um 21^h12^m (= 22^h12^m Sommerzeit) unter, so sinkt er am 15. um 20^h20^m und am 31. schon um 19^h23^m unter den Südwesthorizont. Nur dank der jetzt immer früher einsetzenden Dunkelheit kann man ihn noch knapp zwei Stunden tief im Südwesten erspähen.

Der $0\overset{m}{,}5$ helle Saturn beschleunigt deutlich seine rechtläufige Wanderung durch das Sternbild Schlangenträger, wobei er sich wieder von ξ Oph ($4\overset{m}{,}4$) entfernt (siehe Abb. 6.3 auf Seite 139).

Am 16. ist der Saturnring mit fast 27° Neigung am stärksten in Richtung Erde geöffnet. Zurzeit sieht man auf die Nordseite des Rings. Am 23. März 2025 wird die Erde dann die Ringebene von Nord nach Süd überqueren.

Uranus kommt am 19. im Sternbild Fische in **Opposition** zur Sonne. Dies ist die günstigste Zeit, um den fernen, lichtschwachen Planeten ins Visier zu nehmen, wobei auch kein Mondlicht stört, denn am Oppositionstag herrscht Neumond.

Mit $5\overset{m}{,}7$ Oppositionshelligkeit kann Uranus theoretisch ohne optische Hilfsmittel mit freien Augen gesehen werden. Dies gelingt aber selbst bei idealen Sichtbedingungen nur selten. Doch ein einfaches Fernglas (möglichst mit stabilem Stativ) reicht, um den grünlichen Planeten zu erkennen. Um Uranus im Sternengewimmel zu finden, nutze man die Sternkarte Abb. 10.5 oben.

Im Teleskop zeigt sich Uranus als winzige Murmel von nur $3\overset{''}{,}7$ scheinbarem Äquatordurchmesser. Da Uranus abgeplattet ist, erscheint der Poldurchmesser mit $3\overset{''}{,}6$ eine Spur kleiner. Der Uranusäquator steht fast senkrecht auf der Bahnebene.

Am Oppositionstag geht Uranus um 17^h15^m (= 18^h15^m Sommerzeit) auf, kulminiert um 0^h05^m und geht am nächsten

Morgen um 6^h54^m unter. Bis Monatsende verfrühen sich die Uranuskulminationen auf 23^h16^m und die Untergänge auf 6^h08^m. Die Kulminationshöhe von Uranus erreicht in diesem Jahr für die Standardbreite von 50° Nord immerhin knapp 50°.

Zur Opposition ist Uranus 2829 Millionen Kilometer (= 18,91 AE) von der Erde entfernt. Dies entspricht einer Lichtlaufzeit von zwei Stunden und 37 Minuten. Von der Sonne trennen Uranus am Oppositionstag 2978 Millionen Kilometer (= 19,91 AE).

Neptun, rückläufig im Wassermann, stand Anfang des Vormonats in Opposition zur Sonne. Der bläuliche Planet kann in der ersten Nachthälfte aufgefunden werden. Um Neptun zu finden, kann der Stern λ Aqr ($3\overset{m}{,}7$) hilfreich sein (siehe auch Aufsuchkarte Abb. 9.13 auf Seite 199). Seine Kulmination verlegt der sonnenferne Planet in die Abendstunden.

Am 1. passiert Neptun um 22^h32^m (= 23^h32^m Sommerzeit) den Meridian und geht um 4^h01^m unter.

Am 31. kulminiert der lichtschwache Planet, dessen Helligkeit leicht auf $7\overset{m}{,}9$ zurückgeht, schon um 20^h32^m und sinkt um 2^h00^m unter die westliche Horizontlinie. Nach Mitternacht lohnt es sich kaum mehr, nach Neptun zu suchen.

In der Nacht vom 30. auf 31. wandert der zunehmende Mond südlich an Neptun vorbei (siehe Abb. 10.6 rechts).

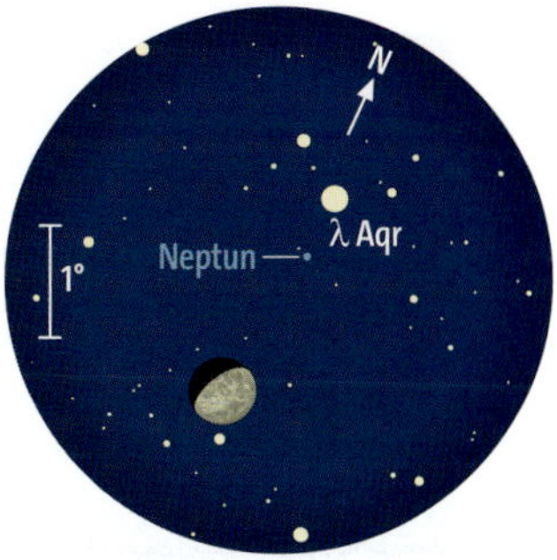

10.6 Mond bei Neptun: **Begegnung des zunehmenden Mondes mit Neptun am 30. Oktober. Fernglasanblick gegen 23^h MEZ.**

Planetoiden

Ceres (1) eilt rechtläufig durch das Sternbild Krebs (siehe Abb. 11.4 auf Seite 232). Sie steigert ihre Helligkeit während des Monats von $8\overset{m}{,}8$ auf $8\overset{m}{,}5$. Mit einem lichtstarken Fernglas ist sie ohne weiteres aufzufinden. Am 1. kulminiert der Zwergplanet um 8^h02^m, nachdem er bereits um 23^h53^m aufgegangen ist. Die günstigste Zeit, Ceres aufzufinden, ist die Stunde vor Dämmerungsbeginn (4^h bis 5^h morgens bzw. 5^h bis 6^h MESZ). Bis Monatsende verfrüht sich die Aufgangszeit von Ceres auf 22^h39^m und die Kulmination auf 6^h44^m.

Pallas (2), rückläufig im Sternbild Chemischer Ofen (lat.: Fornax) an der Grenze zum Fluss Eridanus, steht am 29. in **Opposition** zur Sonne. Sie wandert dabei rasch in südlicher Richtung (siehe Abb. 10.7 unten). Zu Monatsanfang noch $8\overset{m}{,}4$ hell, erreicht sie zur Opposition $8\overset{m}{,}2$, wobei sie in einem lichtstarken Fernglas durchaus zu erkennen

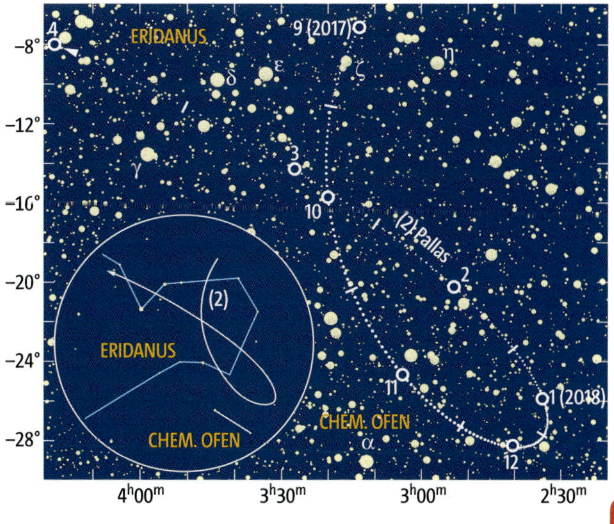

10.7 Bahn von Pallas: **Scheinbare Bahn des Kleinplaneten (2) Pallas vom 1. September 2017 bis Mitte Februar 2018 im Sternbild Eridanus.**

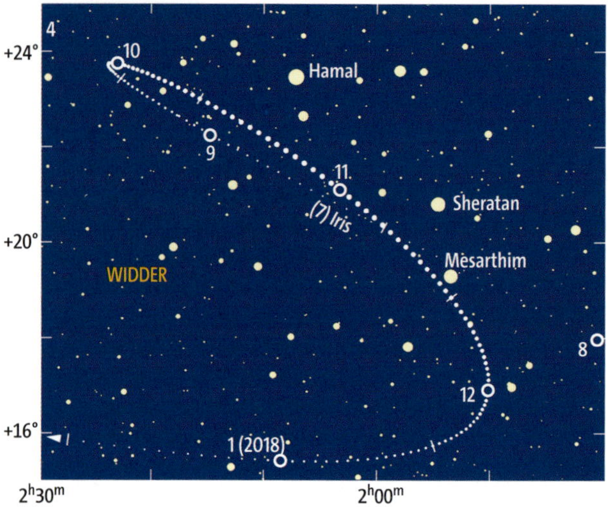

10.8 Bahn von Iris: Scheinbare Bahn des Kleinplaneten (7) Iris im Sternbild Widder von September bis Jahresende 2017.

Oppositionen von (7) Iris 2008–2027

Datum			Hell.	Dekl.
			m	o
2008	Apr	9.	9,4	−15
2009	Jul	4.	8,7	−19
2011	Jan	24.	7,8	+12
2012	Mai	4.	9,5	−21
2013	Aug	16.	7,9	− 5
2015	Mrz	6.	8,8	− 3
2016	Mai	29.	9,2	−23
2017	**Okt**	**30.**	**6,8**	**+21**
2019	Apr	5.	9,3	−13
2020	Jun	28.	8,8	−21
2022	Jan	14.	7,6	+16
2023	Apr	30.	9,5	−20
2024	Aug	7.	8,1	− 9
2026	Feb	27.	8,7	0
2027	Mai	25.	9,3	−23

Die Opposition im Jahr 2017 ist die günstigste.

ist. Am 1. passiert sie um 3^h01^m den Meridian und am 15. um 2^h01^m (= 3^h01^m Sommerzeit). Zur Opposition erfolgt ihre Kulmination bereits um 0^h57^m. Ihre Oppositionsdistanz von der Erde beträgt diesmal 254 Millionen Kilometer (= 1,70 AE).

Iris (7), rückläufig im Sternbild Widder, kommt am 30. in **Opposition** zur Sonne. Dies ist die günstigste Opposition in den Jahren 2007 bis 2027.

Mit einer Oppositionshelligkeit von $6\overset{m}{,}8$ und einer Deklination von +21° ist Iris zur Opposition ein ausgesprochen leichtes Fernglasobjekt. In den anderen Jahren erreicht sie bei weitem nicht diese große scheinbare Helligkeit. Auch steht sie zur Kulmination diesmal am höchsten über dem Südpunkt am Horizont (siehe Tabelle „Oppositionen von Iris" links).

Zu Monatsanfang noch $7\overset{m}{,}7$ hell, steigert sie ihre Helligkeit bis zur Opposition um fast eine Größenklasse.

Am 1. kulminiert Iris um 2^h04^m (= 3^h04^m Sommerzeit), am 15. um 1^h03^m und in der Oppositionsnacht schon um 23^h47^m. Die Aufsuchkarte Abb. 10.8 für Iris findet man hier links.

Von der Erde ist Iris zur Opposition 127 Millionen Kilometer (= 0,85 AE) entfernt; von der Sonne trennen sie an diesem Tag 275 Millionen Kilometer (= 1,84 AE).

Periodische Sternschnuppenströme

Die **Delta-Draconiden**, auch **Oktober-Draconiden** genannt, sind ein temporärer Strom, dessen Radiant im Sternbild Drache etwa 3° östlich von δ Draconis liegt. Der Radiant liegt bei seiner Kulmination somit in unmittelbarer Zenitnähe. Die Oktober-Draconiden führen ihren Ursprung auf den Kometen 21P/Giacobini-Zinner zurück, weshalb dieser Meteorstrom auch **Giacobiniden** heißt. Vom 4. bis 8. Oktober passiert die Erde relativ nahe den absteigenden Knoten der Bahn des Kometen 21P. Seine Umlaufzeit beträgt 6,5 Jahre. Das Maximum erreicht dieser Strom am 8., wobei stets wechselnde Raten zu registrieren sind. Die Meteorhäufigkeit schwankt von Jahr zu Jahr erheblich. Im Jahr 2011 gab es eine Häufigkeit von 400 Sternschnuppen pro Stunde. Auch 2012 war eine verstärkte Aktivität zu verfolgen, wobei aber helle Meteore weitgehend fehlten. Die Meteoroide treffen auf die irdische Atmosphäre mit 21 Kilometer pro Sekunde.

Von Anfang Oktober bis in die erste Novemberwoche sind die **Orioniden** aktiv, deren Ursprung auf den Halleyschen Kometen deutet. Mit dem Maximum ist am 20. Oktober zu rechnen, wobei etwa 20 Meteore pro Stunde zu erwarten sind. Die Breite des Stroms ist recht ausgedehnt, sodass die Orioniden von Anfang Oktober bis 6. November auftreten. Der Radiant liegt etwa 10° nordöstlich von Beteigeuze. Es handelt sich bei den Orioniden um sehr schnelle Objekte (um 65 Kilometer pro Sekunde).

Die Frequenz ist von Jahr zu Jahr verschieden; 2010 flammten im Maximum am 21. Oktober gegen 10^h MEZ innerhalb einer Stunde um die 40 Sternschnuppen auf.

In den Jahren 2006 bis 2009 durchquerte die Erde Bereiche, in denen Meteoroide durch Jupiters Gravitationseinfluss konzentriert waren und auffallend hohe Raten verursachten. Auch in den Tagen vor dem Maximum wurden schon erhöhte Raten beobachtet.

Die beste Beobachtungszeit, um die Orioniden zu verfolgen, ist die Zeit von Mitternacht bis 5^h morgens.

Als zwei weitere, wenig bedeutende Meteorströme sind die **Epsilon-Geminiden** und die **Leo-Minoriden** zu erwähnen.

Die Epsilon-Geminiden liefern nur rund drei Meteore pro Stunde. Sie tauchen vom 14. bis 27. auf, wobei das Maximum auf den 18. fällt.

Die Leo-Minoriden erscheinen vom 19. bis 27. Oktober. Ihr bescheidenes Maximum ist am 24. zu erwarten. Die Fallrate liegt ebenfalls im einstelligen Bereich.

Der Fixsternhimmel

Das Sommerdreieck steht zwar noch hoch im Südwesten und Deneb sieht man sogar zenitnah, dennoch macht sich nun der Herbst am abendlichen Sternenhimmel deutlich bemerkbar.

Um den Meridian und in der östlichen Himmelshälfte nehmen inzwischen die Herbstbilder ihren Platz ein. Im Zenit steht nun die Kassiopeia, das Himmels-W, während der Große Wagen tief am Nordhorizont in unterer Kulmination eben durch den Meridian rollt.

Das Quadrat des Pegasus hat die Mittagslinie bereits erreicht. Dieses markante Sternenviereck ist leicht zu entdecken. So wie das Sommerdreieck oder das Wintersechseck gehört das Pegasusquadrat zu den Figuren, die die Jahreszeit am gestirnten Firmament charakterisieren. Deshalb nennt man es auch Herbstviereck. Der Pegasus gilt als Leitsternbild des Herbsthimmels.

Der Pegasus und seine Nachbarn

Der klassischen Sage nach ist der Pegasus ein geflügeltes Pferd, das dem sterbenden Leib der grauenvollen Medusa entsprungen ist. Der Pegasus soll den Poeten zu ihren fantasiereichen Gedankenflügen verhelfen.

Der Pegasus selbst ist größer als das Herbstviereck, das lediglich die Flügelpartie markiert. Hals und Kopf liegen westlich des Pegasusquadrats. Von der Nordhalbkugel aus betrachtet liegt der Pegasus auf dem Rücken, die Vorderhufe zeigen nach oben, ebenso seine Schnauze, die durch den Stern Enif (ε Pegasi) markiert wird. Enif kommt aus dem Arabischen und heißt so viel wie „Nase des Pferdes“. Enif leuchtet mit $2^m\!.4$ scheinbarer Helligkeit und ist ein orange-roter Überriesenstern (Spektraltyp K2 Ib) in 670 Lichtjahren Entfernung, also in relativ großer Distanz für einen so hellen Stern.

Die vier Sterne des Pegasusquadrats heißen Markab (α Pegasi), Scheat (β Pegasi), Algenib (γ Pegasi) und Sirrah, wobei Sirrah selbst nicht mehr zum Pegasus gehört, sondern schon der erste Stern der Andromedakette, nämlich α Andromedae, ist. Scheat ist übrigens einer der größten Sterne, die wir kennen. Diese tiefrote Riesensonne, die von uns 200 Lichtjahre entfernt

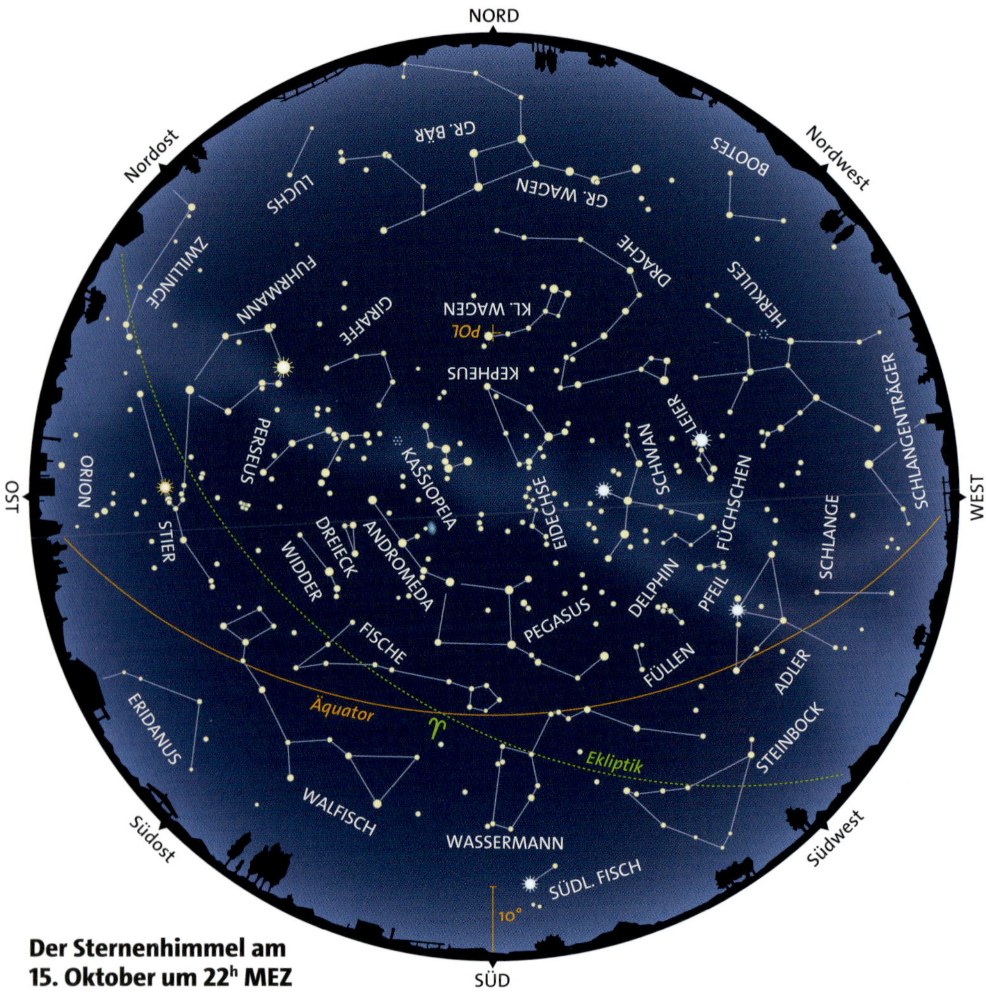

Der Sternenhimmel am 15. Oktober um 22h MEZ

Die Sternkarte ist auch gültig für:

	MEZ	MESZ
1. 8.	3^h	4^h
15. 8.	2	3
1. 9.	1	2
15. 9.	0	1
1.10.	**23**	**24**
15.10.	**22**	**23**
31.10.	**21**	
15.11.	20	
30.11.	19	
15.12.	18	

ist, übertrifft unsere Sonne 160-mal an Durchmesser. Stünde Scheat an Stelle unserer Sonne, so würde die Oberfläche dieses Sterns bis zur Marsbahn reichen.

Etwa auf der Linie Enif – Atair stößt man auf das kleine, aber markante Sternbild Delphin. Noch kleiner und recht unscheinbar ist das Füllen (lat.: Equuleus). Es liegt zwischen Enif und dem Delphin. Es ist das zweitkleinste Sternbild und setzt sich nur aus Sternen 4. Größe und schwächer zusammen. Der Sage nach soll der flinke Götterbote Hermes das Füllen dem Knaben Kastor, dem sterblichen Zwillingsbruder von Pollux, zum Geschenk gemacht haben.

10.9 Das Herbstviereck:
Vom Herbstviereck (Pegasusquadrat) ausgehend findet man schnell die Kassiopeia, den Polarstern, Deneb und Fomalhaut, Hauptstern des Sternbildes Südlicher Fisch.

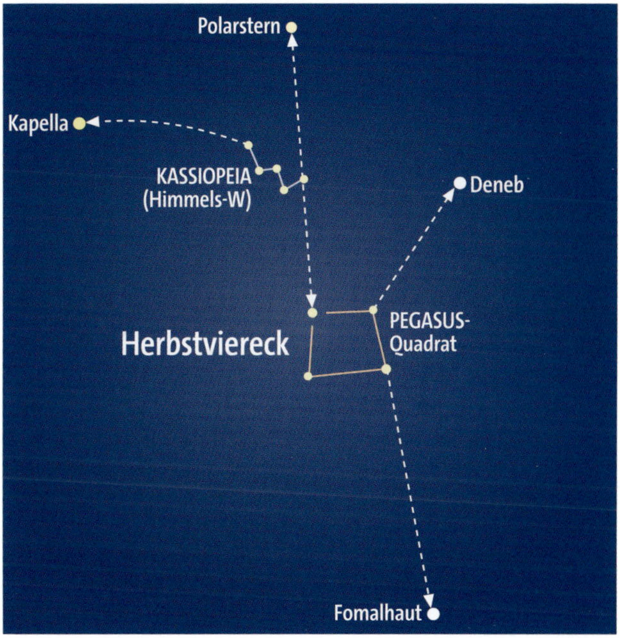

Wer gute Augen und einen dunklen, mondlosen Nachthimmel hat, erkennt im Sternbild Andromeda ein wenig nördlich des Sternes Mirach (β Andromedae) ein kleines, nebliges Lichtfleckchen. Es handelt sich um den berühmten Andromedanebel, unser Nachbarmilchstraßensystem (Katalogbezeichnung: M 31). Die Andromedagalaxie ist knapp drei Millionen Lichtjahre von uns entfernt und das fernste Himmelsobjekt, das man mit bloßen Augen erkennen kann. Die anderen großen Sternsysteme mit Ausnahme der Galaxie M 33 im Sternbild Dreieck (lat.: Triangulum) sind noch viel weiter von uns entfernt. Die Dreiecksgalaxie ist fast gleich weit entfernt wie der Andromedanebel. Im Gegensatz zur Andromedagalaxie sieht man hier fast direkt von oben auf die prächtige Spirale von M 33.

Der wandernde Frühlingspunkt

Südlich der Andromeda stößt man auf das kleine Bild des Widders. Der hellste Stern (α Arietis) heißt Hamal, was „Kopf des Widders" bedeutet.

Der Widder ist ein kleines, aber markantes Sternbild, das man leicht findet. Im Wesentlichen setzt es sich aus drei Sternen zusammen, die ein stumpfwinkliges Dreieck bilden. Auch denjenigen, die sich gar nicht am Sternenhimmel auskennen, ist der Widder zumindest dem Namen nach wohl vertraut. Denn er gehört zum Tierkreis, also zu jenen Sternbildern, durch die die Sonne im Laufe eines Jahres hindurch wandert, und zwar vom 18. April bis 14. Mai. Bei der Aufzählung der Tierkreissternbilder steht der Widder stets an erster Stelle. Dies rührt daher, dass vor mehr als 2000 Jahren der Frühlingspunkt im Sternbild Widder lag. Der Frühlingspunkt ist der Schnittpunkt der aufsteigenden Sonnenbahn mit dem Himmelsäquator. Passiert die Sonne den Frühlingspunkt, so überschreitet sie den Himmelsäquator und wechselt von der Süd- auf die Nordhalbkugel des Himmels. An dem Tag, an dem die Sonne den Himmelsäquator in Richtung Nord kreuzt, tritt die Tagundnachtgleiche ein. Der Frühlingspunkt bleibt aber nicht ortsfest unter den Sternen fixiert. Infolge der Kreiselbewegung der Erdachse, der sogenannten Präzession, wandert er entgegen dem Sonnenlauf, also von Ost nach West in knapp 26 000 Jahren einmal durch den ganzen Tierkreis. Etwa alle 2000 Jahre wechselt der Frühlingspunkt in ein neues Sternbild. Vom Jahre –1840 bis zum Jahr –70 lag er im Widder, ab da wechselte er in die Fische und im Jahr 2610 wird er in den Wassermann treten. Auch wenn in unserer Zeit der Frühlingspunkt im Sternbild Fische liegt, so sprechen wir weiterhin vom Widderpunkt, wenn der Frühlingspunkt gemeint ist. Er ist auch der Ursprung der äquatorialen und ekliptikalen Himmelskoordinaten.

Begleiter der Andromeda

Zwischen Widder und Andromeda hat das kleine Sternbild Triangulum (lat., Dreieck) seinen Platz.

Östlich der Andromeda findet man ihren Retter, den Helden Perseus, mit seinem berühmten bedeckungsveränderlichen Stern Algol (β Perseï).

Im Südosten nimmt der Walfisch das Areal ein. Er ist kein Wal im Sinne der Zoologie und auch kein Fisch, sondern das Meeresungeheuer Cetus, das die Gestade Äthiopiens einst bedrohte und dem die Prinzessin Andromeda geopfert werden sollte. Im Walfisch steht auch der langperiodische Variable Mira (ο Ceti).

Die Termine der Helligkeitsminima von Algol und der aktuellen Helligkeit von Mira sind der monatlichen Tabelle „Veränderliche Sterne“ zu entnehmen.

Tief im Süden blinkt ein heller Stern, nämlich Fomalhaut (α Piscis Austrinus). Im Osten wiederum ist der Stier mit seinem roten Hauptstern Aldebaran und den beiden offenen Sternhaufen Hyaden und Plejaden aufgegangen.

Veränderliche Sterne im Oktober

Algol-Minima	1. 23^h07^m	4. 19^h57^m	19. 4^h01^m	22. 0^h49^m	24. 21^h38^m	27. 18^h27^m
β-Lyrae-Minima	3. 23^hH	10. 10^hN	16. 22^hH	23. 10^hN	29. 21^hH	
δ-Cepheï-Maxima	2. 15^h	8. 0^h	13. 9^h	18. 18^h	24. 2^h	29. 11^h
Mira-Helligkeit	1. 10^m	10. 10^m	20. 9^m	31. 9^m		

Flucht aus der Galaxis

Die Sterne im Universum bilden riesige Systeme, die man gemeinhin als Galaxien bezeichnet. Kleinere Galaxien, sogenannte Zwerggalaxien, beherbergen etliche Milliarden Sterne, große Galaxien – meist in Spiralform oder von elliptischer Gestalt – setzen sich aus einigen hundert Milliarden Sternen zusammen. Auch unsere Sonne gehört so einem Sternsystem an. Man spricht von unserem Milchstraßensystem oder kurz von der Galaxis (siehe Monatsthema Februar „Die Galaxis – Vorhof zum Universum“ auf Seite 68). Die in der Regel scheibenförmigen Milchstraßensysteme rotieren. Wie in einem gigantischen Karussell laufen die Sterne um ihr Zentrum. Ohne Rotation würde eine Galaxie in sich zusammenfallen, die Sterne würden alle ins Zentrum stürzen. Andererseits verhindert die Schwerkraft, dass eine Galaxie auseinanderfällt. Die Sonnen sind somit an ihre Heimatmilchstraße gebunden.

Zwischen den Galaxien herrscht die gähnende Leere der ungeheuren Weiten intergalaktischer Räume. Sie sind frei von Sternen – meinte man lange Zeit. Doch schon 1988 vermuteten einige Astronomen, es könne Sterne geben, die aus der Galaxis hinausgeschleudert wurden und nun als einsame Sonnen durch die Tiefen des intergalaktischen Raums driften. Schätzungen ergaben, dass nur alle 100 000 Jahre ein Stern unser Milchstraßensystem verlässt.

Wie aber kann ein Stern der Galaxis entfliehen?

Unsere Sonne läuft, begleitet von ihren Nachbarsternen, mit einer Geschwindigkeit von 240 Kilometern pro Sekunde in einer fast kreisförmigen Bahn um das Zentrum der Galaxis. Würde man ihre Geschwindigkeit auf 340 Kilo-

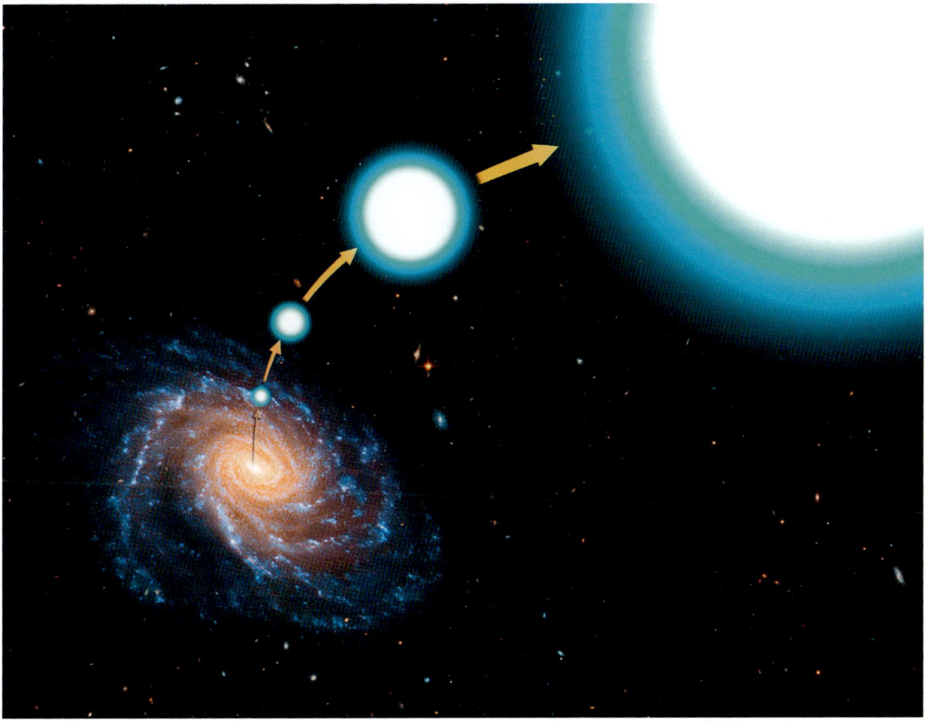

10.10 **Manche Sterne entfliehen ihrer Heimatgalaxie.**

meter pro Sekunde erhöhen, so wäre das nach klassischer Rechnung die Entweichgeschwindigkeit: Die Sonne würde auf einer Parabelbahn die Milchstraße verlassen. Doch diese Kalkulation stimmt nicht ganz. Denn unsere Milchstraße, wie auch die anderen Galaxien, wird von einem Halo aus Dunkler Materie umgeben. Was genau die Dunkle Materie ist und aus welchen elementaren Bausteinen sie sich zusammensetzt, ist heute noch unbekannt und Gegenstand intensiver Forschung. Aber ihre Eigenschaften kennt man im Wesentlichen. Sie ist unsichtbar und macht sich lediglich durch ihre Schwerkraftwirkung bemerkbar. Sie fesselt die Sterne an die Heimatgalaxie und verhindert ihr Entweichen in den intergalaktischen Raum.

Man müsste unsere Sonne stattdessen auf 550 Kilometer pro Sekunde beschleunigen, um sie aus der Galaxis zu katapultieren. Die Rechnungen sind etwas aufwändig, da auch das Gravitationsfeld der Milchstraße kompliziert ist. Doch wodurch sollten die Sonne oder andere Sterne in ähnlicher Distanz vom galaktischen Zentrum auf eine derart hohe Geschwindigkeit beschleunigt werden?

Der erste Fund

Diese Frage wurde relevant, als man im Jahre 2005 mit dem SDSS-Teleskop (Sloan Digital Sky Survey, ein 2,5-m-Teleskop in New Mexico, USA) bei einer Himmelsdurchmusterung einen Stern im Sternbild Wassermann (Katalognummer: J090745.0+024507) entdeckte, der sich mit 660 Kilometern pro Sekunde vom galaktischen Zentrum entfernt. Damit war der erste Kandidat gefunden, der die Galaxis dereinst verlassen wird. Inzwischen sind mehr als 20 solcher super-

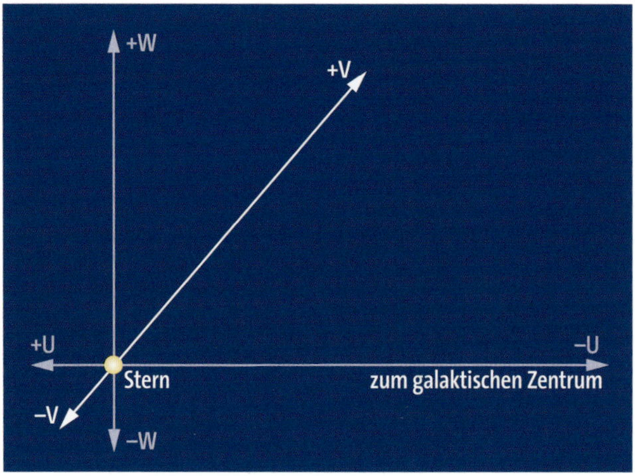

10.11 Die Geschwindigkeitskomponenten U, V und W eines Sternes relativ zum galaktischen Zentrum.

schnellen Sterne entdeckt worden, die aller Voraussicht nach zu extragalaktischen Sonnen werden. Der englische Fachbegriff lautet „hypervelocity stars" (engl., Hyperschnellläufer). Sie sind nicht zu verwechseln mit den „high-velocity stars", den Schnellläufern, wie der deutsche Fachbegriff lautet.

Die Schnellläufer haben relativ zur Sonne und ihren Nachbarsternen hohe Geschwindigkeiten. Sie gehören nicht zur Scheibenpopulation und nehmen nicht an der allgemeinen galaktischen Rotation teil. Vielmehr halten sie sich die meiste Zeit im galaktischen Halo auf und laufen auf mehr oder minder langgestreckten Ellipsen um das Milchstraßenzentrum, wobei sie gelegentlich die galaktische Hauptebene durchqueren. Ein typisches Beispiel für einen Schnellläufer ist Kapteyns Stern im Sternbild Pictor. Aufgefallen war dieser $8\overset{m}{,}8$ helle Stern dem holländischen Astronomen Jacobus Kapteyn (1851–1922), weil der Stern eine hohe Eigenbewegung (tangentiale Bewegung an der Himmelskugel) von $8\overset{''}{,}73$ pro Jahr (!) aufweist. In 206 Jahren verschiebt sich seine Position unter den Fixsternen somit um eine ganze Vollmondbreite. Kapteyns Stern ist nur 12,7 Lichtjahre entfernt. Mit $8\overset{m}{,}8$ scheinbarer Helligkeit ist dieser rote Unterzwergstern (Spektralklasse: M0 VI) nicht mit bloßen Augen zu sehen. Ungewöhnlich hoch ist auch seine Radialgeschwindigkeit (Geschwindigkeit in Beobachtungsrichtung) von +245 Kilometer pro Sekunde, mit der er sich von der Sonne entfernt, oder besser: die Sonne von ihm. Aus Eigenbewegung, Entfernung und Radialgeschwindigkeit ergibt sich eine Raumgeschwindigkeit von 293 Kilometer pro Sekunde. Die Nennung einer Raumgeschwindigkeit wird erst sinnvoll, wenn man ihre Komponenten relativ zum galaktischen Zentrum angibt. Sie lauten: U = 19 km/s, V = −288 km/s und W = −52 km/s. Dabei ist U die Komponente radial zum galaktischen Zentrum, V die dazu senkrechte Bewegung, also in Richtung der Scheibenrotation, und W die Komponente senkrecht zur galaktischen Hauptebene. Kapteyns Stern entfernt sich also gegenwärtig mit 19 Kilometer pro Sekunde vom Milchstraßenzentrum, läuft entgegengesetzt der galaktischen Rotation und driftet mit 52 Kilometer pro Sekunde südwärts von der Milchstraßenhauptebene weg.

Ein weiterer Halostern vom Typ RR Lyrae trägt die Katalogbezeichnung MACHO 176.18833.411 und hält sich gegenwärtig im inneren Bereich der Milchstraße (der galaktischen Aufwölbung, auch Bulge genannt) auf. Mit 482 Kilometer pro Sekunde entfernt er sich vom Zentrum der Galaxis. Dies liegt schon recht nahe an der Entweichgeschwindigkeit, reicht aber noch nicht aus, um der Galaxis zu entfliehen.

Die Suche nach den Ursachen

Wodurch kann nun ein Stern aus unserem Milchstraßensystem in den intergalaktischen Raum hinausgeschleudert werden? Dies kann die gewaltige Schwerkraft des vier Millionen

Sonnenmassen umfassenden Schwarzen Lochs im Zentrum der Galaxis bewirken. Nähert sich ein Stern diesem Gravitationsmonster, so wird er auf eine hohe Geschwindigkeit beschleunigt. Das Schwarze Loch verschlingt Sterne, Staub und Gas. Doch die meisten Sterne entgehen diesem Schicksal, wenn sie auf das zentrale Black Hole zurasen. Je nach Endgeschwindigkeit werden sie vielmehr auf eine enge Bahn um das zentrale Schwarze Loch gezwungen und so gewissermaßen eingefangen. Bei höherer Geschwindigkeit und je nach engstem Abstand (Perigalaktikum) zum Schwarzen Loch laufen sie in einer Parabel- oder Hyperbelbahn an ihm vorbei.

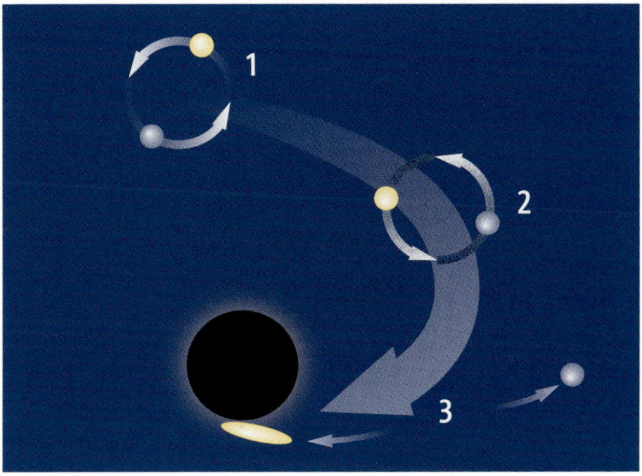

10.12 In der Nähe des supermassereichen Schwarzen Loches im galaktischen Zentrum kann ein Doppelsternsystem (1) aufgelöst werden (2). Ein Stern entflieht der Galaxis, sein Partner stürzt in das Schwarze Loch (3).

Anders sieht es jedoch bei Doppelsternen aus. Die meisten Sterne gehören einem Doppel- oder Mehrfachsternsystem an und sind keine Einzelkinder wie unsere Sonne. Doppelsterne kreisen in stabilen Ellipsenbahnen um ihren gemeinsamen Schwerpunkt. Nähert sich ein Doppelstern dem zentralen Schwarzen Loch, dann wird die Sache kompliziert – für die rechnenden Astronomen.

In der Himmelsmechanik spricht man von einem Dreikörperproblem. Ein klassischer Fall ist das System Erde – Mond, in dem die Sonne als dritter Körper die Mondbahn beeinflusst oder „stört", wie man in der Fachsprache sagt. Zur Berechnung der Bahnen in einem Dreikörpersystem gibt es im Allgemeinen keine analytischen Lösungen, Spezialfälle wie die Lagrange-Punkte ausgenommen (siehe Monatsthema April „Die Trojaner – Vasallen des Jupiter" auf Seite 106). Manchmal wird behauptet, man könne die Bewegung der drei Körper nicht berechnen. Dies trifft allerdings nicht zu. Mathematisch gesehen kann man die Positionen in Abhängigkeit von der Zeit nach dem Verfahren der numerischen Integration fast beliebig genau kalkulieren.

Doppelsterne als Kandidaten

Dramatisch wird es für ein Doppelsternpärchen, wenn es auf das zentrale Schwarze Loch zustürzt und in eine Umlaufbahn gezwungen wird. Der Doppelstern und das Schwarze Loch laufen um einen gemeinsamen Schwerpunkt. Kommt nun der Schwerpunkt des Doppelsternsystems dem Schwerpunkt Doppelstern – Black Hole nahe, so werden aufgrund der gewaltigen Masse des Schwarzen Lochs die Bahnen der beiden Sterne destabilisiert, kurzum: Das Paar wird auseinandergerissen.

Ein Stern wird dabei durch Impulsübertragung derart beschleunigt, dass er die Entweichgeschwindigkeit erreicht und der Galaxis entfliehen kann; er wird zu einem Runawaystar (engl., Weglaufstern). Sein Kompagnon bleibt in einer engen Bahn um das Schwarze Loch gefangen oder stürzt gar in diesen Schwerkraftschlund. Er opfert sich gewissermaßen für seinen Partner, der nun dem Milchstraßensystem entfliehen kann (siehe Abb. 10.12 oben). Der uns nächste Runawaystar LAMOST-HVS1 ist von der Sonne immerhin 42 000 Lichtjahre entfernt und enteilt mit 626 Kilometern pro Sekunde.

Der bisher schnellste Höchstgeschwindigkeitsstern wurde im Jahr 2015 mit dem 10-m-Keck-II-Teleskop auf dem Mauna Kea (Big Island, Hawaii) gefunden. US708 – so seine Katalognummer – rast mit 1200 Kilometern pro Sekunde, das sind 4 320 000 Kilometer pro Stunde, durch die Galaxis. Mit dieser Geschwindigkeit wäre man von der Erde zum Mond nur fünfeinhalb Minuten unterwegs. Bis zur Sonne dauerte die Reise nur 34 Stunden. US708 wird unsere Milchstraße für immer verlassen. Grund für seine Beschleunigung war allerdings nicht das Schwarze Loch im Zentrum der Galaxis, sondern ein anderer Mechanismus, der einen Stern aus einer Galaxie schleudern kann. Endet ein Stern eines engen Doppelsternsystems in einer Supernova-Detonation, so kann dadurch sein Partner auf Entweichgeschwindigkeit beschleunigt werden, insbesondere wenn es sich um eine asymmetrische Explosion handelt.

Wie Berechnungen ergeben, wird in über 90 % der Fälle, in denen eine Komponente eines Doppelsternpaares als Supernova detoniert, die andere Komponente weggeschleudert und das System somit aufgelöst. Allerdings erreicht nur höchstens jeder fünfte Stern, der von einer Supernova fortgeschleudert wird, die Entweichgeschwindigkeit aus der Galaxis. Man schätzt, dass so einige Dutzend Sterne in den letzten 100 Millionen Jahren aus der Galaxis gekickt wurden.

Ein ehemaliger Dreifachstern?

Mit dem Hubble-Weltraumteleskop wurde 2010 ein Stern im Sternbild Schwertfisch entdeckt, der bereits unser Milchstraßensystem verlassen hat und mit 694 Kilometern pro Sekunde durch den intergalaktischen Raum läuft. Er trägt die Katalogbezeichnung HE 0437-5439 und befindet sich bereits 200 000 Lichtjahre über der galaktischen Scheibe. Dieser Runawaystar birgt ein großes Rätsel: Er ist nämlich ein sehr heißer, bläulicher und massereicher Stern vom Spektraltyp O. Um eine solche Distanz zu erreichen, musste er 100 Millionen Jahre durch das All rasen. Solch massereiche Sterne leben aber nur rund 20 Millionen Jahre. Die einzige Erklärung für diesen offensichtlichen Widerspruch lautet: Ursprünglich entstammt dieser entflohene Stern aus einem Dreifachsternsystem. Ein Stern dieses Triplets explodierte. Die Supernova beschleunigte die beiden anderen auf Entweichgeschwindigkeit. Einer der beiden entwickelte sich auf dem Weg aus der Galaxis zu einem roten Riesenstern. Dabei verleibte er sich seinen Partner ein. Der neue, nun viel massereichere Stern wurde daraufhin zu einem blauen, heißen Riesenstern – gewissermaßen ein Jungbrunnen für den alten roten Riesen.

Weitere Mechanismen

Beobachtungen im Infrarotbereich lassen vermuten, dass es viel mehr Sterne im intergalaktischen Raum gibt, als es die Gravitationsschleudern der supermassereichen Schwarzen Löcher in den Galaxienkernen und die seltenen Supernova-Detonationen ermöglichen können, die beide nur sporadisch intergalaktische Sterne liefern.

Wenn zwei große Milchstraßensysteme einander nahekommen und schließlich zu einer riesigen elliptischen Galaxie verschmelzen, dann verformen sie sich bereits bei ihrer Annäherung. Durch die dabei auftretenden Gezeitenkräfte werden Ströme von Milliarden Sternen aus den Galaxien gezogen. Die meisten Sterne werden schlussendlich in die neu entstehende Galaxie übernommen. Ein Teil jedoch entweicht in den intergalaktischen Raum. Dieser Mechanismus ist die Hauptquelle der Sterne in den dunklen Weiten der intergalaktischen Räume.

Ein gewisser Überschuss an infrarotem Licht im sonst dunklen intergalaktischen Raum lässt eine größere Zahl intergalaktischer Sterne vermuten. Dieser kosmische Infrarothintergrund, als CIB (Cosmic Infrared Background) bezeichnet, wurde erstmals vom Spitzer-Weltraumteleskop detektiert. Es ist schwierig festzustellen, welcher Anteil im CIB von intergalaktischen Sternen und welcher von sehr fernen Galaxien mit hohen Rotverschiebungen stammt. Auch ist

10.13 **Der Kugelsternhaufen NGC 2419 im Sternbild Luchs dringt weit in den intergalaktischen Raum hinein, bleibt aber gravitativ an die Galaxis gebunden. Er gilt als „intergalaktischer Streuner". (Aufnahme: Martin Gertz/Sternwarte Welzheim.)**

es nicht leicht, die Infrarotstrahlung des warmen galaktischen Staubes unserer Milchstraße herauszurechnen.

Zur Erforschung des CIB wurden im Jahre 2013 vier Sonden durch die NASA von der Wallops Flight Facility in Virginia (USA) ins Weltall geschossen, um bei Messungen das störende Nachthimmelsleuchten der Erdatmosphäre (Airglow) zu vermeiden. Das Projekt lief unter der Bezeichnung CIBER (**C**osmic **I**nfrared **B**ackground **E**xpe**r**iment). Nach nur sieben Minuten Aufenthalt im All fielen die Sonden wieder auf die Erde zurück. Die Beobachtungsergebnisse waren ermutigend. Es zeigte sich, dass die Sonden die gleichen fleckigen Strukturen registriert hatten, wie sie zuvor die Spitzer-Aufnahmen erkennen ließen. Für Frühjahr 2017 ist geplant, das Nachfolgeprojekt CIBER-2 zu starten.

Der intergalaktische Wanderer

Ein Grenzfall ist der Kugelsternhaufen NGC 2419 im Sternbild Luchs, der sich mit 300 000 Lichtjahren Entfernung vom Milchstraßenzentrum bereits im intergalaktischen Raum befindet. Mit über zwölf Milliarden Jahre alten Sternen ist er fast dreimal so alt wie unsere Sonne. Er wurde schon als „intergalaktischer Wanderer" bezeichnet. Dennoch ist er kein Flüchtling aus unserer Galaxie, auch wenn er sich weiter als die Magellanschen Wolken von der Milchstraße entfernt hat. Denn er ist gravitativ an die Galaxis gebunden. Seine Umlaufzeit um das galaktische Zentrum beträgt allerdings drei Milliarden, also 3000 Millionen Jahre!

Eine weitere Möglichkeit, einsame Sterne im intergalaktischen Raum zu finden, ergibt sich, wenn solche Objekte als Supernovae aufleuchten. Mit dem Canada-France-Hawaii Telescope (Öffnung: 358 cm) auf dem Mauna Kea hat man bisher drei Supernovae im intergalaktischen Raum beobachtet.

Einen großen Fortschritt in der Erforschung der intergalaktischen Sternpopulation erhofft man sich, wenn das Large Synoptic Survey Telescope in Betrieb gehen wird (siehe Monatsthema September „LSST – die Entdeckungsmaschine" auf Seite 202).

November 2017

- Enge Begegnung am 13. von Venus und Jupiter am Morgenhimmel.
- Mars ist ebenfalls am Morgenhimmel zu sehen.
- Saturn zieht sich vom Abendhimmel zurück und wird um die Monatsmitte unsichtbar.

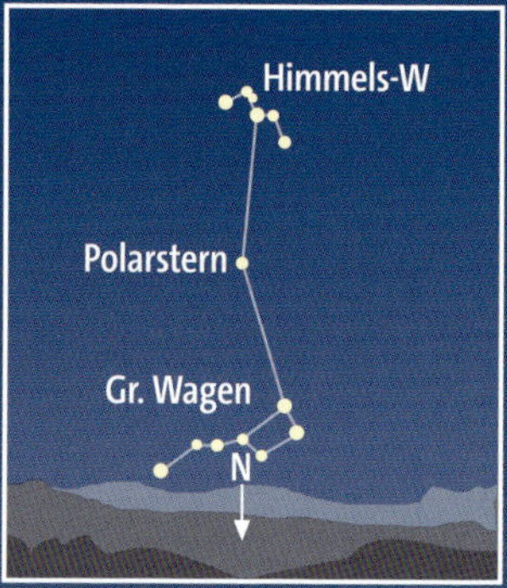

Großer Wagen und Himmels-W Anfang November um 22 Uhr

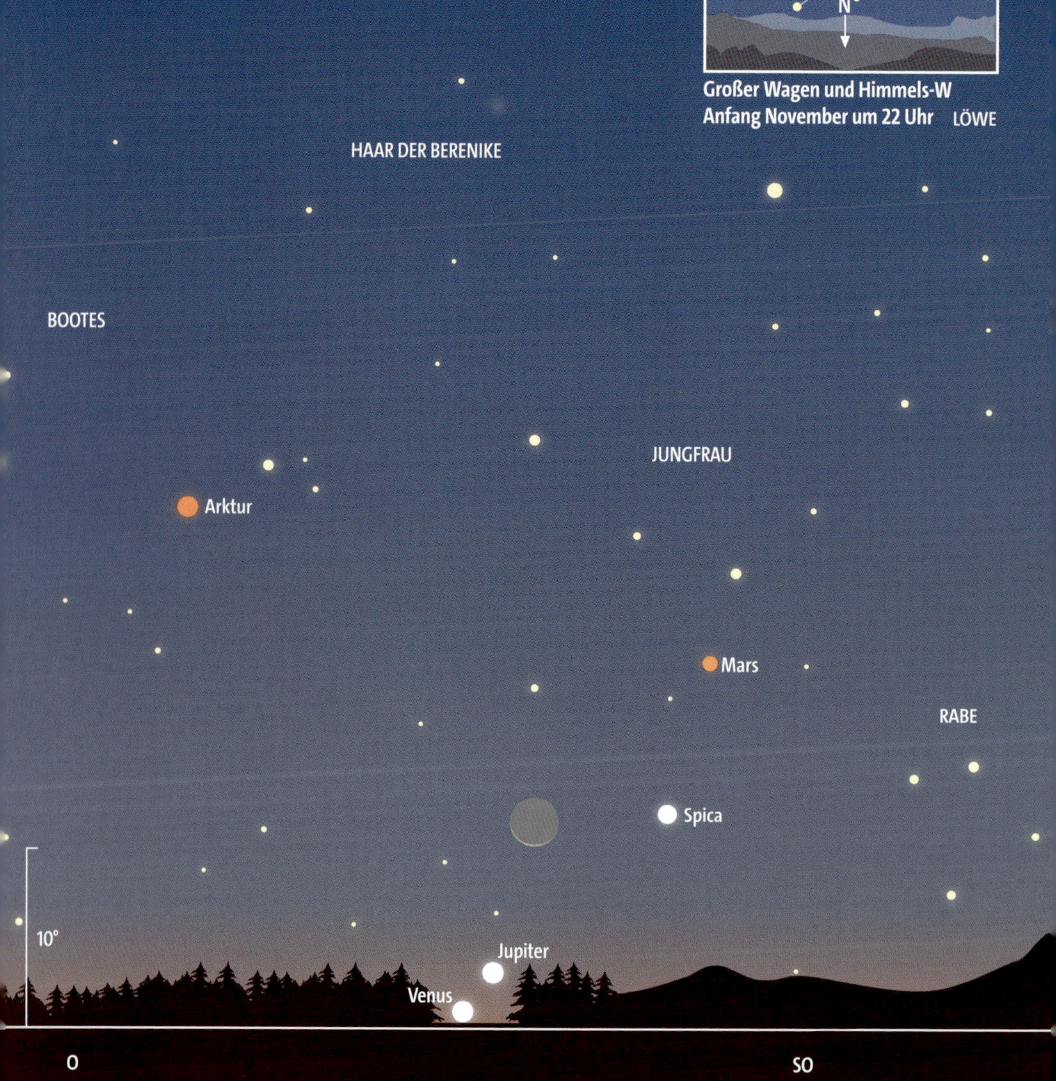

11.1 Himmelsanblick am 16. November gegen 6^h30^m MEZ. Am Osthimmel stehen Mars und die schmale Sichel des abnehmenden Mondes. Knapp über dem Horizont sind die beiden hellen Planeten Venus und Jupiter erschienen.

1 Mi	Allerheiligen	17 Fr	
2 Do		18 Sa	Neumond
3 Fr		19 So	
4 Sa	Vollmond	20 Mo	
5 So		21 Di	Mond bei Saturn (Abendhimmel)
6 Mo		22 Mi	Buß- und Bettag
7 Di		23 Do	
8 Mi		24 Fr	
9 Do		25 Sa	
10 Fr	Mond im letzten Viertel	26 So	Totensonntag, Mond im ersten Viertel
11 Sa		27 Mo	
12 So		28 Di	
13 Mo	Venus bei Jupiter (Morgenhimmel)	29 Mi	
14 Di		30 Do	
15 Mi	Mond bei Mars (Morgenhimmel)		
16 Do	Mond bei Venus und Jupiter (Morgenhimmel)		

Sonne – Sternbilder

22.11. 4^h:
Sonne tritt in das Tierkreiszeichen Schütze
23.11. 11^h:
Sonne tritt in das Sternbild Skorpion
29.11. 23^h:
Sonne tritt in das Sternbild Schlangenträger
Julianisches Datum am
1. November, 1^h MEZ: 2 458 058,5

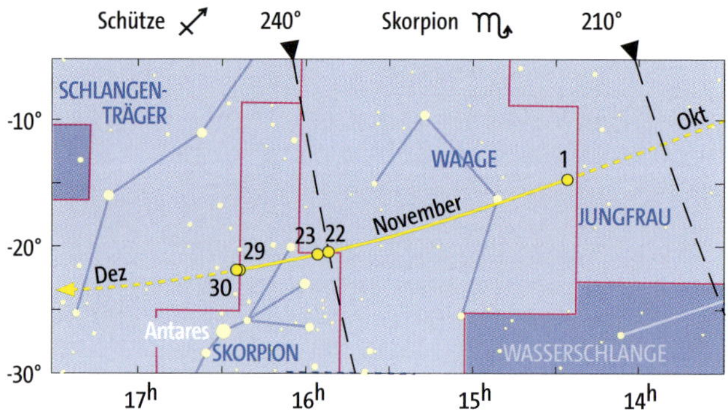

Tabelle Sonnenlauf

Tag	Dämmerg. Anfang	Aufgang MEZ	Kulmination	Untergang MEZ	Dämmerg. Ende	Mittagshöhe	Zeitgleichg.	Rektaszension	Deklination
	h m	h m	h m	h m	h m	°	m	h m	°
1.	5 58	7 10	12 04	16 57	18 09	25,4	+16	14 24	−14,3
5.	6 04	7 16	12 04	16 50	18 03	24,2	+16	14 40	−15,6
10.	6 11	7 25	12 04	16 43	17 56	22,7	+16	15 00	−17,1
15.	6 18	7 33	12 05	16 36	17 51	21,4	+15	15 21	−18,4
20.	6 25	7 41	12 06	16 30	17 46	20,2	+14	15 41	−19,6
25.	6 31	7 48	12 07	16 25	17 42	19,2	+13	16 02	−20,7
30.	6 37	7 56	12 09	16 22	17 40	18,3	+11	16 24	−21,6

Tages- und Nachtstunden

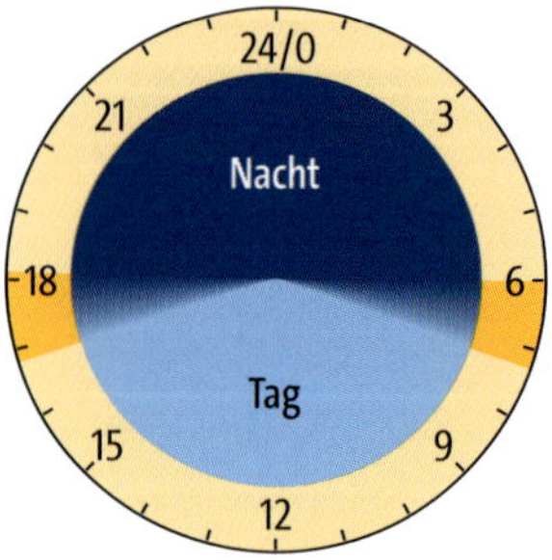

5. November

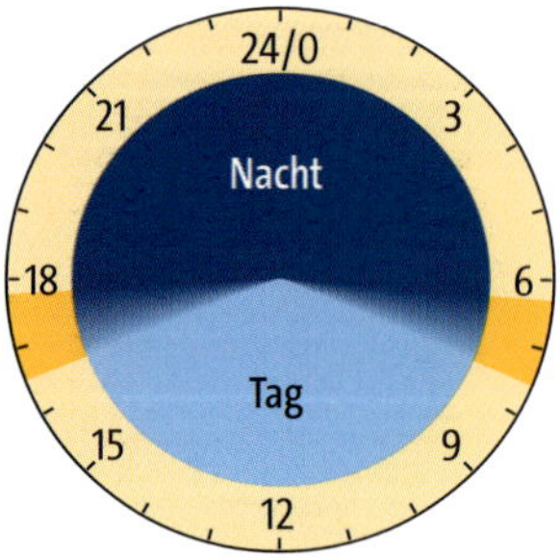

15. November

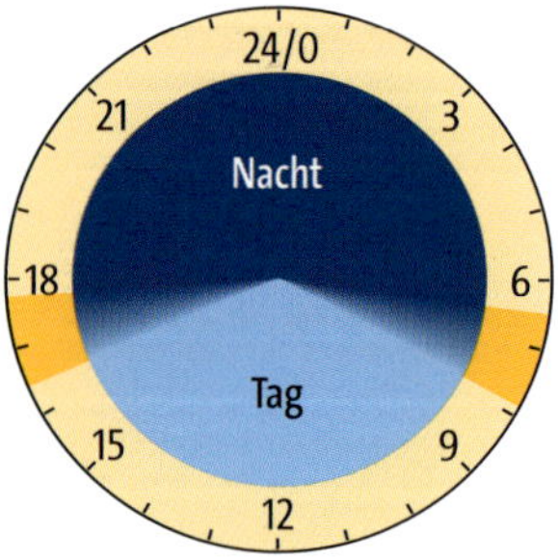

25. November

Tabelle Mondlauf

Datum		Aufg. MEZ	Kulmination	Unterg. MEZ	Rektaszension	Deklination	Sterne und Sternbilder	Phase	MEZ
		h m	h m	h m	h m	o			
Mi	1.	16 06	22 11	3 14	23 50	− 4,3	Wassermann		
Do	2.	16 33	23 02	4 28	0 42	+ 0,3	Walfisch		
Fr	3.	17 02	23 55	5 44	1 35	+ 5,1	Fische		
Sa	4.	17 34	–	7 03	2 31	+ 9,7	Walfisch	**Vollmond**	**$6^h 23^m$**
								Größte Südbreite	
So	5.	18 12	0 52	8 22	3 29	+13,7	* Stier		
Mo	6.	18 58	1 50	9 38	4 29	+17,0	* Stier, Hyaden	Erdnähe 361/33,′1	1^h
Di	7.	19 52	2 51	10 49	5 31	+19,1	Stier		
Mi	8.	20 54	3 52	11 51	6 33	+19,9	Alhena		
Do	9.	22 03	4 52	12 43	7 35	+19,3	* Zwillinge		
Fr	10.	23 14	5 49	13 25	8 34	+17,5	Krebs, Krippe	**Letztes Viertel**	**$21^h 36^m$**
								Aufsteigender Knoten	
Sa	11.	–	6 43	14 00	9 31	+14,8	Löwe		
So	12.	0 25	7 34	14 30	10 25	+11,3	Löwe, Regulus	Libration West	
Mo	13.	1 36	8 22	14 56	11 16	+ 7,3	Löwe		
Di	14.	2 45	9 08	15 20	12 05	+ 3,0	Jungfrau		
Mi	15.	3 53	9 53	15 44	12 53	− 1,3	Jungfrau		
Do	16.	4 59	10 38	16 08	13 41	− 5,6	Spica		
Fr	17.	6 04	11 23	16 34	14 28	− 9,5	Waage	Größte Nordbreite	
Sa	18.	7 09	12 09	17 03	15 16	−13,0	Waage	**Neumond Nr. 1174**	**$12^h 42^m$**
So	19.	8 10	12 55	17 35	16 05	−15,8	Skorpion		
Mo	20.	9 09	13 42	18 13	16 54	−18,0	Schlangenträger		
Di	21.	10 03	14 30	18 56	17 44	−19,4	Schütze	Erdferne 406/29,′4	20^h
Mi	22.	10 52	15 18	19 44	18 34	−20,0	Schütze, Nunki		
Do	23.	11 35	16 06	20 39	19 24	−19,6	Schütze		
Fr	24.	12 13	16 53	21 37	20 14	−18,4	* Steinbock		
Sa	25.	12 46	17 39	22 40	21 04	−16,4	Steinbock	Absteigender Knoten	
So	26.	13 15	18 26	23 45	21 53	−13,6	Steinbock	**Erstes Viertel**	**$18^h 03^m$**
Mo	27.	13 41	19 12	–	22 41	−10,2	Wassermann		
Di	28.	14 07	19 59	0 52	23 30	− 6,2	Wassermann	Libration Ost	
Mi	29.	14 32	20 48	2 03	0 20	− 1,8	Fische		
Do	30.	14 59	21 39	3 16	1 12	+ 2,9	Fische		

Der Mond bedeckt am 6. Aldebaran (siehe Seite 288)

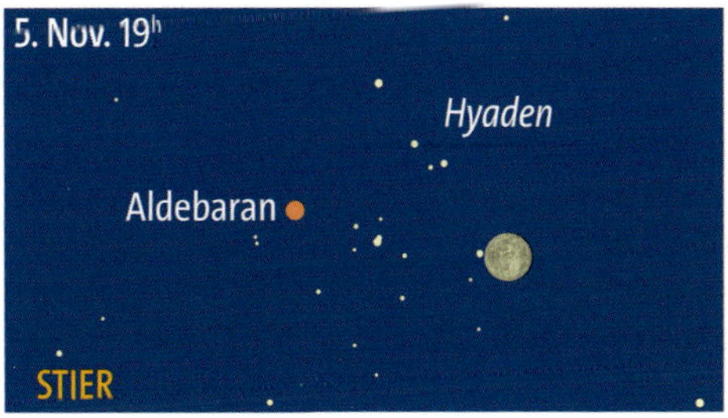

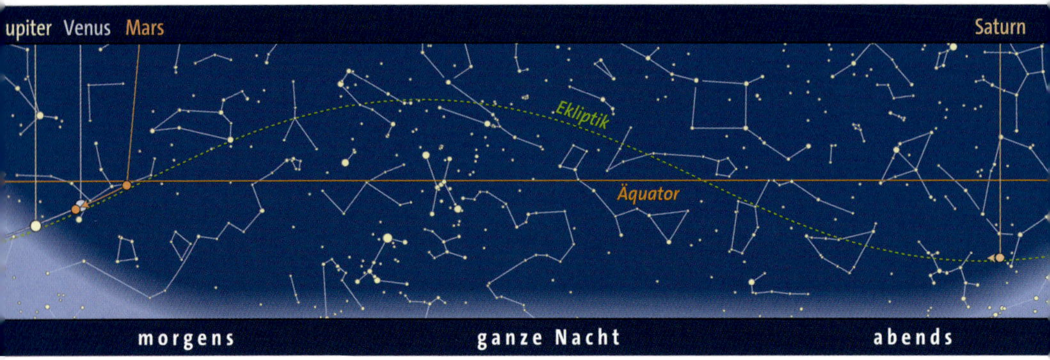

Merkur gewinnt langsam an östlichem Abstand von der Sonne, die ihm im Tierkreis nachläuft. Am 24. erreicht er seine größte östliche Elongation von der Sonne mit einer Distanz von 22°00′. Zu einer Abendsichtbarkeit reicht dies jedoch nicht, denn die abendliche Ekliptik verläuft flach zum Westhorizont. Mit fast −26° Deklination hält sich Merkur extrem weit südlich auf und beschreibt einen recht kleinen Tagbogen.

Wer Merkur mit einem Teleskop am Taghimmel aufsucht, wird bemerken, dass das Merkurscheibchen am 28. halb beleuchtet erscheint. Die Merkurhelligkeit beträgt an diesem Tag $-0{,}^{m}3$.

In südlichen Gefilden (ab 40° Nord südwärts) und vor allem in den Tropenregionen sowie auf der Südhalbkugel der Erde kann Merkur im letzten Novemberdrittel am Abendhimmel gesehen werden. Auch die Begegnung mit Saturn am 28. kann in diesen südlichen Gegenden beobachtet werden.

Konstellationen und Ereignisse

Datum	MEZ	Ereignis
3.	2^h	Mond bei Uranus, Mond 4,°2 südlich
13.	7	**Venus bei Jupiter**, Venus 0,°3 nördlich, **Abstand 0,°3 um 7^h**
15.	2	**Mond bei Mars**, Mond 3,°2 nördlich, **Abstand 2,°9 um 5^h**
16.	22	**Mond bei Jupiter**, Mond 4,°1 nördlich, **Abstand 5,°0 um 7^h am 17.**
17.	7	**Mond bei Venus, Mond 3,°3 nördlich**
20.	10	Mond bei Merkur, Mond 6,°9 nördlich
21.	1	**Mond bei Saturn**, Mond 3,°0 nördlich, **Abstand 5,°1 um 17^h am 20.**
22.	22	Neptun im Stillstand, anschließend rechtläufig
24.	1	Merkur in größter östlicher Elongation (22°)
27.	6	Mond bei Neptun, Mond 1,°2 südlich
28.	10	Merkur bei Saturn, Merkur 3,°1 südlich
30.	11	Mond bei Uranus, Mond 4,°3 südlich

Venus gibt ihre Abschiedsvorstellung am Morgenhimmel. Sie strebt immer südlicheren Gefilden des Tierkreises zu. Am 1. zieht sie 3,°5 nördlich an Spica (α Vir) vorbei, dem Hauptstern der Jungfrau. Sie verlässt das Sternbild Jungfrau am 13. und wechselt in die Waage. Am gleichen Tag hält sie sich nur 17′ nördlich von Jupiter auf (siehe Abb. 11.2 auf Seite 231).

Die Venusaufgänge verspäten sich weiterhin erheblich. Zum Monatsende geht sie nur noch eine knappe Stunde vor der Sonne auf. Am 1. erscheint Venus um 5^h33^m über dem Horizont und am 15. um 6^h16^m. Am 30. erfolgt der Aufgang der $-3{,}^{m}9$ hellen Venus erst um 7^h02^m.

Am 16. ergibt sich gegen 6^h30^m ein netter Himmelsanblick, wenn sich die schmale Sichel des abnehmenden Mondes zur

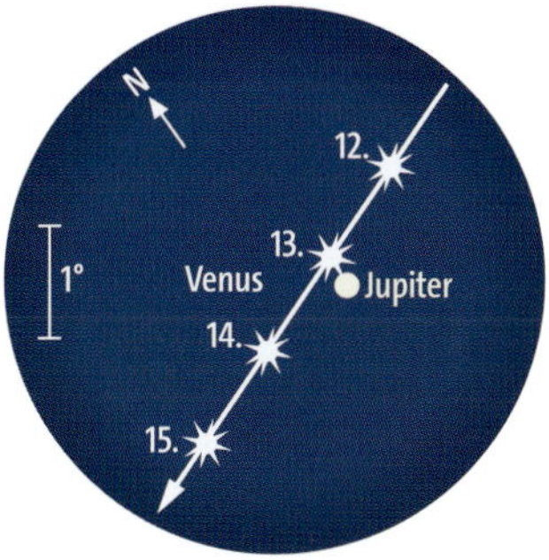

11.2 Venus bei Jupiter:
Begegnung der beiden hellsten Planeten Venus und Jupiter am 13. November. Morgendlicher Fernglasanblick bei 5° Gesichtsfelddurchmesser.

morgendlichen Planetenparade Venus – Jupiter – Mars gesellt (siehe Abb. 11.1 auf Seite 226). Um Jupiter zu erkennen, ist ein Fernglas zu empfehlen.

Im Teleskop sieht man ein kleines, voll beleuchtetes Venusscheibchen von nur mehr 10″ scheinbarem Durchmesser. Bis Monatsende wächst ihr Abstand von der Erde auf 251 Millionen Kilometer (= 1,678 AE) an. Das Venuslicht ist dann fast 14 Minuten zur Erde unterwegs.

Mars kann am Morgenhimmel gesehen werden. Er wandert rechtläufig durch das Sternbild Jungfrau und passiert Spica (α Vir) vom 28. bis 30. in 3°,3 nördlichem Abstand.

Die Aufgangszeiten des roten Planeten verfrühen sich nur unwesentlich. Der Marsaufgang erfolgt am 1. um 4^h04^m und am 30. um 3^h51^m. Die Marshelligkeit nimmt ein wenig auf $1{,}^m7$ zu, der Durchmesser des Planetenscheibchens wächst geringfügig auf 4″,2 an.

Am 15. gesellt sich die Sichel des abnehmenden Mondes zum roten Planeten (siehe Abb. 11.3 rechts).

Auf der Nordhalbkugel des Mars beginnt am 20. der Sommer.

Jupiter stand im letzten Oktoberdrittel in Konjunktion mit der Sonne. Er wandert durch das Sternbild Jungfrau und wechselt am 15. in die Waage (siehe Abb. 4.5 auf Seite 100).

Im Laufe des Monats wachsen die westlichen Elongationen des Riesenplaneten auf knapp 28° an. Ab der Monatsmitte wird der $-1{,}^m7$ helle Jupiter am Morgenhimmel knapp über dem Osthorizont sichtbar. Am 15. geht Jupiter um 6^h06^m auf. Etwa eine halbe Stunde später sieht man ihn tief am Osthimmel. Die wesentlich hellere Venus kann helfen, Jupiter zu finden. Venus verfolgt den Riesenplaneten und überholt ihn am 16. nur 17′ nördlich (siehe Abb. 11.2 oben).

Ein netter Himmelsanblick ergibt sich am 16. gegen 6^h30^m morgens, wenn sich die schmale Sichel des abnehmenden Mondes zur Planetenparade Venus – Jupiter – Mars gesellt (siehe Abb. 11.1 auf Seite 226). Um Jupiter zu erkennen, ist ein Fernglas zu empfehlen.

Bis zum 30. verfrühen sich die Jupiteraufgänge auf 5^h24^m.

Saturn wandert schneller werdend rechtläufig durch den Schlangenträger und überschreitet am 19. die Grenze zum Sternbild Schütze. Der Ringplanet beendet seine Abendsichtbarkeit und wird um die Monatsmitte für das freie Auge unsichtbar – die Konjunktion ist nicht mehr fern (siehe Abb. 6.3 auf Seite 139).

Die Untergänge des $0{,}^m5$ hellen Saturn erfolgen am 1. um 19^h19^m, am 10. um 18^h47^m, am 20. um 18^h12^m und am 30. bereits um 17^h37^m. Die Begegnung mit Merkur am 28. bleibt unbeobachtbar.

11.3 Mond bei Mars:
Die Sichel des abnehmenden Mondes passiert am 15. November den roten Planeten. Fernglasanblick gegen 5^h MEZ.

Uranus, rückläufig im Sternbild Fische, hat seine Oppositionsstellung zur Sonne gerade hinter sich. Er bremst seine Wandergeschwindigkeit leicht ab (siehe Abb. 10.5 auf Seite 214).

Mit Einbruch der Dunkelheit ist der grünliche Planet bereits am Osthimmel mit einem Fernglas oder Teleskop auffindbar. Vom Morgenhimmel zieht sich Uranus zurück. Der Uranusun-

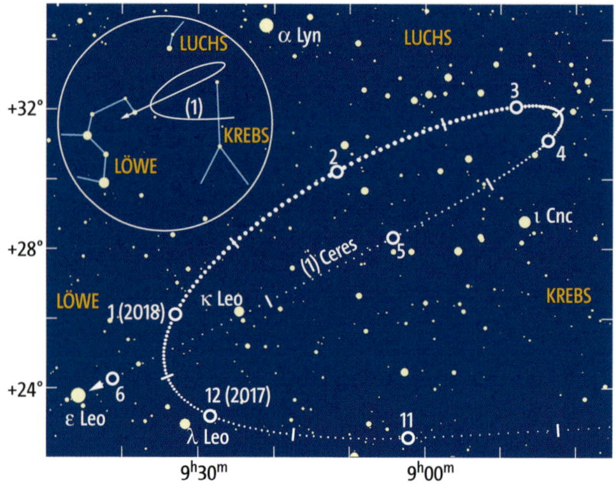

11.4 Bahn von Ceres: **Scheinbare Bahn des Kleinplaneten (1) Ceres im Gebiet der Sternbilder Krebs und Löwe von Anfang November 2017 bis Juni 2018.**

tergang erfolgt am 1. um 6^h04^m und am 15. um 5^h06^m. Am 30. geht der $5^m{,}7$ lichtschwache Uranus schon um 4^h05^m unter. Jeweils rund eine Stunde vor seinem Untergang wird Uranus unbeobachtbar.

Am 1. kulminiert Uranus um 23^h12^m, am Monatsletzten bereits um 21^h14^m. Dies ist die günstigste Stunde, um nach ihm zu suchen.

Neptun bremst seine ohnehin langsame, rückläufige Bewegung im Wassermann ab und bleibt am 22. vollends stehen. Damit beendet der nur $7^m{,}9$ helle Planet seine Oppositionsperiode. Anschließend ist er wieder rechtläufig, was zunächst kaum erkennbar ist (siehe Abb. 9.13 auf Seite 199). Die jetzt immer früher einsetzende Dunkelheit erlaubt es, Neptun am Abendhimmel aufzufinden.

Zu Monatsbeginn kulminiert Neptun um 20^h28^m und geht um 1^h56^m unter. Ende November passiert der sonnenfernste Planet schon um 18^h34^m die Mittagslinie und sinkt um 0^h02^m unter den Horizont.

Planetoiden

Ceres (1), rechtläufig im Sternbild Krebs, wechselt im letzten Monatsdrittel, am 23., in das Sternbild Löwe. Ihre Helligkeit nimmt um eine halbe Größenklasse zu und erreicht $8^m{,}0$. Ihre Kulminationszeiten verlagern sich von 6^h41^m zu Monatsanfang auf 5^h12^m zu Monatsende. Ab Mitternacht kann man versuchen, Ceres mit lichtstarkem Fernglas (plus Stativ) zu finden (siehe auch Aufsuchkarte Abb. 11.4 oben).

Pallas (2) stand Ende des Vormonats in Opposition zur Sonne. Sie wandert rückläufig und in südlicher Richtung durch das Sternbild Chemischer Ofen, wobei sie deutlich langsamer wird (siehe Abb. 10.7 auf Seite 215). Ihre Helligkeit geht im Laufe des Monats von $8^m{,}2$ auf $8^m{,}4$ zurück.

Am 1. kulminiert Pallas um 0^h43^m, am 30. bereits um 22^h22^m.

Iris (7), rückläufig im Widder, hat ihre Opposition gerade hinter sich. Ihre Helligkeit geht im Laufe des Monats von $6^m{,}9$ auf $7^m{,}7$ erheblich zurück. Bei ihrer rückläufigen Wanderung passiert sie zur Monatsmitte am 14. nur $0^{\circ}{,}3$ südöstlich Mesarthim (γ Arietis; $3^m{,}9$), der gut als Anhaltsstern zum Auffinden von Iris dienen kann (siehe Abb. 10.8 auf Seite 216). Am 29. wird Iris stationär und beendet damit ihre Oppositionsperiode.

Iris verlegt ihre Kulminationen in die späten Abendstunden. Am 1. kulminiert sie um 23^h38^m, am 15. um 22^h34^m und am 30. bereits um 21^h32^m. Am Monatsletzten geht sie um 5^h04^m unter.

Flora – Planetoid Nr. 8 – wird am 22. im Sternbild Zwillinge stationär und setzt zu ihrer Oppositionsschleife an. Anschließend eilt sie rückläufig ihrer Oppositionsstellung zur Sonne entgegen, die sie Anfang Januar 2018 erreicht (siehe Aufsuchkarte Abb. 12.6 auf Seite 253). Ihre

Helligkeit nimmt von $9^{\mathrm{m}}\!,7$ auf $9^{\mathrm{m}}\!,1$ erheblich zu.

Am 1. kulminiert Flora um $4^{\mathrm{h}}52^{\mathrm{m}}$, am 15. um $4^{\mathrm{h}}05^{\mathrm{m}}$ und am 30. schon um $3^{\mathrm{h}}06^{\mathrm{m}}$.

Massalia – Planetoid Nr. 20 – wird am 7. im Sternbild Zwillinge stationär und wandert anschließend rückläufig am 27. in die nördlichsten Partien des Orion hinein (siehe Abb. 12.7 auf Seite 254). Am 29. passiert sie etwa ein Grad südlich den Sommerpunkt, auch als Krebspunkt bekannt.

Mitte Dezember ist ihre Opposition zur Sonne zu erwarten. Die nahende Opposition wird auch an der beachtlichen Zunahme ihrer Helligkeit von $9^{\mathrm{m}}\!,6$ auf $8^{\mathrm{m}}\!,9$ ersichtlich.

Massalia kulminiert am 1. um $3^{\mathrm{h}}46^{\mathrm{m}}$, am 15. um $2^{\mathrm{h}}50^{\mathrm{m}}$ und am 30. schon um $1^{\mathrm{h}}43^{\mathrm{m}}$.

Periodische Sternschnuppenströme

Vom 12. bis 29. November treten am Morgenhimmel die **Leoniden** in Aktion. Ihr Radiant liegt im Löwen rund 10° nordöstlich von Regulus. Das spitze Maximum ist dieses Jahr in der Nacht vom 17. auf 18. November mit maximal 20 Leoniden pro Stunde zu erwarten. Die günstigste Zeit für die Beobachtung liegt zwischen Mitternacht und Morgendämmerung.

Diese Sternschnuppen sind außerordentlich schnell (um 70 Kilometer pro Sekunde). Das Erscheinen der Leoniden geht auf den Kometen 55P/Tempel-Tuttle zurück, der sich zurzeit nahe seinem Aphel aufhält. In manchen Jahren waren die Leoniden besonders aktiv. Nur alle 33 Jahre kollidiert die Erde mit dem Zentrum der Leoniden-Trümmerwolke. Auch Staubspuren auf abweichenden Bahnen werden in diesem Jahr nicht von der Erde durchquert.

Auf die **Tauriden**, deren Maximum auf den 10. November fällt, wurde schon im September hingewiesen. Zwischen 20^{h} und 4^{h} ist mit fünf bis zehn Meteoren pro Stunde zu rechnen. In den letzten Jahren hat sich gezeigt, dass die Tauriden eigentlich in zwei Teilströme zerfallen. Die **N-Tauriden** haben ihr Maximum am 10. November, die **S-Tauriden** sind etwas früher dran, ihr Höhepunkt fällt auf den 4. November.

Die **Alpha-Monocerotiden** sind ein periodisch aktiver Strom. In den Jahren 1925, 1935, 1985 und 1995 konnten jeweils innerhalb einer halben Stunde Fallraten mit bis zu 500 Sternschnuppen beobachtet werden. Der Verursacherkomet ist unbekannt. Die berechneten Bahnen der zuletzt aufgezeichneten Meteore weisen auf ein Objekt mit rund 500 Jahren Umlaufzeit hin. Einige Berechnungen sagen ein erneutes Auftreten des Stroms erst für 2019 voraus. Sorgfältige Beobachtungen sind daher erwünscht.

Der Charakter des abendlichen Sternenhimmels ist nun eindeutig herbstlich, auch wenn das Sommerdreieck im Westen noch zu sehen ist. Im Osten sind bereits die Wintersternbilder im Anmarsch. Bei einem Blick zum Zenit erkennt man auf Anhieb das Himmels-W, die Königin Kassiopeia. Die mittlere Spitze des Ws deutet bekanntlich ungefähr auf den Polarstern. Lässt man vom Polarstern den Blick zum Nordhorizont hinunter gleiten, so stößt man auf den Großen Wagen, dessen sieben Sterne jetzt tief im Norden stehen. Er passiert gerade den Meridian in unterer Kulmination. Als Zirkumpolarsternbild ist er in dieser Position noch über dem Horizont, während ansonsten Sterne und Sternbilder in unterer Kulmination nicht zu sehen sind, weil diese unterhalb des Horizonts erfolgt.

Ebenfalls in Zenitnähe entdeckt man die Sternenkette der Andromeda. Unsere Nachbarmilchstraße, die Andromedagalaxie, befindet sich fast genau im Meridian. Das Pegasusquadrat hat seinen Meridiandurchgang bereits hinter sich und ist ein wenig nach Westen gerückt. Hoch im Osten ist der Perseus zu sehen, dessen Gestalt nun gut zu erkennen ist. Im Perseus findet sich der Bedeckungsveränderliche Algol (β Perseï), der Prototyp der Klasse der Algol-Variablen. Die Entfernung der Doppelsonne Algol wurde zu 93 Lichtjahren gemessen. Die arabische Bezeichnung Algol bedeutet so viel wie „Haupt des Teufels".

Ein neuzeitliches Sternbild

Zwischen dem Polarstern und dem Perseus liegt ein Feld von weniger hellen Sternen. Sie gehören zu dem unscheinbaren und darum wenig bekannten Sternbild Giraffe (lat.: Camelopardalis). Die Giraffe ist ein neuzeitliches Sternbild, das erst im Jahr 1613 von dem holländischen Pfarrer und Liebhaberastronomen Petrus Plancius eingeführt wurde.

Das Gebiet um den Meridian halten außer Andromeda und Kepheus noch die Sternbilder Widder, Fische und Walfisch besetzt. Im Südwesten dehnt sich der Wassermann aus. Darunter ist gerade noch Fomalhaut im Südlichen Fisch zu erkennen.

Im Osten wimmelt es von hellen Sternen, die Wintersternbilder drängen auf die Himmelsbühne: Der Fuhrmann mit Kapella, der Stier mit Aldebaran und den beiden offenen Sternhaufen Plejaden und Hyaden, der Orion mit Beteigeuze und Rigel sowie die Zwillinge mit Kastor und Pollux ziehen die Blicke auf sich.

Von den Winterbildern fehlen nur noch der Kleine und der Große Hund. Sie werden aber zur Wintersonnenwende zur Standardbeobachtungszeit am Nachthimmel vertreten sein.

Objekte für Feldstecher und Fernrohr

Einst war der große Andromedanebel (M 31), unsere Nachbarmilchstraße, mit bloßen Augen leicht zu erkennen. Infolge der zunehmenden Luftverschmutzung und rapide ansteigenden Störung durch künstliche Beleuchtung sind viele früher freisichtige Himmelsobjekte heute nur noch im Fernglas auszumachen.

M 31 zählt zu den prominenten Objekten des Herbsthimmels. Er ist jetzt leicht mit einem Fernglas zu finden, steht er doch zu unserer Standardbeobachtungszeit fast im Zenit. Man sieht ein matt schimmerndes Lichtfleckchen, hervorgerufen von mehr als 200 Milliarden

Veränderliche Sterne im November

Algol-Minima	8. 5^h42^m	11. 2^h31^m	13. 23^h21^m	16. 20^h09^m	28. 7^h26^m	
β-Lyrae-Minima	5. 9^hN	11. 21^hH	18. 8^hN	24. 20^hH		
δ-Cepheï-Maxima	3. 20^h	9. 5^h	14. 14^h	19. 22^h	25. 7^h	30. 16^h
Mira-Helligkeit	1. 9^m	10. 9^m	20. 8^m	30. 8^m		

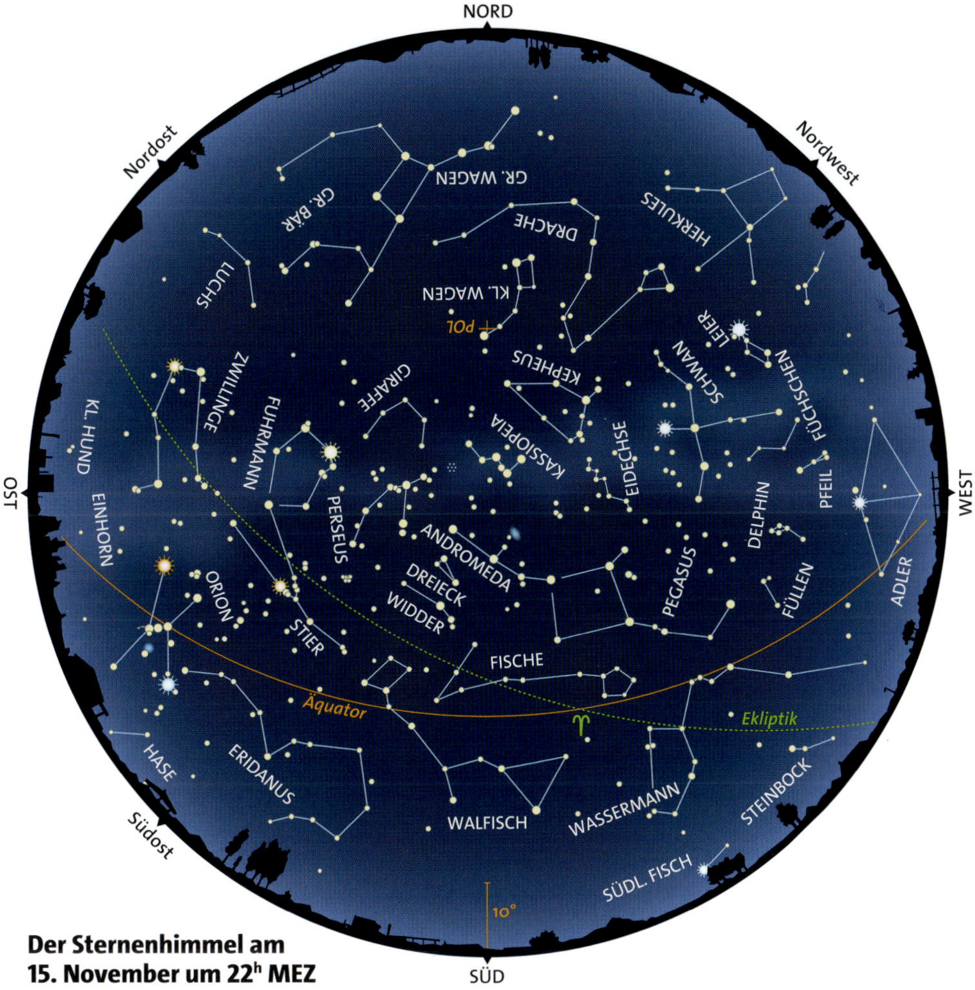

Der Sternenhimmel am 15. November um 22^h MEZ

Die Sternkarte ist auch gültig für:		
	MEZ	MESZ
1. 9.	3^h	4^h
15. 9.	2	3
1.10.	1	2
15.10.	0	1
1.11.	**23**	
15.11.	**22**	
30.11.	**21**	
15.12.	20	
31.12.	19	
15. 1.	18	

Sternen in fast drei Millionen Lichtjahren Entfernung.

In einem größeren Teleskop zeigt M 31 einen kleinen, runden Kern mit einem spindelförmigen Lichtschleier. Spiralarme, wie sie auf Aufnahmen großer Teleskope zu erkennen sind, wird man jedoch nicht ausmachen können.

Nicht weit von M 31 entfernt trifft man auf die Triangulum-Galaxie mit der Katalogbezeichnung M 33. Wie ihr Name andeutet, steht sie im Sternbild Dreieck. Sie ist deutlich lichtschwächer als M 31 und kleiner, aber im Fernglas unter guten Bedingungen zu erkennen. M 33 ist fast genauso weit wie M 31 entfernt. Beide Galaxien gehören zur sogenannten Lokalen Gruppe, ebenso wie unsere eigene Milchstraße. Diese sind die

11.5 Andromeda und Dreieck: Die Sternbilder Andromeda und Dreieck mit den zwei Galaxien M 31 (Andromedanebel) und M 33.

drei großen Welteninseln, während mehr als zwei Dutzend Zwerggalaxien Mitglieder der Lokalen Gruppe sind.

Funkelnder Sternhaufen

Unbedingt zum Programm einer Himmelsdurchmusterung gehören die beiden offenen Sternhaufen h und χ im Perseus. Sie wurden so im Sternatlas von Johannes Bayer aus dem Jahre 1603 benannt. Doch schon 130 v. Chr. hat sie Hipparkos von Nikaia (190–120 v. Chr.) in seinen Sternkatalog aufgenommen. Auch in Tycho Brahes (1546–1601) Katalog sind sie vermerkt, allerdings als zwei Sterne. Ihre Katalogbezeichnungen lauten NGC 869 und NGC 884. Sie sind leicht zu finden, wenn man vom ersten Strich des Himmels-W ausgehend das Fernglas in Richtung Kopf des Perseus schwenkt. In einem Vierzöller gewinnt man bei geringer Vergrößerung (etwa 50-fach) einen fantastischen Eindruck. Wie Edelsteine auf schwarzem Samt funkeln die Sterne in allen Farben – rot, orange, gelb und blau. Darunter auch Sterne, die schlicht weiß leuchten.

Nicht weit von h und χ entfernt kann man den wenig bekannten Babynebel in der Kassiopeia beobachten. Er trägt die Katalogbezeichnung IC 1848. Der Babynebel beinhaltet einen offenen Sternhaufen und gehört zu den Emissionsnebeln. Seinen Namen trägt er, weil sein Aussehen einem Säugling ähnelt. Manchmal wird er auch Soul Nebula (engl., Seelennebel) genannt. Mit $6^{m}\!,5$ scheinbarer Gesamthelligkeit und einem scheinbaren Durchmesser von rund einem Grad – das Vierfache der Vollmondfläche! – ist er recht lichtschwach und erfordert mindestens ein Instrument mit 25 cm Öffnung. Etwa 7000 Lichtjahre trennen uns von diesem bizarren Gebilde. IC 1848 liegt im Südwesten der Kassiopeia an der Grenze zum Perseus, etwa $3^{\circ}\!,5$ nördlich von η Perseï.

Der Weihnachtsbaum

Interessant ist es, einmal eine Dunkelwolke ins Visier zu nehmen, und zwar den Kegelnebel

11.6 Der Perseus:
Das Sternbild Perseus mit den offenen Sternhaufen h und χ sowie dem Babynebel IC 1848 in der benachbarten Kassiopeia.

(engl.: Cone Nebula) im Sternbild Einhorn (lat.: Monoceros). Er ist als etwa 5′ langer, schmaler dunkler Streifen südlich des Weihnachtsbaum-Sternhaufens aufzufinden. Der Weihnachtsbaum-Sternhaufen sieht wie ein spitzes Dreieck aus, das an einen Weihnachtsbaum erinnert. Er trägt die Katalogbezeichnung NGC 2264, ist rund 2400 Lichtjahre entfernt und wurde 1784 von Wilhelm Herschel entdeckt. Der etwas südlich unmittelbar anschließende Kegelnebel bildet sich als Kontrast gegenüber hellen Emissions- und Reflexionswolken rund um den Monocerotis-Cluster ab, wie der Weihnachtsbaum-Sternhaufen auch genannt wird. Hellster Stern in dem Haufen ist 15 Monocerotis mit $4^{\mathrm{m}},7$.

Nebel im Orion

Im aufgehenden Orion sehe man sich einmal M 78 an. Dieser Gasnebel ist nicht so prominent wie der große Orionnebel (M 42). Man gehe vom östlichen Gürtelstern (Alnitak oder ζ Orionis) aus in Richtung Nordost auf Beteigeuze zu. Etwa in gleicher Distanz wie M 42 südwestlich von ζ Ori liegt, stößt man nordöstlich auf M 78. Der helle Reflexionsnebel mag im ersten Augenblick an einen Kometen erinnern. Die Gesamthelligkeit liegt bei 8^{m}. Dieser Reflexionsnebel, der auch Staubstrukturen in größeren Instrumenten erkennen lässt, ist ähnlich weit entfernt wie der Orionnebel, rund 1400 Lichtjahre.

Doppelsterne

Außer den prominenten Doppelsternen des Herbsthimmels γ Andromedae (Alamak) und γ Arietis (Mesarthim) sei noch α in den Fischen als Doppelstern empfohlen. Alrescha (α Piscium) ist 140 Lichtjahre entfernt. Die $4^{\mathrm{m}},2$ und $5^{\mathrm{m}},2$ hellen Komponenten leuchten weiß und umkreisen einander in 900 Jahren. Zurzeit beträgt ihr Abstand $1'',8$, weshalb ein Vierzöller (10-cm-Refraktor) oder ein 15-cm-Spiegelteleskop erforderlich ist, um α Psc zu trennen. Der Positionswinkel beträgt P = 260° (von Nord über Ost gezählt). Beide Komponenten sind spektroskopische Doppelsterne – Alrescha ist also ein Vierfachstern.

Das Fermi-Paradoxon

Shutterstock/adike

11.7 Haben extraterrestrische Wesen die Erde schon einmal besucht?

Neugier ist eine der positiven menschlichen Eigenschaften. Ohne sie gäbe es nicht den Drang, die Welt und ihre Phänomene zu erkunden. Neugier, die himmlischen Gefilde und deren Gestirne zu erforschen, ist auch die Triebfeder der Astronomen. Der Anblick eines sternenübersäten, dunklen Nachthimmels fernab störender irdischer Lichtquellen fasziniert Laien nicht nur, sondern sie möchten auch erfahren, was man heutzutage über Sonne, Mond und Sterne weiß. Wie ist alles entstanden? Wie läuft das Leben der Sterne ab? Wie sieht es auf fremden Planeten aus? Ein Thema interessiert die Öffentlichkeit dabei ganz besonders: Sind wir allein in dem ungeheuer großen Weltall mit seinen Trillionen von Sternen und mindestens ebenso vielen Planeten? Kurz: Gibt es außerhalb unseres Heimatplaneten Erde Lebensformen im Kosmos? Filmproduzenten ist bekannt: Für Menschen sind Menschen das Interessanteste. Nichts weckt unsere Neugier mehr als unsere eigenen Artgenossen. So verwundert es nicht, dass Suchprogramme nach unseren Brüdern und Schwestern im All auf große Resonanz in der Bevölkerung stoßen. Sie sind viel öffentlichkeitswirksamer als etliche andere sehr bedeutende und erfolgreiche astronomische Beobachtungsprogramme. Umfragen haben ergeben, dass die Mehrheit der Bevölkerung von der Existenz außerirdischer Zivilisationen überzeugt ist. Doch gefunden hat sie bisher noch niemand, wenn auch manche Zeitgenossen felsenfest glauben, dass wir längst Besuch extraterrestrischer Wesen gehabt haben oder immer noch haben.

Es ist nicht ganz abwegig zu vermuten, dass auch an anderen Orten im Universum Leben entstanden ist. Die biologische Evolution ist wohl nicht nur auf die Erde beschränkt, denn die Naturgesetze haben universelle Gültigkeit. Im Weltall kommen die gleichen Atome, Moleküle und chemischen Substanzen vor wie auf unserem Planeten. Die Materie zeigt die universelle Eigenschaft, komplexe Strukturen, nämlich lange Ketten und Ringverbindungen von Atomen, zu bilden. Radioastronomen haben in den interstellaren Gas- und Staubwolken komplizierte Moleküle, vor allem Kohlenwasserstoffverbindungen, entdeckt. Solche Molekülkomplexe sind die Grundbausteine für Organismen. In Meteoriten, die man in der Antarktis gefunden hat, entdeckte man sogar Aminosäuren außerirdischen Ursprungs.

Bausteine des Lebens im All

Aus Aminosäuren bilden sich die langen Kettenmoleküle der Proteine, auch Eiweiße genannt. Alle Lebewesen – Bakterien, Pflanzen, Tiere und Menschen – bestehen aus den 20 gleichen Aminosäuren. Die irdischen Aminosäuren haben alle die Eigenschaft, die Polarisationsebene hindurchgehenden Lichts nach links (beim Blick in Bewegungsrichtung des Lichtstrahls) zu drehen. In Meteoriten wurden aber auch Aminosäuren entdeckt, die rechtsdrehend sind und somit außerirdischen Ursprungs sein müssen. Komplexe Moleküle werden bei hohen Temperaturen zerstört. Auf Sternen kann daher kein Leben existieren, denn deren Oberflächen sind einige tausend Grad heiß. Leben kann es nur auf Planeten oder deren großen Monden geben, die eine Sonne in der habitablen Zone, auch Ökosphäre genannt, umkreisen. Darunter versteht man jenen Bereich um eine Sonne, in dem die Oberflächentemperatur eines Planeten flüssiges Wasser zulässt. Läuft ein Planet zu nahe um seinen Mutterstern, so ist es auf ihm zu heiß für Lebensformen. Ist sein Abstand von der Muttersonne wiederum zu groß, ist alles tiefgefroren und biologische Prozesse können nicht ablaufen.

Lange war unbekannt, ob das Planetensystem unserer Sonne ein seltener Sonderfall ist oder ob auch um andere Sonnen Planeten laufen. Einen ersten Hinweis auf fremde Planetensysteme gaben die Staubscheiben, die man um sich gerade bildende Sterne entdeckt hatte. Solche Staubscheiben sind Vorstufen eines Planetensystems.

Universität Chicago

11.8 Enrico Fermi (1901 – 1954), Nobelpreisträger für Physik, fragte einst: „Wo sind sie denn, die Außerirdischen?".

Auch die Planeten unserer Sonne haben sich aus einer ursprünglichen Staubscheibe gebildet.

Der erste extraterrestrische Planet

Im November 1995 wurde der erste fremde Planet entdeckt. Er umrundet den sonnenähnlichen Stern mit der Flamsteed-Nr. 51 im Sternbild Pegasus (Spektraltyp von 51 Peg: G5 V). Inzwischen sind weit mehr als 2000 Exoplaneten aufgespürt worden. Als „Exoplaneten" bezeichnet man Planeten anderer Sonnen. Bei über 4000 weiteren Sternen lassen die Beobachtungen auf weitere Exoplaneten schließen.

Um Planeten zu finden, die der Erde hinsichtlich ihrer Größe und Masse ähnlich sind und die in habitablen Zonen um ihre Muttersonne kreisen, hat man im März 2009 die Mission Kepler gestartet. Das Kepler-Weltraumteleskop sucht in einem speziell ausgewählten Himmelsareal nach erdähnlichen Planeten und wurde auch schon fündig (siehe *Kosmos Himmelsjahr 2013*, Monatsthema Juni „Wo ist die zweite Erde?" auf Seite 142).

11.9 Habitable Zonen (grün) um eine heiße Sonne, um sonnenähnliche Sterne und um rote Zwergsterne. Eingetragen sind die Planetenbahnen von Merkur bis Mars.

Schon seit längerer Zeit versucht man, Radiosignale von extraterrestrischen Zivilisationen mit hohem Technologiestandard zu empfangen. Die Suche begann mit dem Projekt OZMA von Frank Drake (*1930) mit dem 26-m-Radioteleskop des NRAO (National Radio Astronomy Observatory) in Green Bank, West Virginia (USA). Eine Reihe ähnlicher Projekte folgten. Am 12. Oktober 1992, dem 500. Jahrestag der Entdeckung Amerikas durch Christoph Kolumbus, startete die NASA das Projekt MOP (Microwave Observing Project). Es war das raffinierteste und ausgeklügeltste Suchprojekt, das je unternommen wurde. Zehn Jahre lang wollte man rund 1000 sonnenähnliche Sterne anpeilen und in 28 Millionen Funkkanälen nach Signalen außerirdischer Zivilisationen suchen.

Doch schon bald wurde das Suchprogramm von der NASA wieder aufgegeben. Die außerordentlich engagierte amerikanische Astronomin Jill Tarter (*1944), eine Schülerin von Frank Drake, hat es mit Hilfe privater Sponsoren jedoch retten können. Es wurde unter der Bezeichnung „Project Phoenix" am SETI-Institut in Mountain View (Kalifornien) weitergeführt. Allerdings ohne Erfolg. Die Extraterrestrier haben sich bislang nicht gemeldet.

Ein Grund für den Rückzug der NASA war das sogenannte Fermi-Paradoxon. Es taucht recht häufig auf, wenn es um die Suche nach extraterrestrischen Zivilisationen geht. Der Name bezieht sich auf den Physiker und Nobelpreisträger Enrico Fermi. Interessanterweise taucht das Fermi-Paradoxon erst fast ein Vierteljahrhundert nach dem Tod von Fermi in der Literatur auf. Unter Astrobiologen, also Leute, die sich mit der Suche nach außerirdischem Leben beschäftigen, ist dieser Begriff inzwischen verpönt. Fermi selbst hat nie nach extraterrestrischem Leben gesucht. Auch war er kein Astronom. Außerdem ist das Fermi-Paradoxon gar kein Paradoxon im Sinne dieses Begriffs.

Ein genialer Physiker

Enrico Fermi erblickte am 29. September 1901 in Rom als Sohn eines Eisenbahners und einer Lehrerin das Licht dieser Welt. Schon in der Schule zeigte er eine große Begabung in den Fächern Mathematik und Physik. An der Universität Pisa studierte er von 1918 bis 1922 Physik. Nach kurzem Aufenthalt bei Max Born in Göttingen trat er 1924 eine Stelle als Professor an der Universität Florenz an. Nur zwei Jahre später erhielt er einen Ruf an die Universität Rom auf den ersten Lehrstuhl für theoretische Physik. Er untersuchte Elementarteilchen mit halbzahligem Spin (Drehimpuls) und beschrieb zusammen mit Paul Dirac deren quantenmechanisches Verhalten mit der Fermi-Dirac-Statistik (Teilchen mit ganzzahligem Spin unterliegen der Bose-Einstein-Statistik). Zu Ehren des genialen Physikers nennt man heute alle Teilchen mit halbzahligem Spin „Fermionen".

Fermi lieferte 1932 eine konsistente Theorie der Quantenelektrodynamik, die auch eine Beschreibung des Beta-Zerfalls beinhaltet. Ein freies Neutron zerfällt im Mittel nach etwa 1000 Sekunden in ein Proton, ein Elektron und ein Antineutrino. Radioaktiv emittierte Elektronen werden auch Beta-Strahlen genannt. Aufgrund des Energieerhaltungssatzes wurde ein weiteres Elementarteilchen von Wolfgang Pauli (1900–1958) postuliert. Fermi nannte es Neutrino. Da auch die Leptonenzahl erhalten bleiben muss, geht aus dem Beta-Zerfall also neben dem Elektron auch ein Elektron-Antineutrino hervor.

Fermi entwickelte die Theorie der schwachen Wechselwirkung (gelegentlich auch als Fermi-Kraft bezeichnet), die eine Erklärung der Radioaktivität enthält. 1938 erhielt er den Nobelpreis für Physik. Im gleichen Jahr emigrierte er in die USA und wurde Professor an der Columbia-Universität in Chicago, wo er unter den Rängen des universitätseigenen Sportstadions den ersten funktionierenden Kernreaktor entwickelte, der, bestückt mit 50 Tonnen Uranoxid, sechs Tonnen Uran und 400 Tonnen reinem Graphit, am 2. Dezember 1942 erstmals kritisch wurde. Mit 200 Watt war seine Leistung jedoch noch recht mager.

Im Jahr 1942 begann auch das hochgeheime Manhattan-Projekt zum Bau einer Kernspaltungsbombe. Fermi beriet dabei den Leiter des Projektes Julius Robert Oppenheimer. Im Juli 1944 erhielt er die US-amerikanische Staatsbürgerschaft und übersiedelte im Herbst des gleichen Jahres nach Los Alamos in New Mexico, um seine Kenntnisse beim Bau der ersten Atombombe einzubringen. Diese erhielt den Namen „Trinity" (engl., Dreifaltigkeit) und detonierte am 16. Juli 1945 in der Wüste von New Mexico nahe dem kleinen Ort Alamogordo.

Fermi erhielt zahlreiche Auszeichnungen und Ehrungen für seine Leistungen. Seine große wissenschaftliche Bedeutung spiegelt sich auch in vielen Begriffen wider, die seinen Namen beinhalten: Fermigas, Fermionen-Kondensat, Fermi-Energie, Fermi-Temperatur, Fermi-Geschwindigkeit, Fermi-Resonanz, Fermi-Wechselwirkung, das chemische Element Fermium, die Längeneinheit Fermi (1 Fermi = 1 fm = 10^{-15} m = 1 Femtometer) oder das Fermi-Laboratorium (kurz Fermi-Lab) in Batavia, nördlich von Chicago, um nur einige zu nennen. Sogar ein Krater auf der Rückseite des Mondes wurde „Fermi" getauft. Seine Koordinaten lauten 122° Ost, 20° Süd. Auch der Planetoid Nr. 8103 wurde im Jahre 1999 nach Fermi benannt. Am 28. November 1954 starb Fermi in Chicago.

Wie es zum „Paradoxon" kam

Im Sommer 1950 diskutierte Fermi mit seinen Kollegen Emil Konopinski (1911–1990), Edward Teller (1908–2003), Vater der Wasserstoffbombe, und Herbert York (1921–2009) beim Mittagessen

11.10 Gibt es O'Neill-Weltraumkolonien?

in der Kantine des Los Alamos National Laboratory die Frage, ob interstellare Raumflüge wohl möglich seien. Teller äußerte sich skeptisch zu deren technischer Machbarkeit. Er war der Meinung, die Distanzen seien einfach zu groß. Konopinski meinte, dass extraterrestrische Zivilisationen möglicherweise interstellare Raumfahrt betreiben. Fermi stellte dabei die Frage „Wo sind sie alle?" (engl.: Where is everybody?). York verstand Fermi so, wie er sich später äußerte, dass aufgrund der enormen Entfernungen in der Galaxis kaum mit Außerirdischen zu rechnen sei. Fermis Frage war somit keineswegs ein Paradoxon. Das griechische Wort παράδοξον bedeutet so viel wie „widersinnige oder widersprüchliche Behauptung". Die Frage, wo denn die Extraterrestrier seien, ist aber nicht widersinnig.

Fermi beschäftigte sich nicht weiter mit diesem Problem. Auch publizierte er nichts über außerirdisches Leben, Raumfahrt oder dergleichen. Seine Welt war die Kernphysik.

Der Begriff Fermi-Paradoxon tauchte erstmals im März 1977 auf einer Konferenz auf. Eingeführt hat ihn der Astrophysiker Michael H. Hart (*1932). Schon 1975 hatte Hart in der Fachzeitschrift *Quarterly Journal of the Royal Astronomical Society* in dem Beitrag „An Explanation for the Absence of Extraterrestrials on Earth" (engl., Eine Erklärung für die Abwesenheit Außerirdischer auf der Erde) darauf hingewiesen, dass es vermutlich keine extraterrestrischen Zivilisationen in unserer Galaxis gibt. Hart argumentierte in diesem Aufsatz: Wenn es in unserem Milchstraßensystem eine hochtechnische Zivilisation gäbe, die interstellare Raumfahrt betreibt, dann hätte sie die gesamte Galaxis in etwa 300 Millionen Jahren kolonisiert, also in einer relativ überschaubaren Zeit verglichen mit dem Alter der Galaxis. Da die Extraterrestrier aber nie aufgetaucht sind und auch keine Spuren von einem ehemaligen Besuch auf der Erde zu finden sind, existieren sie auch nicht. Es gibt somit keine Hochzivilisation in der Galaxis.

Fantasie und Physik

Wenn es woanders in der Milchstraße intelligentes, sich seiner selbst bewusstes Leben gibt, dann ist davon auszugehen, dass andere Zivilisationen in ihrer Entwicklung wesentlich weiter fortgeschritten sind als die unsere. Zivilisationen mit einer Hochtechnologie werden nach einer Vermutung des amerikanischen Astrophysikers Gerard O'Neill (1927–1992) große Raumstationen errichten, die sie über viele Generationen bewohnen. Solche O'Neill-Weltraumkolonien wären ein Ersatz für das Leben auf Planetenoberflächen. Diese Kolonien könnten als interstellare Raumschiffe von Stern zu Stern reisen und zahlreiche neue Kolonien gründen, indem sie jeweils die Ressourcen eines neuen Planetensystems nutzen.

Der Mathematiker John von Neumann (1903–1957) hatte eine ähnliche Idee publik gemacht: Uns weit überlegene Rassen haben vielleicht Roboter entwickelt, die in der Lage sind, Kopien ihrer selbst zu produzieren und sich damit gewissermaßen selbst zu vermehren. Solche Von-Neumann-Maschinen könnten Jahrtausende als kosmische Späher und Sendboten einer hochentwickelten Intelligenz durchs Weltall reisen. Dabei befinden sie sich in einem Energiesparmodus, einer Art Winterschlaf. Aus ihrem Stand-by-Modus wachen sie auf, wenn sie sich einer neuen Sonne samt ihren Planeten nähern. Sie tanken dann nicht nur Strahlungsenergie auf, sondern produzieren neue Roboter, die ihrerseits auf interstellare Reisen gehen und nach und nach fast alle Bezirke des Milchstraßensystems erreichen.

Da weder Von-Neumann-Maschinen noch O'Neill-Kolonien bei uns erschienen sind, gibt es sie auch nicht, so schließen Hart und Frank Tipler. Dieses Hart-Tipler-Argument nannten die beiden Fermi-Paradoxon, wohl weil Fermi als Nobelpreisträger und weltbekannter Physiker eine größere Beachtung erfährt. Dieses Fermi-Paradoxon verbreitete sich rasch in der Literatur und wurde schnell populär. Allerdings bewirkte dieser Begriff auch mindestens zwei Krisen in der SETI-Forschung (Search for Extraterrestrial Intelligence, Suche nach außerirdischer Intelligenz). Denn der damalige Senator des US-Bundesstaats Wisconsin Edward William Proxmire (1915–2005) stoppte 1981 das NASA-SETI-Programm. Nachdem es zum Kolumbus-Jubiläum 1992 wiederbelebt wurde, kam es kurz darauf auf Betreiben von Senator Richard Hudson Bryan aus Nevada abermals zum Erliegen. Aufgrund des ihm bekannt gewordenen Fermi-Paradoxon erklärte er, es sei eine reine Verschwendung von Zeit und Geld, nach etwas zu suchen, was es gar nicht gibt. Seitdem meiden es die Astrobiologen, von einem Fermi-Paradoxon zu sprechen. Sie nennen Fermis Spruch nun schlicht „die Fermi-Frage". Das Hart-Tipler-Argument – weil Extraterrestrier die Erde noch nicht aufgesucht haben, gibt es sie auch nicht – wird in der Fachwelt als Scheinargument angesehen. Wenn das Fermi-Paradoxon ständig zitiert wird, so befürchten die Astrobiologen, könnte es schlafende Hunde wecken: Wenn ein so exponierter Wissenschaftler wie Enrico Fermi meinte, es gäbe keine Außerirdischen, dann bräuchte man auch nicht nach ihnen zu suchen. Die Finanzierung astrobiologischer Forschungsprojekte würde dann eingestellt.

Argumente für die Fremden

Astrobiologen führen eine Reihe von Argumenten an, warum es intelligente Zivilisationen in unserer Milchstraße durchaus geben kann, auch wenn wir bisher keinen Kontakt mit ihnen haben und sie erst recht nicht die Erde einst besuchten. Vielleicht sind andere Zivilisationen auf einem Entwicklungsstand wie die alten Ägypter, Babylonier, Griechen und Römer. Dann betreiben sie nicht nur keine Raumfahrt, sondern die bei uns inzwischen entwickelten Kommunikationstechniken sind ihnen fremd.

Sie senden keine Funksignale aus und können auch keine empfangen. Andererseits könnten weit fortgeschrittene Zivilisationen mit einer Hochtechnologie gar kein Interesse an interstellarer Raumfahrt haben. Auch weiß man nicht, wie lange eine technisch weiterentwickelte Zivilisation existiert. Vielleicht hat sie sich selbst beim Einsatz von Superwaffen aus der Evolution katapultiert oder wurde durch Gamma-Strahlen einer Supernova-Detonation ausgelöscht. Im Inneren der Galaxis ist die Häufigkeit von Supernova-Explosionen entsprechend höher – die Gamma-Bursts haben diese Bereiche gewissermaßen sterilisiert. Unsere Zivilisation lebt hingegen in den Außenbezirken der Milchstraße und hat deshalb überlebt – bisher jedenfalls.

Auch aggressive Viren können eine Zivilisation aus der Evolution kippen. Optimisten schätzen,

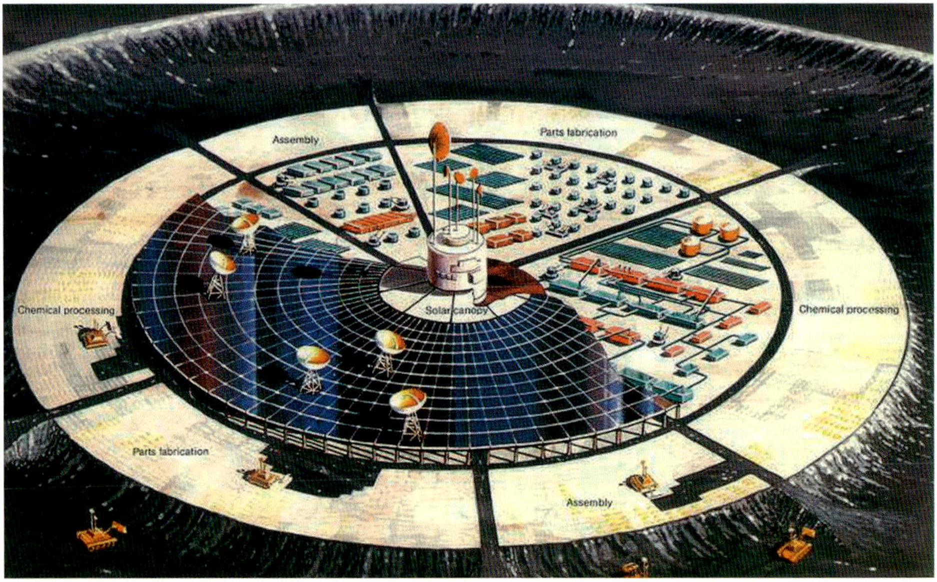

NASA

11.11 Von-Neumannsche-Maschinen reisen möglicherweise von Stern zu Stern und vermehren sich vollautomatisch.

es könnte 10 000 Leben tragende Planeten in der Galaxis geben. Um die in großer Zahl vorhandenen und schon lange existierenden roten Zwergsterne kreisen wahrscheinlich Planeten, die für Lebensformen noch viel günstigere Bedingungen aufweisen als die Erde. Doch mit Viren, Bakterien oder Einzellern gelingt keine interstellare Kontaktaufnahme.

Selbst wenn es hochentwickelte, technische Zivilisationen in unserem Milchstraßensystem gibt, so sind wir nicht nur durch räumliche Distanzen getrennt, sondern auch durch schier unüberwindliche Zeitschluchten.

Andere Zivilisationen mögen vor etlichen Millionen Jahren über Tausende von Jahren ins Weltall gefunkt haben, bis sie, wie viele andere Spezies auch, eines Tages ausstarben. Wieder andere Rassen mögen erst in Tausenden Jahren – also in wenigen Augenblicken im Zeitmaßstab des Kosmos – in ihrer technischen Entwicklung so weit sein, dass sie elektromagnetische Wellen zur Nachrichtenübertragung benutzen. Wir verpassen also unsere Nachbarn im All auch in zeitlicher Hinsicht.

Zweifel bleiben bestehen

Was die Zahl hochentwickelter Zivilisationen betrifft, sollte man nicht allzu optimistisch sein. Denn die Voraussetzungen, die zur Entwicklung des Lebens auf der Erde geführt haben, sind so zahlreich und die Randbedingungen so speziell, dass die Wahrscheinlichkeit außerordentlich gering ist, andernorts auf Leben zu stoßen. Eine ähnliche Evolution wie auf der Erde mag es nur extrem selten im Universum geben.

Vielleicht ist die Erde auch der einzige bewohnte Planet in unserer Milchstraße. Das bedeutet aber keineswegs, dass wir allein im Universum leben. Wenn nur in jeder tausendsten der jeweils viele Milliarden Sonnen beherbergenden Galaxien Leben entstanden ist, so ist es millionenfach im All vorhanden. Eine Kontaktaufnahme bleibt uns in diesem Fall aber verwehrt. Von Extraterrestriern bleiben wir dann für immer durch Raum und Zeit getrennt.

Dezember 2017

- Am 21. geht die Sonne um 17^h28^m durch den tiefsten Punkt ihrer Jahresbahn, die Wintersonnenwende tritt ein.
- Merkur bietet in der letzten Dezemberwoche eine bescheidene Morgensichtbarkeit.
- Mars und Jupiter sind Planeten am Morgenhimmel.
- Saturn steht am 21. in Konjunktion mit der Sonne und bleibt unsichtbar.

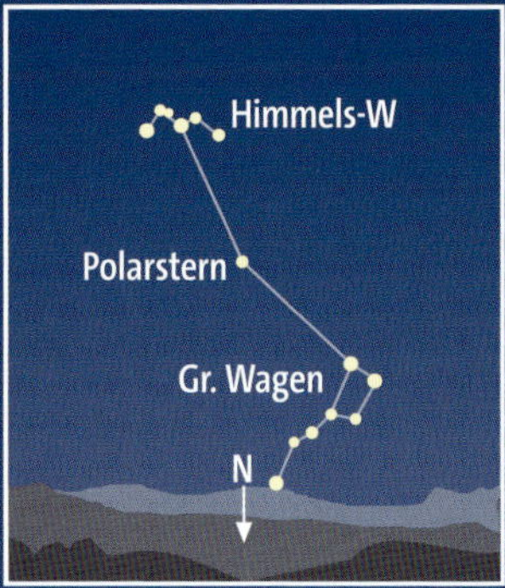

Großer Wagen und Himmels-W Anfang Dezember um 22 Uhr

12.1 Anblick des Morgenhimmels am 14. Dezember gegen 7^h MEZ. Zwischen den Planeten Mars und Jupiter steht die schmale Sichel des abnehmenden Mondes.

1 Fr

2 Sa

3 So 1. Advent, **Vollmond**

4 Mo

5 Di

6 Mi

7 Do

8 Fr

9 Sa

10 So 2. Advent, Mond im letzten Viertel

11 Mo

12 Di

13 Mi Mond bei Mars (Morgenhimmel)

14 Do Mond bei Jupiter (Morgenhimmel)

15 Fr

16 Sa

17 So 3. Advent

18 Mo **Neumond**

19 Di

20 Mi

21 Do Winterbeginn

22 Fr

23 Sa

24 So Heiliger Abend, 4. Advent

25 Mo 1. Weihnachtstag

26 Di 2. Weihnachtstag, Mond im ersten Viertel

27 Mi

28 Do

29 Fr

30 Sa

31 So Silvester

Sonne – Sternbilder

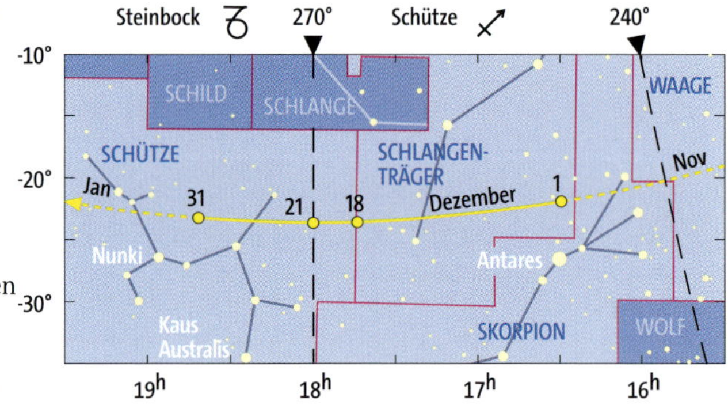

18.12. 7h:
Sonne tritt in das Sternbild Schütze
21.12. 17h28m:
Sonne tritt in das Tierkreiszeichen Steinbock
Julianisches Datum am
1. Dezember, 1h MEZ: 2458088,5

Tabelle Sonnenlauf

Tag	Dämmerg. Anfang	Aufgang MEZ	Kulmination	Untergang MEZ	Dämmerg. Ende	Mittagshöhe	Zeitgleichg.	Rektaszension	Deklination
	h m	h m	h m	h m	h m	o	m	h m	o
1.	6 39	7 57	12 09	16 21	17 39	18,1	+11	16 28	−21,8
5.	6 43	8 02	12 11	16 19	17 38	17,6	+ 9	16 45	−22,3
10.	6 48	8 07	12 13	16 18	17 38	17,1	+ 7	17 07	−22,9
15.	6 52	8 12	12 15	16 18	17 38	16,7	+ 5	17 29	−23,3
20.	6 55	8 15	12 18	16 20	17 40	16,6	+ 2	17 51	−23,4
25.	6 58	8 18	12 20	16 23	17 43	16,6	0	18 14	−23,4
31.	6 59	8 19	12 23	16 28	17 47	16,9	− 3	18 40	−23,1

Tages- und Nachtstunden

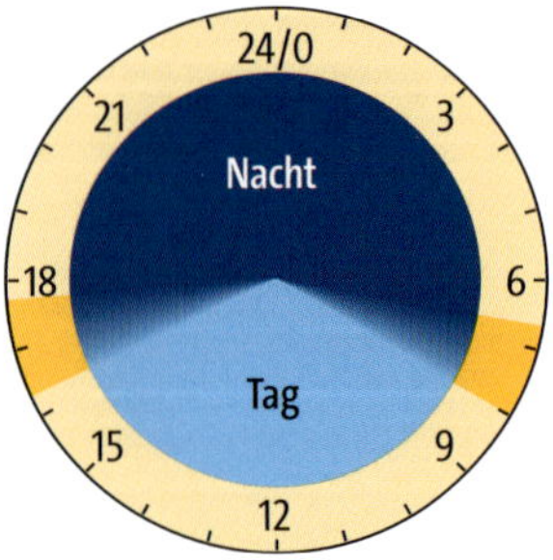

5. Dezember

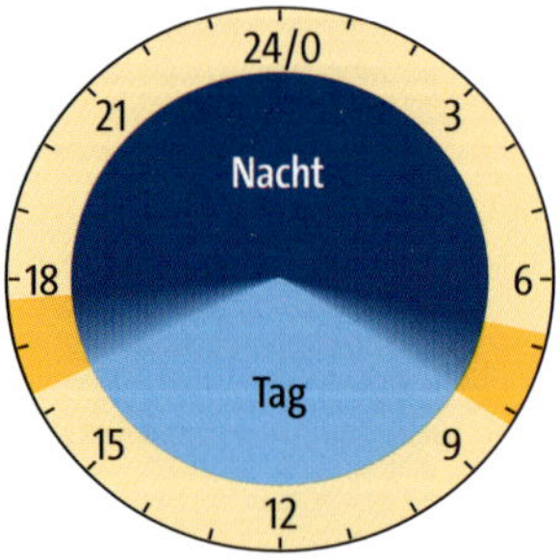

15. Dezember

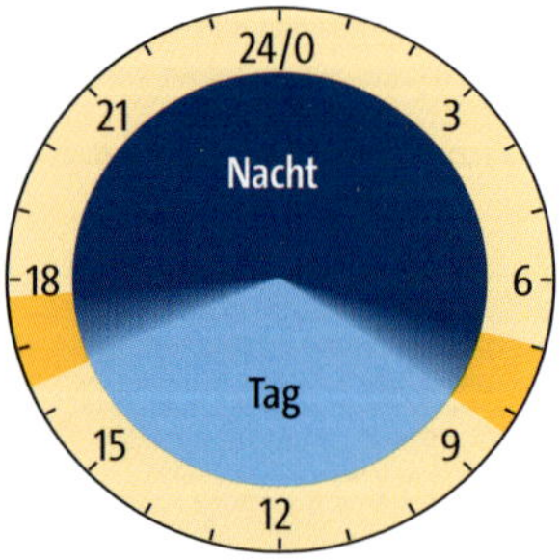

25. Dezember

Tabelle Mondlauf

Datum	Aufg. MEZ	Kulmination	Unterg. MEZ	Rektaszension	Deklination	Sterne und Sternbilder	Phase	MEZ
	h m	h m	h m	h m	°			
Fr 1.	15 28	22 33	4 32	2 05	+ 7,5	Fische		
Sa 2.	16 03	23 31	5 51	3 02	+11,9	Widder	Größte Südbreite	
So 3.	16 45	–	7 11	4 01	+15,7	Stier, Hyaden	**Vollmond**	**$16^h 47^m$**
Mo 4.	17 36	0 32	8 27	5 04	+18,4	Aldebaran	Erdnähe 357/33′,4	10^h
Di 5.	18 36	1 35	9 36	6 08	+19,8	Alhena		
Mi 6.	19 45	2 38	10 35	7 12	+19,9	Zwillinge		
Do 7.	20 58	3 38	11 24	8 15	+18,5	Krebs, Krippe		
Fr 8.	22 12	4 36	12 03	9 15	+15,9	* Krebs	Aufsteigender Knoten	
Sa 9.	23 25	5 30	12 35	10 11	+12,5	Löwe, Regulus		
So 10.	–	6 20	13 02	11 04	+ 8,5	Löwe	**Letztes Viertel** Libration West	**$8^h 51^m$**
Mo 11.	0 36	7 07	13 27	11 54	+ 4,2	Jungfrau		
Di 12.	1 44	7 53	13 51	12 43	– 0,2	Jungfrau		
Mi 13.	2 51	8 37	14 14	13 30	– 4,4	Spica		
Do 14.	3 56	9 22	14 39	14 17	– 8,4	Jungfrau	Größte Nordbreite	
Fr 15.	5 00	10 07	15 06	15 04	–12,1	Waage		
Sa 16.	6 03	10 52	15 37	15 52	–15,1	Waage		
So 17.	7 02	11 39	16 12	16 41	–17,5	Schlangenträger		
Mo 18.	7 59	12 26	16 53	17 31	–19,2	Schlangenträger	**Neumond Nr. 1175**	**$7^h 30^m$**
Di 19.	8 50	13 14	17 39	18 21	–20,0	Schütze	Erdferne 407/29′,4	2^h
Mi 20.	9 35	14 02	18 32	19 11	–19,9	Schütze, Nunki		
Do 21.	10 15	14 50	19 29	20 01	–19,0	Schütze		
Fr 22.	10 49	15 36	20 30	20 51	–17,2	Steinbock	Absteigender Knoten	
Sa 23.	11 19	16 22	21 33	21 40	–14,7	* Steinbock		
So 24.	11 46	17 08	22 38	22 28	–11,5	Wassermann		
Mo 25.	12 10	17 53	23 46	23 16	– 7,7	Wassermann		
Di 26.	12 35	18 39		0 04	– 3,5	Fische	**Erstes Viertel** Libration Ost	**$10^h 20^m$**
Mi 27.	12 59	19 27	0 55	0 53	+ 0,9	Walfisch		
Do 28.	13 26	20 18	2 07	1 44	+ 5,5	* Fische		
Fr 29.	13 57	21 12	3 22	2 37	+ 9,9	Walfisch	Größte Südbreite	
Sa 30.	14 33	22 10	4 39	3 34	+13,9	* Stier		
So 31.	15 18	23 11	5 57	4 34	+17,2	* Aldebaran		

Der Mond bedeckt am 31. Aldebaran im Stier (siehe Seite 288)

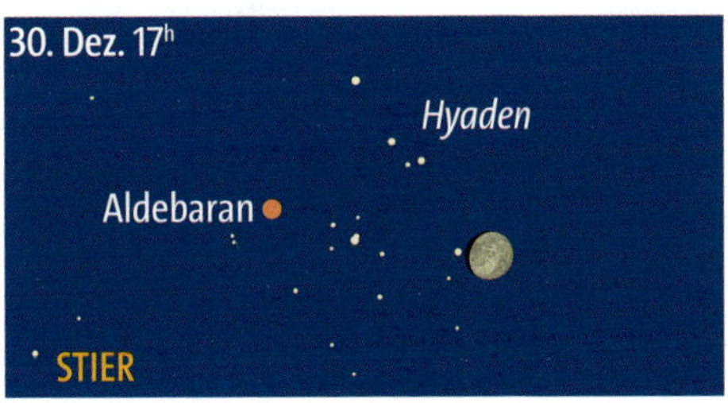

Merkur wird am 3. stationär und strebt anschließend rückläufig seiner unteren Konjunktion mit der Sonne entgegen, die er am 13. erreicht. Seine Konjunktionsschleife zieht der Benjamin unter den Planeten im Gebiet Skorpion/Schlangenträger (siehe Abb. 12.4 auf Seite 251). Am 23. kehrt er seine Bewegungsrichtung um und wird wieder rechtläufig. Seine westlichen Winkelabstände wachsen bis Monatsende auf knapp 23° an. In der letzten Dezemberwoche bietet Merkur eine bescheidene Morgensichtbarkeitschance, die dritte Morgensichtbarkeit in diesem Jahr. Etwa ab dem 24. lässt sich Merkur in der Morgendämmerung tief im Südosten blicken. Der Aufgang des $0^{m}{,}1$ hellen Merkur erfolgt an diesem Tag um $6^{h}32^{m}$. Gegen 7^{h} sollte man den flinken Planeten erkennen. Eine Viertelstunde später verblasst er in der heller werdenden Morgendämmerung.

Bis Jahresende nimmt die Merkurhelligkeit auf $-0^{m}{,}3$ zu, die Aufgänge des sonnennahen Planeten bleiben fast konstant: Am 28. geht Merkur um $6^{h}27^{m}$ auf, am letzten Tag des Jahres zwei Minuten später (siehe Abb. 12.2 und 12.3 unten). Bis in das erste

12.2 Merkur am Morgenhimmel:
Stellung von Merkur über dem Südosthorizont zu den angegebenen Daten jeweils eine Stunde vor Sonnenaufgang. Die Pfeile geben die Bewegungen von Merkur und Sonne während der nächsten halben Stunde an.

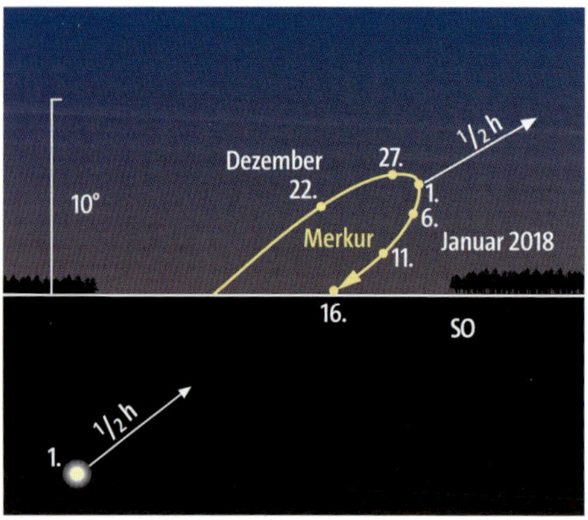

12.3 Sichtbarkeitsdiagramm für Merkur:
Es gilt genau für 50° nördlicher Breite und 10° östlicher Länge. Dunkelgelbe Fläche: Unter günstigen Sichtbedingungen kann man Merkur mit bloßen Augen erkennen, hellgelbe Fläche: Merkur ist leicht zu sehen.

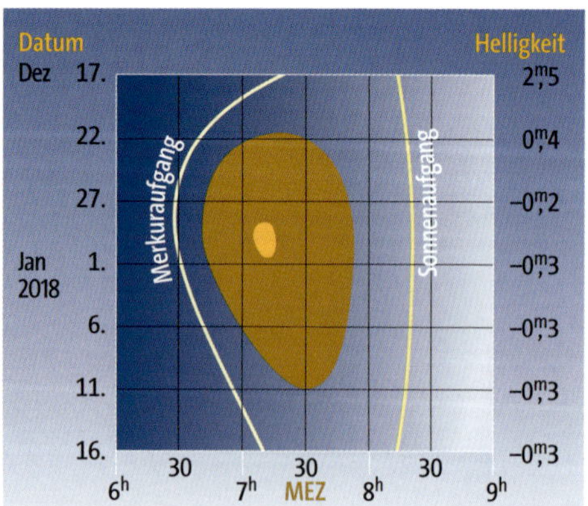

Januardrittel 2018 bleibt Merkur am Morgenhimmel auffindbar. Am 1. Januar 2018 erreicht der flinke Planet mit 22°40′ seine größte westliche Elongation von der Sonne.

Am 12. rast Merkur mit einer Geschwindigkeit von 59 Kilometern pro Sekunde, das sind 212 400 Kilometer pro Stunde, durch sein Perihel. Dies ist die höchste Geschwindigkeit eines Planeten in unserem Sonnensystem.

Venus hat sich vom Morgenhimmel zurückgezogen. Erfahrene Planetenjäger können sie gegebenenfalls noch mit einem Fernglas zu Monatsbeginn kurz vor Sonnenaufgang knapp über dem Südosthorizont ausmachen. Am 1. geht die −3ᵐ9 helle Venus um 7^h05^m auf und am 10. um 7^h31^m. Zu Jahresende erfolgt der Venusaufgang fast gleichzeitig mit dem Sonnenaufgang – die obere Konjunktion ist nicht mehr fern. In oberer Konjunktion mit der Sonne steht Venus dann am 9. Januar 2018.

Die Begegnungen von Venus mit Merkur am 15. und mit Saturn am 25. bleiben unbeobachtbar.

Mars ist Planet am Morgenhimmel. Er wechselt am 21. aus dem Sternbild Jungfrau in die Waage. Im Lauf des Monats nimmt die Marshelligkeit leicht um $0^m\!,2$ zu und erreicht am Jahresende $1^m\!,5$. Der rote Planet geht am 1. um 3^h51^m auf und zu Silvester um 3^h38^m. Im Fernrohr zeigt das knapp 5″ große Planetenscheibchen einen leichten Beleuchtungsdefekt (Beleuchtungsgrad am 31.: 93 %).

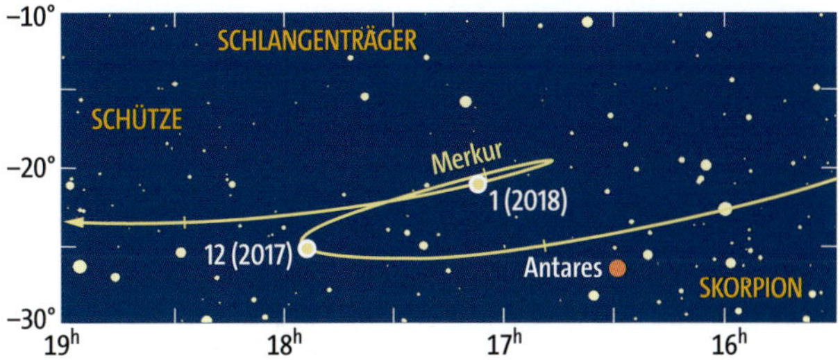

12.4 Bahn von Merkur: Konjunktionsschleife von Merkur im Gebiet der Sternbilder Skorpion und Schlangenträger. Die Zahlen geben die Merkurposition zum jeweiligen Monatsersten an (12 = 1. Dezember).

Die Sichel des abnehmenden Mondes hält sich am 13. und 14. nahe Mars auf (siehe Abb. 12.1 auf Seite 246).

Am Jahresende trennen uns 293 Millionen Kilometer (= 1,96 AE) vom roten Planeten. Dies entspricht einer Lichtlaufzeit von 16,3 Minuten. Im Sommer 2018 wird Mars zu einem auffälligen Gestirn werden. Am 27. Juli 2018 kommt es zu einer günstigen Marsopposition (Oppositionsdistanz nur knapp 57 Millionen Kilometer).

Konstellationen und Ereignisse

Datum	MEZ	Ereignis
3.	9^h	Merkur im Stillstand, anschließend rückläufig
6.	13	Merkur bei Saturn, Merkur 1°,4 südlich
12.	13	Merkur im Perihel
13.	3	Merkur in unterer Konjunktion mit der Sonne
13.	17	**Mond bei Mars**, Mond 4°,2 nördlich, **Abstand 6°,0 um 5ʰ am 14.**
14.	15	**Mond bei Jupiter**, Mond 4°,2 nördlich, **Abstand 5°,7 um 8ʰ**
15.	17	Merkur bei Venus, Merkur 2°,2 nördlich
17.	10	Mond bei Merkur, Mond 1°,8 nördlich
17.	19	Mond bei Venus, Mond 4°,1 nördlich
18.	14	Mond bei Saturn, Mond 2°,8 nördlich
21.	17^h28^m	**Sonne im Winterpunkt, Wintersonnenwende**
21.	22	Saturn in Konjunktion mit der Sonne
23.	4	Merkur im Stillstand, anschließend rechtläufig
24.	14	Mond bei Neptun, Mond 1°,4 südlich
25.	19	Venus bei Saturn, Venus 1°,1 südlich
27.	19	Mond bei Uranus, Mond 4°,5 südlich

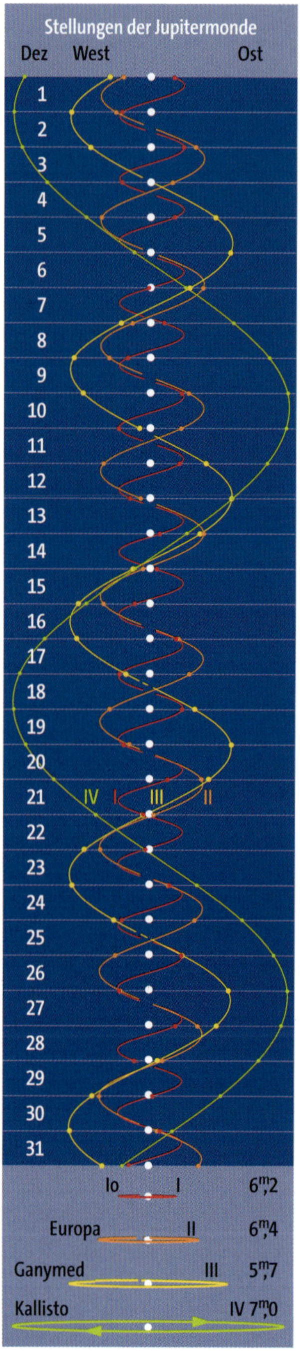

Jupiter kann am Morgenhimmel gesehen werden. Der Riesenplanet wandert rechtläufig durch das Sternbild Waage und steuert auf den Fixstern Zubenelgenubi (α Librae) zu. Dabei erreicht er immer südlichere Bezirke des Tierkreises (siehe Abb. 4.5 auf Seite 100).

Jupiter dehnt seine Sichtbarkeitsdauer am Morgenhimmel deutlich aus, da er immer früher aufgeht. Steigt der Riesenplanet am 1. noch um 5^h22^m über die südöstliche Horizontlinie, so erfolgt sein Aufgang am 15. um 4^h42^m. Am 31. geht der $-1^m,8$ helle Jupiter schon um 3^h55^m auf.

Der Riesenplanet wird von Mars verfolgt, der ihn aber in diesem Jahr nicht mehr einholen kann. Erst am 7. Januar 2018 wird Mars 13′ südlich an Jupiter vorbeiziehen.

Am 14. steht die Sichel des abnehmenden Mondes am Morgenhimmel zwischen Jupiter und Mars (siehe Abb. 12.1 auf Seite 246).

Der Äquatordurchmesser des Jupiterscheibchens erreicht 33″.

Saturn, rechtläufig im Sternbild Schütze, hat sich vom Abendhimmel zurückgezogen und bleibt unsichtbar. Der Ringplanet wird von der Sonne verfolgt, die ihn zu Winterbeginn einholt. Am 21. steht er in Konjunktion mit ihr. Zur Konjunktion erreicht er seine größte Entfernung von der Erde in diesem Jahrhundert, nämlich 1652 Millionen Kilometer (= 11,04 AE).

Die Begegnungen von Saturn mit Merkur am 6. und mit Venus am 25. bleiben unbeobachtbar.

Uranus bremst seine ohnehin langsame, rückläufige Wanderung durch das Sternbild Fische stark ab und kommt am Monatsende fast zum Stillstand (siehe Abb. 10.5 auf Seite 214). Die Uranushelligkeit geht leicht auf $5^m,8$ zurück.

Aus der zweiten Nachthälfte zieht sich Uranus zurück. Der grünliche Planet sinkt am 1. um 4^h01^m unter die Horizontlinie, am 15. um 3^h04^m und am Silvestertag schon um 2^h00^m. Die Kulminationen verlagern sich von 21^h10^m zu Monatsbeginn auf 19^h10^m Ende Dezember. Anfang und Ende Dezember stört Mondlicht die Beobachtung.

Neptun, wieder rechtläufig im Wassermann, zieht sich allmählich vom Abendhimmel zurück. Am 1. geht Neptun um 18^h30^m

Jupitermonde

Tag	MEZ	Vorgang	
	h m		
11.	5 57	III	BE
	6 38	II	SA
12.	6 40	I	SA
13.	6 52	I	BE
18.	5 05	III	VA
	6 58	III	VE
20.	5 50	I	VA
21.	5 12	I	SE
	6 04	I	DE
27.	6 16	II	VA
28.	4 56	I	SA
	5 52	I	DA
	7 06	I	SE
29.	5 09	II	DE
	5 18	I	BE

durch den Meridian und um $23^{h}54^{m}$ unter. Am 31. kulminiert der nur $7^{m}{,}9$ helle Planet bereits um $16^{h}34^{m}$. Sein Untergang erfolgt am letzten Tag des Jahres um $21^{h}58^{m}$. Erst gegen 18^{h} ist es dunkel genug, um mit geeigneter Optik nach dem bläulichen Planeten Ausschau zu halten. Seine Konjunktion mit der Sonne wird Neptun am 4. März 2018 erreichen.

Planetoiden

Ceres (1) wird am 21. im Sternbild Löwe stationär und setzt zu ihrer Oppositionsschleife an (siehe Abb. 11.4 auf Seite 232). Damit beginnt ihre Oppositionsperiode, was auch an der deutlich um $0^{m}{,}6$ steigenden Helligkeit ersichtlich ist. Zu Silvester beträgt die scheinbare Ceres-helligkeit $7^{m}{,}4$. Damit ist sie ein leicht zu entdeckendes Fernglasobjekt geworden. Am 1. passiert Ceres um $5^{h}09^{m}$ den Meridian, am 15. um $4^{h}19^{m}$ und am 31. schon um $3^{h}16^{m}$.

Ihre Opposition zur Sonne nimmt Planetoid Nr. 1 am 31. Januar 2018 ein.

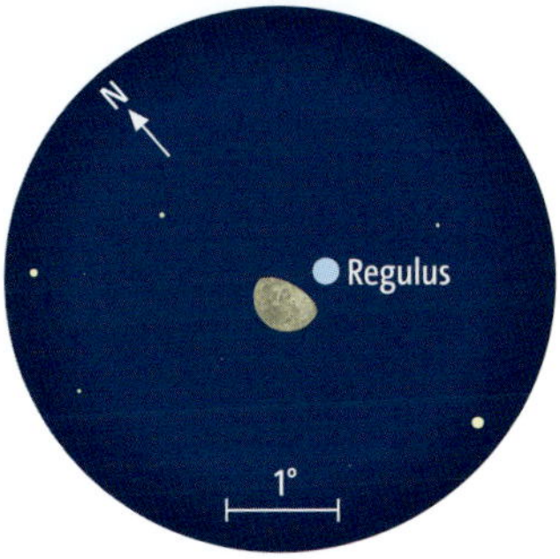

12.5 Mond bei Regulus:
Der abnehmende Mond begegnet Regulus im Löwen am 8. Dezember. Fernglasanblick gegen $23^{h}30^{m}$ MEZ.

Pallas (2) wird am 24. im Sternbild Eridanus stationär und ist anschließend wieder rechtläufig, was sich auf ihre Bewegung in Rektaszension bezieht. In Deklination strebt sie rasch nach Norden (siehe Abb. 10.7 auf Seite 215). Mit ihrem zweiten Stillstand beendet Pallas ihre Oppositionsperiode. Am 24. passiert die $8^{m}{,}6$ helle Pallas um $20^{h}40^{m}$ den Meridian. Mit fast −27° Deklination hält sie sich tief im Süden auf.

Iris (7), wieder rechtläufig im Widder, nimmt weiterhin erheblich an Helligkeit ab. Sie geht um $0^{m}{,}8$ auf $8^{m}{,}5$ zu Jahresende zurück. Damit ist sie kein leichtes Fernglasobjekt mehr (siehe auch Aufsuchkarte Abb. 10.8 auf Seite 216). Am 1. kulminiert Iris um $21^{h}28^{m}$, am 15. um $20^{h}37^{m}$ und am 31. schon um $19^{h}48^{m}$.

Flora (8) sei zu Jahresende erwähnt, wenngleich sie noch nicht besonders hell ist. Da sie

12.6 Bahn von Flora:
Scheinbare Bahn des Kleinplaneten (8) Flora im Sternbild Zwillinge von November 2017 bis 1. März 2018.

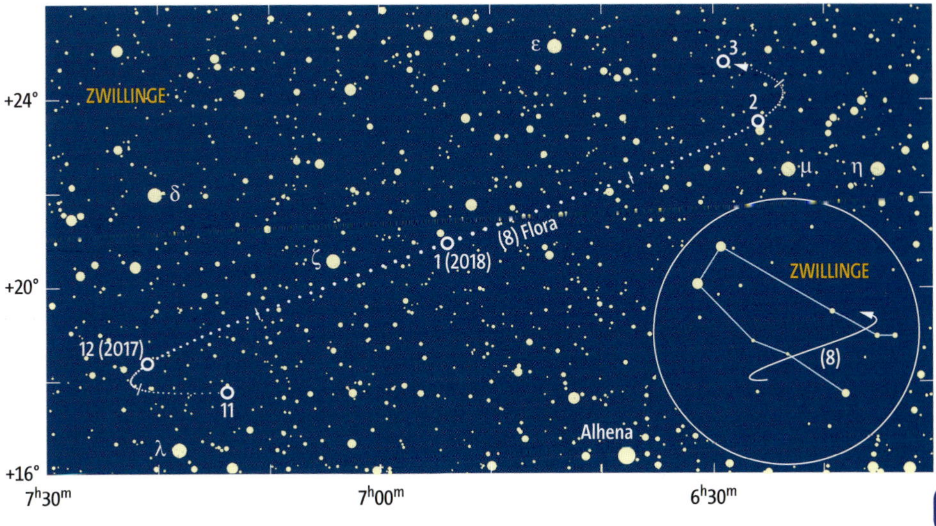

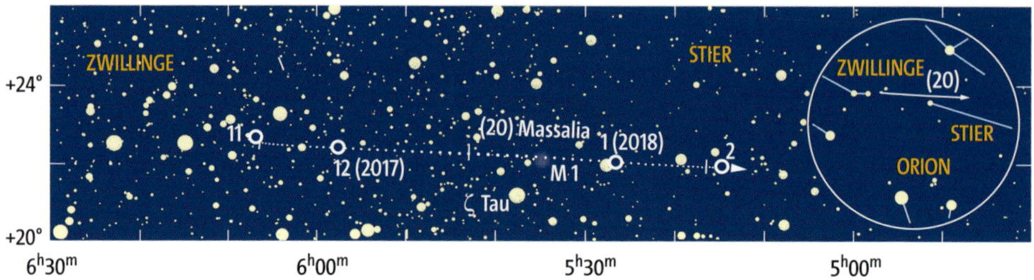

12.7 Bahn von Massalia: **Scheinbare Bahn des Kleinplaneten (20) Massalia im Gebiet der Sternbilder Stier, Orion und Zwillinge von November 2017 bis Anfang Februar 2018. Die Zahlen geben die Positionen von Massalia zum jeweiligen Monatsersten an (12 = 1. Dezember).**

sich ihrer Opposition zur Sonne nähert, die sie am 2. Januar 20**18** einnehmen wird, steigert sie ihre Helligkeit im Dezember deutlich von $9^{m},0$ auf $8^{m},2$. Sie steht hoch in den Zwillingen und passiert am 23. rückläufig ζ Geminorum ($3^{m},8$) rund $0^{\circ},4$ südlich (siehe Abb. 12.6 auf Seite 253). Ihre Entfernung von der Erde misst am 31. nur noch gut eine Astronomische Einheit, nämlich 154 Millionen Kilometer (= 1,03 AE).

Flora kulminiert am 1. um 3^h01^m, am 15. um 1^h57^m und am 31. Dezember schon um 0^h38^m.

Massalia (20) kommt am 17. in **Opposition** zur Sonne. Dies ist ihre günstigste Opposition in den Jahren 2007 bis 2027 (siehe Tabelle „Oppositionen von Massalia" links unten).

Sie wandert zunächst rückläufig durch die nördlichsten Partien des Orion und wechselt am 9. in das Sternbild Stier. Bereits am 21. zieht sie $1^{\circ},0$ nördlich an ζ Tauri ($2^{m},9$ bis $3^{m},2$) vorbei und ist am 23. gegen 23^h nur $0^{\circ},1$ nördlich von M 1 (Krabbennebel) zu finden (siehe Aufsuchkarte Abb. 12.7 oben). Zu Monatsbeginn noch $8^{m},9$ hell, erreicht Massalia am 17. eine Oppositionshelligkeit von $8^{m},4$. Bis Jahresende sinkt die Massaliahelligkeit wieder auf $8^{m},8$ ab.

Am 1. passiert Planetoid Nr. 20 um 1^h38^m den Meridian, zur Opposition um 0^h20^m und an Silvester bereits um 23^h06^m. Am Tag der Opposition trennen Massalia 164 Millionen Kilometer (= 1,10 AE) von der Erde. Ihre Sonnendistanz misst dabei 311 Millionen Kilometer (= 2,08 AE).

Oppositionen von (20) Massalia 2007–2027

Datum			Hell.	Dekl.
			m	o
2007	Jan	29.	8,4	+17
2008	Jun	11.	9,9	−22
2009	Sep	24.	9,3	+ 1
2011	Mrz	14.	8,8	+ 2
2012	Jul	6.	10,0	−22
2013	Nov	1.	8,8	+14
2015	Apr	20.	9,3	−11
2016	Aug	1.	9,9	−17
2017	Dez	17.	8,4	+22
2019	Mai	20.	9,7	−19
2020	Aug	29.	9,6	− 8
2022	Feb	5.	8,5	+15
2023	Jun	16.	9,9	−22
2024	Sep	30.	9,2	+ 3
2026	Mrz	21.	8,9	− 1
2027	Jul	12.	10,0	−21

Die Opposition im Jahr 2017 ist die günstigste.

Periodische Sternschnuppenströme

Vom 5. bis 15. Dezember macht sich der ekliptikale Strom der **Geminiden** bemerkbar. Ihr Ausstrahlungspunkt liegt in den Zwillingen, rund 1° südwestlich von Kastor.

Das Maximum ist in der Nacht vom 12. auf den 13. Dezember zu erwarten, wobei stündlich bis zu 120 Meteore, mitunter auch sehr helle Objekte, zu beobachten sein dürften.

Die Geschwindigkeiten liegen um 35 Kilometer pro Sekunde. Die günstigste Beobachtungszeit ist zwischen 21^h und 6^h morgens.

Ihren Ursprung führen die Geminiden auf den Planetoiden (3200) Phaeton zurück, der ein inaktiver Kometenkern mit einer Umlaufzeit von 1,4 Jahren sein dürfte.

Vom 15. bis 24. Dezember tauchen die **Ursiden** auf, deren Radiant im Sternbild Kleiner Bär, genauer im Kasten des Kleinen Wagens, zu finden ist. Ihr scharfes Maximum erreichen die Ursiden-Meteore in der Nacht vom 20. auf 21. Dezember gegen Mitternacht. Dabei ist mit rund zehn Meteoren pro Stunde zu rechnen. In den Jahren 2004 und 2007 waren die Raten jedoch deutlich höher. Da der Radiant zirkumpolar ist, können die Ursiden die ganze Nacht beobachtet werden. Ihr Ursprung wird auf den Kometen 8P/Tuttle zurückgeführt. Die Sternschnuppen haben mittlere Geschwindigkeiten von 35 Kilometer pro Sekunde. In den letzten Jahren wurden zehn bis 20, manchmal auch mehr Objekte pro Stunde im Maximum registriert.

Wenig ergiebig ist der Strom der **Coma-Bereniciden**, dessen Radiant im Haar der Berenike liegt. Er tritt um die Jahreswende auf – etwa von Mitte Dezember bis Mitte Januar.

Es handelt sich um sehr schnelle Objekte (um 65 Kilometer pro Sekunde).

Das Maximum liegt um den 18. Dezember, wobei lediglich fünf bis zehn Meteore pro Stunde zu erwarten sind.

Wenig bedeutende Ströme sind die Monocerotiden und die Sigma-Hydriden.

Der Radiant der **Monocerotiden** liegt zwischen Beteigeuze und Procyon. Um den 8. sind pro Stunde lediglich zwei Sternschnuppen zu sehen. Sie haben mittlere Geschwindigkeiten von 40 Kilometer pro Sekunde.

Die **Sigma-Hydriden** erscheinen um den 11. Dezember, wobei nur vier Meteore stündlich auftreten. Der Radiant liegt im Kopf der Wasserschlange (Hydra). Mit 60 Kilometer pro Sekunde handelt es sich um recht schnelle Meteore.

Der Fixsternhimmel

Alle Herbstbilder sind inzwischen in die westliche Himmelshälfte gerückt, außer Perseus, der gerade den Meridian durchschreitet. Atair im Adler ist bereits untergegangen, womit das Sommerdreieck aufgelöst ist. Deneb ist noch im Westen und Wega tief im Nordwesten zu erblicken. Deneb ist in unseren Breiten übrigens zirkumpolar und Wega nahezu.

In Richtung Südwesten erkennt man noch relativ hochstehend das Pegasusquadrat. Seine Südwestecke deutet nach unten, das Sternenviereck steht schräg zum Horizont. Vom Pegasus zieht sich die Sternenkette der Andromeda zum Zenit. Südlich der Andromeda liegt das kleine, aber einprägsame Sternbild Dreieck (lat.: Triangulum). Der Widder hat eben seinen Meridiandurchgang hinter sich. Den Raum im Südwesten nehmen jetzt die Fische ein.

Tief im Südwesten steht das ausgedehnte Sternbild Walfisch. Fomalhaut, der helle Stern im Südlichen Fisch, ist bereits unter dem Horizont verschwunden.

Die Sternbilder des Winters

Tief im Süden schlängelt sich der Fluss Eridanus um den Meridian. In unseren Breiten sehen wir nur einen Teil dieses Sternbilds. Der Fluss der Unterwelt zieht sich von Rigel im Orion in Windungen nach Südwesten. Der helle Hauptstern des Eridanus, Achernar oder α Eridani, bleibt in unseren Breiten stets unter dem Horizont. Der arabische Name Achernar bedeutet so viel wie Stern am Flussende. Achernar gehört mit $0\overset{m}{.}5$ zu den zehn hellsten Fixsternen des irdischen Firmaments. Er ist eine heiße, bläuliche, leuchtkräftige Sonne in 143 Lichtjahren Entfernung (Spektraltyp B3 V) und kann nur südlich von etwa 30° Nord geografischer Breite gesehen werden.

Im Gegensatz zum wenig attraktiven Südwest- und Südhimmel – in unseren Städten erscheint er wegen der Lichtverschmutzung völlig sternleer – funkelt der Ost- und Südosthimmel nur so von hellen Sternen. Alle bedeutenden Wintersternbilder sind zur Standardbeobachtungszeit (22^h MEZ zur Monatsmitte) bereits über dem Horizont. Das komplette Winter-

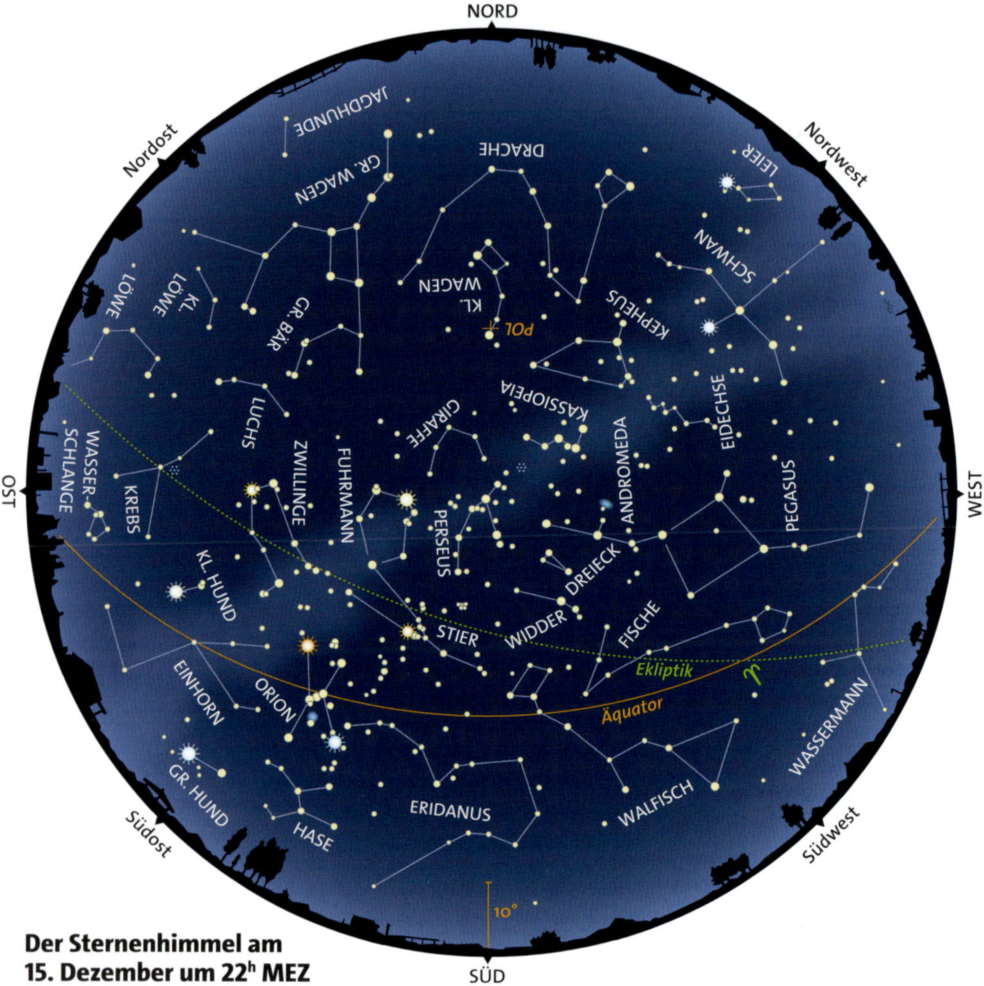

Der Sternenhimmel am 15. Dezember um 22h MEZ

Die Sternkarte ist auch gültig für:		
	MEZ	MESZ
15. 9.	4h	5h
1.10.	3	4
15.10.	2	3
1.11.	1	
15.11.	0	
1.12.	**23**	
15.12.	**22**	
31.12.	**21**	
15. 1.	20	
31. 1.	19	

sechseck mit Kapella, Pollux, Prokyon, Sirius, Rigel und Aldebaran ist nun sichtbar. Die Figur des Orion im Südosten ist kaum zu übersehen. Knapp über dem Südosthorizont funkelt Sirius, der hellste Stern im Großen Hund und mit $-1\overset{m}{,}5$ der hellste Stern am irdischen Himmel. Die meisten anderen Sterne des Großen Hundes sind hingegen noch nicht aufgegangen.

Hoch im Osten, fast im Zenit, steht der Fuhrmann mit der hellen Kapella. Das Sternbild Fuhrmann ist leicht zu erkennen, gehört doch sein Hauptstern, die gelblich strahlende Kapella, mit $0\overset{m}{,}1$ zu den sechs hellsten Sternen am irdischen Firmament. Außerdem ist Kapella der nördlichste Stern, der heller als erste Größe ist. Kapella ist in unseren Breiten fast das ganze Jahr

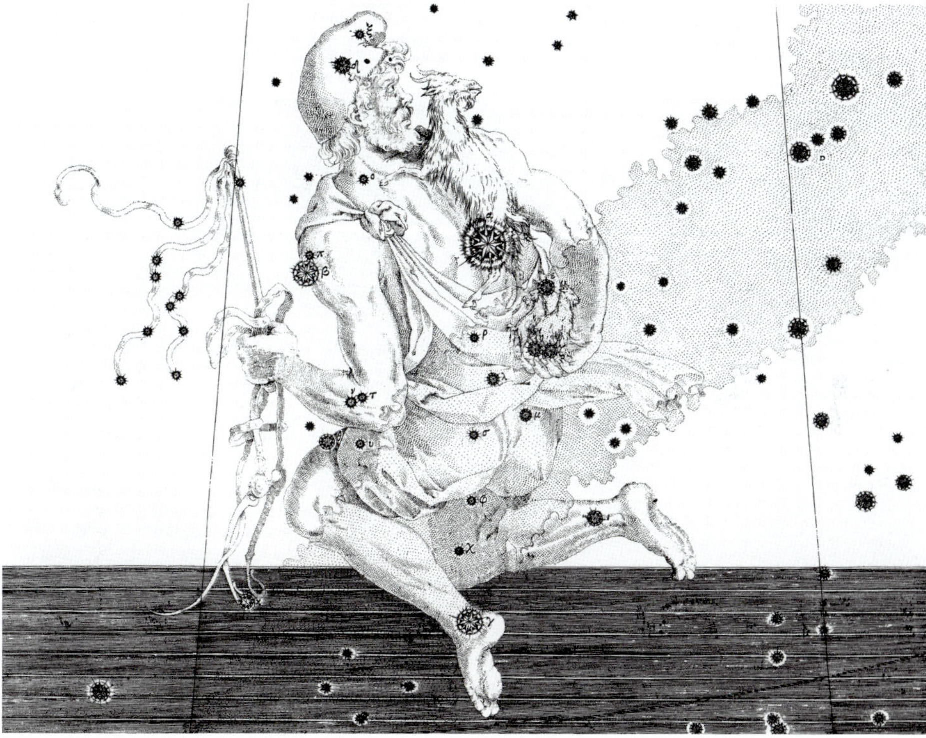

12.8 Der Fuhrmann:
Figürliche Darstellung des Sternbildes Fuhrmann im Sternatlas *Uranometria* von Johannes Bayer.

über zu sehen. Ab 44° nördlicher Breite ist Kapella sogar zirkumpolar. Sie ist dort der hellste Zirkumpolarstern. Kapella steht an der Spitze eines Sternenfünfecks, das den Fuhrmann darstellen soll. Meist sieht man jedoch ein Sechseck aus Sternen, weil man unwillkürlich noch β Tauri (Al Nath), das nördliche Stierhorn, mit in dieses Polygon aufnimmt. Tatsächlich gehörte β Tauri einst zum Fuhrmann und trug im Sternatlas von Johannes Bayer die Bezeichnung γ Aurigae. Das Sternenpolygon des Fuhrmanns liegt mitten in der sternreichen Gegend der winterlichen Milchstraße.

Eine ganze Reihe von Sagen rankt sich um dieses Sternbild. Ein Wagenlenker, ein Zügelhalter, der Erbauer des Himmelswagens aber auch ein Maultier oder eine Ziege wurden in dieser Sternenfigur gesehen.

Veränderliche Sterne im Dezember

Algol-Minima	1.	4^h15^m	4.	1^h04^m	6.	21^h53^m	9.	18^h42^m	21.	5^h59^m	24.	2^h49^m
	26.	23^h38^m	29.	20^h26^m								
β-Lyrae-Minima	1.	8^hN	7.	19^hH	14.	7^hN	20.	19^hH	27.	6^hN		
δ-Cepheï-Maxima	6.	1^h	11.	10^h	16.	18^h	22.	3^h	27.	12^h		
Mira-Helligkeit	1.	8^m	10.	7^m	20.	6^m	31.	5^m				

Besuch bei der Göttin Siziliens

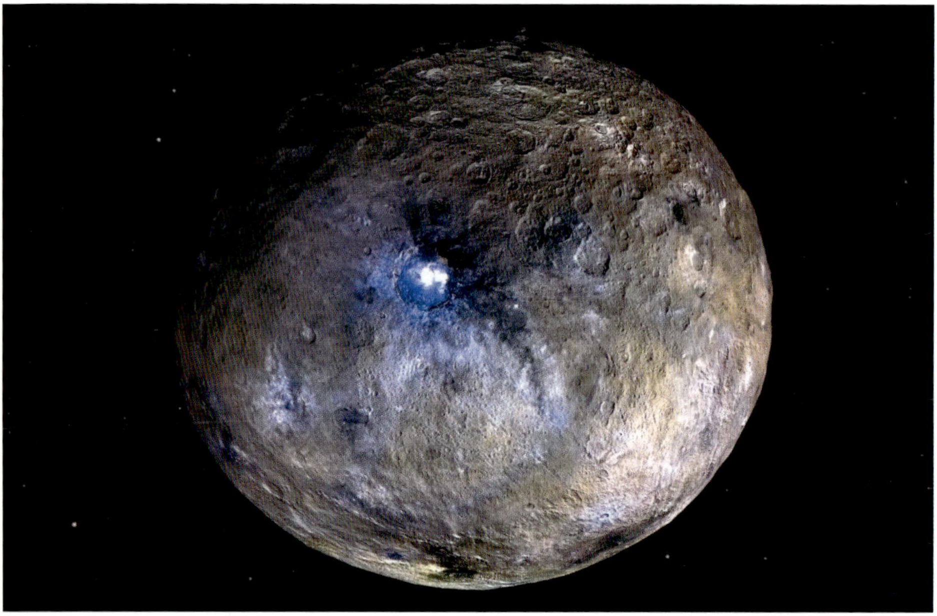
NASA/JPL-Caltech/UCLA/MPS/DLR/IDA

12.9 Ceres, Planetoid Nr. 1, mit einem hellen, weißen Fleck. Aufnahme der Raumsonde DAWN.

Schon zu Keplers Zeiten grübelten die Astronomen, warum wohl zwischen der Mars- und der Jupiterbahn ein so großer Abstand herrscht. Mars ist 1,5-mal weiter als die Erde von der Sonne entfernt, Jupiter hingegen mehr als fünfmal! Der Mathematiker Johann Daniel Titius (1792–1796) entwickelte 1766 eine Formel, nach der sich die Abstände der Planeten von der Sonne berechnen lassen. Weithin bekannt wurde sie aber erst, als Johann Elert Bode (1747–1826), Direktor der Berliner Sternwarte, diese Formel publizierte. Nach dieser Titius-Bode-Relation[1] sollte ein Planet in einem Abstand von 2,8 AE die Sonne umkreisen. Als 1781 der Planet Uranus entdeckt wurde, passte er mit einem Sonnenabstand von 19,3 AE ziemlich gut in die Titius-Bode-Reihe, die für ihn eine Sonnendistanz von 19,6 AE vermerkt. Nur bei 2,8 AE gab es erstaunlicherweise keinen Planeten. Der Göttinger Physiker und Aphoristiker Georg Christoph Lichtenberg (1742–1799) vermutete einen „unsichtbaren" Planeten, der zwischen der Mars- und der Jupiterbahn die Sonne umrundet. Unsichtbar wohl deshalb, weil er zu lichtschwach ist, um erkannt zu werden.

Der ungarische Baron Franz Xaver von Zach (1754–1832), Direktor der Sternwarte Seeberg bei Gotha, begann – inspiriert durch die Entdeckung des Uranus – ab 1787 mit einer systematischen Suche nach dem lichtschwachen Planeten zwischen Mars und Jupiter, indem er Sternkarten der Ekliptikzone anfertigte. Bald wurde ihm aber klar, dass dies eine so umfangreiche Arbeit war, dass sie ein einzelner Astronom kaum bewältigen kann. Er berief daher 1798 ein Treffen von

1 siehe H.-U. Keller, *Kompendium der Astronomie (5. Auflage 2016)*, Seite 177

Astronomen auf seiner Sternwarte ein, an dem auch der damals schon berühmte französische Astronom Jérôme de Lalande (1732–1807) teilnahm. Dies war wohl die erste internationale Astronomentagung. Von Zach reiste anschließend zu verschiedenen Observatorien, um für die Suche nach dem unbekannten Himmelskörper zu werben. Am 21. September 1800 trafen sich in der Privatsternwarte von Johannes Hieronymus Schröter in Lilienthal nahe Bremen etliche Astronomen, unter ihnen auch Karl-Ludwig Harding und Heinrich Wilhelm Olbers, zur Gründung der „Vereinigten Astronomischen Gesellschaft". Man beschloss, eine „Himmelspolizey" zur Fahndung nach dem vermuteten Planeten aufzustellen. Jedes der 24 Mitglieder der „Himmelspolizey" sollte je einen Abschnitt der Ekliptikzone im Ausmaß von 15° ekliptikaler Länge und etwa je 8° nördlicher und südlicher ekliptikaler Breite absuchen. Dazu war es notwendig, zunächst möglichst genaue Sternkarten dieser Gebiete anzufertigen.

Wikipedia

12.10 Franz Xaver von Zach (1754 – 1832), Direktor der Sternwarte Seeberg bei Gotha, Gründer der „Himmelspolizey".

Ein Sizilianer war schneller

Noch bevor die Himmelspolizisten richtig loslegen konnten, kam ihnen der Zufall zu Hilfe. Der gesuchte Planet wurde in der Neujahrsnacht von 1800 auf 1801 von Giuseppe Piazzi an der Sternwarte zu Palermo entdeckt. Dies war die erste große Entdeckung gleich zu Beginn des 19. Jahrhunderts – ein vielversprechender Anfang. Piazzi war ebenfalls als Himmelspolizist vorgesehen, wusste aber noch nichts von seinem Glück, was bei den damaligen langen Postwegen nicht weiter verwundert.

Giuseppe Piazzi wurde am 16. Juli 1746 in Ponte in Valtellina (Graubünden, Schweiz) als Sohn von Bernardo Piazzi und seiner Frau Antonia Francesca Artaria als neuntes von zehn Kindern geboren. Als Sohn einer alten Adelsfamilie wurde er Theatiner-Mönch in Mailand. Dort begann er Mathematik und Naturwissenschaften zu studieren. Er setzte seine Studien in Turin, Rom und schließlich in Genua fort. Nach seiner Promotion in Astronomie lehrte er von 1770 bis 1773 Mathematik an der neu gegründeten Universität von Malta und anschließend bis 1779 in Ravenna. Ein Intermezzo gab er 1779, als er als Professor in Rom Dogmatische Theologie lehrte.

Schon 1780 übernahm er den Lehrstuhl für Mathematik an der Akademie von Palermo auf Sizilien. Im Jahre 1787 wurde er an der gleichen Akademie zum Professor für Astronomie berufen. Piazzi gründete das südlichste astronomische Observatorium Europas auf dem Turm Santa Ninfa des königlichen Normannen-Palastes in Palermo. Zur Ausstattung der Sternwarte lieferte der Vizekönig von Sizilien Prinz Tommaso d'Aquino Caramanico die nötigen Fördermittel.

Piazzi besuchte die Observatorien von Paris und Greenwich bei London, um sich über den neuesten Stand der Instrumententechnik zu informieren.

Weitreichende Kontakte

In England lernte er Sir William Herschel, den Uranus-Entdecker, kennen. Mit Nevil Maskelyne (1732–1811), 5. Astronomer Royal, beobachtete

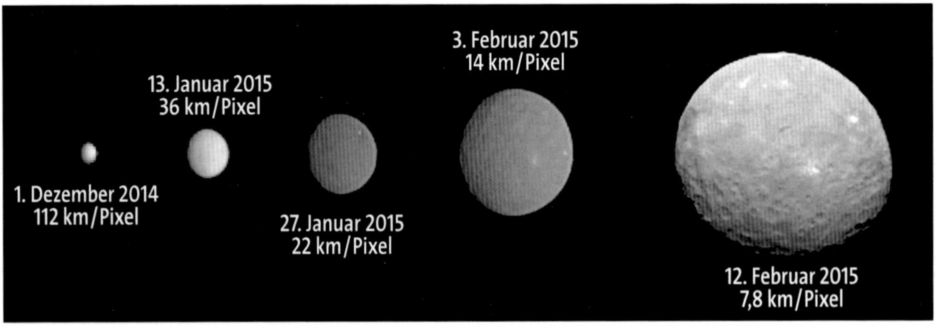

NASA/JPL-Caltech/UCLA/MPS/DLR/IDA

12.11 Aufnahmen der Raumsonde Dawn bei ihrem Anflug zum Zwergplaneten Ceres.

er die totale Sonnenfinsternis vom 3. Juni 1788. Als Ergebnis seiner Reise erhielt Piazzi einen Fünf-Fuß-Vertikalkreis (f = 150 cm) des Optikers Jesse Ramsden. 1789 zurück in Palermo, stürzte er sich in seine Arbeit zur Erstellung eines präzisen Sternkatalogs, der schließlich 1803 erschien und 6478 Sterne beinhaltete. Seine Arbeit wurde mit dem Lalande-Preis ausgezeichnet. Später erweiterte Piazzi seinen Sternkatalog auf 7646 Sterne. Dieser zweite Fixsternkatalog erschien 1813. Piazzi wies dabei nach, dass Fixsterne eine Eigenbewegung zeigen. Ihm fiel besonders die große Eigenbewegung von 61 Cygni auf, den er als „fliegenden Stern“ bezeichnete. Dies ließ Friedrich W. Bessel in Königsberg vermuten, dass 61 Cyg ein sonnennaher Stern sein müsse. An ihm gelang Bessel 1838 die erfolgreiche Bestimmung der ersten trigonometrischen Fixsternparallaxe.

Als prominenter Astronom wurde Piazzi die Leitung des Observatoriums von Bologna angetragen, die er jedoch ablehnte. 1817 wurde er eingeladen, das Capodimonte-Observatorium in Neapel zu begutachten. Er sollte es schließlich leiten, wollte aber die Sternwarte in Palermo nicht im Stich lassen. Die Lösung: Piazzi wurde Generaldirektor beider Observatorien. Im Laufe seiner Karriere erfuhr er zahlreiche Ehrungen. Unter anderem wurde er Präsident der Akademie der Wissenschaften zu Neapel. Auch wurde er zum korrespondierenden Mitglied der Bayerischen Akademie der Wissenschaften ernannt.

Piazzi beobachtete auch den hellen Kometen von 1811 (C/1811 F1), wobei er feststellen musste, dass seine Augen zunehmend schlechter wurden. Seinen zweiten Sternkatalog konnte er nur mit Hilfe seines fleißigen Assistenten Niccoló Cacciatore fertigstellen.

Piazzi hatte eine schwächliche Konstitution und war oft krank. Nach einer Cholera-Infizierung starb er am 22. Juli 1826 in Neapel. Ihm zu Ehren wurde der Planetoid Nr. 1000 „Piazzia“ getauft. Entdeckt wurde dieser Kleinplanet am 12. August 1923 von Karl Wilhelm Reinmuth an der Heidelberger Sternwarte. Auch ein 101 Kilometer im Durchmesser großer Ringwall am Südwestrand des Mondes (68° West, 36° Süd) wurde nach Piazzi benannt. Wegen seiner Randlage erscheint er von der Erde aus gesehen extrem verzerrt.

In der Silvesternacht von 1800 auf 1801 beobachtete Piazzi wieder einmal eifrig, um seinen Sternkatalog weiterzuführen. Dabei fiel ihm im Sternbild Stier an der Grenze zu den Zwillingen ein Sternpünktchen auf, das im Vergleich zur vorherigen Nacht seine Position gewechselt hatte. Zunächst dachte Piazzi an einen Kometen. Doch das Objekt entwickelte weder eine Koma noch einen Kometenschweif. Bis zum 12. Februar 1801 konnte er das wandernde Objekt verfolgen. Dann hinderte eine Schlechtwetterperiode eine weitere Beobachtung. Außerdem erkrankte Piazzi, was ihn zwang, seine Beobachtungen zu unterbrechen.

Koordinierte Beobachtungen

Als das Wetter wieder Beobachtungen zuließ und Piazzi genesen war, konnte er das Objekt nicht mehr finden. Es hatte sich an den Taghimmel zurückgezogen. Am 24. Januar 1801 schrieb er an Johann Elert Bode und berichtete von seinen Beobachtungen. Sein Brief traf am 20. März in Berlin ein. Im Sommer 1801 publizierte von Zach in seiner von ihm gegründeten Zeitschrift *Monatliche Korrespondenz zur Beförderung der Erd- und Himmelskunde* die Beobachtungen von Piazzis wanderndem Objekt. Dadurch erfuhr der Göttinger Mathematiker Carl Friedrich Gauß von der Entdeckung und machte sich daran, die Bahn dieses Himmelskörpers zu bestimmen. Dies war nicht ganz einfach, hatte Piazzi doch nur ein kurzes Bahnstück von neun Grad Länge beobachtet. Trotzdem gelang es Gauß, mit einem ausgeklügelten Rechenverfahren die Bahn zu ermitteln. Seinen Algorithmus dazu publizierte Gauß erst 1809 in der Schrift mit dem Titel *Theoria motus corporum coelestium in sectionibus conicis solem ambientium*. Sein ursprünglicher Text war deutsch mit der Überschrift „Theorie der Bewegungen von Himmelskörpern auf Kegelschnitten um die Sonne". Der Hamburger Verleger bestand aber darauf, die Abhandlung in Latein zu drucken und ließ deshalb den Text übersetzen. Nur so, schien ihm, sei der entsprechende Verkaufserfolg gesichert.

Ceres in Zahlen

Name/Planetoiden-Nr.			Ceres (1)	
Entdecker			Giuseppe Piazzi	
Datum			1. Januar 1801	
			AE	Million km
Große Bahnhalbachse a (mittl. Entfernung von der Sonne)			2,766	413,8
Periheldistanz		q:	2,547	381,1
Apheldistanz		Q:	2,985	446,5
Oppositionsdistanz von der Erde	Minimum		1,531	229,0
	Maximum		2,001	299,4
Numerische Exzentrizität		e:	0,079	
Bahnneigung zur Ekliptik		i:	10°,6	
Siderische Umlaufzeit in Jahren		U_{sid}:	4,600	
Mittlere synodische Umlaufzeit (von Opposition zu Opposition) in Tagen		U_{syn}:	467	
Äquatordurchmesser in km			975	
Poldurchmesser in km			909	
Masse in 10^{20} kg		m:	9,46	
Mittlere Dichte in g/cm³		ρ:	2,075	
Schwerebeschleunigung in m/s²			0,29	
Rotationsdauer			9^h05^m	
Scheinbare Oppositionshelligkeit Maximum (Mittel)			$6^m_,7$ ($7^m_,5$)	
Absolute Helligkeit (r = 1, Δ = 1, Phase: 0°)			$3^m_,34$	
Albedo			0,09	
Tageshöchsttemperatur			168 K ≙ −105 °C	

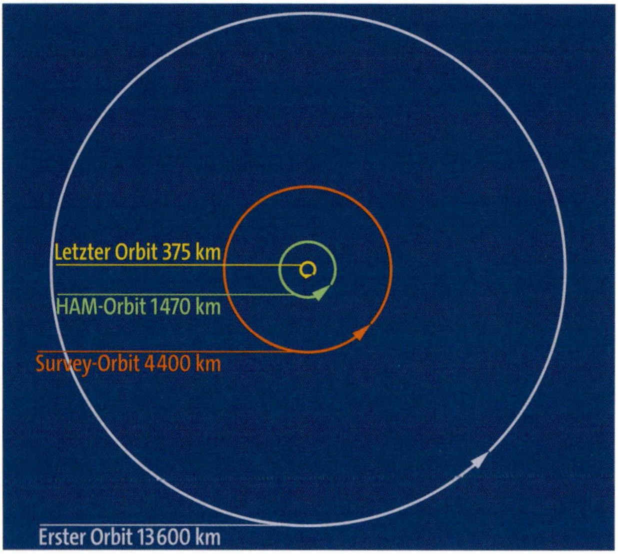

12.12 Orbitalbahnen der Raumsonde Dawn um den Kleinplaneten Ceres.

Aufgrund der Berechnungen von Gauß wurde das Objekt am 7. Dezember 1801 durch Baron von Zach wiederentdeckt. Exakt ein Jahr später, nämlich in der Neujahrsnacht von 1801 auf 1802 fand Wilhelm Olbers in Bremen den Himmelskörper wieder.

Es handelte sich nicht um einen Kometen, sondern um den gesuchten Planeten, der auf einer Bahn zwischen Mars und Jupiter in einer mittleren Entfernung von 414 Millionen Kilometern, dies sind 2,77 AE, in vier Jahren, sieben Monaten und neun Tagen die Sonne umrundet. Nach der Entdeckung von Uranus war dies der achte Planet. Die Klasse der Planetoiden wurde erst Jahrzehnte später eingeführt (siehe *Kosmos Himmelsjahr 2015*, Monatsthema September „Die Entdeckung des 13. Planeten" auf Seite 201). Mit einer großen halben Bahnachse von 2,77 AE passte der neu gefundene Planet recht gut in die Titius-Bode-Reihe, die für eine Sonnendistanz von 2,8 AE einen Planeten vorsieht.

Die Göttin der Fruchtbarkeit

Auf Vorschlag von Piazzi hin wurde der neu entdeckte Planet Ceres Ferdinandea genannt. Die Zusatzbezeichnung „Ferdinandea", die an den sizilianischen König erinnern soll, wurde jedoch bald fallen gelassen. Ceres ist die altitalische Göttin des Ackerbaus. Sie ist eng mit der römischen Erdgöttin Tellus verbunden. Im Griechischen entspricht sie der Demeter. Ceres ist die Tochter des Saturns und der Ops, der römischen Saat- und Erntegöttin. Ceres gilt als Fruchtbarkeitsgöttin, aus deren Schoß das Lebendige hervorgeht, ist ferner Schutzpatronin der Ehe und zu guter Letzt auch von Sizilien, der Kornkammer des römischen Reiches. Ihr zu Ehren wurde jährlich am 19. April das Fest der Cerialia gefeiert. Im Englischen heißt „cereal" das Getreide.

Die Bahn von Ceres ist mit knapp elf Grad nur geringfügig zur Ekliptik geneigt. Die numerische Exzentrizität ihrer Ellipsenbahn beträgt 0,079, was sie im Perihel auf 381 Millionen Kilometer an die Sonne heranführt. Ihre größte Sonnendistanz erreicht sie im Aphel mit 447 Millionen Kilometer. Außer den genau zu ermittelnden Bahndaten konnte man von der Erde aus kaum etwas über ihre Eigenschaften in Erfahrung bringen. Denn selbst in den größten irdischen Teleskopen erscheint Ceres punktförmig. Auch ihren wahren Durchmesser konnte man nur aus ihrer scheinbaren Helligkeit und einer angenommenen Albedo (Reflexions- oder Rückstrahlungsvermögen) abschätzen. Denn die Helligkeit eines Planetoiden hängt von seinem Querschnitt und dem prozentual pro Flächeneinheit reflektierten Sonnenlicht ab. Somit steigt die Helligkeit quadratisch mit dem Durchmesser. Nimmt man eine geringe Albedo an, was bei Ceres als dunkler Körper gegeben ist, dann muss der Durchmesser entsprechend größer sein, um die beobachtete

Helligkeit zu erklären. So ergaben die Schätzungen für den Ceresdurchmesser Werte zwischen 768 und 1030 Kilometer. Wie sich mittlerweile herausstellte, waren diese Ergebnisse gar nicht so schlecht.

Dawn entschlüsselt Ceres

Inzwischen hat man wesentlich genauere Daten vom Planetoiden Nr. 1 dank der amerikanischen Raumsonde Dawn (engl., Morgendämmerung), die die „Göttin Siziliens" als erste und bisher einzige Mission besucht hat. Dawn trat ihre Reise am 27. September 2007 vom Kennedy-Weltraumbahnhof auf Cape Canaveral (Florida) an. Im Februar 2009 schleuderte Mars sie in den Planetoidengürtel zwischen Mars und Jupiter, wo sie zunächst auf den Planetoiden Vesta traf. Am 16. Juli 2011 schwenkte sie in einen Orbit (Umlaufbahn) um Vesta ein. (Der vierte Kleinplanet wurde am 29. März 1807 von Heinrich Wilhelm Olbers in Bremen entdeckt.) Über ein Jahr lang kreiste Dawn um den vierten Planetoiden und funkte jede Menge Bilder und Daten zur Erde. Am 5. September 2012 beschleunigte das Ionentriebwerk die Raumsonde und brachte sie sanft aus dem Vestaorbit auf den Weg zur Schutzgöttin Siziliens, wo sie im Februar 2015 eintraf.

Schon im Anflug zeigte sich auf den ersten Aufnahmen ein heller Punkt auf der sonst dunkelgrauen (mittlere Albedo 0,09) Ceresoberfläche. Dieser Punkt war andeutungsweise schon auf einigen Ceresaufnahmen zu erkennen, die das Hubble-Weltraumteleskop gemacht hatte.

12.13 Die Raumsonde Dawn erreicht Ceres.

NASA/JPL-Caltech/UCLA/MPS/DLR/IDA

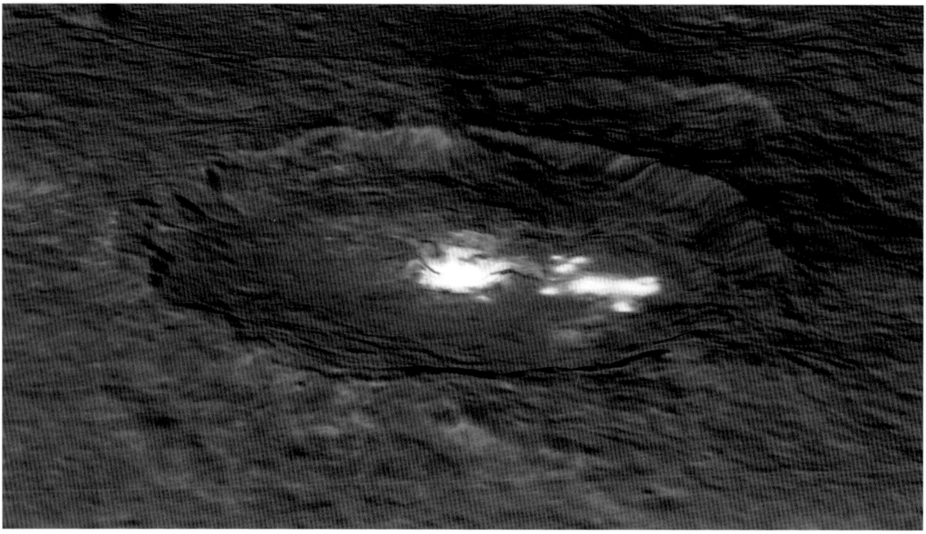

12.14 Nahaufnahme des Kraters Occator auf Ceres mit dem hellen Fleck aus Salzmineralien, eingeschlossen in Wassereis.

Am 6. März 2015 war es dann soweit. Die geringe Schwerkraft von Ceres zwang Dawn in eine polare Umlaufbahn, 13 600 Kilometer über der Oberfläche. Die beiden vom Max-Planck-Institut für Sonnensystemforschung in Göttingen konstruierten und gefertigten Kameras (Linsenobjektive mit nur zwei Zentimeter Apertur und 15 Zentimeter Brennweite) sandten Bilder von der bizarren Oberfläche der Ceres, die sowohl im sichtbaren Licht als auch im Infraroten in einem Wellenlängenbereich von 430 Nanometer bis 980 Nanometer aufgenommen wurden. Die Auflösung betrug dabei 1,3 Kilometer pro Pixel (engl., von picture element – Bildpunkt). Das heißt, das kleinste noch erkennbare Oberflächendetail hatte einen Durchmesser von 1300 Meter.

Näher und näher

Bessere Auflösungen wurden erreicht, als die Umlaufbahnen des Ceres-Orbiters sukzessive verkleinert wurden. Am 6. Juni 2015 erreichte Dawn den sogenannten Survey Orbit in 4400 Kilometern Höhe über Grund, wobei sich die Auflösung auf nur 0,4 Kilometer pro Pixel verbesserte. Vom 17. August bis 23. Oktober wurde die Umlaufbahn auf 1470 Kilometer Höhe ein weiteres Mal, nun in den High Altitude Mapping Orbit (HAMO), abgesenkt. Dawn umrundete in dieser Bahn Ceres alle 19 Stunden. Dabei konnte erstmals die Masse von Ceres recht exakt zu $9{,}46 \cdot 10^{20}$ Kilogramm (dies sind fast eine Trillion Tonnen) bestimmt werden. Damit vereinigt dieser Zwergplanet etwa ein Drittel der Gesamtmasse des inneren Planetoidengürtels in sich.

Ceres rotiert in neun Stunden und fünf Minuten um ihre Achse, die fast senkrecht auf ihrer Umlaufebene steht. Somit gibt es auf Ceres auch keine Jahreszeiten. Ceres ist leicht abgeplattet. Der Äquatordurchmesser beträgt 975 Kilometer, der Poldurchmesser hingegen 909 Kilometer. Dies entspricht einer Abplattung von 1:15. Ceres ist der einzige Kleinplanet im Planetoidengürtel zwischen Mars und Jupiter, der den Status eines Zwergplaneten hat. Der Begriff „Zwergplanet" wurde von der IAU (Dachorganisation der professionellen Astronomie) auf ihrer Generalversammlung im August 2006 in Prag eingeführt. Damals ging es um die sachgerechte Einordnung von Pluto in unser Sonnensystem.

12.15 Der Zentralberg im Krater Occator. Aufnahme der Raumsonde Dawn aus 1470 km Entfernung.

In der HAMO-Umlaufbahn erreichte die Bildauflösung pro Pixel 140 Meter. Details von nur 35 Meter Größe ließen sich erfassen als Dawn schließlich Mitte Dezember 2015 nur noch 375 Kilometer über dem bizarren Land von Ceres kreiste, also in einer Bahn ähnlich zu der, in der die ISS (International Space Station – Internationale Raumstation) die Erde umrundet. Außer den zahlreichen, ungleichmäßig verteilten Kratern und Ringwällen sowie diversen Furchen und Gräben zeigten sich auch seltsame Gebilde wie ein pyramidenförmiger, sechs Kilometer hoher Berg mit einer hellen Flanke und fast keinerlei Geröll an seiner Basis.

Eine alte Oberfläche

Geologisch betrachtet ist die Ceresoberfläche recht alt. Der Zwergplanet selbst hat sich bereits in der Frühzeit des Sonnensystems vor 4,56 Milliarden Jahren gebildet.

Das auffälligste Oberflächendetail ist ein unregelmäßig geformter, etwa sieben Kilometer im Durchmesser großer, weißer Fleck auf dem Zentralberg des 90 Kilometer großen Ringwalls Occator, in dessen Nähe noch ein weiterer kleiner, heller Fleck zu erkennen ist. Außer diesem vergleichsweise großen weißen Fleck wurden noch insgesamt 130 weitere, aber kleinere, helle Flecken gefunden, die Rätsel aufgeben. Neuere Untersuchungen im Infrarot-Spektralbereich zeigen, dass die hellen Flecken, deren Albedos (Rückstrahlungsvermögen) bei über 50 % liegen, von Salzmineralien herrühren, die im Sonnenlicht weiß glänzen. Bei Einschlägen wurde stark salzhaltiges Wasser freigesetzt. Das Wasser verdunstete, wie auch nebelartige Schwaden erkennen lassen, und diffundierte ins Weltall. Übrig blieben die auskondensierten Salzminerale, vornehmlich Hexahydrit, eine Form von Magnesiumsulfatsalz.

Unter einer dünnen Gesteinsoberfläche umschließt vermutlich ein 80 Kilometer bis 90 Kilometer dicker Eispanzer den rund 860 Kilometer großen Silikatkern von Ceres. Dies schließt man aus einer mittleren Dichte von knapp 2,1 Gramm pro Kubikzentimeter, die damit etwas höher liegt als die von Pluto.

Rund 60 Kilogramm Wasserdampf entweichen pro Sekunde ins Weltall. Eine Atmosphäre kann Ceres nicht halten.

Da Ceres nur 13 % derjenigen Sonnenwärme erhält, die auf der Erde eintrifft, erreicht die Tageshöchsttemperatur des Zwergplaneten nur 168 K, das entspricht −105 °C. Freie Eisflächen kann es somit nicht geben, denn bei diesen noch relativ hohen Temperaturen und dem Weltraumvakuum würde freiliegendes Wassereis rasch sublimieren und ins All diffundieren. So gesehen kann es sich bei den weißen Flecken nur um junge Gebilde handeln, die nach kürzlich erfolgten Einschlägen entstanden sind. Im Laufe der Zeit werden sie durch Ablagerungen dunklen Staubs wieder verschwinden.

Die Schwerebeschleunigung beträgt auf der Ceresoberfläche nur drei Prozent der irdischen, nämlich 0,29 m/s². Daraus ergibt sich eine Freifallstrecke von fast 15 Zentimetern in der ersten Sekunde. Im Unterschied zum Zwergplaneten Pluto besitzt Ceres keine Trabanten, die sie auf ihrem Weg um die Sonne begleiten.

Wer Ceres einmal mit eigenen Augen sehen will, dem bietet sich in den kommenden Wochen nach dem Jahreswechsel eine recht gute Gelegenheit. Am 31. Januar 2018 kommt es zu einer günstigen Oppositionsstellung von Ceres zur Sonne. Ceres hält sich dabei im Sternbild Krebs auf. Mit $6\overset{m}{,}9$ Oppositionshelligkeit und +30° Deklination ist Planetoid Nr. 1 schon in einem Fernglas oder kleinen Teleskop leicht zu erkennen – allerdings nur als Sternpünktchen. Die Oppositionsentfernung beträgt dabei 240 Millionen Kilometer (= 1,60 AE). Die darauf folgenden Oppositionen fallen deutlich ungünstiger aus. Bei ihrer Opposition am 28. Mai 2019 beträgt die Ceresdeklination nur −18°, die scheinbare Helligkeit $7\overset{m}{,}0$ und ihre Entfernung von der Erde 262 Millionen Kilometer. Noch ungünstiger wird die Opposition vom 28. August 2020: Deklination −24°, Helligkeit $7\overset{m}{,}7$ und eine Entfernung von 299 Millionen Kilometer.

Erich Karkoschka
Drehbare
Welt-Sternkarte
Sterne finden rund um den Globus
KOSMOS

Die Kosmos
Sternführung
KOSMOS

Dem Himmel — ganz nah

Hans-Ulrich Keller
KOMPENDIUM DER ASTRONOMIE
400 Seiten
ca. €/D 39,90

Der umfassende und verständliche Einstieg in die Astronomie: Mit über 450 Tabellen und Illustrationen sowie einem ausführlichen Anhang mit Zahlen, Daten und Fakten.
Ideal zum Nachschlagen – für das Selbststudium und als Begleitbuch für Astronomiekurse.

Erich Karkoschka
ATLAS FÜR HIMMELSBEOBACHTER
160 Seiten
ca. €/D 19,99

Unverzichtbar für jeden Himmelsbeobachter: Mit Übersichtssternkarten des gesamten Nachthimmels, vergrößerten Aufsuchkarten sowie Einzelbeschreibungen der 250 schönsten Deep-Sky-Objekte ist der Atlas für Himmelsbeobachter die Top-Empfehlung für Hobby-Astronomen.

kosmos.de

Für alle — Entdecker

MEINE ERSTE STERNKARTE
ab 8 Jahren
ca. €/D 9,99

Die drehbare und nachtleuchtende Sternkarte speziell für Kinder. Damit können Kinder alle wichtigen Leuchtpunkte am Himmel finden und bestimmen, vom eigenen Sternbild bis zu den Planeten. Einfach drehen, Monat und Uhrzeit einstellen und schon zeigt die nachtleuchtende Karte den aktuellen Sternenhimmel mit allem, was es dort zu beobachten gibt.

ASTRO-TELESKOP
ab 12 Jahren

Mondkrater, Planeten und Gasnebel – all das rückt zum Greifen nah, wenn Kinder- und Jugendliche mit dem Linsenteleskop auf Entdeckungsreise gehen. Mit der beiliegenden Bildumkehrlinse können zusätzlich Beobachtungen auf der Erde gemacht werden.

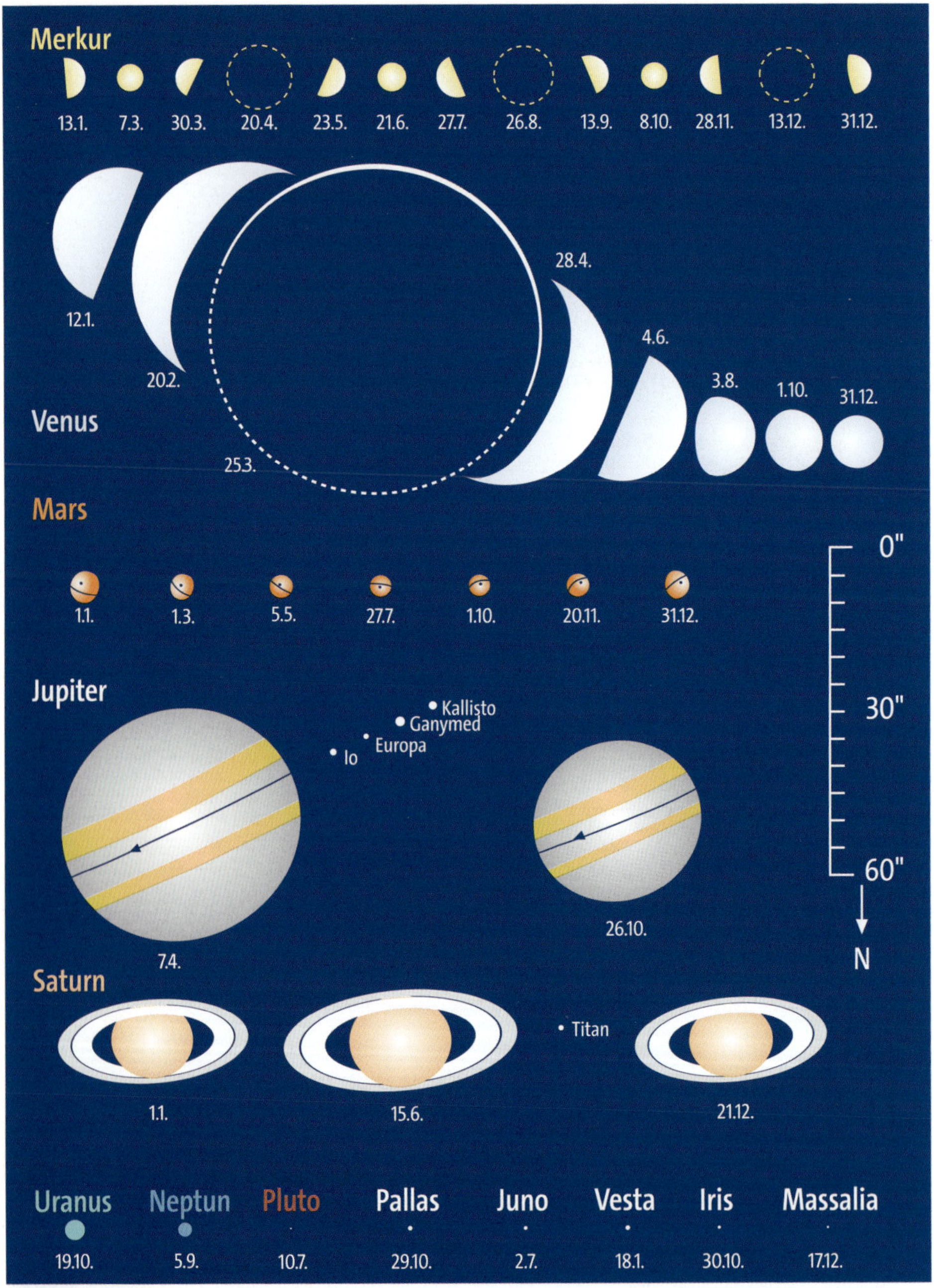

T.1 Die Größe der Planetenscheibchen im Jahre 2017. Man beachte den eingetragenen Maßstab in Bogensekunden. Anblick im umkehrenden Fernrohr (Norden unten, Osten rechts).

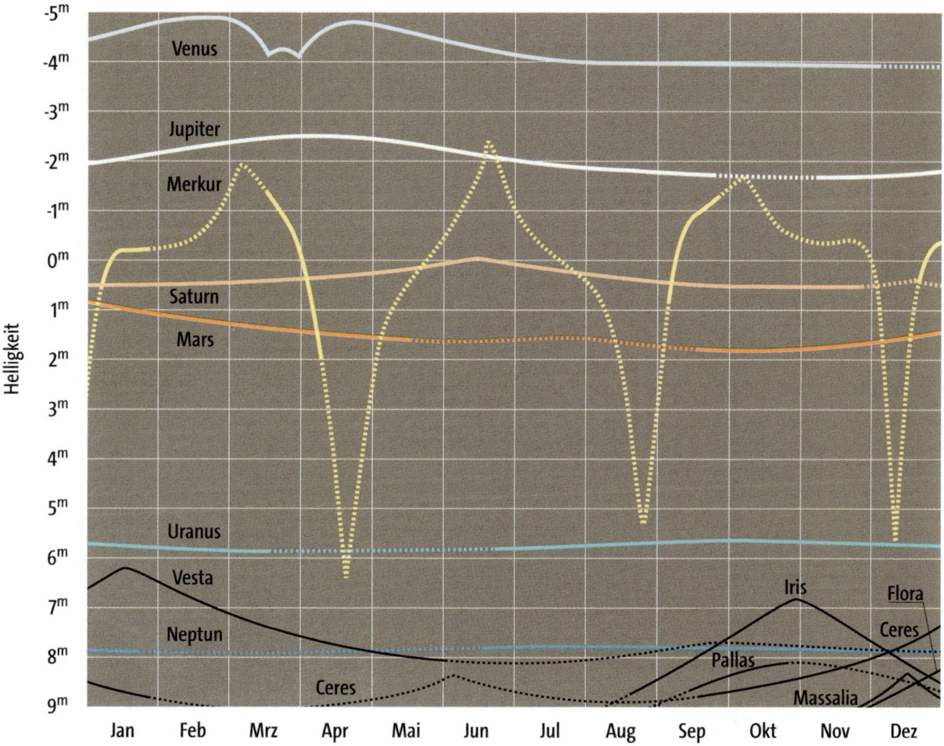

T.2 Die Helligkeiten der Planeten 2017.

T.3 Die Sichtbarkeiten der Planeten im Jahr 2017.

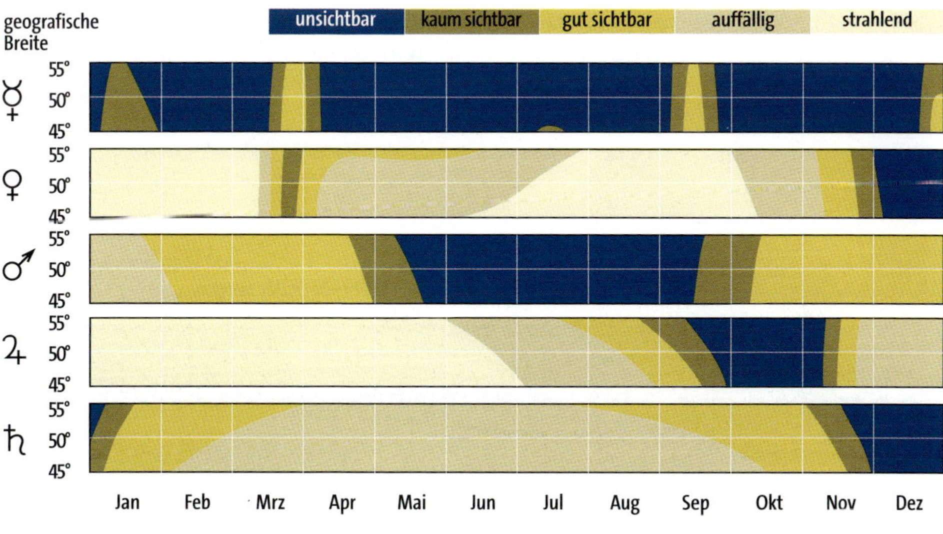

Ekliptikale Koordinaten des Mondes 2017

	JANUAR		FEBRUAR		MÄRZ		APRIL		MAI		JUNI	
Tag	Länge °	Breite °	Länge °	Breite °	Länge °	Breite °	Länge °	Breite °	Länge °	Breite °	Länge °	Breite °
2.	324,4	+0,9	14,8	−3,5	25,2	−4,2	78,7	−5,0	117,3	−2,8	167,0	+1,7
4.	350,6	−1,4	42,7	−4,9	53,7	−5,2	107,0	−3,7	144,4	−0,5	192,1	+3,6
6.	17,9	−3,5	71,2	−5,2	82,2	−5,0	134,2	−1,6	170,2	+1,7	216,4	+4,7
8.	46,3	−4,9	99,9	−4,2	110,1	−3,6	160,4	+0,7	195,0	+3,6	240,3	+5,0
10.	75,7	−5,0	128,1	−2,2	137,4	−1,4	185,7	+2,8	219,3	+4,7	264,0	+4,5
12.	105,2	−3,9	155,4	+0,2	163,9	+1,0	210,4	+4,3	243,2	+5,0	287,8	+3,1
14.	133,8	−1,8	181,5	+2,5	189,5	+3,1	234,6	+5,1	267,0	+4,4	312,0	+1,2
16.	160,9	+0,7	206,4	+4,2	214,2	+4,6	258,3	+4,9	290,8	+3,1	337,0	−1,0
18.	186,4	+2,8	230,4	+5,2	238,3	+5,2	282,1	+3,9	315,1	+1,2	3,2	−3,1
20.	210,7	+4,4	254,2	+5,2	262,0	+4,9	306,5	+2,1	340,6	−1,1	31,0	−4,6
22.	234,4	+5,1	278,3	+4,3	286,1	+3,8	332,1	−0,1	7,8	−3,2	60,5	−5,1
24.	258,3	+5,0	303,3	+2,6	311,1	+1,9	359,4	−2,4	36,8	−4,7	90,9	−4,1
26.	282,7	+4,0	329,5	+0,3	337,6	−0,4	28,5	−4,3	67,2	−4,9	120,9	−2,1
28.	307,9	+2,2	356,9	−2,1	5,6	−2,8	58,7	−5,0	97,6	−3,8	149,4	+0,4
30.	334,1	−0,1	–	–	34,8	−4,6	88,6	−4,4	126,7	−1,8	176,0	+2,7

	JULI		AUGUST		SEPTEMBER		OKTOBER		NOVEMBER		DEZEMBER	
Tag	Länge °	Breite °	Länge °	Breite °	Länge °	Breite °	Länge °	Breite °	Länge °	Breite °	Länge °	Breite °
2.	201,1	+4,3	245,7	+5,2	289,6	+3,0	322,1	+0,1	9,7	−3,8	46,4	−5,0
4.	225,3	+5,1	269,4	+4,3	314,1	+0,9	348,1	−2,2	38,4	−4,9	76,6	−4,4
6.	249,1	+5,0	293,5	+2,7	339,8	−1,4	15,6	−4,1	68,2	−4,8	107,0	−2,5
8.	272,9	+4,1	318,2	+0,5	6,5	−3,6	44,2	−5,0	97,9	−3,4	136,2	0,0
10.	296,9	+2,4	343,7	−1,8	34,2	−4,9	73,2	−4,8	126,5	−1,1	163,8	+2,3
12.	321,5	+0,2	10,1	−3,8	62,4	−5,2	101,8	−3,3	153,8	+1,2	189,9	+4,1
14.	346,8	−2,0	37,4	−5,1	90,8	−4,2	129,7	−1,1	180,0	+3,3	214,9	+5,0
16.	13,1	−3,9	65,6	−5,2	119,1	−2,2	156,8	+1,3	205,4	+4,6	239,2	+5,0
18.	40,8	−5,1	94,4	−4,0	146,9	+0,3	183,2	+3,3	230,1	+5,0	263,1	+4,1
20.	69,8	−5,0	123,4	−1,9	174,1	+2,6	208,9	+4,6	254,3	+4,5	286,7	+2,5
22.	99,6	−3,7	151,8	+0,7	200,4	+4,3	233,7	+5,0	278,0	+3,2	310,4	+0,5
24.	129,2	−1,3	179,1	+3,0	225,5	+5,1	257,8	+4,5	301,6	+1,4	334,5	−1,7
26.	157,5	+1,2	205,1	+4,6	249,7	+5,0	281,5	+3,2	325,6	−0,7	359,5	−3,6
28.	184,3	+3,4	229,8	+5,3	273,5	+3,9	305,3	+1,4	350,7	−2,8	26,1	−4,9
30.	209,5	+4,8	253,8	+5,0	297,4	+2,2	329,9	−0,8	17,6	−4,4	54,5	−5,1

Koordinaten gelten für 1^h MEZ und sind geozentrische Werte.
Von Mitteleuropa aus steht der Mond etwa 0,°7 südlicher.
Abstand der Mondbahn relativ zu helleren Sternen 2017:

Stern:	Hamal	Aldebaran	Al Nath	Alhena	Pollux	Regulus	Spica	Antares	Nunki
Mond:	16° südl.	0°	10° südl.	2° nördl.	10° südl.	1° südl.	6° nördl.	8° nördl.	6° nördl.

T.4 Lage der Mondbahn im Tierkreis relativ zur Ekliptik von 180° bis 360° ekliptikaler Länge.

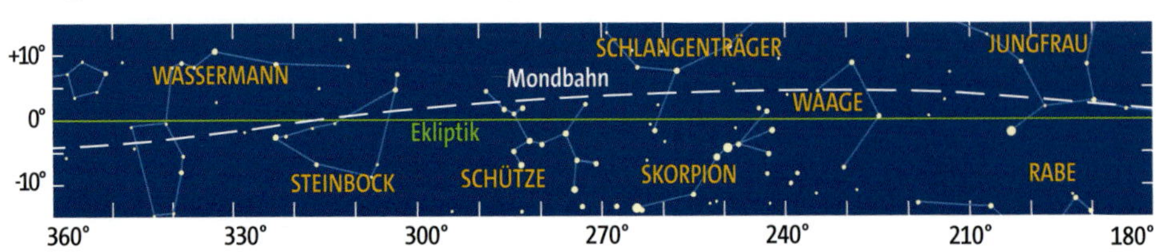

Ekliptikale Koordinaten der Sonne und der großen Planeten 2017

Datum		SONNE	MERKUR		VENUS		MARS		JUPITER		SATURN	
		Länge °	Länge °	Breite °	Länge °	Breite °	Länge °	Breite °	Länge °	Breite °	Länge °	Breite °
Jan	1.	280,5	273,0	+3,0	327,2	−1,4	339,3	−0,9	200,9	+1,3	261,1	+1,3
	10.	289,7	268,8	+2,8	336,8	−0,8	346,1	−0,7	201,8	+1,3	262,1	+1,3
	20.	299,9	275,8	+1,3	346,8	+0,2	353,6	−0,6	202,4	+1,4	263,2	+1,3
	31.	311,1	289,2	−0,4	356,8	+1,6	1,8	−0,4	202,8	+1,4	264,3	+1,3
Feb	10.	321,2	303,7	−1,5	4,4	+3,1	9,2	−0,2	202,9	+1,4	265,2	+1,3
	20.	331,3	319,6	−2,1	10,1	+4,8	16,6	−0,1	202,6	+1,5	265,9	+1,3
	28.	339,3	333,4	−2,1	12,5	+6,2	22,5	0,0	202,2	+1,5	266,4	+1,3
Mrz	10.	349,4	352,1	−1,4	12,3	+7,8	29,7	+0,1	201,4	+1,5	266,9	+1,3
	20.	359,3	11,7	+0,2	8,1	+8,5	36,9	+0,3	200,3	+1,6	267,3	+1,3
	31.	10,2	29,0	+2,4	1,4	+7,6	44,8	+0,4	199,0	+1,6	267,5	+1,3
Apr	10.	20,1	34,6	+3,2	357,3	+5,7	51,8	+0,5	197,8	+1,6	267,5	+1,3
	20.	29,9	30,3	+1,7	357,1	+3,4	58,8	+0,6	196,5	+1,6	267,4	+1,4
	30.	39,6	24,6	−1,0	0,4	+1,5	65,7	+0,6	195,3	+1,6	267,1	+1,4
Mai	10.	49,3	25,6	−2,9	6,3	−0,1	72,5	+0,7	194,4	+1,5	266,7	+1,4
	20.	58,9	33,5	−3,3	14,0	−1,2	79,3	+0,8	193,6	+1,5	266,1	+1,4
	31.	69,5	48,0	−2,5	23,7	−2,1	86,6	+0,9	193,1	+1,4	265,4	+1,4
Jun	10.	79,1	65,6	−0,9	33,4	−2,5	93,3	+0,9	193,0	+1,4	264,7	+1,4
	20.	88,6	86,7	+0,9	43,6	−2,7	99,9	+1,0	193,1	+1,4	263,9	+1,3
	30.	98,2	108,1	+1,8	54,3	−2,7	106,4	+1,0	193,6	+1,3	263,2	+1,3
Jul	10.	107,7	126,8	+1,6	65,3	−2,5	112,9	+1,0	194,3	+1,3	262,5	+1,3
	20.	117,2	142,2	+0,5	76,5	−2,1	119,4	+1,1	195,3	+1,2	262,0	+1,3
	31.	127,7	154,9	−1,4	89,0	−1,6	126,5	+1,1	196,6	+1,2	261,4	+1,3
Aug	10.	137,3	161,0	−3,4	100,6	−1,1	132,9	+1,1	198,0	+1,2	261,1	+1,2
	20.	146,9	159,2	−4,7	112,4	−0,6	139,3	+1,1	199,6	+1,1	261,0	+1,2
	31.	157,5	150,2	−3,3	125,5	0,0	146,3	+1,2	201,6	+1,1	261,0	+1,2
Sep	10.	167,2	149,7	−0,2	137,5	+0,5	152,7	+1,2	203,5	+1,1	261,1	+1,1
	20.	177,0	161,9	+1,6	149,7	+0,9	159,0	+1,2	205,4	+1,1	261,5	+1,1
	30.	186,8	179,7	+1,8	161,9	+1,2	165,4	+1,2	207,5	+1,0	261,9	+1,1
Okt	10.	196,6	197,5	+1,0	174,3	+1,5	171,7	+1,2	209,6	+1,0	262,6	+1,0
	20.	206,5	214,1	−0,1	186,7	+1,5	178,0	+1,2	211,8	+1,0	263,3	+1,0
	31.	217,5	231,2	−1,3	200,4	+1,5	184,9	+1,1	214,2	+1,0	264,3	+1,0
Nov	10.	227,5	245,8	−2,2	212,9	+1,3	191,3	+1,1	216,4	+1,0	265,2	+1,0
	20.	237,6	259,0	−2,6	225,4	+1,1	197,6	+1,1	218,5	+1,0	266,3	+1,0
	30.	247,7	268,2	−1,9	238,0	+0,8	203,9	+1,1	220,6	+1,0	267,4	+0,9
Dez	10.	257,9	265,0	+0,7	250,6	+0,4	210,1	+1,0	222,6	+1,0	268,6	+0,9
	20.	268,0	253,5	+2,9	263,2	0,0	216,4	+1,0	224,6	+1,0	269,7	+0,9
	31.	279,2	256,8	+2,1	277,0	−0,4	223,3	+0,9	226,5	+1,0	271,0	+0,9

Länge:	Jan 1.	Mrz 1.	Mai 1.	Jul 1.	Sep 1.	Nov 1.	Dez 31.	Breite
URANUS	20,°3	21,°8	25,°2	27,°8	27,°9	25,°8	24,°3	−0,°6
NEPTUN	339,5	341,4	343,4	344,0	342,7	341,3	341,6	−0,°9 bis −0,°8
PLUTO	286,7	288,5	289,1	288,1	286,8	286,9	288,5	+0,°5 bis +1,°0

T.4 Lage der Mondbahn im Tierkreis relativ zur Ekliptik von 0° bis 180° ekliptikaler Länge.

Ephemeriden der großen Planeten Januar – Juni 2017

Datum		Merkur						Venus					
		Rektas.	Deklin.	Kulmin.	Aufg.	Du.	bel.	Rektas.	Deklin.	Kulmin.	Unterg.	Du.	bel.
		h m	°	h m	h m	″	%	h m	°	h m	h m	″	%
Jan	1.	18 13	−20,4	11 47	7 29	9,8	5	22 00	−13,8	15 38	20 36	21,9	57
	5.	17 58	−20,2	11 17	6 58	9,2	18	22 16	−12,0	15 38	20 45	22,7	55
	10.	17 55	−20,6	10 56	6 39	8,2	37	22 35	− 9,7	15 37	20 56	23,9	52
	15.	18 05	−21,4	10 48	6 35	7,3	53	22 54	− 7,4	15 36	21 06	25,3	50
	20.	18 25	−22,1	10 48	6 39	6,6	65	23 11	− 5,0	15 33	21 15	26,7	47
	25.	18 50	−22,5	10 53	6 47	6,1	73	23 27	− 2,6	15 30	21 23	28,4	44
	31.	19 24	−22,4	11 04	6 57	5,7	80	23 46	+ 0,2	15 24	21 31	30,7	40
Feb	5.	19 54	−21,9	11 14	7 03	5,4	85	23 59	+ 2,5	15 18	21 35	32,8	37
	10.	20 25	−20,8	11 26	7 08	5,2	88	0 11	+ 4,6	15 10	21 37	35,3	33
	15.	20 58	−19,1	11 39	7 11	5,0	92	0 21	+ 6,6	15 00	21 37	38,0	29
	20.	21 31	−16,9	11 52	7 12	4,9	94	0 29	+ 8,4	14 48	21 34	41,1	25
	25.	22 04	−14,1	12 06	7 10	4,9	97	0 35	+ 9,9	14 33	21 26	44,4	21
	28.	22 24	−12,2	12 15		4,9	98	0 36	+10,7	14 23	21 19	46,6	18
Mrz	5.	22 59	− 8,5	12 29	Unterg.	4,9	100	0 36	+11,6	14 03	21 03	50,2	13
	10.	23 33	− 4,4	12 44	18 31	5,0	99	0 33	+12,0	13 40	20 41	53,8	9
	15.	0 08	+ 0,2	13 00	19 08	5,2	96	0 26	+11,8	13 13	20 12	56,9	5
	20.	0 43	+ 4,8	13 14	19 45	5,6	86	0 16	+11,0	12 43	19 38	59,0	2
	25.	1 14	+ 9,2	13 25	20 18	6,2	71	0 05	+ 9,6	12 13		59,9	1
	31.	1 44	+13,3	13 31	20 43	7,3	47	23 53	+ 7,5	11 37	Aufg.	58,8	2
Apr	5.	2 00	+15,4	13 26	20 47	8,4	28	23 45	+ 5,7	11 10	4 40	56,4	5
	10.	2 05	+16,0	13 10	20 33	9,7	13	23 41	+ 4,1	10 46	4 24	53,1	8
	15.	2 01	+15,2	12 45	20 02	10,9	4	23 41	+ 2,8	10 27	4 10	49,4	13
	20.	1 50	+13,2	12 15	19 20	11,7	0	23 44	+ 2,0	10 11	3 58	45,6	17
	25.	1 39	+10,7	11 45		11,8	2	23 50	+ 1,5	9 57	3 47	42,1	22
	30.	1 32	+ 8,6	11 19	Aufg.	11,3	9	23 59	+ 1,5	9 47	3 36	38,8	26
Mai	5.	1 32	+ 7,3	11 00	4 21	10,5	17	0 10	+ 1,8	9 39	3 26	35,8	30
	10.	1 39	+ 7,2	10 47	4 09	9,6	26	0 23	+ 2,4	9 32	3 17	33,2	34
	15.	1 52	+ 8,0	10 41	3 58	8,7	35	0 38	+ 3,3	9 27	3 07	30,8	38
	20.	2 10	+ 9,5	10 39	3 49	7,9	44	0 53	+ 4,4	9 23	2 58	28,8	41
	25.	2 32	+11,7	10 42	3 41	7,1	53	1 10	+ 5,6	9 20	2 49	26,9	44
	31.	3 05	+14,8	10 52	3 34	6,4	64	1 31	+ 7,3	9 17	2 38	25,0	48
Jun	5.	3 38	+17,6	11 06	3 31	5,9	74	1 49	+ 8,8	9 16	2 29	23,6	50
	10.	4 15	+20,4	11 24	3 33	5,5	85	2 08	+10,3	9 15	2 21	22,4	53
	15.	4 58	+22,7	11 48		5,2	95	2 28	+11,8	9 15	2 13	21,2	55
	20.	5 45	+24,3	12 16	Unterg.	5,1	100	2 48	+13,3	9 16	2 06	20,2	58
	25.	6 33	+24,7	12 44	21 03	5,1	98	3 09	+14,8	9 17	1 59	19,3	60
	30.	7 19	+24,0	13 10	21 23	5,2	93	3 30	+16,2	9 19	1 53	18,5	62

Datum		Saturn						Ring				
		Rektas.	Deklin.	Kulmin.	Aufg.	Äqu.	Pol.	gr. A.	kl. A.	Öffn.	hel. Ö.	Leucht.
		h m	°	h m	h m	″	″	″	″	°	°	
Jan	1.	17 22	−21,9	10 58	6 49	15,2	13,9	34,4	15,5	26,8	26,6	1,36
	15.	17 28	−22,0	10 10	6 01	15,3	14,0	34,7	15,6	26,7	26,7	1,32
	31.	17 35	−22,0	9 13	5 05	15,5	14,2	35,3	15,8	26,7	26,7	1,29
Feb	15.	17 41	−22,1	8 20	4 12	15,8	14,5	35,9	16,1	26,6	26,7	1,27
	28.	17 45	−22,1	7 33	3 25	16,1	14,7	36,6	16,4	26,5	26,7	1,25
Mrz	15.	17 48	−22,1	6 37	2 29	16,5	15,1	37,5	16,7	26,5	26,7	1,25
	31.	17 49	−22,1	5 35	1 27	17,0	15,5	38,6	17,2	26,4	26,7	1,25
Apr	15.	17 49	−22,1	4 36	0 28	17,4	15,9	39,5	17,6	26,4	26,7	1,26
	30.	17 48	−22,0	3 36	23 23	17,8	16,2	40,4	18,0	26,4	26,7	1,29
Mai	15.	17 44	−22,0	2 34	22 21	18,1	16,5	41,1	18,3	26,5	26,7	1,32
	31.	17 40	−22,0	1 26	21 14	18,3	16,7	41,6	18,6	26,5	26,7	1,38
Jun	15.	17 35	−22,0	0 23	20 10	18,4	16,8	41,7	18,7	26,6	26,7	1,71
	30.	17 31	−21,9	23 15	19 10	18,3	16,7	41,6	18,7	26,7	26,7	1,38

Mars Rektas. h m	Deklin. °	Kulmin. h m	Unterg. h m	Du. ″	bel. %	Jupiter Rektas. h m	Deklin. °	Kulmin. h m	Aufg. h m	Äqu. ″	Pol. ″	Datum	
22 45	− 8,9	16 22	21 44	5,7	90	13 19	−7,0	6 56	1 27	35,5	33,2	1.	Jan
22 56	− 7,7	16 17	21 45	5,6	90	13 21	−7,1	6 42	1 14	36,0	33,6	5.	
23 10	− 6,2	16 11	21 47	5,5	91	13 22	−7,3	6 24	0 56	36,5	34,1	10.	
23 24	− 4,6	16 05	21 48	5,4	91	13 24	−7,4	6 05	0 39	37,1	34,7	15.	
23 37	− 3,1	15 59	21 50	5,3	92	13 25	−7,5	5 47	0 21	37,6	35,2	20.	
23 51	− 1,5	15 53	21 51	5,2	92	13 26	−7,5	5 28	0 02	38,2	35,7	25.	
0 07	+ 0,4	15 46	21 52	5,1	92	13 27	−7,6	5 05	23 36	38,9	36,4	31.	
0 21	+ 1,9	15 40	21 54	5,0	93	13 27	−7,6	4 46	23 16	39,5	36,9	5.	Feb
0 34	+ 3,4	15 33	21 55	4,9	93	13 27	−7,6	4 26	22 56	40,1	37,5	10.	
0 48	+ 5,0	15 27	21 56	4,8	93	13 27	−7,5	4 06	22 36	40,7	38,0	15.	
1 01	+ 6,4	15 21	21 57	4,7	94	13 26	−7,4	3 46	22 15	41,2	38,5	20.	
1 15	+ 7,9	15 15	21 58	4,7	94	13 25	−7,3	3 25	21 54	41,7	39,0	25.	
1 23	+ 8,8	15 11	21 59	4,6	94	13 24	−7,2	3 13	21 41	42,1	39,3	28.	
1 37	+10,2	15 05	22 00	4,5	95	13 23	−7,1	2 52	21 19	42,5	39,8	5.	Mrz
1 50	+11,5	14 59	22 00	4,5	95	13 21	−6,9	2 31	20 57	43,0	40,2	10.	
2 04	+12,8	14 53	22 01	4,4	95	13 20	−6,7	2 09	20 35	43,3	40,5	15.	
2 18	+14,1	14 47	22 02	4,3	96	13 18	−6,5	1 47	20 12	43,7	40,8	20.	
2 32	+15,3	14 42	22 03	4,3	96	13 15	−6,3	1 26	19 49	43,9	41,1	25.	
2 49	+16,6	14 35	22 03	4,2	96	13 13	−6,0	0 59	19 21	44,1	41,3	31.	
3 03	+17,7	14 29	22 04	4,2	97	13 10	−5,7	0 37	18 58	44,2	41,4	5.	Apr
3 17	+18,7	14 24	22 04	4,1	97	13 08	−5,5	0 15		44,3	41,4	10.	
3 31	+19,6	14 18	22 04	4,1	97	13 06	−5,3	23 49	Unterg.	44,2	41,3	15.	
3 46	+20,4	14 13	22 03	4,0	97	13 03	−5,0	23 27	5 09	44,1	41,2	20.	
4 00	+21,2	14 08	22 03	4,0	98	13 01	−4,8	23 05	4 49	43,9	41,0	25.	
4 15	+21,9	14 02	22 02	3,9	98	12 59	−4,6	22 43	4 28	43,6	40,8	30.	
4 29	+22,5	13 57	22 01	3,9	98	12 57	−4,4	22 22	4 07	43,3	40,5	5.	Mai
4 44	+23,0	13 52	21 59	3,8	98	12 55	−4,3	22 00	3 46	42,9	40,1	10.	
4 58	+23,4	13 47	21 57	3,8	99	12 54	−4,1	21 39	3 26	42,5	39,7	15.	
5 13	+23,8	13 42	21 54	3,8	99	12 52	−4,0	21 18	3 06	42,0	39,3	20.	
5 28	+24,1	13 37	21 50	3,7	99	12 51	−3,9	20 58	2 45	41,5	38,8	25.	
5 45	+24,3	13 31	21 45	3,7	99	12 51	−3,9	20 33	2 21	40,8	38,2	31.	
6 00	+24,3	13 26	21 41	3,7	99	12 50	−3,8	20 13	2 01	40,3	37,7	5.	Jun
6 14	+24,3	13 21	21 35	3,7	99	12 50	−3,8	19 54	1 41	39,7	37,2	10.	
6 29	+24,2	13 16	21 29	3,6	100	12 50	−3,9	19 34	1 22	39,2	36,6	15.	
6 43	+24,0	13 10	21 23	3,6	100	12 50	−3,9	19 15	1 02	38,6	36,1	20.	
6 58	+23,8	13 05	21 15	3,6	100	12 51	−4,0	18 56	0 43	38,0	35,6	25.	
7 12	+23,4	12 59	21 07	3,6	100	12 52	−4,2	18 37	0 23	37,5	35,0	30.	

Uranus Rektas. h m	Deklin. °	Kulmin. h m	Unterg. h m	Du. ″	Neptun Rektas. h m	Deklin. °	Kulmin. h m	Unterg. h m	Du. ″	Pluto Rektas. h m	Deklin. °	Datum	
1 16	+ 7,4	18 51	1 33	3,6	22 45	−8,9	16 21	21 41	2,2	19 11	−21,4	1.	Jan
1 16	+ 7,4	17 56	0 39	3,5	22 46	−8,7	15 27	20 48	2,2	19 13	−21,4	15.	
1 18	+ 7,6	16 54	23 34	3,5	22 48	−8,6	14 26	19 48	2,2	19 15	−21,3	31.	
1 19	+ 7,8	15 57	22 38	3,4	22 50	−8,4	13 29	18 52	2,2	19 17	−21,3	15.	Feb
1 21	+ 8,0	15 08	21 50	3,4	22 52	−8,2	12 40	18 04	2,2	19 19	−21,3	28.	
1 24	+ 8,2	14 12	20 55	3,4	22 54	−8,0	11 43		2,2	19 20	−21,2	15.	Mrz
1 27	+ 8,6	13 12	19 57	3,4	22 56	−7,7	10 42	Aufg.	2,2	19 21	−21,2	31.	
1 31	+ 8,9	12 16		3,4	22 58	−7,6	9 45	4 18	2,2	19 21	−21,2	15.	Apr
1 34	+ 9,2	11 21	Aufg.	3,4	22 59	−7,4	8 47	3 19	2,2	19 21	−21,3	30.	
1 37	+ 9,5	10 25	3 36	3,4	23 01	−7,3	7 50	2 21	2,3	19 21	−21,3	15.	Mai
1 40	+ 9,8	9 25	2 34	3,4	23 01	−7,2	6 47	1 19	2,3	19 20	−21,3	31.	
1 42	+10,0	8 28	1 37	3,4	23 02	−7,2	5 49	0 20	2,3	19 19	−21,4	15.	Jun
1 44	+10,2	7 31	0 39	3,5	23 01	−7,2	4 50	23 17	2,3	19 17	−21,5	30.	

Ephemeriden der großen Planeten Juli – Dezember 2017

Datum		Merkur						Venus					
		Rektas.	Deklin.	Kulmin.	Unterg.	Du.	bel.	Rektas.	Deklin.	Kulmin.	Aufg.	Du.	bel.
		h m	°	h m	h m	″	%	h m	°	h m	h m	″	%
Jul	1.	7 28	+23,8	13 15	21 26	5,3	91	3 35	+16,5	9 19	1 52	18,3	63
	5.	8 01	+22,4	13 32	21 33	5,4	85	3 53	+17,6	9 21	1 48	17,7	64
	10.	8 39	+20,1	13 49	21 35	5,8	77	4 15	+18,7	9 24	1 44	17,0	66
	15.	9 11	+17,5	14 01	21 31	6,1	69	4 38	+19,8	9 28	1 41	16,4	68
	20.	9 39	+14,6	14 09	21 22	6,6	62	5 02	+20,6	9 32	1 40	15,8	70
	25.	10 03	+11,7	14 12	21 10	7,1	54	5 26	+21,3	9 36	1 41	15,3	72
	31.	10 25	+ 8,4	14 10	20 51	7,8	45	5 56	+21,8	9 42	1 43	14,8	74
Aug	5.	10 38	+ 6,0	14 03	20 33	8,5	37	6 21	+22,0	9 47	1 48	14,3	76
	10.	10 45	+ 4,3	13 49	20 11	9,3	28	6 46	+21,9	9 53	1 54	13,9	77
	15.	10 44	+ 3,4	13 28	19 46	10,1	18	7 11	+21,6	9 58	2 01	13,6	79
	20.	10 36	+ 3,8	13 00		10,7	8	7 36	+21,0	10 04	2 10	13,2	80
	25.	10 22	+ 5,4	12 25	Aufg.	10,9	2	8 02	+20,2	10 09	2 21	12,9	82
	31.	10 04	+ 8,4	11 45	5 03	10,2	4	8 31	+18,9	10 15	2 35	12,6	83
Sep	5.	9 59	+10,5	11 21	4 28	9,0	16	8 56	+17,6	10 20	2 48	12,3	85
	10.	10 07	+11,4	11 10	4 12	7,7	36	9 21	+16,1	10 25	3 01	12,1	86
	15.	10 27	+10,7	11 12	4 17	6,7	58	9 45	+14,3	10 29	3 15	11,9	87
	20.	10 56	+ 8,6	11 22	4 37	5,9	78	10 09	+12,4	10 33	3 29	11,6	88
	25.	11 28	+ 5,4	11 35	5 05	5,4	90	10 32	+10,4	10 37	3 43	11,5	89
	30.	12 02	+ 1,7	11 48	5 37	5,1	97	10 55	+ 8,2	10 41	3 58	11,3	91
Okt	5.	12 34	− 2,1	12 01	6 08	4,9	99	11 18	+ 6,0	10 44	4 13	11,1	91
	10.	13 06	− 5,9	12 13		4,8	100	11 41	+ 3,6	10 47	4 27	11,0	92
	15.	13 37	− 9,6	12 24	Unterg.	4,7	99	12 04	+ 1,2	10 50	4 42	10,8	93
	20.	14 07	−13,0	12 35	17 32	4,7	98	12 27	− 1,2	10 54	4 57	10,7	94
	25.	14 37	−16,1	12 45	17 26	4,8	96	12 50	− 3,7	10 57	5 12	10,6	95
	31.	15 13	−19,3	12 58	17 21	4,9	93	13 18	− 6,6	11 01	5 30	10,5	96
Nov	5.	15 44	−21,6	13 08	17 18	5,1	90	13 41	− 8,9	11 05	5 45	10,4	96
	10.	16 14	−23,4	13 19	17 17	5,3	86	14 05	−11,2	11 09	6 00	10,3	97
	15.	16 43	−24,8	13 28	17 19	5,7	80	14 29	−13,4	11 13	6 16	10,2	97
	20.	17 11	−25,5	13 36	17 22	6,1	72	14 53	−15,4	11 18	6 31	10,2	98
	25.	17 36	−25,7	13 40	17 25	6,8	61	15 18	−17,3	11 23	6 47	10,1	98
	30.	17 52	−25,3	13 36	17 24	7,6	44	15 44	−19,0	11 29	7 02	10,0	99
Dez	5.	17 55	−24,3	13 17		8,7	23	16 10	−20,4	11 35	7 17	10,0	99
	10.	17 38	−22,6	12 39	Aufg.	9,7	4	16 36	−21,6	11 42	7 31	9,9	99
	15.	17 10	−20,7	11 52	7 36	9,8	2	17 03	−22,6	11 49	7 44	9,9	99
	20.	16 50	−19,5	11 14	6 50	9,0	18	17 30	−23,3	11 57	7 56	9,9	100
	25.	16 48	−19,6	10 53	6 30	7,9	39	17 58	−23,6	12 05	8 06	9,9	100
	31.	17 03	−20,7	10 46	6 29	6,9	59	18 31	−23,7	12 14	8 15	9,8	100

Datum		Saturn						Ring				
		Rektas.	Deklin.	Kulmin.	Unterg.	Äqu.	Pol.	gr. A.	kl. A.	Öffn.	hel. Ö.	Leucht.
		h m	°	h m	h m	″	″	″	″	°	°	
Jul	1.	17 30	−21,9	23 11	3 24	18,3	16,7	41,6	18,7	26,7	26,7	1,38
	15.	17 27	−21,9	22 12	2 25	18,1	16,6	41,2	18,5	26,7	26,7	1,32
	31.	17 23	−21,9	21 06	1 19	17,8	16,3	40,4	18,2	26,8	26,7	1,29
Aug	15.	17 21	−21,9	20 05	0 18	17,4	15,9	39,6	17,9	26,8	26,7	1,27
	31.	17 21	−22,0	19 02	23 10	17,0	15,5	38,6	17,4	26,9	26,7	1,25
Sep	15.	17 22	−22,0	18 04	22 12	16,6	15,2	37,6	17,0	26,9	26,7	1,25
	30.	17 25	−22,1	17 08	21 16	16,2	14,8	36,7	16,6	27,0	26,7	1,26
Okt	15.	17 29	−22,2	16 13	20 20	15,8	14,5	35,9	16,3	27,0	26,7	1,27
	31.	17 35	−22,3	15 16	19 23	15,5	14,2	35,2	16,0	27,0	26,6	1,30
Nov	15.	17 42	−22,4	14 24	18 30	15,3	14,0	34,7	15,7	26,9	26,6	1,33
	30.	17 49	−22,5	13 32	17 37	15,1	13,8	34,3	15,5	26,8	26,6	1,36
Dez	15.	17 56	−22,5	12 40	16 46	15,1	13,8	34,2	15,4	26,7	26,6	1,51
	31.	18 04	−22,5	11 46	15 52	15,1	13,8	34,2	15,3	26,5	26,5	1,43

Mars Rektas. h m	Mars Deklin. °	Mars Kulmin. h m	Mars Unterg. h m	Mars Du. ″	Mars bel. %	Jupiter Rektas. h m	Jupiter Deklin. °	Jupiter Kulmin. h m	Jupiter Unterg. h m	Jupiter Äqu. ″	Jupiter Pol. ″	Datum
7 15	+23,4	12 58	21 06	3,6	100	12 52	– 4,2	18 34	0 19	37,4	34,9	1. Jul
7 26	+23,0	12 54	20 59	3,6	100	12 53	– 4,3	18 19	0 04	36,9	34,5	5.
7 40	+22,5	12 48	20 50	3,6	100	12 55	– 4,5	18 01	23 41	36,4	34,0	10.
7 54	+22,0	12 42	20 40	3,5	100	12 56	– 4,7	17 43	23 22	35,9	33,6	15.
8 07	+21,3	12 36		3,5	100	12 58	– 4,9	17 25	23 04	35,4	33,1	20.
8 21	+20,6	12 30	Aufg.	3,5	100	13 00	– 5,1	17 07	22 45	34,9	32,7	25.
8 37	+19,7	12 22	4 38	3,5	100	13 03	– 5,4	16 47	22 23	34,4	32,2	31.
8 50	+18,9	12 15	4 36	3,5	100	13 06	– 5,7	16 29	22 04	34,0	31,8	5. Aug
9 03	+18,0	12 09	4 34	3,5	100	13 08	– 6,0	16 12	21 46	33,6	31,4	10.
9 16	+17,1	12 02	4 33	3,5	100	13 11	– 6,3	15 56	21 27	33,2	31,1	15.
9 28	+16,1	11 55	4 31	3,5	100	13 14	– 6,6	15 39	21 09	32,9	30,7	20.
9 41	+15,1	11 48	4 30	3,5	100	13 17	– 7,0	15 23	20 51	32,5	30,4	25.
9 56	+13,8	11 39	4 28	3,6	100	13 21	– 7,4	15 03	20 30	32,2	30,1	31.
10 08	+12,7	11 31	4 26	3,6	100	13 25	– 7,7	14 47	20 12	31,9	29,8	5. Sep
10 20	+11,6	11 24	4 24	3,6	99	13 28	– 8,1	14 31	19 54	31,7	29,6	10.
10 32	+10,5	11 16	4 23	3,6	99	13 32	– 8,5	14 15	19 36	31,5	29,4	15.
10 44	+ 9,3	11 08	4 21	3,6	99	13 36	– 8,9	13 59	19 18	31,3	29,2	20.
10 56	+ 8,1	11 00	4 19	3,6	99	13 40	– 9,2	13 43	19 01	31,1	29,1	25.
11 08	+ 6,9	10 52	4 17	3,7	99	13 44	– 9,6	13 27	18 43	31,0	29,0	30.
11 20	+ 5,6	10 44	4 15	3,7	99	13 48	–10,0	13 12	18 25	30,8	28,8	5. Okt
11 31	+ 4,4	10 36	4 13	3,7	98	13 52	–10,4	12 56	18 08	30,8	28,8	10.
11 43	+ 3,1	10 28	4 11	3,8	98	13 56	–10,8	12 40	17 50	30,7	28,7	15.
11 54	+ 1,9	10 20	4 09	3,8	98	14 00	–11,1	12 25	17 33	30,7	28,7	20.
12 06	+ 0,6	10 12	4 07	3,8	98	14 04	–11,5	12 09		30,6	28,7	25.
12 20	– 0,9	10 02	4 04	3,9	97	14 09	–12,0	11 51	Aufg.	30,7	28,7	31.
12 32	– 2,2	9 54	4 02	3,9	97	14 13	–12,3	11 35	6 33	30,7	28,7	5. Nov
12 43	– 3,4	9 46	4 00	4,0	97	14 18	–12,7	11 20	6 20	30,8	28,8	10.
12 55	– 4,7	9 38	3 58	4,0	96	14 22	–13,0	11 04	6 06	30,9	28,9	15.
13 06	– 5,9	9 30	3 56	4,1	96	14 26	–13,4	10 49	5 52	31,0	29,0	20.
13 18	– 7,1	9 22	3 53	4,2	96	14 30	–13,7	10 33	5 38	31,1	29,1	25.
13 30	– 8,3	9 14	3 51	4,2	96	14 34	–14,0	10 18	5 24	31,3	29,3	30.
13 42	– 9,4	9 06	3 49	4;3	95	14 38	–14,4	10 02	5 10	31,5	29,5	5. Dez
13 54	–10,6	8 58	3 47	4,4	95	14 42	–14,7	9 46	4 56	31,7	29,7	10.
14 06	–11,7	8 51	3 45	4,5	94	14 46	–14,9	9 30	4 42	32,0	29,9	15.
14 18	–12,7	8 43	3 43	4,6	94	14 50	–15,2	9 14	4 27	32,3	30,2	20.
14 30	–13,8	8 36	3 41	4,7	94	14 53	–15,5	8 58	4 13	32,6	30,5	25.
14 44	–15,0	8 27	3 38	4,8	93	14 57	–15,8	8 39	3 55	33,0	30,9	31.

Uranus Rektas. h m	Uranus Deklin. °	Uranus Kulmin. h m	Uranus Aufg. h m	Uranus Du. ″	Neptun Rektas. h m	Neptun Deklin. °	Neptun Kulmin. h m	Neptun Aufg. h m	Neptun Du. ″	Pluto Rektas. h m	Pluto Deklin. °	Datum
1 44	+10,2	7 27	0 35	3,5	23 01	–7,2	4 46	23 13	2,3	19 17	–21,5	1. Jul
1 45	+10,3	6 33	23 36	3,5	23 01	–7,3	3 50	22 18	2,3	19 16	–21,5	15.
1 46	+10,3	5 31	22 34	3,6	23 00	–7,4	2 46	21 14	2,3	19 14	–21,6	31.
1 46	+10,3	4 32	21 35	3,6	22 58	–7,6	1 46	20 15	2,4	19 13	–21,7	15. Aug
1 45	+10,2	3 28	20 31	3,7	22 57	–7,7	0 41		2,4	19 11	–21,7	31.
1 43	+10,1	2 27	19 32	3,7	22 55	–7,9	23 37	Unterg.	2,4	19 11	–21,8	15. Sep
1 41	+ 9,9	1 26	18 32	3,7	22 54	–8,0	22 36	4 05	2,4	19 11	–21,8	30.
1 39	+ 9,6	0 25		3,7	22 53	–8,2	21 36	3 04	2,3	19 11	–21,8	15. Okt
1 37	+ 9,4	23 16	Unterg.	3,7	22 52	–8,3	20 32	2 00	2,3	19 12	–21,8	31.
1 34	+ 9,2	22 15	5 06	3,7	22 51	–8,3	19 33	1 00	2,3	19 13	–21,8	15. Nov
1 33	+ 9,0	21 14	4 05	3,7	22 51	–8,3	18 34	0 02	2,3	19 15	–21,8	30.
1 31	+ 8,9	20 14	3 04	3,6	22 52	–8,2	17 36	22 59	2,3	19 17	–21,8	15. Dez
1 31	+ 8,9	19 10	2 00	3,6	22 53	–8,1	16 34	21 58	2,2	19 19	–21,7	31.

Ephemeriden hellerer Kleinplaneten 2017

Ceres (1)

Datum		Rektas.	Deklin.	Kulmin.
		h m	°	h m
Jan	**1.**	1 33	+ 1,6	19 09
	5.	1 35	+ 2,1	18 55
	10.	1 37	+ 2,7	18 38
	15.	1 40	+ 3,4	18 21
	20.	1 44	+ 4,1	18 05
	25.	1 48	+ 4,8	17 49
	31.	1 53	+ 5,6	17 31
Okt	1.	8 20	+23,2	8 02
	5.	8 26	+23,1	7 52
	10.	8 33	+23,0	7 39
	15.	8 40	+22,9	7 26
	20.	8 47	+22,8	7 13
	25.	8 53	+22,7	7 00
	31.	9 00	+22,6	6 44
Nov	5.	9 06	+22,6	6 29
	10.	9 11	+22,7	6 15
	15.	9 16	+22,7	6 00
	20.	9 20	+22,8	5 44
	25.	9 24	+23,0	5 29
	30.	9 27	+23,2	5 12
Dez	5.	9 29	+23,5	4 55
	10.	9 31	+23,9	4 37
	15.	9 33	+24,3	4 19
	20.	9 33	+24,8	4 00
	25.	9 33	+25,3	3 40
	31.	9 32	+26,0	3 16

Juno (3)

Datum		Rektas.	Deklin.	Kulmin.
		h m	°	h m
Jul	1.	18 41	−5,0	0 26
	5.	18 37	−5,1	0 07
	10.	18 33	−5,3	23 38
	15.	18 29	−5,6	23 14
	20.	18 25	−5,9	22 50
	25.	18 21	−6,2	22 27
	31.	18 17	−6,7	22 00

Flora (8)

Datum		Rektas.	Deklin.	Kulmin.
		h m	°	h m
Dez	1.	7 20	+18,4	3 01
	5.	7 18	+18,7	2 44
	10.	7 15	+19,0	2 21
	15.	7 11	+19,4	1 57
	20.	7 06	+19,8	1 33
	25.	7 01	+20,3	1 08
	31.	6 54	+20,9	0 38

Vesta (4)

Datum		Rektas.	Deklin.	Kulmin.
		h m	°	h m
Jan	**1.**	8 18	+21,7	1 57
	5.	8 15	+22,1	1 37
	10.	8 10	+22,6	1 13
	15.	8 05	+23,1	0 48
	20.	7 59	+23,6	0 23
	25.	7 54	+24,1	23 53
	31.	7 47	+24,6	23 23
Feb	**5.**	7 43	+25,0	22 59
	10.	7 38	+25,4	22 35
	15.	7 35	+25,6	22 12
	20.	7 32	+25,9	21 49
	25.	7 30	+26,0	21 28
	28.	7 29	+26,1	21 15
Mrz	5.	7 28	+26,2	20 55
	10.	7 28	+26,3	20 35
	15.	7 29	+26,3	20 17
	20.	7 30	+26,3	19 59
	25.	7 33	+26,3	19 42
	31.	7 37	+26,1	19 22
Apr	5.	7 40	+26,0	19 06
	10.	7 45	+25,9	18 51
	15.	7 50	+25,7	18 36
	20.	7 55	+25,5	18 22
	25.	8 01	+25,2	18 08
	30.	8 07	+24,9	17 55
Mai	5.	8 14	+24,6	17 42
	10.	8 20	+24,2	17 29
	15.	8 28	+23,8	17 16
	20.	8 35	+23,4	17 04
	25.	8 43	+23,0	16 52
	31.	8 52	+22,4	16 38

Pallas (2)

Datum		Rektas.	Deklin.	Kulmin.
		h m	°	h m
Sep	1.	3 12	− 7,2	4 52
	5.	3 14	− 8,2	4 38
	10.	3 16	− 9,5	4 21
	15.	3 18	−10,9	4 03
	20.	3 19	−12,4	3 44
	25.	3 19	−13,9	3 25
	30.	3 19	−15,5	3 05
Okt	5.	3 18	−17,0	2 44
	10.	3 17	−18,6	2 23
	15.	3 15	−20,2	2 01
	20.	3 12	−21,6	1 39
	25.	3 09	−23,0	1 16
	31.	3 04	−24,5	0 48

Iris (7)

Datum		Rektas.	Deklin.	Kulmin.
		h m	°	h m
Aug	1.	1 40	+17,9	5 22
	5.	1 45	+18,5	5 12
	10.	1 51	+19,3	4 58
	15.	1 57	+20,1	4 45
	20.	2 03	+20,8	4 30
	25.	2 08	+21,4	4 16
	31.	2 13	+22,1	3 57
Sep	5.	2 17	+22,6	3 41
	10.	2 19	+23,0	3 24
	15.	2 21	+23,3	3 07
	20.	2 23	+23,5	2 48
	25.	2 23	+23,7	2 29
	30.	2 22	+23,7	2 08
Okt	5.	2 21	+23,6	1 47
	10.	2 18	+23,4	1 25
	15.	2 15	+23,0	1 03
	20.	2 12	+22,5	0 39
	25.	2 08	+22,0	0 16
	31.	2 03	+21,2	23 43
Nov	5.	1 59	+20,4	23 19
	10.	1 56	+19,7	22 56
	15.	1 53	+18,9	22 34
	20.	1 51	+18,2	22 12
	25.	1 50	+17,5	21 52
	30.	1 49	+16,9	21 32
Dez	5.	1 50	+16,4	21 13
	10.	1 51	+16,0	20 55
	15.	1 54	+15,7	20 37
	20.	1 57	+15,5	20 21
	25.	2 01	+15,3	20 06
	31.	2 07	+15,3	19 48

Massalia (20)

Datum		Rektas.	Deklin.	Kulmin.
		h m	°	h m
Nov	1.	6 06	+22,7	3 46
	5.	6 07	+22,6	3 31
	10.	6 07	+22,6	3 11
	15.	6 06	+22,5	2 50
	20.	6 04	+22,5	2 29
	25.	6 01	+22,4	2 06
	30.	5 57	+22,4	1 43
Dez	5.	5 53	+22,3	1 19
	10.	5 48	+22,3	0 55
	15.	5 43	+22,2	0 30
	20.	5 38	+22,2	0 05
	25.	5 32	+22,1	23 35
	31.	5 26	+22,0	23 06

Spaltenüberschriften: Rektaszension und Deklination für 1^h MEZ.
Kulmination = Meridiandurchgang: MEZ für 10° östliche Länge.
Aufgang und Untergang: MEZ für 10° östliche Länge und 50° nördliche Breite.
Scheinbarer Durchmesser für 1^h MEZ, Äqu.: Äquatordurchmesser, Pol: Poldurchmesser.
Beleuchteter Teil des Planetenscheibchens für 1^h MEZ.
Saturnring: große und kleine Ringachse, Öffnung, heliozentrische Öffnung, Leuchtkraft relativ zur Leuchtkraft der Saturnkugel.
In den halbfett gedruckten Tagesintervallen sind die Kleinplaneten einfacher aufzufinden.

Zentralmeridiane Jupiter 2017 (1^h MEZ = 2^h MESZ)

	Jupiter System I									Jupiter System II								
Dat.	Jan	Feb	Mrz	Apr	Mai	Jun	Jul	Aug	Dez	Jan	Feb	Mrz	Apr	Mai	Jun	Jul	Aug	Dez
1.	217°	72°	176°	35°	96°	311°	6°	215°	12°	335°	314°	204°	187°	18°	357°	182°	155°	101°
2.	15	230	334	194	254	109	163	13	170	125	104	354	337	169	147	333	305	252
3.	173	28	132	352	52	267	321	170	327	275	255	145	128	319	298	123	95	42
4.	331	186	290	150	210	65	119	328	125	66	45	295	278	109	88	273	246	192
5.	129	344	88	308	8	223	277	126	283	216	195	86	68	260	238	63	36	342
6.	286	142	246	106	166	21	74	283	81	6	346	236	219	50	28	213	186	132
7.	84	300	44	264	324	178	232	81	238	156	136	26	9	200	178	3	336	282
8.	242	98	203	62	122	336	30	239	36	307	286	177	160	350	329	153	126	72
9.	40	256	1	220	280	134	188	36	194	97	77	327	310	141	119	303	276	222
10.	198	54	159	18	77	292	345	194	352	247	227	118	100	291	269	94	66	12
11.	356	212	317	176	235	90	143	352	149	38	17	268	251	81	59	244	216	163
12.	154	10	115	334	33	248	301	149	307	188	168	58	41	232	209	34	6	313
13.	312	168	273	132	191	45	98	307	105	338	318	209	192	22	360	184	156	103
14.	110	326	71	290	349	203	256	105	263	128	108	359	342	172	150	334	306	253
15.	268	124	229	88	147	1	54	262	60	279	259	150	132	323	300	124	96	43
16.	65	282	27	246	305	159	212	60	218	69	49	300	283	113	90	274	246	193
17.	223	80	185	44	103	317	9	218	16	219	199	91	73	263	240	64	36	343
18.	21	238	343	202	261	114	167	15	174	10	350	241	223	54	30	214	186	134
19.	179	36	141	360	59	272	325	173	331	160	140	31	14	204	181	4	336	284
20.	337	194	299	158	217	70	122	331	129	310	291	182	164	354	331	154	126	74
21.	135	352	97	316	15	228	280	129	287	100	81	332	315	144	121	305	276	224
22.	293	150	255	114	173	26	78	286	85	251	231	123	105	295	271	95	66	14
23.	91	308	53	272	330	183	236	84	243	41	22	273	255	85	61	245	216	164
24.	249	106	211	70	128	341	33	242	40	191	172	63	46	235	211	35	6	314
25.	47	264	9	228	286	139	191	39	198	342	323	214	196	25	2	185	156	105
26.	205	62	167	26	84	297	349	197	356	132	113	4	346	176	152	335	307	255
27.	3	220	325	184	242	94	146	355	154	282	263	155	137	326	302	125	97	45
28.	161	18	123	342	40	252	304	152	311	73	54	305	287	116	92	275	247	195
29.	319		281	140	198	50	102	310	109	223		95	77	266	242	65	37	345
30.	117		79	298	356	208	260	108	267	13		246	228	57	32	215	187	135
31.	274		237		153		57	265	65	164		36		207		5	337	285
D	−2.9	−3.0	−3.1	−3.0	−2.8	−2.7	−2.6	−2.6	−3.1	D = Neigung der Planetenachse zur Erde								

Korrektur für MEZ	0^h	1^h	2^h	3^h	4^h	5^h	6^h	7^h	17^h	18^h	19^h	20^h	21^h	22^h	23^h	24^h	Änderung
Mars	−15°	0°	+15°	+29°	+44°	+58°	+73°	+88°	−126°	−111°	−97°	−82°	−68°	−53°	−38°	−24°	+14,°6/Std.
Jupiter System I	−37	0	+37	+73	+110	+146	+183	+219	−135	−98	−62	−25	+12	+48	+85	+121	+36,°6/Std.
Jupiter System II	−36	0	+36	+73	+109	+145	+181	+218	−140	−104	−67	−31	+5	+41	+78	+114	+36,°3/Std.

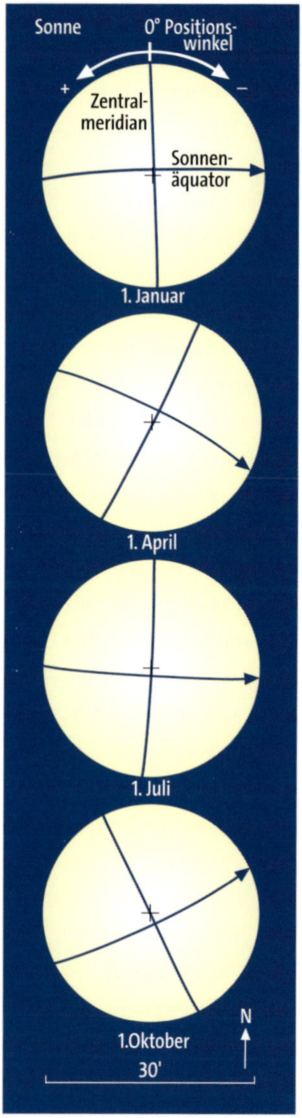

T.5 Lage des Zentralmeridians und des Äquators der Sonne im Verlauf des Jahres relativ zum Beobachter auf der Erde.

Ephemeride der Sonnenscheibe 2017 (1^h MEZ)

Datum		Entferng. AE	Du. ′	Z.M. °	B_0 °	P °	Sternzeit h m
Jan	1.	0,983	32,5	123,6	−3,0	+ 2,1	6 43
	10.	0,983	32,5	5,0	−4,0	− 2,3	7 19
	20.	0,984	32,5	233,4	−5,0	− 6,9	7 58
	31.	0,985	32,5	88,5	−5,9	−11,7	8 42
Feb	10.	0,987	32,4	316,9	−6,6	−15,6	9 21
	20.	0,989	32,4	185,2	−7,0	−19,0	10 00
	28.	0,991	32,3	79,8	−7,2	−21,3	10 32
Mrz	10.	0,993	32,2	308,1	−7,2	−23,5	11 11
	20.	0,996	32,1	176,3	−7,0	−25,1	11 51
	31.	0,999	32,0	31,2	−6,6	−26,1	12 34
Apr	10.	1,002	31,9	259,3	−6,0	−26,3	13 14
	20.	1,005	31,8	127,2	−5,2	−25,7	13 53
	30.	1,007	31,8	355,1	−4,3	−24,3	14 32
Mai	10.	1,010	31,7	222,9	−3,2	−22,3	15 12
	20.	1,012	31,6	90,7	−2,1	−19,6	15 51
	31.	1,014	31,6	305,1	−0,8	−15,9	16 35
Jun	10.	1,015	31,5	172,8	+0,4	−12,0	17 14
	20.	1,016	31,5	40,4	+1,6	− 7,7	17 54
	30.	1,017	31,5	268,0	+2,7	− 3,2	18 33
Jul	10.	1,017	31,5	135,7	+3,8	+ 1,3	19 12
	20.	1,016	31,5	3,4	+4,8	+ 5,8	19 52
	31.	1,015	31,5	217,8	+5,7	+10,4	20 35
Aug	10.	1,014	31,6	85,6	+6,4	+14,2	21 15
	20.	1,012	31,6	313,4	+6,8	+17,6	21 54
	31.	1,010	31,7	168,1	+7,2	+20,8	22 37
Sep	10.	1,007	31,8	36,0	+7,2	+23,1	23 17
	20.	1,004	31,8	264,0	+7,1	+24,8	23 56
	30.	1,002	31,9	132,0	+6,8	+25,9	0 36
Okt	10.	0,999	32,0	0,1	+6,2	+26,3	1 15
	20.	0,996	32,1	228,1	+5,5	+26,0	1 55
	31.	0,993	32,2	83,1	+4,5	+24,7	2 38
Nov	10.	0,990	32,3	311,2	+3,4	+22,7	3 17
	20.	0,988	32,4	179,4	+2,3	+20,0	3 57
	30.	0,986	32,4	47,6	+1,0	+16,5	4 36
Dez	10.	0,985	32,5	275,8	−0,3	+12,5	5 16
	20.	0,984	32,5	144,1	−1,5	+ 8,0	5 55
	31.	0,983	32,5	359,2	−2,9	+ 2,7	6 38

Z. M. Zentralmeridian (Abnahme 13°,2/Tag), B_0 Neigung der Sonnenachse zur Erde, P Positionswinkel des Sonnen-Nordpols, Sternzeit Greenwich.

Beginn der synodischen Sonnenrotation nach Carrington 2017

Rot. Nr.	Datum		MEZ h m	Rot. Nr.	Datum		MEZ h m
2186	Jan	10.	10 11	2193	Jul	20.	7 06
2187	Feb	6.	18 23	2194	Aug	16.	12 26
2188	Mrz	6.	2 25	2195	Sep	12.	18 27
2189	Apr	2.	9 47	2196	Okt	10.	1 06
2190	Apr	29.	16 07	2197	Nov	6.	8 13
2191	Mai	26.	21 27	2198	Dez	3.	15 40
2192	Jun	23.	2 16	2199	Dez	30.	23 29

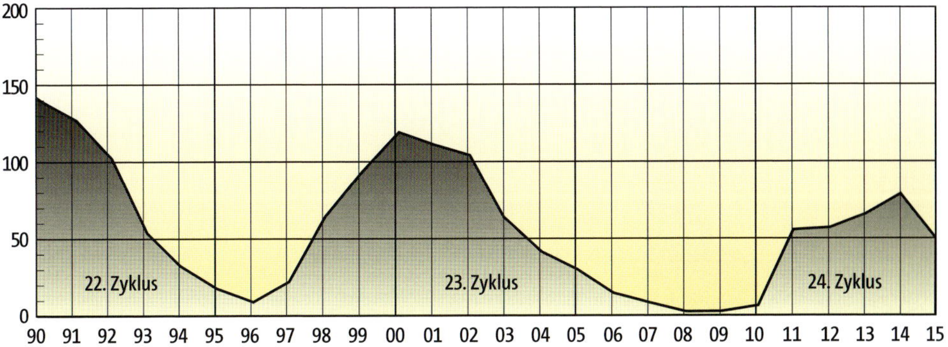

T.6 Jahresmittel der Sonnenfleckenrelativzahlen von 1990 bis 2015.

T.7 Monatsmittel der Sonnenfleckenrelativzahlen von Januar 2010 bis März 2016.

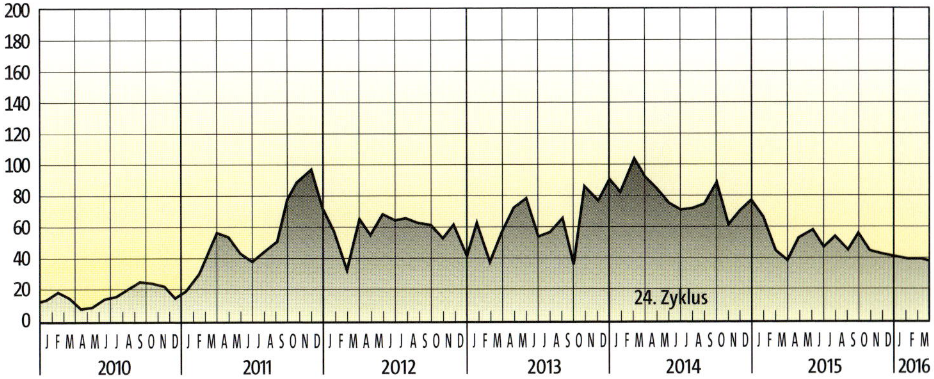

T.8 Stellung und relative Lage der zunehmenden Mondsichel zum Westhorizont jeweils am ersten Sichtbarkeitsabend nach Neumond eine halbe Stunde nach Sonnenuntergang im Jahre 2017.

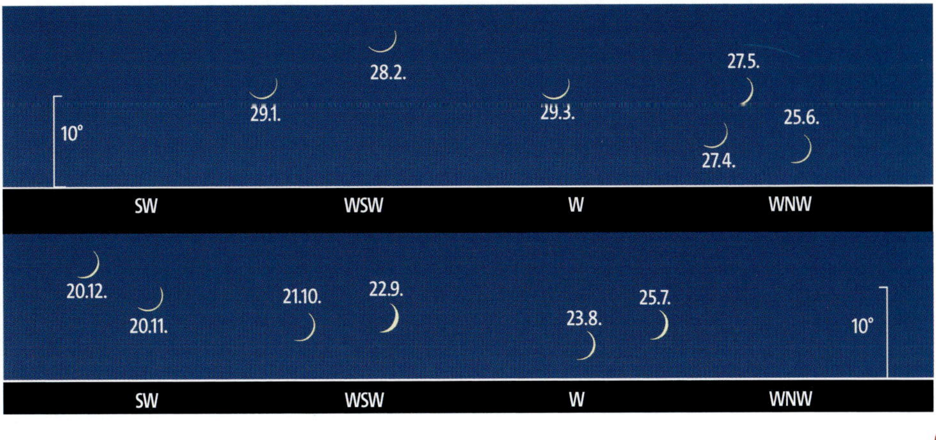

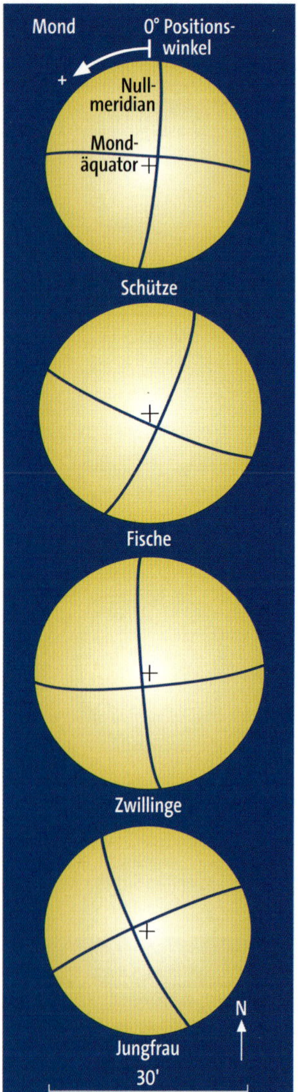

T.9 Lage des Nullmeridians und des Mondäquators relativ zum Beobachter auf der Erde in Abhängigkeit von der Position des Mondes im Tierkreis (siehe auch monatliche Rubrik „Der Mondlauf").

Sternbedeckungen durch den Mond 2017

Datum		MEZ h m	Stern	Hell. m	bel. %	E/A	P °
Jan	4.	20 15	5 Psc	6,2:	38	E	110
	7.	16 55	**μ Cet**	4,3:	71	E	85
Feb	2.	20 15	**ν Psc**	4,5	34	E	70
	4.	19 25	**5 Tau**	4,1:	57	E	115
	5.	17 45	**71 Tau**	4,5:	67	E	110
	5.	19 00	**ϑ_2 Tau**	3,4:	68	E	85
	5.	19 00	**ϑ_1 Tau**	3,8:	68	E	65
	5.	20 20	**HR 1427**	4,8:	68	E	40
	5.	21 00	85 Tau	6,0	68	E	135
	5.	23 25	**Aldebaran**	0,9	69	E	10
	9.	0 20	74 Gem	5,0:	95	E	55
Mrz	4.	19 50	48 Tau	6,3	42	E	80
	4.	22 00	**γ Tau**	3,6	42	E	60
	5.	0 40	71 Tau	4,5:	44	E	100
	6.	0 30	111 Tau	5,0	55	E	115
	8.	20 20	HR 3222	6,0	84	E	115
Apr	1.	19 05	HR 1585	5,5:	27	E	60
	28.	19 20	**Aldebaran**	0,9	7	E	60
	28.	20 10	**Aldebaran**	0,9	8	A	290
Mai	5.	0 30	49 Leo	5,6:	69	E	120
Jun	3.	20 05	**Porrima**	2,8:	72	E	100
	3.	20 05	**Porrima**	2,8:	72	E	100
	3.	21 20	Porrima	2,8:	73	A	310
	3.	21 35	HR 4837	5,9	73	E	75
	4.	23 30	74 Vir	4,7	82	E	185
	22.	16 25	Aldebaran	0,9	4	E	65
Aug	14.	1 00	ξ_2 Cet	4,3	62	A	265
	15.	5 05	5 Tau	4,1:	49	A	255
	16.	3 35	71 Tau	4,5:	38	A	225
	16.	3 50	ϑ_2 Tau	3,4:	38	E	85
	16.	3 50	ϑ_1 Tau	3,8:	38	E	65
	16.	4 55	**ϑ_2 Tau**	3,4:	37	A	245
	16.	4 55	**ϑ_1 Tau**	3,8:	37	A	265
	16.	7 55	Aldebaran	0,9	36	E	50
	16.	9 00	Aldebaran	0,9	36	A	290
	17.	4 15	115 Tau	5,4:	26	A	280
	29.	20 10	**HR 6196**	5,0	54	E	25
Sep	24.	20 05	**Zuben Elakrab**	3,9:	20	E	90
	29.	20 25	**56 Sgr**	4,9	66	E	140
Okt	3.	23 25	χ Aqr	5,1	96	E	75
Nov	5.	20 45	γ Tau	3,6	96	A	235
	6.	4 00	**Aldebaran**	0,9	95	E	140
	6.	4 35	**Aldebaran**	0,9	95	A	205
	9.	6 20	81 Gem	4,9:	68	A	275
	24.	18 00	HR 7964	6,2	31	E	120
Dez	8.	23 10	**Regulus**	1,4	64	A	250
	23.	19 55	42 Aqr	5,3	24	E	65
	28.	20 40	**ξ_2 Cet**	4,3	75	E	100
	30.	0 15	5 Tau	4,1:	85	E	140
	30.	18 10	**γ Tau**	3,6	92	E	105
	30.	22 35	75 Tau	5,0:	92	E	85
	31.	2 25	**Aldebaran**	0,9	93	E	125
	31.	3 05	Aldebaran	0,9	93	A	220
	31.	22 40	119 Tau	4,4	98	E	95

Hell.= Helligkeit („:" = Doppelstern), E/A = Eintritt/Austritt, bel.= beleuchteter Teil der Mondscheibe, P = Positionswinkel, **halbfett:** Ereignis bereits im Fernglas sichtbar

Sternbedeckungen

Datum		MEZ h	Hamburg m	Hannover m	Berlin m	Dresden m	Leipzig m	Düsseldorf m	Frankfurt m	Nürnberg m	Stuttgart m	München m	Zürich m	Wien m
Jan	4.	20	05,5	07,0	11,3	14,7	12,3	04,8	09,6	14,7	13,4	18,8	15,9	26,1
	7.	16/17	59,1	57,2	00,8	59,3	58,2	53,0	53,0	54,5	51,7	53,4	49,2	59,2
Feb	2.	20	11,9	12,2	15,2	16,4	15,1	10,0	12,4	15,3	13,9	16,9	14,4	21,2
	4.	19	18,5	19,1	24,8	27,3	24,6	15,0	19,4	25,1	22,6	28,7	24,0	38,3
	5.	17	46,6	45,6	50,7	50,9	48,9	40,9	42,9	46,5	43,4	47,5	42,2	56,3
	5.	18/19	02,0	00,9	06,0	05,9	04,0	55,9	57,8	01,2	58,0	01,7	56,3	09,8
	5.	18/19	04,5	02,6	07,3	06,2	04,7	57,3	58,3	00,9	57,5	00,4	55,1	07,8
	5.	20	26,3	22,9	27,6	25,1	24,0	16,9	16,9	18,9	15,3	17,7	12,1	24,6
	5.	20/21	50,5	52,1	57,2	01,2	58,4	49,8	55,6	01,7	00,9	07,7	06,5	15,0
	5.	23	–	–	–	–	–	–	–	–	–	–	26,7	–
	9.	0	20,1	17,9	24,6	23,5	21,4	11,4	13,8	17,6	13,9	17,8	12,2	26,1
Mrz	4.	19/20	49,6	49,7	53,9	55,1	53,3	46,3	49,2	52,8	50,8	54,4	50,9	00,3
	4.	21/22	55,4	55,7	58,2	59,1	58,1	53,9	56,0	58,2	57,3	59,5	57,9	02,5
	5.	0	38,0	39,7	38,7	40,5	40,5	42,0	43,2	43,5	45,1	45,2	47,4	–
	6.	0	25,3	27,5	27,1	29,6	29,2	29,7	31,8	32,9	34,4	35,3	37,4	34,4
	8.	20	18,1	17,7	22,8	23,6	21,5	13,6	16,4	20,2	17,7	21,7	17,5	29,1
Apr	1.	18/19	03,0	02,3	06,6	06,9	05,4	58,5	00,8	03,9	01,6	04,8	01,0	10,4
	28.	19	17,0	17,4	19,2	20,1	19,3	16,3	18,1	19,8	19,3	20,9	20,0	22,9
	28.	20	03,8	06,2	05,6	08,5	08,1	08,4	10,4	11,6	12,8	13,7	15,0	13,1
Mai	5.	0	21,2	23,3	24,4	27,3	26,3	24,2	27,2	29,4	30,0	32,1	32,5	33,3
Jun	3.	19/20	01,4	01,1	07,2	08,1	05,7	56,6	59,8	04,1	01,2	05,5	00,7	13,9
	3.	19/20	02,0	01,8	07,8	08,7	06,4	57,2	00,4	04,7	01,7	06,1	01,2	14,5
	3.	21	15,5	17,0	20,8	23,6	21,6	15,1	19,0	23,1	21,7	25,8	22,8	31,6
	3.	21	30,7	30,4	37,5	38,5	35,8	24,7	28,6	33,7	30,1	35,2	29,3	44,7
	4.	23	23,5	28,4	27,7	33,9	32,3	–	–	–	–	–	–	–
	22.	16	21,2	21,9	22,9	23,9	23,4	21,7	23,2	24,4	24,5	25,6	25,5	26,5
Aug	14.	0/1	02,3	00,3	02,6	00,5	00,2	57,1	56,3	56,5	54,4	54,7	52,0	57,7
	15.	4/5	04,7	03,5	08,5	07,7	06,1	58,5	59,8	02,5	59,2	01,8	56,6	08,7
	16.	3	43,6	41,0	43,1	40,1	40,1	37,3	35,7	35,2	33,0	32,4	29,5	34,5
	16.	3	52,7	50,6	53,7	51,9	51,2	46,7	46,4	47,4	44,8	46,1	42,4	51,1
	16.	3	54,9	52,5	55,0	52,6	52,2	48,6	47,5	47,8	45,4	46,0	42,5	49,9
	16.	4/5	59,2	57,3	01,2	59,4	58,4	52,6	52,7	54,0	51,0	52,2	47,8	57,3
	16.	4/5	57,9	56,5	01,0	59,9	58,6	51,9	52,8	54,9	51,8	53,9	49,3	00,0
	16.	7/8	58,3	56,0	00,8	59,3	57,9	50,5	51,3	53,8	50,4	53,2	47,8	00,3
	16.	8/9	50,9	53,0	57,5	00,7	58,4	50,8	55,3	59,8	58,0	02,3	58,7	08,6
	17.	4	15,0	13,7	16,9	15,6	14,8	10,2	10,5	11,7	09,4	10,6	07,4	14,7
	29.	20	–	–	–	–	–	–	11,3	12,7	07,7	10,6	03,7	17,7
Sep	24.	19/20	58,7	00,4	02,0	04,6	03,4	00,3	03,2	05,7	05,7	08,1	07,4	–
	29.	20	18,7	19,9	27,3	31,6	27,5	15,4	21,3	28,9	25,8	34,8	28,3	–
Okt	3.	23	25,7	25,3	30,3	31,1	29,1	20,9	23,5	27,3	24,3	28,4	23,3	36,4
Nov	5.	20	51,4	49,2	50,1	47,3	47,7	46,8	44,9	43,9	42,5	41,5	39,8	42,1
	6.	3/4	48,0	50,6	54,4	59,0	56,6	49,9	56,1	01,8	02,9	09,7	–	14,0
	6.	4	38,3	37,0	41,1	39,8	38,7	31,9	32,0	33,3	28,5	28,9	–	36,2
	9.	6	13,3	14,2	18,5	20,7	18,7	11,3	14,7	18,7	16,4	20,4	16,3	27,0
	24.	17/18	54,1	54,9	01,8	05,1	01,7	50,2	55,4	01,9	58,7	05,5	59,4	17,9
Dez	8.	23	15,3	13,2	13,3	10,4	11,0	11,5	09,2	07,4	06,3	04,4	03,4	03,8
	23.	19/20	54,0	54,6	56,6	58,0	56,9	53,3	55,4	57,6	56,7	59,0	57,3	02,4
	28.	20	37,9	37,7	43,4	44,7	42,3	33,0	36,3	40,9	37,8	43,0	37,4	52,4
	30.	0	08,4	12,3	15,3	22,9	19,9	14,3	–	–	–	–	–	–
	30.	18	14,2	12,7	15,8	14,6	13,6	09,2	09,2	10,6	08,3	09,9	06,4	15,3
	30.	22	34,4	33,7	38,7	39,2	37,3	29,2	31,7	35,3	32,5	36,4	31,5	44,0
	31.	2	14,6	17,0	18,3	21,8	20,6	18,2	22,1	24,9	26,2	28,9	30,7	29,8
	31.	3	05,5	05,8	07,7	08,3	07,5	03,9	05,0	06,6	04,9	06,4	03,0	09,6
	31.	22	38,9	38,1	43,2	43,8	41,8	33,6	36,2	39,9	37,0	41,1	36,2	48,9

Unter jeder Stadt sind die Minuten und Zehntelminuten der Sternbedeckungszeit angegeben.

Sternzeit um 20^h MEZ = 21^h MESZ auf 10° östlicher Länge

Tag	Jan	Feb	Mrz	Apr	Mai	Jun	Jul	Aug	Sep	Okt	Nov	Dez
	h m	h m	h m	h m	h m	h m	h m	h m	h m	h m	h m	h m
1.	2 26	4 29	6 19	8 21	10 20	12 22	14 20	16 22	18 25	20 23	22 25	0 23
2.	2 30	4 33	6 23	8 25	10 24	12 26	14 24	16 26	18 28	20 27	22 29	0 27
3.	2 34	4 37	6 27	8 29	10 27	12 30	14 28	16 30	18 32	20 31	22 33	0 31
4.	2 38	4 41	6 31	8 33	10 31	12 34	14 32	16 34	18 36	20 35	22 37	0 35
5.	2 42	4 44	6 35	8 37	10 35	12 38	14 36	16 38	18 40	20 39	22 41	0 39
6.	2 46	4 48	6 39	8 41	10 39	12 42	14 40	16 42	18 44	20 43	22 45	0 43
7.	2 50	4 52	6 43	8 45	10 43	12 45	14 44	16 46	18 48	20 46	22 49	0 47
8.	2 54	4 56	6 47	8 49	10 47	12 49	14 48	16 50	18 52	20 50	22 53	0 51
9.	2 58	5 00	6 51	8 53	10 51	12 53	14 52	16 54	18 56	20 54	22 57	0 55
10.	3 02	5 04	6 55	8 57	10 55	12 57	14 56	16 58	19 00	20 58	23 01	0 59
11.	3 06	5 08	6 59	9 01	10 59	13 01	15 00	17 02	19 04	21 02	23 04	1 03
12.	3 10	5 12	7 02	9 05	11 03	13 05	15 03	17 06	19 08	21 06	23 08	1 07
13.	3 14	5 16	7 06	9 09	11 07	13 09	15 07	17 10	19 12	21 10	23 12	1 11
14.	3 18	5 20	7 10	9 13	11 11	13 13	15 11	17 14	19 16	21 14	23 16	1 15
15.	3 22	5 24	7 14	9 17	11 15	13 17	15 15	17 17	19 20	21 18	23 20	1 18
16.	3 26	5 28	7 18	9 20	11 19	13 21	15 19	17 21	19 24	21 22	23 24	1 22
17.	3 30	5 32	7 22	9 24	11 23	13 25	15 23	17 25	19 28	21 26	23 28	1 26
18.	3 33	5 36	7 26	9 28	11 27	13 29	15 27	17 29	19 32	21 30	23 32	1 30
19.	3 37	5 40	7 30	9 32	11 31	13 33	15 31	17 33	19 35	21 34	23 36	1 34
20.	3 41	5 44	7 34	9 36	11 34	13 37	15 35	17 37	19 39	21 38	23 40	1 38
21.	3 45	5 48	7 38	9 40	11 38	13 41	15 39	17 41	19 43	21 42	23 44	1 42
22.	3 49	5 51	7 42	9 44	11 42	13 45	15 43	17 45	19 47	21 46	23 48	1 46
23.	3 53	5 55	7 46	9 48	11 46	13 49	15 47	17 49	19 51	21 50	23 52	1 50
24.	3 57	5 59	7 50	9 52	11 50	13 52	15 51	17 53	19 55	21 53	23 56	1 54
25.	4 01	6 03	7 54	9 56	11 54	13 56	15 55	17 57	19 59	21 57	0 00	1 58
26.	4 05	6 07	7 58	10 00	11 58	14 00	15 59	18 01	20 03	22 01	0 04	2 02
27.	4 09	6 11	8 02	10 04	12 02	14 04	16 03	18 05	20 07	22 05	0 08	2 06
28.	4 13	6 15	8 06	10 08	12 06	14 08	16 07	18 09	20 11	22 09	0 11	2 10
29.	4 17	–	8 09	10 12	12 10	14 12	16 10	18 13	20 15	22 13	0 15	2 14
30.	4 21	–	8 13	10 16	12 14	14 16	16 14	18 17	20 19	22 17	0 19	2 18
31.	4 25	–	8 17	–	12 18	–	16 18	18 21	–	22 21	–	2 22

Korrektur für andere östliche geografische Längen

Länge	4°	5°	6°	7°	8°	9°	11°	12°	13°	14°	15°	16°
Korr.	-24^m	-20^m	-16^m	-12^m	-8^m	-4^m	$+4^m$	$+8^m$	$+12^m$	$+16^m$	$+20^m$	$+24^m$

Korrektur für andere Uhrzeiten derselben Nacht (Datumswechsel um Mitternacht)

MEZ	18^h	19^h	21^h	22^h	23^h	0^h	1^h	2^h	3^h	4^h	5^h	6^h
MESZ	19^h	20^h	22^h	23^h	0^h	1^h	2^h	3^h	4^h	5^h	6^h	7^h
Korr.	-2^h00^m	-1^h00^m	$+1^h00^m$	$+2^h00^m$	$+3^h00^m$	$+4^h01^m$	$+5^h01^m$	$+6^h01^m$	$+7^h01^m$	$+8^h01^m$	$+9^h01^m$	$+10^h02^m$

Erläuterungen siehe auch Seite 12 unter „Sternzeit".
Die obige Tabelle gibt für jeden Tag des Jahres die Sternzeit um 20^h MEZ (= 21^h Sommerzeit) am Meridian 10° östlicher Länge an. Für den Ortsmeridian des Beobachters ist eine Korrektur entsprechend der geografischen Längendifferenz zu 10° östlicher Länge anzubringen. Pro Längengrad beträgt diese Korrektur vier Minuten. Für Orte westlich des Meridians ist die Korrektur abzuziehen, für Orte östlich hingegen zu addieren. Auf der rechten Seite findet man in der Tabelle „Geografische Koordinaten größerer Städte" in der letzten Spalte die Zeitkorrektur vermerkt. Wer zu einer anderen Zeit als 20^h beobachtet, muss noch die Zeitkorrektur gemäß der obigen Tabelle anbringen. Beispiel: Wieviel Uhr Sternzeit ist es am 25. März um 23^h in München? Aus der Tabelle entnimmt man: Sternzeit am 25. März um 20^h = 7^h54^m. Dies gilt für 10° östlicher Länge. Die Zeitkorrektur für München beträgt laut Tabelle rechts sechs Minuten. Da München östlich vom 10°-Meridian liegt, sind diese sechs Minuten zu addieren, und man erhält 8^h00^m (Achtung: Das Vorzeichen in der Spalte Zeitkorrektur der rechten Tabelle gilt für die Korrektur der Kulminationszeiten! Für die Sternzeitberechnung kehren sich die Vorzeichen um!). Am 25. März ist es also um 20^h MEZ 8^h00^m Sternzeit. Für 23^h MEZ ist gemäß obiger Tabelle die Korrektur von 3^h00^m anzubringen; um 23^h MEZ ist es also am 25. März in München 11^h00^m Sternzeit.

Geografische Koordinaten größerer Städte mit Zeitkorrektur

Stadt	östl. Länge	nördl. Breite	Zeitkorrektur gegen 10° östl. Länge
Aachen	6°,1	50°,8	+16m
Amsterdam	4,9	52,4	+20
Antwerpen	4,4	51,2	+22
Augsburg	10,9	48,4	− 4
Baden-Baden	8,2	48,8	+ 7
Basel	7,6	47,6	+ 9
Berlin	13,4	52,5	−14
Bern	7,4	46,9	+10
Bielefeld	8,5	52,0	+ 6
Bochum	7,2	51,5	+11
Bonn	7,1	50,7	+12
Bozen	11,3	46,5	− 5
Braunschweig	10,5	52,3	− 2
Bregenz	9,8	47,5	+ 1
Bremen	8,8	53,1	+ 5
Brünn	16,6	49,2	−26
Brüssel	4,3	50,8	+23
Chemnitz	12,9	50,8	−12
Coburg	11,0	50,3	− 4
Darmstadt	8,7	49,9	+ 5
Dortmund	7,5	51,5	+10
Dresden	13,7	51,1	−15
Düsseldorf	6,8	51,2	+13
Duisburg	6,8	51,4	+13
Eisenach	10,3	51,0	− 1
Emden	7,2	53,4	+11
Erfurt	11,0	51,0	− 4
Essen	7,0	51,5	+12
Frankfurt (Main)	8,7	50,1	+ 5
Frankfurt (Oder)	14,6	52,3	−18
Freiburg (Breisgau)	7,9	48,0	+ 9
Genf	6,2	46,2	+15
Görlitz	15,0	51,2	−20
Graz	15,5	47,1	−22
Halle	12,0	51,5	− 8
Hamburg	10,0	53,6	0
Hannover	9,7	52,4	+ 1
Heidelberg	8,7	49,4	+ 5
Heilbronn	9,2	49,1	+ 3
Innsbruck	11,4	47,3	− 6
Kaiserslautern	7,8	49,4	+ 9
Karlsruhe	8,4	49,0	+ 6
Kassel	9,5	51,3	+ 2
Kiel	10°,1	54°,3	− 1m
Klagenfurt	14,3	46,6	−17
Koblenz	7,6	50,4	+10
Köln	7,0	50,9	+12
Konstanz	9,2	47,7	+ 3
Krefeld	6,6	51,3	+14
Leipzig	12,4	51,3	−10
Linz (Donau)	14,3	48,3	−17
Ludwigshafen (Rh.)	8,4	49,5	+ 6
Lübeck	10,7	53,9	− 3
Lüttich	5,5	50,6	+18
Luxemburg	6,1	49,6	+15
Magdeburg	11,6	52,1	− 7
Mailand	9,2	45,5	+ 3
Mainz	8,3	50,0	+ 7
Mannheim	8,5	49,5	+ 6
Mönchengladbach	6,4	51,2	+14
München	11,6	48,1	− 6
Münster	7,6	52,0	+10
Nürnberg	11,1	49,5	− 4
Osnabrück	8,0	52,3	+ 8
Potsdam	13,1	52,4	−12
Prag	14,4	50,1	−18
Regensburg	12,1	49,0	− 8
Reutlingen	9,2	48,5	+ 3
Rostock	12,1	54,1	− 8
Rotterdam	4,5	51,9	+22
Saarbrücken	7,0	49,2	+12
Salzburg	13,1	47,8	−12
Schwerin	11,4	53,6	− 6
Stralsund	13,1	54,3	−12
Straßburg	7,7	48,6	+ 9
Stuttgart	9,2	48,8	+ 3
Trier	6,6	49,8	+13
Tübingen	9,1	48,5	+ 4
Ulm	10,0	48,4	0
Wien	16,4	48,2	−25
Wiesbaden	8,2	50,1	+ 7
Wilhelmshaven	8,1	53,5	+ 8
Worms	8,4	49,6	+ 7
Würzburg	9,9	49,8	0
Wuppertal	7,1	51,3	+11
Zürich	8,6	47,4	+ 6

Erläuterungen siehe auch Seite 11/12 unter „Auf- und Untergangszeiten".

Die Tabelle enthält die geografischen Koordinaten einiger größerer Städte in Mitteleuropa. In der vierten Spalte ist der Zeitunterschied der Ortszeit zum Meridian 10° östlicher Länge in Minuten angegeben. Um diesen Betrag kulminieren die Gestirne in der jeweiligen Stadt früher (negativer Wert) oder später (positiver Wert). Beispiel: Für Stuttgart findet man +3m, für München −6m. In Stuttgart gehen die Gestirne jeweils drei Minuten später durch den Meridian als im Himmelsjahr angegeben, in München dagegen um sechs Minuten früher.

Die Auf- und Untergangszeiten sind außer von der geografischen Länge auch noch von der geografischen Breite abhängig. Um sie für einen bestimmten Ort zu korrigieren, benutze man das Nomogramm auf Seite 292.

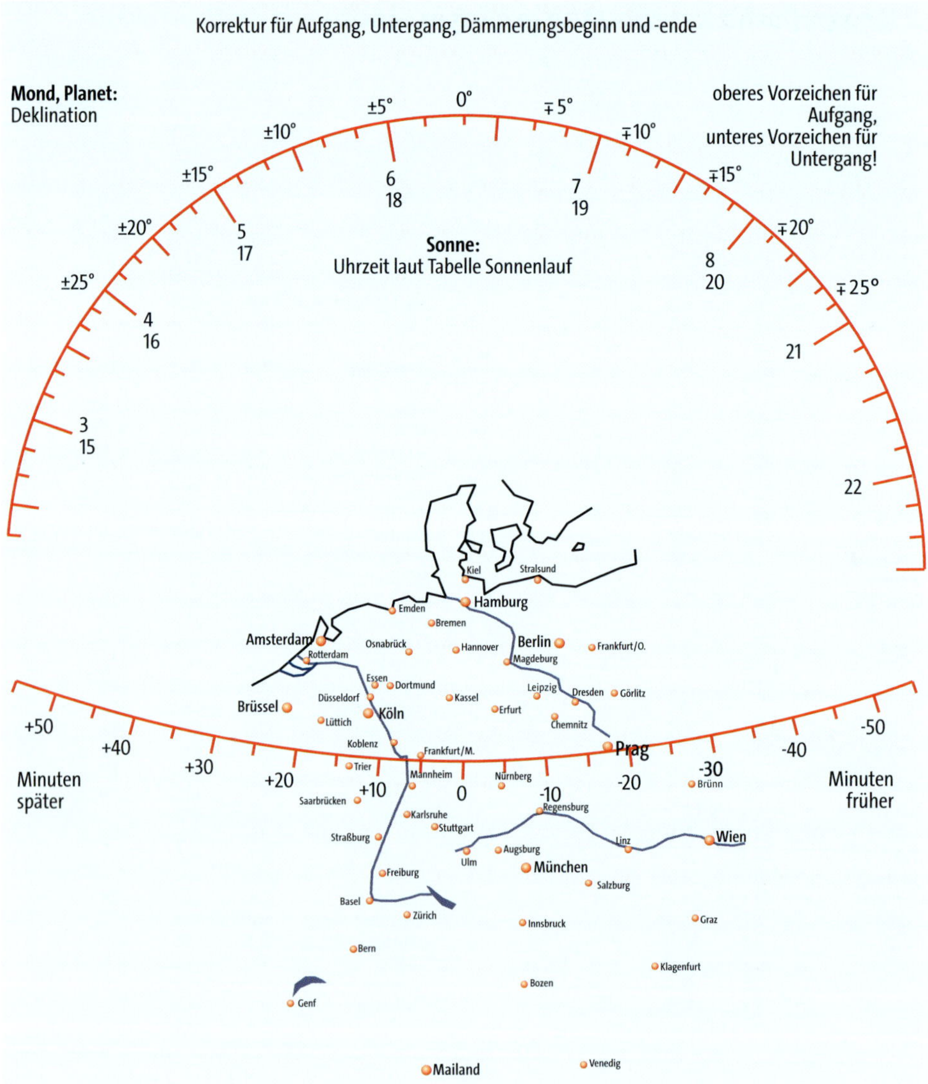

T.10 Nomogramm zur Bestimmung der Auf- und Untergangszeiten (Erläuterungen siehe Seite 11).

Korrektur für Auf- und Untergangszeiten

Sonne: Datum:												
			Jan. 21.	Febr. 8.	Febr. 23.	März 8.	März 20.	April 2.	April 16.	Mai 1.	Mai 20.	Juni 21.
		Dez. 22.	Nov. 22.	Nov. 3.	Okt. 19.	Okt. 6.	Sept. 23.	Sept. 10.	Aug. 27.	Aug. 12.	Juli 24.	
Mond, Planet:												
Deklination		–25°	–20°	–15°	–10°	– 5°	0°	+ 5°	+10°	+15°	+20°	+25°
Hamburg	Aufgang	$+21^m$	$+15^m$	$+10^m$	$+ 6^m$	$+ 3^m$	$+ 1^m$	$- 4^m$	$- 7^m$	-11^m	-16^m	-22^m
	Unterg.	–21	–15	–10	– 6	– 3	+ 1	+ 4	+ 7	+11	+16	+22
Hannover	Aufgang	+14	+11	+ 8	+ 5	+ 3	+ 1	– 1	– 4	– 6	– 9	–13
	Unterg.	–12	– 9	– 6	– 3	– 1	+ 1	+ 3	+ 6	+ 8	+11	+15
Berlin	Aufgang	+ 1	– 3	– 6	– 9	–12	–14	–16	–19	–21	–25	–29
	Unterg.	–28	–24	–21	–18	–16	–14	–11	– 9	– 6	– 3	+ 1
Dresden	Aufgang	– 9	–11	–12	–13	–14	–15	–16	–17	–18	–19	–21
	Unterg.	–20	–19	–18	–17	–16	–15	–14	–13	–12	–11	– 9
Leipzig	Aufgang	– 2	– 4	– 6	– 7	– 8	–10	–11	–12	–13	–15	–17
	Unterg.	–17	–15	–13	–12	–11	–10	– 8	– 7	– 6	– 4	– 2
Düsseldorf	Aufgang	+19	+18	+16	+15	+14	+13	+12	+11	+10	+ 8	+ 6
	Unterg.	+ 7	+ 8	+10	+11	+12	+13	+14	+15	+16	+18	+20
Frankfurt	Aufgang	+ 6	+ 6	+ 6	+ 5	+ 5	+ 5	+ 5	+ 5	+ 5	+ 5	+ 4
	Unterg.	+ 4	+ 5	+ 5	+ 5	+ 5	+ 5	+ 5	+ 5	+ 6	+ 6	+ 6
Nürnberg	Aufgang	– 6	– 6	– 5	– 5	– 4	– 4	– 3	– 3	– 2	– 2	– 1
	Unterg.	– 1	– 2	– 2	– 3	– 3	– 4	– 4	– 5	– 5	– 6	– 6
Stuttgart	Aufgang	– 3	– 1	0	+ 1	+ 2	+ 3	+ 4	+ 5	+ 6	+ 7	+ 9
	Unterg.	+ 9	+ 7	+ 6	+ 5	+ 4	+ 3	+ 2	+ 1	0	– 1	– 3
München	Aufgang	–15	–13	–11	– 9	– 8	– 6	– 5	– 3	– 1	+ 1	+ 3
	Unterg.	+ 3	0	– 2	– 3	– 5	– 6	– 8	– 9	–11	–13	–16
Zürich	Aufgang	– 7	– 3	0	+ 2	+ 4	+ 6	+ 8	+11	+13	+16	+20
	Unterg.	+19	+15	+12	+10	+ 8	+ 6	+ 4	+ 1	– 1	–4	– 8
Wien	Aufgang	–34	–32	–30	–28	–27	–25	–24	–22	–21	–19	–16
	Unterg.	–17	–19	–21	–22	–24	–25	–27	–28	–30	–32	–35
Halber Tagbogen												
53° nördl. Breite		3^h32^m	4^h09^m	4^h41^m	5^h10^m	5^h37^m	6^h04^m	6^h31^m	6^h58^m	7^h28^m	8^h00^m	8^h38^m
50° nördl. Breite		3 50	4 21	4 50	5 15	5 40	6 04	6 28	6 52	7 19	7 47	8 20
47° nördl. Breite		4 04	4 32	4 57	5 20	5 42	6 03	6 25	6 47	7 11	7 36	8 04

\+ positiv: Korrektur addieren, Auf- oder Untergang findet später statt
– negativ: Korrektur subtrahieren, Auf- oder Untergang findet früher statt

Beispiel: Auf- und Untergang der Sonne am 20. März in Stuttgart.
Laut Tabelle „Sonnenlauf“ auf Seite 78 lauten die Werte 6^h23^m und 18^h33^m für 50° Nord und 10° Ost.
Korrektur +3 und +3. Also geht die Sonne in Stuttgart um 6^h26^m auf und um 18^h36^m unter.
Für Daten und Deklinationen, die nicht in obiger Tabelle aufgeführt sind, nimmt man den nächstliegenden Wert, ohne einen großen Fehler zu begehen.

2018

Januar

Mo	1	8☾	15	22	29
Di	2○	9	16	23	30
Mi	3	10	17●	24☽	31○
Do	4	11	18	25	
Fr	5	12	19	26	
Sa	6	13	20	27	
So	7	14	21	28	

Februar

Mo		5	12	19	26
Di		6	13	20	27
Mi		7☾	14	21	28
Do	1	8	15●	22	
Fr	2	9	16	23☽	
Sa	3	10	17	24	
So	4	11	18	25	

März

Mo		5	12	19	26
Di		6	13	20	27
Mi		7	14	21	28
Do	1	8	15	22	29
Fr	2○	9☾	16	23	30
Sa	3	10	17●	24☽	31○
So	4	11	18	25	

April

Mo		2	9	16●	23	30○
Di		3	10	17	24	
Mi		4	11	18	25	
Do		5	12	19	26	
Fr		6	13	20	27	
Sa		7	14	21	28	
So	1	8☾	15	22☽	29	

Mai

Mo		7	14	21	28
Di	1	8☾	15●	22☽	29○
Mi	2	9	16	23	30
Do	3	10	17	24	31
Fr	4	11	18	25	
Sa	5	12	19	26	
So	6	13	20	27	

Juni

Mo		4	11	18	25
Di		5	12	19	26
Mi		6☾	13●	20☽	27
Do		7	14	21	28○
Fr	1	8	15	22	29
Sa	2	9	16	23	30
So	3	10	17	24	

Juli

Mo		2	9	16	23	30
Di		3	10	17	24	31
Mi		4	11	18	25	
Do		5	12	19☽	26	
Fr		6☾	13●	20	27○	
Sa		7	14	21	28	
So	1	8	15	22	29	

August

Mo		6	13	20	27
Di		7	14	21	28
Mi	1	8	15	22	29
Do	2	9	16	23	30
Fr	3	10	17	24	31
Sa	4☾	11●	18☽	25	
So	5	12	19	26○	

September

Mo		3☾	10	17☽	24
Di		4	11	18	25○
Mi		5	12	19	26
Do		6	13	20	27
Fr		7	14	21	28
Sa	1	8	15	22	29
So	2	9●	16	23	30

Oktober

Mo	1	8	15	22	29
Di	2☾	9●	16☽	23	30
Mi	3	10	17	24○	31☾
Do	4	11	18	25	
Fr	5	12	19	26	
Sa	6	13	20	27	
So	7	14	21	28	

November

Mo		5	12	19	26
Di		6	13	20	27
Mi		7●	14	21	28
Do	1	8	15☽	22	29
Fr	2	9	16	23○	30☾
Sa	3	10	17	24	
So	4	11	18	25	

Dezember

Mo		3	10	17	24	31
Di		4	11	18	25	
Mi		5	12	19	26	
Do		6	13	20	27	
Fr		7●	14	21	28	
Sa	1	8	15☽	22○	29☾	
So	2	9	16	23	30	

Feiertage:

Aschermittwoch:	14. Februar	Pfingstsonntag:	20. Mai	Totensonntag:	25. November
Ostersonntag:	1. April	Fronleichnam:	31. Mai	1. Advent:	2. Dezember
Chr. Himmelfahrt:	10. Mai	Buß- und Bettag:	21. November		

Das Jahr 2018 ist ein **Gemeinjahr** zu 365 Tagen.

Beginn der Jahreszeiten:

Frühling: 20. März 17^h15^m
Sommer: 21. Juni 11^h07^m
Herbst: 23. September 2^h54^m
Winter: 21. Dezember 23^h23^m
Erde in Sonnennähe: 3. Januar 7^h
Erde in Sonnenferne: 6. Juli 18^h

Finsternisse:

31. Januar: Totale Mondfinsternis
15. Februar: Partielle Sonnenfinsternis
13. Juli: Partielle Sonnenfinsternis
27. Juli: **Totale Mondfinsternis**
11. August: Partielle Sonnenfinsternis

Planeten:

Innere Planeten

Merkur:	Größte östliche Elongation:	**15. März**	(18°)	*12. Juli*	(26°)	6. Nov.	(23°)		
	Größte westliche Elongation:	**1. Jan.**	(23°)	29. April	(27°)	**26. Aug.**	(18°)	*15. Dez.*	(21°)

Venus: Obere Konjunktion: 9. Januar — Größte östliche Elongation: 17. August (46°)
Untere Konjunktion: 27. Oktober

Äußere Planeten	Opposition	(Mio. km)	im Sternbild	Konjunktion
Mars:	27. Juli	57,6	Steinbock	–
Jupiter:	9. Mai	658	Waage	26. November
Saturn:	27. Juni	1 354	Schütze	–
Uranus:	24. Oktober	2 824	Widder	18. April
Neptun:	7. September	4 328	Wassermann	4. März
Pluto:	12. Juli	4 874	Schütze	9. Januar

2019

Januar					
Mo		7	14☽	21○	28
Di	1	8	15	22	29
Mi	2	9	16	23	30
Do	3	10	17	24	31
Fr	4	11	18	25	
Sa	5	12	19	26	
So	6●	13	20	27☾	

Februar					
Mo		4●	11	18	25
Di		5	12☽	19○	26☾
Mi		6	13	20	27
Do		7	14	21	28
Fr	1	8	15	22	
Sa	2	9	16	23	
So	3	10	17	24	

März					
Mo		4	11	18	25
Di		5	12	19	26
Mi		6●	13	20	27
Do		7	14☽	21○	28☾
Fr	1	8	15	22	29
Sa	2	9	16	23	30
So	3	10	17	24	31

April					
Mo	1	8	15	22	29
Di	2	9	16	23	30
Mi	3	10	17	24	
Do	4	11	18	25	
Fr	5●	12☽	19○	26☾	
Sa	6	13	20	27	
So	7	14	21	28	

Mai					
Mo		6	13	20	27
Di		7	14	21	28
Mi	1	8	15	22	29
Do	2	9	16	23	30
Fr	3	10	17	24	31
Sa	4●	11	18○	25	
So	5	12☽	19	26☾	

Juni					
Mo		3●	10☽	17○	24
Di		4	11	18	25☾
Mi		5	12	19	26
Do		6	13	20	27
Fr		7	14	21	28
Sa	1	8	15	22	29
So	2	9	16	23	30

Juli					
Mo	1	8	15	22	29
Di	2●	9☽	16○	23	30
Mi	3	10	17	24	31
Do	4	11	18	25☾	
Fr	5	12	19	26	
Sa	6	13	20	27	
So	7	14	21	28	

August					
Mo		5	12	19	26
Di		6	13	20	27
Mi		7☽	14	21	28
Do	1●	8	15○	22	29
Fr	2	9	16	23☾	30●
Sa	3	10	17	24	31
So	4	11	18	25	

September						
Mo		2	9	16	23	30
Di		3	10	17	24	
Mi		4	11	18	25	
Do		5	12	19	26	
Fr		6☽	13	20	27	
Sa		7	14○	21	28●	
So	1	8	15	22☾	29	

Oktober					
Mo		7	14	21☾	28●
Di	1	8	15	22	29
Mi	2	9	16	23	30
Do	3	10	17	24	31
Fr	4	11	18	25	
Sa	5☽	12	19	26	
So	6	13○	20	27	

November					
Mo		4☽	11	18	25
Di		5	12○	19☾	26●
Mi		6	13	20	27
Do		7	14	21	28
Fr	1	8	15	22	29
Sa	2	9	16	23	30
So	3	10	17	24	

Dezember						
Mo		2	9	16	23	30
Di		3	10	17	24	31
Mi		4☽	11	18	25	
Do		5	12○	19☾	26●	
Fr		6	13	20	27	
Sa		7	14	21	28	
So	1	8	15	22	29	

Feiertage:

Aschermittwoch:	6. März	Pfingstsonntag:	9. Juni	Totensonntag:	24. November
Ostersonntag:	21. April	Fronleichnam:	20. Juni	1. Advent:	1. Dezember
Chr. Himmelfahrt:	30. Mai	Buß- und Bettag:	20. November		

Das Jahr 2019 ist ein **Gemeinjahr** zu 365 Tagen.

Beginn der Jahreszeiten:

Frühling: 20. März 22^h58^m Herbst: 23. September 8^h50^m Erde in Sonnennähe: 3. Januar 6^h
Sommer: 21. Juni 16^h54^m Winter: 22. Dezember 5^h19^m Erde in Sonnenferne: 4. Juli 23^h

Finsternisse:

6. Januar: Partielle Sonnenfinsternis
21. Januar: **Totale Mondfinsternis**
2. Juli: Totale Sonnenfinsternis
16. Juli: **Partielle Mondfinsternis**
26. Dezember: Partielle Sonnenfinsternis

Planeten:

Innere Planeten

Merkur:	Größte östliche Elongation:	**27. Feb.**	(18°)	*23. Juni*	(25°)	20. Okt.	(25°)
	Größte westliche Elongation:	11. April	(28°)	*9. Aug.*	(19°)	**28. Nov.**	(20°)
Venus:	Größte westliche Elongation:	6. Januar (47°)					
	Obere Konjunktion:	14. August					

Äußere Planeten	Opposition	(Mio. km)	im Sternbild	Konjunktion
Mars:	–	–	–	2. September
Jupiter:	10. Juni	641	Schlangenträger	27. Dezember
Saturn:	9. Juli	1351	Schütze	2. Januar
Uranus:	28 Oktober	2817	Widder	22. April
Neptun:	11. September	4327	Wassermann	7. März
Pluto:	14. Juli	4910	Schütze	11. Januar

Astronomische Institute, Planetarien und Sternwarten

Augsburg
S-Planetarium
Im Thäle 3
86152 Augsburg
Tel.: (08 21) 3 24 67 62

Bamberg
Dr.-Remeis-Sternwarte Bamberg
Astronomisches Institut der Universität Erlangen-Nürnberg
Sternwartstraße 7
96049 Bamberg
Tel.: (09 51) 9 52 22 0
www.sternwarte.uni-erlangen.de

Berlin
Zentrum für Astron. und Astrophysik
Technische Universität Berlin
Hardenbergstraße 36
10623 Berlin
Tel.: (0 30) 31 42 37 34
www-astro.physik.TU-Berlin.de

Archenhold-Sternwarte
Alt-Treptow 1
12435 Berlin-Treptow
Tel.: (0 30) 5 34 80 80
www.astw.de

Wilhelm-Foerster-Sternwarte und Planetarium
Munsterdamm 90
12169 Berlin
Tel.: (0 30) 7 90 09 30
www.planetarium-berlin.de

Zeiss-Großplanetarium Berlin
Prenzlauer Allee 80
10405 Berlin
Tel.: (0 30) 4 21 84 50
www.astw.de

Bochum
Astronomisches Institut der Ruhr-Universität
Universitätsstr. 150/NA7
44780 Bochum
Tel.: (02 34) 32 2 34 54
www.astro.ruhr-uni-bochum.de

Planetarium und Sternwarte
Castroper Straße 67
44777 Bochum
Tel.: (02 34) 32 2 34 54
www.planetarium-bochum.de

Bonn
Argelander Institut
Auf dem Hügel 71
53121 Bonn
Tel. Sternwarte: (02 28) 73 36 55, 56
Tel. Radioastronomie: (02 28) 73 36 57, 58
Tel. Astrophysik: (02 28) 73 36 71, 76
www.astro.uni-bonn.de

Radioobservatorium Effelsberg
53902 Bad Münstereifel
Tel.: (0 22 57) 30 11 01

Max-Planck-Institut für Radioastronomie
Auf dem Hügel 69
53121 Bonn
Tel.: (02 28) 52 50
www.mpifr-bonn.mpg.de

Bremen
Sternwarte der Olbers-Gesellschaft
Olbers-Planetarium der Hochschule
Werderstr. 73
28199 Bremen
Tel.: (04 21) 70 68 82
http://olbers.hs-bremerhaven.de/

Cottbus
Raumflugplanetarium Juri Gagarin
Lindenplatz 21
03044 Cottbus
Tel.: (03 55) 71 31 09
www.planetarium-cottbus.de

Freiburg im Breisgau
Kiepenheuer-Institut für Sonnenphysik
Schöneckstraße 6
79104 Freiburg
Tel.: (07 61) 31 98 0
www.kis.uni-freiburg.de

Planetarium Freiburg
Bismarckallee 7 g
79098 Freiburg
Tel.: (07 61) 3 89 06 30
www.planetarium-freiburg.de

Garching siehe **München**

Göttingen
Institut für Astrophysik;
Georg-August-Universität Göttingen
Friedrich-Hund-Platz 1
37077 Göttingen
Tel.: (05 51) 39 50 42/39 50 53
www.astro.physik.uni-goettingen.de

Max-Planck-Institut für Sonnensystemforschung
Justus-von-Liebig-Weg 3
37077 Göttingen
Tel.: 0551 384 979-0
www.mps.mpg.de

Graz
Sektion Astrophysik des Instituts für Geophysik, Astrophysik und Meteorologie der Universität Graz
Universitätsplatz 5
A-8010 Graz
Tel.: ++43 (0) 316 380 52 70
www.kfunigraz.ac.at/igam

Hamburg
Hamburger Sternwarte
Gojenbergsweg 112
21029 Hamburg
Tel.: (0 40) 4 28 91-41 42
www.hs.uni-hamburg.de

Planetarium
Hindenburgstraße 1 b
22303 Hamburg
Tel.: (0 40) 4 28 86 52 52
www.planetarium-hamburg.de

Hannover
Astronomische Station am Institut für Erdmessung der Universität
Schneiderberg 50
30167 Hannover
Tel.: (05 11) 7 62 24 75

Heidelberg
Astronomisches Rechen-Institut
Mönchhofstraße 12–14
69120 Heidelberg
Tel.: (0 62 21) 40 50
www.ari.uni-heidelberg.de

Institut für Theoretische Astrophysik
Albert-Überle-Str. 2
69120 Heidelberg
Tel.: (0 62 21) 54 48 37
www.ita.uni-heidelberg.de

Max-Planck-Institut für Astronomie
Königstuhl 17
69117 Heidelberg
Tel.: (0 62 21) 52 80
www.mpia.de

Heidelberg (Forts.)
Landessternwarte Königstuhl 12
69117 Heidelberg
Tel.: (0 62 21) 50 90
www.lsw.uni-heidelberg.de

Innsbruck
Institut für Astro- und Teilchenphysik
Technikerstraße 25
A-6020 Innsbruck
Tel.: ++43 (0) 512 5 07 60 31
http://astro.uibk.ac.at/

Jena
Universitäts-Sternwarte
Schillergäßchen 2
07745 Jena
Tel.: (0 36 41) 94 75 01
www.astro.uni-jena.de

Planetarium
Am Planetarium 5
07743 Jena
Tel: (036 41) 94 75 01
www.planetarium-jena.de

Kassel
Planetarium im Museum für
Astronomie und Technikgeschichte
Orangerie
An der Karlsaue 20 c
34121 Kassel
www.astronomie-kassel.de

Kiel
Institut für Theoretische Physik und
Astrophysik
Leibnizstr. 15
24118 Kiel
www.astrophysik.uni-kiel.de

Kieler Planetarium e. V.
Fachhochschule Kiel
Sokratesplatz 6
24149 Kiel
Tel: (04 31) 2 10 17 41
www.Kieler-planetarium.de

Laupheim
Volkssternwarte und Planetarium
Milchstraße 1
88471 Laupheim
Tel.: (0 73 92) 9 10 59
www.planetarium-laupheim.de

Luzern
Planetarium im Verkehrshaus
der Schweiz
Lidostraße 5
CH-6006 Luzern
Tel.: ++41 (0 41) 3 70 44 44
www.verkehrshaus.ch

Mannheim
Planetarium
Wilhelm-Varnholt-Allee 1
68165 Mannheim
Tel.: (06 21) 41 56 92
www.planetarium-mannheim.de

München
Europäische Südsternwarte (ESO)
Karl-Schwarzschild-Straße 2
85748 Garching
Tel.: (0 89) 32 00 62 76
www.eso.org

Institut für Astronomie und
Astrophysik der Universität München
Scheinerstraße 1
81679 München
Tel.: (0 89) 21 80 60 01
www.usm.uni-muenchen.de

Max-Planck-Institut für Astrophysik
Karl-Schwarzschild-Str. 1
85741 Garching
Tel.: (0 89) 3 00 00 0
www.mpa-garching.mpg.de

Max-Planck-Institut
für extraterrestrische Physik
Giessenbachstraße 1
85748 Garching
Tel.: (0 89) 3 00 00 0
www.mpe.mpg.de

Planetarium und Bayerische
Volkssternwarte
Rosenheimer Str. 145 h
81671 München
Tel.: (0 89) 40 62 39
www.sternwarte-muenchen.de

Planetarium Deutsches Museum
Museumsinsel 1
80538 München
www.deutsches-museum.de

Münster
Planetarium im Westfälischen
Landesmuseum für Naturkunde
Sentruper Straße 285
48161 Münster
Tel.: (02 51) 5 91 05
www.lwl-planetarium-muenster.de

Nürnberg
Nicolaus-Copernicus-Planetarium
Am Plärrer 41
90429 Nürnberg
Tel.: (09 11) 9 29 65 53
www.planetarium-nuernberg.de

Osnabrück
Museum am Schölerberg/
Planetarium
Klaus-Strick-Weg 10
49082 Osnabrück
Tel.: (05 41) 5 60 03 26
www.planetarium-osnabrueck.de

Potsdam
Leibniz-Institut für Astrophysik
Sternwarte Babelsberg
An der Sternwarte 16
14482 Potsdam
Tel.: (03 31) 7 49 90
www.aip.de

Leibniz-Institut für Astrophysik
Sonnenobservatorium Einsteinturm
Telegrafenberg A22
14473 Potsdam
Tel.: (03 31) 2 88 23 04/23 03

Observatorium für Solare
Radioastronomie Tremsdorf
14552 Tremsdorf
Tel.: (03 31) 7 49 92 92

URANIA-Planetarium
und „Bruno H. Bürgel-Gedenkstätte"
Gutenbergstr. 71/72
14467 Potsdam
Tel.: (03 31) 7 49 90
www.urania-potsdam.de

Recklinghausen
Westf. Volkssternwarte/Planetarium
Stadtgarten 6
45657 Recklinghausen
Tel: (023 61) 2 3 1 34
www.sternwarte-recklinghausen.de

Astronomische Institute, Planetarien und Sternwarten

Schwaz
Zeiss-Planetarium Schwaz
Alte Landstr. 15
A-6130 Schwaz/Tirol
Tel.: ++43 (0 52 42) 7 21 29
www.planetarium-schwaz.at

Siegen
Sternwarte der Universität
Adolf-Reichwein-Straße
57068 Siegen
Tel.: (02 71) 7 40 46 13
www.uni-siegen.de/fb7/didaktik/sternwarte

Stuttgart
Carl-Zeiss-Planetarium mit Sternwarte Welzheim
Mittlerer Schlossgarten
70173 Stuttgart
Tel.: (07 11) 1 62 92 15
www.planetarium-stuttgart.de

Sternwarte Welzheim
www.sternwarte-welzheim.de

Tautenburg
Thüringer Landessternwarte Tautenburg
Karl-Schwarzschild-Observatorium
Sternwarte 5
07778 Tautenburg
Tel.: (03 64 27) 86 30
www.tls-tautenburg.de

Tübingen
Institut für Astronomie und Astrophysik
Abteilung Astronomie
Sand 1
72076 Tübingen
Tel.: (0 70 71) 29 7 24 86
www.astro.uni-tuebingen.de

Abt. Theoretische Astrophysik
Auf der Morgenstelle 10
72076 Tübingen
Tel.: (0 70 71) 29 7 40 07
www.tat.physik.uni-tuebingen.de

Welzheim
Tel: (0 71 82) 42 84
www.sternwarte-welzheim.de

Wien
Astronomisches Büro und Freiluftplanetarium Sterngarten Georgenberg
Hasenwartgasse 32
A-1230 Wien
www.astronomisches-buero-wien.or.at

Digitales Planetarium im Naturhistorischen Museum Wien
Burgring 7
A-1010 Wien
Tel.: ++43 (0) 1 52 17 70
www.nhm-wien.ac.at/planetarium

Institut für Astronomie der Universität Wien, Universitäts-Sternwarte
Türkenschanzstraße 17
A-1180 Wien
Tel.: ++43 (0) 14 27 75 18 01
www.astro.univie.ac.at

Kuffner-Sternwarte
Johann Staud-Straße 10
A-1160 Wien
Tel.: ++43 (0) 19 14 81 30
www.kuffner.ac.at

URANIA-Sternwarte
Uraniastraße 1
A-1010 Wien
Tel.: ++43 (0) 17 12 61 91
www.urania-sternwarte.at

Zeiss-Planetarium
Oswald Thomas-Platz 1
A-1020 Wien
Tel.: ++43 (0) 1 7 29 54 94
www.planetarium-wien.at

Wolfsburg
Planetarium
Uhlandweg 2
38440 Wolfsburg
Tel.: (0 53 61) 89 02 55 10
www.planetarium-wolfsburg.de

Würzburg
Institut für Theoretische Physik und Astrophysik
Am Hubland
97074 Würzburg
Tel: (09 31) 8 88 50 31
www.astro.uni-wuerzburg.de

Zürich
Institut für Astronomie
ETH-Zentrum
CH-8092 Zürich
Tel.: ++41 (0) 44 6 33 76 08
www.astro.phys.ethz.ch

URANIA-Sternwarte Zürich AG
Uraniastraße 9
CH-8001 Zürich
Tel.: ++41 (0) 44 2 11 65 23
www.urania-sternwarte.ch

Amateurastronomische Vereinigungen und Privatsternwarten

Aalen
Astronomische AG Aalen e. V.
Sonnenbergstr. 23
73447 Oberkochen
www.sternwarte-aalen.de

Aachen
Volkshochschule Aachen/Sternwarte
Am Hangeweiher 23
52068 Aachen
www.sternwarte-aachen.de

Aichwald
Schurwaldsternwarte e. V.
Im Lutzen 21
73773 Aichwald
www.schurwaldsternwarte.de

Albstadt
Sternwarte und Planetarium
Hartmannstraße 140
72458 Albstadt-Ebingen
www.sternwarte-zollern-alb.de

Alzey
Interessengemeinschaft der Hobbyastronomen Alzey u. Umland e. V.
Theodor-Heuss-Ring 34
55232 Alzey

Arnstadt-Espenfeld
Privatsternwarte Arnstadt-Espenfeld
Espenfeld Nr. 39 a
99338 Arnstadt-Espenfeld

Augsburg siehe Diedorf

Bad Driburg
Sternwarte der F.-W.-Weber-Realschule
Elsterweg 13
33014 Bad Driburg

Bad Dürkheim
Astronomischer Arbeitskreis
Pfalzmuseum für Naturkunde
Hermann-Schäfer-Str. 17
67098 Bad Dürkheim

Bad Zwesten
Sternwarte der Hardtwaldklinik I
Hardtstr. 31
34596 Bad Zwesten

Baindt s. **Waldburg-Weingarten**

Basel
Astronomischer Verein
Venusstraße 7
CH-4102 Binningen

Bautzen
Sternwarte Bautzen
Schulsternwarte und Planetarium
Czornebohstraße 82 (Naturpark)
02625 Bautzen

Beelitz
Sternfreunde Beelitz e. V.
Jahnstr. 9
14547 Beelitz
www.sternwarte-beelitz.de

Bentheim
Astronomischer Verein der Grafschaft Bentheim e. V.
Jahnstr. 3,
49828 Neuenhaus

Berg
Christian-Jutz-Volkssternwarte Berg e. V.
Lindenallee
82335 Berg-Aufkirchen
www.sternwarte-berg.de

Bittenfeld
Privatsternwarte Bittenfeld
Ofengasse 8
71336 Waiblingen
www.allbert.de

Bochum
Institut für Umwelt- und Zukunftsforschung e. V.
Blankensteiner Str. 200 a
44797 Bochum
www.sternwarte-bochum.de

Bonn
Volkssternwarte Bonn e. V.
Poppelsdorfer Allee 47
53115 Bonn

Bozen
Amateurastronomen „Max Valier“
Neustifterweg 5
I-39100 Bozen
www.maxvalier.org

Braunschweig
Sternfreunde Braunschw.-Hondelage e. V.
Ackerweg 1 B
38108 Braunschweig
www.sternwarte-braunschweig.de

Bremerhaven
Bremerhavener Sternfreunde e. V.
Buschkämpen 29
27576 Bremerhaven
www.bremerhavener-sternfreunde.de

Planetarium Bremerhaven
Bussestr. 24
27570 Bremerhaven
www.bremerhafener-sternfreunde.de

Brittheim
Sternwarte Zollern-Alb
Am Wasserturm 4
72348 Rosenfeld
www.sternwarte-zollern-alb.de

Buchloe
Astronomische Gesellschaft Buchloe e. V.
Alois-Reiner-Str. 15 b
86807 Buchloe
www.astronomie-buchloe.de

Bülach
Schul- und Volkssternwarte Bülach
Rotzibüch bei Eschenmosen
CH-8180 Bülach

Burgsolms
Sternwarte Burgsolms
Lindenstr. 11
35606 Solms
www.sternwarte-burgsolms.de

Casablanca
Sahara Sky
Dunes de Tinfou
45900 Zagora Marokko
www. saharasky.com

Darmstadt
Volkssternwarte Darmstadt e. V.
Karlstr. 41
64347 Griesheim
www.vsda.de

Diedorf
Astronomische Vereinigung Augsburg e. V.
Sternwarte Diedorf
Pestalozzistr. 17a
86420 Diedorf
www.sternwarte-diedorf.de

Donzdorf
Sternfreunde Donzdorf
Messelberg-Sternwarte
73072 Donzdorf
www.sternwarte-donzdorf.de

Amateurastronomische Vereinigungen und Privatsternwarten

Dortmund
Sternwarte im Westfalenpark
Astronomischer Verein Dortmund e. V.
Hainallee 4
44139 Dortmund
www.volkssternwarte-Dortmund.de

Drebach
Volkssternwarte und Zeiss-Planetarium
Straße der Jugend 14
09430 Drebach
www.sternwarte-drebach.de
www.planetarium-drebach.de

Duisburg
Rudolf-Römer-Sternwarte
Rheinhausen e. V.
Schwarzenberger Str. 147 (im KFR)
47226 Duisburg

Eberfing
Sternwarte Eberfing
Escherstr. 12
82390 Eberfing
www.sternwarte-eberfing.de

Ennepetal
Volkssternwarte Ennepetal e. V.
Hinnenberg 80
58256 Ennepetal
www.volkssternwarte-ennepetal.de

Erkrath
Sternwarte Neanderhöhe Hochdahl
und Planetarium
Sedentaler Str. 105
40699 Erkrath

Essen
Walter-Hohmann-Sternwarte Essen e. V.
Wallneyer Str. 159
45133 Essen
www.sternwarte-essen.de

Frankfurt/Main
Volkssternwarte des Phys. Vereins
Robert-Mayer-Straße 2–4
60054 Frankfurt/Main
www.physikalischer-verein.de

Astro-AG der Liebigschule
Frankfurt a. M.
Kollwitzstr. 3
60488 Frankfurt/Main
www.astro.junetz.de

Freiburg
Sternfreunde Freiburg e. V.
Rosenstr. 1 a
79108 Freiburg
www.sternfreunde-breisgau.de

Fulda
Hans-Nüchter-Sternwarte
Freiherr-von-Stein-Schule
Domänenweg 2
36037 Fulda
www.hans-nuechter-sternwarte.de

Planetarium im Vonderau-Museum
Jesuitenplatz 2
36037 Fulda
www.museum-fulda.de

Germering
Sternwarte des
Max-Born-Gymnasiums
Johann-Sebastian-Bach-Str. 8
82110 Germering

Gilching
Volkssternwarte Gilching in der VHS
Landsberger Str. 17 a
82205 Gilching
www.astrogilde.de

Gmunden
Eisner-Sternwarte
Kalvarienberg
A-4810 Gmunden
www.eisner-sternwarte.at

Gondelsheim
Kraichgau-Sternwarte Gondelsheim e. V.
Lilienstraße 25
76669 Bad Schönborn
www.mhm-ka.de

Göttingen
Amateurastronomische Vereinigung
Göttingen e. V.
Schlesierring 8
37085 Göttingen
www.avgoe.de

Förderkreis Planetarium
Göttingen e. V.
Nordhäuser Weg 18
37085 Göttingen
www.planetarium-goettingen.de

Greifswald
Greifswalder Sternwarte e. V.
Altes Physikalisches Institut
Domstr. 10a
17489 Greifswald
www.sternwarte-greifswald.de

Hagen
Volkssternwarte
Eugen-Richter-Turm
58135 Hagen
www.sternwarte-hagen.de

Halle
Astronomische Station Kanena e. V.
Schkeuditzer Str. 4 B
06116 Halle-Kanena
www.sternwarte-halle.de

Gesellschaft für astron. Bildung e. V.
Von-Seckendorff-Platz 3
06120 Halle/Saale
www.astroverein-halle.de

Hamburg
Gesellschaft für volkstümliche
Astronomie e. V.
Eiffestraße 426
20537 Hamburg
www.gva-hamburg.de

Hechingen
Astronomical Observatory Aurora
Friedrich-Wolf-Weg 23
72379 Hechingen
aoa@rdoelling.de

Heilbronn
Robert-Mayer-Volks- und Schulsternwarte
Bismarckstraße 10
74072 Heilbronn
www.sternwarte.org

Herzberg
Planetarium und Volkssternwarte
Lugstr. 3
04916 Herzberg
www.herzberger-sternfreunde-eV.de

Hofheim
Volkssternwarte
Ahornstr. 11
65719 Hofheim
www.sternwarte-hofheim.de

Ilsede
Privatsternwarte
Alter Weg 4 B
31241 Ilsede
http://Astro-Stammtisch.Korn-Deele.de

Ingolstadt
Sternwarte Ingolstadt AAI e. V.
Lilienthalstr. 137
85077 Manching
www.aai-Ingolstadt.de

Kelheim
Sternfreunde Kelheim e. V.
Eschenstr. 5
93326 Abensberg
www.sternfreunde-kelheim.de

Kiel
GvA Gruppe Kiel
Hofbrook 64
24119 Kronshagen
www.gva-kiel.de

Volkssternwarte Kronshagen
Suchsdorfer Weg 33
24119 Kronshagen

Köln
Planetarium
Blücherstr. 15 17
50733 Köln
www.koelner-planetarium.de

Volkssternwarte Köln
Nikolausstr. 55
50937 Köln
www.volkssternwarte-koeln.de

Königsdorf
Isartalsternwarte
Rothemühle 9
82549 Königsdorf
www.isartalsternwarte.de

Krefeld
Vereinigung Krefelder Sternfreunde e. V.
Yorckstr. 42
47800 Krefeld
www.vks-krefeld.de

Kreuzlingen
Planetarium und Sternwarte Kreuzlingen
Breitenrainstraße 21
CH-8280 Kreuzlingen
www.avk.ch

Leonberg
Sternwarte Höfingen
Theodor-Heuss-Str. 6/1
71229 Leonberg
www.sternwarte-hoefingen.de

Lilienthal
Astronomische Vereinigung
Lilienthal e. V.
Ottersteiner Vorweide 10
28879 Grasberg
www.avl-lilienthal.de

Limburg
Sternwarte Limburg e. V.
Am Stefanshügel, Industriestr. 1
65549 Limburg a. d. Lahn
www.sternwarte-limburg.de

Linz
Johannes Kepler
Sternwarte Linz
Sternwarteweg 5
A-4020 Linz

Lübeck
Sternwarte Lübeck
Am Ährenfeld 2
23564 Lübeck
www.sternwarte-luebeck.de

Luxembourg
Astronomes Amateurs du Luxembourg
16 B, Rue Emile Mayrisch
L 3522 Dudelange
www.aal.lu

Marburg
Volkssternwarte Marburg e. V.
Dresdener Str. 18 (Schulzentrum)
35274 Kirchhain
www.volkssternwarte-marburg.de

Meiningen
Sternwarte Henfling-Gymnasium
Röntgenstr. 12
98617 Meiningen

Merseburg
Sternfreunde Planetarium Merseburg e. V.
Teichstr. 2
06217 Merseburg
www.planetarium-merseburg.de

Monschau
Eifelastronomen e. V.
Görgesstr. 42
52156 Monschau
www.eifelastronomen.de

Münster
Sternfreunde Münster e. V.
Sentruper Straße 285
48161 Münster
www.sternfreunde-muenster.de

Neumarkt i.d. OPf.
Bayerische Volkssternwarte Neumarkt
Am Höhenberg 31
92318 Neumarkt i. d. OPf.
www.sternwarte-neumarkt.de

Neumünster
VHS-Sternwarte Neumünster
Hahnknüll 58
24537 Neumünster
www.sternwarte-nms.de

Neustadt/Weinstraße s. **Bad Dürkheim**

Nordenham
Planetarium
Bahnhofstraße 52
26954 Nordenham
www.sternfreunde.nordenham.de

Norderney
Astronomischer Arbeitskreis Norderney
„Wilhelm Dorenbusch Sternwarte“
Birkenweg 22
26548 Norderney
www.sternwarte-norderney.de

Nürnberg
Regiomontanus-Sternwarte
Nürnberger Astronomische
Arbeitsgemeinschaft e. V.
Regiomontanusweg 1
90491 Nürnberg
www.naa.net

Nürtingen
Neckar-Alb-Sternwarte
Am Lerchenberg
Astronomische Vereinigung
Nürtingen e. V.
Birkenweg 7
72622 Nürtingen
www.sternwarte-nuertingen.de

Amateurastronomische Vereinigungen und Privatsternwarten

Oberwallis
Astronomische Gesellschaft Oberwallis
Ebnetstr. 12
CH-3982 Bitsch

Oldenburg
Oldenburger Sternfreunde e. V.
Herbartstr. 15
26122 Oldenburg
www.oldenburger-sternfreunde.de

Osnabrück
Astronomische Arbeitsgemeinschaft/
Naturwissenschaftlicher Verein
Museum am Schölerberg
Am Schölerberg 8
49082 Osnabrück
www.naturwissenschaftlicher-verein-os.de

Paderborn
Volkssternwarte Paderborn e. V.
Im Schlosspark 13
33104 Paderborn
www.vspb.de

Papenburg
Astronomischer Verein der
Volkssternwarte Papenburg e. V.
Wilhelm-Leuschner-Str. 48
26871 Papenburg
www.astronomie-papenburg.de

Papenburger Sternwarte e. V.
Bethlehem rechts 51 b
26871 Papenburg
www.sternwarte-papenburg.de

Passau
Volkssternwarte
Veste Oberhaus 125
94034 Passau
www.Sternwarte-Passau.de

Pfarrkirchen
Sternfreunde Pfarrkirchen-Zeilarn
Johanniskirchen (Sternwarte)
Mahlgassinger Weg 52 c
84347 Pfarrkirchen
www.cosmopan.de

Prince Albert, South Africa
Starfriends of Prince Albert for Celestial Enjoyment
Astro Tours
Klipstr. 17
6930 Prince Albert
South Africa
www.astrotours.co.za

Regensburg
Verein der Freunde der Volkssternwarte Regensburg
Ägidienplatz 2
93047 Regensburg
www.sternwarte-regensburg.de

Remscheid
Dr. Hans-Schäfer-Sternwarte
Schützenplatz 2
42853 Remscheid
www.sternwarte-remscheid.de

Riesa
Sternwarte Riesa e. V.
Greizer Str. 2
01587 Riesa
SternwarteRiesa@web.de

Rodewisch
Schulsternwarte und
Planetarium „Sigmund Jähn"
Rützengrüner Str. 41 a
08228 Rodewisch (Vogtland)
www.sternwarte-rodewisch.de

Rostock
Astronomische Station „Tycho Brahe"
Astronomischer Verein Rostock e. V.
Nelkenweg 6
18057 Rostock
www.sternwarte-rostock.de

Rümlang
Sternwarte Rotgrueb Rümlang
Obermattenstr. 9
CH-8153 Rümlang
http://ruemlang.astronomie.ch

Saar
Verein der Amateurastronomen des Saarlandes e. V. (VAS)
Sternwarte Peterberg
66625 Nohfelden-Eiweiler
www.sternwarte-peterberg.de

Saarlouis
Verein der Astronomiefreunde
Cassiopeia Saarlouis e. V.
Großstr. 37
66740 Saarlouis
www.cassiopeia-saarlouis.de

Salzburg
Salzburger Volkssternwarte
Auer von Welsbach-Str. 22
84489 Burghausen
www.hausdernatur.at/astronomie

Schwanden ob Sigriswil
Sternwarte Planetarium SIRIUS
CH-3657 Schwanden/Sigriswil
www.sternwarte-planetarium.ch

Seewalchen
Astronomischer Arbeitskreis
Salzkammergut +
Sternwarte Gahberg
Sachsenstraße 2
A-4863 Seewalchen
www.astronomie.at

Sohland
Volks- und Schulsternwarte
„Bruno H. Bürgel" Sohland e. V.
Zöllnerweg 12
02689 Sohland
www.sternwarte-sohland.de

Solingen
Walter-Horn-Ges. e. V. Sternwarte
Sternstraße 5
42719 Solingen
www.sternwarte-solingen.de

Stuttgart
Schwäbische Sternwarte
Zur Uhlandshöhe 41
70188 Stuttgart
www.sternwarte.de

Suhl
Volks- und Schulsternwarte
Auf dem Hoheloh 1
98527 Suhl
www.suhler-sternfreunde.de

Tirschenreuth
Gerhard Franz Volkssternwarte
Marienstraße 49
95643 Tirschenreuth
www.sternwarte-tirschenreuth.de

Tornesch
Regionale Volks- und Schulsternwarte
Tornesch e. V.
Klaus Groth-Str. 11
25436 Tornesch
www.sternwarte-tornesch.de

Trebur
Michael Adrian Observatorium
Fichtenstr. 7
65468 Trebur
www.tlt-trebur.de

Trier
Verein Sternwarte Trier e. V.
Bornewasserstr. 21
54294 Trier
www.sternwarte-trier.de

Überlingen
Sternwarte Überlingen e. V.
Obere St. Leonhardstr. 45
88662 Überlingen
www.sternwarte-ueberlingen.de

Uitikon
Stiftung Sternwarte Uitikon
Zürcherstr. 59
CH-8142 Uitikon
inderbitzin.a@bluewin.ch

Waghäusel
Astronomiefreunde Waghäusel e. V.
Kettelerstr. 19
68753 Waghäusel
www.afw2000.de.vu

Waldburg
Astronom. AK Waldburg-Weingarten e. V.
Gartenstraße 31
88255 Baindt
www.sternwarte-waldburg.de

Weikersheim
Astronomische Vereinigung Weikers-heim e. V.
Sternwarte Am Karlsberg
97990 Weikersheim
www.sternwarte-weikersheim.de

Weil der Stadt
Johannes-Kepler-Sternwarte
Max-Caspar-Str. 47
71263 Weil der Stadt
www.kepler-sternwarte.de

Wertheim
Johann-Kern-Sternwarte Wertheim e. V.
Am Galgengraben
97877 Wertheim-Reicholzheim

Wien
Astronomischer Jugendclub
Richard Wagner-Platz 2/8
A-1160 Wien

Wiesbaden
Astronomische Gesellschaft Urania e. V.
Volkssternwarte
Bierstadter Str. 47
65189 Wiesbaden

Winterthur
Sternwarte Eschenberg
der AG Winterthur
Breitenstraße 2
CH-8542 Wiesendangen

Winzer
Volkssternwarte Bayerischer Wald e. V.
Am Vogelsang 1
94577 Winzer

Wuppertal siehe **Remscheid**

Zollern-Alb siehe **Brittheim**

Zweibrücken
Sternwarte des Naturwissensch. Vereins
FH Campus
Amerikastr. 1
66482 Zweibrücken
www.nawi-zw.de

Überregionale astronomische Amateur-Vereinigungen

Arbeitskreis Meteore e. V.
Mehlbeerenweg 5
14469 Potsdam

Bundesdeutsche Arbeitsgemeinschaft für Veränderliche Sterne e. V. (BAV)
Munsterdamm 90
12169 Berlin
www.bav-astro.de

Österreichischer Astronomischer Verein
Baumgartenstraße 23/4
A-1140 Wien

Schweizerische Astronomische Gesellschaft (SAG)
Geschäftsstelle c/o Othmar von Arx
Dammweg 14
CH-5605 Dottikon
http://sag-sas.ch/

Vereinigung der Sternfreunde e. V. (VdS)
Geschäftsstelle
Lehrstr. 4
64629 Heppenheim
www.sternfreunde.de

Das Verzeichnis erhebt keinen Anspruch auf Vollständigkeit. Weitere Vereinigungen nimmt der Herausgeber gerne auf. Entsprechende Hinweise sende man bitte an:

PLANETARIUM STUTTGART
Willy-Brandt-Straße 25
70173 Stuttgart